高等院校地理科学类专业系列教材

"十三五"江苏省高等学校重点教材

自然地理学

王　建　主编

"十三五"江苏省高等学校重点教材（编号：2019-2-289）

科学出版社

北　京

内 容 简 介

　　本书是现代自然地理学国家级教学团队在"自然地理与人类环境"国家精品视频公开课程建设基础上，吸取国内外优秀教材精华而编写的一部新教材。全书分为三大部分：第一部分从地球表层系统科学的角度阐述了自然地理学、地球表层系统以及两者之间的关系，第二部分从地球表层系统的角度阐述了地表环境的组成、结构及其运行机制，第三部分阐述了自然地理学与资源、环境、可持续发展的关系。本书创设了"地学视野"、"案例分析"和"探究活动"等栏目，具有鲜明的应用性、实践性和探究性特点。

　　本书适合作为高等学校地理类专业的本科生专业课教材，资源、环境、农业、林业、水利、测绘、地质、气象、旅游等相关专业的本科生专业基础课教材，以及其他专业学生博雅课程教材。

GS 京（2023）0360 号

图书在版编目（CIP）数据

自然地理学 / 王建主编. -- 北京 : 科学出版社，2024. 6. --（高等院校地理科学类专业系列教材）（"十三五"江苏省高等学校重点教材）.
ISBN 978-7-03-078829-0

Ⅰ . P9

中国国家版本馆CIP数据核字第202450J4F5号

责任编辑：文　杨　程雷星/责任校对：杨　赛
责任印制：赵　博/封面设计：迷底书装

科 学 出 版 社 出版

北京东黄城根北街16号
邮政编码：100717
http://www.sciencep.com

涿州市般润文化传播有限公司印刷
科学出版社发行　各地新华书店经销

*

2024年6月第　一　版　　开本：787×1092　1/16
2025年7月第二次印刷　　印张：36 1/4
字数：928 000

定价：99.00元

（如有印装质量问题，我社负责调换）

"高等院校地理科学类专业系列教材"编写委员会

"高等院校地理科学类专业系列教材"前言

地理学是一门既古老又现代的基础学科，它主要研究地球表层自然要素与人文要素相互作用及形成演化的特征、结构、格局、过程、地域分异与人地关系等。地理科学类专业培养学生具备地理科学的基本理论、基本知识，掌握运用地图、遥感及地理信息系统与资源环境实验分析的基本技能，具有在资源、环境、土地、规划、灾害等领域的政府部门、科研机构、高等院校从事相关研究和教学工作的能力。

据不完全统计，目前全国共有 300 余所高校开设地理科学类专业，每年招生人数超过 2 万人，随着国家大力加强基础学科建设以及相关部门对该类专业人才的需求，地理科学类专业人才培养必须适应社会发展需要，进行全面改革。党的二十大报告中指出"教育是国之大计、党之大计"，作为承载学科知识传播、促进学科发展、体现学科教学内容和要求的载体——教材是落实立德树人根本任务，提高人才培养质量的重要保证；也是课堂教学的基本工具,提高教学质量的重要保证。为落实教育部加强课程教材建设、强化实践教学环节的精神，以培养创新型人才为目标，中国地理学会和科学出版社共同策划，与相关高校携手打造了高等院校地理科学类专业系列教材。

本丛书的策划开始于 2015 年，编委会由我国著名地理学家及具有丰富教学经验的专家学者组成，充分发挥编委会与科学出版社的协同优势，加强整合专家、教师与编辑，教学与出版的智力资源与品牌效应，共同担负起地理科学类高校教材建设的责任，通过对课程已有教材的全面分析，参考国外经典教材的编写及辅助教学资源建设模式，采取

总体设计、分步实施的方式努力打造一套兼具科学性、时代性、权威性、适用性及可读性的精品教材。

本丛书按照地理科学类专业本科教学质量国家标准中的课程设置，共设有 23 个分册，每个分册作者都具有多年的课程讲授经验和科学研究经历，具有丰富的专业知识和教学经验。该套教材的编写依据以下 5 个原则。

（1）精品原则。编委会确立了以"质量为王"的理念，并以此为指导，致力于培育国家和省级精品教材，编写出版高质量、具有学科与课程特色的系列教材。

（2）创新原则。坚持理念创新、方法创新、内容创新，将教材建设与学科前沿的发展相结合，突出地理特色，确保教材总体设计的先进性。

（3）适用原则。注重学生接受知识能力的分析、评价，根据教学改革与教育实践的最新要求，讲清学科体系及课程理论架构，并通过课内外实习强化学生感性认识，培养其创新能力。

（4）简明原则。在教材编写工程中，强化教材结构和内容体系的逻辑性、重点与难点提示、相关知识拓展的建设，确保教材的思想性和易读性。

（5）引领原则。在吸纳国内外优秀教材编写设计思路与形式的基础上，通过排制版、总体外观设计及数字教辅资源同步建设等手段，打造一批具有学术和市场引领的精品。

本丛书集成当前国内外地理科学教学和科研的最新理论和方法，并吸取编著者自身多年的教学研究成果，是一套集科学前沿性、知识系统性和方法先进性的精品教程。希望本丛书的出版可促进我国地理学科创新人才的培养，对地理学科相关教学和科研具有重要的参考价值，为我国地理科学的蓬勃发展做出贡献！

傅伯杰

中国科学院院士

2023 年 6 月

序

　　随着地理科学在社会经济发展中的作用越来越大，地理科学受到了前所未有的关注。20世纪末期由美国国家研究院、地球科学与资源局、地学环境与资源委员会共同设立的"重新发现地理学委员会"对地理科学的发展状况进行了深入调研，发现地理科学专业注册学生数增加幅度超过了社会科学和环境科学类专业，显示出地理科学在新的社会发展阶段强大的生命力，于1997年撰写出版的 *Rediscovering Geography* 一书对全球地理科学影响深远。美国的一些政策陈述把地理科学与自然科学、数学并列，列为学校教育的核心课程，并且制订计划进行地理扫盲，希望其他行业和学科借鉴地理科学的思维方式和方法，增加地理视角的使用，以提供其他方法不能得到的科学洞察力。

　　为什么地理科学如此受到关注？这与地理科学的研究范畴和关注的科学问题密切相关。地理科学是研究地球表层人类生存环境空间差异、时间演化及人与环境相互作用（传统地理科学中的人地关系）的一门学科，它既具有区域性、综合性，又具有学科的交叉性，是所有学科中唯一将人类生存环境作为核心研究对象的学科。人类生存环境包括人类生存的自然环境（成为自然地理学研究的核心对象），也包括人类生存所需要的人文社会环境（工作环境和生活环境，成为人文地理学研究的核心对象），还包括对人类生存环境的动态监测、空间

关系的定量描述和客观表达（形成了地理信息科学研究的主要内容）。由此可见，大到全球人类社会的可持续发展，中到一个国家和地区的社会经济发展，小到国民素质教育、国情教育、爱国教育以及个人的日常生活，都不可避免地需要地理科学的支撑和对地理知识的掌握。古今中外，国际领先的地理科学强力地支撑了所在国的繁荣强盛，地理大发现带动了整个西方社会几个世纪的繁盛，中华民族伟大复兴也必然要求先进的地理科学作为支撑！

十几年前看到王建同志主编的《现代自然地理学》，感到很高兴。它从圈层相互作用的角度，阐述了地球表层环境的组成、结构、功能、区域特征和变化规律，思路很新颖，被评为国家面向 21 世纪课程教材、"十二五"普通高等教育本科国家级规划教材、全国高校优秀地理教材。读了《自然地理学》初稿，眼睛又是一亮。该教材在继续坚持地球表层系统科学思想和体系的同时，进一步突出了自然地理学的应用性、实践性和探究性，与前一本教材《现代自然地理学》形成优势互补。该教材与国际教材体例接轨，教材中的"地学视野"栏目，介绍了地学的经典理论、重大事件以及新的动态，可以拓展学生的视野，激发学生的兴趣；"案例分析"栏目，介绍了利用自然地理学解决生产生活中问题的实例，可以启发学生进行自然地理学的应用和实践；"探究活动"栏目，设置了一些与自然地理学相关的实验、实习、计算，可以引导学生动手和动脑。这些新"栏目"避免了多数教材只注重知识的传递（使学生死记硬背知识，缺少实践动手能力），缺少适用性、缺少启发学生创新思考的弊端。可以说，这本《自然地理学》教材是一部融科学性、系统性、应用性、实践性、探究性与趣味性于一体的好教材。

希望该教材的出版能够有助于新时代地理科学创新人才的培养，有助于公民地理素质的提高，有助于激发更多的人对地理科学产生兴趣，使更多的人学习地理、研究地理、应用地理、发展地理，使地理科学在社会可持续发展以及中华民族伟大复兴过程中发挥更大的作用！

　　此为序。

中国科学院院士
中国地理学会理事长
教育部高等学校地理科学类专业教学指导委员会原主任
2023 年 12 月 6 日

前　言

　　地理学是一门古老的学科。在古代，地理学为认识世界做出了不可磨灭的贡献。郑和下西洋，开拓了亚非之间的海上航路，加强了人类对海洋环境的认识；哥伦布发现新大陆，拓展了人类对世界范围的认知；麦哲伦环球航海，使人们认识到"地不是方的而是圆（球）的"。

　　地理学又是一门年轻的学科。随着地理学在社会经济发展中的作用越来越大，地理学受到了前所未有的关注，地理学又被"重新发现"了，呈现出勃勃生机。小到个人生活，大到社会发展和国家安全，都与地理学密切相关，人类离不开他们赖以生存和发展的地球表层环境，而地理学就是研究地球表层环境以及人与环境相互关系的核心学科。国情教育离不开地理学，因为资源、环境，以及人地关系的地域异同是最大的国情；素质教育离不开地理学，因为人的生活离不开方向的辨识、方位的判别以及对地方、区域的认知；可持续发展离不开地理学，因为人地和谐是可持续发展的前提和基础；创新、协调、绿色、开放、共享的发展也离不开地理学，创新发展需要基于一个地方的资源环境背景和社会经济状况而进行，协调发展需要考虑人地协调、区域协调以及社会经济等方面的协调，开放发展需要知己知彼、取长补短、互利共赢，绿色发展需要尊重自然、顺应自然、天地人和，共享发展需要人人共享、区域共享。中华民族伟大复兴也离不开地理学，因为实现中华民族伟大复兴必须广泛凝聚一切可以利用的力量，避免或者战胜一切可能的艰难险阻，这离不开地缘政治、中国地理、世界地理、

海洋地理和军事地理等相关知识的支持。

庆幸自己选择了地理学专业，从事地理学的教学与研究，能够为社会的进步、国家的富强、民族的复兴、人类的美好生活贡献一份力量。受导师杨怀仁先生主编《第四纪地质》获得 1992 年第二届全国高等学校优秀教材奖特等奖和国家科技进步奖三等奖的启示，我觉得一部好教材对社会进步的作用不亚于一部专著，并从 20 世纪 90 年代开始关注教材的编写。我主编的第一部教材《现代自然地理学》，于 2001 年由高等教育出版社出版，2010 年修订再版。这部教材改变了以往自然地理学教材按照要素阐述和综合性、系统性不够的状况，强调了圈层的相互作用和要素的相互联系，从地球表层系统科学的角度阐述地球表层环境的组成、结构、地域分异特征、形成与变化规律以及人与环境的相互作用，得到了教师、学生和专家的广泛认可和肯定。先后 20 多次印刷，发行量突破 10 万册。在感到欣慰的同时，也感到一点遗憾。这部教材，尽管试图从地表环境的评估、预测、规划、管理和调控方面突出其应用价值，但是应用的案例较少；尽管试图把学科发展的最新动态尽可能地融入教材之中，但是其拓展性和探究性稍显不足。为了弥补这个遗憾，计划再编写一部《自然地理学》教材，突出其应用性、实践性、探究性，与《现代自然地理学》形成优势互补。科学出版社联合中国地理学会、教育部高等学校地理科学类专业教学指导委员会，于 2015 年启动了"打造一套具有科学性、时代性和权威性的精品教材"的出版计划，其理念正好与我不谋而合。从 2016 年开始，我花了几年时间，借助国家精品课程、国家级精品资源共享课、国家精品视频公开课程和国家级一流本科课程建设的案例与教学资源的积累，借鉴国内外优秀教材一些好的体例，完成了这部教材。

本教材共十四章，分为三个部分：第一部分从地球表层系统科学的角度阐述自然地理学、地球表层系统以及两者之间的关系；第二部分从地球表层系统的角度阐述人类赖以生存的地表环境的组成、结构及其形成机制；第三部分从自然地理学的角度阐述资源、环境和可持续发展，以及自然地理学在社会经济发展中应该发挥的作用。本教材创设了"地理视野"栏目，以拓展师生视野，激发师生兴趣；创设了"案例分析"栏目，以启发师生进行自然地理学思考和应用；创设了"探究活动"栏目，以引导师生动手和动脑，增强学生实践能力。第一章、第二章由王建、李彦彦编写，第三章由张茂恒、王建编写，第四章由付旭东、胡顺福、王建编写，第五章由刘健、严宓编写，第六章由陈霞、徐孝彬编写，第七章由秦大河、任贾文、李春兰编写，第八章由陈晔、董建勋编写，第九章由刘金娥、董建勋编写，第十章由刘健、王建、严宓编写，第十一章由徐孝彬、王建编写，第十二章由方斌、王建编写，第十三章由白世彪、王建编写，第十四章由张英佳、李雪铭编写。全书由王建统稿，图件清绘和整理由董建勋、肖振宇完成，赵梅参与了文献的检索和相关资料的整理。

本教材适合作为地理科学类专业本科生的专业主干课或专业课程教材，资源、环境、农业、林业、水利、测绘、地质、气象、旅游等相关专业本科生的专业基础课程教材，以及其他专业学生的素质拓展的博雅课程教材。本教材可以作为地理科学专业和自然地理与资源环境专业"自然地理学"或"综合自然地理学"课程的教材，与部门自然地理学教材协同发挥作用。其他专业的学生学习自然地理学，选择本教材，不仅会帮助他们对自然地理学的学科体系和理论方法有一个全面系统的了解，而且会帮助他们利用自然地理学理论与方法去思考和解决所面临的生活和专业问题。本教材也可为地学类、资源环境类专业研究生进行资源环境研讨提供资料、案例来源，可作为中学

地理教师拓展视野和知识面的重要渠道，还可以为一般老百姓正确理解世界重大事件发生的地理背景、科学欣赏山水风光提供参考和依据。希望本教材的出版，能够激起更多的人对地理学的兴趣，使更多人热爱地理、学习地理、教授地理、研究地理、宣传地理、发展地理，从而为国家的富强、民族的振兴、人民的幸福做出应有的贡献！

感谢李吉均院士、王颖院士、秦大河院士的鞭策、鼓励和支持，他们的鼓励和支持是我长期致力于自然地理学教材改革和创新的动力。感谢陈发虎院士为本教材撰序，感谢蔡运龙先生对教材提纲提出的建设性修改意见，感谢科学出版社化学与资源环境分社赵峰社长和文杨编辑与作者一起讨论教材的结构、体例和版式，感谢中图北斗文化传媒（北京）有限公司刘经学编辑在地图编制和清绘方面给予的耐心指导与有力支持，感谢郑帼教授提供了封面照片和其他一些图片，感谢教材编写组所有成员的精诚协作与不懈努力！本书在编写过程中应用了部分网络图片，教材中未能一一列出，深表歉意并一并表示衷心感谢。

如何将理论性、科学性、系统性与应用性、实践性、趣味性相统一，一直是教材编写的难点。本教材进行了一次大胆的尝试，但是由于能力有限，不一定能够完全达到预期的目标。希望地理教师、学生、专家学者以及对地理学感兴趣的广大读者，多提宝贵意见，以便不断完善，使之成为一部大家喜爱、便教利学的优秀教材！

王建

2023 年 6 月

目　录

第一部分

从地球表层系统看自然地理学

 # 第一章
认识自然地理学

第一节　什么是自然地理学

　　自然地理学是地理学的二级学科，是地理学的基础学科。关于自然地理学的定义，不同学者的观点并不完全相同，但归纳起来，一般都认为自然地理学是研究地球表层自然环境的学科。然而，研究地球表层自然环境的学科不是只有自然地理学，这样的定义不够系统和全面，有必要给出自然地理学更为确切的定义。要给出确切的定义，就需要弄清楚自然地理学的研究对象、研究目的、研究内容和学科性质。

一、自然地理学的研究对象

　　自然地理学的研究对象是地球表层自然环境。自然地理学确实是研究地球表层自然环境的核心学科，但值得注意的是，它不可能研究地球表层自然环境的所有方面。自然地理学着重研究地球表层自然环境的组成、结构、地域分异特征及其成因与变化规律。

二、自然地理学的研究目的

　　自然地理学研究的目的在于，正确认识和把握地球表层自然环境的组成、结构、地域分异特征及其成因与变化规律，对人类赖以生存的地球表层自然环境进行科学评估、预测、规划、管理、优化和调控，从而保护地球表层环境，合理地利用自然资源，促进人地和谐，保障人类的可持续发展。简而言之，就是促进人地和谐，保障人类的可持续发展（图 1-1）。

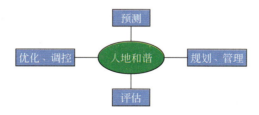

图 1-1　自然地理学研究的目的及其实现手段

三、自然地理学的研究内容

　　从自然地理学的研究对象和研究目的出发，自然地理学的研究内容主要包括以下几方面（图 1-2）：

（1）地球表层自然环境的空间组成与结构及其区域分布规律。

（2）地球表层自然环境的成因与变化规律。

（3）地球表层自然环境系统的运行机制（物质循环、能量转换、信息传输）。

（4）人类与地球表层自然环境的相互作用、相互影响。

（5）地球表层自然环境的评估、预测、规划、管理、优化和调控。

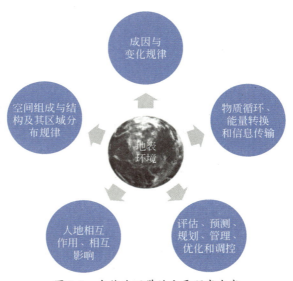

图 1-2　自然地理学的主要研究内容

四、自然地理学的学科性质

通常认为地理学具有区域性与综合性，但实际上仅仅用区域性与综合性来刻画地理学，恐怕还不够全面。地理学还应该包括系统性。自然地理学作为地理学的分支学科，应该具有区域性、综合性和系统性（图 1-3）。

图 1-3　自然地理学的学科性质

（一）区域性

区域性是地理学的本质特性，是区别于其他学科的最根本性质。可以说，地理学就是着重对地球表层环境以及人地相互作用的区域特征、区域联系与区域分异规律进行研究的学科。不同区域，气候不同、土壤不同、植被不同，地貌类型也不同；不同区域，环境性质不同、资源特征不同，人类活动的影响与作用方式及强度也不同。

（二）综合性

综合性是指自然地理学多学科交叉、多要素融合的特性。自然地理学研究的对象是地球表层自然环境，它涉及大气圈、水圈、岩石圈和生物圈。也就是说，它研究的对象涉及许多方面、许多要素。这些要素相互作用、相互影响，构成了人类赖以生存的地表环境，因此多要素的融合便成了自然地理学的特性。

自然地理学研究对象的复杂性及多要素构成的特征，决定了自然地理学具有多学科交叉的特性。可以说，自然地理学是地质科学、生物科学、大气科学、水文科学、土壤科学等的交叉学科。多学科的交叉，不是多学科知识的拼凑，而是建立在多学科基础上的具有自身特色与体系的融合。

多要素的融合、多学科的交叉，决定了自然地理学具有综合的特性。

（三）系统性

既然自然地理学的研究对象是由圈层相互作用、要素相互融合而形成的地球表层自然环境，如果不用系统学的理论与方法去研究，就难以弄清圈层之间、要素之间的因果关系与内在联系。因此，系统性也就成了自然地理学的性质之一。实际上，地球表层自然环境就是一个系统，可以称之为地球表层自然环境系统。

系统性主要表现在以下几个方面：整体性、层次性、动态性与结构功能性（图1-4）。整体性指系统是由相互作用、相互联系着的部分组成的整体，整体的功能大于各部分功能之和。作为整体，系统具备各个组成部分所不具备的新功能。例如，单纯的岩石圈、水圈、大气圈和生物圈，都不可能支撑人类的诞生和演化，只有四个圈层相互作用形成的地球表层环境才具有支撑人类诞生和演化的功能。

图1-4　系统性的含义

层次性指系统可以划分为多个不同的层次，大系统由小系统组成，小系统则由更小的系统组成。地球表层系统也是由不同层级的系统构成的：从全球到区域、从区域到局地，具有明显的层次性。

动态性指系统大多处在不停的发展变化过程中，人们今天所认识的系统是系统发展演化到某一阶段的结果。地球表层环境也处在不停的变化过程中。

结构功能性指任何系统都具有一定的结构，系统的结构决定了系统的功能，系统的功能与系统的结构相匹配。地球表层环境也是如此，如海洋与陆地的结构不同导致海洋与陆地的功能不同，森林与草地的结构不同导致森林与草地的功能也不同。

五、自然地理学的定义

在讨论了自然地理学的研究对象、研究目的、研究内容以及自然地理学的学科性质

之后，可以给出一个自然地理学相对系统全面的定义。自然地理学就是用系统的、综合的、区域联系的观点与方法，去审视与研究人类赖以生存的地球表层自然环境的组成、结构、地域分异特征、形成与变化规律，从而对其进行评估、预测、规划、管理、优化、调控，以促进人地和谐和人类可持续发展的学科。

第二节　自然地理学与生产生活

自然地理学与人们的生产、生活密切相关（图 1-5）。

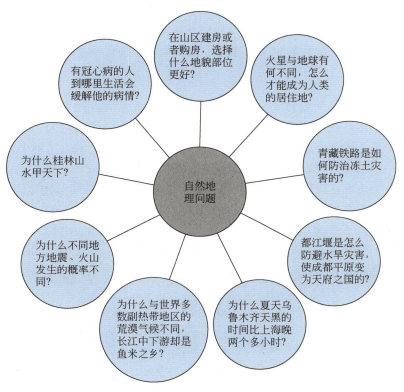

图 1-5　自然地理学与生产生活

冬天，当人们从冰天雪地的大兴安岭来到一派热带风光的海南岛，不禁为差异巨大的自然景观惊叹不已。夏天的傍晚，当上海已是万家灯火的时候，乌鲁木齐的太阳还高高地挂在天边。人们禁不住要问，乌鲁木齐为什么天黑得这么晚？

春节联欢晚会上，有来自南极长城站或中山站的科学考察队员的问候。有些人感到纳闷：为什么他们不在夏天而在冬天去南极考察呢？

在世界各国人民庆祝新年来临的时候，不同地区有不同的庆祝方式不足为奇，而不同地区与国家，新年钟声敲响的时间不同让好些人困惑不解。

喜马拉雅山是世界上海拔最高的山脉，世界上 8000m 以上的山峰大多出现在这里，为什么？世界上最深的海域不是出现在大洋中央，而是出现在海洋的边缘，又是为什么？

为什么一些地方终年炎热而另一些地方终年冰天雪地？为什么有些地方森林茂密而另一些地方寸草不生？为什么在山的一侧大雨倾盆而另一侧晴朗干热？为什么昆明四季如春，重庆、武汉、南京的伏天却闷热如炉？

为什么南、北纬30°附近的陆地大多为干燥的荒漠地带，而中国东部的这一地带是温润的鱼米之乡？

海啸、风暴潮、沙尘暴、泥石流、滑坡、崩塌等给人类带来了严重的灾害，你知道它们是怎么形成的，又该怎么预防和规避吗？

人们经常会听到有关地震与火山爆发（图1-6）的报道，不免会感到有些害怕和紧张，但为什么一些地区地震频发，而另一些地区很少发生？为什么一些地区火山经常喷发，而另一些地区从来没有见过火山的活动？

图1-6　火山爆发

发生在2008年四川省的汶川地震，导致8万多人死亡或失踪，37万多人受伤，受灾面积40多万平方千米。是什么导致灾害如此严重？发生在2010年甘肃省的舟曲泥石流导致1700多人死亡或失踪，20000多人无家可归。你知道灾害如此惨重的原因吗？发生在2011年曼谷附近的洪涝灾害，导致700多人死亡或者失踪，100多万个家庭受到影响，经济损失预计占国内生产总值的5%或者更多。除了这一年雨季特别长（降水特别多）以及曼谷附近地势低洼以外，你认为灾害异常严重的原因还有哪些？

海底地震导致的大海啸给许多沿海国家带来了巨大的灾难。例如，发生在2004年的印度洋海啸，导致印度洋沿岸30万人遇难。又如，2011年9级海底地震引发日本大海啸，海啸带来的损失超过了地震的直接损失。中国拥有18000多千米的大陆海岸线，为什么海底地震产生的海啸没有给中国大陆带来严重灾害？

你知道什么是温室效应、阳伞效应、热岛效应、湖泊效应和绿洲效应吗？你知道厄尔尼诺、南方涛动、臭氧洞及其对人类的影响吗？

在北半球的河流，主流线通常偏向右岸，是什么原因造成的？热带气旋在南、北半球旋转的方向不同，为什么？

"桂林山水甲天下，太湖美景不胜收""黄山归来不看山，九寨归来不看水"，你知道这些美景又是怎么形成的吗？在《中国国家地理》评出的"中国最美的山"前10名中至少有五座雪山，你知道雪山美在哪里吗？作为世界遗产的云南的元阳梯田，吸引了越来越多的旅游者。在欣赏其气势磅礴的梯田风光时，你是否知道其令人震撼之处不仅是风光之美，还有人地和谐之美？

青藏铁路是世界海拔最高的铁路，穿越了数百千米的冻土区（图1-7），你知道研究人员是如何解决冻融作用对铁路影响的问题的？塔克拉玛干沙漠过去被称为"死亡之海"，可是今天已经有两条高速公路穿越了这个"死亡之海"。你知道工程建设者是如何防止风沙对公路的侵蚀和掩埋的吗？

图1-7　青藏铁路

建于2200多年前的都江堰水利枢纽，至今仍然在发挥着防洪灌溉的作用，使成都平原成为水旱从人、沃野千里的"天府之国"。都江堰水利枢纽是全世界迄今为止年代最久、唯一留存、仍在一直使用、以无坝引水为特征的宏大水利工程。你知道在它的建设和维护过程中，利用了什么水力学原理？

你知道为什么一些地方的水果、茶叶或者大米味美、质优、营养丰富，其他地方的却无法与之比拟吗？

一些地方某种病的发病率比其他地方明显偏高，你知道是什么原因吗？你知道冠心病患者在什么季节病情会加重？冠心病患者到哪里生活可能会缓解病情吗？

在山区购房，除了考虑交通便利、阳光充足外，还需要考虑什么因素？你觉得选择在什么地貌部位更好？

人类一直在探索地球以外的生命。尽管美国国家航空航天局（National Aeronautics and Space Administration，NASA）宣称发现了一颗迄今为止与地球最相似的太阳系外行星——开普勒-452b（Kepler-452b）。但到目前为止还没有发现地球以外的人类。太阳系八大行星中，为什么只有地球上有人类？人类一直在探索火星生命，最近还在火星上发现了水和甲烷，你觉得火星适宜人类生活吗？

你想了解或者解答这些问题吗？就一起来学习自然地理学吧！

第三节　自然地理学与地球表层系统

一、自然地理学与地球表层系统的关系

地球是一个复杂的巨系统，可以把地球系统划分为地球表层系统与地球内部系统（图1-8）。研究地球表层系统的科学称为地球表层系统科学，其中地理学是研究地球表层系统科学的核心学科。地球表层系统又可进一步划分为地球表层自然系统与地球表层人文系统，其中，自然地理学是研究地球表层自然系统的核心学科。地球表层自然系统是由大气圈、水圈、岩石圈、生物圈相互作用构成的。研究大气圈、水圈、岩石圈、生物圈的核心学科分别是大气科学、水文学、地质学、生物学。因此，自然地理学实际上是大气科学、水文学、地质学与生物学的交叉学科（图1-9）。

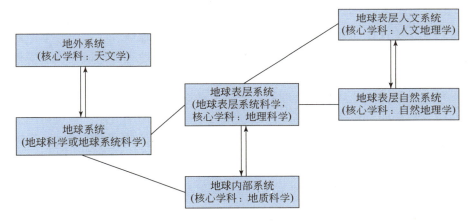

图1-8　自然地理学与地球表层系统的关系

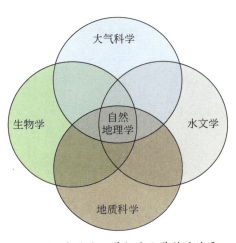

图1-9　自然地理学与其他学科的关系

二、从学科和社会发展看自然地理学的发展趋势

近几十年来，自然地理学和整个地球科学都经历了巨大的发展和变化，一个新的自然地理学学科体系正在形成中。过去的自然地理学科体系是为了适应农业社会和工业社会早期阶段资源的调查、开发而建立的，已经不能适应以人地协调和可持续发展为主题的现代社会发展的需要。为了适应社会经济可持续发展的需求，自然地理学研究的着重点逐步从资源转移到环境，从资源的时空分布转移到圈层相互作用和人地相互影响；服务的对象逐步从经济建设转变为社会和人类的可持续发展（表1-1）。

表 1-1　过去与现在的自然地理学出发点与着重点的变化

	过去的自然地理学	现在的自然地理学
出发点	开发资源、发展经济	可持续发展
研究任务	资源调查、开发规划	协调人地关系
研究内容	水资源、土地资源、气候资源、生物资源、矿产资源的形成、分布和演变规律	地球表层环境的形成、变化规律及人地协调的途径和措施
着重点	资源的时空分布	圈层相互作用、人地相互影响

地球科学正逐步走向地球系统科学，地理学也正走向地球表层系统科学。研究地球系统或者地球表层系统，必须具有全球视野。因此，自然地理学的研究视野应该从局地扩大到全球，应该更加强调系统性和整体性。

自然地理学的发展趋势：从全球的视野研究地球表层环境的变化规律与成因机理；从地球系统的角度研究地球表层环境区域联系与圈层相互作用机制；从可持续发展观点出发，探讨人与环境协调相处的路径和措施；从地表环境的评估、预测、规划、管理、优化、调控方面，研究自然地理学应用的理论与方法。

除了上述趋势之外，地理学和自然地理学还呈现出以下几个方面的趋势和特征（图 1-10）。

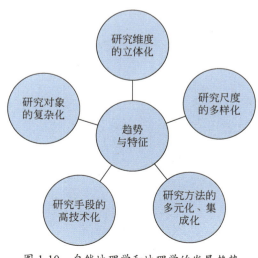

图 1-10　自然地理学和地理学的发展趋势

1. 研究对象的复杂化

随着人类活动影响范围和程度的加强，地表环境的格局、结构、过程和机制都变得越来越复杂，人与环境的相互作用和相互影响也变得越来越复杂。

2. 研究维度的立体化

过去地理学更多注重地球表面的研究，以及水平维度的研究。随着人们对过程和机制的重视和深入探索，垂直维度得到了越来越多的关注。我们不仅要研究地内过程和地外过程对地表环境形成和变化的作用，研究地球表层的垂直分层和水平分异，还要研究各个圈层在立体空间的相互作用。与此同时，时间维度也得到越来越多的重视。

3. 研究尺度的多样化

过去由于观测和研究技术的限制，人类只能站在地表看地表，并且大多局限于地方和区域尺度。随着空间技术和对地观测技术的发展，人类可以在地表以外观测地表，研究的尺度从区域拓展到全球，向宏观方向拓展。同时由于对过程、机制的研究，需要从物质循环、能量流动和信息传递的角度去探索要素的相互关联和圈层的相互作用，因此还需要从微观的角度进行物理过程、化学过程和生物过程的观测、实验和模拟，研究尺度也在向微观方向拓展。因此，研究的尺度在向宏观和微观两个方向拓展，研究尺度更加宽广、更加多样。

4. 研究方法的多元化、集成化

由于研究对象的复杂化、研究维度的立体化、研究尺度的多样化，需要研究方法的多元化和综合化。地理学研究的内容不仅涉及自然，还涉及人文；不仅涉及点和线，还涉及面和体；地表过程不仅有物理过程和化学过程，还有生物过程与人文过程。因此，地理学研究不仅需要自然科学的方法，还需要人文科学和社会科学的方法；不仅需要调查、观察、测量与实验，还需要分析、计算和模拟；不仅需要空间的分析方法，还需要时间的分析方法；不仅需要归纳的方法，还需要演绎的方法；不仅需要物理的方法、化学的方法，还需要生物的方法和人文的方法；不仅需要定性的方法，还需要定量的方法；不仅需要宏观研究的方法，还需要微观研究的方法；不仅需要线性的分析方法，还需要非线性的分析方法等。

5. 研究手段的高技术化

由于研究对象的复杂化、研究维度的立体化、研究尺度的多样化，研究方法的多元化和集成化，对研究手段提出了越来越高的要求。随着科技的进步和社会经济的发展，地理学研究的手段呈现出高技术化的趋势。例如，遥感、全球导航卫星系统、地理信息系统、虚拟现实技术、模拟仿真等技术，被广泛地应用于地理学的研究和调查，加速器、质谱仪、超大型计算机也被越来越多地应用于地理学研究。

三、未来地理学家应该具备的素质

地理学的发展以及日益增长着的社会、经济发展对地理学的需求，对地理学家提出了新的更高的要求。地理学家要跟上学科发展的趋势，满足社会、经济提出的新的需求，必须具备以下几个方面的素质与能力（图 1-11）。

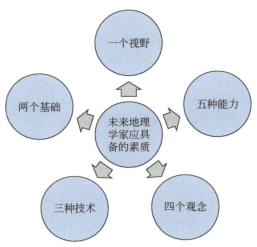

图 1-11 未来地理学家应该具备的素质

1. 一个视野

全球的视野。要善于从全球的角度，用世界的眼光来审视和研究地球表层环境以及人与环境的相互作用。要把地球表层环境作为一个整体进行观察和研究。即使研究一个区域或者地方，也应该把区域和地方置于地球表层环境的整体框架下进行。

2. 两个基础

具备宽广的文理工融合的学科基础和厚实的地球系统科学专业基础。

3. 三种技术

熟练掌握地理观测、调查与信息获取的技术，地理实验与分析的技术，地理综合与集成的技术。

4. 四个观念

人地相互影响的观念，区域相互联系的观念，圈层相互作用的观念，人地和谐与可持续发展的观念。

5. 五种能力

多学科交叉、多要素融合的能力，多视角观察和多维度分析的能力，多尺度以及跨尺度分析研究的能力，多种方法合理使用和集成的能力，应用地理学理论、方法与技术服务社会和经济的能力。

地学视野：《重新发现地理学》

20 世纪 80 年代，出于对美国在全球经济中的竞争力的关切，人们实行了系列调查。调查结果表明，9 个国家中，美国年轻成年人对地理学了解最少，大约有一半人不能在地图上指出南非在哪里，也不能分辨出南美洲的国家，只有 55% 的人能把纽约标在地图上。对 7 个城市 5000 名中学高年级学生的调查结果发现，达拉斯 1/4 的学生无法列举出美国国境以南国家的名称。因此，自 20 世纪 80 年代中期以来，"要注意地理盲"的呼声不仅来自科学界和联邦政府，还来自商界和州政府。

  这种强烈关注的结果之一是对美国地理学教育重要性的重新认识。美国国家科学院院长（1993～2005年）Bruce Alberts组织一个专门委员会，进行调查并于1997年撰写出版了一本书 *Rediscovering Geography*（《重新发现地理学》）（图1-12）。调查结果显示，地理的从业人数有了明显的提高。在1986～1994年，美国全国主修地理学的大学本科生数目增加了47%，有博士学位授权的系增加了60%。1985～1991年，地理学研究生注册人数增加了33.4%，相比之下，社会科学方面只增加15.3%，而环境科学减少了5.4%。地理学家的从业人数与社会地位也有了明显的提高。例如，自1960年以来，美洲地理学家联合会会员从2000人增加到7000人以上，被选入美国国家科学院的地理学家由0位增加到8位。在纷繁的学科研究前沿，如规划、经济学、金融、社会理论、流行病学、人类学、生态学、环境历史保育生态学和国际关系等学科，都强调地理学视角的重要性。地理学视角的重要性——通过认识空间与尺度这些概念的极端重要性被许多领域所认识到，地理学的影响扩展到更多相关领域。

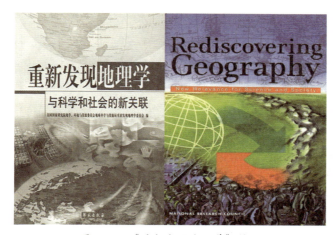

图1-12 《重新发现地理学》封面

  鉴于社会对于地理需求的增长，美国政府和相关部门也采取了一些措施。美国政府有关部门在有关国家教育改革的一系列政策陈述和立法建议中，将地理学（geography）确定为美国学校教育的核心课程，与自然科学（science）和数学（math）相比肩，并着手进行地理扫盲。

  改革开放以后，中国的地理学也逐渐被重新发现。钱学森院士在1987年就提出把地理科学列为现代科学技术的十大门类之一，使其和自然科学、社会科学等处于同等地位的建议。地理学家充分利用巨大的发展机遇和挑战，组织和参与完成了关于中国自然结构和国家发展的一系列国家重大综合性研究任务，为政府和社会提供了大量的科学资料和建议，在经济和社会发展实践中发挥了重要的作用。例如，地理学研究成果在青藏铁路修建、沙漠公路维护、南水北调工程选线、区域可持续发展等方面发挥了重要作用。

案例分析：地理大发现及其意义

　　地理大发现指在15世纪末至17世纪中叶，欧洲人对未知大陆与水域的探索（图1-13），地理大发现使人类对这些陆地、水域及地球本身有了一定的认识，开辟了前所未有的重要的航线与通道，把世界各大洲与大洋紧密地联系在一起。地理大发现不仅使地中海沿岸的经济进入了数千年来最活跃的时期，还促进了地理学的发展。

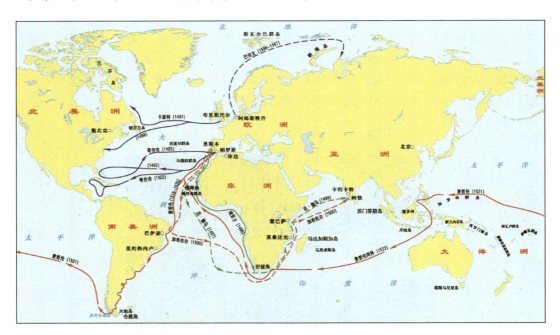

图 1-13　新航路的探索示意图
http://www.onegreen.net/maps/HTML/56864.html

　　地理大发现促进了古代地理学向近代地理学发展。地理大发现使人类明确了地球的形状、大小和运动形式，证实了地球上广大海洋的存在，弄清了海陆的基本轮廓，积累了大量的海洋、生物、地质资料，引起了地理学界新的思考，促使地理学发展并形成全球性的科学的理论思维。1650年德国地理学家瓦伦纽斯写成了《通论地理》一书，采用太阳中心说，第一个注意到赤道和两极受热不同而造成下层空气从极地向赤道流动；1686年英国地理学家埃德蒙·哈雷发表了大西洋信风图及其学说，画出了南北半球信风，标明了亚洲季风，并指出其形成的原因。在地形起源理论上，达·芬奇第一个讥笑灾变说，主张是流水夷平高山的；1786年法国学者比阿特提出"均衡河谷"的学说；1752年法国地理学家比歇把地球陆地用绵长的山脉分成众多大的流域，至今流域仍是自然地理学研究的基本单位，是自然区划、农业区划的重要依据。在测绘方面，1568年荷兰地理学家墨卡托创立了墨卡托投影，第一次将世界完整地表现在地图上；1728年法国的卡西尼和荷兰的尼古拉·克鲁奎，采用等高线表示地形绘制大比例尺地形图；1682～1725 年俄国彼得大帝组织探险队，并于 17 世纪末完成俄国欧洲部分南部的测量绘图工作，1758 年伟大博物学家罗蒙诺索夫创立了俄国科学院地理部。

地理大发现对全世界，尤其是对欧洲政治与经济发展产生了前所未有的巨大影响。起初，地中海的权力和财富掌握在意大利人和希腊人手里；随着君士坦丁堡的陷落，阿拉伯人开始显赫于地中海；后来，葡萄牙与西班牙进行了收复失地运动，发现了新航路并进行了环球航行，意大利城邦失去了他们对东方贸易的垄断，欧洲的重心转移到伊比利亚半岛上。19 世纪，法国、英国、荷兰三国开始活跃，它们主导了大西洋的经济活动，其中一部分国家的影响力延续至今。

随着远洋探索的开展，跨洋商业活动变得越来越频繁，海外贸易累积的财富激发了欧洲人在美洲和亚洲的殖民活动，促使资本主义与工业革命发展。此外，在欧洲社会结构方面，商人们先后取代了南欧与北欧的封建领主，成为社会中最具权势的阶层。在英国、法国及其他欧洲国家，资产阶级逐步成为本国的政治主体。

探究活动：讨论地理学与人类生产生活的关系以及历史上的航海活动对地理学的促进作用

1. 查找资料并结合个人经历与体会，讨论自然地理学与人类生活与生产的关系。

2. 讨论或者辩论历史上几次大的航海活动对人类认识地球以及促进社会发展方面的作用。

主要参考及推荐阅读文献

毕思文，许强 . 2002. 地球系统科学 . 北京：科学出版社 .

陈发虎，傅伯杰，夏军，等 . 2019. 近 70 年来中国自然地理与生存环境基础研究的重要进展与展望 . 中国科学：地球科学，49（11）：1659-1696.

陈发虎，李新，吴绍洪，等 . 2021. 中国地理科学学科体系浅析 . 地理学报，76（9）：2069-2073.

丁永建，张世强，韩添丁，等 . 2014. 由地表过程向地表系统科学研究跨越的机遇与挑战 . 地球科学进展，29（4）：443-455.

格雷戈里 K. J. 2006. 变化中的自然地理学性质 . 蔡运龙，吴秀芹，李卫锋，等译 . 北京：商务印书馆 .

宫鹏，史培军，蒲瑞良，等 . 1992. 对地观测技术与地球系统科学 . 北京：科学出版社 .

傅伯杰 . 2014. 地理学综合研究的途径与方法：格局与过程耦合 . 地理学报，69（8）：1052-1059.

傅伯杰 . 2018. 新时代自然地理学发展的思考 . 地理科学进展，37（1）：1-7.

傅伯杰，冷疏影，宋长青 . 2015. 新时期地理学的特征与任务 . 地理科学，35（8）：939-945.

李春初 . 1999. 抓住机遇，迎接挑战——地理学家应积极开展地球系统科学的研究 // 本书编辑组 . 陆地系统科学与地理综合研究——黄秉维院士学术思想研讨会文集 . 北京：科学出版社 .

李吉均 . 1999. 关于地理学在中国的发展前景之思考 // 吴传钧，刘昌明，吴覆平 . 世纪之交的中国地理学 . 北京：人民教育出版社 .

廖永岩 . 2007. 地球科学原理 . 北京：海洋出版社 .

李新，郑东海，冯敏，等 . 2022. 信息地理学：信息革命重塑地理学 . 中国科学：地球科学，52（2）：

370-373.

李秀彬，郑度．2001．自然地理学的发展趋势及若干前沿领域//中国地理学会编．地理学的理论与实践——纪念中国地理学会成立九十周年学术会议文集．北京：科学出版社．

陆大道．2001．地球表层系统研究与地理学理论发展//中国地理学会．地理学的理论与实践——纪念中国地理学会成立九十周年学术会议文集．北京：科学出版社．

美国国家航空和宇航管理局地球系统科学委员会．1992．地球系统科学．陈泮勤，马振华，王庚，译．北京：地震出版社．

美国国家科学院国家研究理事会．2014．地球科学新的研究机遇．张志强，郑军卫，译．北京：科学出版社．

美国国家研究院地学、环境与资源委员会，地球科学与资源局重新发现地理学委员会．2002．重新发现地理学．黄润华，译．北京：学苑出版社．

钱学森．1994．论地理科学．杭州：浙江教育出版社．

萨拉·L.霍洛韦，斯蒂芬·P.赖斯，吉尔·瓦伦丁．2008．当代地理学要义——概念、思维与方法．黄润华，孙颖，译．北京：商务印书馆．

宋长青，冷疏影．2005．当代地理学特征、发展趋势及中国地理学研究进展．地球科学进展，20（6）：595-599.

宋长青，张国友，程昌秀，等．2020．论地理学的特性与基本问题．地理科学，40（1）：6-11.

孙儒泳．2008．生态学进展．北京：高等教育出版社．

王建．2006．现代自然地理学实习教程．北京：高等教育出版社．

王建．2010．现代自然地理学．2版．北京：高等教育出版社．

王建，仇奔波．2004．论二十一世纪的地理学//仇奔波．中国基础教育学科年鉴（地理卷）．北京：北京师范大学出版社．

王建，张茂恒，白世彪．2008．圈层相互作用与自然地理学．地理教育，4：4-7.

王铮，乐群，吴静，等．2015．理论地理学．2版．北京：科学出版社．

伍光和，蔡运龙．2004．综合自然地理学．2版．北京：高等教育出版社．

伍光和，田连恕，胡双熙，等．2000．自然地理学．3版．北京：高等教育出版社．

阎伍玖．2013．资源环境与可持续发展．北京：经济科学出版社．

张箭．1993．地理大发现在自然地理学方面的意义．自然科学史研究，12（2）：185-191.

张箭．2006．地理大发现新论．江苏行政学院学报，26（2）：131-136.

郑度，陈述彭．2001．地理学研究进展与前沿领域．地球科学进展，16（5）：599-606.

郑春苗，冯夏红．2008．环境地球科学．北京：高等教育出版社．

Anderson R S, Anderson S P. 2010. Geomorphology: The Mechanics and Chemistry of Landscapes. Cambridge: Cambridge University Press.

Bush M B. 2007. 生态学——关于变化中的地球. 刘雪华，译. 北京：清华大学出版社.

Christopherson R W, Birkeland G. 2015. Geosystems: An Introduction to Physical Geography. New York: Pearson Education Limited.

Enger E D, Smish B F. 2004. Environmental Science—A Study of Interrelationship. 9th ed. Boston: McGraw Hill Higher Education.

Hess D. 2013. McKnight's physical geography: A landscape appreciation. Co-herencia, 6（10）: 127-141.

Strahler A H. 2010. Introducing Physical Geography. 5th ed. Hoboken: John Wiley & Sons.

Warren D M. 2011. A System of Physical Geography. Charleston: Biblio Bazaar.

第二章
地球与地球表层系统

第一节　作为行星的地球

一、一颗普通的行星

　　根据 2006 年 8 月 24 日国际天文学联合会大会通过的决议，"行星"指的是围绕太阳运转、自身引力足以克服其刚体力而使天体呈圆球状、能够清除其轨道附近其他物体的天体。根据这个定义以及大会的表决，太阳系有八大行星（图 2-1），距离太阳由近及远依次为水星、金星、地球、火星、木星、土星、天王星、海王星。地球是太阳系八大行星之一。

图 2-1　太阳系的八大行星示意图

　　这八颗行星遵循着一定的规律围绕太阳旋转，称为行星运动定律。由于是开普勒提出来的，又称为开普勒三定律。

　　行星运动第一定律，又称轨道定律，即所有行星分别在大小不同的椭圆轨道上围绕太阳运动，太阳位于行星轨道椭圆的两个焦点之一。

行星运动第二定律，又称面积定律，即在同样的时间内，行星径矢（向径）在其轨道平面上扫过的面积相等（图2-2）。

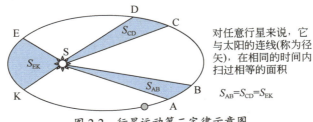

对任意行星来说，它与太阳的连线（称为径矢），在相同的时间内扫过相等的面积

$$S_{AB}=S_{CD}=S_{EK}$$

图2-2　行星运动第二定律示意图

行星运动第三定律，又称周期定律。任何两个行星绕太阳公转的周期的平方之比，等于它们与太阳的距离的立方之比。设 T_1、T_2 分别表示两行星的公转周期，r_1、r_2 分别表示它们与太阳的平均距离（各自轨道的半长轴），那么便有

$$T_1^2/T_2^2=r_1^3/r_2^3 \tag{2.1}$$

牛顿从第三定律导出了万有引力定律，并且利用万有引力定律修正了行星运动第三定律。设太阳和行星的质量分别为 M 和 m，则有

$$T_1^2 \times (M+m_1)/[T_2^2 \times (M+m_2)]=r_1^3/r_2^3 \tag{2.2}$$

这样就能够更加准确地反映行星公转周期与公转轨道半径之间的关系，而且还可以计算行星之间以及行星与卫星之间的质量比。

二、一颗特殊的行星

尽管宇宙中有亿万颗行星，绕着太阳运动的行星也不只地球一个。但到目前为止，只发现地球上生活着人类。这是由适宜的日地距离、适中的地球质量、适合的地球形状、特定的运动速度与方式决定的（表2-1）。

表2-1　太阳系八大行星主要物理性质（根据 NASA 数据计算整理）

行星	与太阳距离 （日地距离为1）	质量 （地球为1）	体积 （地球为1）	自转周期/d	公转周期/a	表面大气 平均温度/℃
水星	0.39	0.06	0.06	58.79	0.24	167
金星	0.72	0.82	0.86	243.69	0.62	464
地球	1.00	1.00	1.00	1.00	1.00	15
火星	1.52	0.11	0.15	1.03	1.88	−65
木星	5.20	317.83	1321.33	0.42	11.86	−110
土星	9.54	95.16	763.59	0.45	29.46	−140
天王星	19.19	14.54	63.08	0.72	84.01	−195
海王星	30.07	17.15	57.74	0.67	164.79	−200

1. 距离适中

地球距离太阳约 1.5 亿 km。这样的距离不近也不远，因而地球表面接收到的太阳辐射比较适中，使地表的平均温度高于水的冰点、低于水的沸点，大部分水以液态存在，

为生命的孕育创造了条件。研究表明，如果日地距离缩短一些，地表温度就会过高，从而影响生物的遗传，且地表不会有液态水；如果地球离太阳再远一些，地表温度就会偏低，水就会彻底冻结，生命的化学过程就无法进行。水星和金星离太阳比地球近，接收到的太阳辐射分别是地球的 6.7 倍和 1.9 倍。因此，金星表面的温度达到 400 多摄氏度（还有温室效应的影响），水星朝向太阳一面的表面温度也达到 300 多摄氏度。木星和土星由于距离太阳较远，获得的太阳辐射只有地球的 4% 和 1%，表面温度在零下 100 多摄氏度。

2. 质量适中

科学家认为，行星的质量如果偏大，引力就会偏大，氢、氦、甲烷等原始大气就会被它牢牢地吸引住，造成一个缺氧的大气环境，不利于生命的进化；但如果行星的质量偏小，引力就会偏小，就不能保持一个像今天一样稠密的大气层，也不能够集结足够的水，生命的诞生与进化也就无法进行。地球的总质量为 5.97219×10^{27}g，不大也不小，从而引力适中，形成了适宜的大气圈与水圈，为生命的诞生提供了必要的条件。水星因为质量太小，只有地球质量的 5%，因此没有足够大的引力把大气留在它周围，空气非常稀薄，空气密度只有地球近地面大气密度的百万分之一。火星的质量只有地球的 10%，故火星大气也比较稀薄，其气压只有地球大气气压的 0.74%。

3. 形状适宜

地球为一旋转椭球体。地球的形状具有非常重要的地理意义。众所周知，太阳辐射是地球表面最主要的能量来源，而太阳到地球的距离为 1.5 亿 km。这样远的距离，可以将太阳光线视为平行光线。当平行光线照射到地球表面时，不同纬度地区正午的太阳高度角将各不相同。由于太阳光线直射在地球赤道附近，太阳高度角总体上由赤道附近向两极地区逐渐变小。因此，太阳辐射使地表增暖的程度也按同样的方向降低，从而造成地球上热量的带状分布和所有与地表热状况相关的自然现象（如气候、土壤、植被等）的地带性分布。

4. 运动周期适宜

地球在不停地运动。地球运动的主要形式包括自转与绕太阳的公转。地球的自转与公转具有重要的地理意义，产生了一系列环境效应（图 2-3）。

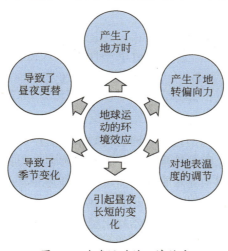

图 2-3　地球运动的环境效应

地球的自转与公转，不仅导致昼夜的更替、四季的变化、地方时的产生，以及在地表做水平运动的物体的偏移，还对地表温度的调节、生命的孕育具有极其重要的意义。地球绕太阳运转的轨道近似于圆形，从而保证从太阳得到的辐射相对比较稳定。黄赤交角长期稳定在23.5°左右，使地面温度的季节变化不会过于剧烈。地球自转一周为24h，自转的速度比较适中，因而使昼夜温差变化较小，有利于生物的生存。

三、地内系统对地表系统的影响

地内系统对地表系统也产生了不可忽视的作用与影响。概括起来，主要表现在以下几个方面（图2-4）。

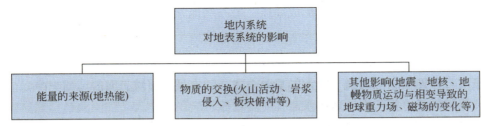

图2-4 地内系统对地表系统的影响

1. 能量的来源

尽管太阳辐射是地表系统运行与发展的主要能量来源，但地球内能对地表环境也产生了不可忽视的影响。地热是地球内部各种放射性元素所释放出的能量。据估计，地球内部每年产生的地热能可达 2.14×10^{21}J。一部分地热向地表传播，使得地球表面每年每平方厘米获得 167～210J 的热能。地热分布不均匀引起地球内部物质的运动与迁移（如地幔对流等），从而导致火山活动和板块的运动。火山活动、板块运动则改变了海陆的分布、地表的起伏以及大气的组成，从而对地表系统（环境）产生影响。

2. 物质的交换

地内系统与地表系统在不断地进行着物质的交换。例如，火山喷发不仅使地幔物质喷出，进入地表，参与地表系统的物质循环，还使大量水汽、二氧化碳、尘埃进入大气圈，从而改变大气的物质组成和性状，对地表环境与气候产生重要影响。由于地幔对流、海底扩张，洋壳不断新生；由于板块俯冲，岩石圈物质又不断被带入地球内部。这些物质交换对地表系统的发生与发展以及地表环境的演化，产生了不可忽视的影响。

3. 地内活动的其他环境效应

除能量传输、物质交换外，地内活动还对地表系统产生了一些其他的影响。例如，火山、地震直接威胁着人类安全；地核、地幔物质的运动与相变，导致地球重力场、磁场的变化，不仅会引起大地水准面的变化，还会影响无线电通信以及人体健康。

地幔对流引起的海底扩张、板块运动，导致海陆轮廓和地面起伏的变化，从而成为地表环境形成和演化的基础。

案例分析：对于火星的探测

千百年来，科学家们一直在探寻火星上是否存在生命。

1877年，米兰天文台台长亚帕雷利斯基用望远镜对火星观测后，绘制了一幅火星形貌图，宣布发现了"火星运河"。后来发现是由人的视觉误差造成的。

人们利用"哈勃"太空望远镜对火星的极地进行了观测。在1996年10月至1997年3月的观测过程中，发现了火星北极冠的变化（图2-5），认为这种变化由干冰（CO_2）/水冰的变化所致。

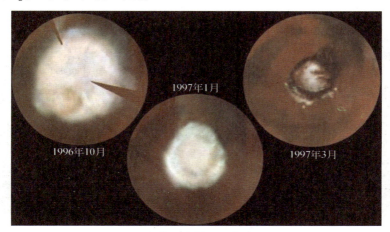

图2-5　火星北极冠的季节变化

人类对火星空间的探测始于1960年10月10日，至今已实施了40多次的火星探测任务，其中大部分任务因故障而失败，只有少数取得成功。

美国于2001年4月7日发射的"奥德赛"火星探测器对火星大气进行了探测。该航天器于2002年1月30日进入400km×400km的火星极地圆轨道，持续采集大气数据到2004年1月。"奥德赛"探测器利用伽马射线分光计对火星北极进行了探测，发现火星大气中有微量水蒸气［图2-6（a）］。

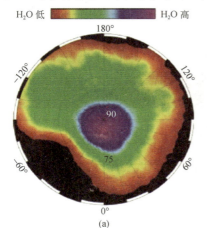

(a)　　　　　　　　　　　　　　　(b)

图2-6　"奥德赛"探测到的火星北极大气层中水蒸气分布（a）和雷达探测的火星次表层水冰分布（b）

美国于 2005 年 8 月 12 日发射的"火星勘测轨道器"执行了火星轨道科学探测任务。利用由意大利航天局研制的雷达探测器对火星表面以下的岩石、冰以及液态水的分层情况进行了探测，发现地表下可能有水冰层［图 2-6（b）］。

2008 年 7 月 31 日，美国国家航空航天局的"凤凰"号火星探测器在火星上加热土壤样本时鉴别出有水蒸气产生，从而确认火星上有水存在。科学家们分析认为火星极地的二氧化碳冰层下可能有水冰。

对一些来自火星的照片判读发现，火星上存在干枯的盐湖、干涸的河网［图 2-7（a）］。探测还发现火星上存在沉积岩和盐分。有关专家就此判断，数十亿年前，火星上曾有湖泊、河流存在，在这里或许能找到生命的遗迹。

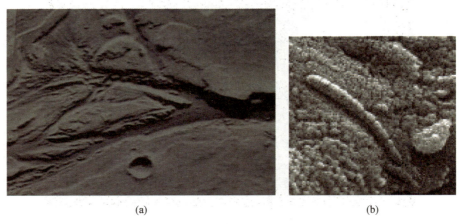

(a)　　　　　　　　　　　　　　　　(b)

图 2-7　火星极冠的河网（a）和火星陨石中类似细菌状的化石（b）

研究人员对 ALH84001 火星陨石进行了分析研究，经测定该陨石的形成年龄达 36 亿年，经电子显微镜观察，发现了大量类似细菌状的"化石"［图 2-7（b）］。

2009 年 1 月 15 日，美国国家航空航天局的科学家发现火星表面有一层甲烷气体形成的薄雾。而 2004 年欧洲航天局的"火星快车"号探测器也曾发现过火星上的甲烷迹象。科学家认为，甲烷气体可能是生活在火星表面数千米之下的微生物所产生的，那里的温度或许可以保证液态水的存在。有人甚至相信，这些"火星生命"如今一定还活着，否则火星的大气中将不可能有持续不断的甲烷。当然，也有科学家认为，甲烷可能是无机成因。

但是，火星上是否存在过人类和其他高级生命，还需要做进一步探测和研究。

第二节　地外系统对地表系统的影响

地表系统的形成与地外系统、地内系统所提供的背景是分不开的。地外系统对地表系统的影响，主要表现在能量的来源、引力的作用、陨石撞击的环境效应及其他因素的影响（图 2-8）。

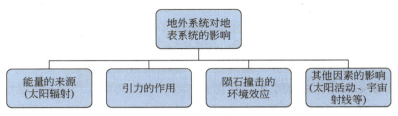

图 2-8　地外系统对地表系统的影响

一、能量的来源

　　地表系统一直在不停地运行，地表环境一直在不断地发展、变化。维持地表系统运行、地表环境发展的能量，主要来自太阳的辐射。到达地球表面的太阳辐射能量，每分钟每平方厘米约为 8.16J，可使近地面平均大气温度保持在 15℃左右（图 2-9）。如果没有太阳光的照射，地表温度会很快降低到 −273℃左右，也就不可能有生命的存在。绿色植物利用太阳辐射进行光合作用，生产出有机质，并通过生物链引起地表系统中的物质循环。地表接收的太阳辐射的差异，导致了行星风带的产生、季风的形成，引发洋流、水汽运移以及风化作用进行。如果没有太阳辐射，地球上不但不会有生命，而且也不会有河流、湖泊，不会有风、雪、雨、霜等天气现象，也不会有波浪与洋流。地球将会变成一个毫无生气的、万籁俱寂的冰球。

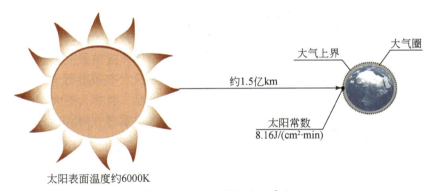

图 2-9　太阳辐射与太阳常数

二、引力的作用

　　由于宇宙天体，尤其是太阳与太阳系行星引力的作用，地球沿着自身固有的轨道运行，具有特定的运行周期与速度。这是地球表层环境形成的基础与背景。

　　在太阳、月球、其他行星以及其他天体的引力作用下，地球轨道参数会发生相应的变化。研究表明，地球轨道参数的变化会导致地球气候和环境发生相应的变化。例如，地球公转轨道的偏心率大约具有 40 万年和 10 万年变化的周期，黄赤交角具有大约 4 万年的变化周期，岁差变化具有大约 2 万年的周期，地球气候和环境变化也具有明显的 40万、10 万、4 万、2 万年左右的周期，表明气候的变化可能受到地球轨道参数变化的驱动。

研究还表明，行星系统质心绕太阳旋转具有明显的 11 年左右的周期，行星会合指数（表征行星直列太阳一侧的程度）具有明显的 20 年、180 年和 2300 年周期，与亚轨道尺度的气候变化周期相吻合（图 2-10）。

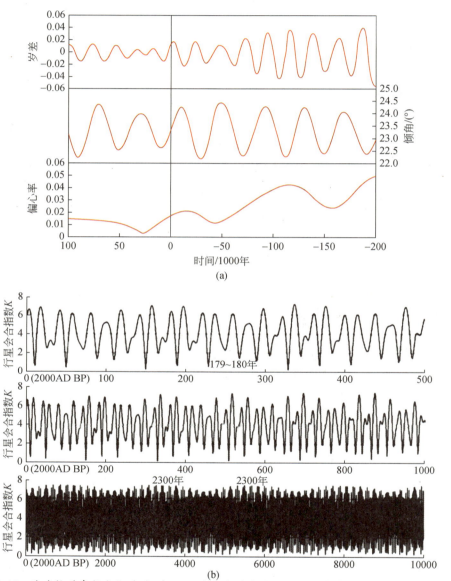

图 2-10　地球轨道参数变化（a）（NASA）与行星会合指数变化（b）（刘复刚等，2013）

　　由于太阳与月球引力的作用，产生了地球上的潮汐现象：海洋潮汐、大气潮汐、固体潮汐。潮汐作用对地球表层环境的形成具有重要的意义。由于潮汐摩擦作用，地球自转速度变慢，每天的持续时间逐步变长。大气潮汐导致了大气气压周期性的变化，从而对高层大气气流、台风与飓风及大气降水产生一定的影响。固体潮汐不仅周期性地改变着地球表面的形状，还会引起地壳应力的不平衡，从而导致地震的发生。潮汐作用与波浪、洋流一起，导致了海水的运动。海水的运动，不仅使海水对地表热量的调节能力加强，还使海水在更大的深度与范围富含氧气，使生物的分布范围更加广泛。由于潮汐作用，产生了周期性被海水淹没的潮间带。研究表明，潮间带的存在促进了海洋生物向陆地生物的进化，为两栖动物产生、地球上生物进化创造了条件。由于潮汐的作用，海陆相互作用的范围变大。

三、陨石撞击的环境效应

陨石撞击地球，也会对地球表层系统产生一定的影响，主要表现在以下几个方面：一是改变了地表形态，造成陨石坑与环形山。月亮上的环形山给人留下了深刻的印象（图2-11），这都是陨石撞击形成的。地球上也发现了一些陨石坑。二是陨石撞击导致地震。研究表明，一块直径为4km，以15km/s的速度陨落的陨石撞击地球，能够释放出3×10^{13}J的能量，相当于6级地震的强度。有时陨石在天空中爆炸也会引发地震。1984年2月26日20时，一块巨大的陨石在西伯利亚的楚雷姆河地区上空2～4km爆炸，在这一地区的八个地震观测站记录到地壳的震动。三是陨石撞击地球，导致地表环境灾变。研究表明，新生代至少发生过6次（第四纪发生过3次）小天体撞击地球的事件，每次都造成地球表层环境的恶化。例如，在大约距今6500万年前发生的恐龙及其他生物大灭绝事件，被认为可能是小行星撞击地球造成的。墨西哥湾就是小行星撞击地球残留的痕迹，当时还在墨西哥湾沿岸形成了波高达到50m的大海啸。四是大的撞击还会导致岩石圈的破裂，引起板块分裂与运动。

图 2-11 月球表面的陨石坑

四、其他因素的影响

地表系统与地外系统之间也存在着物质交换，尽管数量并不是很大。宇宙尘埃与陨

石降落到地球表面，参与地表系统物质的循环；大气层上部一些大气分子也会逃逸到宇宙空间中去。

太阳活动不仅会干扰地球的磁场，影响无线电通信，还会影响地面的气候与人类的身体健康。

太阳向宇宙空间发出的带电微粒流称为太阳风。在太阳风的作用下，地球磁场被限制在一定的范围内，这个范围称为地球磁层。地球磁层对宇宙射线的有效屏障，减少或避免了宇宙射线对地球生物的伤害。

地学视野：米兰科维奇假说

米兰科维奇假说（Milankovitch hypothesis）是前南斯拉夫土木工程师兼数学家米兰科维奇于1930年创立的一种关于古气候变化的理论，简称米氏理论。米氏理论的起点是天文因素变化导致的地球轨道三要素（偏心率、地轴倾斜度、岁差）的周期性变化（图2-12）。地球轨道变化进一步引起地球大气圈顶部太阳辐射纬度配置和季节配置的周期性变化，从而驱动气候波动。气候变化存在着三个天文周期：每隔2万年，地球的自转轴进动变化一个周期（称为岁差）；每隔4万年，地球黄道与赤道的交角变化一个周期；每隔10万年，地球公转轨道的偏心率变化一个周期。

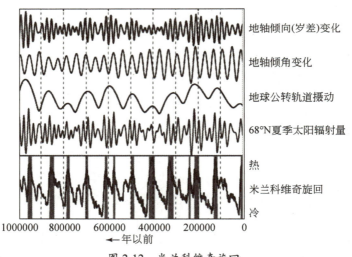

图 2-12　米兰科维奇旋回

米氏理论之所以能逐渐被接受，主要归功于其可用来研究反映古气候变化的地质资料，其中包括深海岩芯、珊瑚礁、花粉、树木年轮、冰芯等。1947 年，哈罗德·尤里（Haroid Urey）提出，在深海有孔虫化石壳中含有氧同位素，而它的变化可以反映古气候的变化。此后，随着研究技术的发展和探测手段的深入，科学家们发现 $\delta^{18}O$ 直接与气候变化相关。各国科学家们对太平洋、大西洋的氧同位素组成进行了分析，建立了最近 6000ka、2600ka、800ka、150ka 以来的全球气候变化曲线。众多的古气候记录均发现与轨道参数对应的变化周期。

　　气候变化轨道驱动的发现，使古气候研究进入了定量探索变化机理的新阶段。然而，经典版本的米兰科维奇理论只考虑北半球高纬区的辐射量变化，与新发现的地质记录和热带过程在现代气候中所起的作用相矛盾，这构成了对米氏理论的挑战：①一些低纬地区并没有明显的 10 万年冰量周期，而是以 2 万年岁差周期为主，表明北半球冰盖的扩张、收缩变化并没有完全控制低纬区的气候变化；②在最近几次冰消期时，南半球和低纬区的温度增高，要早于北半球冰盖的融化，表明冰消期的触发机制并非是北半球高纬夏季太阳辐射；③大气 CO_2 浓度在第二冰消期的增加同南极升温相一致，表明大气 CO_2 浓度增加也有可能早于北半球冰盖消融；④南半球的末次冰盛期有可能早于北半球。这就说明单一敏感区触发驱动机制已难以圆满解释所有观察事实，天文因素控制下轨道尺度气候变化机制研究正面临理论突破的新需求和新机遇。

第三节　地球表层系统的框架与体系

　　地球表层环境是一个系统，可以称之为地球表层系统。

一、地球表层系统的组成

1. 三大界

　　通常物质可以划分为无机物与有机物，自然界可以划分为无机界与有机界。地球表层系统的物质组成，也可以概括为无机物与有机物两大类。但如果用无机界与有机界来概括表达地球表层系统，似乎还不够全面。因为人类在地球表层系统中的地位与作用，以及人类与自然环境之间的相互作用、相互影响，仅仅用无机界与有机界难以表达清楚。故有学者提出用人文界来表示人类在地球表层系统中的重要地位与作用。因此可以这么说，地球表层系统是地球表层无机界、有机界与人文界相互作用、相互影响而构成的一个系统（图 2-13）。

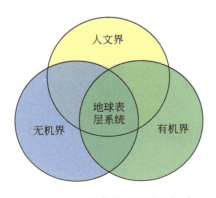

图 2-13　地球表层系统的三大界

2. 固、液、气三态物质

地球表层在物质组成上还有一个特征，就是固态、液态、气态三态物质共存。可以说，地球表层是由固态、液态、气态三态物质组成的。例如，岩石、冰是固态；水、岩浆是液态；空气、水汽则是气态。三态物质不仅相互作用，还在一定的条件下相互转化，成为地球表层系统中物质循环、能量传递的重要形式（图 2-14）。

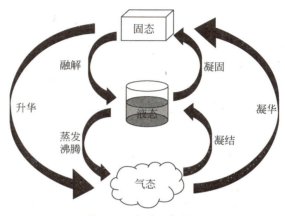

图 2-14　水的三相转化

3. 陆地与海洋

地球表层环境可以划分出两个最大的环境单元：陆地和海洋。海洋面积约 3.61 亿 km^2，约占地球表面面积（5.1 亿 km^2）的 71%；陆地面积约 1.49 亿 km^2，约占地球表面面积的 29%。

如果从系统角度考察，地球表层系统包括海洋系统和陆地系统（图 2-15）。陆地系统又包括山地系统、盆地系统、高原系统、平原系统、丘陵系统等。海洋系统也可以划分出洋盆系统、陆坡系统、陆架系统、海沟系统、岛弧系统等，并且还可以进一步划分出不同级别不同类型的子系统。

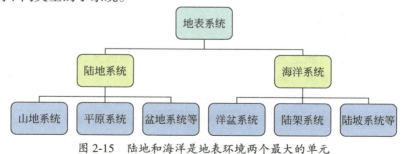

图 2-15　陆地和海洋是地表环境两个最大的单元

二、地球表层系统的结构及其特征

1. 圈层结构

地球表层系统具有圈层结构。一般来说，地球表层系统由岩石圈、大气圈、水圈、生物圈构成。岩石圈指地球表层由固体岩石组成的圈层；大气圈指环绕地球的由气体组成的圈层；水圈指地球表层由各种形式存在的水组成的圈层；生物圈指地球表层所有活着的有机体及其环境组成的圈层（图 2-16）。

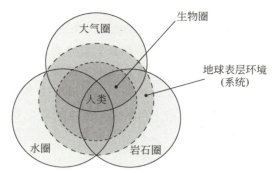

图 2-16 四大圈层相互作用与地球表层环境（系统）

图 2-16 表示了四重含义：①人类是生物圈的一部分（位于生物圈中），但又不同于一般的生物（单独划出来）；②人类生存在四大圈层的交界面上，四大圈层是人类诞生与发展的基础和环境；③人类对四大圈层均有着重要的作用与影响；④四大圈层之间及其与人类相互作用、相互影响，构成了地球表层环境（系统）。

2. 结构特征

地表系统（环境）的结构特征可以大致归结为以下几个方面（图 2-17）。

图 2-17 地表系统（环境）的结构特征

1）垂直分层

从整个地球看，垂直分层现象非常明显。从地核、地幔、地壳，到水圈、大气圈等，都说明了这一点。地球表层同样具有明显的垂直分层现象。例如，岩石圈包括上地幔的上部与地壳。地壳又可以分为上部的硅铝层和下部的硅镁层。大气圈又可分为对流层、平流层、中间层、暖层和散逸层。

2）水平分异

地球表层环境的水平分异也非常明显。例如，南方与北方冷暖不同，大陆东岸与西岸干湿不一，山区与平原的植被、土壤有一定的差异。又如，有的地区火山、地震比较频繁，有的地区却少有发生；有的地区一马平川、一望无际，有的地区却高山峡谷、悬崖峭壁；有的地区常年冰天雪地，有的地区却是四季如春；海洋地壳很薄，大陆地壳却很厚；低纬度地区对流层厚度可达 17～18km，而高纬地区只有 7～8km；有的地区林木茂密，有的地区却寸草不生。

3）立体交叉

组成地表环境的岩石圈、水圈、大气圈、生物圈，不是决然分开的，而是相互交叉、相互渗透的，在空间上构成了一个立体交叉的结构。岩石圈中有水与大气，水圈中有大

气和生物，大气圈中有水汽和生物，生物圈更是岩石圈、水圈、大气圈交叉融合的产物。

三、地球表层系统的功能

地表系统有着一般系统的功能，也有着一些其他系统不具备的特殊功能（图2-18）。

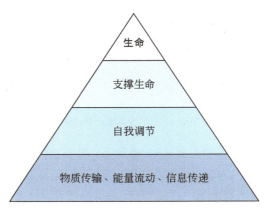

图 2-18 地表系统的主要功能

1. 物质传输、能量流动、信息传递的功能

系统一般都具有物质传输、能量流动、信息传递的功能。在垂直方向上，各个圈层之间、各个圈层内部的各个次级层次之间，都存在着物质的传输、能量的流动和信息的传递。例如，大气圈与水圈之间、大气圈与岩石圈之间、水圈与岩石圈之间存在着物质的传输、能量的流动和信息的传递。又如，大气圈中的对流层、平流层、中间层、暖层、散逸层之间，海洋的表层、中层与深层之间，岩石圈的地壳、上地幔、软流圈之间也存在物质的传输、能量的流动和信息的传递。在水平方向上，大洋与大陆之间、大洋与大洋之间、大陆与大陆之间、地区与地区之间存在着物质的传输、能量的流动和信息的传递。通常所讲的海气相互作用、陆海相互作用，就是指海洋与大气、大陆与海洋之间的物质、能量、信息的交换而导致的正、负反馈作用。

生物圈与其他圈层之间也存在着物质的传输、能量的流动和信息的传递。例如，生物圈与大气圈之间、生物圈与水圈之间、生物圈与岩石圈之间，以及生物圈内部的各个部分之间，如动物、植物、微生物之间，也都存在着物质的传输、能量的流动和信息的传递。

2. 地球表层系统的自我调节功能

研究表明，尽管在地质历史上地球的环境曾经发生过一些不同时空尺度的变化，甚至还包括一些突变和灾变事件，但是地表的平均温度保持相对稳定。温度的波动始终围绕一个相对稳定的值上下波动，长期保持在15℃左右。原因在于，地球表层系统具有自我调节的功能。

地球表层系统的自我调节功能来自于哪里呢？ Lovelock（1990）研究表明，它来自于地球生态系统。太阳系除地球以外的其他行星，其大气都处于化学平衡状态，唯独地球大气没有（表2-2）。其原因在于地球上存在生命和生态系统，地球生态系统不断地与大气进行着物质的交换，改变了其原来的化学平衡状态，从而形成并保持着既有还原组分又有氧化组分的混合大气。研究表明，正是由于地球生态系统的自我调节作用，地球环境才保持相对稳定。

表2-2　地球与火星、金星大气主要成分、气压及温度的比较（Lovelock，1990）

大气组成	金星	没有生命的地球	火星	现在的地球
CO_2	96.5%	98.0%	95.0%	0.03%
N_2	3.5%	1.9%	2.7%	78.084%
O_2	痕量	0.0%	0.1%	20.946%
Ar	70mL/L	0.1%	1.6%	0.934%
CH_4	0.0%	0.0%	0.0%	1.7mL/L
表面温度 / ℃	459	240～340	−53	15
气压（大气压）	90	60	0.0064	1.0

3. 支撑生命演化和人类生存的功能

岩石圈、水圈、大气圈的相互作用、相互耦合产生了生命，生物圈与岩石圈、水圈、大气圈的相互作用、相互耦合诞生了人类。岩石圈、水圈、大气圈和生物圈，都不具备单独支撑人类生存的功能，只有四个圈层相互作用形成的地球表层系统才具有支撑人类诞生和演化的功能。这是地球表层环境（系统）整体性的最好说明，也是地球表层系统不同于其他系统的根本差异所在。

四、主要的地表过程

地球表层进行着的作用和变化，称为地表过程。从作用和过程的性质来看，可以概括为物理过程、化学过程、生物过程和人类过程（图2-19）。

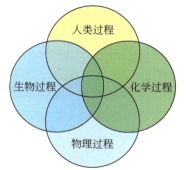

图 2-19　主要的地表作用过程及其相互关系
据丁永建等（2014）重绘

1. 物理过程

物理过程是指物理性质或者状态发生变化的地表过程。例如，大气环流、水分循环、物理风化、机械侵蚀、机械搬运、重力沉积、负荷均衡作用、洋流、波浪、潮汐等过程，均为物理过程。物理过程不仅在地表形态的塑造、物质的输移和循环方面起着不可替代的作用，还在能量的输移和交换方面起着重要的作用。例如，在由低纬向高纬地区的热

量输送中，大气环流和洋流是两个最主要的途径；在海陆之间的物质和能量交换过程中，季风环流、海陆风、潮汐、波浪等担任着重要的角色。

2. 化学过程

化学过程是指化学组成和性质发生变化的地表过程，如地球化学循环、变质作用、化学风化、溶蚀和淀积、臭氧层的形成与破坏等。

3. 生物过程

生物过程是指由生物引发的变化过程，可以细分为生物物理过程和生物化学过程，如生物风化、绿洲效应、光合作用、呼吸作用、蒸腾作用等。生物过程在地表环境的形成和变化中发挥了巨大的作用，如生物对大气组成的改变，生物对岩石的建造和破坏，生物对水质的改变，生物对水流流场的改变，植被在地表水分循环中的作用，植被在地表温度调节中的作用，植被在防风固沙方面的作用，以及地球生态系统在稳定地表环境中的作用等。

4. 人类过程

随着社会的进步、科技生产力的提高，人类对地球表层环境的作用与影响越来越大。人类过程已经成为一种越来越重要、越来越不可忽视的地表过程。人类过程是指由人类活动引发的使地表环境的组成、结构、特征和性质发生变化的过程，如植树造林、开荒辟地、围湖造田、填海造陆、矿床开发、城市建设、工程建造等。可以说人类活动对地表环境的改造、改变和影响，已经到了无处不在、无时不在的程度。由于人类活动复杂，人类过程既包含物理过程、化学过程，又包含生物过程，甚至还包括一些难以单独用上述三种过程之一描述的地表过程。人类过程不仅能够改变地表的物质循环，还能够改变地表的能量平衡；不仅能够改变地表的形态，还能够改变地表的组成和结构；不仅能够改变地表环境变化的速率和幅度，还能够改变地表环境变化的方向和趋势。

地学视野：地球表层系统科学

地球表层的概念最初由德国地理学家李希霍芬于19世纪提出，之后近代地理学的创始人德国地理学家李特尔明确指出地理学研究的对象是地球表面（表层）。我国钱学森院士在20世纪80年代也同样明确提出地理科学的研究对象是地球表层的观点。地球表层是指地表和近地表各圈层相互作用和渗透的地球部分，是地球上部多态（固、液、气、生物和有机态）物质相互渗透、交融并不断进行物能交换、转化和作用而结合形成的具有内部协同性和一定系统结构的有机整体，是地球生物的生存环境及地表生态系统发生、发展和演化的基础。

地球表层系统是由岩土圈、大气圈、水圈、生物圈和人类圈相互作用而形成的地表自然社会综合体，是人类圈与地球相互作用的复合物质系统，是地球圈层结构中的特定部分，与周围的地球圈层其他部分存在物质、能量交换关系，是一个开放的复杂巨系统，研究地球表层系统的学科称为地球表层系统科学。

全球变化研究、地球科学的进展和可持续发展科学的进步（图2-20），使得地球表层系统科学面临着跨越发展的良好机遇。

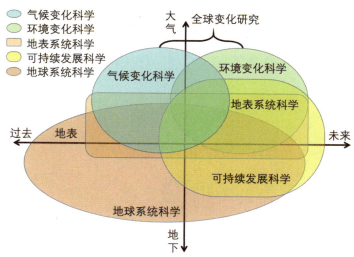

图 2-20 地球表层系统科学与重大科学问题的交叉关系（丁永建等，2014）

地表系统科学研究的目的是保证人地和谐和可持续发展，研究的主要环节包括要素监测、数据同化、模型模拟、系统集成和决策服务等（图 2-21）。

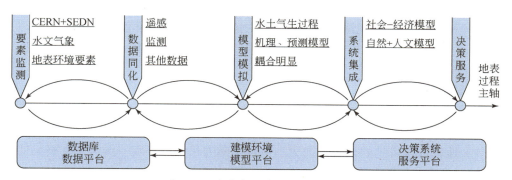

图 2-21 地球表层系统研究概念图

据丁永建等（2014）重绘

第四节 地球表层系统的能量传输与转换

能量是地球表层系统正常运行的动力，也是联系四大圈层的桥梁和纽带。

一、能量的来源及其在地球表层系统中的作用

输入地球表层系统的能量主要有三个渠道（图 2-22），即太阳辐射能、地热能、地球转动的动能。

1.太阳辐射能

太阳辐射能约占全部能量输入的 99.985%，是地球表层系统最主要的能量来源。它是风、洋流、波浪、降水以及其他水循环过程的驱动力，也是光合作用的能量来源。通过光合作用，太阳光能转变成化学能与生物能，以植物与动物的形式储存在生物圈内。

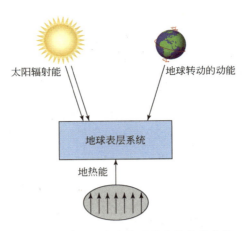

图 2-22　作用于地球表层的主要能量来源

当植物与动物死亡和埋藏后，一部分太阳能就储存在岩石中。当岩石风化分解或当人们燃烧煤、石油、天然气时，储藏在岩石中的能量就会释放出来。

2. 地热能

地热能是来自地球内部的热量，是地球内部放射性元素衰变而产生的能量，它通常通过岩浆侵入、火山喷发、温泉等形式释放到地球表层。地热能是地球表层系统能量的第二大来源。尽管传输到地球表层的能量只占地球表层系统全部能量来源的 0.013%，但它的作用不可忽视。它是火山喷发、地震、山地隆起、板块运动的驱动力，是地面形态——地貌塑造的主要动力之一。

3. 地球转动的动能

有人曾经计算过，地球转动产生的潮汐能为 2.7×10^{12} W，只占地球表层系统能量来源的 0.002%。尽管所占比重很微小，但它对地球表层系统的作用是很大的。

（1）地球自转产生的地转偏向力。地转偏向力是大气环流、洋流基本格局的塑造者之一，对河流的偏转与侧向侵蚀具有重要作用。

（2）地球转动产生的潮汐能。潮汐能引起海洋潮汐、固体潮汐和大气潮汐。海洋潮汐是海岸线与海岸地貌塑造的主要外动力之一。固体潮汐是地震、火山等的触发因素。大气潮汐对大气环流与气候有一定的影响。

（3）地球自转速度变化产生的机械能。地球自转速度变化产生的机械能导致全球范围的海水进退、大陆漂移、山地形成（李四光，1999），其对大气环流、洋流也具有重要的影响，与厄尔尼诺－南方涛动（El Niño-Southern Oscillation，ENSO）的发生具有一定的相关关系（任振球和张素琴，1985）。

二、地球表层系统能量的传输与转化

在地球表层系统中，能量不断进行着吸收、释放、传输、转化的过程。这些过程交叉、交替进行，跨越了圈层的限制，是圈层之间、圈层内部各部分之间相互作用的纽带。

在地球表层系统中，能量的传输往往伴随着能量的转化和物质的流动。从另一方面说，物质的流动也必须由能量驱动。

1. 太阳能的传输与转化

太阳辐射能通过大气圈，一部分被吸收转变成热能，一部分被反射或者散射，约有50%的太阳辐射能够到达地面。到达地面的太阳辐射一部分被地面吸收转变成热能加热地面，然后以长波辐射的形式向大气传输，从而加热大气；一部分被绿色植物吸收，经过光合作用转变成化学能储藏在植物体内，然后沿着食物链传输。当植物和动物死亡后，储藏在其体内的化学能要么被埋藏于地下变为煤、石油、天然气等，要么被微生物分解以热能的形式释放到大气中。当然在生物生长过程中，呼吸作用也会释放一定的热能到大气中。

大气受热后，由于受热不均匀，产生了空气的运动，这时热能又转变成动能。由于空气的运动，一些地方空气辐聚形成高压，另一些地方空气辐散形成低压，动能又转变成势能。海水接收太阳辐射，将光能转变成热能使海水温度升高。海水受热不均匀导致海水密度的差异，从而引起海水的流动（如密度流），这时热能转变成动能［图2-23（a）］。

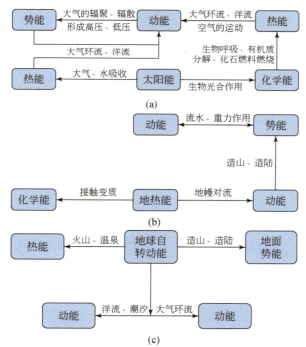

图 2-23　地球表层系统中的能量转化的主要形式和可能的途径

2. 地热能的传输与转化

地热能分布的不均匀，导致地幔对流的产生，地热能转变成动能。当岩浆侵入导致围岩变质时，地热能转变成化学能。当板块运动导致山地形成与高原隆起时，动能转变成势能。当冰川融水和降水汇流成河，从高山或高原向下流动时，势能又转变成动能［图2-23（b）］。

在洋中脊，由于地幔高温岩浆的溢出，热能由洋中脊向海水传输，即由岩石圈向水圈传输；在大陆上火山活动、断裂活动和温泉、热泉出露的地方，热能由岩石圈传输给

大气圈。大气圈与水圈之间，热能可以以显热和潜热的形式相互传输。

3. 地球自转动能的传输与转化

地球自转和自转速度的变化，引起板块的运动、大陆的漂移，导致构造造山和造陆，动能转变成势能。当河流从高处流下，或滑坡、崩塌、蠕动发生时，势能转变成动能。板块运动引起火山喷发、岩浆侵入，动能也就转化为热能释放出来。地球自转动能引起潮汐，潮汐对地面的摩擦产生热能。地球自转速度的变化还会导致地球表面大范围的海侵海退，以及大气环流、洋流的变化〔图 2-23（c）〕。

三、地球表层系统的能量平衡

如上所述，太阳辐射能是地球表层系统能量的主要来源。因此，地球表层系统的能量平衡主要是太阳辐射能的平衡。

1. 辐射平衡

太阳几乎以恒定的数量不断地向地球提供短波辐射，其中一部分直接被大气中的云、尘埃和洋面、陆面反射回地外空间，剩余的则被大气、海洋、陆地吸收，用于升高它们的温度。与此同时，大气、海洋、陆地也在不断地向地外空间发射长波辐射，从而使它们的温度降低。从长时间平均说，地球接收的辐射能与发射出去的辐射能是相等的，因而地球表面的温度保持相对稳定。另外，还可以这样计算，进入地球表层系统的太阳辐射能大约为 1.81×10^{14} kW，大约 1/3 即 6.0×10^{13} kW 的辐射能被反射掉，大约 2/3 即 1.21×10^{14} kW 被地球表层系统吸收。当然，地球表层系统辐射的长波辐射能，也大致为 1.21×10^{14} kW（图 2-24）。

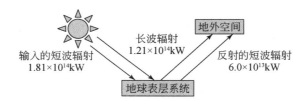

图 2-24　地球表层系统的辐射平衡（Murck et al.，1996）

2. 大气与地面的辐射平衡

透过大气层的太阳辐射，它的能量以不同的形式被吸收、反射或散射。在海拔 150km 的高空，太阳辐射波谱几乎还保持原来能量的 100%。但当它到达 88km 的上空时，X 射线几乎全部被吸收，部分紫外辐射也被吸收。当太阳辐射穿过大气平流层时，紫外辐射几乎全部被臭氧所吸收。当太阳射线穿过更稠密的大气层时，气体分子会改变可见光直线传播的形式，使之向各个方向射去，这就是散射。由大气圈底部的尘埃和云的粒子进一步引起的散射，称为漫散射。散射和漫散射使一部分太阳辐射返回地外空间，另一部分则向下传播到地球表面。由于各种形式的短波散射，大约有 6% 的太阳辐射返回到地外空间。大气中的 CO_2 和水汽等可以直接吸收太阳辐射，从而使大气温度升高。被大气吸收的太阳辐射总量，在干洁的大气中估计不超过辐射总量的 10%，而在有云覆盖时可达 30%。全球平均大气分子与尘埃的吸收一般为 18%。在晴天，大气反射和吸收的能量合计为辐射总量的 24%，76% 可以到达地面。然而在阴天，云层可以将太阳辐射总量的 30% ～ 60% 反射回地外空间，加上云的吸收作用，可以使太阳辐射的能量损失35% ～ 80%。全球平均来说，由云层反射而损失掉的能量占太阳辐射总量的 21%，云层吸收占 3%。陆地与海洋对太阳辐射的反射，全球平均占太阳辐射总量的 4%。这样由大气与地面反射损失的太阳辐射，占到太阳辐射总量的 31%。这就是地球表层系统的反射率。太阳辐射穿过大气层被吸收的总量，等于云吸收与大气分子、尘埃吸收量的和，即21%。因此太阳辐射穿过大气层被反射、吸收而损失的总量为 52%，剩余 48% 的太阳辐射就是到达地面的太阳辐射能 [图 2-25（a）]。

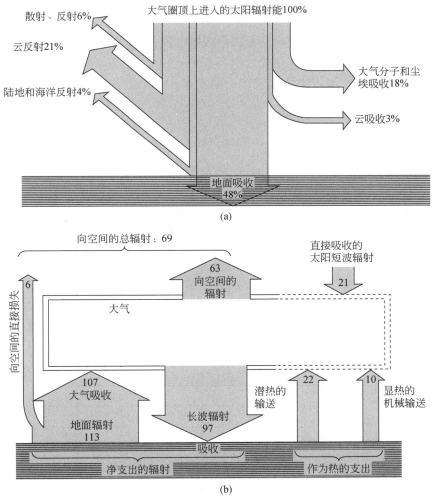

图 2-25　地面与大气的辐射平衡（Strahler，2010）

大气和地面吸收太阳辐射，同时也在发射长波辐射。地面发射的长波辐射，大部分被大气吸收，少部分散失到地外空间。大气的长波辐射是多方向的，向下的长波辐射返回地面，称为逆辐射，向上的长波辐射有可能散失到地外空间。地面还在不断地向大气输送显热与潜热。如图 2-25（b）所示，假设到达大气层顶的太阳辐射总量为 100，那么

地面接收到的太阳辐射能为48，接收到的大气长波辐射（逆辐射）为97，也就是接收的总能量为48+97=145；而地面长波辐射总量为113，潜热损失为22，显热损失为10，即能量总损失为113+22+10=145。接收的总能量与输出的总能量相等，说明地面能量处于平衡状态。对于大气来说，吸收的太阳短波辐射为21，接收的地面长波辐射为107，接收的来自地面的潜热为22，显热为10，也就是说获得的总能量为21+107+22+10=160；由大气散失到地外空间的辐射能量为63，辐射到地面的长波辐射（逆辐射）为97，输出的能量总和为63+97=160。输出和输入能量相等，表明大气能量平衡。

3. 各纬度带的能量平衡与极向热输送

上述表明，整个地球表层系统从年平均状况来说，能量处于平衡状态。但是对于地球表层的各个部分来说，能量不一定是平衡的。实际上，低纬度地区由于太阳高度角比较大、太阳辐射时间比较长，获得的太阳短波辐射能量比发射出去的长波辐射能量多，是能量过剩区域；而高纬度地区由于太阳高度角比较小、太阳辐射时间比较短，获得的太阳短波辐射能量比发射出去的长波辐射能量少，是能量亏损区域。如图2-26所示，40°N与40°S之间是能量过剩区域，而大于40°N或40°S的高纬度地区为能量亏损区域。区域间的能量不平衡，导致由低纬区域向极地高纬区域方向的能量传输过程。这个过程主要以热能的形式输送，故称为极向热输送。极向热输送主要由大气环流与洋流来完成。暖洋流主要以显热的形式把热量从低纬度区域输送到高纬度区域，经向大气环流则主要以潜热的形式输送。在极向热输送中，大气环流承担67%的任务，洋流承担33%的任务。

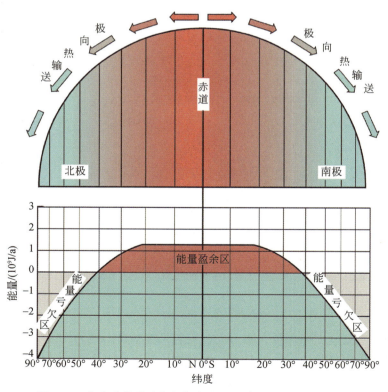

图 2-26　各纬度能量平衡与极向热输送（Strahler，2010）

由于极向热输送的存在，低纬度区域不至于过于炎热，高纬度区域不至于过于寒冷。研究表明，极向热输送使 60°N ～ 90°N 高纬度区域的温度升高了 19 ～ 23℃，赤道附近温度降低了 13℃（表 2-3），从而使地球表面更适合人类生存。

表 2-3　各纬度的辐射差额温度与实际温度的比较　　　　　　　　（单位：℃）

项目	纬度 /（°）									
	0	10	20	30	40	50	60	70	80	90
辐射差额温度（对于不流动大气的计算）	39	36	32	22	8	−6	−20	−32	−41	−44
观测温度（流动大气）	26	27	25	20	14	6	−1	−9	−18	−22
温度差额	−13	−9	−7	−2	+6	+12	+19	+23	+23	+22

案例分析：太阳活动对地表环境的影响

大量观测事实表明，太阳除了稳定和均匀的辐射过程外，其大气中的局部区域会发生一些存在时间相对短暂的事件，如黑子、耀斑等。通常把太阳上所有这些在时间和空间上的局部变化及其所表现出的各种辐射增强，统称为太阳活动。

太阳活动与地球气候的关系一直为科学界所关注。研究认为，由于太阳辐射的增强，地球温度会增高（图 2-27）。Li 等（2002）通过研究中国东部地区 1880 ～ 1999 年夏季降水的时空演变规律，发现华北地区降水变化存在 11 年的振荡周期，这恰好与太阳黑子活动的 11 年周期一致。在年代际时间尺度上，长江中下游、淮河流域及华北地区夏季降水的变化与太阳活动有显著正相关。王钟睿等（2002）用太阳黑子相对数和周期长度来拟合近 2000 年我国的气温变化，结果表明，太阳活动是引起 10 年以上气温变化的基本因素。英国阿马天文台的科学家根据该天文台长达 20 多年的气候记录发现地面气温与太阳活动存在联系。

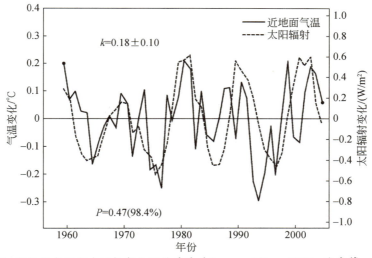

图 2-27　近地面气温与太阳辐射之间的关系（Camp and Tung,2007；张亮等，2011）

目前，关于太阳活动影响气候变化的研究，学术界已有了一些初步看法，但尚未形成完整的理论。太阳活动影响气候变化的途径归纳起来，主要有以下几种：

（1）太阳活动→太阳辐射量→地表温度→大气环流→气候变化。这是最直接的方式，但由于太阳辐射量的变化幅度不大，如何通过非线性放大过程对全球气候产生影响，是需要深入研究的问题。

（2）太阳活动（特别是宇宙线加强）→地球大气电离程度→大气经圈环流→气候变化。一些观测研究已表明，在太阳黑子的高峰期，地球大气的电离程度比较强，尤其是在高纬度地区。在电磁场的作用下，高纬度大气电离化的增强将导致高纬度地区大气直接经圈环流的加强。经圈环流的加强，将使空气的南北交换加强，大气活动中心会明显增强，全球的降水量也可能增多。

（3）太阳活动→紫外辐射→臭氧层→平流层热状况→气候变化。卫星观测表明，平流层上层的臭氧混合比与太阳辐射加热有明显的正相关，太阳辐射加热强，在 2hPa 高度处的臭氧混合比就高。在这样的情形下，太阳活动（太阳黑子）所引起的辐射量（尤其是紫外辐射）的增加将使平流层的臭氧量及其分布发生变化，从而引起平流层热状况的变化。平流层热状况的变化必将引起平流层温度场的变化，平流层大气环流也将发生变化，进而通过行星波的异常影响对流层大气环流的改变，最终引起气候变化。

（4）太阳活动→地球磁场→地球自转速度（或地磁能量）→大气和海洋环流→气候变化。这是一种间接影响过程，目前国内外研究很少。太阳活动会引起地球磁场的变化，是已知的事实；而地球磁场的变化如何引起地壳内部磁流体（熔浆）运动的改变尚不是很清楚。已经知道地球外核是以铁镍为主要成分的熔融态合金，其黏滞度近似于水，也可视为磁流体。地球磁场的变化将引起地球外核流动的改变，而外核流动的改变通过核幔耦合作用，包括电磁耦合、黏性耦合、热力耦合和地形耦合等过程，又将对地幔产生影响，然后又引起地球自转速度（日长）的变化。地球自转速度的变化，通过地球与大气和海洋的角动量交换引起大气环流和海洋环流的变化，最终影响气候变化。同时，地球磁场的变化也将引起核幔边界上地磁能量的改变，这种能量通过一定的方式传到地面也可以影响气候变化。

第五节　地球表层系统的物质迁移与循环

能量驱动地球表层系统的物质迁移与循环。反过来，物质迁移与循环不仅带动了能量的流动与传输，还导致能量的转化与交换。物质迁移与循环，和能量传输与转化一样，是地球表层系统发展演化的原因与动力，也是圈层间相互联系的纽带。

一、跨越圈层的水循环

地球表层系统有不同空间尺度的水循环，有大陆范围的水循环，有海洋范围的水循环，有圈层内部的水循环，也有跨越圈层的水循环。这里只讨论跨越圈层的水循环。

如图 2-28 所示，蒸发、蒸腾使水变为水蒸气，从水圈、岩石圈、生物圈进入大气圈。水蒸气在大气圈中随大气环流而运动，最后以降雨、降雪等形式回到水圈、岩石圈、生物圈。例如，降水被生物截留和利用，然后参与下一个水循环；降水变为地表径流或地下径流，参与岩石圈的侵蚀、改造，然后流入海洋；落于高纬度地区或高山、高原地区的降雪，形成冰川或冰盖，成为水圈的组成部分；冰川融化后，水又参与生物的生长、岩石的风化，或者再次被蒸发、蒸腾进入大气圈，参与到天气过程中，形成雨、雪、霜、露、雹、雾等各种各样的天气现象。当生物死亡、凋谢后，残体分解又会释放出水分。

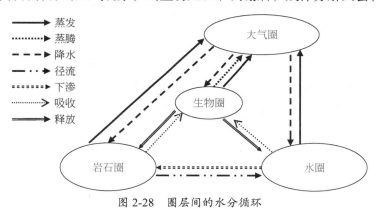

图 2-28　圈层间的水分循环

水循环是地球表层系统中最重要的物质循环之一。①它对地球表层系统的能量起着再分配的作用。水蒸发会吸收大气的热量；降水发生时，会释放热量到大气中；蒸腾发生时会带走植物体内的热量，同时也吸收大气的热量。②它是地球表层系统其他物质运动与循环的传送带。许多物质的运动和循环，都离不开水的运动和循环。例如，泥沙的搬运、沉积，岩石的风化、分解，元素的迁移等，大多是在水的参与下完成的。

二、碳循环

碳是生命最重要的物质成分之一，在生命物质中占到 24.9%。碳循环是维持地球表层生命活动的主要物质循环（图 2-29）。地球表层系统中的碳，绝大部分以沉积物的形式储存在岩石圈中的储存库里，只有 0.2% 的碳可以被生物吸收和利用。储存库中的碳，以碳水化合物的形式存在于有机物质中（如岩石中的石油、天然气、煤），或以无机物的形式存在于矿物碳酸盐中（如碳酸钙）。储存库里的碳，一般情况下是不参加碳循环的，除非岩石被风化，化石燃料被利用，或火山活动将其以 CO_2 和 CO 的形式带到大气中。大气活性库中的碳，不到全部碳的 2%。它主要是通过生物的呼吸作用来补充的，火山喷发、人类燃烧化石燃料也是重要的来源。如图 2-29 所示，植物光合作用吸收大气中的 CO_2，生产有机化合物，然后通过食物链传递。海洋中的浮游植物还可以直接生成碳酸盐骨骼。生物死亡后，生物体沉降到海底形成沉积层。海洋浮游植物生成的有机质，同样也沉降到海底，最终转变成石油和天然气。在适宜的地质条件下，陆地上的植物积累形成泥炭，这种泥炭可以转变成煤。石油、天然气和煤被称为化石燃料，是碳的巨大储藏库。当这些化石燃料被发掘、利用后，燃烧生成的 CO_2 和 CO 又会释放到大气中，参与碳循环。

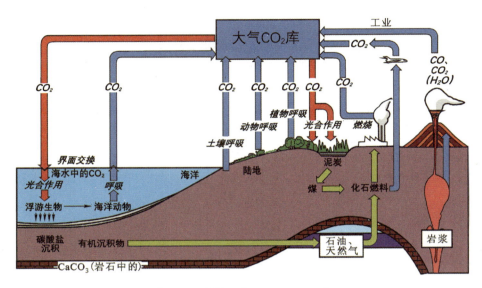

图 2-29　碳循环（Strahler，2010）

　　碳循环具有重要的意义：一方面，满足植物光合作用的需要，维持地球表层生命活动的正常进行；另一方面，调节地球表面气候。由于碳循环的存在，大气 CO_2 保持在某一恒定的水平，从而保证了地球表面温度不至于过高或者过低，为生物的生长发育和人类的生存提供了适宜的环境。如果这一循环被破坏，将会导致地球表层系统失去平衡，威胁人类生存。人类燃烧化石燃料导致大气中 CO_2 含量急剧增加，可能会引起全球气候变暖。

三、氮循环

　　氮以气态的形式通过生物，尤其是微生物（某些细菌）的作用而循环。大气体积的 78% 是氮气，因此大气是氮的巨大的储存库。在大气中，分子态的 N_2 不易为动物或植物所吸收、利用，只有某些微生物具有直接利用 N_2 的能力。直接利用 N_2 的过程称为固氮作用。反硝化菌将硝酸盐（NO_3—）中的氮（N）通过一系列中间产物（NO_2—、NO、N_2O）还原为氮气（N_2）的生物化学过程，称为反硝化作用。

　　如图 2-30 所示，固氮菌、固氮蓝藻以及豆科植物的根瘤，直接吸收大气中的氮气，将之转化为植物可以利用的形态，生产肥料的工厂通过工业技术将大气中的 N_2 转化为作物可以利用的形态。这些氮首先进入土壤，然后被植物吸收，形成有机化合物。有机化合物沉积在海底或陆地上的适宜环境中，储存在岩石中。当岩石上升到地面后，岩石风化分解，在生物作用下形成土壤。土壤细菌的反硝化作用使氮从岩石、土壤中释放出来回到大气中。

　　可以看出，尽管生物在氮循环中起到了重要作用，但氮循环还是跨越了大气圈、水圈、岩石圈与生物圈，是跨圈层的物质循环。

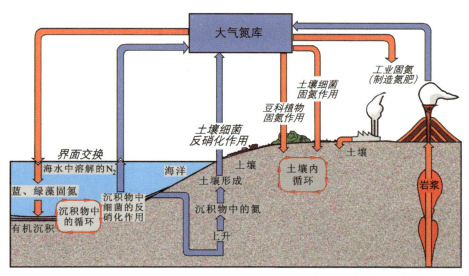

图 2-30　氮循环（Strahler，2010）

四、矿质循环

　　许多元素不是以气态而是以固态形式参与物质循环的，这样的物质循环称为矿质循环，也有人称其为沉积循环，但沉积循环容易造成误解，故还是称为矿质循环为好。岩石风化分解，颗粒变细。风可以将风化的细粒物质吹拂到大气中，然后降落到地面，形成一个局部小循环。流水搬运这些物质沉积在海洋、湖泊或洼地中，当这些沉积物出露地表时，再次经历风化、剥蚀，进入第二次循环。生物吸收其中的某些元素，使之参与到生物循环过程中。当生物死亡，生物体被分解后，元素又重新回到土壤或者变为沉积物，此后或被风、流水搬运，或参与到下一轮的生物循环过程。当然，沉积物固结可以形成岩石，从而参与地质大循环。某些元素如硫和氯可以通过蒸发，随同水蒸气一起从海洋进入大气，与大气或水一起循环（图 2-31）。

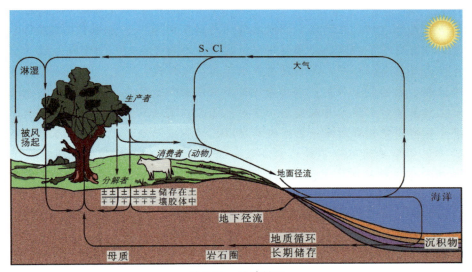

图 2-31　矿质循环

地学视野：《地球科学新的研究机遇》

地球系统是一个复杂的、不断变化的系统，它控制着地球和生活在其上的人类在过去的演化过程、现在的状况以及未来的环境。在过去的两个世纪中，地球科学不断发展完善，正在发展的分支学科都致力于研究有关地球结构、地球演变过程及其未来的变化，已逐步被科学家们所关注。理论的发展与技术的改进正在推动地球科学的分支学科迅速前进，并发挥着各自的作用。如今这些分支学科记录着陆地变化的各种数据，观测从地表到地心的活动过程，并且通过错综复杂的动态模拟来研究这些变化对地球的驱动作用，所有的这些研究工作都需要持续地坚持下去。

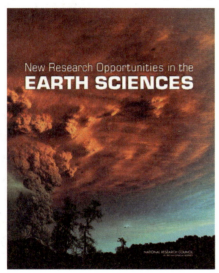

图 2-32 《地球科学新的研究机遇》封面

为了抓住未来 10 年地球科学领域的新兴和潜在的研究机遇，美国国家科学基金会（National Science Foundation，NSF）专门委托美国国家研究理事会（National Research Council，NRC）成立了"地球科学新的研究机遇"（NROES）委员会来开展此项研究。NROES 委员会在对数百份近期完成的报告和研究成果充分调研的基础上，对具有高可能性的研究方向及其所需的新研究设施进行了确定和评价，在 2012 年完成了《地球科学新的研究机遇》（*New Research Opportunities in the Earth Sciences*）研究报告并由美国国家学术出版社（National Academies Press，NAP）出版（图 2-32）。

《地球科学新的研究机遇》一书指出，未来 10 年地球科学领域新的研究机遇包括从地表到地球内部运动过程的研究，以及海洋与大气科学、生物科学、工程科学、社会科学、行为科学等领域的跨学科研究，涵盖 7 个研究主题：①早期地球；②热化学内在动力及挥发物分布；③断裂及变形过程；④气候、地表过程、地质构造和深部地球过程之间的相互作用；⑤生命、环境和气候间的协同演化；⑥耦合的水文 - 地貌 - 生态系统对自然界与人类活动变化的响应；⑦陆地生物地球化学和水循环相互作用。这些研究领域涉及一系列极具挑战性的基础问题，从行星内部作用到地表环境的演化，需要利用跨学科的方法来全面量化研究。这些研究机遇反映了未来10 年地球科学重要的发展方向，对开展地球科学研究具有重要的指导和借鉴意义。

探究活动：分析火星环境、验证行星运动规律、观察圈层接触界面等

1. 读表 2-1，分析火星与地球的相似性与差异性，说明人类在火星居住还需要什么条件。

2.利用行星运动第二定律，分析地球公转速率在近日点和远日点有什么区别。

3.利用表2-1的数据，验证行星运动第三定律。

4.利用牛顿改进的行星运动第三定律公式，计算月球与地球的质量比。

5.从天体质量、引力与大气密度的关系，分析月球的大气密度。

6.思考并说明月球上陨石坑比地球上多并保存完整的原因。

7.分析思考轨道参数变化如何影响气候的变化。

8.在有山有水有云有生物的地方，观察一下岩石圈、水圈、大气圈、生物圈的接触关系，同时加深理解地表环境由固、液、气三态物质组成的概念。

主要参考及推荐阅读文献

毕思文，许强.2002.地球系统科学.北京：科学出版社.

陈发虎，傅伯杰，夏军，等.2019.近70年来中国自然地理与生存环境基础研究的重要进展与展望.中国科学：地球科学，49（11）：1659-1696.

丁永建，张世强，韩添丁，等.2014.由地表过程向地表系统科学研究跨越的机遇与挑战.地球科学进展，29（4）：443-455.

丁仲礼.2006.米兰科维奇冰期旋回理论：挑战与机遇.第四纪研究，26（5）：710-717.

格雷戈里 K J.2006.变化中的自然地理学性质.蔡运龙，吴秀芹，李卫锋，等译.北京：商务印书馆.

宫鹏，史培军，蒲瑞良，等.1992.对地观测技术与地球系统科学.北京：科学出版社.

傅伯杰.2014.地理学综合研究的途径与方法：格局与过程耦合.地理学报，69（8）：1052-1059.

傅伯杰.2018.新时代自然地理学发展的思考.地理科学进展，37（1）：1-7.

傅伯杰，冷疏影，宋长青.2015.新时期地理学的特征与任务.地理科学，35（8）：939-945.

黄秉维，郑度，赵名茶，等.1999.现代自然地理.北京：科学出版社.

黄鼎成，林海，张志强.2005.地球系统科学发展战略研究.北京：气象出版社.

李春初.1999.抓住机遇，迎接挑战——地理学家应积极开展地球系统科学的研究//本书编辑组.陆地系统科学与地理综合研究——黄秉维院士学术思想研讨会文集.北京：科学出版社.

李吉均.1999.关于地理学在中国的发展前景之思考//吴传钧，刘昌明，吴覆平.世纪之交的中国地理学.北京：人民教育出版社.

李四光.1999.地质力学概论.北京：地质出版社.

廖永岩.2007.地球科学原理.北京：海洋出版社.

刘复刚，王建，商志远，等.2013.太阳轨道运动长周期性韵律的成因.地球物理学进展，28（2）：570-578.

陆大道.2001.地球表层系统研究与地理学理论发展//中国地理学会.地理学的理论与实践.北京：科学出版社.

美国国家航空和宇航管理局地球系统科学委员会.1992.地球系统科学.陈泮勤，马振华，王庚，译.北京：地震出版社.

美国国家科学院国家研究理事会.2014.地球科学新的研究机遇.张志强，郑军卫，译.北京：科学出版社.

美国国家研究院地学、环境与资源委员会，地球科学与资源局重新发现地理学委员会.2002.重新发现地理学.黄润华，译.北京：学苑出版社.

欧阳自远，管云彬.1992.巨大撞击事件诱发古气候旋回的初步研究.科学通报，37（9）：829-831.

欧阳自远，肖福根．2011．火星探测的主要科学问题．航天器环境工程，28（3）：205-217.

钱学森．1994．论地理科学．杭州：浙江教育出版社．

任振球，张素琴．1985．地球自转与厄尼诺现象．科学通报，30（6）：444-447.

萨拉•L．霍洛韦，斯蒂芬•P．赖斯，吉尔•瓦伦丁．2008．当代地理学要义——概念、思维与方法．黄润华，孙颖，译．北京：商务印书馆．

宋长青，冷疏影．2005．当代地理学特征、发展趋势及中国地理学研究进展．地球科学进展，20（6）：595-599.

宋长青，张国友，程昌秀，等．2020．论地理学的特性与基本问题．地理科学，40（1）：6-11.

孙威，王建，陈金如，等．2017．近两千年以来行星会合指数与行星系日心经度变化及频谱分析．科学通报，62（5）：407-419.

孙儒泳．2008．生态学进展．北京：高等教育出版社．

王建．2006．现代自然地理学实习教程．北京：高等教育出版社．

王建．2010．现代自然地理学．2版．北京：高等教育出版社．

王建，仇奔波．2004．论二十一世纪的地理学//仇奔波．中国基础教育学科年鉴（地理卷）．北京：北京师范大学出版社．

王建，张茂恒，白世彪．2008．圈层相互作用与自然地理学．地理教育，4：4-7.

王建，张茂恒，王国祥，等．2010．现代自然地理学实践教学改革和实习体系创新．中国大学教学，4：70-72.

王铮，乐群，吴静，等．2015．理论地理学．2版．北京：科学出版社．

王钟睿，高晓清，汤懋苍．2002．用太阳活动拟合近2000年的温度变化．高原气象，21（6）：552-555.

伍光和，蔡运龙．2004．综合自然地理学．2版．北京：高等教育出版社．

伍光和，田连恕，胡双熙，等．2000．自然地理学．3版．北京：高等教育出版社．

吴绍洪，高江波，戴尔阜，等．2017．中国陆地表层自然地域系统动态研究：思路与方案．地球科学进展，32（6）：569-576.

阎伍玖．2013．资源环境与可持续发展．北京：经济科学出版社．

岳天祥．2011．地球表层建模研究进展．遥感学报，15（6）：1105-1124.

张亮，王赤，傅绥燕．2011．太阳活动与全球气候变化研究．空间科学学报，31（5）：549-566.

张茂恒，王建，陈霞，等．2008．地球表层系统思想下的现代自然地理学实习改革思路．高等理科教育，82（6）：127-130.

赵海燕，韩延本，陈黎，等．2003．太阳活动对地球表面温度影响的研究进展．自然灾害学报，12（4）：137-142.

赵明月．2012．浅谈米兰科维奇理论．科技信息，12（33）：529-530.

郑度，陈述彭．2001．地理学研究进展与前沿领域．地球科学进展，16（5）：599-606.

郑春苗，冯夏红．2008．环境地球科学．北京：高等教育出版社．

Anderson R S，Anderson S P．2010．Geomorphology：The Mechanics and Chemistry of Landscapes．Cambridge：Cambridge University Press．

Bourgeois J，Hansen T A，Wiberg P L，et al．1988．A tsunami deposit at the Cretaceous—Tertiary boundary in Texas．Science，241：567-570.

Bush M B．2007．生态学——关于变化中的地球．刘雪华，译．北京：清华大学出版社．

Camp C D，Tung K K．2007．Surface warming by the solar cycle as revealed by the composite mean difference projection. Geophys. Res. Lett., 34: L14703.

Christopherson R W, Birkeland G. 2015. Geosystems: An Introduction to Physical Geography. New York: Pearson Education Limited.

Christopherson R W. 2015. Geosystems: An introduction to physical geography. University of Southampton, 45（2）: 116-120.

Enger E D, Smish B F. 2004. Environmental Science—A Study of Interrelationship. 9th ed. Boston: McGraw Hill Higher Education.

Fu B, Pan N. 2016. Integrated studies of physical geography in China: Review and prospects. Journal of Geographical Sciences, 26（7）: 771-790.

Hess D. 2013. McKnight's physical geography: A landscape appreciation. Co-herencia, 6（10）: 127-141.

Li X D, Zhu Y F, Qian W H. 2002. Spatiotemporal variations of summer rainfall over Eastern China During 1880-1999. Advances in Atmospheric Sciences, 19（6）: 1055-1068.

Lovelock J. 1990. The Ages of Gaia: A Biography of Our Living Earth. New York: Bantam Books.

Murck B W, Skinner B J, Stephen C P. 1996. Environmental Geology. Hoboken: John Wiley & Sons.

Strahler A H. 2010. Introducing Physical Geography. 5th ed. Hoboken: John Wiley & Sons.

Warren D M. 2011. A System of Physical Geography. CharLeston: Biblio Bazaar.

第二部分

从地球表层系统看人类生存环境

 **第三章**

岩石圈与地质环境

第一节 岩石圈的组成

根据地球物理测量的分析结果，固体地球内部存在着几个地震波波速的突变界面：一个位于大陆地区平均33km的地下，纵波速度由7.6km/s向下突增为8.0km/s，这个界面称为莫霍洛维奇不连续面，简称莫霍面；另一个位于地下平均2900km的深度，纵波速度由13.32km/s向下突降为8.1km/s，横波至此则完全消失，这个界面称为古登堡不连续面，简称古登堡面。依据这两个界面，将固体地球从表面向地心分为地壳、地幔和地核三部分。1914年巴雷尔提出了岩石圈的概念，将由岩石组成的地壳和上地幔顶部统称为岩石圈。岩石圈厚度不均，通常认为在大洋中脊处岩石圈厚度接近于0，到大陆下部其厚度可达100～150km。岩石圈之下则是相对温度较高、刚性较弱、能够长期缓慢变形的软流圈。但至少到目前为止，岩石圈还仍然是一个极富争议的概念。首先，岩石圈与上地幔呈过渡关系，之间并无明显界面；其次，计算和模拟实验表明，所谓"软流圈"其实并不软，在软流圈中，只有大约0.5%的局部地区发生了熔化。

一、组成岩石圈的主要元素

岩石圈含有化学元素周期表中所列的绝大部分元素。地壳是岩石圈的上部，元素在地壳中的相对平均含量称为克拉克值，又称元素丰度。地壳中O、Si、Al、Fe、Ca、Na、K、Mg 8种主要元素占97%以上，为常量元素（表3-1）。

表3-1　地壳中主要元素的平均含量（质量分数）　　　　　（单位：%）

元素	据克拉克（Clarke）和华盛顿（Washington）（1924年）	据费尔斯曼（Ферсман）（1933～1939年）	据维诺格拉多夫（Vinogradov）（1962年）	据泰勒（Taylor）（1964年）
O	49.52	49.13	47.00	46.40
Si	25.75	26.00	29.00	28.15
Al	7.51	7.45	8.05	8.23
Fe	4.7	4.20	4.65	4.63
Ca	3.29	3.25	2.96	4.15
Na	2.64	2.40	2.50	2.36

续表

元素	据克拉克（Clarke）和华盛顿（Washington）（1924 年）	据费尔斯曼（Ферсман）（1933～1939 年）	据维诺格拉多夫（Vinogradov）（1962 年）	据泰勒（Taylor）（1964 年）
K	2.4	2.35	2.50	2.09
Mg	1.94	2.25	1.87	2.33
H	0.88	1.00	—	—
Ti	0.58	0.61	0.45	0.57
P	0.12	0.12	0.093	0.105
C	0.087	0.35	0.023	0.02
Mn	0.08	0.10	0.10	0.095

二、组成岩石圈的主要矿物

矿物是构成岩石圈的物质基础。在自然界约 3000 种矿物中，构成岩石主要成分的造岩矿物不过二三十种，它们共占地壳质量的 99%，其中长石、石英、辉石、角闪石、云母、橄榄石六种矿物就占 87%（图 3-1）。

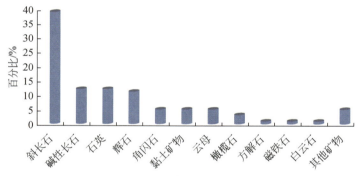

图 3-1　地壳的矿物组成

长石：是构成地壳最主要的一类矿物，常见于火成岩、沉积岩和变质岩中。具瓷状光泽或玻璃光泽，硬度为 6，二向完全解理。解理呈正交者为正长石（$KAlSi_3O_8$，即钾长石），多为肉红色［图 3-2（a）］；解理呈斜交者称斜长石，是由钠长石和钙长石所组成的类质同象混合物，多为浅灰白色［图 3-2（b）］。

石英：在大陆地壳中的数量仅次于长石，也常见于各类岩石中。化学式为 SiO_2，肉眼观察无解理，贝壳状断口，具典型的玻璃光泽，硬度为 7。石英在自由生长时结晶成六面锥体，但在岩石中因结晶时晶体发育受空间限制或受到后期改造，多呈不规则形状。石英性质稳定，难以风化［图 3-2（c）和（d）］。

云母：假六方柱状或板状晶体，通常呈片状或鳞片状，单向极完全解理，易剥成具有弹性的光滑透明薄片；玻璃光泽、珍珠光泽或绢丝光泽，硬度为 2～3，硅酸盐矿物，成分复杂多样，颜色随化学成分的变化而异，主要随 Fe 含量的增多而变深。常见的有黑云母、白云母和金云母，在酸性岩浆岩、砂岩和变质岩中常见［图 3-2（e）和（f）］。

普通角闪石：硅酸盐矿物，成分复杂多变，以普通角闪石最为常见。晶体呈长柱状或条状，暗绿至黑色，硬度为 5.5 ～ 6，二向完全解理呈彼此斜交，在中性和酸性岩浆岩、某些变质岩中常见［图 3-2（g）］。

普通辉石：辉石族矿物成分与闪石族近似，但含铁镁较多而不含羟离子。其中常见的为普通辉石。晶体呈短柱状，二向中等解理呈彼此正交，绿黑色，硬度为 5 ～ 6，常与角闪石、橄榄石、斜长石等共生，在基性和超基性岩浆岩中常见［图 3-2（h）］。

橄榄石：化学通式为 $R_2[SiO_4]$，粒状，橄榄绿色，玻璃光泽，硬度为 6.5 ～ 7，性脆。为超基性岩和基性岩的主要组成矿物［图 3-2（i）］。

(a) 正长石

(b) 斜长石

(c) 石英晶簇

(d) 石英单晶

(e) 白云母

(f) 黑云母

图 3-2　几种常见矿物

(g) 普通角闪石(深色)

(h) 普通辉石(黑色)

(i) 橄榄石(绿色)

图 3-2（续）

地学视野：黏土矿物

　　黏土矿物是组成黏土岩和土壤的主要矿物，成分为以含铝、镁等为主的含水硅酸盐，颗粒极细，一般小于 0.01mm，具有较强的吸附性、离子交换性和遇水可塑性。包括高岭石族、伊利石族、蒙脱石族、蛭石族以及海泡石族等，是石油化工、水泥、医药、纺织、造纸、陶瓷等工业的重要天然原料（图 3-3）。黏土矿物主要由风化作用、蚀变作用和沉积次生作用形成，其矿物类型和特征受物质来源、生成环境、地质作用方式和过程等的控制。因此，黏土矿物及其组合特征的研究，是沉积相和地质历史分析的重要手段。

图 3-3　江苏六合凹凸棒黏土矿

三、组成岩石圈的三大类岩石

　　根据成因，岩石可分为三大类：岩浆岩（火成岩）、沉积岩和变质岩。如果根据变质母岩的性质，把变质岩归属于沉积岩和岩浆岩，那么在整个地壳的岩石组成中，岩浆岩占 95%，沉积岩只占到 5%。但在地球的表面，沉积岩的覆盖（出露）却占 75%，而岩浆岩只有 25%（图 3-4）。

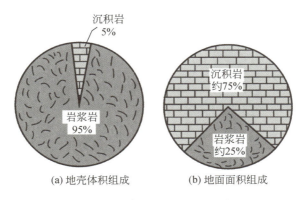

(a) 地壳体积组成　　　　(b) 地面面积组成

图 3-4　地壳和地面的岩石组成

（一）岩浆岩

岩浆岩指岩浆在地下或喷出地表冷凝形成的岩石，又称火成岩，是组成地壳的主要岩石。岩浆是地壳深处或上地幔天然形成、富含挥发组分、高温黏稠的以硅酸盐为主要成分的熔浆流体。岩浆可以沿着某些地壳软弱地带或地壳裂隙运移和聚集，侵入地壳或喷出地表，最后冷凝为岩石。岩浆的发生、运移、聚集、变化及冷凝成岩的全部过程，被称为岩浆作用。

1. 岩浆作用

岩浆作用主要有两种方式：一种是侵入作用；另一种是喷出作用或火山活动。

侵入作用：地壳深处的岩浆具有很高的温度和压力，当地壳因构造运动出现断裂或移动时，可引起地壳局部压力降低，岩浆向压力降低的方向运移。当岩浆上升到一定位置时，由于上覆岩层的外压力大于岩浆的内压力，迫使岩浆停留在地壳之中冷凝而结晶，这种岩浆活动称为侵入作用，在较深处形成的侵入岩称深成岩，在较浅处形成的侵入岩称浅成岩。侵入岩体的产状有岩基、岩床、岩盆、岩墙、岩株、岩脉等（图 3-5）。

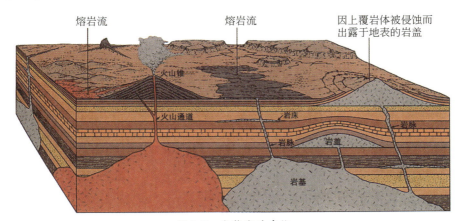

图 3-5　岩浆岩的产状

喷出作用：火山喷发是地球内部物质和能量骤然强烈释放的一种形式。火山喷出物很复杂，既有气体、液体，又有固体。火山的熔岩流冷凝形成熔岩，固体喷出物形

成火山灰、火山渣、火山豆、火山弹、火山块等火山碎屑，而气液或挥发，或残留包裹在熔岩和碎屑中。

火山喷发可以分为两个基本类型：裂隙式喷发和中心式喷发。裂隙式喷发：岩浆沿断裂带在地表呈线形喷发，熔岩量多、流动性强、爆发性的活动少是这种喷发的特点。中心式喷发：岩浆物质经过地壳中一条管道在地表呈点状喷发，形成火山。

2. 岩浆岩分类

岩浆岩按产出和形成的条件分为深成岩、浅成岩和喷出岩（表 3-2）。按化学成分分类：超基性岩，SiO_2 含量 < 45%；基性岩，SiO_2 含量为 45% ～ 52%；中性岩，SiO_2 含量为 52% ～ 65%；酸性岩，SiO_2 含量 > 65%。

表 3-2　岩浆岩分类简表

岩类与SiO₂含量 主要矿物成分 典型结构 产状、构造			酸性岩 SiO_2 > 65%	中性岩 SiO_2 52% ～ 65%	基性岩 SiO_2 45% ～ 52%	超基性岩 SiO_2 < 45%
			含石英	很少或不含石英		不含石英
			正长石为主	斜长石为主		无或很少长石
			暗色矿物以黑云母为主，约占 10%	暗色矿物以角闪石为主，占 20% ～ 45%	以辉石为主，约占 50%	橄榄石、辉石含量达 95%
喷出岩	渣块状、气孔状、杏仁状、流纹状	玻璃	火山玻璃：黑曜岩、浮石等			
		隐晶斑状	流纹岩	粗面岩	安山岩	玄武岩	金伯利岩
浅成岩	斑杂状、块状	伟晶结晶	脉岩：伟晶岩、细晶岩、煌斑岩			
		斑状	花岗斑岩	正长斑岩	闪长斑岩	辉绿岩	苦橄玢岩
深成岩	块状	显晶等粒	花岗岩	正长岩	闪长岩	辉长岩	橄榄岩 辉岩
岩石颜色			浅色	中色		暗色
岩石比重			2.5 ～ 2.7	2.7 ～ 2.8	2.8 ～ 3.1	3.1 ～ 3.5

3. 常见的岩浆岩

花岗岩，酸性侵入岩（深成岩），多为浅肉红色、浅灰色、灰白色等。结晶较好，主要矿物为石英、钾长石和酸性斜长石，次要矿物则为黑云母、角闪石，有时还有少量辉石，是常用的建筑石材之一［图 3-6（a）］。

玄武岩，基性喷出岩，一般为黑色，时呈灰绿以及暗紫色等［图 3-6（b）］。结晶不好。矿物成分主要由基性长石和辉石组成，次要矿物有橄榄石、角闪石及黑云母等，是地球洋壳和月球月海的最主要组成物质，也是建筑石材之一。

流纹岩，酸性喷出岩石，其化学成分与花岗岩相同，由于形成时冷却速度较快，矿物来不及结晶，多形成流纹状结构，被用作建筑或者装饰材料。

(a) 花岗岩

(b) 玄武岩

图 3-6　常见火成岩

地学视野：鲍文反应序列

鲍文（Bowen），加拿大地质学家、岩石学家、矿物化学家。在他的《火成岩的演化》中正式提出了"反应原理"，后来科学界称之为"鲍文反应序列"。鲍文指出，随着岩浆温度由高到低慢慢冷凝，铁镁硅酸盐按橄榄石→辉石→角闪石→黑云母→石英→沸石的序列依次结晶，而钙钠硅酸盐结晶序列为钙长石→培长石→拉长石→中长石→奥长石→钠长石。因而在岩浆逐渐冷凝的过程中，各温度阶段产生的岩石序列是橄榄岩→辉长岩→玄武岩系→闪长岩→安山岩系→花岗闪长岩—流纹英岩系→花岗岩—流纹岩系（图 3-7）。这一原理不仅确定了矿物的结晶顺序，解释了岩浆岩中矿物共生组合的一般规律，并且对岩浆岩的后生变化具有很好的指示作用。

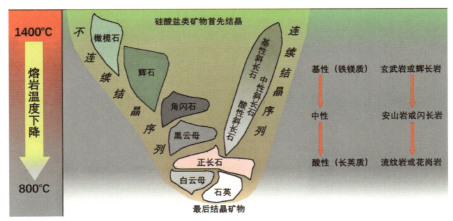

图 3-7　鲍文反应序列

探究活动：判别成岩时的岩浆温度

根据鲍文反应系列，解释地壳双层结构（上层长英质、下层铁镁质）的可能成因。思考分析如何根据一个地区岩浆岩的类型系列判别成岩时的岩浆温度。

（二）沉积岩

暴露在地壳表层部位的岩石，在地球发展过程中，不可避免地遭受到各种外力作用

的剥蚀破坏。这些破坏产物以及生物作用、化学作用与火山作用的产物在原地或经过外力的搬运后沉积，再经过成岩作用而形成岩石。经这些外力作用所形成，由成层堆积的松散沉积物固结而成的岩石就是沉积岩。

1. 主要类型

陆源碎屑岩：主要由陆地岩石风化、剥蚀产生的各种碎屑物组成。按颗粒粗细分为：砾岩，包括角砾岩、砾岩（＞2mm）；砂岩，包括粗砂岩（2～0.5mm）、中粒砂岩（0.5～0.25mm）、细砂岩（0.25～0.0625mm）；粉砂岩（0.0625～0.0039mm）；泥质岩（包括页岩）（＜0.0039mm）（图3-8）。其中，泥质岩的形成过程以及结构、构造等方面都具备碎屑岩与生物化学岩之间的过渡特征，因此在某些分类中，由大量黏土矿物和其他细颗粒物质组成，具有泥质结构的岩石被单独列出，归为黏土岩类。

(a) 砾岩(南京燕子矶) (b) 砂岩

(c) 粉砂岩 (d) 泥岩

图 3-8 陆源碎屑岩

化学岩与生物化学岩：主要指在盆地内由化学作用和生物化学作用形成的岩石。按岩石成分分为铝质岩、铁质岩、锰质岩、磷质岩、硅质岩、蒸发岩、可燃有机岩（褐煤、煤、油页岩）和碳酸盐岩（灰岩、白云岩等），其中以碳酸盐岩最为常见（图3-9）。这类岩石大多形成于海、湖中，也有少量在地下水作用下形成。

火山碎屑岩：主要指由火山碎屑物质（岩屑、晶屑和玻屑）组成的岩石。火山喷发时，除大量岩浆涌出火山口，形成熔岩流，最后冷凝形成熔岩外，当岩浆中含有大量气体时，巨大的喷发力将大量火山碎屑抛向高空，并向四周散落。这些火山碎屑有的在火山附近坠落，有的随风飘流可达数千米甚至更远，当火山碎屑落到地面以后，或就地，或经过一定距离的搬运，经沉积、压实、固结、成岩等作用，最终形成火山碎屑岩。火山碎屑

(a) 灰岩

(b) 白云岩

图 3-9　碳酸盐岩

岩是介于火山岩与沉积岩之间的岩石类型，兼有两者的特点。

一般将火山碎屑岩按粒度大小分为集块岩（粒径≥64mm 的集块占 50% 以上）、火山角砾岩（粒径 64 ～ 2mm 的角砾占 75% 以上）和凝灰岩（粒径＜ 2mm 的火山灰占 75% 以上）。

2. 构造

原生沉积构造：指沉积阶段机械作用生成的构造，是沉积环境的标志。

层间构造：流体侵蚀冲刷先期沉积物的表面痕迹和堆积形态。它能指示风、水流、波浪的运动方向。常见的层间构造有波痕、龟裂等（图 3-10）。

(a) 波痕

(b) 龟裂

图 3-10　波痕和龟裂

层内构造：又称层理，流体在搬运过程中由载荷物质垂向和侧向加积形成。细层是组成层理的最小单位，代表瞬时加积的一个纹层。层系是成分、结构、形态相似的一组细层，代表一个持续水动力状况的加积物。层系组由一系列相似的层系组成。不同特征的层系组分别构成水平层理、波状层理、交错层理（板状交错层理、楔状交错层理、槽状交错层理等）、递变层理、透镜状层理、韵律层理等类型（图 3-11）。

3. 沉积相和沉积环境

沉积岩是一定的物质，在一定环境下，经过一定的沉积、成岩作用形成的，其必然保留地质历史时期的环境信息。一般将能够反映沉积环境条件的岩石特征和生物特征的总和称为沉积相，对沉积相的分析，可以帮助人们恢复地质历史时期的沉积环境及其变化过程。这一工作的核心包括两个方面：发生沉积作用的地貌单元（古地理）恢复和沉

(a)

(b) 水平层理

(c) 交错层理

(d) 碎屑岩中的递变层理和韵律层理

图 3-11 层理类型

积岩的特征及形成条件（岩相）分析。恢复和再现古代沉积环境的两个重要手段是相标志分析和相模式分析，相标志包括沉积物（岩）的物质组分、结构、构造、产状、接触关系、厚度、古生物等具有环境和成因意义的特征和参数，相模式是以图形和文字的形式对沉积特征、发展演化及其空间组合形式的全面概括，为沉积相研究提供对比标准和科学推断（表 3-3）。

表 3-3 沉积相综合分类

一级相	相组	陆相组	海相组	海陆过渡相组
二级相	相	（1）残积相		
		（2）坡积 - 坠积相		（1）三角洲相
		（3）山麓 - 洪积相	（1）滨岸相	（2）潟湖相
		（4）河流相	（2）浅海陆棚相	（3）障壁岛相
		（5）湖泊相	（3）半深海相	（4）潮坪相
		（6）沼泽相	（4）深海相	（5）河口湾相
		（7）沙漠相		
		（8）冰川相		

地学视野：瓦尔特相律

瓦尔特（Walther）（1860—1937），德国学者，于 1893～1894 年提出"相共生原则"，指出"只有在横向上相邻出现的相，才能在纵向序列中互相叠覆"。也就是在连续的剖面中，相的纵向相序与横向相带是一致的（图 3-12）。依据瓦尔特相律，可以根据垂向沉积序列来推断和预测可能出现的沉积相或沉积环境的横向变化关系。反之，也可根据横向上的岩相资料来建立垂向沉积序列，这对于沉积相分析的科学推断与预见有重要意义。

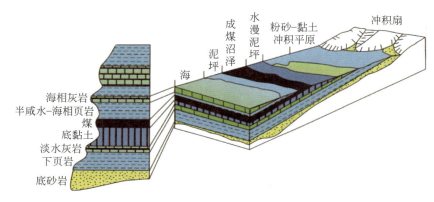

图 3-12　瓦尔特相律

（三）变质岩

无论什么岩石，当其所处的环境与当初岩石形成时的环境发生变化后，岩石的成分、结构和构造等往往也要随之变化，以满足与新环境间建立平衡关系的条件。所处环境物理条件和化学条件的改变，是岩石发生变质的主要原因。物理条件主要指温度和压力，而化学条件主要指从岩浆（热液）中析出的气体和溶液。这些条件或者因素的变化，主要来源于构造运动、岩浆活动和地下热流变化，因此变质作用属于内力作用的范畴。这种由地球内力作用引起的岩石性质的变化过程称为变质作用。由变质作用形成的岩石称为变质岩。

变质作用的因素和方式不同，导致不同的变质类型，并形成不同的岩石。常见的岩石类型（图 3-13）包括以下几种。

板岩：由黏土岩、粉砂岩经轻度变质而成，基本上无重结晶作用，板状构造，比原岩硬而光滑，易劈开呈薄板状。

千枚岩：变质较板岩深，基本上全为显微级重结晶，鳞片状变晶矿物呈定向排列，在片理面上有强烈的丝绢光泽，即具有千枚构造。

片岩：片状构造，显晶变晶结构，主要由云母、绿泥石、角闪石等片状矿物或柱状矿物平行（定向）排列所组成，矿物颗粒比千枚岩粗，片理发育典型。

片麻岩：具片麻构造，即在岩石中浅色的粒状变晶矿物（主要是石英和长石）之间

(a) 糜棱岩

(b) 大理岩

(c) 板岩

(d) 石英岩

(e) 千枚岩

(f) 片岩

(g) 混合岩

(h) 片麻岩

图 3-13　变质岩主要类型

夹有呈一定方向断续排列的片状和柱状的暗色变晶矿物（如黑云母、角闪石、辉石等），略具片理，但沿片理面不能剥开。

混合岩：在深度区域变质的基础上，由于地壳下沉或深部热流继续上升，原岩发生局部重熔、交代、注入等混合岩化作用，从而形成岩性介于变质岩与岩浆岩之间的各种混合岩。

变质岩的特点：一方面受原岩的控制，具有一定的继承性；另一方面由于变质作用的类型和程度不同，在矿物成分、结构和构造上具有一定的特征性。

案例分析：南京六合方山的地质历史

南京六合方山为新近纪喷发的玄武岩古火山，方山外貌平面呈马蹄形的火山锥，缺口朝向北，山顶平缓，截头为圆锥状，内部凹陷，凹陷处为火山口位置所在（图3-14）。新近纪火山活动，炽热的基性岩浆沿火山通道向地表运移，一部分岩浆裹杂着下部的围岩喷出地表，冲向天空，随后这些物质在火山口四周落向地面，形成火山碎屑岩（包括火山集块岩、火山角砾岩、凝灰岩）；一部分熔岩从火山口流出，向四周漫溢，冷凝形成玄武岩；而残留在火山颈部和裂隙中岩浆冷凝后形成浅成岩（辉绿玢岩）。围岩与火山岩接触带受热变质，局部形成角岩。玄武岩下伏地层六合组为一套河湖相沉积，以半固结的砾岩和砂岩为主，砾石磨圆度好。其中的玛瑙质砾石可能来源于大别山一带或长江沿岸附近的变质岩和岩浆岩，经河流长途搬运、磨圆改造后，在南京一带沉积下来，其色彩鲜艳，图案精美，温润通透，这就是著名的雨花石。

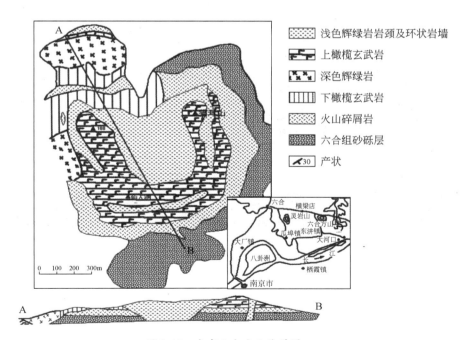

浅色辉绿岩岩颈及环状岩墙

上橄榄玄武岩

深色辉绿岩

下橄榄玄武岩

火山碎屑岩

六合组砂砾层

30 产状

图3-14　南京六合方山地质图

探 究 活 动

　　有研究表明六合方山的玄武岩年代为 5～8Ma，请问该地的雨花石是在什么时候形成的？根据上面提供的资料，分析六合方山地区的地质历史。

四、地质循环与三大岩类的相互转换

　　在地球内部压力作用下，岩浆沿着岩石圈的薄弱地带侵入岩石圈上部或喷出地表，冷却凝固形成岩浆岩。裸露地表的岩浆岩在风吹、雨打、日晒以及生物作用下，崩解成为砾石、沙子和泥土。这些碎屑被风、流水等搬运后沉积下来，经过固结成岩作用，形成沉积岩。同时，这些已经生成的岩石，在一定的温度和压力下发生变质作用，形成变质岩。岩石在岩石圈深处或岩石圈以下发生重熔再生作用，又成为新的岩浆。岩浆在一定的条件下再次侵入或喷出地表，形成新的岩浆岩，并与其他岩石一起再次接受外力的风化、侵蚀、搬运和堆积。周而复始，使岩石圈的物质处于不断的循环转化之中（图 3-15）。

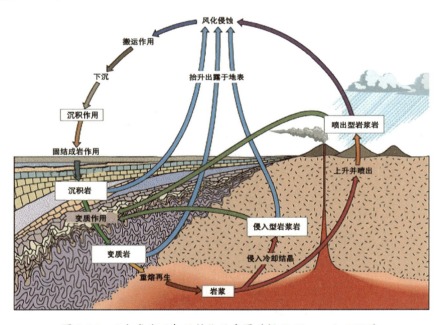

图 3-15　三大类岩石相互转化示意图（据 Gabler et al., 2007）

第二节　岩石圈的结构

一、垂直结构

　　岩石圈包括地壳和上地幔上部软流层之上的固体部分（图 3-16）。地壳又被康拉德面分为上下两层，上层为花岗岩层，其化学成分以 O、Si、Al 为主，Na、K 也较多，故此层又称为硅铝层。此层厚度在山区和高原区可达 40km，在平原区常为 10km，在海洋地区则显著变薄，甚至完全缺失（如太平洋），因此是一个不连续圈层。这一层是地球外力作用最显著的地带，物质组成极为多样，构造形态和地貌形态也非常复杂。下层为玄武岩层，其成分虽仍以 O、Si、Al 为主，但比起上部相对减少，而 Mg、Fe、Ca 成分相应增多，故此层又称为硅镁层，此层在大陆部分延伸至花岗岩层之下，推测厚度达 30km，在海洋地壳部分平均厚度为 5 ～ 8km，其上直接为海洋沉积层，并被海水所覆盖。因此，该层是一个连续圈层。

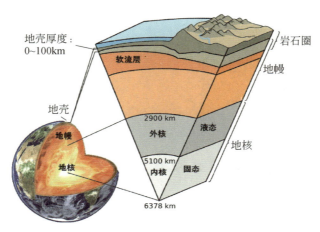

图 3-16　地球内部圈层与岩石圈的结构

二、水平结构

　　岩石圈的结构、组成与厚度在水平方向上也有差异。大陆上岩石圈厚，结构层次多，成分复杂；海洋上岩石圈薄，结构层次少，成分相对简单一些。地壳可以分为大陆型地壳（简称陆壳）和大洋型地壳（简称洋壳）。陆壳的特征是厚度较大（30 ～ 70km），具双层结构，即在玄武岩层之上有花岗岩层（表层的大部分地区有沉积岩层）。总的来看，花岗岩层好像浮在玄武岩层之上，地表起伏较大（如高山、高原），莫霍面的位置越深，地壳越厚。洋壳的特征是厚度较小，最薄的地方不到 5km，一般只有单层结构，即玄武岩层。此外，在陆壳和洋壳交会处还可以分出过渡型地壳，又称为次大陆型地壳，其特点介于以上两种地壳类型之间。

　　岩石圈厚度的差异性和垂直结构及物质成分的不均匀性，构成了岩石圈总的特征，这种特征常导致岩石圈物质的重新分配和调整，以便达到新的平衡关系，这是引起岩石圈运动的因素之一。

第三节　板块运动与海陆格局变化

　　从大陆漂移、海底扩张到板块构造学说的建立，改变了人类对于地球的认识，尤其是对海陆分布格局及其变化的认识，对地球系统科学的形成具有奠基性的重大意义，是 20 世纪最重大的科学成就之一。

一、板块与板块边界

1. 岩石圈板块

现在地球的岩石圈可以划分成太平洋板块、亚欧板块、印度洋板块、非洲板块、美洲板块和南极洲板块，以及纳兹卡、阿拉伯、科科斯、加勒比海等若干小板块（图3-17）。

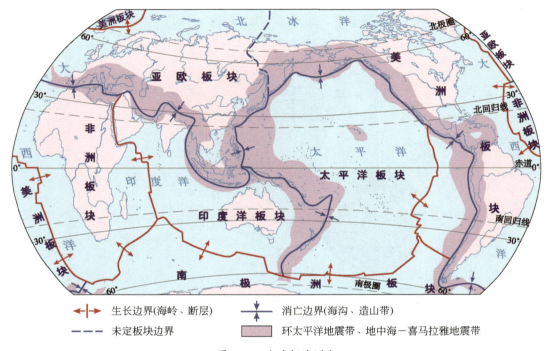

图 3-17　全球板块划分

2. 板块边界

板块边缘，即不同板块之间的接合部位（接触带），是岩石圈地质作用最为活跃的地带。一般依据接合带两侧板块间的相互运动方向，将板块边界分为三种基本类型：离散型板块边界、汇聚型板块边界和守恒型板块边界。

（1）离散型板块边界：两个做相互分离运动的板块之间的边界，又称生长边界（图3-18）。除非洲和北美洲的少数几个裂谷外，其余均为大洋中脊或洋隆，以浅源地震、火山活动、高热流和引张作用为特征。大洋中脊轴部是海底扩张的中心，由于地幔对流，上涌的地幔物质沿大洋的中央裂谷上涌，在大洋中部形成洋中脊，随着地幔物质的不断上涌、冷却，新的大洋岩石圈持续生成，并将老的洋壳向两侧推移，两侧板块做拉张分离运动。

（2）汇聚型板块边界：两个相互汇聚的板块之间的边界，又称消亡边界，相当于海沟或地缝合线。可分为两个亚类：一种类型是大洋板块在海沟处俯冲于另一板块之下，称为俯冲边界。现代俯冲边界主要分布在太平洋周缘，由于陆壳物质的密度较小，洋壳的密度较大，发生俯冲的板块通常是大洋板块，俯冲作用通常会形成海沟、岛弧、弧后盆地的地貌组合，称为沟-弧-盆体系。另一种类型是当两个大陆板块相遇会合时，发生碰撞挤压，称为碰撞边界（图3-19）。

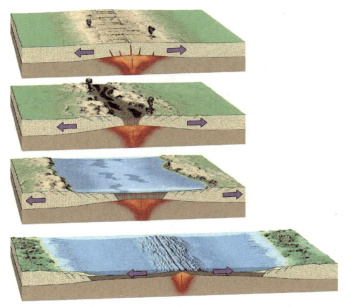

图 3-18　离散型板块边界（据 Tasa Geophic Atrs）

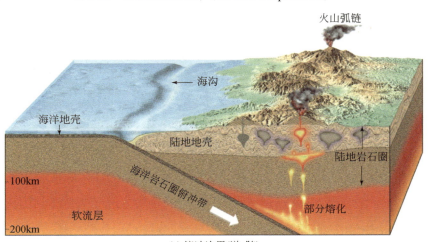

(a) 俯冲边界(洋-陆)

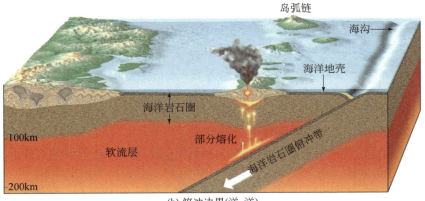

(b) 俯冲边界(洋-洋)

图 3-19　汇聚型板块边界（据 Tasa Geophic Arts）

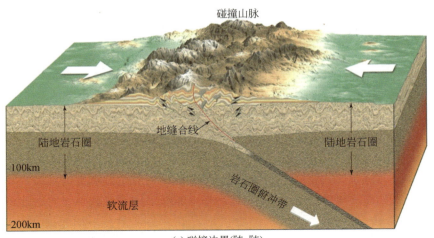

(c) 碰撞边界(陆–陆)

图 3-19（续）

（3）守恒型板块边界：两个相互剪切错动的板块之间的边界，又称平移边界，相当于转换断层。守恒型边界两侧的板块既没有物质的增生，又没有物质的削减（图3-20）。

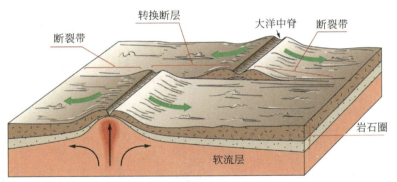

图 3-20　守恒型板块边界

二、板块运动与海陆格局变化

1. 威尔逊旋回

从板块构造观点来看，岩石圈板块始终处于变化和运动过程中，大陆分裂拼接、洋壳开启闭合，不断循环往复。加拿大地球物理、地质学者威尔逊首先联系现代各种海洋实例，系统归纳了洋盆开合的多阶段发展模式，被称为"威尔逊旋回"（图3-21）。

威尔逊将大洋演化划分为六个阶段：

（1）胚胎期：地幔开始活化，引起大陆壳（岩石圈）的破裂，形成大陆裂谷，但尚未形成真正的洋壳。以东非裂谷为典型代表。

（2）幼年期：地幔物质上涌、溢出，陆壳（岩石圈）进一步破裂并开始出现洋中脊和狭窄的洋壳盆地，新的大洋开始形成。以红海、亚丁湾为典型代表。

（3）成年期：洋中脊进一步延长，扩张作用加强，洋盆扩大，两侧大陆相向分离，

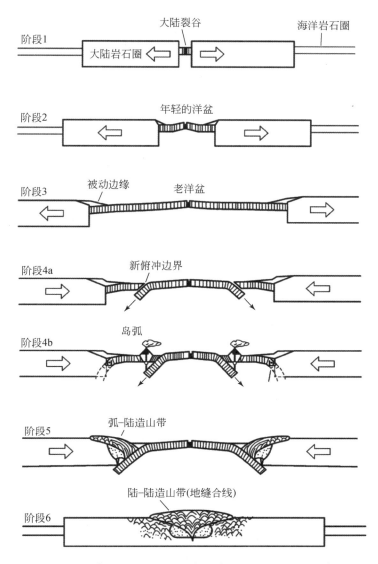

图 3-21　威尔逊旋回的六个阶段（Strahler et al., 1978）

形成成熟的大洋盆地，洋盆两侧并未发生俯冲作用，与相邻大陆的接触带尚未形成海沟和火山弧，称为被动大陆边缘。以大西洋为典型代表。

（4）衰退期：大洋中脊虽仍然继续增生，但洋盆一侧或者两侧开始出现了海沟，称为主动大陆边缘，俯冲削减作用开始进行并不断加强，洋盆面积开始缩小，两侧大陆相互靠近，太平洋即处于这个阶段。

（5）残余期：随着俯冲削减作用的持续进行，两侧大陆相互靠近，洋壳海域缩小，其间仅残留一个狭窄的海盆，地中海即处于这个阶段。

（6）消亡期：海洋完全消失，两侧大陆直接碰撞拼合，大陆边缘强烈变形隆起成山，被称为地缝合线。以横亘亚欧大陆的阿尔卑斯－喜马拉雅山脉为典型代表。

探究活动：分析未来世界海陆格局的变化

读图 3-22，分析并阐述 5000 万年后的世界海陆格局与现在的差异。

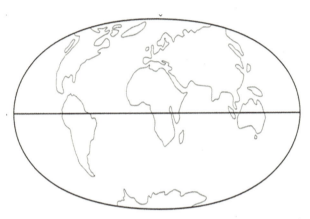

图 3-22　5000 万年以后的海陆分布（Strahler et al.,1978）

2. 板块运动的驱动机制

对板块运动驱动机制的探究一直是科学家不懈的追求，早在大陆漂移假说提出时，魏格纳就给出了地球自转和潮汐作用驱动的解释，但后来被物理学家证明这些力是不可能驱动大陆板块漂移的。

基于海底扩张理论的热力驱动说认为，板块运动的驱动力来自于地幔，是由地幔对流驱动的。由于地幔受热不均匀，一些热力强、温度高的地带，地幔物质上涌，当上涌的地幔物质受到岩石圈阻挡时，沿岩石圈底部向两侧运移，到热力较弱的地方下沉，形成一个完整的地幔对流旋回。在对流上升的地方，扩张作用导致板块分离和新的洋壳形成，而在对流下沉的地方，俯冲导致板块消亡（图 3-23）。

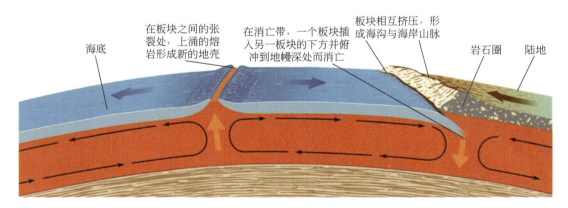

图 3-23　地幔对流与板块运动

也有人认为板块的运动与热地幔柱、冷地幔柱有关。在热地幔柱存在的地方，板块分离，地幔物质上涌，形成裂谷、洋中脊；在冷地幔柱存在的地方，地幔物质下沉，板块汇聚。丸山茂德认为，现在地球是由位于亚洲大陆之下的超级冷地幔柱与位于南太平洋和南非之下的超级热地幔柱制约的。

地质力学学说认为，岩石圈运动的驱动力，来自地球自转速度的变化。地球自转速度的变化，导致了东西向的转动惯性力和南北向的地转离心力的水平分力，从而引起东西向和南北向的拉张、挤压、错动，形成纬向构造和经向构造及其派生的其他构造。

有学者提出，地球、太阳系、宇宙天体运行系统力，是岩石圈运动不可忽视的驱动机制，地质历史上整个地球板块不断往返于南极、北极间的大规模漂移应当与这一系统力有关。

还有人认为，转动的地球本身就存在着机械能流，这种机械能流是岩石圈运动的驱动力或者激发因素。

到目前为止，板块运动驱动机制尚处于争议之中，但有一点是可以肯定的，那就是驱动岩石圈运动的机制不是单一的，应该是一个多重动力共同作用的复杂系统。

3. 板块运动的地质历史

地质历史上，岩石圈板块一直处于分散聚合的变化中。

依据宇宙大爆炸理论，地球诞生之初，其内部相对均一，并处于高温熔融状态。经过漫长的演变，地球表面温度逐渐降低，内部物质因分异作用产生分层，较重的物质向地核聚集，而较轻的元素游离地表。大约从太古宙早期（距今 38 亿年），地球表层的局部（格陵兰、南非、印度南部、西澳大利亚、中国冀东等）形成最早的结晶基地（陆壳），但面积很小。元古宙时期，岩浆活动、沉积作用和变质作用活跃，陆地岩石圈进一步增生，地球上形成许多大陆板块。一些学者认为，中元古代末期，地球上的众多陆块拼接成一块泛大陆，称为"原始联合大陆"。新元古代开始，"原始联合大陆"发生分裂解体，形成古北美、古欧洲、冈瓦纳、古西伯利亚和古中国 5 个古大陆。古生代早期，5 个古大陆各自分离，至古生代末，各大陆之间发生复杂的碰撞，一系列古大洋关闭，大陆进一步增生，并最终形成全球规模的联合古陆（泛大陆）。中生代早期，泛大陆再次分裂为南北两大古陆，北为劳亚古陆，南为冈瓦纳古陆，两个古陆之间为古特提斯海。三叠纪末的印支运动使古特提斯海关闭，新特提斯海扩张。侏罗纪开始，全球范围内古陆进一步分离、漂移，相距越来越远，各大陆之间由最初狭窄的海峡，逐渐发展成现代的印度洋、大西洋等巨大的海洋。新生代，印度洋板块北漂到亚欧大陆的南缘，两者发生碰撞拼接，青藏高原开始隆升，其间经历多次碰撞，形成喀喇昆仑－昆仑山脉、唐古拉山脉、念青唐古拉山脉、冈底斯山脉、喜马拉雅山脉、横断山脉等一系列巨大山系；古地中海东段完全消失；非洲继续向北推进，古地中海西部逐渐缩小；欧洲南部被挤压成阿尔卑斯山系，南美洲、北美洲在向西漂移过程中，它们的前缘受到太平洋地壳的挤压，隆起为科迪勒拉－安第斯山系，同时两个美洲在巴拿马地峡处再次相接；澳大利亚大陆脱离南极洲，向东北漂移到目前的位置；太平洋板块西部形成沟－弧－盆体系，现代海陆的基本轮廓逐渐形成（图 3-24）。

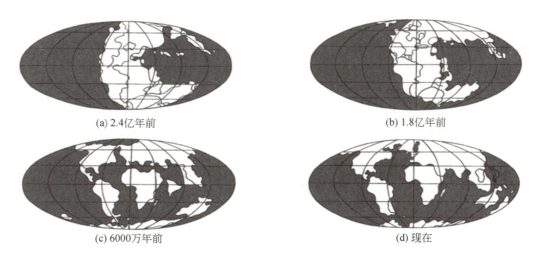

(a) 2.4亿年前   (b) 1.8亿年前

(c) 6000万年前   (d) 现在

图 3-24   中新生代板块运动复原图

案例分析：青藏高原形成的研究

    青藏高原是印度板块与亚欧板块强烈碰撞抬升的产物（图 3-25）。有关印度洋岛屿及海底的研究表明，大约于 70Ma 的白垩纪末，印度板块开始快速北进，新生代早期，印度大陆板块前端的大洋板块抵达亚欧大陆板块边缘，并随之俯冲于亚欧大陆板块之下［图 3-25（a）］；大约在 43Ma 的始新世，前端的洋底板块俯冲殆尽，使印度板块与亚欧大陆板块接触和碰撞［图 3-25（b）］，导致青藏高原开始大规模隆升。

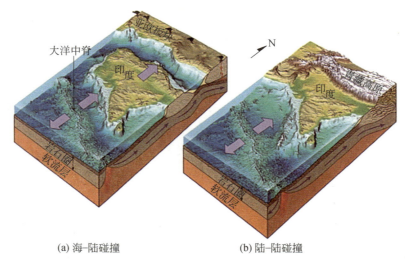

(a) 海–陆碰撞   (b) 陆–陆碰撞

图 3-25   印度板块与亚欧板块的"软碰撞"与"硬碰撞"（郑度和姚檀栋，2006）

    关于青藏高原的隆升过程，存在许多不同的观点：

    （1）青藏高原隆升始于 40Ma 前后的始新世，至 14Ma 的中新世左右达到 5000m 的最大值，此后逐渐下降到现在的高度（Coleman and Hodges，1995）。

（2）青藏高原在中新世晚期已经接近现今的高度，此后高原抬升缓慢（Harrison et al.，1992）。

（3）青藏高原从 40Ma 开始缓慢抬升，至 4Ma 前后加速上升（徐仁等，1973）。

（4）青藏高原在 40Ma、20Ma 分别有过 1000 多米的隆升，后又经准平原化作用使地面降低，最后于 4Ma 以后才急剧隆升到 4000m 的海拔（李吉均等，1979；李吉均和方小敏，1998）。

关于青藏高原的隆升机制，也有多种不同的假说，主要有以下几种：

假说一：双层地壳说。Powell 认为，青藏高原地壳之所以厚度很大和强烈隆升，是因为青藏高原有着双层地壳（或双层岩石圈），上层是青藏高原地壳，下层是俯冲下插的印度大陆地壳，并从流变学的角度论证了这种长距离俯冲的可能性。后来，Beghoul 等利用地震波的测量结果，验证了双地壳模型。

假说二：侧向挤压和垂直拉伸说（手风琴模型）。最早由 Dewey 和 Burke（1973）提出，认为印度大陆岩石圈与青藏高原岩石圈在水平方向上的碰撞缩短导致在垂直方向上拉长增厚，类似于手风琴。岩石圈以这种形变方式接纳了印度板块的北进。England 和 Mckenzie 以及 Vilotte 等（1982）进一步讨论了这种作用的可能性，认为上部缩短增厚是通过岩层的褶皱达到的，印度板块并没有下插到青藏地块之下。

假说三：大陆贯入说（千斤顶模型）。Zhao 和 Morgan（1987）认为，印度板块以每年 50mm 的速度插入青藏高温黏性的（牛顿体）下地壳中，产生的抬升力作用于脆性的上地壳底部，使青藏高原隆升。这一过程类似于液压千斤顶，印度板块相当于插入亚欧板块的活塞，把力传递到整个青藏地区使其上升。

假说四：侧向挤出说。由 Tapponnier 等（1986）提出，他们认为印度板块作为一个刚性体，在向北做长距离推移时，把原先位于印度板块和亚欧大陆之间的桑德兰陆地（Sunderland）推向东南，并发生了 20°～25° 的顺时针旋转形成了现在的中南半岛，华南山块也被推往南东东方向，并顺时针旋转了约 40°。分割中南半岛和华南地块的红河大断裂则发生了巨大的左旋平移运动，并在其南段拉开成南海海盆。Tapponnier 等所提出的地块的水平滑移距离非常大，达到了上千千米的量级。

探究活动：分析青藏高原隆升的过程与机制

你认为青藏高原是何时隆升的？隆升的机制是什么？你赞成哪种观点？为什么？

第四节　地质构造与地质构造地貌

构造运动对岩石圈产生作用，形成一定的地质构造和构造地貌。分析地质构造，不仅有助于了解构造运动的性质与过程，还有助于理解一些地貌形成的原因与机制。

一、地层产状与接触关系

1. 产状

广义的产状指地质体的空间产出状态，狭义产状一般专指面状地质体（层面、断层面、解理面、褶皱枢纽等）的空间展布状态。产状通常用走向、倾向和倾角三个要素来刻画

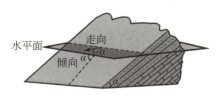

图 3-26　地层产状、要素示意图

（图 3-26）。面状地质体（地层、断层等）层面与水平面的交切线，称为走向线。走向线两端延伸的方向为走向，走向反映了面状地质体在空间的水平延伸方向。垂直于走向线沿层面向下所引的直线称为倾斜线，倾斜线在水平面上的投影所指示的方向，称为倾向，倾向代表了面状地质体（地层、断层等）

倾斜的方向。倾斜线与它在水平面上的投影之间的夹角，称为倾角，倾角反映了面状地质体的倾斜程度。

2. 地层接触关系

地层的接触关系能够显示区域构造运动状况。当地壳处于相对稳定下降（或虽然上升，但没有出露水面）的情况下，形成了连续的沉积。地层是连续的，并且下老上新。这种关系称为整合接触［图 3-27（a）］。当发生区域性构造抬升时，往往使沉积间断甚至已沉积的地层遭受剥蚀，形成地层时代的不连续，这种不连续的地层接触关系，称为不整合接触。上下两套地层之间的不连续面，称为不整合面，根据不整合面上下两套地层之间的产状关系及其所反映的构造运动过程，可以将不整合分为平行不整合（假整合）和角度不整合。如果不整合面上下地层相互平行，只是存在一个侵蚀面，这样的不整合称为平行不整合或假整合［图 3-27（b）］。平行不整合（假整合）反映了地壳下降，接受沉积；地壳隆升，遭受侵蚀；地壳再次下降，重新接受沉积。如果不整合面上下两套地层成一定角度斜交，那么就称为角度不整合［图 3-27（c）和图 3-28］。角度不整合反映了地壳下降，接受沉积；地层褶皱隆起，遭受侵蚀；地壳再次下降，接受沉积。

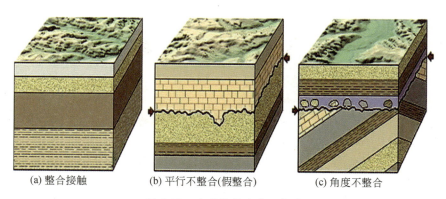

(a) 整合接触　　　(b) 平行不整合(假整合)　　　(c) 角度不整合

图 3-27　地层接触关系示意图

图 3-28　赫顿（Hutton）于 1788 年在苏格兰首次发现角度不整合的地点

二、断裂构造

岩石受力后发生变形，当所受力超过岩石本身的抗压强度时，就会破坏岩石的连续完整性而发生破裂，形成断裂构造，它是岩层刚性变形的结果。根据断裂岩块相对位移的程度，把断裂构造分为节理和断层两大类。

1.节理

节理是指断裂两侧的岩块沿着断裂面没有发生，或没有明显位移的断裂构造。它在空间上表现为面状。由于岩石受力的情况不同，节理面有的平直、光滑，有的弯曲、粗糙，有的裂隙张开，有的闭合，而且深浅大小也不一样。

按成因可分为构造节理和非构造节理两类。前者是由构造作用产生的，与褶曲和断层有一定的成因组合关系。后者是由风化、重力、收缩等外力作用产生的，如玄武岩和黄土中的垂直节理（图 3-29）。

根据力学性质节理可分为两类：张节理和剪切节理。张节理为岩石受张应力形成的裂隙，其裂隙较宽，常被后期物质（岩脉）充填，走向多呈锯齿状，延伸不稳定；剪切节理即岩石受切应力形成的裂隙，一般在与最大主应力呈 45° 夹角的平面上产生，两组呈交叉共轭出现，节理面平直光滑，延伸稳定（图 3-30）。

图 3-29　南京六合方山玄武岩
发育的柱状节理图

图 3-30　南京紫金山象山群砾岩石
中的两组交叉共轭剪节理

2. 断层

岩块沿着断裂面有明显位移的断裂构造，称为断层。断层的要素有断层面、断层线、断盘和断距（位移）。

断层面：指岩石发生断裂位移时，相对滑动的断裂面。这种断裂面易遭受侵蚀，抗风化能力弱，自然界中的沟谷、河流或地下水出露点常常沿断层面发育。

断层线：指断层面在地面的出露线（与地面的交线），有时，断层面表现为一系列密集破裂面和次级断层，呈带状出现，称为断层破碎带（断裂带），其宽度可达数米甚至数千米以上。有些断裂带切割深度甚至深达上地幔，被称为深大断裂带，它们往往是不同构造单元的接合带。

断盘：断层面两侧的岩块称为断盘。若断层面倾斜，按相对位置把位于断层面上面的断盘称上盘，断层面下面的断盘称为下盘。按运动方向，相对上升的一盘称为上升盘，另一盘称为下降盘。根据断层两盘相对位移的关系，断层可分为正断层、逆断层、平推（移）断层（图 3-31）和斜滑断层。

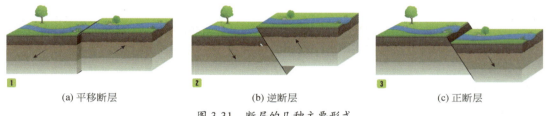

(a) 平移断层　　　　(b) 逆断层　　　　(c) 正断层

图 3-31　断层的几种主要形式

根据断层走向与主构造线或地层走向的关系，断层分为：横断层，其走向与区域构造线或地层走向垂直相交的断层；纵断层，其走向与区域构造线或地层走向一致的断层；斜向断层，其走向与区域构造线或地层走向斜交的断层；顺层断层，发育在地层之间，产状与地层产状一致的断层。

在自然界，常见许多断层以一定组合形式出现。从平面上看，断层排列有平行状、雁行状、环状、放射状等。从剖面上看，有阶状、叠瓦状、地堑和地垒（图 3-32）等。

(a) 地垒　　　　　　(b) 地堑

图 3-32　地垒、地堑块状示意图

断层及其性质的野外识别标志：①地层、岩脉等地质体在平面或剖面上突然中断或错开；②地层的同向重复或缺失；③断层面和断层带特征，如擦痕、破碎带、断层角砾岩、断层泥、糜棱岩、牵引构造等；④地貌和水文特征，如沟谷、陡崖、裂点、山脊错断等；⑤断层形成的时代应在其切穿的最新地层形成之后，未切穿（覆盖断层）的最老地层形成之前；对于有同期褶皱构造的断层来说，断层形成于卷入同期变形地层（下伏地层）中最新地层之后、上覆未卷入同期变形地层中最老地层形成时代之前。

三、褶皱构造

成层岩石在地应力作用下，发生弯曲的现象称为褶皱，它是岩层塑性变形的结果。一般把褶皱中的一个弯曲称为褶曲，褶曲有两种基本类型（图3-33）。

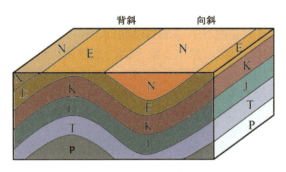

图3-33 褶曲示意图

（1）背斜：通常表现为往上拱起的弯曲。

（2）向斜：一般表现为下凹的弯曲。

判断褶曲类型不能仅仅根据形态，必须根据褶皱地层的序列和组合关系。在一些构造比较强烈或变质岩分布区，岩层的倒转现象经常出现。

褶曲要素是褶曲形态分类的重要根据。根据褶曲的轴面产状并结合两翼特点可分为直立褶曲、倾斜褶曲、倒转褶曲、平卧褶曲和翻卷褶曲（图3-34）。这五种褶曲基本上反映了褶曲变形程度从轻微到强烈、从简单到复杂的过程以及水平挤压力的不同程度，但褶皱变形也与岩性和构造条件等有关。根据褶曲的转折端形状及两翼特点可分为圆弧褶曲、箱形褶曲、锯齿状褶曲、扇形褶曲。从平面上看，褶皱构造及其地貌表现也是多种多样的。常见的有短轴褶曲、长轴（线状）褶曲、穹窿构造（等轴褶曲）、构造盆地等类型。

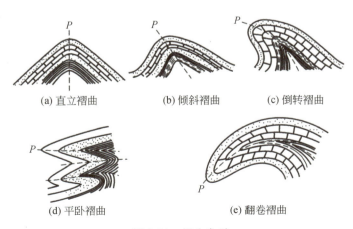

(a) 直立褶曲　　(b) 倾斜褶曲　　(c) 倒转褶曲

(d) 平卧褶曲　　(e) 翻卷褶曲

图3-34 褶曲类型

褶皱及其性质的野外识别标志：地层产状的变化和直观的褶曲形态，只是褶皱及其性质识别的辅助标志，地层的对称重复出现才是褶皱的根本，核部地层老、向两翼逐渐变新，为背斜；核部地层新、向两翼逐渐变老，为向斜。褶皱形成的时代应在褶皱体的最新地层形成之后，未褶皱体的最老地层形成之前。

四、构造组合及构造应力分析

地质构造是由岩石圈运动产生的，对于某一区域而言，一次构造运动会产生多个密切联系的构造集合体，形成有内在关联的构造组合。一定的构造组合常常是在一定的地应力和地质背景下形成的，因此根据构造组合的构造样式，可以分析其形成条件。

不同构造期或同一构造期中不同幕（阶段）所产生的地质构造先后有序，前一期的构造对后一期构造的发育起着控制或限制的作用，后期构造叠加于前期构造之上，并对前期构造进行改造。构造序列的建立有助于认识区域地质构造的发育、演化历史和规律。

在构造运动的作用下，岩石圈产生的应力称为构造应力。应力场是指岩石受到的构造运动所产生的作用力在空间上的分布情况。根据实验与模拟结果，可以利用应变椭球体来表示岩石或者区域的应力场及其与褶皱、断裂发育和分布的关系。

背斜顶部处于拉张状态，而背斜下部核心部位或向斜核部处于压缩状态。因此，背斜顶部往往有张裂隙发育，而向斜核心部位比较密实（图3-35和图3-36）。

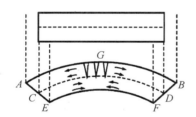

图3-35　岩层褶曲后应力的分布情况及背斜顶部产生张裂隙（宋春青等，2005）
AB.受张应力而伸长；EF.受压应力而缩短；CD.中和面；G.张力裂隙

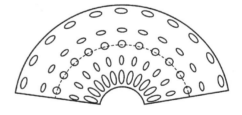

图3-36　岩层褶皱后应变椭球体的形状及其分布情况（宋春青等，2005）
图中圆圈、椭圆圈和长圆圈表示应变椭球体形状

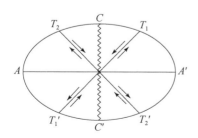

图3-37　应力椭球体与断裂体系

如图3-37所示，AA'是承受最大压应力的变形面，CC'是承受最大张应力的变形面，T_1T_1'和T_2T_2'是承受最大剪切应力的变形面。从这个应变椭球体出发，假如一块岩石或一个区域受到南北向的挤压，那么将会产生轴向为东西走向的褶皱和走向东西向的逆冲断层、南北向的张裂隙或正断层、东北—西南向和西北—东南向的剪切断裂或平移断层。反过来，如果在某一地区或某一块岩石上发现这样组合的构造现象，那么可以反推形成这组构造现象的主压应力为南北向。

探究活动：判断区域主压应力方向

查阅某个地区的地质图，分析该区断裂的走向和性质（压性、张性或者剪切性），并利用上述分析方法，判断该区主压应力的方向。

五、地质构造地貌

由岩石圈运动直接造就的，并受地质体与地质构造控制的地貌统称为构造地貌。其中，全球性和大区域尺度的地貌被称为大地构造地貌，如大陆和大洋、山地和平原；而局地和小区域尺度的地貌称为地质构造地貌（狭义构造地貌），如山岭和沟谷、陡崖和凹地等。大地构造地貌将在第四章中阐述，此处只对地质构造地貌进行介绍。

1. 断裂地貌

（1）塔状地貌。在发育两组共轭垂直节理的地区（地层产状平缓的沉积岩区、块状或发育水平方向解理的岩浆岩、变质岩区），岩石易沿垂直节理遭受侵蚀，并沿节理面发生崩塌，形成四壁直立方形塔状石林。塔状地貌是侵蚀、崩塌和断裂构造共同塑造的结果，一般将规模较大者称为峰林（广义），规模较小者称为石林或石塔（图3-38）。

图 3-38　黄山花岗岩塔状（峰林）地貌

案例分析：张家界地貌的成因分析

砂岩峰林地貌指由产状水平或平缓的厚层砂岩（以石英砂岩为典型），受垂直节理切割，并在流水侵蚀、水砂磨蚀、重力崩塌等综合作用下形成的峰林、峰柱地貌，以张家界为典型代表（图3-39）。

张家界武陵源景区内分布的泥盆系巨厚海相石英砂岩，产状平缓，垂直节理发育，在水流强烈的侵蚀和重力崩塌作用下，形成峰林、峰柱，是武陵源风景区的主体。

（2）断块山：在构造作用下，以断层为界面呈整体抬升或不均衡翘升而形成的山地（图3-40）。断块山按断层形式分为掀斜式断块山和地垒式断块山。①掀斜式

图 3-39　张家界的峰林地貌

图 3-40　华山（断块山及断层三角面）

断块山：山形不对称，断块的一侧沿主干断层断裂上升，发育陡峻的断层崖和断层三角面；另一侧为被动抬升，山坡缓长，向盆地或谷地过渡，山体的主脊偏向翘起的一侧。②地垒式断块山：是断块沿两条或多条地垒式断层组合隆起而成的山地，两侧山坡较对称，为陡立的断层崖和断层三角面，山坡线较平直，在相邻的谷地或盆地间有明显的转折。

（3）断层谷：沿断层发育的沟谷称断层谷，由于断层所在部位常常是岩层的破碎带，容易遭受侵蚀切割，形成沟谷，基岩区的河流和沟谷多沿断层线发育，有"十沟九断"之说（图 3-41）。

（4）断陷盆地：由断裂构造运动而发生沉降的大型地块，其边界和外形受断层线控制，多呈长条状、三角形或长方形等。盆地的边缘由断层崖组成，坡度陡峻，但随着时间的推移，盆地边缘陡崖逐渐侵蚀趋缓，山前形成洪（冲）积扇，断陷盆地中为河湖相沉积充填，形成冲（湖）积平原。例如，柴达木盆地是一个大型封闭性山间断陷盆地。

图 3-41　贵州北盘江峡谷

2. 褶皱地貌

（1）单斜地貌：发育在褶曲一翼单向倾斜岩层上的地貌，称为单斜地貌，其山体由单斜岩层构成，并沿岩层走向延伸。当岩层倾角比较小时，山的一坡往往沿地层产状顺层发育，山坡比较和缓，而另一坡常沿垂直（或近似垂直）层面的断裂面发育，相对较为陡峭，两坡不对称，这样的山地被称为单面山；当组成单斜山的岩层倾角比较大时，山坡两侧都比较陡且比较对称，称为猪背脊或猪背山（图 3-42）。

图 3-42　单斜山与猪背脊

资料来源：http://www.cd-pa.com/bbs/thread-652438-1-1.html

（2）褶皱山与褶皱山系：褶皱运动在使地质体发生褶曲的同时，抬升其成为山体，成为褶皱山。特别是岩石圈的大规模水平运动造成的挤压，往往会形成巨大的、由一系列复杂褶皱构成的山系。山系包含多个大致平行延伸的山脉和其间的谷地，长可达数千千米，宽数十至数百千米。陆地上主要山系（喜马拉雅、天山、秦岭、科迪勒拉、阿尔卑斯等）均是板块碰撞形成的巨大褶皱山系。

（3）负地形：褶皱形成时，背斜上拱，地貌上表现为山，向斜下凹，地貌上表现为谷，这种褶皱地貌通常被称为"正地形"。但自然界也经常出现相反的情况，向斜挤压紧密，突出成山峰。背斜核部发育的纵向张节理，成为易遭受风化剥蚀、流水冲刷的薄弱地段，因而剥蚀成谷（图3-43）。

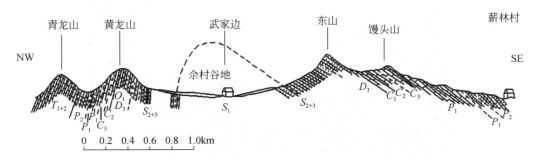

图3-43 南京江宁佘村背斜谷

3. 火山地貌

火山活动形成的地貌称为火山地貌。火山地貌主要包括以下单元。

火山锥：火山喷发而形成的，由火山碎屑物和熔岩组成的锥状堆积体。

火山口：火山锥顶部下凹的圆形洼地，它是火山喷出物的出口，一些火山口因后期的喷发或侵蚀形成缺口，称为破火山口，火山的外观也呈现马鞍状形态。

火口湖：火山口积水形成的湖泊。

熔岩台地：大规模的熔岩溢出地面所形成的平坦地面。

平顶山：由水平产状的熔岩构成的台地经风化作用和侵蚀作用形成顶部平坦而侧面通常是陡峭悬崖的山地。

熔岩丘：熔岩溢出地面快速冷却所形成的圆形或者椭圆形的小丘。

熔岩垄岗：熔岩溢出地面快速冷却所形成的长条状垄岗状地貌。

4. 构造地貌组合与期次

对于某一区域而言，会经历地质历史时期的多期构造运动，每一期也包含多重性质和多重形式的构造运动，多期次、多形式的构造运动和后期的外力作用，塑造出复杂的构造地貌组合。

案例分析：庐山构造地貌分析

庐山位于江西省北部，北枕长江，东临鄱阳湖，呈东北—西南向延伸，长约25km，宽约10km，主峰汉阳峰，海拔1474m。山体南部主要出露前震旦系双桥山群地层，山体北部出露下震旦统南沱组地层，古生代、中生代、新生代地层及岩浆岩等多分布于山麓及外围地区。中生代燕山运动使庐山地区褶皱上升，形成由虎背岭背斜、东谷向斜、大月山背斜、七里冲向斜、五老峰背斜构成的北东向复背斜（图3-44）。同时，受西部淮阳弧向南的挤压力和东部古陆的制约，形成了一系列北北东向张性断裂。进入新生代，庐山开始沿东、西两侧的北北东向大断裂抬升。庐山北部的虎背岭背斜的西北翼和五老峰背斜的东南翼被大断层错开断落，形成了单斜山和断层崖地貌。在庐山上升形成过程中，庐山东麓相应不断下沉，形成鄱阳盆地和鄱阳湖。

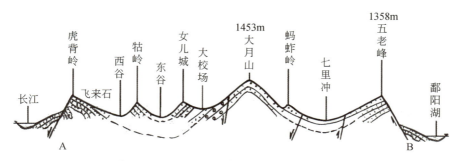

图 3-44　庐山地形地质剖面图

庐山在古近纪和新近纪上升之前，因差异性侵蚀作用，发育了西谷和大校场两个次成谷，原来"三岭两谷"的格局变成了"五岭四谷"的格局。第四纪，由于山体强烈抬升，峡谷沿断裂发育。在宽谷和峡谷之间，谷地纵剖面由缓变陡，河流急剧下切溯源侵蚀，形成裂点。三叠泉瀑布就是裂点存在的标志。

第五节　地球的形成与演化

关于地球的起源时间和原因，仍然存在着不同的认识。一般认为，地球起源于46亿年（图3-45）以前的原始太阳星云。星云盘内的物质，经碰撞吸积，逐渐演化成原始

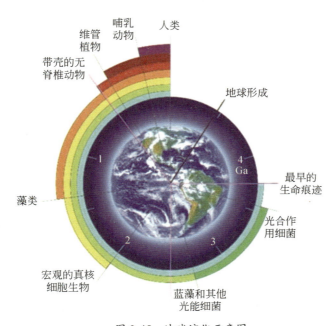

图 3-45　地球演化示意图

地球。原始地球的温度较低，由于陨石等物质的轰击、放射性元素衰变及原始地球的重力收缩，温度逐渐升高，最终呈黏稠的熔融状态。此后，地球温度逐步降低，内部物质出现分异，密度大的物质渐渐聚集到地球的中心，形成地核；密度较小的物质向上集中，形成地幔和地壳。广泛发生的火山喷发，释放的水蒸气、二氧化碳等气体，构成了原始大气圈。随着地表温度下降，气态水发生凝结，通过降水落到地面，形成了河流、湖泊和海洋等组成的水圈，此后诞生了生命，逐渐演化形成了今天的地球及环境。

一、生物的演化

现在发现的地球上最古老的生命化石，可追溯到位于格陵兰岛的形成于 37 亿年前的叠层石化石。目前发现的最古老的地球生命的证据，是来自于澳大利亚西部杰克丘陵的形成于 41 亿年前的锆石中富含 ^{12}C 的石墨。

尽管对于地球生命的起源存在不同的意见，但是较多的科学家认为生命起源于海洋。有研究认为，海洋形成于 41.5 亿年前。在地球形成的早期阶段，雷电、宇宙射线、紫外线等作用于原始大气产生的有机物汇聚到海洋，在海洋中合成了蛋白质和核酸等高分子有机化合物。又经历了一系列变化过程，这些高分子有机化合物进一步合成了具有新陈代谢功能的多分子体系——生命体（图 3-46）。

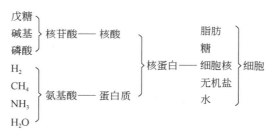

图 3-46　生命体的形成示意图

生物演化的表现：从简单到复杂、从低级到高级，种类由少到多；从没有细胞结构的生物，到具有细胞结构的生物；从没有细胞核的生物，到具有细胞核的生物；从动物、植物不分到动物、植物分离；从单纯的海洋生物，到海洋生物、陆地生物并存等。

生物发展的标志性阶段（表 3-4）主要有：除了古细菌出现在距今大约 39.5 亿年前、细菌出现在距今 38.5 亿年（预示着生命的诞生）外，距今大约 36 亿年前蓝绿藻的出现标志着光合作用的开始和有氧大气的出现，距今大约 5.4 亿年前的"寒武纪生命大爆发"标志着生物演化进入一个新的阶段——显生宙的开始，距今大约 4.4 亿年前陆生裸蕨植物的出现标志着陆地开始披上绿装，距今大约 3 亿多年前泥盆纪中晚期的两栖动物的出现标志着动物开始从海洋向陆地扩展，发生在距今大约 6500 万年前以恐龙为代表的大型爬行动物的灭绝标志着哺乳动物大发展的时代诞生——新生代的开始，距今300 万～ 200 万年前人类的诞生标志着人类纪——第四纪的开始。

生物的演化并不是一帆风顺的，也经历了若干次生物的大灭绝事件，如发生在奥

表 3-4　国际地质年代（简）表

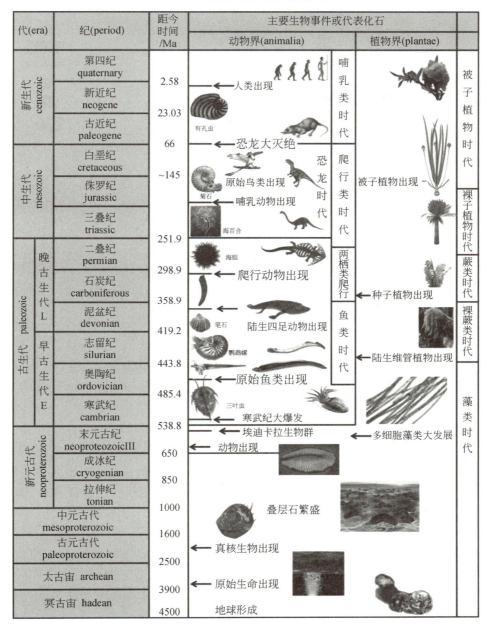

代(era)	纪(period)	距今时间/Ma	主要生物事件或代表化石	
			动物界(animalia)	植物界(plantae)
新生代 cenozoic	第四纪 quaternary	2.58	人类出现　哺乳类时代	被子植物时代
	新近纪 neogene	23.03	有孔虫	
	古近纪 paleogene	66	恐龙大灭绝　爬行类时代	
中生代 mesozoic	白垩纪 cretaceous	~145	原始鸟类出现　恐龙时代	被子植物出现　裸子植物时代
	侏罗纪 jurassic		菊石　哺乳动物出现	
	三叠纪 triassic	251.9	海百合	
古生代 paleozoic	晚古生代 L	二叠纪 permian	298.9	海胆　爬行动物出现　两栖类爬行	种子植物出现　蕨类时代
		石炭纪 carboniferous	358.9		
		泥盆纪 devonian	419.2	笔石　陆生四足动物出现　鱼类时代	裸蕨类时代
	早古生代 E	志留纪 silurian	443.8	鹦鹉螺　原始鱼类出现	陆生维管植物出现
		奥陶纪 ordovician	485.4		
		寒武纪 cambrian	538.8	三叶虫　寒武纪大爆发	藻类时代
新元古代 neoproterozoic	末元古纪 neoproteozoicIII	650	埃迪卡拉生物群　动物出现	多细胞藻类大发展
	成冰纪 cryogenian	850		
	拉伸纪 tonian	1000	叠层石繁盛	
中元古代 mesoproterozoic		1600		
古元古代 paleoproterozoic		2500	真核生物出现	
太古宙 archean		3900	原始生命出现	
冥古宙 hadean		4500	地球形成	

陶纪、泥盆纪、二叠纪、三叠纪、白垩纪末期或者晚期的生物大灭绝（图 3-47），海洋生物种类灭绝率在 75% 以上。每一次大灭绝都是生物演化过程的一次重大挫折、地球生命发展的重大灾难，但是每一次生物的大灭绝都为新物种的诞生或者繁荣创造了条件。

奥陶纪生物大灭绝，发生在 4.4 亿年前的奥陶纪末期，生活在水体的大量无脊椎动物荡然无存，全球约 27% 的科、57% 的属和 85% 的物种灭亡。古生物学家认为这次物

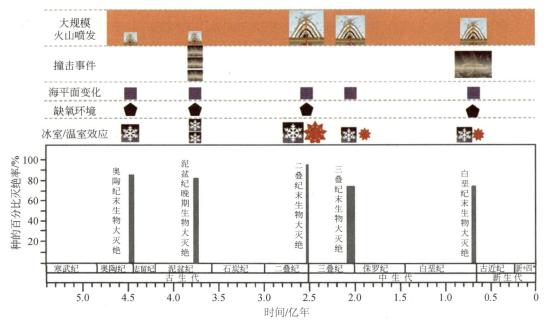

图 3-47　地球历史上的几次生物大灭绝事件（沈树忠和张华，2017）
*表示新近纪＋第四纪

种大灭绝主要是由全球气候变冷、海平面下降和大规模缺氧环境造成的。

泥盆纪生物大灭绝，发生在约 3.65 亿年前的泥盆纪晚期，当时全球 82% 的海洋物种灭绝，浅海的珊瑚几乎全部灭绝。其可能与地球气候变冷、海洋退却、海水缺氧以及陨石撞击等因素有关。

二叠纪生物大灭绝，发生在距今 2.5 亿年前的二叠纪末期，全球约 57% 的科、83% 的属、96% 的海洋生物种与约 70% 的陆地生物种灭绝。三叶虫、海蝎以及重要珊瑚类群全部消失，陆栖的单弓类群动物和许多爬行类群也灭绝。这次大灭绝可能是气候突变、火山爆发和缺氧环境等造成的。

三叠纪生物大灭绝，发生在距今 1.95 亿年前的三叠纪末期，全球约 23% 的科、48% 的属和 76% 的物种灭亡，其中主要是海洋生物灭绝，可能与气候、海平面的剧烈波动以及大规模火山爆发有关。

白垩纪生物大灭绝，发生在公元前 6500 万年的白垩纪末期，约 97% 的淡水生物物种灭绝。持续 1.4 亿年之久的恐龙时代在此终结，海洋中的菊石类也一同消失。其可能主要是小行星撞击地球以及大规模火山爆发所致。有学者认为，小行星撞击地球使大量的气体和灰尘进入大气层，以至于阳光不能穿透，全球温度急剧下降，乌云遮蔽地球长达数十万年至几百万年之久，植物不能从阳光中获得能量，海洋中的藻类和成片的森林死亡，食物链的基础环节被破坏，大批动物因饥饿而死，其中就包括陆地的霸主——恐龙。

按照生物进化的规律，作为地球上最高级的生物，人类当然出现得最晚。研究发现，人类是由森林古猿的一支演化而来的。新生代晚期是古猿的繁盛时期。由于新生代晚期气候变冷，森林面积缩小，草原范围扩大。一部分森林古猿仍然留在退缩的森林中生活，它们逐渐演化成今天的猩猩、大猩猩等；另一部分森林古猿不得不在稀树草原甚至草原上生活。为了适应草原环境，这部分森林古猿逐步学会了直立行走和利用前肢打猎，从而引起身体器官功能的改变，尤其是大脑的发育。当草原上生活的古猿不但学会了使用工具，而且学会了制造工具时，也就完成了由古猿向人类的转化，人类也就诞生了。现在发现的类人猿（南方古猿）的化石可以追溯到距今 800 万～ 500 万年前，最早的猿人化石出现在距今 300 万～ 200 万年前。

地学视野：寒武纪生命大爆发

在距今约 5.4 亿年前一个被称为寒武纪的地质历史时期，地球在 2000 多万年时间内突然涌现出各种各样的动物，它们不约而同地迅速出现，节肢、腕足、蠕形、海绵、脊索动物等一系列与现代动物形态基本相同的动物在地球上"集体亮相"，形成了多种门类动物同时共生的繁荣景象（图 3-48）。该现象被称为"寒武纪生命大爆发"。

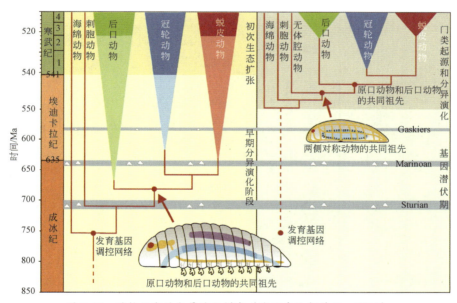

图 3-48　动物门类的分异演化模式（张兴亮和舒德干，2014）

中国云南澄江生物群、加拿大布尔吉斯生物群和凯里生物群构成世界三大页岩型生物群，为寒武纪的地质历史时期的生命大爆发提供了证据。

达尔文在其《物种起源》一书中提到了这一事实，并大感迷惑。他认为这一事实会被用作反对其进化论的有力证据。但他同时解释道，寒武纪的动物的祖先一定是来自前寒武纪的动物，是经过很长时间的进化过程产生的；寒武纪动物化石出现的"突然性"和前寒武纪动物化石的缺乏，是地质记录的不完全或是老地层淹没在海洋中的缘故。

这就是至今仍被国际学术界列为"十大科学难题"之一的"寒武纪生命大爆发"。依照传统和经典的生物学理论，即达尔文生物进化论认为，生物进化经历了从水生到陆地、从简单到复杂、从低级到高级的漫长的演变过程，这一过程是通过自然选择和遗传变异两个车轮的缓慢滚动逐渐实现的，中国科学家对澄江生物群的研究向这一权威理论提出了挑战。

澄江生物群的发现，为"间断平衡"理论提供了新的事实依据，对达尔文的进化论再次造成冲击。"间断平衡"理论认为，生物的进化不像达尔文及新达尔文主义者所强调的那样是一个缓慢的连续渐变积累的过程，而是长期的稳定（甚至不变）与短暂的剧变交替的过程，从而在地质记录中留下许多空缺。澄江生物群的发现说明生物进化并非总是渐进的，而是渐进与跃进并存的过程。

探究活动

1.读地质年代表，简要描述植物、动物的演化过程。

2.利用地质年代表说明动物演化与植物演化间的关系。

二、气候变化

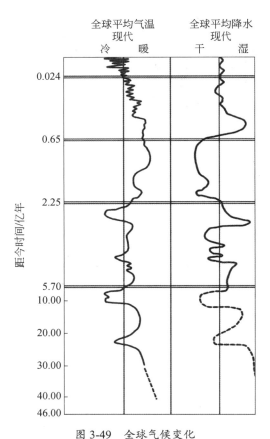

图 3-49　全球气候变化

地质历史时期发生过多次重大的气候变化（图 3-49）。

有时气候寒冷，冰川扩展，形成冰期；有时气候温暖，冰川消融，形成间冰期。时间持续数百万年或者更长的冰期和间冰期分别被称为大冰期和大间冰期。地球历史上曾发生过多次大冰期，如前寒武纪晚期大冰期、石炭纪-二叠纪大冰期和晚新生代大冰期等。人类目前仍然处在晚新生代大冰期内。大冰期内又有多次较大幅度的气候冷暖交替和冰川进退。例如，在大约距今 1.8 万年前，欧洲大陆、北美大陆的广大区域曾被冰川覆盖，我国的冰川覆盖面积也比现在大得多。

探究活动

1.分析气温变化的特征，找出气候温暖和寒冷的时期。

2.分析降水变化的特征，找出气候干燥和湿润的时期。

3.比较气温和降水变化，找出温暖湿润型、寒冷干燥型气候出现的时期。

是否还存在其他类型的气候？出现在什么时候？

三、其他重大地质事件

地质历史上发生过多次地磁场的倒转。

地质历史上也发生过多次构造运动。根据研究，3.6亿年以来发生过8个一级构造旋回，即八次挤压－引张的一级变化旋回（图3-50）。

如图3-50所示，3.6亿年以来，也发生过8次一级海进海退变化旋回和盆地的隆升和沉降。海进对应引张，海退对应挤压。盆地隆升和沉降分别对应于构造的挤压和引张。

探究活动：各种重大地质事件之间的关联

1. 根据图3-50，分析各种旋回之间的关系。
2. 查阅文献，试分析它们之间可能的成因联系。

第六节　岩石圈与人类

岩石圈是人类生存与生活的基础，与人类的生产和生活息息相关。同时，人类的生产、生活对岩石圈也产生重要影响，并且随着科技的进步和社会生产力的提高，人类对岩石圈的影响使岩石圈的面貌发生了很大改变。

岩石圈演化和构造运动所造就的区域地层、岩石、构造体系，构成了地表的基本框架。不同类型、不同构造条件下的岩石处在不同的水、气、生、岩环境中，发生风化、剥蚀、侵蚀、崩塌、搬运、沉积，在岩石圈自身演变和圈层间的相互作用下，塑造出不同的地貌格局和不同的地质环境。

一、地球化学元素与人类

1. 人类生产生活与地球化学元素

地球化学元素对人类生产生活的影响无处不在，土壤中的氮、磷、钾等元素决定了土壤的肥力，而重金属元素对农作物产生污染，危害人类健康；水中微量元素的组成和含量是评价水质的主要指标；各种金属、非金属矿产是工业时代的基础，是现代社会的"粮食和血液"。

2. 地球化学元素与人类健康

英国地球化学家汉密尔顿等通过对人体脏器样品的分析发现，除原生质中主要组分（碳、氢、氧、氮）和岩石中的主要组分（硅）外，人体组织（如血液、头发）中的元素平均含量和地壳中这些元素的平均含量具有明显的相关性（图3-51）。这说明人体是地壳物质演化的产物，人体元素组成与地壳岩石的元素组成形成了某种平衡关系，那么某些地方性元素的缺乏或者过剩，将会对人体健康带来不利的影响，地方病就是很好的例子。例如，克山病是贫硒或贫钼所致，地方性甲状腺肿病是缺碘或碘过剩的结果，氟骨症是过量吸入氟而致等。地方病的产生原因，进一步表明地球表层岩石元素组成对人体健康的重要影响。

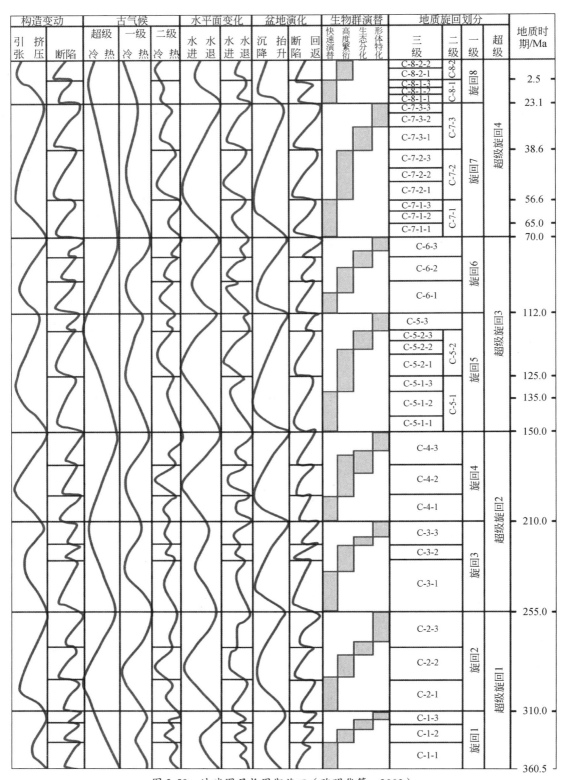

图 3-50　地球圈层长周期旋回（陶明华等，2003）

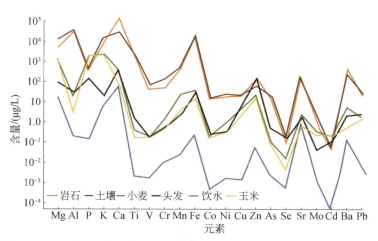

图 3-51　岩石元素与土壤、食物以及人发元素组成的比较（黄秉维等，1999）

二、地质灾害与人类生活

岩石圈运动而产生各种地质灾害，威胁着人类的生存和生活，主要的地质灾害有地震、火山、崩塌、滑坡等。地震是岩石圈断裂运动的表现，火山是岩浆沿着岩石圈薄弱地带喷出地表的产物，崩塌、滑坡则是岩石块体在重力作用下向下位移的结果。地质灾害毁坏建筑，堵塞交通，对人类生命和财产安全构成极大威胁，做好各类地质灾害的预测和应对，是地球科学重点关注的领域之一。

板块的边缘是岩石圈构造活动最强烈的地方，全球的地震、火山集中分布在板块的边缘。环太平洋地震、火山带位于太平洋板块向周围陆壳板块俯冲的接合带；阿尔卑斯－喜马拉雅地震、火山带位于亚欧板块与非洲板块、印度洋板块的碰撞汇聚带，是一条巨大的地缝合线；大洋中脊地震、火山带是离散型洋壳板块的边缘带；大陆裂谷地震、火山带是离散型陆壳板块边缘带。知道其分布规律后，就可以制定针对性的科学防避措施。

三、地质环境与人类文化

1. 从洞穴到建筑

考古材料证明，远古时期的人类基本以洞穴作为居所。农耕时代的人们虽然也曾以草木为屋，但砖木和石砌建筑一直是东西方古代建筑的主体。现代建筑不仅其主要材料水泥、钢筋取材于岩石，而且石灰、玻璃、涂料等辅材也多来源于岩石。

案例分析：古人类的居所

（1）北京周口店：周口店遗址博物馆坐落在北京城西南房山区周口店龙骨山脚下，因1929年中国古人类学家裴文中先生在龙骨山发掘出第一颗完整的"北京猿人"头盖骨化石而闻名世界。1930年在周口店遗址还发现距今约2万年前的"山顶洞人"化石和文化遗物。分析发现，古人类利用天然洞穴作为他们的居所，以防寒避暑。

（2）马丘比丘：被称为印加帝国的"失落之城"马丘比丘，坐落在秘鲁境内安第斯山脉老年峰与青年峰之间陡峭而狭窄的山脊上，海拔2400m。古城建于约公元1500年，城内有神庙、王宫、堡垒、民宅、街道、广场等建筑，它们由纵横其间的台阶连接起来，有的石阶多达160层。马丘比丘是个石头城，无论农业区、城市区还是太阳庙，每个建筑都由花岗岩巨石垒砌而成，每块石头都打磨得十分光滑。石块与石块之间没任何黏合剂，却拼合严密，甚至连薄薄的刀片都插不进去。这些石头中，有的重量不下200t，全是石匠们使用简单工具拼接垒筑而成的。几个世纪以来，这里发生过多次地震和山洪，而雄伟的古城安然无恙，丝毫未损。1983年，马丘比丘被联合国教育、科学及文化组织（简称联合国教科文组织）列入世界自然与文化遗产名录（图3-52）。

图3-52　马丘比丘

2. 文明的进程

从一个角度看，人类文明的进程就是对岩石圈的认识、开发、利用和理解不断深入的过程。石器是现代人类诞生的重要标志，在人类漫长的文明进程中，石制工具（石器）使用的时间长达几百万年。陶器的发明是人类最早利用并改造地质资源的开端，是人类社会由旧石器时代发展到新石器时代的标志之一。以6000年前出现在古巴比伦两河流域的青铜器为起点，人类进入青铜文明时代，代表着人类对岩石圈矿产资源的开发和利用步入新的纪元。冶铁术发明后（距今约4500年），铁矿石冶炼加工制成的器物较青铜器更为锋利，对生产力的提高起着极为重要的作用。

质地细腻、色泽洁白的高岭土的发现，不仅使瓷器取代了陶，成为人们家居的首选器皿，更使之具有艺术和文化气息。同时，以景德镇为代表的瓷业重镇的形成以及瓷器贸易，对经济、交通乃至文化交流、地缘政治等都产生了重要影响（图3-53）。

工业文明一方面使人类对自然资源的开发利用达到了足以影响地球表层的程度，另一方面也使自身陷入对包括以煤、石油为代表的化石能源和以铁、铜、铅、锌、硫等为代表的金属非金属矿产的难以摆脱的依赖中。

3. 人类文化

在人类灿烂的文化中，有许多都深深地烙上地质环境的印迹，有些则直接作为载体，被赋予民族、文化和历史的内涵。

始建于前秦时期的敦煌莫高窟，为人类留下了丰富的历史、文化、艺术瑰宝，其中彩塑和壁画更是以其杰出的艺术成就和历史价值蜚声国际。这些壁画和彩塑的颜料主要来自青金石、孔雀石、蓝铜矿、雄黄、雌黄、赤铁矿等天然矿石，自然矿物颜料的使用加上高超的配色工艺，使得敦煌壁画和彩塑能跨越千年而神采依旧。

图 3-53　景德镇瓷器

与豪放、热情的欧洲人偏爱晶莹、艳丽的五彩宝石不同的是，内敛、温和的中国人一直对品质温润、柔和的玉石更加情有独钟，各种玉石经精心雕琢后，不仅成为一种观赏物，更成为一种情趣和精神寄托。产于昆仑山的和田玉，更是因其细腻、温润成为当之无愧的玉中上品。正是因为中原民族对和田玉的热爱，丝绸之路也成为一条玉石之路，进一步促进了西域与中原的经济、文化和政治往来。

主要参考及推荐阅读文献

车自成，罗金海，刘良. 2011. 中国及其邻区区域大地构造学. 2 版. 北京：科学出版社.

陈建强，周洪瑞，王训练. 2004. 沉积学及古地理学教程. 北京：地质出版社.

黄秉维，郑度，赵名茶，等. 1999. 现代自然地理. 北京：科学出版社.

莱伊尔. 2008. 地质学原理. 北京：北京大学出版社.

李吉均. 2006. 青藏高原隆升与亚洲环境演变. 北京：科学出版社.

李吉均，方小敏. 1998. 青藏高原隆起与环境变化研究. 科学通报，43（15）：1569-1574.

李吉均，文世宣，张青松，等. 1979. 青藏高原隆起的时代、幅度和形式的探讨. 中国科学，6：608-616.

李胜荣，许虹，申俊峰，等. 2008. 结晶学与矿物学. 北京：地质出版社.

刘宝珺，曾允孚. 1985. 岩相古地理基础和工作方法. 北京：地质出版社.

陆正亚，田作淳. 1986. 机械能流与地球的纬向振动. 自然杂志，7：525-528.

潘懋，李铁锋. 2003. 环境地质学. 北京：高等教育出版社.

普雷斯，锡弗尔. 1986. 地球. 高名修，沈德富，译. 北京：科学出版社.

桑隆康，马昌前. 2012. 岩石学. 2 版. 北京：地质出版社.

沈树忠，张华. 2017. 什么引起五次生物大灭绝？科学通报，62（11）：1119-1135.

舒良树. 2010. 普通地质学（彩色版）. 北京：地质出版社.

宋春青，邱维理，张振春. 2005. 地质学基础. 4 版. 北京：高等教育出版社.

陶明华，邹伟宏，支崇远，等. 2003. 地球圈层长周期演化旋回基本特征. 同济大学学报，31（12）：1415-1420.

王建. 2006. 现代自然地理学实习教程. 北京: 高等教育出版社.

魏格纳. 2006. 海陆的起源. 李旭旦, 译. 北京: 北京大学出版社.

徐仁, 陶君容, 孙湘君. 1973. 希夏邦马峰高山栎化石层的发现及其在植物学和地质学上的意义. 植物学报, 15:103-129.

许靖华. 1985. 大地构造与沉积作用. 北京: 地质出版社.

严钦尚, 曾昭璇. 1985. 地貌学. 北京: 高等教育出版社.

张兴亮, 舒德干. 2014. 寒武纪大爆发的因果关系. 中国科学（地球科学）, 44（6）: 1155-1170.

赵澄林, 朱筱敏. 2001. 沉积岩石学. 3版. 北京: 石油工业出版社.

郑度, 姚檀栋. 2006. 青藏高原隆升及其环境效应. 地球科学进展, （5）: 15-22.

朱志澄. 2003. 构造地质学. 武汉: 中国地质大学出版社.

Coleman M, Hodges K. 1995. Evidence for Tibetan Plateau uplift before 14 Myr ago from a new minimum age for east-west extension. Nature, 374(6517): 49-52.

de Blij H J, Muller P O. 1996. Physical Geography of the Global Environment. 2th ed. Hoboken: John Wiley & Sons.

Dewey J F, Burke K. 1973. Variscan and Precambrian basement reactivation: products of continental collision. Journal of Geology, 81: 683-692.

Gabler R E, Petersen J F, Trapasso L M. 2007. Essentials of Physical Geography. 8th ed. Belmont: Thomson Brooks.

Harrison T M, Copeland P, Kidd W S, et al. 1992. Raising Tibet. Science, 255: 1663-1670.

Noureddine B, Muawia B, Bryan L. 1993. Lithospheric structure of Tibet and western North America: Mechanisms of uplift and a comparative study. Geophysical Research: Earth Surface, 98: 1997-2016.

Powell G M, Conaghan P J. 1975. Tectonic models of the Tibetan Plateau. Geology, 3: 727-731.

Reynolds S J, Johnson J K. 2005. Exploring Earth Science. New York: McGraw Hill Education.

Skinner B J, Porter S C. 1989. The Dynamic Earth—An Introduction to Physical Geology. Hoboken: John Wiley & Sons.

Strahler A N, Strahler A H, Bambach R K. 1978. Modern Physical Geography. Hoboken: John Wiley & Sons.

Tapponnier P, Peltzer G, Armijo R. 1986. On the mechanics of the collision between India and Asiain//Coward M P, Ries A C. Collision Tectonics: 112-157.

Vilotte J P, Daignières M, Madariaga R. 1982. Numerical modeling of intraplate deformation: Simple mechanical models of continental collision. Geophysical Research: Earth Surface, 87: 10709-10728.

Wu Q, Zhao Z, Granger D E, et al. 2016. Outburst flood at 1920 BCE supports historicity of China's Great Flood and the Xia dynasty. Science, 353: 579-582.

Zhao W L, Morgan W J. 1987. Injection of Indian crust into Tibetan lower crust: A two-dimensional finite element model study. Tectonics, 6: 489-504.

 # 第四章
地貌系统与地貌环境

第一节　地貌及其在地表环境中的作用

一、地貌及其成因

地貌是指地球表面的形态和面貌。它是地球内外力长期不断相互作用于地表的结果。内（营）力是指地球内部能量所形成的作用力，主要表现为地壳或岩石圈的水平运动和垂直运动，并引起岩层的褶皱、断裂、岩浆活动和地震等。外（营）力是指地球表面在太阳能和重力驱动下，通过大气、水和生物等活动所起的作用，包括风化作用、重力作用以及流水、冰川、风力、波浪、潮汐、生物等作用。内力在地表变化过程中起着构成地球表层大型地貌骨架的作用，形成海陆分布格局、地形起伏大势以及高山、高原、盆地、平原、海沟、岛弧、大洋盆地等大型地貌体系，而外力进一步对地表形态进行改造和塑造。

影响地貌发育的因素，除了内外力的作用，还有岩石的性质、地面的结构与构造，以及发育时间等。

二、地貌类型及其划分

对地貌类型的划分，从不同角度出发，会有不同的划分方案（图 4-1）。例如，依据形态通常可以划分为山地、丘陵、平原、高原、盆地、谷地等；依据相对于地面是向上凸出还是向下凹入，可以划分为正地貌和负地貌；依据主要作用力是内力还是外力，可以划分为内力作用地貌和外力作用地貌，内力作用地貌可以进一步划分为褶曲地貌、断层地貌、火山地貌等，外力作用地貌可以进一步划分为流水地貌、海岸地貌、冰川地貌、冰缘地貌、风成地貌、喀斯特地貌等；依据影响地貌发育的主要因素可以划分为构造地貌、

图 4-1　主要的地貌分类依据及类型

岩性地貌、气候地貌、人工地貌等；依据作用过程的性质可以划分为侵蚀地貌和堆积地貌；依据空间尺度可以划分为全球、区域、局地或者宏观、中观和微观等地貌类型；还可以从圈层相互作用的角度去认识地貌成因、划分地貌类型。

全国数字地貌分类的指标按照等级分为地貌纲（亚纲）-地貌类（亚类）-地貌型（亚型）三等，共九级（表4-1），即宏观形态、地势等级、主营力条件、主营力作用方式、形态组合体、微地貌形态单元、地貌坡面特征、物质组成和岩性、地貌年龄。不同尺度的地貌类型图，根据需要表达不同的地貌特征。1∶400万比例尺地貌类型图主要表达前四级指标，1∶100万地貌类型图主要表达前五级指标，1∶50万地貌类型图主要表达前七级指标，1∶25万和1∶5万的地貌类型图，可突出坡面特征、物质组成和岩性大类、堆积地貌的年龄等指标，以实现详细地貌类型的精细化地貌表达。

表4-1　多尺度地貌类型的等级分类方法（程维明和周成虎，2014）

	地貌纲		地貌类		地貌型		特殊地貌类	
大类指标	基本地貌形态		成因条件		形态特征		特殊成因条件	
亚类指标	宏观形态亚纲	地势等级亚纲	主营力条件亚类	主营力作用方式亚类	形态组合体亚型	微地貌形态单元亚型	地貌坡面特征亚型	物质组成和岩性亚类	地貌年龄亚类

按照地貌的成因联系，可以把地貌划分为不同的地貌系统，不同的地貌系统对应着不同的地貌环境。因此，可以从地貌系统的角度去考察和分析地貌及地貌环境。

三、地貌在地表环境中的作用

地貌是地表环境中最基本的组成要素，在不同尺度上制约着气候、植被、土壤、水文等其他自然环境要素的变化，进而控制着地表环境的分异。

1. 导致地表热量重新分配和温度分布复杂化

地貌分异打破了地表热量和温度的纬度分布，导致山地阴阳坡温度的差异，东西走向山地成为热量带的分界线；山地与高原在气温垂直递减规律作用下形成"冷岛"，盆地与河谷成为"热岛"。

2. 改变降水的分布格局

由于高大山脉的地形屏障作用，山地迎风坡降水多，背风坡降水少，如科迪勒拉山系东西两侧、喜马拉雅山南北两翼、秦岭南北坡降水量差异悬殊。此外，山地总体降水量高于附近平原，因而成为湿润区的多雨中心和干旱半干旱区的"湿岛"，盆地和河谷成为"干岛"。例如，我国台湾火烧寮多雨中心的形成就有其特殊的地貌背景，天山和祁连山是干旱区内典型的"湿岛"，吐鲁番盆地、横断山区河谷是"干岛"的代表。地貌对地表热量、水分的改变必然会影响风化作用、成土作用以及各种生物过程等，从而导致地球表层自然景观的重大变化。

3. 对生物分布格局的影响

山地的高度和坡向不同，常形成不同的植被类型和生态系统。山地是全球陆地生物多样性最丰富的地区。山地和河谷常成为某些生物的避难所；巨大的高原和山地是各种生物区系成分相互渗透的障碍；平原、谷地和山口是物种迁移的通道。低平原上排水良好的高地常发育地带性植被，而在洼地、沟谷底部发育隐域性植被。

4. 对自然地域分异的影响

陆地地貌的差异，破坏了全球尺度的自然地带性分异，表现出非地带性分异。例如，许多大地貌单元也是高级自然区，其地貌界线与自然区界线基本吻合。东西走向山脉的南北坡对温度变化的不同影响和南北走向山地东西坡降水量的差异，常使山脉成为自然地带或地区间的分界。

5. 对土地类型划分的影响

地貌在基本土地单位和土地类型划分中起着重要作用。地貌形态的任何改变都会导致整个土地类型的变化。

第二节　大地构造地貌与地球表面形态特征

构造地貌是指由构造运动形成的地表形态，由地球内（营）力作用形成，又称内力地貌。按规模分为三个等级：第一级为大地构造地貌，是由大地构造运动形成并受大地构造控制的地貌，如大陆与大洋、海沟与大洋中脊、岛弧与边缘海、大陆架与大陆坡、大陆裂谷与地缝合线，都是大地构造运动形成的跨越地区的大型地貌，故可以称之为大地构造地貌；第二级是区域构造地貌，是在大地构造的背景上，由于区域构造差异而形成的具有区域特征的构造地貌，如高原、平原、盆地、山地等，都是区域构造地貌的代表；第三级为局地构造地貌，在大地构造格局与区域构造背景下，主要由局地构造作用而形成的地貌。根据局地构造的类型，可以将其划分为褶曲地貌、断层地貌、火山地貌、岩性构造地貌等，与地质构造地貌的范围基本一致。这里着重介绍大地构造地貌体系。

一、大洋中脊 - 洋盆构造地貌体系

大洋中脊形成于大洋板块彼此分裂的边界上，而大洋盆地位于洋脊与大陆边缘之间的大洋板块上（图 4-2）。根据板块构造学说，大洋中脊是岩浆上涌、洋壳新生的地方，一方面导致该处是洋盆中地形最高的地方，另一方面导致该处也是洋壳年龄最小的地方，从大洋中脊向两侧，洋壳年龄越来越大（图 4-3）。实际上，洋底的扩张形成了大洋中脊和大洋盆地。大洋中脊与洋盆在成因上密切联系，构成了大洋中脊－洋盆构造地貌体系。

1. 大洋中脊

大洋中脊是地球上规模最大的山脉，它是一条纵贯世界各大洋的洋底山系，全长约65000km，宽度达 1000km 以上。洋脊顶部平均水深 2000m 左右，个别高点耸立在海平面之上，如大西洋北部的冰岛。洋脊高于洋盆 2000～3000m，两侧坡度平缓，与洋盆没有明显界线。洋脊常位于大洋中部，但东太平洋洋脊位于大洋东侧。洋脊上缺乏深海沉积物，保存了熔岩溢流、火山喷发以及转换断层造成的原始地形。

图 4-2 大西洋的洋中脊与洋盆
资料来源：中国数字科技馆

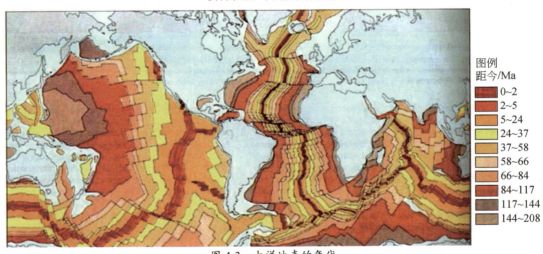

图 4-3 大洋地壳的年代
资料来源：中国数字科技馆

图例
距今/Ma
- 0~2
- 2~5
- 5~24
- 24~37
- 37~58
- 58~66
- 66~84
- 84~117
- 117~144
- 144~208

2. 大洋盆地

大洋盆地位于洋脊外侧，向外与大陆边缘相接。洋盆与洋脊呈逐渐过渡的形式，洋盆是由洋脊产生的新生洋壳向外迁移而形成的，洋盆上地震和岩浆活动微弱。与大陆边缘连接处坡度常突然变大，且地壳物质明显不同。洋盆内部主要由海岭、深海丘陵和比较单调的深海平原组成。

海岭，是洋盆内部大型正地形的总称，不包括洋脊。海岭有多种类型，如火山海岭、断裂海岭和陆壳海台等。火山海岭是指由火山串联的海底山脉。断裂海岭是断裂活动造

98

成的海岭。陆壳海台是指一些地壳厚度较大，并有中间型地壳或花岗岩质陆壳的洋底块状高地，海台地面起伏不大，但周围为陡坡。

深海平原和深海丘陵。深海平原是洋盆中被海岭分隔开的低地，大多水深 5～6km，地形平坦，坡度极小，是地球表面最平坦的地方。在靠近洋脊边界附近的深海平原，其沉积物不足以完全填平洋壳的原始地形，一些海底死火山和熔岩喷出物便突出于深海平原，成为高度（＜200m）不大的海底丘陵。海底丘陵可以单独或成群出现在海底平原上，有时则在洋脊两翼附近呈线状分布。深海平原和深海丘陵占据了几乎所有除洋脊系统外的深海海底区域。

二、海沟 – 岛弧 – 弧后盆地构造地貌体系

由大洋板块俯冲到大陆板块之下而形成的狭长的海底沟槽，称为海沟。海沟多分布在主动大陆边缘。例如，太平洋边缘，海沟就比较发育，也比较典型。世界上最深的海沟是马里亚纳海沟，最深处为 –11034m。当大洋板块俯冲到地幔一定深度时，板块就会脱落、熔融，熔融的物质上涌，从而导致靠近海沟的大陆边缘岩石圈的拉张，拉张使得大陆边缘与大陆主体分离，形成弧状的岛屿——岛弧，或者岩浆上涌形成系列火山岛。当然大洋岩石圈的褶皱或者隆起也可以形成岛弧，如阿留申群岛、日本群岛、菲律宾群岛和新几内亚岛。岛弧与大陆主体之间陷落形成盆地——弧后盆地，如果弧后盆地与海洋连通就形成边缘海（图 4-4）。

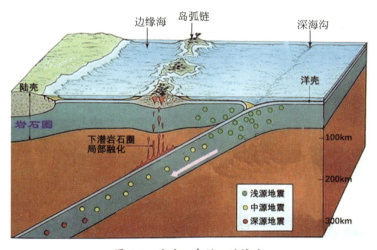

图 4-4　海沟、岛弧、边缘海

三、大陆架 – 大陆坡 – 大陆基构造地貌体系

大陆架、大陆坡、大陆基（也称大陆隆）位于大陆边缘，即大陆地壳向海洋地壳过渡的地带，是海底扩张的产物。大陆架一般认为是大陆边缘水深 200m 以内坡度和缓的地带；大陆坡则是水深 ＞200m，坡度较陡的斜坡地带，水深下限可以达到 3000m；大陆基则是自大陆坡坡麓缓缓倾向大洋底的扇形地，一般位于水深 2000～5000m（图 4-5）。

从大陆架到大陆坡、大陆基（隆），大陆地壳逐渐变薄，到深海盆地则完全变为大洋地壳。大陆架、大陆坡和大陆基，一般出现在稳定（被动）大陆边缘或者主动大陆边缘的边缘海中。例如，大西洋两岸是典型的稳定（被动）型大陆边缘，故大陆架、大陆坡和大陆基比较典型。又如，中国的东部海域（东海、黄海）作为边缘海，大陆架比较发育；南海作为边缘海，大陆架与大陆坡发育得也比较好。

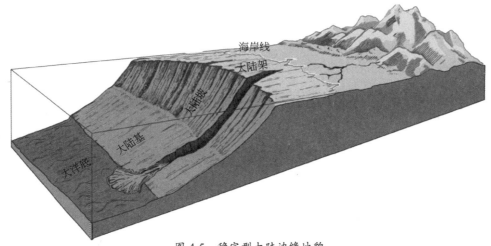

图 4-5　稳定型大陆边缘地貌

四、大陆裂谷构造地貌体系

大陆裂谷是陆地上最大的地堑式断陷谷，如东非大裂谷、贝加尔裂谷、莱茵裂谷、加利福尼亚湾裂谷等。裂谷宽几十千米至几百千米，长达数千千米。东非大裂谷是世界上最大的裂谷，它由中央裂谷盆地和两侧的高原及断块山脉组成（图 4-6），地震显著，裂谷低地有火山喷发与熔岩溢流活动。大陆裂谷代表陆壳受拉张作用正发展为新的板块边界构造活动带，它处于地球内部物质对流上涌的张裂带上，预示着新洋壳的生长，随着大陆裂谷的进一步发展，一个新的狭窄的洋盆将会诞生于大陆内。东非大裂谷带北延的亚丁湾和红海就是这种新生洋盆。

五、地缝合线－褶皱山系－高原构造地貌体系

大陆板块发生碰撞，相向运动往往形成巨大的褶皱山系，例如，著名的喜马拉雅山系就是晚新生代印度板块与亚欧板块碰撞而形成的（图 4-7）。如果两大陆板块相互叠置，还可以形成高原，如青藏高原就是印度板块和亚欧板块叠置而形成的。两个大陆板块接触接合的地带，称为地缝合线。板块构造学说认为：大洋板块削减使原先位于大洋两侧的大陆碰撞、拼合而产生强烈变形带，常保留有洋壳残余物质（蛇绿岩套），它和造山带相伴生。一般认为，印度次大陆在新生代与古亚欧大陆碰撞，使新特提斯洋闭合，沿印度河和雅鲁藏布江形成地缝合线。

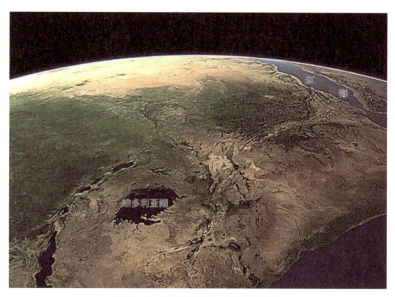

图 4-6　东非大裂谷卫星影像图

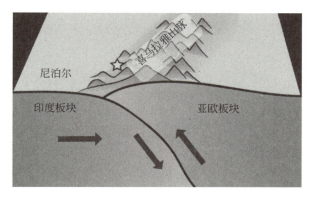

图 4-7　板块碰撞与喜马拉雅山系的形成

探究活动：其他构造地貌体系

还有一些在空间结构和成因上存在密切联系的区域构造地貌体系，如山地－谷地构造地貌体系、山地－盆地构造地貌体系、高原－盆地构造地貌体系、高原－山地构造地貌体系以及丘陵－平原构造地貌体系等。

1. 请查找资料，分析思考其形成机制。

2. 是否还存在其他构造地貌体系？

六、世界地表形态特征

构造运动奠定了固体地球表面的格局与轮廓。下面分析其特征。

1. 海陆分布

地球表面积约为 5.1 亿 km²，其中海洋（3.61 亿 km²）约占 71%，陆地（1.49 亿

km²）约占 29%。海洋面积是陆地面积的 2.4 倍，这是地球表面形态的最大特征，这在太阳系行星中也是独一无二的。

地球表面海陆分布是不均匀的。以新西兰东南为中心，包括太平洋在内的半球，海洋占 90.5%，陆地面积极少，称为水半球；以法国南特附近为中心的半球称为陆半球，其陆地面积占 47.3%。从传统的南北半球看，陆地面积的 2/3 集中于北半球，占北半球面积的 39.3%；南半球陆地面积只占其总面积的 19.1%。海陆分布的这种格局对地球表层环境有着重要的影响。

地球上有 7 个大洲，即亚洲、欧洲、非洲、北美洲、南美洲、大洋洲和南极洲。亚洲和欧洲虽以乌拉尔山脉、乌拉尔河、里海、大高加索山脉、黑海、博斯普鲁斯海峡、马尔马拉海、达达尼尔海峡为分界，但它们是连在一起的陆地，合称亚欧大陆。亚洲与非洲的分界线是苏伊士运河，南北美洲以巴拿马运河为界，大洋洲和南极洲以各自的海岸线为界。除南极洲外，其余大洲都是成对分布的，如北美洲和南美洲、欧洲和非洲、亚洲和大洋洲。每对大洲分别组成一个大陆瓣，这些大陆瓣在北极汇合，形成大陆星（图 4-8）。每个大陆的轮廓都是北部宽广，向南逐渐变窄，像一个底边位于北方的三角形。此外，南半球各大陆西边都向里凹进，而东边向外突出。非洲西海岸和南美洲东海岸在形态上具有明显的相似性。

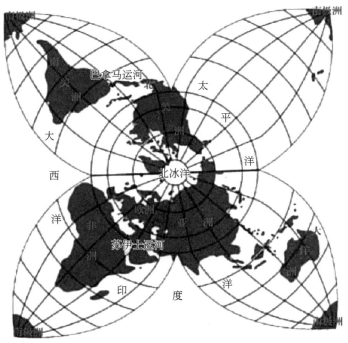

图 4-8　大陆星

2. 地形起伏

地球上各大陆高出海平面的平均高度和各大洋底部低于海平面的平均深度存在着很悬殊的差别。南极洲平均海拔 2263m，历来被视为世界上最高的大陆。实际上是地表覆有巨厚的冰盖所致。以固体地球表面的高度而论，亚洲大陆（950m）最高，依次为北美洲（700m）、非洲（650m）、南美洲（600m）、大洋洲（400m）、欧洲（300m）等。显然，大陆面积越大，其平均海拔越高。据初步分析，大陆面积和高度拟合曲线的相关系数可达 0.9（图 4-9）。太平洋平均深度达 4028m，是世界最深的海洋，其次为印度洋（3897m）、大西洋（3627m），而北冰洋（1296m）为最浅，表现出大洋面积越大，平均深度越大的特征。地球最高的山峰出现在最大的大陆上，最深的海沟分布于最大的大洋中，除表明地表具有复杂的起伏外，也表明了一定的对称性。

为了形象地表示地球上各种高度和深度的对比关系，根据陆地等高线和海洋等深线图，计算各高度陆地和各深度海洋所占面积或占全球总面积的比例，陆地平均海拔为875m；大部分海区深度在 3000～6000m，平均深度为 3795m（图 4-10）。

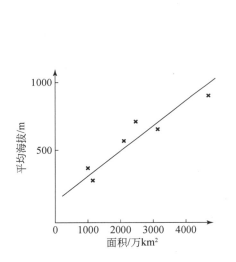

图 4-9　各大陆面积与平均高度的相互关系

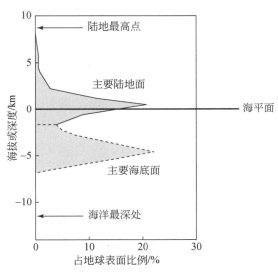

图 4-10　各高度带固体地球表面面积百分比

（据 Myllie 修改）

3. 褶皱山系

地球上每一地质时代都发生过重大的构造运动，在此过程中形成了一系列的大型褶皱山地。例如，早古生代的加里东运动形成了斯堪的纳维亚山地；晚古生代的海西运动形成了乌拉尔山地、天山、阿尔泰山、阿巴拉契亚山；中生代的燕山运动形成冈底斯山、喀喇昆仑山、落基山；新生代的喜马拉雅运动形成了喜马拉雅山系等。褶皱山系分为环太平洋山带和横贯亚欧非的东西向山带，它们都位于板块边界构造活动带上。

环太平洋山带的东部有南美洲的安第斯山、中美洲山地、北美洲落基山和阿拉斯加山；北部和西部有堪察加山及日本、中国台湾、菲律宾、伊利安、新西兰等岛弧山地；东西向山带有比利牛斯山、阿尔卑斯山、喀尔巴阡山、阿特拉斯山、巴尔干半岛和小亚细亚半岛山地、伊朗高原南北部山地、喜马拉雅山脉、横断山脉、苏门答腊及爪哇岛山地等。

第三节 风化作用与重力地貌

一、风化作用

岩石风化是地球表层最常见的一种地表过程，几乎无处不在。无论多么坚硬的岩石，一旦接近或出露地表，通过与大气、水、生物的接触，都会逐渐发生破碎、分解，形成大小不等的松散碎屑物。岩石发生的物理或化学变化称为风化作用。根据风化作用的性质和方式，可分为物理风化、化学风化和生物风化。

1. 物理风化

温度变化、孔隙水的冻融过程、干湿变化，使岩石盐类重结晶，岩石矿物发生膨胀收缩以及岩体的应力释放，都可使地表岩石发生崩解破碎，形成碎屑物，称为物理风化。物理风化主要包括以下四种方式：

（1）热胀冷缩。岩石是热的不良导体，它的表层和内部在昼夜和季节温差变化下，不能同步发生增温膨胀和失热收缩，因而在岩石表层和内部之间产生引张力。日久天长，岩石在引张力的反复作用下，易产生平行及垂直于其表层的裂隙，使岩石发生块状崩解。此外，岩石是多种矿物的集合体，每种矿物的颗粒大小、颜色深浅、晶体结构和膨胀系数都不同，在受热或变冷时，不同矿物会发生差异性膨胀和收缩，导致矿物之间的结合力被削弱，岩石最终碎裂。

（2）冰楔作用。岩石裂隙中的水在气温达到冰点凝固结冰时，体积会比原来增大近9%，这给周围岩石以96MPa的扩张力，促使岩石裂隙加宽、加深。当冰融化时，水沿扩大了的裂隙向更深处渗入，再次冻结。冻融如此反复进行，犹如劈木材的楔子，不断使裂隙加深加大，达到一定限度后岩石就会崩裂，这就是冰楔作用。这种作用在昼夜温差常在0℃上下波动的亚寒带潮湿地区或高山雪线附近最为显著。

（3）盐分重结晶的撑胀作用。岩石裂隙中如含有潮解性盐类，它们在夜间因吸收大气中的水分而潮解，所生成的溶液向下渗入并溶解沿途所遇到的盐类；在白天，因烈日照射，水分蒸发，溶液浓度逐渐达到饱和，盐类结晶，体积增大，产生膨胀压力。如此反复进行，可使岩石崩裂。这种情况常见于干旱地区。

（4）层裂作用。形成于地壳深处的岩石，经过构造变动或上覆岩层被剥蚀而露出地面时，原来的压力被解除，由此而引起岩体向上或向外膨胀，形成了一系列平行于地面的裂隙。这在花岗岩分布地区最常见。

2. 化学风化

地表岩石在水、大气、生物的相互作用下发生分解并形成化学组成与性质不同的新物质的过程，称为化学风化。化学风化主要包括溶解作用、水解作用、水化作用、碳酸盐化作用和氧化作用等。

（1）溶解作用：指水对矿物的直接溶解。自然界的水含有一定数量的O_2、CO_2和酸碱物质，具有一定的溶解能力。大多数矿物都可溶于水，但溶解度不同，受温度、压力和pH等因素影响。溶解度越大的矿物，越易被水溶解淋滤带走；化学性质稳定、难溶解的矿物则残留在原地，成为残积物。溶解作用对由方解石、石膏等易溶性矿物组成的岩体破坏性很大。

（2）水解作用：指矿物与水反应而产生的分解作用。一些弱酸强碱或强酸弱碱的盐类矿物遇水会解离成不带电荷的离子，它们分别与水中游离的 H^+ 和 OH^- 结合形成新矿物。大部分造岩矿物属于硅酸盐或铝硅酸盐类，是弱酸强碱盐，易于发生水解。长石的水解反应是地表最普遍的化学风化作用。如正长石的水解反应如下：

$$K_2O \cdot Al_2O_3 \cdot 6SiO_2 + n H_2O \longrightarrow Al_2O_3 \cdot 2SiO_2 \cdot 2H_2O + 4SiO_2 \cdot nH_2O + 2KOH$$
正长石　　　　　　　　　　高岭石　　　　　蛋白石

在上述过程中，正长石中的 K^+ 与水中的 H^+ 和 OH^- 结合，形成 KOH 溶液随水迁移，铝硅酸根与一部分 OH^- 结合形成高岭石残留原地。$SiO_2 \cdot nH_2O$ 为胶体，在热带、亚热带气候下，随水逐渐流失；在温带气候条件下形成蛋白石残留下来。在湿热气候条件下，高岭石将进一步水解，形成铝土矿。

（3）水化作用：指水与一些不含水的矿物相结合，参与到矿物的晶格中，改变原来矿物的分子结构，形成新矿物的过程。如硬石膏经水化作用形成石膏。

$$CaSO_4 + 2H_2O \longrightarrow CaSO_4 \cdot 2H_2O$$
硬石膏　　　　　　　　石膏

水化作用可使矿物的硬度变小、密度减小或体积膨胀。如硬石膏水化成石膏后，其体积膨胀 30%，加速了岩石的崩解。

（4）碳酸盐化作用：溶于水中的 CO_2 形成 CO_3^{2-} 和 HCO_3^- 离子，它们能与盐类矿物中的 K^+、Na^+、Ca^{2+} 等金属离子结合形成碳酸盐，这种作用称为碳酸盐化作用。参加反应的金属离子主要由硅酸盐矿物分解而来。如正长石易于碳酸化，其反应如下：

$$K_2O \cdot Al_2O_3 \cdot 6SiO_2 + 2H_2O + CO_2 \longrightarrow Al_2O_3 \cdot 2SiO_2 \cdot 2H_2O + 2K_2CO_3 + 4SiO_2$$
正长石　　　　　　　　　　　高岭石

石灰岩地区的碳酸盐化作用最为明显，石灰岩的主要矿物成分是方解石（$CaCO_3$），它在纯水中溶解速度很慢，但在含碳酸的水溶液中能很快发生化学反应，生成溶于水的碳酸氢钙。

（5）氧化作用：空气和水中或地下的一定深度都有大量的游离氧，它能氧化矿物中的金属元素，表现为两个方面：一是矿物中的某种元素与氧结合，形成新矿物；二是许多变价元素在地下缺氧条件下以低价形式出现在矿物中，当进入地表富氧条件时，容易转变为高价元素的新矿物，以适应新的环境。前者的典型例子是黄铁矿（FeS_2）经过氧化作用转变成褐铁矿；后者的例子如含有低价铁的磁铁矿（Fe_3O_4）经氧化后转变为褐铁矿。

3. 生物风化

生物在生长过程中，对岩石所起的物理和化学的破坏作用，称为生物风化作用。树根沿岩石裂隙生长，楔入岩隙，如同楔子对岩石挤胀使之崩解，或是动物的挖掘和穿凿活动进一步加速岩石破碎（图 4-11）。非洲荒漠草原的大蚂蚁，到处修筑高大巢穴，形成一种特殊的微地貌。这些都是生物活动对岩石的物理作用的例子。生物在新陈代谢过程中分泌出的各种化合物和各种有机酸能对岩石进行强烈腐蚀，这是生物化学作用的例子。

(a) 根劈作用

(b) 蚂蚁活动

图 4-11　生物风化活动（Bierman and Montgomery，2014）

二、重力地貌作用

地表物质或者物体主要在重力作用下运动形成一定地貌类型的过程称为重力地貌作用。重力地貌作用常见的有蠕动、崩塌、滑坡等。

1. 蠕动

蠕动是指斜坡上的土层、岩层和它们的风化碎屑物在重力作用下，沿坡向下进行的十分缓慢的移动现象。其移动速度每年达若干毫米至几十厘米。由于其运动过程十分缓慢，一时不易觉察出来。但经过长期的积累，其变形量也很明显，如电线杆倾倒、树干弯曲、围墙扭裂、厂房破裂、地下管道扭断等。若不加重视，会给生产和生活带来危害。

蠕动在寒带、温带和热带地区都可发生，主要是由温度或湿度变化引起。

2. 崩塌

崩塌是指斜坡上的岩（土）体或碎屑块体，在重力作用下，突然发生沿坡向下急剧的倾倒、崩落，在坡脚处形成倒石堆或岩屑堆的现象。其运动速度很快，有时可达自由落体的速度。

根据发生崩塌坡地的物质组成、地貌部位和运动特征，可划分为崩塌（山崩）、散落（落石）等类型。

位于斜坡上的悬崖、危石、不稳定岩块或碎屑，因重力作用沿坡成群向下滚落呈跳跃式崩落的现象称为散落。单个大石块崩落称为落石。散落多发生在 50°～60° 的山坡，特别是在构造破碎或节理发育的软硬岩互层地区。

在河流凹岸、陡峭的海岸或湖岸等地貌部位，由于河、湖或海水对岸边的冲刷与淘蚀，岸坡基部被掏空，上部岩土体由于失去支撑而发生整块下挫坍落的现象，称为坍岸。

3. 滑坡

坡面上大量岩（土）体或其他碎屑堆积物，在重力和水的作用下，沿一定滑动面做整体下滑的现象称为滑坡。

三、典型重力地貌

重力地貌是指坡面上的风化碎屑和不稳定岩（土）体在重力作用下，以单个落石、碎屑流或整块岩（土）体沿坡向下运动所形成的一系列独特地貌。典型的重力地貌有坡积裙、倒石堆、滑坡地貌等。

1. 坡积裙

山坡上的风化碎屑在重力作用下向下运动，堆积在山麓地带，就像山的裙子，称为坡积裙。

2. 倒石堆

崩塌下落的大量石块、碎屑物或土体堆积在陡崖的下部或坡麓地带，形成倒石堆（岩屑堆或岩堆）。其平面形状多呈半圆形或三角形，有时几个倒石堆连接在一起呈带状。它的规模和形态视崩塌陡崖的高度、陡度、坡麓基坡坡度大小和倒石堆的发育程度而不同。基坡陡，在崩塌陡崖下方多堆积成锥形倒石堆；基坡缓，多呈较开阔的扇形倒石堆。

3. 滑坡地貌

滑坡形成的地貌主要包括以下几种（图4-12）：

（1）滑坡壁与滑坡台阶。滑坡体与坡上方未动岩（土）体之间，以一半圆形的围椅状陡崖分开，该陡崖称为滑坡壁。一般坡度为60°～80°，高度数米至数百米不等。滑坡壁是滑动面的出露部分，其高度代表滑坡下滑的距离。滑坡壁上常留有擦痕。滑坡体下滑时，由于上下各段滑动速度的差异，或滑动时间的先后不同，常产生分支滑动面，把滑坡体分裂成几块滑体。滑体之间相互错断，构成阶梯状的地面，称滑坡台阶，又称滑坡阶地。因滑体沿弧形滑动面滑动，故滑坡台阶原地面皆向内倾斜呈反坡地形。

（2）滑坡湖与滑坡洼地。滑坡体向下移时，在滑坡体与滑坡壁间由于土体外移以及滑坡体的反向倾斜而形成月牙形洼地，即滑坡洼地。有时积水成湖，称滑坡湖。

（3）滑坡舌与滑坡鼓丘。在滑坡体的前缘，形如舌状的突出部分称滑坡舌。有时

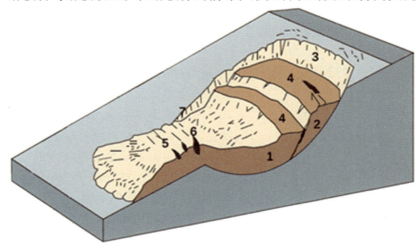

图4-12　滑坡地貌示意图

1.滑坡体；2.滑坡面；3.滑坡壁；4.滑坡台阶；5.滑坡鼓丘和鼓胀裂缝；6.滑坡舌凹地；7.滑坡裂缝

因前面受阻，同时又受到后方土体的压力作用，被挤压而鼓起成弧形土脊，称滑坡鼓丘。土脊上分布有扇状张裂隙，脊内土层常有褶皱构造形态。

（4）滑坡裂缝。滑坡地面裂缝纵横交错，甚为破碎，按裂缝展布方向、位置、性质，可划分为环状拉张裂缝、剪切裂缝、鼓胀裂缝和扇形张裂缝四种类型。

典型的滑坡才具备上述一系列比较完整的形态。一般滑坡可能只具有其中几种主要形态，如滑坡体、滑坡壁、滑动面、滑坡裂缝等。其他如滑坡鼓丘、滑坡湖、醉林等地貌形态视具体条件而异，不一定都具备。

在滑坡体上进行人类活动或者工程建设之前，需要先评价滑坡体的稳定性。

第四节　流水地貌系统与流域地貌环境

流水作用是陆地地貌的主要外营力之一，它分布广泛。由流水作用塑造的各种地貌，统称为流水地貌。地表流水按其运动形式可分为坡面流水、沟谷流水和河流三类，前两者是暂时性流水，后者是常年性流水。

流水具有侵蚀、搬运和堆积三种作用，它们均受流速、流量和含沙量等因素约束。流速、流量增加或含沙量减少，会导致侵蚀作用加强；反之堆积作用增强。坡面侵蚀呈面状且比较均匀，沟谷流水与河流侵蚀呈线状，并有下切、侧蚀和溯源侵蚀三种形式。下切使谷底加深，侧蚀使谷地拓宽，溯源侵蚀则使谷地向源头方向延长。

一、坡面流水地貌与沟谷流水地貌

1. 坡面流水地貌

1）坡面径流的形成与作用

坡面流水是雨水或冰雪融水直接在地面形成的薄层片流和细流，出现的时间很短。细流在流动过程中时分时合，没有固定流路，因而能比较均匀地冲刷坡面。

坡面流水的侵蚀强度主要受降水性质、地形、坡面组成物质和植被等因素的影响。在一定地形条件下，如果地表组成物质疏松、植被稀疏、降水量多且强度大，坡面流水的侵蚀就强烈。

坡面坡度与坡面水层厚度，是坡面流水进行冲刷的动力条件。它们决定着水层重力沿坡面的分力，反映水流动能的大小。坡面坡度增大，则径流流速加快、动能增大，对坡面的冲刷增强。但当坡度增加到一定程度时，因受雨面积减小，坡面流量减小，对坡面的侵蚀作用反而减弱。据研究，在坡度小于 20° 时，坡面冲刷强度随着坡度的增加而迅速增大；在 20°～40° 时，坡面冲刷强度仍然随着坡度的增加而增大，但增加的速度有所减缓；在 40° 左右时，坡面冲刷强度达到最大；在 40°～90° 时，随着坡度的增大坡面冲刷强度逐渐减小（图 4-13）。

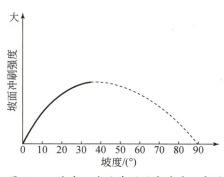

图 4-13　坡度–坡面冲刷强度关系示意图

2）坡面径流作用形成的地貌

坡面径流对坡面的冲刷是不均匀的，根据坡地侵蚀与堆积强度的变化，由坡顶至坡麓，一般可划分为三个坡面径流作用带，相应地形成了不同的地貌类型。

（1）弱冲刷带。位于坡地上部，接近分水岭的地段，地形和缓，集水量较小，坡面径流冲刷能力很弱。地貌类型以浅凹地为代表。

（2）冲刷带。位于坡面中部，坡度较陡，坡面径流水量因沿程补给（雨水）而增大，冲刷强烈，形成一系列与坡向一致的平行侵蚀纹沟。

（3）淤积带。位于坡麓，由于坡度变缓和流速降低而发生堆积。堆积下来的物质称坡积物，它围绕坡麓呈片状覆盖，形似裙边，称为坡积裙。其纵剖面呈微凹的缓倾斜曲线。

2. 沟谷流水地貌

沟谷流水由面状水流发展而成，属暂时性线状流水。它有固定流路，水流流量变化大，暴涨暴落，沟谷经常干涸无水。洪水时水流湍急，含沙量大，泥沙粒径大小混杂，分选性和磨圆度均差。沟谷流水地貌在干旱半干旱区的草原或山麓地带分布尤为广泛，黄土高原某些地区的沟谷流水地貌也很发育。

1）侵蚀沟谷的发育

侵蚀沟谷是指由暂时性线状流水侵蚀形成的深浅不一、长度不等的长条状负地形。根据侵蚀沟谷的纵横剖面形态特征和演变过程，可把沟谷分为切沟、冲沟和坳沟三个发育阶段：

（1）切沟。常发育在裸露的坡地上，由细沟发展而成。宽深为 1～2m，横剖面呈 V 形，沟缘明显，沟底纵剖面与所在坡面大致平行，沟底无稳定的堆积物。

（2）冲沟。由切沟进一步发育而成。在流水溯源侵蚀下，沟头后退，沟谷增长，产生陡坎和跌水。同时由于侧蚀作用，沟槽加宽，横剖面呈宽展 V 形。沟底纵剖面与原始斜坡坡面不一致，呈凹弧曲线，沟谷下端有部分堆积物存在。

（3）坳沟。冲沟发育到一定程度，沟谷不再下切加深，纵剖面坡度相当平缓，沟底有沉积物覆盖。沟坡平缓，没有明显的沟缘，横剖面呈宽浅 U 形。这种宽浅的干谷称为坳沟，它是沟谷发育进入衰亡阶段的标志。

2）沟谷流水形成的地貌组合

在广大山区范围内，沟谷流水形成的地貌分布广泛，垂直分带比较明显，自上而下，一般由三部分组成：

（1）集水盆。集水盆指位于沟头的小型盆状集水洼地。盆底受后期流水的切割，常有小型侵蚀沟谷的发育。在坡面径流、沟流和重力的作用下，集水盆周壁不断遭到冲刷而后退，范围随之扩大。

（2）沟谷主干。它是集水盆的水、沙的通路，具有谷深、坡陡、沟床纵向坡降大、跌水发育等特点。

（3）洪积扇。沟谷水流出山口后，坡降骤减，流速减小形成散流，加之蒸发和下渗，水流搬运能力大大减弱，致使大量砾石、泥沙发生堆积，形成以沟口为中心的半圆形扇状堆积体，称为洪积扇，其面积达数十至数千平方千米（图 4-14）。洪积扇发育典型而

图 4-14　洪积扇（美国加利福尼亚州死亡谷，Marli Miller）

广泛的地区是干旱半干旱区的山麓地带。山麓地带的洪积扇不断扩大，彼此相互联合，形成广阔的山前洪积平原。

二、河流地貌

1. 河流作用

河流地貌形态的变化，主要取决于河流的侵蚀作用、搬运作用和堆积作用。

1）河流的侵蚀作用

河道水流破坏地表，并冲走地表物质的过程称为河流的侵蚀作用。水流除本身的冲蚀作用外，还通过其挟带的碎屑物对河床进行磨蚀。河流侵蚀按作用方向可分为下蚀和侧蚀。下蚀是水流垂直地面向下的侵蚀，其结果是加深河床。下蚀可沿较长的河段同时进行，也可以是发生在河流源头或河口的逐步向上游推进的侵蚀，称溯源侵蚀，它使河床伸长，河流向纵深方向发展。侧蚀是河流侧向侵蚀的一种现象，主要由横向环流作用引起，其结果是使河岸后退、河谷拓宽。

2）河流的搬运作用

河道水流挟带泥沙及溶解质，并推移床底砂砾的作用称为河流的搬运作用。按搬运物质方式分为推移、跃移、悬移。

（1）推移。泥沙或砾石沿河底滚动或滑动称为推移。水底移动的砂砾重量与它的起动水流速度的 6 次方成正比（$M=cv^6$）。

（2）跃移。床底泥沙呈跳跃式向前搬运称为跃移。

（3）悬移。较细小颗粒在流水中呈悬浮状态搬运称为悬移。

在水流搬运物质过程中，上述三种方式同时存在。随水动力条件的变化，可相互转化。河流的搬运量与流速、流量及流经地区的自然环境有关，其搬运物质具有较好的磨圆度。

3）河流的堆积作用

由于条件改变（如河床坡度减小、流速变慢、水量减少、泥沙增多及人工筑坝拦水等），河流搬运能力减弱而发生堆积。首先沉积下来的是推移质中的大颗粒，随着能量进一步减弱，推移质将按体积和质量的大小依次停积，而悬移质将渐次转化为跃移质和推移质，继而在床底上停积。

2. 河谷的基本形态

河谷是由河流长期侵蚀而成的线状延伸凹地，它由谷坡和谷底两大部分组成。谷坡是河谷两侧的岸坡，常有阶地发育；谷底是夹在谷坡之间的平坦面，由河床与河漫滩组成。河床是河谷中最低的部分，有经常性水流，在其两侧为高起的河漫滩，它只在洪水泛滥时才被淹没，故又称洪水河床（图4-15）。

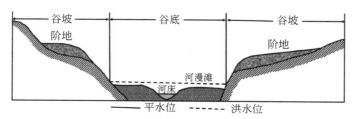

图 4-15　河谷横剖面图

河谷发育的一般规律是上游多峡谷、瀑布；中游河谷较宽，发育河漫滩和阶地；下游河床坡度较小，河谷宽浅，多形成曲流和汊河，河口段往往形成三角洲或三角湾。

3. 河床地貌

1）河床纵剖面

河谷中平水期水流所占据的谷底部分称为河床。一条河流从河源到河口，河床最低点的连线称为河床纵剖面。多数河流的河床纵剖面宏观上是一条凹形曲线，微观上是有坡折的曲线。

河床纵剖面的形成与发展。河床纵剖面是由河流下切形成的。每条河流下切侵蚀的深度并不是无止境的，往往受某一基面的控制，河流下切到这一基面后即失去侵蚀能力，不再向下侵蚀，这一基面称为河流侵蚀基准面（图4-16）。侵蚀基准面可分为绝对（终极）

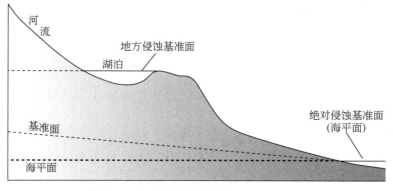

图 4-16　河流侵蚀基准面（Hess，2016）

侵蚀基准面和地方（局部）侵蚀基准面，前者是指控制河流下切侵蚀的最低基面，一般以海平面作为外流河的绝对侵蚀基准面；后者是指局部河段下切侵蚀的界限，它暂时地、局部地控制河流的下切侵蚀。

　　侵蚀基准面的变化影响河床纵剖面的发展。当侵蚀基准面上升时（海面上升或河流流经的陆地部分下降），水面比降减小，水流搬运泥沙能力减弱，河流发生堆积；当侵蚀基准面下降时（海面下降或河流流经的陆地部分上升），河床坡度增大，则流速加快，侵蚀作用加强，开始在河流的下游发生侵蚀，然后逐渐向上游扩展，导致溯源侵蚀。

　　天然河流的侵蚀和堆积作用是同时发生的，河流发展到一定阶段后，河床的侵蚀和堆积达到平衡状态，水流动力正好消耗在搬运泥沙和克服水流内外摩擦阻力上，这时河床纵剖面将呈现出一条圆滑均匀的凹形曲线，称为河床的均衡剖面。此时河流的冲刷力与河床阻力相等，冲淤平衡，床底不发生显著的侵蚀和堆积。河床的均衡剖面是一条理想化的河床纵剖面，河床的实际纵剖面可能与之接近，达到暂时、相对的平衡。一旦平衡被打破，河床则通过自身的自我调节能力，发生相应调整，以求建立新的平衡。

　　2）河床中的地貌类型

　　在河床发展过程中，由于不同因素的影响，在河床中形成各种地貌，如河床中的沙波、浅滩与深槽、山地基岩河床中的壶穴和岩槛等。

　　（1）沙波。沙波是河床上常见的一种堆积地貌。当推移质运动达到一定规模时，河床表面多形成起伏的沙波，一般认为其形成与水流脉动有关。沙波的脊线与河岸线斜交，横剖面不对称，陡坡朝向河流的下游，迎水面的一坡较缓。水流不断搬运迎水面一坡上的砂粒，在背水面一坡上堆积下来，沙波便不断向下游移动。

　　（2）浅滩和深槽。浅滩是河床底部的一些不同规模的冲积物堆积体，其中分布在岸边和河心的分别称为边滩和心滩。浅滩与浅滩之间较深的河段称深槽。浅滩与深槽一般交替分布，使河床上出现纵向波状起伏的微地形。

　　（3）石质浅滩和深槽、岩槛与壶穴。它们是山区侵蚀性河流常见的河床地貌。石质滩由基岩或粗大的乱石组成，多处于崇山峻岭的峡谷河段中，常形成急流险滩。石质滩河床在平面形态上曲折多变，河面时宽时窄，纵剖面坡降很大，横断面两岸陡峻。石质浅滩与石质深槽相间分布，深槽常沿地质构造破碎带发育。岩槛是横亘于河床底部的坚硬基岩，它与下游河床形成一个不连续的陡坡，常形成瀑布或跌水，并构成上游河段的地方侵蚀基准面。壶穴是基岩河床中被水流冲磨的深穴，其深度可达数米至数十米。壶穴多在瀑布下方，由湍急水流冲击河床基岩而成。

　　3）冲积河床的平面形态

　　平原河流在冲积层中流动，不受河岸基岩约束。由于流经的流域条件不同，河床的平面形态也各异，主要有顺直微弯型河床、弯曲型河床、分汊型河床和散乱型河床四类（图4-17）。

　　（1）顺直微弯型河床。河段顺直或略有弯曲，河道曲折率小于1.5，其内部形态随河水水位变化而发生改变。平水期，两岸边滩交错分布，水流弯曲，深槽与浅滩交替出现；洪水期，边滩被淹没，河水顺直奔流。

　　（2）弯曲型河床。它是平原地区最常见的河型，又称曲流。其河道曲折率大于1.5，

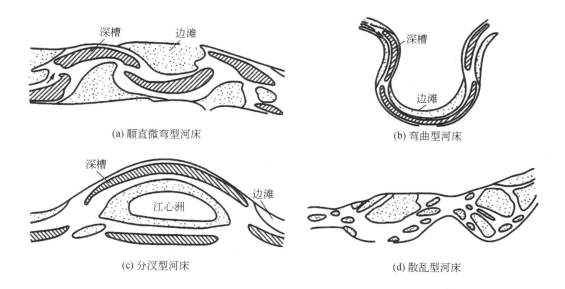

(a) 顺直微弯型河床

(b) 弯曲型河床

(c) 分汊型河床

(d) 散乱型河床

图 4-17　河床平面类型（严钦尚和曾昭璇，1985）

平面上河床蜿蜒曲折，河漫滩宽广，深槽紧靠凹岸。横断面上凹岸深槽与凸岸边滩相对应，纵剖面上具有阶梯状坡折，深槽与浅滩相间。其形成与螺旋流作用密切相关，在这种作用下凹岸受蚀，凸岸堆积，河床变得越来越弯，而形成曲流（图 4-18）。

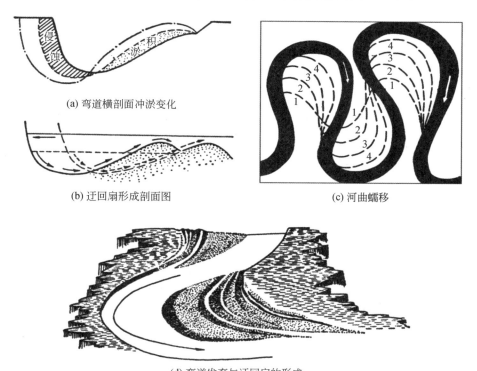

(a) 弯道横剖面冲淤变化

(b) 迂回扇形成剖面图

(c) 河曲蠕移

(d) 弯道发育与迂回扇的形成

图 4-18　河曲的形成

（3）分汊型（江心洲型）河床。由一个或几个江心洲间隔成两股或多股汊道的河床。平面上河床呈宽窄相间的莲藕状，各股汊道常处于交替的发展和消亡之中。这类河床主要分布于束窄河段上下方的开阔河段，由于这里壅水或水流扩散，淤积加强，沉积心滩，继而淤高成江心洲。此外，水流对边滩及沙嘴的切割也能形成分汊型河床。

（4）散乱型（游荡型）河床。散乱型河床是严重淤积的河床。其河身宽浅且较为顺直，水流散乱，槽滩高差不大，沙滩众多，河汊密布，无固定主槽，以黄河下游最为典型。散乱型河床多出现在干旱半干旱的山前平原区，那里沙源丰富，它被带入河床后，由于河床透漏强，沿途蒸发量大而水量迅速减少，加上山区河流出山后地形转平，故泥沙得以大量堆积。

4. 河漫滩

河谷内，洪水期被淹没，平水期露出水面的河床两侧的谷底部分，称河漫滩。宽广的河漫滩称为泛滥平原或冲积平原。

河漫滩沉积结构具有明显的二元结构。下部为粗粒的河床相冲积物，如砾石、卵石和粗沙；上部为细粒的河漫滩相冲积物，如黏土及粉砂等，是洪水泛滥期的堆积物。

5. 河流阶地

1）阶地形态

阶地是分布于谷坡上的阶梯状地貌，属谷坡的一部分。阶地由阶地面和阶地坡组成。阶地面比较平坦，微向河床倾斜；阶地面以下为阶地斜坡，坡度较陡，向河床倾斜。阶地高度一般指阶地面与河流平水期水面之间的垂直距离。

阶地沿河谷分布但往往并不连续，一般多保存在河流的凸岸。河流谷地可发生多次淤积和下切，从而形成多级阶地（图4-19）。阶地级序通常由下向上、由新到老标记，即把最新的超出河漫滩或河床的最低一级阶地，称为第Ⅰ级阶地，其余向上依次类推。

图4-19 河流阶地（雅鲁藏布江）

2）河流阶地的成因

形成阶地必须具备两个条件，即先发育一个宽广的谷底，后来河流向下侵蚀，两侧谷底位置相对抬高而成为阶地。河流下蚀的原因主要有构造运动、气候变化和侵蚀基准面下降等。

3）河流阶地类型

根据阶地的形态和结构特征，可将阶地分为侵蚀阶地、基座阶地、堆积阶地和埋藏阶地。

（1）侵蚀阶地［图 4-20（a）］。由基岩组成，有时阶地面上残留极薄层河流冲积物。多发育在构造抬升的山区河谷中或河流的上游。这类阶地面是由河流侵蚀削平不同的岩层而成的。

（2）基座阶地［图 4-20（b）］。由两种物质组成，上部是河流冲积物，下部是基岩。它是河流下切的深度超过了原冲积层的厚度，切到基岩内部而形成的。分布于新构造运动上升显著的山区。

（3）堆积阶地。主要由冲积物组成，在河流中下游最常见。根据阶地间接触关系，分为上叠阶地、内叠阶地等。上叠阶地是新阶地的冲积层完全叠置在老阶地的冲积层之上的，后期河流下切的深度未达到先期河流的谷底［图 4-20（c）］。内叠阶地是新阶地的冲积层套在老阶地冲积层之内，各次河流下切的深度均到达原来的谷底［图 4-20（d）］。大部分气候阶地具有这两种阶地形态。

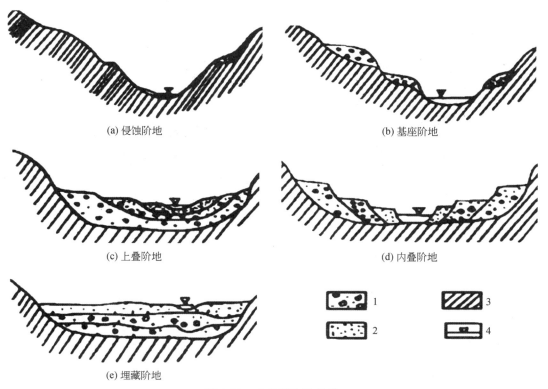

(a) 侵蚀阶地   (b) 基座阶地

(c) 上叠阶地   (d) 内叠阶地

(e) 埋藏阶地

图 4-20 主要的阶地类型

1. 不同时代冲积层；2. 现代河漫滩；3. 基岩；4. 河水位

（4）埋藏阶地［图 4-20（e）］。早期形成的阶地被后期冲积物覆盖埋入地下，成为埋藏阶地。

上述不同阶地类型可以在同一条河流的同一地段出现，也可以在一条河流的不同河段出现。若在同一河段出现，通常高阶地为侵蚀阶地或基座阶地，低阶地为堆积阶地；若在不同河段出现，通常上游以侵蚀阶地和基座阶地为主，下游以堆积阶地和埋藏阶地为主。

三、流域地貌环境

1. 水系类型

水系是指相互连接的河流干流及其支流，它的形态是由水系所在地区的岩性及地质构造决定的。最常见的树枝状水系是由干流和多级支流依次连接而成的，其形状就好像是一棵树的树枝［图 4-21（a）］。这种类型的水系是在岩性比较单一且呈水平状的岩层，如沉积岩或火成岩发育而成的。由于岩性类似，岩石对流水抗侵蚀的程度也差不多，水系的发育基本上随地势从高往低进行。放射状水系是指许多河流发源于一处，向周围发散，如火山锥或穹隆上发育的水系［图 4-21（b）］。图 4-21（c）显示的长方形水系，干流和支流之间呈 90° 的弯曲。这种水系是由于岩层内存在纵横交错的节理，那里破碎的岩石较易被风化侵蚀，所以由节理控制着河谷的走向。格状水系的支流相互平行［图 4-21（d）］，其形成主要是由于所在地区存在抗蚀性较强和较弱的岩层的交替分布。抗蚀性较强的岩层形成山脊，抗蚀性较弱的岩层形成河谷。

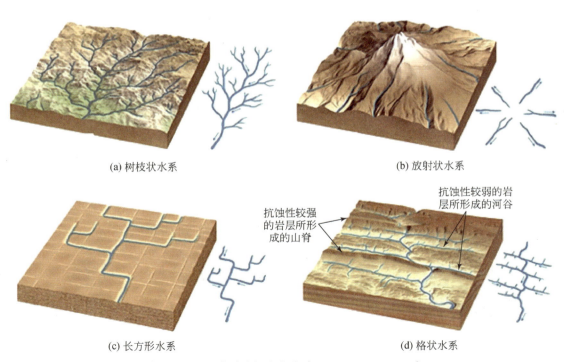

(a) 树枝状水系

(b) 放射状水系

(c) 长方形水系

(d) 格状水系

图 4-21　不同类型的河流水系（Tarbuck et al.，2011）

2. 河流与水系几何形态特征

根据 Horton 和 Strahler 的研究，流域与水系特征因子之间存在着一定的关系。

1）河流数量规律（河数律）

随着河流级别的增高，河流数目减少，即

$$N_g = N_1 R_b^{(g-1)} \tag{4.1}$$

式中，N_g 为 g 级河流的数目；N_1 为第一级河流的数量；R_b 为分支比（某一级别河流数目与更低一级河流数目之比）。

2）河流长度规律（河长律）

河流的平均长度，比低一级的河流长，比高一级的河流短。Horton 认为在同一流域若河长比为常数，则有

$$L_g = L_1 R_L^{(g-1)} \tag{4.2}$$

式中，L_g 为 g 级河流的平均长度；L_1 为第一级河流的平均长度；R_L 为河流长度比（高一级与低一级平均河流长度之比）。

3）流域面积规律（面积律）

河流级别越高，流域面积越大。

$$A_g = A_1 R_A^{(g-1)} \tag{4.3}$$

式中，A_g 为 g 级河流的平均面积；A_1 为第一级河流的流域平均面积；R_A 为河流流域面积比（高一级与低一级河流平均面积之比）。

4）水系坡度规律（坡度律）

河流纵坡降随着河流级别的增高而减小，即

$$J_g = J_1 R_J^{(g-1)} \tag{4.4}$$

式中，J_g 为 g 级河流的平均纵坡降；J_1 为一级河流平均坡度；R_J 为河流纵坡比（高一级与低一级平均河流纵坡降之比）。

5）水系频度规律（频度律）

水系级别越高，出现的频度越低，即

$$f_g = f_1 R_f^{(g-1)} \tag{4.5}$$

式中，f_g 为 g 级水系在流域中出现的频度；f_1 为一级水系的频度；R_f 为水系频度比（高一级与低一级水系频度之比）。

6）水系密度规律

水系级别越高，水系密度则越小，即

$$D_g = D_1 R_D^{(g-1)} \tag{4.6}$$

式中，D_g 为 g 级水系密度；D_1 为一级水系密度；R_D 为水系密度比（高一级与低一级水系密度之比）。

3. 流域上中下游的地貌环境

每一条河流都有它的河源和河口。河源是河流的发源地，指最初具有地表水流形态的地方，也是流域海拔最高的地方，通常与山地冰川、湖泊、沼泽或泉眼相联系。河口是指河流与海洋、湖泊、沼泽或另一条河流的交汇处，经常有泥沙堆积，有时分汊现象显著，在入海、入湖处形成三角洲。河源与河口之间是河流的干流，一般可划分为上游、

中游、下游三段（图4-22）。各段在水情和河谷地貌上各有特色。上游河谷大多呈狭窄的 V 形，谷坡陡峭，河床凹凸不平，河流的比降和流速大、流量小，以侵蚀作用为主，其纵断面呈阶梯状并多急流险滩和瀑布。当然，如果河流上游地处相对平坦的高原面，河流上游也会出现宽浅河谷。中游水量逐渐增加，但比降已较和缓，流水下切侵蚀已开始减小，侵蚀和堆积作用大致保持平衡，纵断面往往形成平滑下凹曲线。在下游，由于大部分支流都与干流汇合，河流流速小而流量和泥沙含量大，加之河段进入地势平坦的平原后，形成宽阔的 U 形河谷，淤积作用显著，多见沙滩和沙洲。

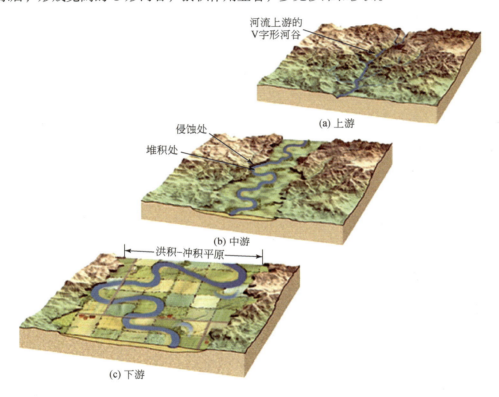

图 4-22　河流上中下游地貌特征（Tarbuck et al., 2011）

地学视野：数字地貌分析

　　地貌学作为研究地表形态起伏、成因机理、分布格局及其演变规律的学科，其学科属性及研究领域从一开始就决定了它在地理学中所具有的极其重要的根基地位（汤国安等，2017）。20世纪以来，地貌形态的基本表达方法已经从传统等高线地形图转变为数字高程模型（digital elevation model, DEM），其基本表达模式和分析方法也都发生了根本性的转变（熊礼阳等，2021）。地貌形态表达上，传统格网 DEM 已逐步发展出融合多尺度和多要素的 DEM 数据模型；地貌形态分析上，地形因子分析法和地形特征要素分析法已应用于多种地貌类型定量研究；地貌过程机理上，国内外学者已提出明确数理机制控制下的地貌过程模型方法、"形－数－理"驱动的地学信息图谱方法以及模式识别方法；地貌分类与分区上，已经从专家判读、计算机辅助和规则集构建方法向地貌知识抽取、表达、融合与推理的人工智能方法发展。随着地理信息科学理论与方法的发展，多学科的融合交叉，数字地形分析正朝面向地貌学本源的数字地貌分析迈进。

在地貌形态建模研究中，一方面王家耀等（2004）、龚健雅（1992）诸多学者系统总结了 DEM 的六种类型，提出了混合数据模型、多层次细节模型等 DEM 模型结构；另一方面基于深度学习等人工智能方法，不同尺度 DEM 建模方法研究方兴未艾（Li et al.，2022）。在地貌形态特征分析中，我国学者在充分吸收 Minár 等（2020）国外学者在关于坡度、坡向和地表曲率体系定义、推导和计算的研究成果基础上，提出一套基于几何向量理论的地形因子计算方法（Hu et al.，2021）；另一方面，Zhao 等（2021）基于河道纵剖面群组对长江流域地貌特征进行了研究。在地貌过程机理研究中，潘保田等（2021）将数值模型方法应用于青藏高原东北缘河西走廊中段周边山体的演化过程模拟，Tang 等（2015）基于坡谱分析法标定了黄土地貌发育的相对年龄，Ding 等（2018）基于地形纹理模式实现了黄土高原典型地形类型识别；在地貌分类与分区研究中，周成虎等（2009）利用 DEM 数据提出了中国陆地 1：100 万数字地貌三等六级七层的数值分类方法，并依此编绘了《中华人民共和国地貌图集》，程维明和周成虎（2014）探讨了多尺度数字地貌等级分类方法。

第五节　海岸地貌系统及其地貌环境

海岸地貌是由波浪、潮汐、近岸流等海洋水动力作用所形成的地貌，常分布在平均海平面上下 10～20m，宽度为几千米至几十千米的地带内。海岸带虽范围狭窄，但自然资源丰富，是人类活动最频繁、经济最繁荣的地带。

海岸带自陆地向海洋一般划分为滨海陆地、海滩和水下岸坡三个部分（图 4-23）。滨海陆地是高潮线以上至风暴潮所能作用的区域，常暴露于海面之上，仅在特大高潮或风暴潮时才被海水淹没，又称潮上带。海滩是平均高潮位与平均低潮位之间的地带，在高潮时被淹，低潮时出露，其宽度受潮差影响，相当于潮间带。水下岸坡是低潮线以下一直到波浪作用所能到达的海底部分，其下限相当于 1/2 波长的水深处，一般深10～20m。水下岸坡不露出水面，是波浪破碎频繁的地带，又称潮下带。

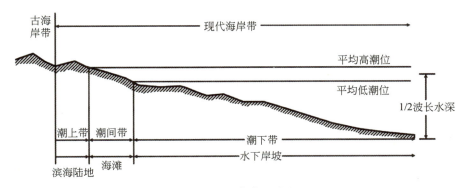

图 4-23　海岸带的划分

在海洋与陆地、水与岩石（或沉积物）的相互作用下，海岸带发生着侵蚀和堆积过程，从而在海岸形成了各种各样的地面形态——海岸地貌。波浪与潮流是塑造海岸地貌的主要外动力。海岸地貌可以划分为海蚀地貌与海积地貌。海水对海岸的侵蚀作用称为海岸侵蚀作用。海岸侵蚀作用主要包括冲蚀作用、磨蚀作用与溶蚀作用。冲蚀作用是指海水对海岸直接冲击、破坏的过程。磨蚀作用是指海水挟带岩块、泥沙对海岸的摩擦、破坏作用。海水对海岸可溶性岩石的溶解过程，称为溶蚀作用。由海岸侵蚀作用形成的地貌，称为海蚀地貌。海积地貌是指由堆积作用形成的海岸地貌。

一、岬角－港湾地貌系统

岬角－港湾地貌常发育于基岩出露的沿海地区。由于地面下沉或海面上升，山脊成为岬角，山谷成为港湾（图 4-24）。

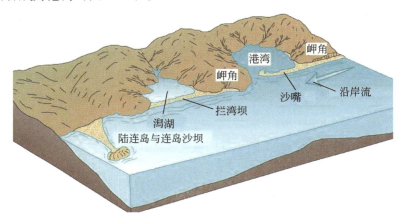

图 4-24　常见的海岸地貌（Hess，2016）

海岸线的最终形态，是地球内动力与外动力相互作用在某段时间内达到动态平衡的结果。以基岩港湾海岸为例，由于波浪的折射作用，波浪能在突出的岬角辐聚，岬角不断受到侵蚀而后退；而港湾内波浪能辐散，从岬角侵蚀下来的物质沉积在港湾内，湾顶不断淤积而向海推进（图 4-25）。这样的过程，使岸线的曲折程度逐渐减小。当岸线变得比较平直时，岬角不再退缩，港湾也不再淤进。这时就形成了一条保持动态平衡的海岸线。由于这时的岸线不是平直的，而是一条微微弯曲的岸弧，故称之为平衡岸弧。

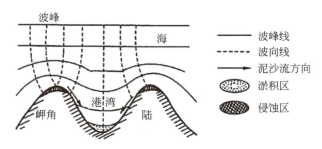

图 4-25　波浪能量辐聚和辐散与平衡岸弧的塑造

二、海蚀崖 – 海蚀平台 – 海蚀柱地貌系统

海蚀崖、海蚀平台和海蚀柱都是海蚀地貌。海蚀崖是在波浪作用下，海岸侵蚀后退而形成的陡壁；海蚀穴是在海蚀崖底部形成的凹槽；海蚀平台（岩滩）是随着海蚀崖的后退，在海蚀崖前面形成的宽缓的微微上凸并向海倾斜的平台；抬升了的海蚀平台，称为海蚀阶地；在海蚀崖后退过程中，一些岩石残留并突兀于海蚀平台之上，像一个岩柱，称为海蚀柱；波浪从两侧侵蚀岬角，在两侧均形成海蚀穴或海蚀洞，海蚀穴或海蚀洞贯通，便形成海蚀拱桥（图 4-26）。

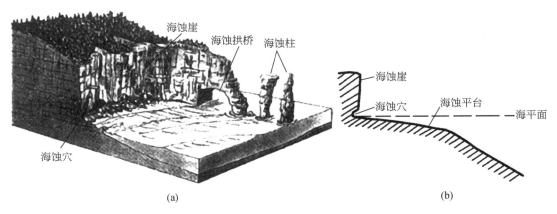

图 4-26　海蚀地貌

三、堡岛 – 潟湖海岸地貌系统

堡岛 – 潟湖是泥沙横向或纵向运动或两者共同形成的一种大型海岸类型，由堡岛（沙坝）链、潟湖（或河口港湾）、潮汐通道和潮成三角洲等地貌单元组成（图 4-27），常形成在中潮差和小潮差的海岸。全球约有 13% 的海岸属于这种类型。

当泥沙横向运动（垂直于海岸线运动）形成的水下沙坝不断加积或海平面下降，露出水面后就成为海岸沙坝，如果其与海岸不相连则称为堡岛，长度短的称为离岸岛或岛状坝。堡岛向开阔海一侧的坡度较陡，岸线较直；向潟湖一侧坡度较缓，特大高潮和风暴浪越过堡岛时在此堆积冲越扇。

潟湖是指堡岛与陆地之间封闭或半封闭的水体，常有潮汐通道与外海相通。它位于波影区内，水体宁静，沉积物细，因而沿岸常发育泥滩，其上可生长植物。

世界上大多数堡岛 – 潟湖海岸的形成与大洋海面上升有关，随着海面上升，波浪对水下斜坡进行侵蚀并将物质带到岸边堆积而形成海岸沙坝。此外，陆地下沉也可使原来的沿岸堤与大陆分离而成为堡岛。

海岸沙坝也可由泥沙的纵向运动形成，如沙嘴可发育成沙坝。由于风、波浪、潮流的作用，在一些海岸形成沿岸的泥沙流。由于岸线方向或者剖面形态发生变化，泥沙在一定部位堆积下来，形成一定的地貌形态。一般来说，当波向线与海岸线的夹角成 45°时，由波浪形成的沿岸流的挟沙能力最强，夹角增大或者减小都会使挟沙能力减弱，

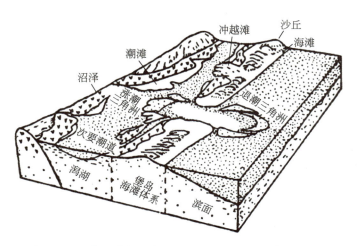

图 4-27　堡岛－潟湖海岸地貌体系的主要地貌单元示意图

从而导致泥沙堆积形成海积地貌。当海岸线向海转折时，由于波向线与岸线的交角增大，发生泥沙在凹入角的堆积，形成海滩；当海岸线向陆转折时，由于波向线与岸线的交角减小，泥沙在岸线转折处首先堆积下来。由于波浪绕过海岸突出部分后的折射，泥沙将沿着大致与新岸线等深线平行的方向前进，即向岸偏一定的角度。这样堆积体就从海岸突出处开始不断向前延伸，形成根部与岸相连，向海突出的长条状堆积地貌——沙嘴（图 4-28）。两个沙嘴相向发展，就会形成拦湾坝。

图 4-28　福建平潭沙嘴

四、陆连岛－连岛沙坝地貌系统

　　如果海岸被岸外岛屿所屏障，则在屏障的海岸及其邻近地区可能形成另一类地貌形态。在这种情况下，岛屿迎波面将受到侵蚀，而在其背面，由于波浪折射，能量减弱，泥沙堆积形成海滩，海滩继续向岛屿延伸而形成沙嘴。如果岸外屏障物较大，海峡的宽度与深度不大，则波能在波影区衰减很快，沙嘴可进一步发展，使陆地与岛屿相连，形成陆连岛。连接陆地与岛屿的沙坝则称之为连岛沙坝。例如，我国山东烟台，连接烟台与芝罘岛的沙坝就是一个典型的连岛沙坝。原来的岛屿便成为陆连岛（图4-29）。

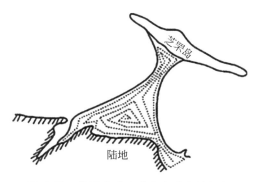

图 4-29　芝罘岛（陆连岛与连岛沙坝）

五、海岸均衡剖面地貌发育系统

在垂直于海岸线的海岸横剖面上，在波浪作用下，近岸水质点做往复运动。当波峰来临时，水质点向岸边运动，近底层产生向岸的水流；当波谷来临时，水质点向海运动，近底层产生向海的水流。水下岸坡近水底的泥沙颗粒，在波浪的作用下做往复运动。假设原始水下岸坡是一个微微向海倾斜的由同一粒径的泥沙组成的斜坡，并且波浪前进的方向与海岸垂直及其作用力保持不变，那么在水下岸坡上，存在着一个中立线［图4-30（a）］。在中立线的向海一侧，由于水深较大，波浪变形较小，水质点向岸和向海的移动速度与距离都差不多。但由于重力的作用，妨碍了泥沙向岸的运动，增大了泥沙向海的位移，因此泥沙在波浪作用下逐渐向海移动。在中立线向岸的一侧，水深较小，波浪变形强烈，水质点向岸移动速度与距离远远大于向海的移动速度与距离，并且超过了重力的影响，每次波浪过后，泥沙都向岸边移动一段距离。在中立线附近，波浪变形产生的向岸（向坡上）的力，正好与重力作用产生的向海（向坡下）的力相抵消。因此岸坡上的泥沙颗粒在波峰到来时，向岸移动一段距离，而波谷到来时又回到原来的位置，泥沙静位移量等于零。这就是称之为中立线的原因。

在中立线附近，由于泥沙静位移量为零，所以不冲也不淤，岸坡不发生变化。在中立线以上，由于泥沙向岸移动，岸坡受侵蚀，侵蚀下来的泥沙被带到岸边堆积形成海滩，从而使岸坡坡度增大。当岸坡坡度增大到一定程度，岸坡上的泥沙所受到的重力下滑力与波浪变形产生的向岸上移的力相平衡时，泥沙静位移量变为零。在中立线以下，泥沙向下移动堆积在坡脚（波及面以下）形成水下堆积阶地［图4-30（b）］。由于下部堆积、上部侵蚀，岸坡坡度变缓，重力的作用减弱。当岸坡坡度变缓到一定程度，岸坡上的泥沙受到的波浪变形产生的向岸上移的力与重力产生的下滑力相平衡时，泥沙静位移量变为零。当岸坡发育到这个阶段时，整个岸坡上的泥沙静位移量都为零，岸坡上没有侵蚀也没有堆积，整个剖面处在动态平衡状态，这时的海岸剖面称为海岸均衡剖面。发育在松散泥沙组成的岸坡上的均衡剖面，往往呈上凹的形态［图4-30（c）］。

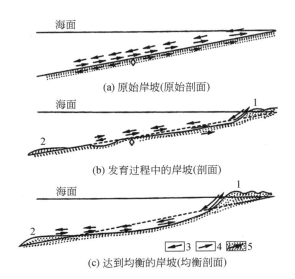

(a) 原始岸坡(原始剖面)

(b) 发育过程中的岸坡(剖面)

(c) 达到均衡的岸坡(均衡剖面)

图 4-30 海岸均衡剖面塑造

1.海滩；2.水下堆积阶地；3.向海流（波浪破碎后形成的回流）；4.向岸流（波浪破碎后形成的上冲流）；
5.岸坡上的颗粒运动；◇.中立点（线）

基岩海岸均衡剖面的发育，与松散沉积物组成的海岸均衡剖面的发育过程不同。由于岸坡上水深较大，侵蚀只发生在岸边，侵蚀下来的物质，在重力与离岸流的作用下，被带到离岸较远的海底沉积。长期作用的结果是，海岸侵蚀后退形成陡崖——海蚀崖，在海蚀崖前面形成平坦并且微微向海倾斜的平台——海蚀平台。当海蚀平台展宽到一定程度时，波浪作用再也影响不到海蚀崖，海蚀崖后退停止，从而形成一个均衡剖面。有人称这样的剖面为侵蚀均衡剖面。

案例分析：中国的海岸线究竟有多长？

通常认为中国的大陆海岸线长 18400km。可是，Mandelbrot（1967）通过对英国海岸线长度的研究发现，海岸线长度随测尺长度变化而变化。海岸线的长度（L）与测尺（R）、分维值（D）存在一定的函数关系，可表达如下：

$$L = C \times R^{1-D} \tag{4.7}$$

根据研究，中国大陆海岸线有四种基本类型，即基岩港湾海岸、淤泥质平原海岸、砂砾质海岸和生物海岸。其中，基岩港湾海岸线最曲折，福建省沿海的大陆海岸线最为典型；淤泥质平原海岸线比较平直，江苏省沿海的大陆海岸线具有代表性。其余地区的海岸线曲折度介于二者之间。中国大陆海岸平均的曲折度与分维值应该介于两者之间。因此，可以利用江苏省和福建省海岸线长度的计算公式大致估算中国大陆海岸线长度随测尺长度变化的幅度（表 4-2）。

由表 4-2 可以看出，当用 32km 的测尺（相当于在 1∶320 万地形图上用 1cm 的测尺）去量测海岸线时，中国大陆海岸线长度可能只有 5870～9310km，但当用

表 4-2 中国大陆海岸线随测尺长度变化而变化的可能幅度（王建等，2004）

测尺长度	32km	8km	2km	500m	125m	50m	20m	10m	5m	1m
岸线长度下限 /km	5870	7434	9844	11905	15548	17333	18934	20240	21638	25263
岸线长度上限 /km	9310	10433	12273	14094	16799	18391	21602	24380	27361	36303

1m 的测尺去量测海岸线时，中国的大陆海岸线长度可能达到 25263 ～ 36303km。通常认为中国大陆海岸线长度为 18400km。由此可以看出，海岸线资源利用的潜力是巨大的，应充分合理地利用海岸线资源。在进行海岸线规划利用时，应该根据不同的用途和要求，充分考虑与合理利用岸线的弯曲变化，甚至有时还可以根据需要人为使岸线变得曲折。例如，在平直海岸上建一条垂直于岸线的堤坝或建一个人工半岛，围绕堤坝或人工半岛建码头，能够建设的码头数量可以比原来多数倍。

探究活动：蜡烛石的成因分析

在台湾省新北市万里区，有个叫野柳的地方，位于凸岸的岬角上，发育了非常典型的烛状石地貌，因此成为著名的旅游景点和地质公园。请根据图 4-31 中的一组照片，判读该地的岩性、构造以及塑造烛状石的主要动力，分析并说明烛状石形成的可能原因与机制。

图 4-31 台湾野柳烛状石及海岸地貌环境

图 4-31（续）

第六节　喀斯特地貌系统及其地貌环境

喀斯特（Karst）地貌是指地表水和地下水对可溶性岩石的化学作用和物理作用而形成的地貌。可溶性岩石主要指碳酸盐类、硫酸盐类及卤盐类等岩石。喀斯特原是前南斯拉夫西北部石灰岩高原的名称，那里发育着各种奇特的石灰岩地貌。19 世纪末，J. Cvijić 首次对该地区地貌进行了研究，并用 Karst 来称呼这些特殊的地貌。之后"Karst"便成为世界各国通用的专门术语，凡是发生在可溶性岩石地区的地貌，都统称为喀斯特地貌。在中国曾称其为岩溶地貌，西南地区的桂、黔、滇等省区喀斯特地貌分布较广。

一、喀斯特作用

水对可溶性岩石以化学作用过程（溶解和沉积）为主，物理作用过程（流水侵蚀与沉积、重力崩塌和堆积等）为辅的破坏和改造作用，称为喀斯特作用。这种作用不仅发生在地表，还可以发生在地下。

1. 喀斯特作用的化学过程

可溶性岩石的溶解通常是在含有 CO_2 的水中进行的。例如，石灰岩（碳酸钙）在水中的溶解或析出，与 CO_2 进入水中或逸出有关。首先，当大气中的 CO_2 渗入水中时成为溶解的 CO_2，一部分与 H_2O 化合成为碳酸；碳酸离解后，会产生 H^+ 和 HCO_3^- 离子。水中的 CO_2 含量越高，H^+ 也越多，当多量的 H^+ 与固体 $CaCO_3$ 中的 CO_3^{2-} 结合时，即成为 HCO_3^-，而分离出 Ca^{2+}，使得碳酸钙溶解于水。综合反应式如下：

$$CaCO_3 + CO_2 + H_2O \rightleftharpoons Ca^{2+} + 2HCO_3^-$$

上述反应是可逆的。假如水中 CO_2 含量增多，化学反应向右，$CaCO_3$ 分解；当化学反应进行到一定程度，水中的 CO_2 与离子状态的 Ca^{2+} 和 HCO_3^- 达到平衡，化学作用不再进行。假如压力降低或温度升高，水中 CO_2 逸出，化学反应向左，$CaCO_3$ 沉淀。只有当水处于流动状态时，被分解的 $CaCO_3$ 以 Ca^{2+} 和 HCO_3^- 离子状态随水流走，被消耗的 CO_2 不断得到补充，上述反应才能继续向右进行。

2. 影响喀斯特作用的因素

喀斯特作用是否能够进行主要取决于岩石的可溶性和水的溶蚀力，但是喀斯特作用的深入程度受岩石的透水性和水的流动性影响（图4-32）。

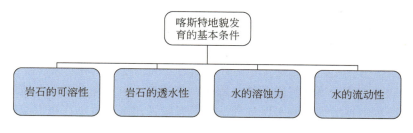

图 4-32　喀斯特地貌发育的条件

1）岩石的可溶性

岩石的可溶性是喀斯特地貌发育最基本的物质条件，它取决于岩石的化学成分与结构。可溶岩按化学成分可分为三类：碳酸盐类，如石灰岩、白云岩、硅质灰岩及泥质灰岩；硫酸盐类，如硬石膏、石膏、芒硝等；卤盐类，如钠、镁、钾盐等。在三类岩石之中，溶解度最大的是卤盐类，其次是硫酸盐类，最小的是碳酸盐类。但地球上卤盐类和硫酸盐类岩石分布不广，厚度小，加上溶解速度快，地貌不易保存。碳酸盐类岩石溶解度虽小，但分布广、岩体大，地貌保存较好，故最有地貌意义，世界上绝大多数喀斯特地貌都发生在该类岩石中。

碳酸盐岩中，因 $CaCO_3$ 含量不同，溶解度也有较大的差别。通常 $CaCO_3$ 含量越高，其他杂质（如 MgO、Al_2O_3、SiO_2、Fe_2O_3 等）含量越少的岩石，其溶解度就越大。因此碳酸盐类岩石的溶解强度顺序为质纯的石灰岩＞白云岩＞硅质石灰岩＞泥质石灰岩。

岩石的结构与溶解度有密切关系。实验表明，结晶岩的晶粒越小，相对溶解度就越大。例如，隐晶质微粒结构的石灰岩相对溶解度为 1.12，而中、粗粒结构为 0.32，比前者小71%。此外，不等粒结构的石灰岩比等粒结构石灰岩的相对溶解度大。

2）水的溶蚀力

水的溶蚀力主要取决于水中 CO_2 的含量以及水中各种有机酸和无机酸的含量。水中 CO_2 含量又受温度、气压以及土壤中有机质的氧化和分解等因素控制。

水中 CO_2 的含量与温度成反比。温度高，水中 CO_2 含量就少，反之亦然。但温度对喀斯特作用的影响比较复杂。温度高的水，CO_2 含量虽然减少，但水分子的离解速度加快，水中 H^+ 和 OH^- 离子增多，溶蚀力反而得到加强。实验表明，气温每增加 10℃，水的化学反应速度会增加一倍，故暖热地区的喀斯特作用速度较快。

水中 CO_2 的含量与气压成正比，在温度条件不变的情况下，局部分压力越高，水中 CO_2 的含量也越多，$CaCO_3$ 的溶解度也越大。在正常 P_{CO_2} 作用下，水温 10℃时 $CaCO_3$ 的溶解度为 70mg/L，而在 P_{CO_2} 较高的溶洞中，$CaCO_3$ 的溶解度可增至 90 ～ 100mg/L。

3）岩石的透水性

岩石的透水性对岩石的溶蚀速度和地下喀斯特的发育有着重大影响。透水性差的岩

石，溶蚀作用仅限于岩石表面。透水性好的岩石，地表和地下溶蚀都很强，地貌发育良好。透水性强弱取决于岩石的孔隙度和裂隙度。

4）水的流动性

流动的水具有增加溶蚀力的作用。当水处于流动状态时，几种浓度不同的溶液混合可以使原来饱和的溶液变为不饱和；或者流动的水，由于环境发生变化（如温度降低或气压增大），也会使水中 CO_2 含量增加而获得新的溶蚀力。流动的水除了溶蚀岩石外，还有机械侵蚀作用，尤其是流量大和夹着砂砾的流水，侵蚀作用更加明显。

水的流动性主要取决于气候条件。例如，热带地区由于降水量大，地表水和地下水的循环都很快，含碳酸钙溶液不易饱和，故具有较强的溶蚀力。在寒带或高寒地区，以固体降水为主，且土层长期冻结，除夏季短期的流水以及永冻层之下微弱的地下水活动以外，水的流动受阻碍，因此溶蚀作用很慢。在干旱地区，降水量少，溶液很快饱和，溶蚀力更加微弱。

二、喀斯特地貌

喀斯特地貌可分为地面喀斯特地貌和地下喀斯特地貌两大类。

1. 地面喀斯特地貌

在喀斯特作用下，地表形成不同形态的喀斯特地貌。由于喀斯特地貌发育的阶段和分布地区不同，它们的形态类型和规模也各不相同。

1）溶沟与石芽

溶沟和石芽是石灰岩表面的溶蚀地貌（图4-33）。地表流水沿岩石表面和裂隙流动时所溶蚀出来的凹槽，称为溶沟。其横剖面呈楔形、V形或U形，宽数十厘米至数米。溶沟之间的突出部分称石芽。石芽的发育与可溶性岩石的厚度、纯度有关。厚层、质纯的石灰岩可发育成尖锐高大的石芽；薄层的泥质灰岩和硅质灰岩难溶蚀，只能发育成矮小圆滑的石芽。高大密集的石芽，称为石林。我国云南的路南石林是发育最好的石林，

图4-33 石芽、溶沟

石芽高达 35m，分布面积 35km²。它是在厚层质纯、倾角平缓和具有较疏的垂直节理的石灰岩，以及地壳轻微上升、气候湿热多雨等条件下发育而成的，其出露前曾经埋藏在古近系－新近系红层之下。

2）溶斗与落水洞

溶斗（漏斗）和落水洞是地面喀斯特发育最广泛的漏陷地貌。尽管两者都是地表水集中漏入地下的管道，但它们在形态和成因上是有差别的。溶斗是一种口大底小漏斗形、圆筒形的小型封闭洼地，直径数十米至数百米，深度一般小于直径。按成因可分为溶蚀溶斗和塌陷溶斗。溶斗是喀斯特作用初期阶段的产物，是喀斯特水垂直循环作用的地面标志，故溶斗多数分布在喀斯特化的高原面上。落水洞是开口于地面而通往地下深处裂隙、地下河或溶洞的通道。它的深度比宽度大得多，一般宽度很少超过 10m，但深度可达 100m 以上。落水洞大小不等，形态各异，按其垂直断面形态特征，可分为裂隙状落水洞、竖井状落水洞和漏斗状落水洞等；按其分布方向，有垂直的、倾斜的和弯曲的落水洞。落水洞发育于包气带内，除了溶蚀作用，更重要的是冲蚀作用和重力作用。

3）溶蚀洼地与溶蚀盆地

溶蚀洼地是一种四周为低山丘陵或被峰林所包围的面积较大的圆形或椭圆形封闭洼地。其形状与溶斗相似，但规模比溶斗大得多。它的底部比较平坦，直径超过 100m，最大可达 1 ~ 2km。溶蚀洼地是由溶斗进一步溶蚀扩大而成的。它的底部常发育落水洞、溶斗和一些小溪。从洼地四壁流出的泉水，经小溪最后流进落水洞中。溶蚀洼地底部若被红土或边缘的坠落岩块覆盖，排水系统被堵塞，会积水形成喀斯特湖。溶蚀盆地指喀斯特地区一些宽广平坦的谷地或盆地，其宽度可达数百米至数千米，长度可达几十千米。盆地边坡陡峭，底部平坦，常覆盖溶蚀残积的黄棕色或红色黏土，有些地方堆积有较厚冲积物。它常与峰林石山相伴生，由于地形平坦，堆积土层较厚，水源充足，因此是喀斯特地区重要的农业地带。

4）盲谷和干谷

盲谷和干谷是喀斯特地区的特殊谷地。当地表河流潜入石山的溶洞或落水洞之后，河谷突然中断，这种下游不正常延伸的河谷称为盲谷。盲谷的生成与原来石山内的地下河顶板崩塌有关。干谷是一种干涸的河谷，它原是喀斯特地区昔日的河谷，因谷底喀斯特作用活跃，当地壳上升或喀斯特潜水面下降时，河水沿谷底漏陷地貌渗入地下成为伏流，使原来的河谷变为干涸的"悬谷"，或者雨季时有部分水流通过的"半干谷"。

5）峰丛、峰林和孤峰

由碳酸盐岩发育而成的山峰，按其形态特征可分为峰丛、峰林和孤峰（图 4-34）。它们都是在温暖湿润的气候条件下，碳酸盐岩遭受强烈的喀斯特作用后所形成的特有地貌。峰丛是基座相连而峰顶分离的石山群，基座的厚度大于峰顶的厚度，属喀斯特作用中期的产物。在我国贵州及桂西北一带分布最广。峰林是基座分离或稍有相连的石山群，相对高度在百米以上，是喀斯特作用后期的产物。孤峰是指散立在溶蚀盆地或溶蚀平原上的低矮山峰，其形态低矮，相对高度数十米，是在地表长期稳定下，峰林进一步破坏而成的，属喀斯特作用晚期的产物。一般，自山地的中部向边缘依次出现峰丛与溶蚀洼地、峰林与溶蚀盆地、孤峰与溶蚀平原。

图 4-34 峰林、峰丛、孤峰、溶蚀洼地（贵州万峰林）

2. 地下喀斯特地貌

地下喀斯特地貌是喀斯特地区最具特色的地貌，其中主要有溶洞和地下河两种。

1）溶洞地貌

溶洞是地下水沿可溶性岩体各种裂隙溶蚀、侵蚀扩大而成的地下空间。

（1）溶洞形态特征。溶洞的形态多种多样，规模大小不一。根据溶洞的剖面形态可分为水平溶洞、管道状溶洞、阶梯状溶洞、袋状溶洞和多层状溶洞等。这些形态各异的溶洞与地下水流动或地质构造有联系。在包气带发育的溶洞多是垂直的，规模较小；在饱水带形成的溶洞多是水平的；有时受断层面的倾向和地层产状的影响，也可能是倾斜的。有些溶洞发育还受岩层中节理的控制，经常见到溶洞的方向和某一组特别发育的节理方向一致。溶洞内常充满水，形成地下河、湖或地下瀑布。地壳上升，地下水水位下降，溶洞将随之上升，使洞内经常无水。地壳多次间歇抬升，就会出现多层溶洞。

（2）溶洞堆积物。洞穴堆积物可分为化学堆积物、机械堆积物和生物堆积物。这些堆积物相应形成一些特殊的形态，尤以化学堆积物堆成的形态最为绚丽多彩。

化学堆积物：地下水沿着石灰岩细小的孔隙和裂隙流动时，$CaCO_3$ 分解为 Ca^{2+} 和 HCO_3^- 离子，随水流走；当水进入洞穴时，CO_2 分压力降低，温度升高，水中 CO_2 逸出，$CaCO_3$ 随之沉积，在洞穴中形成石钟乳、石笋、石柱、石幕和钙华等（图 4-35）。

机械堆积物：洞穴中的机械堆积物有河流沉积、湖泊沉积和崩塌沉积三种。

生物堆积物：在热带和亚热带的洞穴中常有鸟粪和蝙蝠粪的堆积。此外，溶洞中常保存着许多哺乳动物化石。石灰岩洞是史前原始人类栖息的场所，如北京周口店北京猿人和山顶洞人化石，都是在石灰岩洞中发现的。

2）地下河

有长年流水的地下溶洞称为地下河或暗河，它与地表河流一样，发育有瀑布、冲蚀坑、壶穴、深槽地貌和砂砾堆积物。河流过水面积受到石质河槽的限制，不能自由扩大。流向受断裂构造、节理或层面走向的支配，显得十分曲折和不连续，宽窄也不一致。在

图 4-35　地下喀斯特地貌

溶蚀作用下，石质河槽的顶面平坦，有石锅和贝穴，两侧有边槽等特殊地貌。当地壳上升和潜水面下降时，河水便渗入更深的地下，原来的地下河槽则变成了干涸的水平溶洞，以后就会发育出各种各样的碳酸钙堆积地貌。

三、喀斯特地貌的发育阶段

喀斯特地貌发育和组合可从两方面来看：一方面，在同一气候区，喀斯特地貌发育阶段不同，其地貌组合不同，这是喀斯特地貌发育的阶段性特征；另一方面，在不同气候区，喀斯特地貌发育及其组合也不相同，这是喀斯特地貌发育的地带性特征。此外，喀斯特地貌在长期发育过程中，由于气候、构造和地壳运动的变化也会产生变异。

1. 喀斯特地貌的发育阶段

喀斯特地貌的发育在不同地区的差异性很大。就湿热地区而言，当石灰岩地块被抬升至一定高度以后，喀斯特地貌过程便逐步深入，发育过程大致可分为以下三个阶段。

（1）早期。覆盖在石灰岩上的非可溶性盖层被剥除后，石灰岩体露出地面，喀斯特地貌开始发育。由上覆地层叠置下来的水系切入石灰岩体内，地面上出现石芽、溶沟，并有少量的溶斗、落水洞出现，地表水部分开始转入地下，但仍以地表水系占优势。

（2）中期。随着地下喀斯特作用的加强，地表水除主河流外，大部分转入地下，形成复杂的地下水系和地下溶洞系统。地表显得非常干旱，地面呈蜂窝状，并广泛发育溶蚀洼地、干谷、盲谷、溶斗等。之后，许多地下河和溶洞顶部崩陷，地下水系又开始向地表水系转化，地面上出现许多溶蚀洼地、溶蚀谷地、峰丛和峰林等地貌。这是喀斯特地貌发育最盛时期，也是地下水作用占优势的时期。

（3）晚期。地下河及溶洞大量崩塌，溶蚀谷地、洼地不断扩大，可溶性岩层下的

自然地理学
Physical Geography

非可溶性岩层广泛出露，又广泛发育地表水系，地面河流作用重新占优势。整个地面发育成宽广的溶蚀平原，平原上堆积着石灰岩残积红土及孤峰、残丘。有的洞穴垮塌，个别地方残留形成天生桥。

案例分析：武隆天坑及三桥是怎么形成的？

重庆的武隆天坑作为某电影和某综艺节目的拍摄外景地之一，被大家所熟悉。那么，武隆天坑是怎么形成的？

该天坑及其相连的三桥位于重庆市的武隆区城东南20km处，是国家5A级景点。在距离仅1.2km的范围内，矗立着三座规模庞大、气势磅礴的天生桥：天龙桥、青龙桥、黑龙桥。

天龙桥即天坑一桥，桥高200m，跨度300m，因其位居第一，顶天立地之势而得名。一桥桥中有洞，洞中生洞，洞如迷宫，既壮观又神奇。

青龙桥即天坑二桥，是垂直高差最大的一座天生桥。桥高350m，宽150m，跨度400m，夕阳西下，霞光万道，忽明忽暗，似一条真龙直上青天，故名青龙桥。

黑龙桥即天坑三桥，桥孔深黑暗，桥洞顶部岩石如一条黑龙藏身于此，令人胆战心惊。黑龙桥景色以其流态各异的"三叠泉""一线泉""珍珠泉""雾泉"四眼宝泉而独具特色。

两桥之间通常发育有天坑。天坑绝壁万丈，形态呈圆桶形，东西长约250m，南北宽约220m，天坑深度300余米。

科学家考察研究发现，洞、桥、坑是有成因上的联系的。武隆天坑和天生桥发育在海拔1300m分水岭地区的喀斯特台面上，喀斯特洞穴塌陷就会形成天坑，喀斯特洞穴塌陷而残留的部分就形成天生桥。

探究活动： 在照片上找出天坑、天生桥和喀斯特洞穴（图4-36），并说明它们之间的联系。

图4-36　重庆武隆天坑、天生桥和洞穴

图 4-36（续）

2. 喀斯特地貌的空间分布特征

1）垂向分层

一般情况下，喀斯特地区的地下水可以分为四个带（图 4-37）：垂直渗透带、季节变动带、水平流动带和深部滞流带。不同带水的运动状况不同，故形成的喀斯特地貌类型和特征也不同。

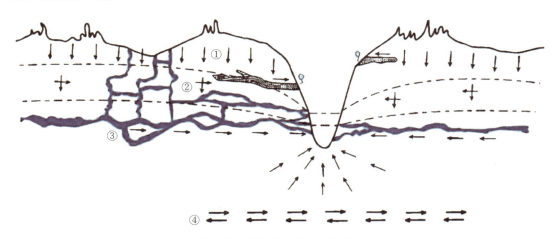

图 4-37　喀斯特水的垂直分带

①.垂直渗透带；②.季节变动带；③.水平流动带；④.深部滞留带

（1）垂直渗透带（包气带）。位于地面以下至丰水期潜水面之间的地带，水流受重力作用，由地面向地下渗流。平时干涸，只在降雨或冰雪融化季节才有大量水流。该带厚度视潜水面的深度而定，而潜水面的深浅又与河流切割的深度有关。在地壳上升区，河流深切，潜水面很低，故该带厚度会增加。例如，广西西北及贵州高原山地区，此带厚度可达数百至千米以上。在地壳沉降区，河流下切较浅，潜水面较高，该带厚度会变薄。在垂直渗透带内多形成大小不同的垂直性的溶隙、管道和洞穴。峰林、峰丛也多发育在该带。这个带的喀斯特地貌以垂直型为主。有的洞穴里也会见到石笋、石钟乳、石柱、

石幕以及边石堤等地貌类型。

（2）季节变动带（过渡带）。位于丰水期潜水面与枯水期潜水面之间的地带，它明显受到季节性水位的影响。在雨季或冰雪解冻时潜水面升高（随河水位上升），地下水做水平流动，向河谷排泄。干季潜水面下降，地下水做垂直流动。由此可见，该带水流方向是水平与垂直流动交替进行的，这有利于垂直和水平的地下溶洞的发育。这个带的喀斯特地貌特点是垂直型和水平性地貌类型混合出现。既有落水洞、竖井等垂直型地貌类型，又有地下河、水平洞穴等水平型地貌类型。这个带的石钟乳、石笋、石柱、石幕等洞穴钟乳石地貌比较发育。

（3）水平流动带（饱水带）。位于枯水期潜水面之下。终年呈饱水状态，具有自由水面，水流方向近水平，多向河谷排泄。该带有着活跃的水质交替和混合，故喀斯特水的溶蚀力较强。形成的地貌以水平溶洞和地下河为主，数量多，规模大，世界上著名的水平洞穴多发育在该带。

（4）深部滞流带（承压带）。位于水平流动带之下，其下限可能很深。喀斯特化岩层含水，地下水的运动不受当地河流基准面的影响，而受地质条件控制，流向侵蚀基准面方向。该带的地下水位置较深，有承压性，地下水运动极为缓慢，以至停滞。故此带中的喀斯特作用非常微弱，喀斯特地貌发育不典型。

以上各带的界线受气候变化和地壳运动的影响而变化。因此，人们观察到的地貌类型可能会存在着在空间上交叉混合的现象。

2）水平分异

气候对喀斯特地貌的发育有重要的影响，如大气降水、蒸发、日照和气温等气象要素不但直接影响喀斯特作用，而且通过水文、土壤及生物等间接地影响喀斯特过程。这些影响集中地反映在水的径流量和溶解速度上，从而使喀斯特地貌具有地带性特征。根据世界各气候带的地貌特征，可将喀斯特地貌分为下列类型。

（1）热带及亚热带季风型。发育在高温多雨、雨热同期的低纬度地区。喀斯特作用强度大、速度快，喀斯特地貌发育广泛且典型。其主要原因是：①高温加速化学反应的速度，增加了碳酸钙的溶解量；②多雨加快水循环速度，使得地下水中 CO_2 含量得到不断补充，加强了水的溶蚀力；③多雨环境促进植物生长，生物成因的 CO_2 增加，植物的根系分泌出大量的有机酸，有利于喀斯特地貌的发育。

（2）地中海型。主要分布在地中海沿岸。该地区夏季干热、冬季湿冷，水热条件不及热带、亚热带季风型，喀斯特地貌发育不如热带、亚热带季风型典型，但强于温带型，几乎发育所有类型的喀斯特地貌。

（3）温带型。处于中纬度地区，水热条件不及上述两种，有明显的干季，喀斯特作用不强，地貌不明显。我国东北、华北属温带型，其地表喀斯特除干谷较多外，其他很少见到；地下喀斯特地貌以溶隙、溶孔和小型溶洞为主。但个别地区可能存在较大的溶洞和石芽等，这可能与古气候有关。

（4）寒带及高山型。在寒带及高山寒冷地区，气温极低，有永久冻土和季节冻土，溶蚀作用极缓慢，喀斯特作用受到限制，只有少数的圆洼地和小型溶斗，在永冻层以下有时也发育地下水流和小溶洞。高山地区由于冻融风化强烈，崩解作用常沿断层、节理或层理面进行，形成类似热带的峰林地貌，不过其规模十分小。

（5）干燥型。在气候干旱区，年降水量少，风力强，蒸发大，地表径流几乎绝迹，地下水深埋大，地下径流微弱，地面植被和土壤缺乏，这种环境很不利于喀斯特作用的进行，故喀斯特地貌发育很差，其数量少、规模小、形态极不完全。但一些规模较大的古喀斯特地貌，能在干燥环境下得到长久保存。此外，在干旱热带地区，在易溶的石盐、石膏层上，由短暂暴雨作用而成的溶沟、溶槽和溶洞，也能在长期干旱的环境下得到较好保存。

上述 5 种类型中，喀斯特化程度最强烈的是热带及亚热带季风型，其余依次为地中海型、温带型、寒带及高山型、干燥型。究其原因，除了气候因素外，还与热带地区有机酸和生物作用所产生的 CO_2 数量最多，而干燥区数量最少有关。

四、喀斯特地区的地貌环境

世界上具有不同地质背景的喀斯特地区，其喀斯特地貌系统与人类活动相互作用的环境效应是极不相同的。例如，欧洲中南部和北美东部的新生界碳酸盐岩，空隙度高达 16% ～ 44%，具有较好的持水性，新生代地壳抬升不强烈，喀斯特双层结构带来的环境负效应和石漠化问题都不严重。但是在中国西南喀斯特地区，特定的地质演化过程奠定了脆弱的环境背景。以挤压为主的中生代燕山构造运动使西南地区普遍发生褶皱作用，形成高低起伏的古老碳酸盐基岩面；以升降为主、叠加其上的新生代喜马拉雅构造运动塑造了现代陡峻而破碎的喀斯特高原地貌景观，由此造成较大的地表切割度和地形坡度，为水土流失提供了动力潜能；从震旦纪到三叠纪，该地区沉积了巨厚的碳酸盐岩地层，特别是纯碳酸盐岩的大面积出露，为石漠化的形成奠定了物质基础。此外，该区处在太平洋季风与印度洋季风交汇影响的地带，温暖潮湿的季风气候为喀斯特地貌的强烈发育提供了必要的溶蚀条件，人口压力及不合理的人类活动导致土地资源严重退化、植被覆盖度锐减、水土流失加剧和生态环境严重恶化。目前，云南、贵州和广西三省区水土流失面积达 17.96 万 km^2，占土地总面积的 40.1%。

缺土是治理喀斯特石漠化最大的难题，成土速率十分缓慢，形成 1m 厚的土层需要 28 ～ 788ka，土壤侵蚀速率快，是岩石风化成土量的几十至几百倍；水分亏缺是治理喀斯特石漠化的另一个主要障碍因子，特有的双层结构渗透强烈，常导致地表非地带性干旱。

第七节　冰川冻土地貌系统及其地貌环境

在高山和高纬度地区，气候寒冷，年平均温度多处于 0℃ 及以下，地表常被冰雪覆盖或埋藏着多年冻土。冰雪地区的主导外营力是冰川作用，由冰川作用塑造的地貌称为冰川地貌。冻土地区的主要外营力是冻融作用，以冻融作用为主所形成的一系列地貌现象称为冻土地貌。一些国内外文献将冻土地貌称为"冰缘地貌"，事实上以冻土地貌为主要特征的冻土区范围，远远超出狭义冰缘区（冰川边缘）的界线。

一、冰川地貌

冰川对地表的塑造仅次于河流作用，也是塑造地貌的重要外营力。凡是经冰川作用的地区，都能形成一系列冰川地貌。

1. 冰川和冰川作用

1）雪线

在高山和高纬地区，地表年降雪量与年消融量相等的界线，称为雪线。它不是一条线，而是一个高度带。雪线以上全年冰雪的补给量大于消融量，形成了终年积雪区；雪线以下的地带，全年冰雪的补给量小于消融量，没有永久性积雪，只能形成季节性积雪区。雪线高度是寒冷气候地貌的一条重要界线，在不同地区是不一样的，受温度、降水量及地形的影响（图 4-38）。地球上雪线高度总的分布趋势是由赤道向南北回归线方向升高，并达到最高。然后，雪线由南北回归线向两极方向骤然降低，在 62°S 以南已降低到海平面的高度，在北半球同纬度处却仍高出海平面约 600m。

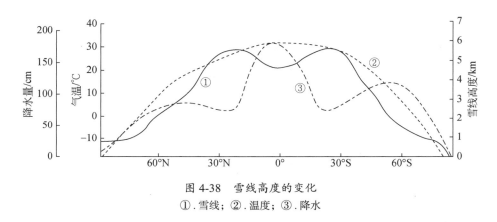

图 4-38　雪线高度的变化
①.雪线；②.温度；③.降水

2）冰川形成过程

积雪变成冰川是先由新雪变成粒雪，再由粒雪变成冰川冰，最后形成冰川。新的降雪呈片状、星状、针状、枝状、柱状、轮柱状和不规则状等，具骸晶形态。当骸晶形态完全消失而成为大体圆球状雪粒时，称为粒雪。雪与粒雪晶粒之间的孔隙与大气相连通。在变质成冰的过程中，总的趋向是密度不断增大，孔隙率不断降低。新雪的密度只有 $0.05 \sim 0.07g/cm^3$，而粒雪的密度已增至 $0.4 \sim 0.8g/cm^3$。一旦孔隙完全封闭成气泡，与大气不相通，则认为粒雪变成了冰川冰。这时冰的密度达 $0.83 \sim 0.91g/cm^3$。当冰川冰积累到一定厚度，只要地表或冰面具有适当的坡度，冰体就能向雪线以下地区缓慢流动，形成冰川。

3）冰川的运动

冰川能够运动，这是其区别于其他自然界冰体的最主要特征。但冰川运动速度比河流慢得多，肉眼不易觉察，一年只移动数十米至数百米。例如，天山冰川流速为 $10 \sim 20m/a$，珠穆朗玛峰北坡绒布冰川中游的最大流速为 117m/a。

冰川运动主要通过冰川内部的塑性变形和块体滑动来实现。冰川冰是冰晶的聚合体，在低温下冰晶体相互结合十分紧密。当冰层厚度达到某一临界厚度时，冰层下部受到上部冰层的较大压力，使冰的融点降低，这时在下部冰层内部则是冰、水和水汽三相共存的物态。在缓慢增加的压力作用下，冰的晶体之间的相互位置就可以变动而出现塑性变形。因此，一般较大的冰川常可以分为两层：上部为脆性带，下部是塑性带。塑性带的存在是冰川流动的根本原因。但对于小冰川，塑性带流动常不明显，冰川运动主要依靠底面滑动。

导致冰川运动的力主要是重力和压力。冰川运动的速度取决于冰川的厚度、下伏地形坡度和冰川表面坡度等因素，因而在冰川的不同部位会产生不同形式的运动。从冰川的纵剖面看，中游流速大于下游；从横剖面看，冰川中央流速大于两侧；从垂直剖面看，冰舌部分以冰面最大，向下逐步减少，而在冰雪补给区因下部受压大，最大流速常位于下层离冰床一定距离的地方（因冰川最底部与冰床摩擦速度降低）。由于冰川表面各点运动速度的差异，冰面上常产生各种裂隙。

冰川运动速度及末端的进退反映了冰川物质平衡的变化。当冰川的积累量与消融量相等时，冰川保持稳定。随着气候的变化，若降雪增多，冰川积累量加大，就会导致冰舌末端向前推进；反之，若冰川补给量减少或消融量增加，则冰川前端后退。

4）冰川的侵蚀、搬运和堆积作用

（1）冰川的侵蚀作用。冰川对地表具有很强的侵蚀破坏能力，包括拔蚀和磨蚀作用。前者是冰床底部或冰斗后背的基岩，沿节理反复冻融而松动，松动的基岩再与冰川冻结在一起时，冰川向前运动就把岩块拔起带走。它可以拔起很大的岩块，如大陆冰川区的大量漂砾。磨蚀作用是冰川运动时，冻结在冰川底部的石块像锉刀一样不断地对冰川底床进行削磨和刻蚀。磨蚀作用一方面可以形成一些粒级较细的冰碛物，以粉砂、黏土为主，另一方面可在基岩上形成冰蚀槽以及带有擦痕的磨光面。

（2）冰川的搬运作用。冰川侵蚀产生的大量松散岩屑以及冰川谷两侧山坡上崩落下来的碎屑进入冰川体后，不加分选地被冰川运动向下游搬运，这些大小不等的碎屑物质统称为冰碛物。根据冰碛物在冰川体内分布的位置，有不同的名称。出露在冰川表面的称表碛，夹在冰川内的称内碛，位于冰川底部的称底碛，分布在冰川两侧的称侧碛，两条冰川汇合后，侧碛合并构成中碛，随着冰川向前推进在冰川末端围绕冰舌的前端的冰碛物称终碛（尾碛）。

冰川具有巨大的搬运能力，它不仅能将冰碛物搬运到很远的距离，还能将巨大的岩块搬运到很高的位置（图4-39）。欧洲第四纪大陆冰川曾把斯堪的纳维亚半岛上的巨砾搬运到千里之外的英国东部、德国、波兰和俄罗斯平原。喜马拉雅山的山地冰川能搬运重量达万吨以上、直径为28m的巨大石块。厚层的大陆冰川不受下伏地形的影响，可逆坡而上，把冰碛物从低处搬到高处。例如，苏格兰的冰碛物被抬举到500m的高度；西藏东南部的一些大型山谷冰川，把花岗岩冰碛砾石抬举高达200m。这些被搬运到很远或很高地方的巨大冰碛砾石又称为漂砾。

（3）冰川的堆积作用。冰川消融后，被冰川携带搬运的物质堆积下来，形成相应的各种冰碛物，如基碛（包括冰川搬运时的底碛、表碛、内碛和中碛）、侧碛和终碛等。冰川堆积物的粒度悬殊，漂砾的直径可达数十米，黏土的粒径小于0.0039mm。

图 4-39　冰川搬运的巨石

冰碛砾石在冰碛物中有一定的排列方向。冰川底碛砾石的长轴多与冰流方向一致，如果受后期冰水或塌陷的影响，冰碛物的定向排列受破坏而显得杂乱无章。终碛底部的砾石受冰川的推动，砾石长轴常与冰流方向垂直。

2. 冰蚀地貌

冰川地貌可分为冰蚀地貌、冰碛地貌和冰水堆积地貌。冰蚀地貌最典型的有冰斗、冰川谷（U形谷）、角峰、刃脊、羊背石等（图 4-40）。各种冰蚀地貌分布在不同部位，雪线附近及其以上有冰斗、刃脊和角峰；雪线以下形成冰川谷，在冰川谷内或大陆冰川的底部发育羊背石。

图 4-40　冰蚀地貌（喜马拉雅山）

1）冰斗与冰川谷

在冰川作用的山地中，冰斗是分布最普遍、最明显的一种冰蚀地貌，位于冰川源头。典型的冰斗是一个围椅状洼地，三面为陡壁所围，底部是具有岩石磨光面的斗底，向下坡有一开口，开口处常有一高起的岩槛，即冰斗是由冰斗壁、盆底和冰斗出口处的冰坎（冰斗槛）组成的。当冰川消退后，冰斗内往往积水成湖，称为冰斗湖。

冰川流出冰斗，侵蚀改造所流经的沟谷，形成底部宽平、谷坡陡直的"U"形谷地，称为冰川谷。冰川谷两侧山嘴往往被侵蚀削平形成冰蚀三角面。

2）角峰和刃脊

随着冰斗的不断扩大，冰斗壁后退，多个相邻冰斗之间形成峰高顶尖的山峰，称为角峰。两个冰斗之间或者两个冰川谷之间形成的尖锐的山脊称为刃脊。

冰斗多形成在雪线附近，因此它具有指示雪线的意义，即可以根据古冰斗底部的高度来推断古雪线的位置。

3）羊背石、冰川磨光面和冰川擦痕

羊背石是冰川基床上由冰蚀作用形成的石质小丘，常成群分布，远望犹如匍匐的羊群，故称羊背石。其平面呈椭圆形，长轴方向和冰流方向一致，两坡剖面形态不对称；迎冰面以磨蚀作用为主，坡度平缓如流线型，表面留下许多擦痕刻槽、磨光面等痕迹；背流面则在冻融风化和冰川挖蚀作用下，形成表面坎坷不平如锯齿状的陡坡。

在羊背石上、冰川槽谷谷壁上以及在大漂砾上常因冰川作用形成磨光面。若冰川搬运物是砂和粉砂，在比较致密的岩石上，磨光面会更发育。若冰川搬运物多是碎石，则在谷壁基岩上刻蚀成条痕，称为冰川擦痕。冰川擦痕一般长数厘米至1m，深数毫米，呈钉形，擦痕的一端粗，另一端细，细的一端指向冰川下游。漂砾上的冰川擦痕形成时虽和冰川流向有关，但漂砾上的冰川擦痕呈不同方向。

3. 冰碛地貌

1）冰碛丘陵

冰川消融后，原来随冰川运动的表碛、中碛和内碛等都坠落到底碛之上。这些冰碛物受冰川谷底地形起伏的影响或受冰面和冰内冰碛物分布的影响，形成低矮而波状起伏的丘陵，称为冰碛丘陵。其形态和分布规律在一定程度上反映了冰体消亡前的冰川下伏地形或冰面起伏形态。大陆冰川区的冰碛丘陵规模较大，山岳冰川区也能形成冰碛丘陵，但规模较小。冰碛丘陵的物质结构特征与其冰碛物组成有关，若由原底碛组成，则砾石棱角稍有磨圆现象，扁平砾石定向排列，长轴平行于冰川流向，扁平面倾向上游；若由表碛或内碛在冰融化后沉落而成，则砾石无定向排列现象。

2）侧碛堤

侧碛堤是由侧碛和表碛在冰川退缩以后共同堆积而成的。它在冰川谷的两侧呈堤状，向下游方向常和冰舌前端的终碛垄相连，向上游方向可一直延伸到雪线附近（图4-41）。

3）终碛垄

当冰川末端补给与消融处于相对平衡时，其位置则保持相对稳定，冰碛物就会在冰舌前端堆积成弧形垄岗，称为终碛垄（堤）。山岳冰川的终碛垄高度常达百米以上，但延伸长度较短；大陆冰川的终碛垄高度较低，约数十米，但延伸长度可达数百千米。

图 4-41　冰碛地貌

终碛垄的形态不对称，其成因与冰川的进退有关。终碛垄常有许多条，它们反映冰川后退时的暂时停顿阶段。一般来说，最外一条终碛垄常是推挤终碛垄，其余的多为冰退终碛垄。有时冰川在后退过程中有短时期的前进，也可在冰退终碛垄之间形成推挤终碛垄。

4）鼓丘

鼓丘是由一个基岩核心和冰碛物组成的一种流线型丘陵，其平面呈椭圆形，长轴与冰流方向一致。鼓丘两坡不对称，迎冰坡陡，是基岩；背冰坡缓，是冰碛物。一般高度为数米至数十米，长度多为数百米。北美的鼓丘高度为 15～45m，长为 450～600m，宽为 150～200m。鼓丘分布在大陆冰川终碛垄以内几千米到几十千米范围内，常成群分布。山谷冰川终碛垄内也有鼓丘分布，但数量较少。鼓丘是冰川在接近末端，底碛翻越凸起的基岩时，搬运能力减弱，发生堆积而形成的。

4. 冰水堆积地貌

冰水堆积是指冰川消融时冰下河流和冰川前缘水流的堆积物。它们多数是原有冰碛物经过冰融水的再搬运、堆积而成；具有河流堆积物的特点，如有一定的分选性、磨圆度和层理构造；但同时保存着条痕石等部分冰川作用的痕迹。在冰川边缘由冰水堆积物组成的各种地貌，称冰水堆积地貌。根据冰水堆积的分布位置、形态特征和物质结构可将冰水堆积地貌分为以下类型（图 4-42）。

1）冰水扇和冰水平原

冰川融水从冰川两侧和底部流出冰川前端或切过终碛垄后，地势展宽、变缓，形成冰前辫状水流，冰水携带的大量碎屑物质沉积下来，形成顶端厚、向外变薄的扇形冰水堆积体，称为冰水扇。几个冰水扇相连就形成冰水冲积平原，又称外冲平原。

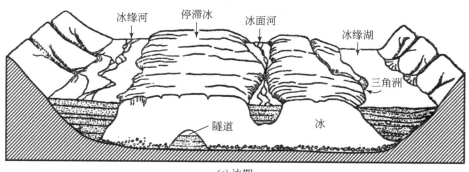

(a) 冰期

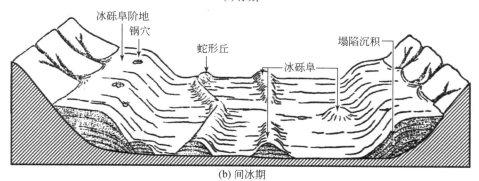

(b) 间冰期

图 4-42 冰水堆积地貌

2）冰水湖

冰川融水流入冰川外围洼地中形成的湖泊，称为冰水湖。其水体和沉积物有明显的季节变化，夏季冰融水增多，携带大量物质进入湖泊，一些砂和粉砂粒级的颗粒很快沉积下来，颜色较浅；秋冬季节，融水减少，一些长期悬浮在湖水中的细粒黏土才开始沉积，颜色较深。这样，在一年中湖泊内就沉积了颜色深浅不同、粗细相间的两层沉积物，称季候泥或纹泥。

3）冰砾阜阶地

冰砾阜阶地只发育在山岳冰川谷中，由冰水沙砾层组成，形如河流阶地，呈长条状分布于冰川谷地的两侧。它是由冰缘河流沉积，在其与原冰川接触一侧，因冰体融化失去支撑而坍塌形成的阶梯状陡坎。

4）冰砾阜

冰砾阜是一种圆形的或不规则的小丘，由一些初经分选、略具层理的粉沙、砂和细砾组成，其上常覆有薄层冰碛物。它是由冰面或冰川边缘湖泊、河流中的冰水沉积物，在冰川消融后沉落到底床上堆积而成的。山岳冰川和大陆冰川中都发育有冰砾阜。

5）锅穴

冰水平原上常有一种圆形洼地，深数米，直径十余米至数十米，称锅穴。它是由埋在砂砾中的死冰块融化而引起塌陷形成的。

6）蛇形丘

蛇形丘是一种狭长而曲折的垄岗地形，由于它蜿蜒伸展如蛇形，故称蛇形丘。其

两坡对称，丘脊狭窄；一般高 15～30m，底宽几十米至几百米，长度为数千米至数十千米；延伸方向大致与冰川运动方向一致。蛇形丘的组成物质主要是略具分选的砂砾堆积，夹有冰碛透镜体，具有交错层理和水平层理结构，主要分布在大陆冰川区，山岳冰川中较少见到。

5.冰川地貌的组合

不同类型的冰川分布在不同的地带，冰川作用方式和强度也有差异，因而地貌组合也有区别。山地冰川地貌类型复杂多样，可超过 20 种，以侵蚀地貌为主；大陆冰川地貌类型较简单，有 10 多种，多是冰碛地貌和冰水堆积地貌。

山地冰川地貌组合有明显的垂直分布规律。雪线以上是以角峰、刃脊和冰斗为主的冰蚀地貌带；雪线以下到终碛垄为止是以槽谷、侧碛垄和冰碛丘陵为主的冰蚀－冰碛地貌带；冰川末端是以终碛垄为代表的冰碛地貌带；终碛垄外则是冰水扇和外冲平原的冰水堆积地貌带。

大陆冰川地貌组合表现为水平分布规律。以终碛垄为界，垄内以冰碛地貌为主，发育冰碛丘陵和冰退终碛垄等；垄外以冰水堆积地貌为主，发育外冲平原、冰水三角洲和锅穴等。

上述各种冰川地貌组合是一个理想模式。例如，山地冰川侵蚀地貌的发育还与冰川活动性强弱有关，海洋性冰川活动性强，侵蚀地貌比较发育；大陆性冰川活动性弱，侵蚀地貌不太发育。

二、冻土地貌

极地、亚极地区和中、低纬的高山高原地区，在较强大陆性气候条件下，一方面气温极低，另一方面降水很少，地表没有积雪，地面裸露。在这样的条件下，处于0℃以下并含有冰的土（岩）层，称为冻土。冻土随季节或昼夜变化而发生周期性的融冻，若冬季土层冻结、夏季全部融化，称为季节冻土；若常年处于冻结状态（冻结持续 3 年以上），或仅在夏季表层冻土融化，下部处于冻结状态的土层，称为多年冻土。在多年冻土区，地下具有一定深度和厚度的冻土层，地表发生季节性的冻融作用，塑造一些特殊的地貌，称为冻土地貌。在冰川边缘地区也能形成一些类似冻土区的地貌，所以冻土地貌包括冰缘地貌。

1.冻融作用

冻土地区气温低、土层冻结、降水少，流水、风力和溶蚀等外力作用都不显著，冻融作用是冻土地貌发育的主导因素。随着冻土区温度周期性地发生升降变化，冻土层中的水分相应地出现相变与迁移，导致岩石破坏，沉积物受到分选和干扰，冻土层发生变形，产生冻胀、融陷和流变等一系列复杂过程，称为冻融作用，包括融冻风化、融冻扰动和融冻泥流作用。

在冻土地区的岩（土）层中，存在着大小不等的裂隙和孔隙，常被水分充填，随着冬季和夜晚气温的下降，水分逐渐冻结、膨胀，使裂隙不断扩大。到夏季或白昼因温度上升，冰体融化，地表水再度乘隙注入。这种由温度周期性变化而引起的冻结与融化交替出现，造成地面岩（土）层破碎松解的现象，称为冻融风化。它不仅造成地面物质的松动崩解，还产生了大量的碎屑物，而且在沉积物或岩体中出现冰楔、土楔等冰缘现象。在多年冻土区，由于地表水周期性地注入裂隙中再冻结，裂隙不断扩大并为冰体填充，形成了上宽下窄的楔形脉冰，称为冰楔。当冰楔内的脉冰融化后，裂隙周围的沙土充填于楔内，形成沙楔。

融冻扰动一般发生在多年冻土的活动层内。当活动层每年冬季自地表向下冻结时，由于底部永冻层起阻挡作用，其中间尚未冻结的融土层（含水土层）在上下方冻结层的挤压作用下发生塑性变形，形成各种大小不一、形状各异的融冻褶皱，又称冰卷泥。

融冻泥流是冻土区最重要的物质运移和地貌作用过程之一。一般发生在坡度较小的斜坡上（图4-43）。当冻土层上部解冻时，融水使主要由细粒土组成的表层物质，达到饱和或过饱和状态，使上部土层具有一定的可塑性，在重力作用下，沿着融冻界面向下缓慢移动，形成融冻泥流，其平均流速一般小于1m/a。

图 4-43　泥流阶地、融冻泥流

冻融作用一方面对地表物质进行融冻风化，另一方面将风化碎屑搬运、堆积，使冻土地区地表日趋和缓，向冻融夷平面方向演化。

2. 冻土地貌

1）多边形土和石环

在饱含水分、由细粒土组成的冻土地区，当冻土活动层冻结后，若温度继续下降或土层干缩，因冻裂作用而产生裂隙，形成被裂隙所围绕的、中间略有突起的多边形土（图4-44）。其规模大小不等，青藏高原的多边形土直径一般小于2～3m，但在唐古拉山南麓、风火山北麓发现的晚更新世巨型多边形土，直径可达130m，与高纬地区现代多边形土的发育规模相当。

石环是指以细粒土或碎石为中心，边缘为粗粒所围绕的石质多边形土（图4-45）。它主要是松散堆积物在冻融作用的反复进行下发生垂直分选所形成的。石环的规模差别很大，在极地或高纬地区直径可达数十米，而在中低纬高山或高原地区仅0.5～2m。石质多边形土和石环的形成必须要有一定比例的细粒土（一般不少于总体积的25%～35%），而且土层要有充足的水分，因此石环多发育在河漫滩或洪积扇的边缘。

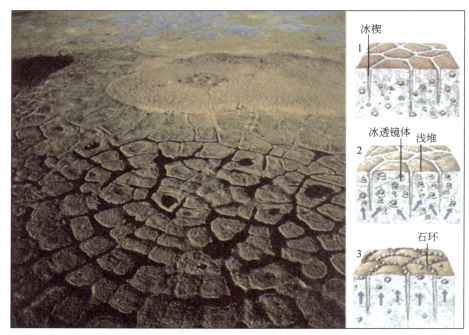

图 4-44　多边形土与石环的形成过程

图 4-45　石环

随着地表坡度的增大，融冻分选在重力和融冻泥流作用的参与下，可使石环变形，转化为石圈、石带。

2）冻胀丘与冰丘

在冻土地区，冻结膨胀作用使土层局部隆起而产生的丘状地形，称为冻胀丘。它一般发育在冻土地区的湖积或冲积层中，大小不等。一年生冻胀丘分布在活动层内，高数十厘米至数米，夏季消失，地面下沉，常引起地面变形、道路翻浆等工程地质灾害；多

144

年冻胀丘深入到多年冻结层中，规模较大，常高达 10～20m，基部直径 150～200m。根据冻胀丘形成过程中水分来源的不同，可将其分为封闭型冻胀丘和开放型冻胀丘，前者指在冻结过程中没有外来水补给的冻胀丘，其冰层薄、冻胀率小，常形成于干枯湖泊的底部；后者指在形成过程中有外来水分补给，冰层厚，冻胀率大，多发育在斜坡地面上。

冰丘是在寒冷季溢出封冻地表的地下水和流出冰面的河湖水，经冻结后形成的丘状冰体，又称冰锥。冰丘的成因与冻胀丘相似，它主要由冻结产生的承压水，在土层强度较小的地方或从裂隙冒出地表和冰面，再冻结而形成。

3）泥流阶地

泥流阶地是融冻泥流在向下蠕动的过程中，遇到障碍或坡度变缓时而产生的台阶状堆积地貌。阶地面平缓，略向下倾，有时凸出呈舌状，前缘有一坡坎，其高度一般为 0.3～6m。

4）石海与石河

在平坦的基岩山顶或和缓的山坡上，铺满了因冻融风化作用而崩解的巨大砾石，形成了由砾石组成的地面，称为石海。组成石海的砾石多原地直接覆盖于基岩面之上，其下很少有碎屑，这是因为巨砾层透水性好，水分不易保存，减慢了冻融作用对巨砾进一步分解的速度，即使有少量细粒物质也多被融水带走。石海多形成于富有节理的花岗岩、玄武岩和石英岩等坚硬岩性地区，而在片麻岩、页岩等软弱岩性区则很难发育。形成石海的地形要较平坦，地面坡度小于 10°，这样可使寒冻崩解的岩块不易移动而能得到长期保存。例如，山西五台山 3000m 的平坦山顶，仍保留有晚更新世的石海。

石河发育在多年冻土区具有一定坡度的凹地或谷地。它是由充填谷地的冻融风化碎屑物，在重力作用下沿着湿润的碎屑下垫面或多年冻结层顶面，徐徐向下运动而形成的。

5）热融地貌

它是指永冻层上部的地下冰因融化而产生的各种负地貌。在冻土地区由于气候转暖或人类活动的影响，土层温度升高，从而破坏冻土的热平衡，引起上部活动层深度加大，永冻层上部的地下冰发生融化，融水沿着土粒之间的孔隙排出，土体体积缩小，同时上覆土层因重力压缩而产生沉陷，形成各种热融地貌。常见的有融陷漏斗（直径数米）、融陷浅洼地（直径数百米）、融陷盆地（数平方千米）。当它们积水后形成热融湖，广泛分布于多年冻土发育的平原或高原地区。

在冻土区的山坡上，由于地下冰的融化，土体沿融冻界面滑动，产生热融滑坡。例如，青藏高原唐古拉山、祁连山东部和大兴安岭北部等地，永冻层上部一般分布有厚层地下冰，且埋藏较浅，因此很易融化，并引起热融滑坡。

探究活动：分析融冻泥流运动机制

试从冻融作用过程中水的体积、相态的变化以及山坡上碎屑物受到重力作用的情况等方面，分析融冻泥流沿山坡向下运动的机制，画简图阐述促使其运动的力的来源。

第八节　风成地貌、黄土地貌系统及其地貌环境

风成地貌与黄土地貌是干旱、半干旱区发育的独特地貌，它们在时间和空间分布以及成因上有内在的联系。

一、风沙作用与风沙地貌

1. 风沙作用

风和风沙流（含沙的气流）对地表物质的侵蚀、搬运和堆积作用，称为风沙作用。

1）风蚀作用

风蚀作用包括吹蚀作用和磨蚀作用。地表松散沉积物或基岩上的风化产物，在风压力与紊动气流作用下引起的颗粒物吹扬，称为吹蚀作用。只有风速大于起沙风速时，才能发生吹蚀。起沙风速与地表性质、颗粒物粒径及含水率等因素有关。风携带颗粒物贴地面运动时，风沙流中的颗粒物对岩石或胶结程度不同的泥沙块体进行冲击和摩擦，或者在岩石裂隙和凹坑内进行旋磨，称为磨蚀作用。磨蚀的强度取决于风速和携带颗粒物的数量。

2）风沙搬运作用

风携带各种不同粒径的颗粒物，使其发生不同形式和不同距离的迁移，称为风沙搬运作用。依风速、颗粒大小和质量的不同，风沙搬运可分为三种形式：悬移——悬浮于空气中的移动；跃移——跳跃式运动；蠕移——颗粒物沿地表滑动和滚动。观测表明，粒径＜ 0.05mm 的颗粒（粉砂和尘土）一旦被风扬起，就能长期悬浮在空中并随气流搬运很长距离，甚至可达 1000km 外；大于 0.05mm 的颗粒常以跃移和蠕移为主（图 4-46）。

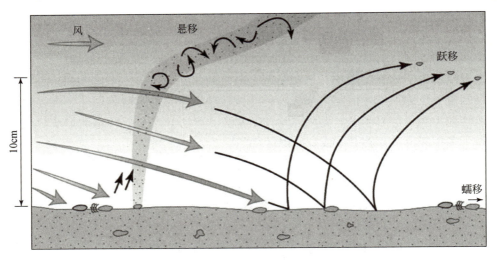

图 4-46　风沙搬运形式（Hess，2016）

细小的沙粒呈悬浮状态移动（悬移），较大的颗粒发生跃移和蠕移

风沙搬运颗粒物的数量与风速超过起沙风速的 3 次方成正比。这说明，当风速显著地超过起沙风速后，气流搬运的颗粒物急剧增加。

3）风沙堆积作用

风沙搬运过程中，当风速减慢、沙量增多或遇到障碍物（植物或地表起伏），以及地面结构、下垫面性质改变时，风中携带的颗粒物从气流中脱离下来，发生堆积，这种现象称为风沙堆积作用。

2. 风蚀地貌

在干旱区，风和风沙对地表物质进行吹蚀作用和磨蚀作用而形成各种风蚀地貌，由于岩性、岩层产状等因素的影响，具有不同的形态，主要有以下几种类型。

1）风棱石与石窝

风棱石是砾漠中一种最常见的小型风蚀地貌形态。砾漠中的砾石经过风沙长时间的磨蚀后，变成棱角明显、表面光滑的风棱石。其形成需要如下条件：强风、有利于风力作用的开阔地面和参与风蚀的沙粒。

石窝是在陡峭的迎风岩壁上，经风蚀而形成的许多圆形或不规则椭圆形的小岩洞或者凹坑，其直径约 20cm，深达 10 ～ 15cm（图 4-47）。这种现象在花岗岩和粗砂岩岩壁上最发育。

图 4-47　风蚀石窝（胡顺福摄于美国峡谷地国家公园）

2）风蚀蘑菇与风蚀柱

孤立突起的岩石，尤其是水平节理和裂隙很发育而不甚坚实的岩石，经受长期的风化和风蚀作用后，形成的上部大、基部小、外形似蘑菇的岩石，称为风蚀蘑菇。这是近地面的风沙流含沙量多，对岩石下部侵蚀较强而形成的。

垂直裂隙发育的岩石，在风长期吹蚀下，形成一些孤立的石柱，称为风蚀柱。

3）风蚀谷和风蚀残丘

干旱区降水稀少，偶有暴雨产生洪流（暴流）冲刷地面，形成许多冲沟。冲沟再经

长期风蚀作用改造，加深和扩大成为风蚀谷。

由基岩组成的地面，经风化作用、暂时水流的冲刷以及长期的风蚀作用以后，随着风蚀谷的扩宽和原始地面不断缩小，最后残留下一些孤立的小丘，称为风蚀残丘。它的形状各不相同，主要受岩性、岩层产状和构造影响。这类地貌在新疆准噶尔盆地的乌尔禾、东疆的吐鲁番盆地和哈密西南等地十分典型。

4）雅丹

雅丹（风蚀垄槽）地貌与风蚀残丘不同，它不是发育在基岩上，而是发育在河湖相的土状堆积物中，以罗布泊洼地西北部的古楼兰附近最为典型。"雅丹"源自维吾尔族语，意为陡峭的土丘。后来用它来泛指风蚀土墩（土垄）和风蚀凹地（沟槽）组合而成的垄槽相间的地貌。

5）风蚀洼地

松散物质组成的地面，经风的长期吹蚀，可形成大小不同的浅凹地，称为风蚀洼地。它们多呈椭圆形，沿主风向伸展。一些大型风蚀洼地称风蚀盆地，其面积可达数百平方千米。例如，南非的风蚀盆地面积有的达到 300km^2，深度为 7～10m。

3. 风积地貌

风积地貌是指被风和风沙流搬运的物质，在一定条件下堆积所形成的各类地貌。其中沙丘是沙漠中最基本的风积地貌形态。

1）沙丘类型

沙丘有不同的分类原则，其中成因－形态原则是较全面的一种，它采用三级分类系统对沙丘进行分类。首先，按沙丘形态和风况之间的关系分为三大基本类型（图4-48）：①横向沙丘，其沙丘形态走向和起沙风风向相垂直或成60°～90°的交角；②纵向沙丘，

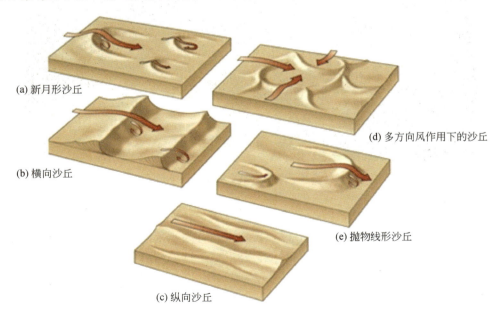

(a) 新月形沙丘

(b) 横向沙丘

(c) 纵向沙丘

(d) 多方向风作用下的沙丘

(e) 抛物线形沙丘

图 4-48　沙丘类型（Hess，2016）

其沙丘形态走向和起沙风风向相平行或成 30° 以下的交角；③多方向风作用下的沙丘，其沙丘形态不与起沙风或任何一种风向相垂直或平行。其次，按沙丘固定程度又把每一种基本类型划分为流动沙丘和固定沙丘、半固定沙丘等类型。

新月形沙丘是最简单的横向沙丘形态，其最显著的特征是平面形态似新月，沙丘两侧有顺着风向向前伸出的两个兽角（翼）。迎风坡凸而平缓，坡度为 5°～20°；背风坡凹而较陡，坡度为 28°～34°，相当于沙粒的最大休止角，两坡之间的交接线为弧形沙脊（图 4-49）。沙丘高度不大，一般为 1～5m，很少超过 15m。单个新月形沙丘大多零星分布于沙漠的边缘地区。在沙源供应充足的条件下，密集的新月形沙丘相互横向连接，形成一条链索，称为新月形沙丘链。其高度一般为 10～30m，长度可达数百米甚至 1km 以上。

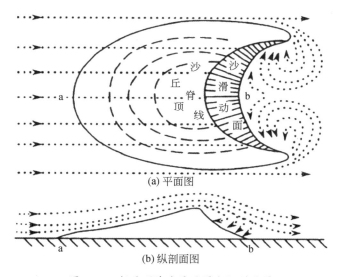

图 4-49　新月形沙丘平面图和纵剖面图
箭头代表风向

新月形沙丘和沙丘链在水分条件较好的情况下，被植物固定或半固定时形成梁窝状沙丘。在风力强劲地区，梁窝状沙丘可以再度受到吹扬，尤其沙丘顶部因相对高起，水分、植被条件较差，易受风的吹扬，使丘体不断向前移动，而两翼高度较低，植物固定程度较好，风的作用受到阻碍，沙子不再移动而仍被留在原地。其发展的结果就形成反向沙丘形态——抛物线形丘。

若沙源充足，新月形沙丘和沙丘链在不断增高和扩大的同时，在其上逐渐发育次生沙丘，形成复合新月形沙丘和复合型沙丘链。它们是一种巨型的横向沙丘形态，丘体十分高大，高度可达 50～100m，甚至超过 200m。

纵向沙丘，又称线形沙丘或沙垄，在全球沙漠中占 50% 以上的面积，在亚热带信风沙漠中更为常见。其平面形态呈平直线状伸展，高度为 10～25m，长度达数百米至数千米；剖面形态有的具有比较对称的斜坡和微穹形的顶部；有的不是很对称，尚有摆动的脊线存在。这种沙垄在新疆古尔班通古特沙漠有大面积分布，都属固定－半固定状态。塔克

拉玛干沙漠中部分布有一种裸露的巨大复合型沙垄，垄体表面叠置了许多次一级的新月形沙丘链；沙垄延伸很长，一般为 10～20km，最长可达 45km；沙垄高 50～80m，宽500～1000m；两侧比较对称，斜坡均较平缓；垄顶剖面呈半圆形。阿拉伯半岛的鲁卜哈利沙漠中有些巨大的复合型沙垄，长达 200km，宽 1～2km，高 100m。利比亚沙漠和澳大利亚沙漠也有类似大小的纵向沙丘。

金字塔形沙丘，是在多风向且在风力相差不大的情况下发育起来的一种沙丘，因形态与尼罗河畔的金字塔相似而得名，有时其形态像海星，又称星形沙丘。金字塔沙丘有一个尖的顶，从尖顶向不同方向延伸出三个或更多的狭窄沙脊（棱）；每个沙脊都有一个发育得很好的滑动面（棱面），坡度一般为 25°～30°；丘体高大，塔克拉玛干沙漠南部的高度为 50～100m。金字塔形沙丘一般零星单个分布；但也有多个连接而组成一个狭长的、不规则的垄岗（称线形星状沙丘），这种形态在非洲西南的纳米布沙漠、撒哈拉沙漠东北部有较多分布，新疆塔克拉玛干沙漠南部也可见到。

沙丘形态主要取决于气流及其与沙质下垫面之间的相互作用，同时受水文、植被、地形等多种复杂因素的影响，甚至还取决于其周围整个环境形成的漫长的古地理历史。对于各种沙丘形态的成因，虽然提出了多种假说，但尚未有比较公认的理论，尤其对于那些形态复杂的沙丘。

2）沙丘移动规律

沙丘移动是相当复杂的，它与风、沙丘高度、水文、植被状况等因素有关。风是沙丘移动的动力因素，沙粒从沙丘迎风坡吹扬搬运，而在背风坡堆积。沙丘移动方向随着起沙风风向的变化而改变，移动的总方向和起沙风的年合成风向大体一致。沙丘移动方式取决于风向及其变率，可分为 3 种情况：一是前进式，它在单一风向作用下产生；二是往复前进式，它是在两个方向相反而风力大小不等的情况下产生的；三是往复式，它是在风力大小相等而方向又相反的情况下产生的。

沙丘移动的速度与其高度成反比，与输沙量成正比。因输沙量与起沙风速的 3 次方成正比，故沙丘移动速度也与风速 3 次方成正比。事实上，沙丘移动速度受多种因素影响，除了风速和沙丘高度外，还与沙丘水分、植被状况以及下伏地貌条件等有关。

4. 影响风沙地貌的因素

1）地面特征

地面特征包括地表物质组成、地面起伏、植物疏密和水分条件等。风力作用于不同粒径的松散沉积物和硬度差异的岩石后，形成的形态也不同。在干旱区山麓带，由于这里的沙粒数量少，物质供给不足，只能形成一些低矮的沙丘。在干旱区盆地中心，堆积着厚层松散沙粒，在风力作用下形成规模较大的沙丘。在一些较软的砂岩、泥岩或粉砂岩地区，风力吹蚀形成各种风蚀地貌，如风蚀蘑菇、风蚀城堡等。

地面高低起伏对近地面风沙流的运动有很大影响，使沙丘形态产生差异。山地是风沙流运动的障碍，在山地迎风面一侧沙粒大量堆积，形成巨大沙丘，越靠近山地，沙丘相对高度越大。山地相对高度和长度还能影响山地迎风坡一侧的沙丘堆积范围。

植被在风成地貌形成过程中起着重要的作用，它可以固定沙丘，对沙丘的发展和变形产生很大影响。植物生长增大了地面的粗糙度，使接近地面的风速减小，并阻碍了气流直接对沙质地面的作用，减弱风的吹蚀搬运能力。此外，由于植被覆盖，阳光不能直接照射到沙地表面，可减少沙地表面水分蒸发量，增加沙粒水分，减弱风的吹蚀能力。

水分条件影响沙粒的本身特征。沙中水分较多，可加强黏滞性和团聚作用，增加沙粒的起动风速。此外，在水分充裕的地区，植物生长茂盛，覆盖度高，风受植物阻挡，减弱了吹蚀作用。

2）气流特征

气流特征指气流的含沙量和气流运动的方向。气流中的含沙量取决于风速和沙源的供给。当风速大于起沙风速后，风速增大，风沙流中的含沙量急剧增加。但不同高度风沙流中的相对含沙量和风速并不是简单线性正比关系。

风向对沙丘运动方向和形态都有影响。一般来说，风积地貌形态可反映主导风向。事实上，单一主风向作用区，也存在次风向的作用，这些次风向与主风向有一偏角，有时甚至与主风向相反。在不同风向相互作用下，沙丘形态和移动方向发生复杂的变化。

3）人类活动

影响风成地貌的因素除上述各种自然条件外，还有人类的经济活动，在沙漠边缘及绿洲周围的流沙地区更为显著。这些地区原来都有固定的草灌丛沙丘，不合理的放牧、开垦和砍樵导致植被破坏，固定的沙丘再度活化，在风的吹扬下形成各种移动的沙丘。当然，科学合理的治沙防沙工程可以减弱沙丘的移动。

二、黄土与黄土地貌

黄土是一种灰黄色或棕黄色的第四纪土状堆积物，在流水作用下形成很多沟谷和沟间地地貌。

1. 黄土的分布和性质

1）黄土的分布

黄土覆盖地球陆地表面的 10%，集中分布于 30°N ～ 55°N 和 30°S ～ 40°S 的中纬度地区（图 4-50），如西欧莱茵河流域、东欧平原南部、北美密西西比河中上游以及我国西北、华北等地。中国北方是世界上黄土最发育的地区，其面积为 63.1 万 km²，占全国陆地面积的约 6.6%。其中，陕西北部、甘肃中部和东部、宁夏南部和山西西部，是我国黄土分布最集中的地区。这里黄土厚度大、地势较高，形成著名的黄土高原，是地球上黄土和黄土地貌最发育、规模最大的地区；大部分地区的黄土厚度为 50 ～ 100m，六盘山以西的部分地区，甚至超过 200m。

探究活动：探究黄土与沙漠的可能联系

查找文献，比较世界沙漠分布图与黄土分布图，分析两者空间分布的特征，探讨两者的可能联系。

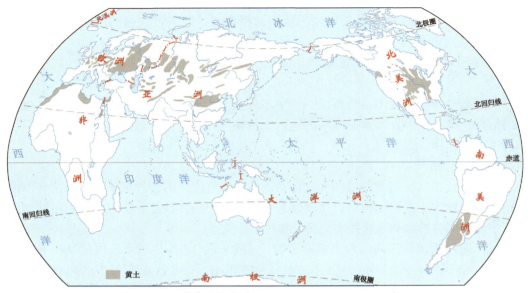

图 4-50　世界黄土分布（McKnight and Darrel，2005）

2）黄土的性质

黄土质地疏松、多孔隙、垂直节理发育，极易渗水。它易被流水侵蚀形成沟谷，也易造成沉陷和崩塌。黄土以粉砂为主，颗粒之间结合得不紧密，有许多孔隙（孔隙度一般为 40%～50%），吸水能力强，透水性高。

2. 黄土地貌类型

黄土地貌可分为黄土沟谷地貌、沟间地地貌和潜蚀地貌。其中，沟谷和沟间地地貌是主要类型，前者主要由现代流水侵蚀而成，后者与黄土堆积前的地形起伏及黄土堆积后的流水侵蚀有关。

1）黄土沟谷地貌

黄土区千沟万壑，地面被切割得支离破碎。根据黄土沟谷发生的部位、发育阶段和形态特征，可将黄土沟谷分为以下 4 种（图 4-51）。

图 4-51　纹沟、细沟、切沟、冲沟

（1）纹沟。在黄土的坡面上，降水时形成很薄的片状水流。纹沟的重要标志是没有沟缘线，沟底纵剖面与斜坡面纵剖面一致，经耕犁可立即消失。

（2）细沟。坡面水流增大时，片流就逐渐汇集成股流，侵蚀成大致平行的细沟。其谷底纵剖面呈上凸形，下游开始出现跌水，横剖面呈宽浅的"V"字形，沟坡有明显的转折。

（3）切沟。细沟进一步发展，下切加深，切过耕作土层，形成切沟。其纵剖面坡度与斜坡坡面坡度不一致，沟床多陡坎，横剖面有明显的沟缘。

（4）冲沟。切沟进一步下切侵蚀，其纵剖面呈一下凹的曲线，与斜坡凸形纵剖面完全不同，形成冲沟。

2）黄土沟间地地貌

黄土沟间地地貌是黄土堆积的原始地面经流水切割侵蚀后的残留部分，按形态可分为塬、墚、峁三种类型（图 4-52）。

(a) 塬

(b) 墚

(c) 峁

图 4-52　黄土地貌

（1）黄土塬。塬是面积广阔而且顶面平坦的黄土高地。塬面中央部分斜度不到 1°，边缘部分在 3°～5°。

（2）黄土墚。墚是长条形的黄土高地。它主要是黄土覆盖在古代山岭上而成的，也有些墚是塬受现代流水切割产生的。

（3）黄土峁。峁是一种孤立的黄土丘，呈圆穹形。峁顶坡度为 3° ～ 10°，四周峁坡均为凸形斜坡，坡度为 10° ～ 35°。

黄土峁和黄土墚经常同时并存，组成所谓的黄土丘陵。

3）黄土潜蚀地貌

流水沿着黄土中的裂隙或孔隙下渗，进行潜蚀，土粒流失，产生大的孔隙和空洞，引起黄土的陷落而形成的各种地貌，称黄土潜蚀地貌。常见地貌有以下几种：

（1）黄土碟。它是由流水下渗浸湿黄土后，在重力的影响下，土层逐渐压实，地面沉陷而形成的碟状小洼地。形状为圆形或椭圆形，深数米，直径为 10 ～ 20m，常形成在平缓的地面上。

（2）黄土陷穴。黄土陷穴是一种漏陷的溶洞，陷穴是流水沿着黄土中节理裂隙进行潜蚀作用而成的。陷穴多分布在地表水容易汇集的沟间地边缘地带和谷坡的上部，冲沟的沟头附近最发育。陷穴按形态可分为漏斗状陷穴、竖井状陷穴和串珠状陷穴。

（3）黄土桥。两个陷穴之间或从沟顶陷穴到沟壁之间，地下水作用使它们沟通，并不断扩大其间的地下孔道，在陷穴间或陷穴到沟床间形成的桥状地貌叫做黄土桥。

（4）黄土柱。黄土柱是分布在沟边的柱状黄土体，它是流水沿黄土垂直节理潜蚀作用和崩塌作用残留的黄土部分。黄土柱可高达十几米。

黄土高原地区流水侵蚀地面造成水土流失，对农业生产带来的危害主要表现为：水土流失后地力变瘦；沟壑扩延，耕地缩小；大量泥沙淤积库渠，影响水利工程发挥效益。特别是暴雨期间造成泥流下泄，可冲垮道路，毁坏城镇，引起生命财产的重大损失。因此，黄土地区进行水土保持是极其迫切的工作，在防止水土流失时，应充分考虑各种侵蚀形态发生发展的规律和分布特点。

第九节　侵蚀循环与地貌演化

侵蚀的过程和地貌的演化密切相关，并且两者都具有一定的阶段性和规律性。

一、侵蚀循环理论

风化产物很松散，易被重力、流水、冰川、风、波浪等外力作用搬运走，称为侵蚀（剥蚀）。

侵蚀循环理论是陆地地貌发育的重要理论之一，它是戴维斯基于北美河流地貌观察而建立的地貌随时间演化的模式。该模式将地面发育过程分为幼年、壮年和老年三个时期，各期地貌有明显的差异。幼年期，由于地面抬升，河流开始下切，地面遭受切割，峡谷开始形成，但山顶宽缓、平坦，沟谷密度较小（图 4-53 的 1）。河流进一步下切，沟谷进一步加深扩大，山顶也变得陡峭尖锐，地面起伏变得较大，沟谷密度较大，地面较破碎，这时进入壮年期（图 4-53 的 2）。此后河流侧蚀作用加强，使谷坡逐渐扩展变成缓坡宽谷，山顶逐渐被侵蚀变得低缓，主河纵剖面开始达到平衡剖面，整个地面微缓起伏，沟谷密度减小，此时进入老年阶段（图 4-53 的 4 ～ 5）。老年期地面进一步削蚀降低，河流的干流和大部分支流都达到平衡剖面，形成宽广的冲积平原，只有个别硬岩地段因抗蚀性强而保留下来，成为低矮孤立的蚀余山。最终形成一个高差小、坡度缓、高程接近基准面的波状起伏地面——夷平面或准平原（图4-53的5）。当地面再一次抬升，将会开始下一个侵蚀循环。

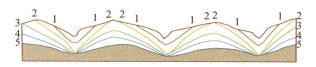

图 4-53　地面发育的过程与阶段（西北大学地理系：《地形学参考图》）

1. 幼年期；2. 壮年期；3. 过渡期；4～5. 老年期

二、剥蚀系统模式

戴维斯的侵蚀循环理论对地貌学发展具有重要促进作用，但也有一定的局限性。例如，地面剥蚀并不完全发生在地面上升后；没有考虑地面剥蚀导致的地面均衡补偿上升；侵蚀循环模式过于简单，不能解释地貌在短期内的变化等。为克服上述不足，Strahler提出了一个新的地面演化模式——剥蚀系统模式，简述如下。

假设有一宽度约为100km（许多山脉的宽度与此相当）的地块（图4-54），从接近基准面的位置迅速上升到海拔6000m的高度。尽管该原始表面在抬升时已经被河流所切割，但它们的空间位置仍然可以在剖面上表示出来（参考面）。假设原始地面的上升是在500万年内完成的，其中绝大部分又是在200万年内上升的，上升停止于时间坐标为"0"的时刻（图4-55）。在上升时，平均海拔在增加，剥蚀作用的强度也在急剧增加。因此在时间"0"处，陆块早已被切割成峡谷陡壁，形成纵坡降陡峻的山区河流系统。在时间"0"处，已经有1000m厚度的岩石被剥蚀掉，地面的高程变成了5000m。从时间"0"开始，假设整个地面（参考面）的剥蚀率为1m/ka，并假设均衡补偿是连续发生的。由于岩石密度一般为2.75g/cm³，软流圈物质密度为3.3～3.4g/cm³，因此均衡补偿率大约为80%，即地面剥蚀的净降低率只有20%（0.2m/ka）。随着海拔降低，剥蚀速率以恒定的比率减小，以致每隔15Ma（1个半衰期）以后，平均海拔和剥蚀率减小一半。30Ma以后，平均海拔和剥蚀率再减小一半，即剩下原来的1/4，陆块的3/4被剥蚀掉，平均高度下降到1250m（图4-54和图4-55）。

描述至此，陆块平均海拔随时间减小的过程是指数式衰减。指数式衰减用于陆块的剥蚀作用，可以简单地反映这样一个道理，即完成剥蚀作用的有效能与高出海平面以上的大陆块体的海拔成正比。因此平均海拔下降时，其变化强度成正比地减小。在上述的剥蚀模式中，大约60Ma后，山体的平均海拔可下降到约300m。至此，块体的净降低速率为1.2cm/ka。此时，该地表可看作是准平原。不过准平原就平原高度或地形来说，并没有确切的定义，只可以说山地很平缓，分水岭又宽又圆，该地区呈波状平原形态。若是准平原连续按这个指数式衰减率降低，剥蚀可进行7个半衰期，即105Ma。但岩石圈的稳定期几乎不可能保持这么长时间，上述演化过程很可能被另一次岩石圈变动所打断。

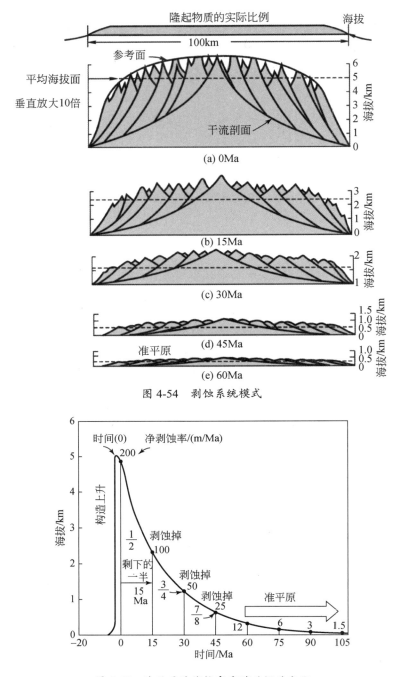

图 4-54　剥蚀系统模式

图 4-55　地面平均海拔高度随时间的变化

　　上述模式中假设均衡补偿是均匀和稳定的，然而这种情况是不可能发生的，因为岩石圈是一个巨厚、坚硬的圈层，具有一定的抵抗均衡上升的能力。只有当被剥蚀掉的岩层达到某一临界时，岩石圈才会发生均衡补偿。因此在上述模式中，应该增加一个间歇性均衡补偿程序。地面剥蚀模式变成了图 4-56 的情况。每当陆块临界厚度变动时，就会发生均衡上升。所出现的上升作用是瞬时的，随后发生按指数式衰减程序进行的剥蚀作用，结果是其图形呈现为锯齿状曲线。这是按照在岩层移动300m之后，突然发生完全的均衡补偿的假设绘出的。但上升高度仅占总移动数的80%，即240m。

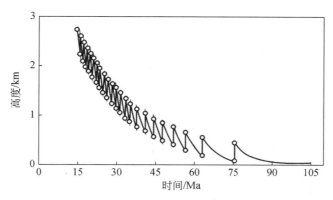

图 4-56　间歇性均衡补偿情况下剥蚀地面海拔的变化

因此，在地面剥蚀过程中，陆块（地面）抬升导致地面高程升高；地面海拔升高引起地面剥蚀作用（包括河流侵蚀作用）加强；由于地面剥蚀，岩石圈均衡补偿上升。值得注意的是，均衡补偿引起的陆块（地面）上升量小于陆块（地面）剥蚀降低量。因此，在地面剥蚀循环过程中，如果没有进一步的构造抬升，地面总是倾向于降低。

三、干旱区与湿润区地貌演化

1. 干旱区地貌演化

在干旱气候区，蒸发量远远大于降水量，植被稀疏，物理风化强烈而化学风化较弱。风、重力和间歇性洪水是干旱区地貌的主要外营力。盐分结晶析出的胀裂作用是干旱区岩石风化破碎的主要过程之一。大量的碎屑风化产物在重力作用下沿坡向下移动，聚集在山脚，一旦发生暴雨，便被洪水运走，堆积在山麓带外围，形成扇状堆积体——洪积扇。山坡重新出露，重新遭受风化剥蚀。在风化作用、重力和洪水作用下，山坡不断地平行后退，山坡在退缩过程中坡度保持不变，即平行退缩，这是干旱区地形演化（山坡演化）的特征（图4-57）。由于山坡不断地后退，在山麓会形成一种缓缓倾斜的平整基岩面，

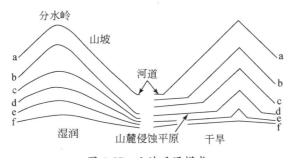

图 4-57　山坡后退模式

a ～ f代表山坡发育从早期到晚期的阶段

上覆薄层松散堆积物，称为山麓剥蚀面。山坡进一步后退，山麓剥蚀面不断扩大，山体越来越小。最后许多山麓剥蚀面连成一片，成为山前夷平面，其上残留的孤立的山丘即为岛状山。在山麓剥蚀面以外的地带，一系列洪积扇相连成片。山地河流在洪积扇上隐没，地下水从洪积扇的前缘渗出，形成荒漠绿洲。

2. 湿润区地貌演化

在湿热气候区，化学风化作用、流水作用、坡面侵蚀、块体运动非常普遍。由于高温多雨，生物化学风化作用特别活跃，岩石强烈分解，形成很厚的富含铁铝的红色风化壳。由于组成风化壳的绝大部分是次生黏土矿物，其透水性较差，在雨后土层因大量充水而呈流动状态，往往连同其上的草皮和树木一起沿着山坡向下滑溜，称为热带土溜。受雨滴溅落侵蚀和热带土溜作用，地面倾向于产生向上凸的剖面形态。随着时间推移，分水岭地面越来越低，山坡坡度越来越小。因此，在湿润气候条件下，山坡是按照倾斜退缩过程进行的（图 4-57）。

<h3 style="text-align:center">地学视野：暴露年代学方法对于地貌学研究的促进</h3>

暴露年代测年技术（exposure dating）是指利用原地生成的宇生核素（in situ cosmogenic isotopes）直接测定地面或地物出露的年代。

地面或地物暴露后，受到宇宙射线的照射，在组成地面或地物的岩石中，产生某些方面的同位素，如 ^{3}He、^{10}Be、^{21}Ne、^{26}Al、^{36}Cl 等。其中一些为稳定同位素，如 ^{3}He 和 ^{21}Ne。假设地面稳定（没有侵蚀），随着时间的推移，这些同位素在地面岩石或矿物中的浓度会逐渐提高。可根据其产生的速率与积累的浓度来计算地面（或地物）暴露的时间，从而确定其年代。另外一些为放射性同位素，如 ^{10}Be、^{26}Al、^{36}Cl 等。它们随着时间的推移，一方面在积累，另一方面按照自身的半衰期在衰减。由于产生速率可以根据各地的纬度、高度及岩性等情况进行计算，衰减量可根据半衰期来计算，其实际的浓度可以通过实验测量出来，故在一定范围内（一般小于 3～4 个半衰期）可以估算地面（或地物）暴露的时间。

理想条件下，如果没有侵蚀、淋失逸散，且背景值为零，利用宇生稳定同位素估算的年代范围可以是相当大的，仅仅取决于仪器测量的精度。在这样的理想条件下，利用宇生放射性核素估算的年代范围下限为几千年，上限可达 3～4 个半衰期。由于 ^{10}Be 的半衰期约为 1.5Ma，^{26}Al 的半衰期约为 0.71Ma，^{36}Cl 的半衰期约为 0.30Ma，故在理想条件下，测年范围从距今几千年到四五百万年。但在自然条件下，由于地面侵蚀及其他因素的影响，测年范围受到一定限制。一般来说，随着侵蚀速率的增大，宇生稳定同位素浓度达到平衡（不变）的时间提早，从而使测年的范围变短。当然，研究发现，^{26}Al 与 ^{10}Be 的比值受地面侵蚀速率的影响很小。因此可以利用 ^{26}Al / ^{10}Be 来减小侵蚀的影响，拓展测年范围，提高测年精度。利用 ^{10}Be、^{26}Al 与 ^{26}Al / ^{10}Be 相结合，可以在估算沉积速率的同时，估算地面的年代。

暴露年代学方法不仅可以应用于冰川进退、火山活动、陨石、断裂活动、洪水泥石流、环境考古等方面的年代学研究，还可以应用于地貌过程研究和侵蚀速率分析。

在地貌发展过程中，常形成一些地貌面，如夷平面、台地面、阶地面、山坡面等。过去由于测年方法的限制，这些地貌面的年代很难确定，限制了地貌过程的恢复。宇生核素测年法（cosmogenic dating）可以在这方面发挥它的优势，从而促进地貌过程的研究，为地貌学这个古老学科注入新的活力。另外，可以通过分层采样的测定，在估算沉积面年代的同时，估算沉积物搬运的时间。

一些小型山区流域盆地，由于时间尺度小于同位素半衰期，搬运时间、埋藏量远小于暴露时间与侵蚀量，通过在流域盆地出口处取河流沉积沙样或洪积物泥沙，分析 ^{10}Be 和 ^{26}Al 浓度，可以估算流域长时间的平均侵蚀速率。

第十节　中国地貌分布特征与地貌区划

一、中国地貌分布特征

我国位于亚欧大陆东南部，东临太平洋，西北深入亚洲腹地，西南与南亚次大陆接壤，大部分地区位于中纬度。其陆地地貌最明显的特征是西高东低，山地多，平地少，总体呈现如下基本特征。

（1）地势西高东低，呈阶梯状分布。按海拔差别分成明显的三级阶梯（图 4-58）。第一级阶梯为青藏高原，平均海拔 4500m，面积近 260 万 km²；第二级阶梯介于青藏高原与大兴安岭—太行山—巫山—雪峰山之间，分布有内蒙古高原、黄土高原、云贵高原、塔里木盆地、准噶尔盆地和四川盆地等地貌单元，平均海拔 1000 ~ 2000m；第三级阶梯是大兴安岭—太行山—巫山—雪峰山一线以东的部分，分布有东北平原、华北平原、长江中下游平原、江南丘陵，还有辽东半岛和山东半岛丘陵、东南沿海丘陵、两广丘陵以及台湾山地和浅海大陆架等。

（2）山脉众多，起伏显著。我国疆域内分布有许多长而高大的山脉及被这些山脉围绕或隔开的大型地貌单元，这种围绕或分隔具有一定的规律，即以近 NW—NWW 向与 NE—NNE 向两大主要方向的交叉，构成了我国地貌的骨架（图 4-59）。地势起伏显著，地区间海拔差别大也是我国地貌的特点。例如，青藏高原平均海拔 4500m，但其东侧的四川盆地海拔只有 500m 左右；昆仑山南侧为海拔 5000m 的藏北高原，但北侧的塔里木盆地海拔在 1000m 上下，一山之隔出现这样大范围的巨大高度差异，实属罕见。

（3）地貌类型复杂多样，类型齐全。中国地貌按形态可分为山地、高原、丘陵、盆地、平原五大基本类型。在纵横交错的网格状地貌骨架中，四大高原、四大盆地、三大平原镶嵌其间。青藏高原、内蒙古高原、黄土高原和云贵高原为我国四大高原；塔里木盆地、准噶尔盆地、柴达木盆地、四川盆地是我国的四大盆地，均由构造断陷所成；东北平原、华北平原和长江中下游平原为我国三大平原，面积辽阔，地势低平。由于地势垂直起伏大，海陆位置差异明显引起外营力的地区差别及地表组成物质不同等，还形成了冰川、冰缘、风沙、黄土、喀斯特、火山、海岸、河流等多种地貌类型。

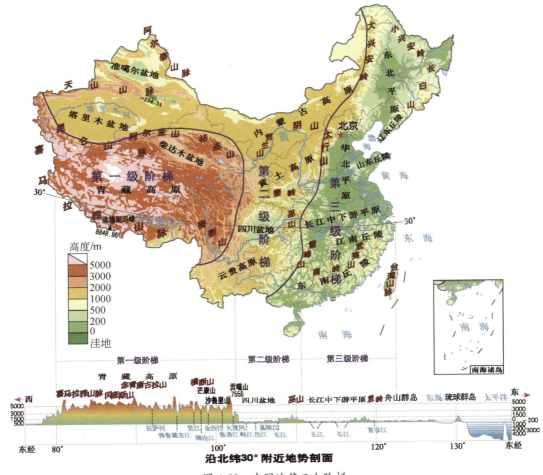

图 4-58　中国地势三大阶梯

资料来源:《中国地理地图集》

中国现代地貌的分布格局、基本特征和类型是内外力综合作用、长期发展演化的结果。影响其地貌发育的主要因素有地质构造、气候、地表组成物质和人类活动等。

二、中国地貌区划

不同区域的地貌既有相似性又存在差异性,根据这种异同进行地貌区划是地貌学研究的重要内容。地貌区划是在系统深入研究地貌类型及其组合特征、分布、成因异同的基础上,根据一定的原则和指标,划分若干等级的地貌区域。地貌区划是地貌调查与研究工作的总结,也是研究自然环境空间变化的重要基础。其目的是让人们更深刻地认识地貌类型特征、组合及其区域差异,以便因地制宜地合理利用。

1. 中国地貌区划的原则

20 世纪 50 年代以来,国内外许多学者开展了大量的地貌区域研究工作,但迄今对我国地貌区划的原则仍没有形成统一的认识。总结已有的研究成果,我国的地貌区划既应遵循地理区划中的普遍原则,又必须遵循地貌区划本身的特殊原则。

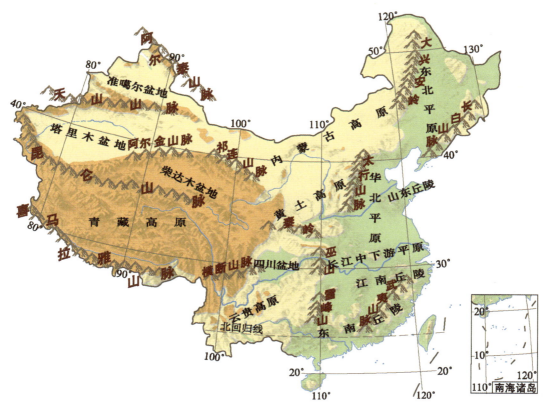

图 4-59 中国山系分布概略图
资料来源：《中国地理地图集》

1）地理区划中的普遍原则

地貌区划属地理区划的一种，它与地理区划有相似之处，因此必须遵循地理区划的基本原则，主要有三方面：①区域性，地貌区划不是地貌类型的划分，而是地貌类型组合特征的区域划分，它所划出的地貌区在区域上必须是连续的；②客观性，地貌区划要客观地反映区域地貌的相似性和差异性，反映地貌的区域分异规律；③逻辑性，地貌区划应由大到小，先总后分逐级进行。

2）地貌形态为主的形态－成因原则

地貌区划根据形态还是成因，还是二者结合，观点各异，实际应用中也不一致。从我国地貌具体情况来看，大地构造与现代地貌区并非完全一致，不能机械地等同对应起来。例如，新疆吐鲁番－哈密盆地及其南面的哈顺戈壁，在地质构造上一般划为天山构造带；但从现代地貌类型及其空间格局分析，该地为起伏和缓的丘陵平原地貌组合，与大、中起伏的天山山地地貌明显不同。因此，从地貌类型组合的相似性看，它不能与天山山地划属同一区域，而应与其东面的阿拉善和河西地区的丘陵平原地貌归属于同一地貌区。大地构造虽然对地貌有较大的影响，但它主要通过新构造运动和岩性差异表现出来，不应作为地貌区划的主要标志和遵循原则。

地貌区划是一种特殊的地理区划，它应坚持以地貌本身特征为主的原则。地貌研究的主要对象是地表形态，对其分区应以地表形态的相似性为主要依据。内外营力只是地貌形成的原因和条件，而不是地貌本身，它可以通过地貌形态表现出来。因而地貌区划应遵循地貌形态相似性原则。

3）综合研究基础上的主导因素原则

地貌区划的基础是区域地貌研究，包括以区域地貌形态、地表物质组成、新构造运动为主的内营力过程，剥蚀堆积作用所反映的外营力过程以及地貌形成演变历史等方面的综合研究。基本地貌类型及其组合是区域地貌特征最显著的标志，其区域差异是地貌区划的主要依据。因此，在地貌区划时必须全面研究区域地貌的各个方面，综合分析相互关系，找出基本地貌类型及组合的差异及其主导决定因素，在此基础上进行地貌分区，这样才能反映区划的客观性和真实性。

2. 地貌区划的依据与标准

中国地域辽阔，地貌类型多样，地貌组合复杂，不同区域的基本地貌类型及其组合的规模差异很大，因而在进行全国地貌区划时通常采用多级分区。一般采用四级分区，把全国分为若干地貌大区，一个大区内再分若干个地貌区，依此分级。从高级到低级的地貌区，地貌类型组合由复杂到简单，所包括的地貌类型组合数目逐渐减少，规模由大到小。高级地貌区通常以内营力作用形成的地貌为依据，而低级地貌区以外营力塑造的地貌为依据，但也并非绝对。

由于全国同级地貌区的具体情况千差万别，若采用统一的区划标准，将难以反映实际情况。地貌分区应在详细研究区域地貌类型及其组合的基础上，找出引起地貌区域差异的主导因素，作为分区标准，这样才能反映地貌区域分异规律。地貌区划标准既要考虑基本地貌类型组合和成因差异，又需考虑它们的规模大小。任美锷先生将地貌类型组合规模分为四级，并与相应等级的地貌区对应。一级至四级地貌区的面积等级依次为100万 km²、10万 km²、1万 km²、1000km²。以一二级地貌区为例说明。

一级地貌区（地貌大区）主要由大山脉、大高原、大山原、大盆地、大平原等规模的基本地貌类型组合构成，它们是受内力控制的巨型构造地貌单元，从宏观上控制了外力作用的分异，规模为100万 km²级。例如，青藏高原大区是晚新生代以来强烈隆起形成的巨型构造地貌单元，绝大部分为各类高海拔和极高海拔基本地貌类型。在考虑中国地势上的三大地貌阶梯及其近南北向山地控制着地貌组合的宏观差异，以及大地构造、新构造运动和外营力差异性的基础上，可将中国划分为面积在115万～260万 km²的6个地貌大区。

二级地貌区（地貌区）是在地貌大区内，根据内力作用造成的较大规模山地、高原、山原、盆地、平原等次级基本地貌类型组合和地貌形态，以及大面积的物质组成和外力过程（如黄土、沙漠、喀斯特、气候地貌）等区域差异，划分为规模10万 km²级的地貌区。

3. 中国地貌区划

李炳元等（2013）通过分析我国各地基本地貌类型组合的差异及其形成原因，将中国地貌分为6个地貌大区（图4-60），简述如下。

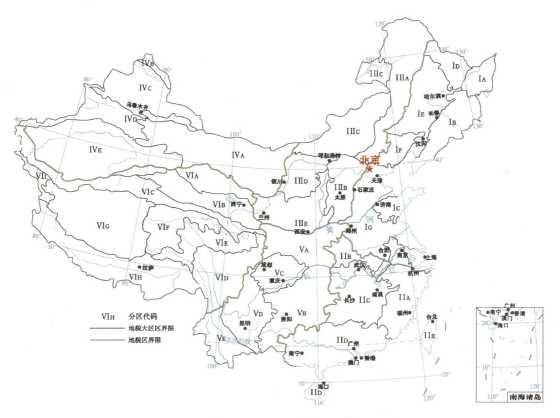

图 4-60　中国地貌区划图（李炳元等，2013）

1）东部低山平原大区（Ⅰ）

位于第三级地势阶梯北部，西起大兴安岭—太行山东麓，东至中朝边境和大陆海岸；北起中俄边界，南至桐柏山、大别山、九华山、天目山、四明山和天台山一线北麓。该区平均海拔约 200m，面积约 140.24 万 km²，占全国陆地面积的 14.61%。进一步划分为 8 个二级地貌区，即完达三江低山平原区、长白中低山地区、山东低山丘陵区、小兴安岭中低山区、松辽平原区、燕山—辽西中低山地区、华北华东平原区和宁镇平原丘陵区。

2）东南低中山大区（Ⅱ）

位于第三级地势阶梯南部，北抵东部低山平原大区南部边界，南至南海，东起东海，西至第二级地势阶梯前缘的伏牛山、武当山、大巴山、巫山、武陵山、雪峰山、越城岭、广西西部的天平山、九万大山、凤凰山、东风岭和青龙山一线东麓。该区平均海拔约 290m，面积约 115.12 万 km²，占全国陆地面积的 11.99%。进一步划分为 5 个二级地貌区，即浙闽低中山区、淮阳低山区、长江中游低山平原区、华南低山平原区和台湾平原山地区。

3）中北中山高原大区（Ⅲ）

位于第二级地势阶梯东北部，南起秦岭北麓，北至中国蒙古边境，东起大兴安岭—太行山山地，西至贺兰山西侧和祁连山东端。该区平均海拔约 1100m，面积约 142.43 万 km²，占全国陆地面积的 14.84%。地貌差异明显，地貌类型组合和气候地貌类型在东

西、南北方向都呈有规律分异。进一步划分为 5 个地貌区，即大兴安岭中山区、山西中山盆地区、内蒙古高原区、鄂尔多斯高原与河套平原区和黄土高原区。

4）西北中高山盆地大区（Ⅳ）

位于第二级地势阶梯西北部，贺兰山以西，西昆仑山—阿尔金山—祁连山一线以北，与青藏高原大区和中北中山高原大区接壤，西、北分别至国界，包括新疆绝大部分、内蒙古西部与甘肃西部。该区平均海拔约 1370m，总面积约 178.68 万 km²，占全国陆地面积的 18.61%。进一步划分为 5 个二级地貌区，即新甘蒙中海拔丘陵平原区、阿尔泰亚高山区、准噶尔盆地区、天山高山盆地区和塔里木盆地区。

5）西南亚高、中山大区（Ⅴ）

位于第二级地势阶梯南部，北起秦岭—崤山，南至我国边境，东自第二级阶梯前缘的嵩山、伏牛山、武当山、大巴山、巫山、武陵山、雪峰山、越城岭等一系列山地的东（南）麓，西接青藏高原东部的横断山与中缅边境。该区平均海拔 1230m，面积约 121.34 万 km²，占全国陆地面积的 12.64%。进一步划分为 5 个二级地貌区，即秦岭大巴山亚高山区、湘鄂渝黔滇中山区、四川盆地区、川西南滇中亚高山盆地区和滇西南亚高山区。

6）青藏高原大区（Ⅵ）

位于我国第一级地势阶梯，北起西昆仑山—阿尔金山—祁连山北侧，以 3000～4000m 的落差与塔里木盆地和河西走廊相接；南至喜马拉雅山的南侧，以更大落差与南亚次大陆相连；西界为帕米尔高原。东部边界中段为横断山脉东界，北段大致在祁连山东端向南至甘肃康乐、岷县、文县一线，南段大致在泸水至丽江一线。该区平均海拔 4376m，面积 262 万 km²，占全国陆地总面积的 27.3%。按地貌类型组合、地貌格局和气候地貌的区域差异，进一步划分为 9 个二级地貌区，即阿尔金山—祁连山高山区、柴达木—黄湟亚高海拔盆地区、昆仑山高山极高山区、横断山高山峡谷区、江河上游高山峡谷地区、江河源丘状山原区、羌塘高原湖盆区、喜马拉雅山高山极高山区和喀喇昆仑山极高山区。

地学视野：行星地貌学

行星地貌学是基于地球上各类地貌形体成因与发育机理的调查与研究，通过类比研究法，揭示月球、火星、金星、水星、类木行星及其卫星的地貌形成过程与机制的学科。尽管行星地貌学和传统地貌学研究的都是天体表面的形态特征、内部结构、形成原因及其分布规律，但是二者的研究对象、研究方法以及数据获取方式是截然不同的。行星地貌学研究的对象是太阳系八大行星及其卫星，而传统地貌学的研究对象仅限于地球。太阳系行星的大气层、物质组成、地表环境、物理场存在很大差异，这会导致塑造行星地貌的外力作用存在明显差异。塑造地球表面地貌形态的地质作用主要有三种：①构造作用，包括岩石圈的变形；②火山作用；③夷平作用，包括侵蚀、搬运和沉积。而对其他行星表面的改造作用还需加上撞击作用，且这一作用对行星地貌的发育影响很大。

行星地貌的景观形态往往与地球表层的地貌景观不同，有时这些差异是明显的，例如，许多行星表面有很多撞击坑且形态保留完好，而地球上的撞击坑会因板块构造运动和风化剥蚀作用而消失或改变。除了景观形态差异外，行星地貌学的研究方法和数据获取也不同于传统的地貌学。传统地貌学面对的是特定的小尺度景观形态，如地貌露头，进行点的原位观察和取样，通过对许多点的观察、分析和综合，得到区域地貌景观演化的假说。然而，行星地貌学面对的是空间尺度更大的景观形态，它不能近距离地观察和取样，只能通过发射空间探测器获取这些景观地貌形态的影像、地形数据，分析整合这些遥感数据，可推演行星地貌景观演化的假说。此外，行星地貌景观缺乏绝对年龄测定的工具，而地球上地貌年龄的测定可使用地层、放射性碳、宇宙核素和其他技术，来更新人们对地球上地貌过程的强度、速率、演化的认识。尽管行星地貌与地球地貌景观存在差异，但是行星地貌为人们深刻理解地球上各类地貌的形成过程和演化机制提供了非常有用的信息。行星地貌学促进了远程调查地貌景观形态方法与工具的发展，虽然对行星及其他星体的地貌研究不能像研究地球一样都进行原位观察和取样，但各种光谱和雷达探测数据的获得，为人们从更大范围和新的视角研究行星地貌的形成和演化历史提供了新的手段。行星地貌提供了新的不同的地貌景观，它扩展了人们对行星表面的认识，同时地球上各类地貌的形成演化规律也为行星地貌学的发展提供了重要的支撑。

主要参考及推荐阅读文献

曹建华，袁道先，潘根兴.2003.岩溶生态系统中的土壤.地球科学进展，18（1）：38-44.

程维明，周成虎.2014.多尺度数字地貌等级分类方法.地理科学进展，33（1）：23-33.

付旭东，张桂宾，潘少奇.2015.地貌学研究趋向与教材内容构建.测绘科学，40（10）：171-174.

高善坤，魏嘉，刘善军.2016.地球美姿：地貌.济南：山东科学技术出版社.

龚健雅.1992.GIS中矢量栅格一体化数据结构的研究.测绘学报，(4):259-266.

李炳元，潘保田，韩嘉福.2008.中国陆地基本地貌类型及其划分指标探讨.第四纪研究，28（4）：535-543.

李炳元，潘保田，程维明，等.2013.中国地貌区划新论.地理学报，68（3）：291-306.

刘东生.1985.黄土与环境.北京：科学出版社.

刘南威.2014.自然地理学.3版.北京：科学出版社.

欧阳自远.1994.比较行星地质学.地球科学进展，9（2）：75-77.

欧阳自远.2006.太阳系探测的进展与比较行星学的主要科学问题.地学前缘，13（3）：8-18.

潘保田，蔡顺，耿豪鹏.2021.山体隆升历史与地貌演化过程的数值模拟约束——以青藏高原东北缘河西走廊中段的周边年轻上升山地为例.中国科学（地球科学），51（4）:523-536.

全国农业区划委员会.1991.中国农业自然资源和农业区划.北京：农业出版社.

芮孝芳.水文学原理.2004.北京：中国水利水电出版社.

沈玉昌，苏时雨，尹泽生.1982.中国地貌分类、区划与制图研究工作的回顾与展望.地理科学，2（2）：97-105.

舒良树.2010.普通地质学（彩色版）.北京：地质出版社.

宋春青，张振春.1996.地质学基础.3版.北京：高等教育出版社.

汤国安.2014.我国数字高程模型与数字地形分析研究进展.地理学报,69（9）：1305-1325.

汤国安,那嘉明,程维明.2017.我国区域地貌数字地形分析研究进展.测绘学报,(10):1570-1591.

王家耀,崔铁军,苗国强.2004.数字高程模型及其数据结构.海洋测绘,(3):1-4.

王建.2010.现代自然地理学.2版.北京：高等教育出版社.

王建,陈霞,刘平,等.2004.海岸线长度与测尺、比尺的关系及海岸线的利用潜力问题//中国地理学会地貌与第四纪专业委员会.地貌·环境·发展——2004丹霞山会议文集.北京：中国环境科学出版社.

王世杰,季宏兵,欧阳自远,等.1999.碳酸盐岩风化成土作用的初步研究.中国科学（D辑）,29（5）：441-449.

王世杰,李阳兵,李瑞玲.2003.喀斯特石漠化的形成背景、演化与治理.第四纪研究,23（6）：657-666.

吴正.2009.现代地貌学导论.北京：科学出版社.

伍光和,田连恕,胡双熙,等.2000.自然地理学.3版.北京：高等教育出版社.

肖龙,Ronald G,曾佐勋,等.2008.比较行星地质学的研究方法、现状和展望.地质科技情报,27（3）：1-13.

徐孝彬,王建,Francoise Y,et al.2002.地貌学与第四纪研究的手段——陆生宇生核素研究.地理科学,22（5）：587-591.

熊礼阳,汤国安,杨昕,等.2021.面向地貌学本源的数字地形分析研究进展与展望.地理学报,(3):595-611.

严钦尚,曾昭璇.1985.地貌学.北京：高等教育出版社.

杨景春,李有利.2012.地貌学原理.3版.北京：北京大学出版社.

杨昕,汤国安,刘学军,等.2009.数字地形分析的理论、方法与应用.地理学报,64（9）：1058-1070.

尤联元,杨景春.2013.中国地貌.北京：科学出版社.

袁道先.2008.岩溶石漠化问题的全球视野和我国的治理对策与经验.草业科学,25（9）：19-25.

张丽萍,马志正.1998.流域地貌演化的不同阶段沟壑密度与切割深度关系研究.地理研究,17（3）：273-278.

赵济.1995.中国自然地理.3版.北京：高等教育出版社.

周成虎,程维明,钱金凯,等.2009.中国陆地1：100万数字地貌分类体系研究.地球信息科学学报,11（6）：707-724.

《中国地理地图集》编委会.2012.中国地理地图集.北京：中国大百科全书出版社.

Anderson R S,Anderson S P. 2010. Geomorphology：The Mechanics and Chemistry of Landscapes. Cambridge：Cambridge University Press.

Baas A C W. 2013. Quantitative Modeling of Geomorphology. San Diego：Academic Press.

Baker V R. 2015. Planetary geomorphology：Some historical/analytical perspectives. Geomorphology,240：8-17.

Bierman P R,Montgomery D R. 2014. Key Concepts in Geomorphology. New York：W. H. Freeman and Company Publishers.

Bishop M P. 2013. Remote Sensing and GIScience in Geomorphology. San Diego：Academic Press.

Burr D M,Howard A D. 2015. Introduction to the special issue：Planetary geomorphology. Geomorphology,240：1-7.

Ding H, Na J, Huang X, et al. 2018. Stability analysis unit and spatial distribution pattern of the terrain texture in the northern Shaanxi Loess Plateau. Journal of Mountain Science, 15（3）：577-589.

Frumkin A. 2013. Karst Geomorphology. San Diego：Academic Press.

Giardino J R，Harbor J M. 2013. Glacial and Periglacial Geomorphology. San Diego：Academic Press.

Goudie A S. 2004. Encyclopedia of Geomorphology. London：Routledge.

Hess D. 2016. Physical Geography: A Landscape Appreciation. London：Prentice Hall.

Hu G, Dai W, Li S, et al. 2021. Quantification of terrain plan concavity and convexity using aspect vectors from digital elevation models. Geomorphology, 375: 107553.

Huggett R J. 2011. Fundamentals of Geomorphology. 3rd ed. London：Routledge.

Li S, Hu G, Cheng X, et al. 2022. Integrating topographic knowledge into deep learning for the void-filling of digital elevation models. Remote Sensing of Environment, 269: 112818.

Mandelbrot B. 1967. How long is the coast of Britain? Statistical self-similarity and fractional dimension. Science，156：636-638.

McKnight T，Darrel H. 2005. Physical Geography-With CD and Lab Manual. Upper Saddle River：Prentice Hall，Inc.

Minár J, Evans I S, Jeno M. 2020. A comprehensive system of definitions of land surface (topographic) curvatures, with implications for their application in geoscience modelling and prediction. Earth-Science Reviews, 211（11），DOI：10.1016.

Stoffel M，Marston R A. 2013. Mountain and Hillslope geomorphology: an introduction. Geomorphology，7: 1-3.

Tang G, Song X, Li F, et al. 2015. Slope spectrum critical area and its spatial variation in the Loess Plateau of China. Journal of Geographical Sciences, 25（12）：1452-1466.

Tarbuck E J，Lutgens F K，Tasa D G. 2011. Earth Science. 13th ed. Upper Saddle River：Publisher Prentice Hall.

Wilson J P. 2012. Digital terrain modeling. Geomorphology，137（1）：107-121.

Wohl E. 2013. Fluvial Geomorphology. Geomorphology，4：27-43.

Zhao F, Xiong L, Wang C, et al. 2021. Clustering stream profiles to understand the geomorphological features and evolution of the Yangtze River by using DEMs. Journal of Geographical Sciences, 31（11）：1555-1574.

第五章
大气圈与气候环境

第一节　大气圈的组成与结构

大气圈是包围着地球表面的一层气态物质，是地表环境的重要组成部分和最活跃的要素之一。

一、大气圈的组成

大气是由多种气体组成的混合物，也含有一些固体杂质和液体。大气的组成如表 5-1 所示，其中氮（N_2）和氧（O_2）容积占 99.04%，加上氩（Ar），三者合占 99.97%，其他气体仅占 0.03%，水汽（H_2O）则不足 0.01%。

表 5-1　大气的主要组成

主要成分和分子式	空气中含量 /%		分子量	临界压力（大气压）	临界温度 /℃	沸点温度 /℃（气压为760mmHg）
	按容积	按质量				
氮（N_2）	78.09	75.72	28.016	33.5	-147.2	-195.8
氧（O_2）	20.95	23.15	32.000	49.7	-118.9	-183.1
氩（Ar）	0.93	1.28	39.944	44.0	-122.0	-185.6
二氧化碳（CO_2）	0.032	0.05	44	73.0	-78.2	-140.7
臭氧（O_3）	0.000001	—	48	92.3	-111.1	-193.0
水汽（H_2O）	< 0.01	< 0.01	18	37.2	-4	100.00

除水汽、液体和固体杂质外的整个混合气体称为干洁大气，它是地球大气的主体，主要成分是 N_2、O_2、Ar、CO_2，有少量氢（H_2）、氖（Ne）、氪（Kr）、氙（Xe）、臭氧（O_3）等气体。干洁空气中大多数气体的临界温度低于自然情况下大气中可能出现的最低温度，CO_2 的临界温度虽然较高，但它所对应的压力大大超过其实际分压力。因此，干洁空气中的所有成分都呈气体状态。

此外，也可以用微量成分和痕量成分的概念来区分大气中的某些组分。微量成分也称为次要成分，它们的浓度为 0.001~1mL/L，除 CO_2 和水汽外主要有甲烷（CH_4）、一氧化二氮（N_2O）、二氧化硫（SO_2）、一氧化碳（CO）、氢气（H_2）、氨气（NH_3）及稀有气体氦（He）、Ne、Kr 等。痕量成分的浓度在 0.001mL/L 以下，除 O_3 外主要还有硫化氢（H_2S）、非甲烷类烃（NMHC）、二氧化氮（NO_2）、一氧化氮（NO）、过氧化氢（H_2O_2）等。

大气中的不同成分有其不同的功能：①N_2是组成生物体的基本成分。②O_2是动植物赖以生存、繁殖的必要条件，也是人类呼吸所必需。③CO_2是植物光合作用的物质基础。CO_2虽较少吸收太阳短波辐射，但能强烈吸收地表长波辐射，致使从地表辐射的热量不易散失到太空中，起到"温室"作用。具有温室作用的气体还有CH_4、N_2O等。④O_3具有强烈吸收太阳紫外辐射的能力。低层大气中的O_3主要来源于闪电。闪电不经常发生，所以低层O_3含量极少，而且不稳定。高空的O_3是在太阳短波辐射下通过光化学作用形成的，含量比低层大气多。O_3能强烈地吸收太阳紫外线，对大气有增温作用。同时，大量紫外线在高空被吸收，使地面上的生物免受危害。⑤水汽是大气中唯一能发生相变的大气成分，在相变的过程中还能释放和吸收热量。同时能强烈吸收和放出长波辐射能，显著影响大气和地表的温度。水汽在天气变化、大气能量转换过程及大气与地面的能量交换中起着重要的作用。人们常见的云、雾、雨、雪等天气现象，都是水汽相变的表现。⑥固体杂质，既能吸收和反射太阳辐射，又可阻挡地面长波辐射，对大气和地表温度有一定影响，也是大气中水汽凝结的必要条件。

二、大气圈的分层

从地面到高空，大气的成分、密度、温度等物理性质都有明显的变化。世界气象组织根据气温的垂直分布及大气的垂直运动特性，将大气分为对流层、平流层、中间层、暖层和散逸层，如图5-1所示。

大气的下界是地面，上界则说法不一。由于地球引力场的作用，大气的密度随高度增加而迅速减小，并逐步过渡到宇宙空间与星际气体物质相连接。根据大气层中出现的某些物理现象，可大致确定其物理上界。极光现象可能出现的最大高度是1200km，说明这一高度大气尚有一定密度；在此高度以上不再有极光发生，说明大气密度小到微不足道的程度。因此，1200km高度可作为大气层的物理上界。根据天体物理研究，星际气体密度约为每立方厘米一个微观粒子，按人造卫星探测资料推算，地球大气密度在2000～3000km高空达到这一标准，因此也有人主张以此高度作为大气上界。

1. 对流层

根据观测，对流层的平均厚度在低纬度为16～18km，中纬度为10～12km，高纬度为8～9km。夏季对流层的厚度大于冬季。

对流层集中了75%的大气质量和90%以上的水汽，主要天气现象均发生在对流层中，它具有以下三个基本特征（图5-2）：

（1）气温随高度增加而降低。因为对流层空气主要依靠地面长波辐射增热，越近地面，空气受热越多，反之越少，所以除特殊情况外，高度越高，气温越低。平均每升高100m气温降低0.65℃左右。

（2）空气对流运动显著。空气的对流运动使高低层空气得到交换，近地面的热量、水汽和杂质通过对流向上空输送，并导致云、雨、雪等一系列天气现象的形成。

（3）气象要素水平分布不均。由于对流层受地表的影响最大，地表又有海陆分布、

地形起伏等差异，因此，对流层中温度、气压、湿度等气象要素的水平分布是不均匀的。

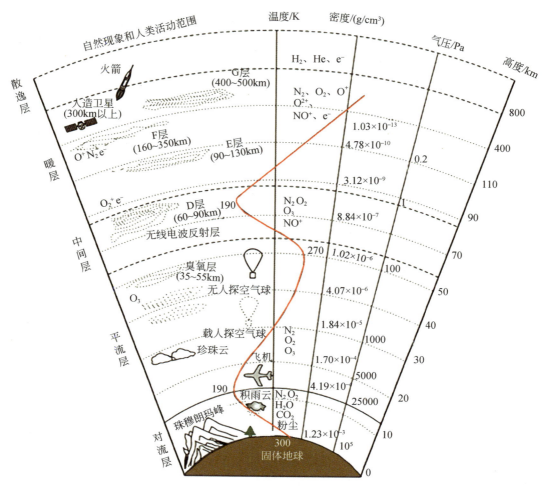

图 5-1　大气的垂直分层
据陶世龙和万天丰（2010），有修改

　　对流层内部根据温度、湿度、气流运动和天气状况等方面的差异，通常又细分为三层：①下层。底部和地表接触，上界为 1～2km，有季节和昼夜的变化。下层的特点是水汽、杂质含量最多，气温日变化大，气流运动受地表摩擦作用强烈，空气的垂直对流、乱流明显，故下层通常也称摩擦层或行星边界层。②中层。下界为摩擦层顶，上部界限在 6km 左右。中层受地面影响很小，空气运动代表整个对流层的一般趋势，大气中发生的云和降水现象，多数出现在这一层。此层的上部，气压只及地面的一半。③上层。范围从 6km 高度伸展到对流层顶部。这一层的水汽含量极少，气温经常保持在 0℃ 以下，云由冰晶或过冷水滴所组成。

　　在对流层和平流层之间，还存在一个厚度数百米至 1～2km 的过渡层，称为对流层顶。其气温随高度增加变化很小，甚至没有变化。

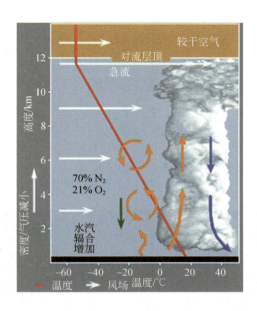

图 5-2　对流层结构
资料来源：www.weatheronline.co.uk

2. 平流层

对流层顶以上到 50～55km 范围是平流层。平流层由等温分布变成逆温分布，气温基本上不受地面影响，故随着高度的增加，起初不变或变化极小；至 30km 高度以上时，由于 O_3 含量多，吸收了大量的紫外线，因此升温很快，并大致在 50km 高空形成一个暖区。平流层水汽含量极少，因而没有对流层内出现的那些天气现象，只在底部偶然出现一些分散的云。本层气流运动相当平稳，并以水平运动为主，平流层即由此而得名。由于水汽、尘埃非常少且大气透明度良好，平流层是航空的理想层次。

3. 中间层

自平流层顶到 80～85km 是中间层，主要特点是气温随高度增加而迅速下降，到顶部降至 -113～-83℃，可能与这一高度几乎没有 O_3 有关。由于下层气温比上层高，故空气有强烈的垂直对流运动，又称为高空对流层或上对流层，这里空气稀薄，水汽很少。

4. 暖层

自中间层顶到 800km 高空属于暖层。这一层大气密度很小，在 700km 厚的气层中，只含有大气总质量的 0.5%。本层特点是：气温随高度的增加而迅速升高，到顶部可达 1227℃，这是因为几乎所有波长小于 0.175μm 的太阳紫外辐射都被暖层气体所吸收。暖层的大气分子因吸收了太阳的短波辐射后其电子能量增加，其中一部分处于电离状态，这些电离过的离子与电子形成电离层。在该层的电离层，可分为 E 层（离地面 100～120km）、F1 层（离地面 170～230km）、F2 层（离地面 200～500km）（夜间融合为 F 层，离地面 300～500km）三层。另外，在白天还会出现高度大致为 80km

的 D 层，而因季节变化更会出现突发性 E 层（Es 层，约离地面 100km）。电离层可以反射无线电波，因此它又被人类利用进行远距离无线电通信。当太阳活动强烈时，电离层受到骚扰，并能吸收短波无线电，导致地球上无线电通信受阻甚至出现短时间中断。在高纬度地区，暖层中因磁场而被加速的电子顺势流入，与暖层中的大气分子冲突继而受到激发及电离。当那些分子复回原来状态的时候，就会产生极光。

5. 散逸层

在暖层顶之上，是大气与星际空间的过渡区域，无明显边界，空气极其稀薄，温度随高度升高而升高。因离地面远，受地球引力场约束微弱，一些高速运动的空气质点能散逸到星际空间，所以本层称为散逸层（图 5-3）。

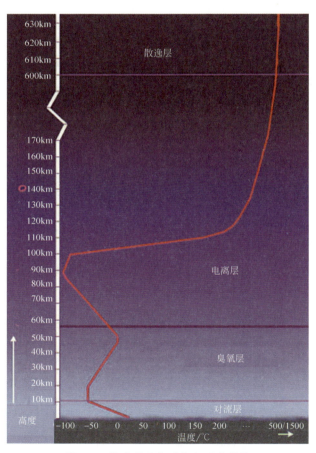

图 5-3　散逸层及各层大气温度结构
资料来源：NASA

从大气与地表自然环境之间的关系来说，对流层具有特别重要的意义，是受地面影响最大、最直接的圈层，同时也是对地表影响最直接、对人类生产生活影响最为强烈的圈层。

第二节　地面的辐射平衡与气温、气压变化

地球表面大多数过程的能量直接或间接地来自太阳辐射。

一、地面的辐射平衡

太阳通过辐射源源不断地将能量输送到地球表面。地面和大气在获得太阳辐射能增温的同时，也会向外放射长波辐射。这种辐射能量传输的过程是形成气候的主要因素之一，是大气中几乎所有重要现象产生的原因。

在日地平均距离上，大气顶层（上界）垂直于太阳光线的单位面积上单位时间内接收的太阳辐射能量称为太阳常数。1981年世界气象组织推荐的太阳常数值为（1367±7）W/m^2。实际上在不同时间和不同纬度，大气上界的太阳辐射并不都等于太阳常数，而是随时间和空间而异。太阳辐射的时空分布受日地距离、太阳高度和日照时间（白昼长度）三个因素所制约。

到达地面的太阳辐射与大气上界的情况不同（图5-4）。由于大气圈对辐射有吸收、散射和反射等作用，太阳光谱中不同的波长将受到不同程度的削弱。吸收作用主要削弱紫外和红外部分，而对可见光部分影响较少。散射和反射作用受云层厚度、水汽含量、大气悬浮微粒的粒径和含量的影响很大。晴空时，起散射作用的主要是空气分子，波长较短的蓝紫光被散射，使天空呈蔚蓝色，这种散射是有选择性的，也称瑞利散射；阴天或大气尘埃较多时，起散射作用的主要是直径比辐射波长大得多的大气悬浮微粒，散射光长短波混合，天空呈灰白色，这种散射称粗粒散射或漫散射。云层有强烈的反射作用。不同高度的云层其反射率各不相同。据观测，云层的平均反射率为50%～55%；实际反射率受云层厚薄所制约，当云层厚度在50～100m时，太阳辐射几乎全部被反射掉。

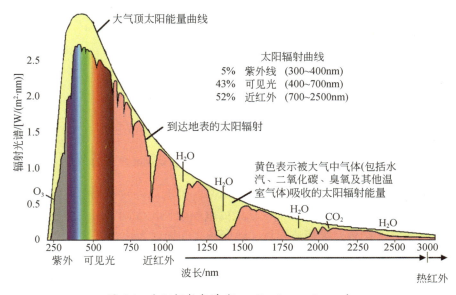

图5-4　太阳辐射光谱（http://geologycafe.com）

太阳辐射经大气削弱后，到达地面的有两部分：一是从太阳直接发射到地面的部分，称为直接辐射；二是经大气散射后到达地面的部分，称为散射辐射。二者之和就是到达地面的太阳辐射总量，称为总辐射。

影响直接辐射的因素主要有两个：太阳高度角和大气透明度。

太阳高度角受纬度、季节、一天中的时间影响，大气透明度则主要取决于天气气候，因此到达地面的直接辐射的大小除了受纬度、季节等制约外，也与当地当时的天气气候特征有关。另外，海拔高度高，到达地面的太阳辐射也多。例如，青藏高原上的直接辐射都高于其同纬度的平原地区。

到达地面的总辐射一部分被地面吸收，一部分被反射，反射部分的辐射量占投射的辐射量的百分比，称为反射率。地面性质不同，反射率差别很大（图5-5）。例如，新雪的反射率为85%，干黑土为14%，潮湿黑土只有8%。很显然，反射率越大，吸收越少。因此，在到达地面的总辐射相同的情况下，不同的地表吸收的辐射并不相等，这是导致近地面温度分布不均匀的重要原因之一。

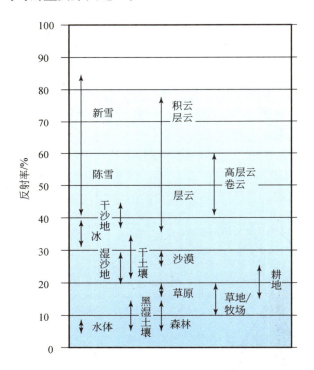

图 5-5　不同表面对太阳辐射的反射率

地面和大气既吸收太阳辐射，又会依据本身的温度向外发射辐射。由于地面和大气的温度比太阳低得多，因而地面和大气辐射的电磁波长比太阳辐射波长长得多。根据辐射基本定律可知，太阳辐射为短波辐射，地面和大气辐射为长波辐射。

据估计，有75%～95%的地面长波辐射被大气吸收，用于大气增温，只有极少部分穿透大气散失到宇宙空间。由此可见，地面是大气第二热源，气温变化必然受到地面性质的影响。地面长波辐射几乎全被近地面40～50m厚的大气层所吸收，低层空气吸收的热量又以辐射、对流等方式传递到较高一层。这也是对流层气温随高度增加而降低的重要原因。

地面辐射的方向是向上的，而大气辐射的方向既有向上的，又有向下的。向下的部分称为大气逆辐射，逆辐射可减少地面因长波辐射而损失的热量，对地球表面的热量平衡具有重要意义。若地球没有大气圈，在地气系统平衡时的温度约为 -18℃，而实际上近地面温度平均为 15℃，这就是大气保温作用的结果。

地面有效辐射因地面温度、气温、空气湿度和云量的不同而有差异。当地面温度高时，地面辐射增强，如果其他条件不变，则地面有效辐射增大；当大气温度高时，逆辐射增强，如果其他条件不变，则地面有效辐射减少；当空气湿度大时，由于水汽及其凝结物发射长波辐射的能力较强，可增强大气逆辐射，减少地面有效辐射。夜晚云量较大时，能吸收地面长波辐射，增强大气逆辐射，以致大大减弱地面有效辐射，有云的夜晚比晴天夜晚温暖，就是这个道理。冬季"月夜苦寒"则是地面有效辐射强的结果。

在某一时段内物体能量收支的差值，称为辐射平衡或辐射差额。当物体收入的辐射多于支出时，辐射平衡为正，物体热量盈余，温度升高；反之，辐射平衡为负，物体热量亏损，温度将降低；若物体收入的辐射与支出相等，则辐射平衡为零，温度无显著变化。

全球年平均辐射平衡为零，但局部地区并非如此。低纬地区辐射平衡为正，能量盈余；高纬地区辐射平衡为负，能量亏损；高纬地区亏损的部分由低纬地区盈余的部分补充，能量由低纬向高纬输送主要依靠全球性的大气环流和洋流进行。

辐射平衡有明显的日变化与年变化。在一日内，白天收入的太阳辐射超过支出的长波辐射，故辐射平衡为正；夜晚情况相反，辐射平衡为负。辐射平衡由正转为负或由负转为正的时刻，分别出现在日落前与日出后一小时。在一年内，北半球夏季的辐射平衡因收入的太阳辐射增多而加大；冬季则相反，甚至出现负值。这种年变化情况因纬度不同而不同，纬度越高，辐射平衡保持正值的月份越少。

二、气温变化及其时空分布

大气从地面获得的能量比直接吸收的太阳辐射能多，所以地面性质对气温变化影响很大。大陆表面主要由岩石及其风化物和土壤所组成，热容量小，海洋的热容量约为大陆的 5 倍，二者对热能的反映存在显著的差别。水体与陆地在热能反映上的差异，使海洋上的气温变化较缓和，陆地上的气温变化较剧烈。

1. 气温变化

气温变化主要包括日变化和年变化，其原因主要是地球自转与公转。

（1）气温的日变化：太阳东升西落，气温也相应变化，通常一天之内有一个最高值和一个最低值（图 5-6）。气温日变化主要取决于大气所吸收的地面长波辐射的变化，而地面辐射的多少又取决于地面吸收并储存的太阳辐射的多少。因为太阳辐射有日变化，气温也相应出现日变化。地面储存热量和放出热量需要一个过程，所以气温最高值不是出现在正午太阳高度角最大时，而是在午后二时前后。气温最低值不在午夜，而在日出前。

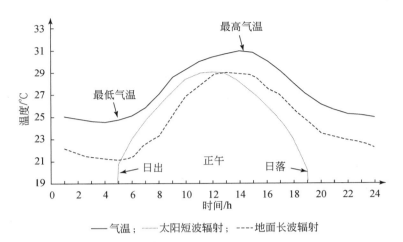

图 5-6 南京 7 月份气温与辐射日变化平均情况示意图

一天之内气温的最高值与最低值之差称为气温日较差。气温日较差大小与纬度、季节、地表性质、天气状况密切相关。一般而言，高纬气温日较差比低纬小，热带气温日较差平均为 12℃，温带为 8 ~ 9℃，极地只有 3 ~ 4℃。中纬度太阳辐射强度的日变化夏季比冬季大，所以气温的日变化夏季也高于冬季，例如，重庆 7 月气温日较差为 9.6℃，1 月只有 5.1℃。地表性质对气温日较差的影响主要反映在海洋上气温日变化比大陆小得多。海上气温的日较差一般在 2℃左右，大陆内部则可达 20℃左右。天气状况对气温日变化的影响可体现在，在有云层的情况下，昼间太阳辐射减少，最高气温比晴天低；夜间有效辐射减弱，最低气温又比晴天高。所以阴天气温日较差比晴天小。

（2）气温的年变化。气温年变化的原因是太阳直射点移动引起的一年中太阳辐射的季节变化，地面接收的辐射差异导致气温夏季高冬季低。

一年中月平均气温的最高值与最低值之差称为气温年较差。气温年较差与纬度、下垫面性质、地形、气候条件有关。由于高纬的太阳辐射年变化比低纬大，所以纬度越高，年较差越大。由于海陆的热力性质不同，大陆上的年较差要比同纬度海洋上大得多。例如，中纬度的内陆气温年较差可达 40 ~ 50℃，海洋上只有 10 ~ 15℃。年较差最小的是赤道海洋上，一般只有 2℃左右。世界上年较差最大值出现在维尔霍扬斯克和奥伊米亚康，达 102℃。

除了气温的日变化和年变化外，还存在气温的绝热变化，这是动力原因引起的气温变化。当空气从地面上升时，虽然它并没有得到或失去热量，但上升后的气块因压力降低而膨胀，气块为了克服膨胀而做功，消耗一部分内能，以致气块温度下降。当空气块下降时，因外界压力增大对它做功，使气块受到压缩，空气的内能增加，气块温度也就升高了。

2. 气温的垂直分布

对流层大气距离地面越高，所吸收的地面长波辐射越少。因此，在对流层范围内，气温随海拔升高而降低。在特殊情况下，对流层中某些气层的温度会随高度上升而增加，直减率小于 0，这些气层称为逆温层，而这种气温随高度增加而上升的现象称为逆温（图 5-7）。

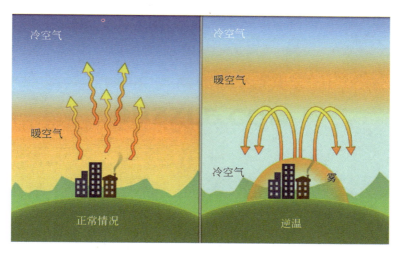

图 5-7 逆温现象示意图

逆温主要有以下几种类型：

（1）辐射逆温：因夜间地面辐射降温形成的逆温层称为辐射逆温。

（2）平流逆温：较暖空气流到较冷地面或水面上形成的逆温称为平流逆温。

（3）锋面逆温：由于锋面的下面是冷气团，上面是暖气团，锋区内的温度直减率特别小甚至小于 0，小于 0 时即为锋面逆温。冷、暖气团间温差越大，锋面逆温越强。

逆温层出现时，空气层结构稳定，对空气垂直对流起到削弱阻碍作用，形成阻挡层，悬浮尘埃及污染物难以穿过厚逆温层向上扩散，所以逆温的存在阻碍了空气垂直运动，妨碍烟尘、污染物、水汽凝结物的扩散，有利于雾霾的形成并使能见度变差，大气污染更为严重。因此，废气污染严重的工厂不宜建在闭塞的山谷，以免逆温引起大气污染事故。

3. 气温的水平分布

气温的水平分布通常用等温线来表示。等温线就是将气温相同的地点连接起来的曲线。等温线越密，表示气温水平变化越大。封闭的等温线表示存在温暖或寒冷的中心。有时为了便于比较，可将地面气温实际观测值（或统计值）订正为海平面温度，然后绘制等温线，以便消除高度的因素，从而把纬度、海陆及其他因素更明显地表现出来。

气温的水平分布状况与地理纬度、海陆分布、大气环流、地形起伏、洋流等因素有密切关系。在全球范围内的气温水平分布有如下几个特点（图 5-8）。

（1）由于太阳辐射量随纬度变化而变化，所以等温线分布的总趋势大致与纬度平行。北半球的夏季，随着太阳直射点北移，整个等温线系统也北移；冬季则相反，整个等温线系统南移。这个特点在南半球辽阔的海面上表现得相当典型。北半球海陆分布复杂，等温线不像南半球海面上那样简单、平直，而是走向曲折，甚至变为封闭曲线，形成温暖或寒冷的中心。

（2）冬季太阳辐射量的纬度差异比夏季大。北半球 1 月等温线密集，南北温差大；7 月等温线稀疏，南北温差小。在南半球，因海洋的巨大调节作用，1 月与 7 月的等温线分布对比不像北半球那样鲜明。

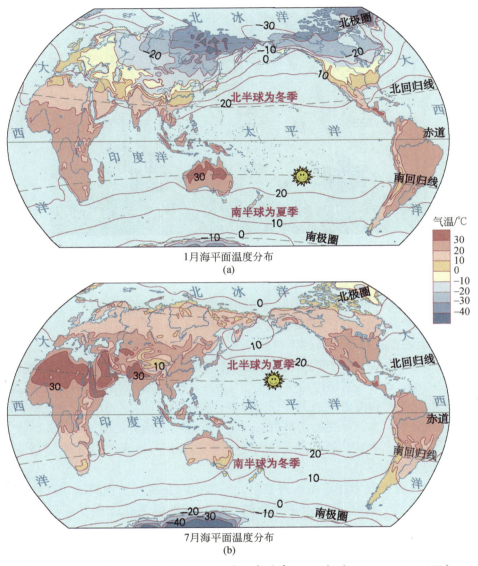

图 5-8　1 月（a）、7 月（b）海平面温度分布（单位：℃）（Gabler et al.，2007）

（3）水体增温慢，降温也慢。夏季海面气温低于陆面，冬季海面气温高于陆地。所以，北半球冬季大陆上等温线向南弯曲，海洋上等温线向北弯曲；夏季情况则相反，大陆上等温线向北弯曲，海洋上等温线向南弯曲。等温线这种弯曲在亚欧大陆和北太平洋上表现得最清楚。

（4）洋流对海面气温的分布有很大影响。强大的墨西哥湾流使大西洋上的等温线呈东北—西南向，1 月 0℃等温线在大西洋伸展到 70°N 附近。其他洋流系统对等温线走向也有类似的影响，但影响范围较小。

（5）7 月最热的地方不在赤道，20°N ～ 30°N 的撒哈拉、阿拉伯、加利福尼亚形成炎热中心。

三、气压变化及其时空分布

大气运动包括垂直运动与水平运动。空气在水平方向的流动称为风，气压的水平分布不均匀是风的起因。

1.气压与气压变化

大气是有重量的，它施加于地面的压力称为气压。气压的单位以 mm 水银柱高（mmHg）、百帕（hPa）或毫巴（mbar）来表示，1hPa=1mbar=0.75mmHg。当选定温度为 0℃，纬度为 45° 的海平面作为标准时，海平面气压为 1013.25hPa，相当于 760mm 的水银柱高度，此压强为 1 个标准大气压。

单位面积上承受大气柱的重量是产生气压的原因。随着海拔增加，大气柱的重量减少，所以气压随高度升高而降低。每升高 1 个单位高度所降低的气压值称为垂直气压梯度或单位高度气压差。垂直气压梯度的倒数称为单位气压高度差，即垂直气柱中气压每改变一个单位所对应的高度变化值，是实际工作中常用的一个量。

在地面受热较强的暖区，地面气压常比周围低，而高空气压往往比同一海拔的邻区高；在地面热量损失较多的冷区，地面气压常比周围高，而高空气压往往比周围低。

2.气压的水平分布

由于热力和动力，在同一水平面上气压的分布是不均匀的。气压的水平分布形势通常用等压线或等压面来表示。等压线是指某一水平面上气压相等的各点的连线。在等压线图上，气压场的基本形式有如下几种，如图 5-9 所示。

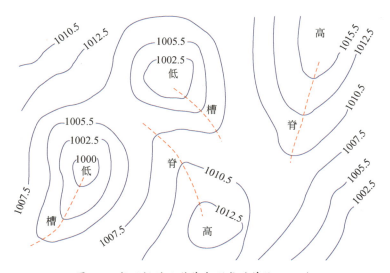

图 5-9　气压场的几种基本形式（单位：hPa）

低气压（简称低压）：由闭合等压线构成的低气压区，水平气压梯度自外围指向中心，气流向中心辐合。

高气压（简称高压）：由闭合等压线构成的高压区，水平气压梯度自中心指向外围，

气流自中心向外辐散。

低压槽和高压脊：低气压延伸出来的狭长区域，称低压槽，简称槽。高气压延伸出来的狭长区域，称高压脊，简称脊。槽线过境，通常会引起天气的迅速变化；高压脊里的天气通常是良好的。

鞍形气压区：两个高气压和两个低气压交错相对的区域是鞍形气压区。区内气流不稳定，天气阴沉。

气压场的形式、变化和移动情况是预报天气趋势的前提。

在全球范围内，气压水平分布呈现三个特征（图5-10）：

（1）从1月南半球等压线分布可知，气压随纬度变化的一般规律是：赤道南侧是断续的低压带，30°S附近被几个纬度大致相同的高压中心所盘踞，组成一个高压带，向南气压逐渐降低；在40°S～60°S连续的海洋面上，等压线较平直，与纬线大致平行，至南极圈附近形成一个相对低压带。再往南，气压又升高。赤道低压带—副热带高压带—副极地低压带—南极高压带这种变化反映了世界海面气压随纬度变化的一般图式。7月太阳直射点北移，南半球整个气压系统也随之北移。

（2）在北半球，由于海洋和大陆的巨大差异，气压的带状分布遭到破坏，出现多个高压中心和低压中心。这些高低压中心经常活动，促使高低纬度间、海陆间的空气质量、热量、水汽和动能进行交换与转化，从而对广大地区的天气和气候产生影响。这种经常活动的范围广大的高低气压中心，称为大气活动中心。北半球的大气活动中心有太平洋高压，或称夏威夷高压；大西洋高压，或称亚速尔高压；冰岛低压；阿留申低压；亚洲高压，或称蒙古高压、西伯利亚高压等。海洋上气压年变化小，大陆上气压年变化大；冬季大陆上出现高压（冷高压），夏季大陆上出现低压（热低压）；冬季海洋上低压增强，高压减弱，夏季海洋上高压增强、低压减弱。

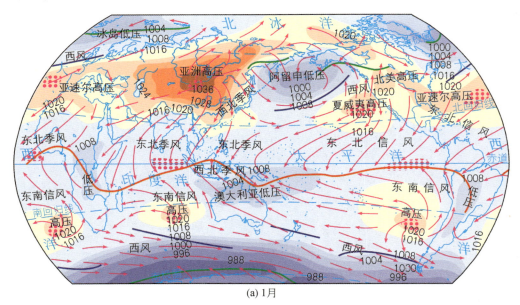

(a) 1月

图5-10　1月和7月海平面气压场

H表示高压中心；L表示低压中心；ITCZ表示热带辐合带或赤道辐合带

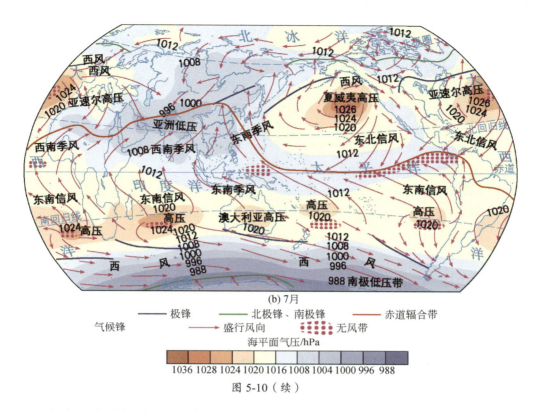

(b) 7月

气候锋　—— 极锋　—— 北极锋、南极锋　—— 赤道辐合带
　　　　→ 盛行风向　⋯ 无风带

海平面气压/hPa

1036 1028 1024 1020 1016 1008 1004 1000 996 988

图 5-10（续）

（3）在北半球冬季，亚洲高压控制范围最广，势力最强；在北半球夏季，亚洲低压是最强大的低压。所以，亚洲大陆是气流季节变化最显著的区域，尤其是亚洲大陆的东部正处于冬季大陆高压、夏季大陆低压的东部，为冷、暖空气南来北往的要道。

第三节　大气运动与大气环流

大气处于不断运动中。就时空规模而言，既有对局地产生影响的小尺度的局地性大气运动，又有对全球产生影响的大规模的全球性大气运动，大气运动最直接的结果是使地球上的物质能量得以传输。大气环流是大气圈内各种不同规模的大气运动的总称，是形成各种天气和气候的主要原因。

由于纬度高低、海陆分布及地表状态不同所导致的接受太阳辐射的差异和地球转动的不同影响，形成各种类型的环流。大型的有行星风系、季风等；小型的有海陆风、山谷风等。

一、大气受到的力

空气运动是在力的作用下产生的，作用于空气的力除了重力之外，还有气压梯度力、地转偏向力、惯性离心力和摩擦力。空气在这些力的不同组合作用下，产生不同形式的水平运动。

1. 气压梯度力

由于气压在空间分布不均，产生一个从高压指向低压的力，这就是气压梯度力。水

平气压梯度力是空气产生水平运动的直接原因和动力，它能使空气运动产生较大的速度，是产生风的主导因素，也是决定风向、风速的重要因素。

气压梯度力通常用 G 表示，大小为

$$G = -\frac{1}{\rho}\frac{\Delta P}{\Delta N}$$ （5.1）

式中，ρ 为空气密度；ΔP 为两个等压面之间的气压差；ΔN 为两个等压面之间的垂直距离。气压梯度力的方向由高压指向低压，大小与气压梯度成正比。

2. 地转偏向力（科里奥利力）

地球自转的角速度分为垂直和水平两个方向的分量，水平方向分量对地球上任何做水平运动的物体产生一个与其运动方向相垂直的作用力，这就是地转偏向力 F，它的大小为

$$F = 2mV\Omega\sin\varphi$$ （5.2）

式中，m 为运动物体质量；V 为物体水平运动速度；Ω 为地球自转角速度（0.000073 弧度 /s）；φ 为地理纬度。

当空气在气压梯度力的作用下运动时，地转偏向力使气流产生偏向。在北半球，气流偏向运动方向的右方；在南半球，气流偏向左方。作用于相同质量和速度但在不同地点运动的物体的地转偏向力的大小是不同的，在赤道为零，随纬度的增高偏向力加大，在两极达最大值。地转偏向力数值并不大，对动力很大的运动来说，如汽车、飞机以及人的运动，可以忽略不计。但是，对气流运动来说有很大的意义，特别是在研究大范围空气运动时，地转偏向力的作用尤为重要。

3. 惯性离心力

当空气做曲线运动时，还要受到惯性离心力（C）的作用。惯性离心力的方向与空气运动方向相垂直，并自曲线路径的曲率中心指向外缘，其大小与空气运动线速度 v 的平方成正比，与曲率半径 r 成反比，即

$$C = \frac{v^2}{r}$$ （5.3）

在实际大气中，运动的空气所受到的惯性离心力通常很小。但是，当空气运动速度很大、运动路径的曲率半径特别小时，惯性离心力也能达到很大数值，甚至大大超过地转偏向力。

与地转偏向力一样，惯性离心力也与空气运动方向垂直，因此只改变运动方向，不改变运动速度。

4. 摩擦力

处于运动状态的不同气层之间、空气和地面之间都会相互发生作用，对气流运动产生阻力。气层之间产生的阻力，称为内摩擦力；地面对气流运动产生的阻力，称为外摩擦力。一般情况下，内摩擦力的数值比外摩擦力小得多，常常不予考虑。内摩擦和外摩擦力的矢量和称为摩擦力，其在大气中不同高度上的大小是不同的，高度越高，作用越弱。摩擦力总是和运动的方向相反。摩擦力的存在限制了风速的加大。

以上四种力对气流运动的意义并不是等同的，在一定条件下，可以忽略某些力的作

用。例如，在高空自由大气中，摩擦力可以忽略不计，起作用的主要是气压梯度力和地转偏向力，当这两种力平衡时，就形成地转风。

二、风的形成和变化

气压的水平分布不均匀产生气压梯度力，从而引起空气运动。空气一旦开始运动就立即会受到地转偏向力、惯性离心力和摩擦力的影响。因此，风是在以上四种力的共同作用下形成的大气运动现象。

因为气流运动具有一定的方向和速度，所以风可以用风向和风速来描述。风向指气流的来向，它表明风的性质，对天气有直接影响。例如，在北半球，北风表示气流从北方来，会引起气温降低；南风表示气流从南方来，会导致天气转暖。地面风向一般用16 方位表示，每相邻方位的角度差为 22.5°，如图 5-11 所示；高空风向用方位度数表示，例如，0° 表示正北，90° 表示正东，180° 表示正南，270° 表示正西。

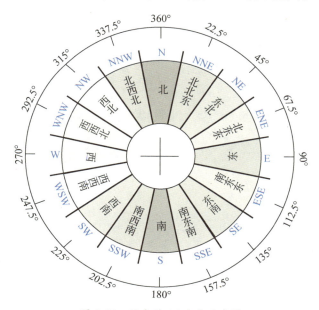

图 5-11　风向的 16 方位示意图

风速则用风力表示，国际上已将风力划分为 12 级（通称蒲福风级表，有些国家增为 17 级），见表 5-2。

表 5-2　蒲福风级表

蒲福风级	风速 /(km/h)	风力名称	浪高 /m	海上	陆上情况
0	<1	无风	0	平静如镜	静，烟直向上
1	1~3	轻微 / 微风	0.1	无浪；波纹柔和	烟能表示风向，风向标不动

续表

蒲福风级	风速/(km/h)	风力名称	浪高/m	海上	陆上情况
2	4～6	轻微/微风/轻风	0.2	小浪：小波相隔且短，波浪显著	人面感觉有风，树叶微摇，风向标转动
3	7～10	和缓/温和/微风	0.6	小至中浪：小波较大，波峰开始破碎	树叶和小树枝摇动不息，旗展开
4	11～16	和缓/和风	1	中浪：小波渐高，开始拖长	吹起地面灰尘和纸张，小树枝摇动
5	17～21	清劲/清风	2	中至大浪：中浪，形状明显拖长	有叶的小树整棵摇摆，内陆水面有波纹
6	22～27	强风	3	大浪：大浪出现，浪花颇大	大树枝摇摆，持伞有困难，电线有呼呼声
7	28～33	强风/疾风	4	大浪至非常大浪：海浪突涌堆叠	全树摇动，人迎风前行有困难
8	34～40	烈风/大风	5.5	非常大浪至巨浪：接近高浪	小树枝折断，人前行阻力十分大
9	41～47	烈风	7	巨浪：高浪，泡沫浓密	烟囱顶部移动，木屋受损
10	48～55	暴风/狂风	9	非常巨浪：海面白茫茫，能见度降低	大树连根拔起，建筑物损坏
11	56～63	暴风	11.5	非常巨浪至极巨浪：浪高可遮掩中型船只，能见度降低	陆上少见，建筑物普遍损坏
12	64或以上	飓风	14+	极巨浪：全海皆白，巨浪滔天，能见度大为降低	陆上少见，如有必成灾难

风存在着有规律的日变化：近地面层中，白天风速增大，午后增至最大，夜间风速减小，清晨减至最小。而摩擦层上层相反，白天风速小，夜间风速大。风的日变化，晴天比阴天大，夏季比冬季大，陆地比海洋大。当有强烈的天气系统过境时，日变化规律可能被干扰或被掩盖。

三、大气环流的形成及特征

大气运动的基本状态是以极地为中心的纬向环流为主，受海陆分布、地形起伏、地面摩擦等的影响，纬向气流会出现扰动，从而发展出不均匀的纬向运动。纬向环流的特征主要为：①高纬度的极地东风带，较为浅薄，其厚度和强度均为冬季大于夏季；②中纬度的盛行西风带，较为深厚，从地面一直延伸到对流层顶，且风速随高度升高而增强，同样冬季的西风较夏季强，受海陆分布及地形起伏的影响，北半球的西风风速及稳定度均不如南半球强；③低纬度的信风带/热带东风带，是纬向风带中最为稳定、风速较大、活动范围广阔的风带，夏季强度较冬季强。

1. 沃克环流

赤道海洋地区因海表温度的东西向差异产生一种纬圈热力环流，称为沃克环流（图5-12）。以最显著的太平洋上空沃克环流为例，由于赤道太平洋东冷西热，其西岸上空的空气受热上升，在近地面形成低压，东岸上空的空气冷却下沉，在近地面形成高压，下沉气流随偏东信风往西流动，而上升的气流在高空往东流动，最终形成在低层为偏东风，高层为偏西风，在东侧下沉，西侧上升的东西向闭合的热力环流圈。

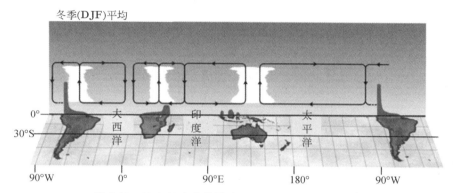

图 5-12　沃克环流示意图（Laing and Evans，2011）

2. 经圈环流

在地球南北向的垂直剖面上，由于太阳辐射的纬度分布不均，同时在地转偏向力的作用下，南北半球分别形成三圈环流（图5-13）。由于三圈环流的作用，全球形成七个气压带（赤道低压带、南北半球副热带高压带、南北半球副极地低压带、南北半球极地高压带）和六个风带（南北半球信风带、南北半球盛行西风带、两极东风带）。这一环流是由风的南北分量和垂直分量组成的，称为经圈环流。通常风速的南北分量和垂直分量都较小，因而经圈环流较纬圈环流要弱得多，但正由于经向环流的存在，热量、水分、物质等得以实现高低纬度间的交换。

（1）低纬环流圈（哈德莱环流）：赤道附近空气受热上升，在高空向副热带输送，在输送过程中北半球（南半球）的北上（南下）气流在地转偏向力作用下向右（左）偏成西南风（西北风），并在北纬（南纬）30°附近偏转成西风，气流无法继续北上（南下），并在此堆积，形成高压并下沉，下沉气流的其中一支在近地面流向赤道。在此过程中，向右（左）偏转形成东北信风（东南信风），至赤道附近，与此处的上升气流共同构成一个闭合环流，即哈德莱环流，为直接热力环流圈。哈德莱环流是热带大气环流的重要成员，是信风、赤道雨带及台风、副热带沙漠及急流的摇篮。

（2）中纬度环流圈（费雷尔环流）：副热带地区的下沉支在动力作用下，其中一支流向高纬度，即地面风指向高纬，上层风指向低纬，分别与副热带高压带下沉气流和副极地低压带上升气流相结合，构成一个环流圈，为间接环流圈。

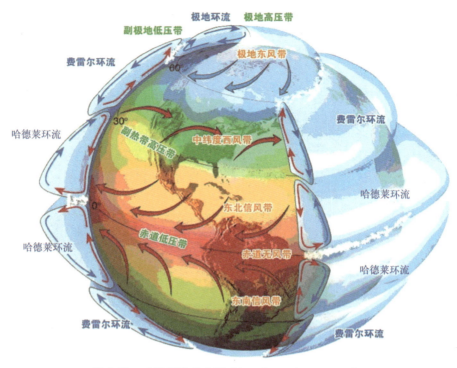

图 5-13 三圈环流示意图（http://www.kepu.net.cn）

（3）极地环流圈：极地冷，空气收缩下沉，在极地形成极地高压带，近地面气流向低纬度输送，在输送过程中北半球往右偏（南半球往左偏）形成极地东风带，同时空气温度上升，在 60°附近气流上升，在近地面形成副极地低压带，上升气流在高空分别流向中纬度和高纬度，流向高纬度的气流与极地附近的下沉气流共同构成一个闭合环流圈，称为极地环流圈。

四、大气环流的变化

大气环流在演变过程中，其形态、强度、位置均会发生变化，这种变化主要表现在季节交替的年变化和大型环流系统调整的中短期变化。

随着太阳辐射的季节变化，行星风系的位置和强度会发生变化。例如，北半球夏季，太阳直射北半球，整个三圈环流会系统性地向北偏移；而北半球冬季，太阳直射南半球，整个三圈环流会系统性地向南偏移。

1. 季风环流

大陆和海洋之间的广大地区，以一年为周期、随着季节变化而方向相反的风系称为季风，它主要是由大尺度的海洋和大陆间的热力差异形成的大范围热力环流（图 5-14）。夏季大陆强烈受热，近地面层形成热低压，而在海洋上副热带高压大大扩展，从而使气流由海洋流向大陆。冬季，大陆迅速冷却，近地面层形成冷高压，而海洋上的副热带高压逐渐退缩，低压扩展，气流由大陆向海洋运动。

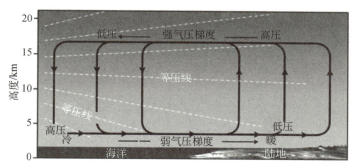

图 5-14 行星尺度季风环流

　　季风的另一个形成原因是行星风系的季节性移动。随着赤道低压带（热赤道）位置的季节性移动，行星风带也相应移动。北半球冬季，赤道低压带移到南半球，北半球低纬地区盛行东北信风。北半球夏季，赤道低压带移到赤道与 10°N 之间，南半球的东南信风越过赤道转为西南气流。

　　亚欧大陆是全球最大的大陆，太平洋是最大的大洋。在北半球的冬季，亚洲高压特别强大；在夏季，北太平洋高压势力大大加强。气压场的季节变化特别明显，所以亚洲东部的季风环流最为典型，形成颇具特色的东亚季风气候（图 5-15）。

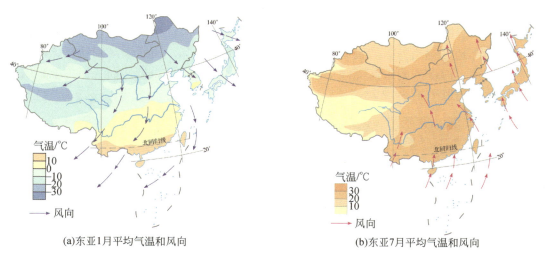

(a)东亚1月平均气温和风向　　　　　　　(b)东亚7月平均气温和风向

图 5-15 东亚季风（https://www.intechopen.com）

　　在印度半岛、中南半岛以及我国云南等地区，每年 4～10 月盛行西南气流，称为西南季风，或称南亚季风（图 5-16）。这种季风主要是由行星风系的季节移动产生的。东亚季风与西南季风不仅成因不同，特点也有差别。西南季风比东亚季风稳定得多，其气候的主要特征是：①一年分为明显的旱季和雨季，雨季降水量占全年降水总量的 80%以上；②最高气温出现在雨季来临之前，即 4 月中旬前后。

2.局地环流

　　由局部环境影响，如地形起伏、地表受热不均等引起的小范围气流，称为局地环流。局地环流虽然不能改变大范围气流的总趋势，但对小范围的气候有很大的影响。

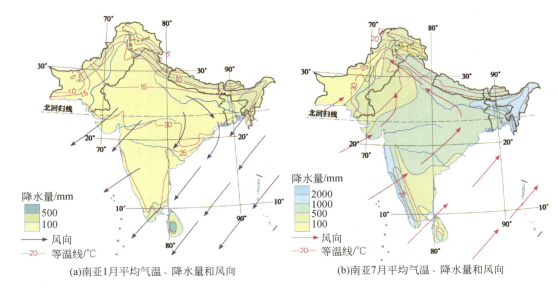

(a)南亚1月平均气温、降水量和风向　　　　　(b)南亚7月平均气温、降水量和风向

图 5-16　印度季风（南亚季风）

（1）海陆风：滨海地区白天风从海洋吹向陆地，晚间风从陆地吹向海洋，称为海陆风。海陆风是由海陆热力差异引起的，但影响范围局限于沿海，风向转换以一天为周期。白天，陆地增温比海面快，陆面气温高于海面，因而形成热力环流，下层风由海面吹向陆地，称为海风。夜间，陆地降温快，地面冷却，而海面降温缓慢，海面气温高于陆面，海岸和附近海面间形成与白天相反的热力环流，近地面气流由陆地吹向海面，称为陆风（图 5-17）。

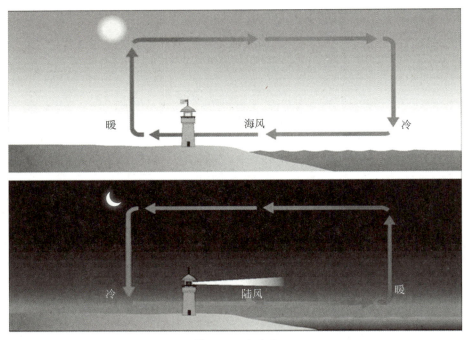

图 5-17　海陆风

海风、陆风的转换时间因地区和天气条件而不同。一般来说，陆风在上午转为海风，13～15时海风最盛，日落以后，海风逐渐减弱并转为陆风。阴天，海风要推迟到中午前后才出现。

当大范围气压场气压梯度较大时，相应于气压场的风可以掩盖海陆风。也就是说，海陆风只出现在大范围气压场气压梯度弱而气温日变化大的季节和区域。

（2）山谷风：大范围水平气压场较弱时，山区白天地面风从谷地吹向山坡，晚间地面风从山坡吹向谷地，称为山谷风。在山地区域，日出以后山坡受热，其上空气增温很快，而山谷中同一高度上的空气，由于距地面较远，增温较慢，因而产生由山谷指向山坡的气压梯度力，风由山谷吹向山坡，这就是谷风。夜间，山坡辐射冷却，气温降低很快，而谷中同一高度的空气冷却较慢，因而形成与白天相反的热力环流，下层风由山坡吹向山谷，这就是山风（图5-18）。

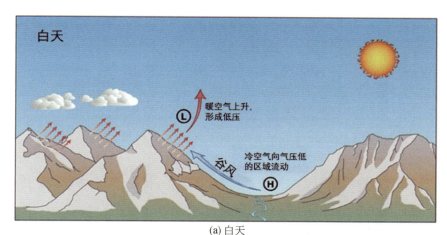

(a) 白天

(b) 夜间

图 5-18　山谷风

（3）焚风：气流受山地阻挡被迫抬升，空气冷却，水汽凝结，形成降水，大部分水汽在山前降落；气流越山之后顺坡下沉，此时空气中水汽含量大为减少，下沉气流按干绝热递减率增温（1℃/100m），导致背风坡气温比迎风坡同一高度气温高，从而形成

相对干而热的风，这就是焚风（图 5-19）。

（4）龙卷风（图 5-20）：空气中产生垂直轴，并伴有极大风速的涡旋，称为龙卷风。龙卷风与强烈的雷暴活动有关，它是从雷雨云中伸向地面呈倒漏斗状的激烈旋转的空气涡旋。龙卷风的水平面积很小，其直径在海上为 25～100m，在陆上为 100～1000m，有时达到 2000m。龙卷风接近地面时，能拔树掀屋，破坏力极大，对局部地区来说，也是一种灾害性天气。

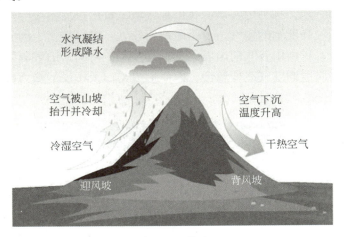

图 5-19　焚风

图 5-20　龙卷风

案例分析：为何臭氧洞出现在极地？

　　要回答这个问题，首先要回答：是否真的有"臭氧洞"？事实上是没有的，臭氧作为一种示踪气体，存在于全球大气中，当说到"臭氧洞"时，其实指的是某一地区上空的臭氧含量低于其应有水平。

　　可以从卫星图上看到在极地附近（尤其是南极）存在一个近似椭圆的臭氧洞（图 5-21）。卫星图中的色标显示的是以 Bobson 为单位（du）的臭氧含量。

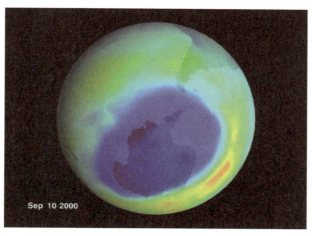

图5-21　2000年9月10日南极上空臭氧洞（颜色越深表示臭氧含量越低，资料来源：NASA）

300～400du范围内的臭氧含量表示其足以保护地球生物免受紫外辐射伤害。臭氧洞中的臭氧含量通常低于95du。

那么，为何臭氧洞会出现在南极（北极也有，但范围较小）？对南极臭氧洞形成原因的解释有三种：大气化学过程解释、太阳活动影响和大气动力学解释。

首先，人类活动排放的氯氟烃（CFCs）是导致平流层臭氧减少的"罪魁祸首"。氯氟烃在对流层非常稳定，但是到了平流层后，在太阳辐射的作用下发生光化学反应，释放出活性很强的游离氯原子，参与导致臭氧损耗的一系列化学反应，如·$Cl+O_3 \longrightarrow \cdot ClO+O_2$、·$ClO+O \longrightarrow O_2+\cdot Cl$ 等。这样的反应循环不断，每个游离氯原子可以破坏约10万个O_3分子，这就是氯氟烃破坏臭氧层的原因。同时，南极大气涡旋中的空气在上升过程中还会生成大量的冰晶云，云中的冰晶不断吸收氯氟烃气体，浓度越来越高。一旦南极春季（9月）来临，极夜结束，阳光照射下冰晶云升温，氯氟烃气体迅速释放。而氯氟烃分子在紫外线照射下开始释放氯原子……上面讲过的臭氧层受到破坏的过程立即开始，臭氧层因大量损耗臭氧而出现臭氧洞。

其次，平流层中的环流形势有利于将低纬度地区的污染物输送至极地地区。

最后，在南半球冬季（6～8月），南极上空有一个深厚的涡旋，气流沿着南极高原做顺时针旋转，把南极大陆封闭起来。从赤道来的富含臭氧的气流进不了南极上空。而在旋涡中上升的空气，因为上升过程中气温下降的速度要比实际大气中温度随高度下降的速度快得多，加上南极高原海拔高气温本来就低，因而形成极低的低温环境。臭氧层所在的20km高度上气温常常在-80℃以下（比北极要低得多）。一旦春末（11月）南极旋涡残缺或破坏消失，大量富含臭氧的赤道南下的新鲜空气进入南极上空，臭氧洞便匆匆消失。通常，一年中臭氧洞最强的时期出现在10月的前两周。

第四节　天气与天气系统

天气是指某一地区、某一时刻、某一条件下的大气物理状况。

一、露、霜、雾凇和雨凇

发生在地表面的凝结现象有露、霜、雾凇和雨凇等。

露：日落后，地面开始冷却，近地面空气也随之冷却，温度降低。当气温降低到露点以下时，水汽即凝附于地面或地面物体上。温度如在0℃以上，水汽凝结为液态，就是露[图5-22（a）]。

霜：温度如在0℃以下，水汽凝结为固态冰晶，就是霜[图5-22（b）]。

(a) 露

(b) 霜

图 5-22　露和霜

因此，露和霜的成因相同，凝结状态取决于当时的温度。霜通常见于冬季，露见于其他季节，尤以夏季为明显。晴天夜晚无风或风很小时，地面有效辐射强烈，近地面空气温度迅速下降到露点，因而有利于水汽的凝结；多云的夜晚，由于大气逆辐射增强，地面有效辐射大为减弱，近地面的空气温度难以下降到露点，故不利于水汽凝结；风力较强的夜晚，因空气的乱流混合，霜、露不容易形成。

雾凇（图5-23）：一种白色固体凝结物，由过冷的雾滴附着于地面物体或树枝上迅速冻结而成，它经常出现在有雾、风小的严寒天气里，多见于低温高湿条件下。

图 5-23　雾凇

雨凇（图5-24）：透明或毛玻璃状的紧密冰层，它多半在温度为 -6～0℃时，由过冷却雨、毛毛雨接触物体表面形成；或是经长期严寒后，雨滴降落在极冷物体表面冻结而成，通常形成在地面物体的迎风面上。

图 5-24　雨凇

雾凇和雨凇通常都形成于树枝、电线上，并总是在物体的迎风面上出现，且在受风面大的物体上凝聚最多。雾凇和雨凇常造成林木破坏、电线折断，特别是雨凇的破坏性更大，会对农林、通信、交通产生较大危害。

二、云和雾

云和雾是发生在大气中的凝结现象。云是高空水汽凝结现象，雾则是低空近地面水汽凝结现象，二者的区别在于雾的下层与地面相连，而云的下界是不和地面相连的（山区除外）。

1. 云

空气对流、锋面抬升、地形抬升等作用使空气上升到凝结高度，这时就会形成云。此时气温如在 0℃ 以上，水汽凝结为水滴；如在 0℃ 以下，一般凝华为冰晶。

云有各式各样的外貌特征。例如，晴空中飘浮的分散的白色云块是积云；高空出现絮状、羽毛状的是卷云；有时云层遮天蔽日，不见边际的是层云；有时高耸的黑云压顶的是积雨云等。根据云的分布高度分为低云、中云和高云三族，见表 5-3。

表 5-3　云的分类

云族		云属	云型
		学名	
低云（C_L） （高度小于 2km）	1	积云（Cu）	积状云
	2	积雨云（Cb）	积状云
	3	层积云（Sc）	波状云
	4	层云（St）	层状云
	5	雨层云（Ns）	层状云

云族		云属	云型
中云（C_M） （高度 2～6km）	6	高层云（As）	层状云
	7	高积云（Ac）	波状云
高云（C_H） （高度在 6km 以上）	8	卷云（Ci）	积状云
	9	卷层云（Cs）	层状云
	10	卷积云（Cc）	波状云

续表

按形成云的上升气流特点，也可将云分成积状云、层状云、波状云三类。

积状云（图 5-25）：积状云是垂直发展的云块，出现时常常是孤立分散的，包括积云、积雨云和卷云。积状云形成于气流对流中。当对流刚开始时，上升气流达到的高度仅稍高于凝结高度，形成淡积云；对流进一步发展，上升气流高度远远超过凝结高度，形成浓积云；当云顶伸展到温度很低的高空时，云顶水滴冻结为冰晶，发展为积雨云。

图 5-25 积状云（浓积云）

层状云（图 5-26）：层状云是均匀幕状的云层，通常具有较大的水平范围，包括层云、雨层云、高层云和卷层云。层状云多形成于系统性的上升运动中。系统性上升运动速度虽然很慢（只有 1～10cm/s），但持续时间长，水平范围很大，所以能形成范围广阔的云层。

波状云（图 5-27）：波状云是表面呈现波浪起伏状的云层，包括卷积云、高积云、层积云等。这类云通常是在空气密度不同、运动速度不等的两个气层界面上，由于波动而形成的。

图 5-26　层状云（雨层云）

图 5-27　波状云（卷积云）

2.雾

雾是飘浮在近地面的极细小的水滴。当空气中水滴显著增多时，大气呈现浑浊状态，俗称起雾。

根据雾的形成条件，可将雾分成以下几类：

辐射雾：夜间地面辐射冷却使贴近地面气层变冷而形成的雾，称为辐射雾，常见于晴朗、微风、近地面水汽充沛的早晨。这类雾多发生在大陆上的秋冬季节，山谷、盆地和高原上尤为常见。

平流雾：暖空气移到冷下垫面上形成的雾称为平流雾。在沿海地区，由于暖湿的空气流到较冷的海岸上，形成平流雾。在海洋上，寒、暖流的交汇，也容易产生平流雾。

蒸发雾：冷空气移到暖水面上形成的雾称为蒸发雾。冬季的冷气流与暖水面相接触，容易形成蒸气雾。例如，在深秋或初冬的早晨，河面、湖面上常见到一片轻烟，称河、湖烟雾。山地区域河谷的早晨，因山坡上的冷空气下沉到河谷，冷空气与河流暖水面相接触形成河谷烟雾，秋冬季节最为常见。

上坡雾：潮湿空气沿山坡上升使水汽凝结而产生的雾称为上坡雾。

锋面雾：发生于锋面附近的雾称为锋面雾，主要是暖气团的降水落入冷空气时，冷空气因雨滴蒸发而达到过饱和，水汽在锋面底部凝结而成。

雾通常出现于夜间和早晨，其分布以沿海为多，向内陆减少，高纬多于低纬。雾对植物的生长是有利的，它可以增加土壤水分，减少植物蒸腾。又据研究，有些山区或河谷的茶叶质量较高，也与秋冬季节多雾有关。但雾对交通有较大的影响。

三、降水

从云中降到地面上的液态水或固态水称为降水。雨、雪、雨夹雪、冰雹等都是降水现象。

在云的形成和发展阶段中，云滴因水汽凝结或凝华而增长以及因大小云滴之间发生冲并而合并增长，当云滴增长至能克服空气阻力和上升气流的顶托时，雨滴开始降落，且降落过程中不被蒸发，此时才可称为降水。

在云中存在过冷水滴、水汽和冰晶的条件下，对冰而言，空气已达饱和，对水来说，尚未饱和，于是水滴将会被蒸发，而冰晶将因水汽在它们上面凝华而不断增长。当冰晶从空气中吸收水汽时，水滴不断蒸发以保持水汽的供应。这样，很快就能形成大冰晶。大的冰晶在下降的过程中，与大气中运动速度慢的、质点小的云滴碰撞合并，形成更大的冰粒。这些冰粒如在较暖气层中融化，就以雨的形式降落；如果来不及融化，就以雪、雹、霰等固体形式降落。

1. 降水类型

降水可分以下三个基本类型。

对流雨：近地面气层强烈受热，造成不稳定的对流运动，气块强烈上升，气温急剧下降，水汽迅速达到饱和而产生对流雨。这类降水多以暴雨形式出现，并伴随雷电现象，所以又称热雷雨。其形成的条件是：空气湿度很高，热力对流运动强烈。从全球范围来说，赤道带全年以对流雨为主。我国西南季风控制的地区，夏季也以热雷雨为主。

地形雨（图 5-28）：暖湿气流在前进中，遇到较高的山地阻碍被迫抬升，因高度上升，绝热冷却，在达到凝结高度时，便产生凝结降水。地形雨多发生在山地迎风坡，世界年降水量最多的地方基本上都和地形雨有关。

锋面（气旋）雨：两种物理性质不同的气块相接触，暖湿气流沿交界面滑升，绝热冷却，达到凝结高度时便产生云雨。由于空气块的水平范围很广，上升速度缓慢，所以锋面雨一般具有雨区广、持续时间长的特点。在温带地区，锋面雨占有重要地位。

2. 降水分布

降水分布受地理纬度、海陆位置、大气环流、天气系统和地形等多种因素制约。从降水量的纬度分布来看，全球可划分四个降水带（图 5-29）。

图 5-28　地形雨

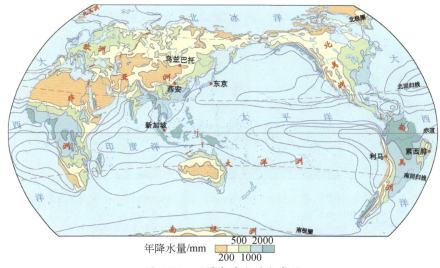

年降水量/mm　500　2000
　　　　　　200　1000

图 5-29　世界年降水量分布图

赤道多雨带：赤道及其两侧地带是全球降水量最多的地带，年降水量至少 1500mm，一般为 2000～3000mm。

副热带少雨带：这一纬度带受副热带高压控制，以下沉气流为主，是全球降水量稀少带，大陆西岸和内部更少，年降水量一般不足 500mm，不少地方只有 100～300mm，是全球荒漠相对集中分布的地带。

中纬多雨带：温带年降水量比副热带多，一般在 500～1000mm。多雨的原因，主要是受天气系统影响，即锋面、气旋活动频繁，多锋面、气旋雨。

高纬少雨带：本带纬度高，全年气温很低，蒸发微弱，故降水量偏少，年降水量一般不超过 300mm。

四、气团和天气

气团是指气象要素（温度、湿度、大气稳定度）水平分布较均匀、垂直分布相似的大范围空气团。气团的水平范围可达数百千米到数千千米，垂直厚度可达对流层的中上部。

　　根据气团离开源地后与其经过的地面之间的温度对比，将气团分为冷气团与暖气团两类。一般来讲，由较低纬度流向较高纬度地区的是暖气团；反之是冷气团。前者使到达地区增暖，后者使到达地区变冷。冬季，从海洋移到大陆上的气团是暖气团，反之是冷气团；夏季，情况相反。

　　依据气团源地特点，将气团划分为以下几个类型（图 5-30），不同气团控制下的天气也呈现出不同的特点。

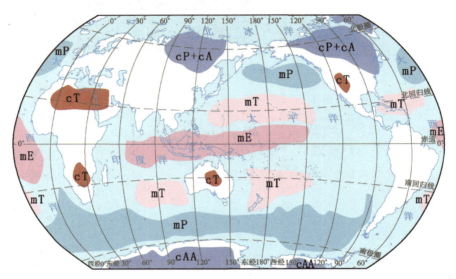

图 5-30　世界气团地理分类（http://www.richhoffmanclass.com/chapter8.htm）

mE 为赤道海洋气团；mT 为热带海洋气团；mP 为中纬（极地）海洋气团；cT 为热带大陆气团；cP 为中纬（极地）大陆气团；cA 为北极冰洋气团；cAA 为南极冰洋气团

1. 冰洋气团（A）及天气

　　形成于北极区域和南极的高压系统，它的特点是气温低，水汽含量极少，气层稳定。由于它和冰雪表面接触，所以气团的下层气温特别低，往往具有很厚的逆温层。北极区域的冰洋气团，冬季入侵大陆时，常会产生严寒的暴风雪天气。冰洋气团的下垫面主要是冰雪表面，一般不再区分海洋与大陆。

2. 中纬气团（或称极地气团 P）及天气

　　根据源地性质不同，分中纬大陆气团（cP）与中纬海洋气团（mP）。中纬大陆气团，主要形成于北半球 45°N～70°N，如亚洲的西伯利亚和北美的加拿大、阿拉斯加等地。这个气团全年存在，冬季位置偏南，夏季位置偏北。冬季，这里地表为冰雪覆盖，大陆迅速冷却，气团更为活跃，势力特别强大，气温低且干燥。中纬大陆气团对我国影响很大，是冬季风的来源，我国北方夏季暴雨往往与这个气团的南下活动有关。中纬海洋气团，多数由中纬大陆气团移至海洋变性而成。在冬季，海面湿度比大陆高，水汽供应充分，气团低层和中层的温度比中纬大陆气团高，湿度大，气团不大稳定，在这个气团控制下往往出现阴天或多云，有时还可能形成降水。

3. 热带气团（T）及天气

按源地性质分为热带大陆气团（cT）和热带海洋气团（mT）两类。热带大陆气团形成于副热带亚欧大陆的大部分地区、北非、北美西南部，冬季见于北非。它的特点是气温高，湿度低，气温直减率较大，气层不稳定。但在它的中层常常有一下沉逆温层存在，气层稳定，阻碍了对流的发展。由于气团本身水汽含量少，在该气团控制下的天气多晴朗。我国西南地区的云南、川西，冬季就在这个气团控制之下。热带海洋气团形成于副热带海洋上，北太平洋夏威夷群岛附近、北大西洋亚速尔群岛附近两个副热带高压中心是它的主要源地。在夏季，该气团很活跃，对我国夏季降水及其地理分布有特别重要的意义。

4. 赤道气团（E）及天气

形成于赤道地带。那里大陆面积小，而海洋面积广，划分大陆与海洋两类意义不大。赤道带终年气温高，蒸发量大，水汽来源充沛。因此，赤道气团温度高，湿度大，水汽含量丰富，气层不稳定。它控制下的天气闷热、多雷阵雨。在盛夏季节，赤道气团可侵入我国南方地区，并带来一定的降水。

五、锋与天气

锋是温度或密度差异很大的两个气团相遇形成的狭窄过渡区域，是一种占据三度空间的天气系统，通常是冷气团、暖气团之间的分界面。

锋的宽度，在近地面中约为几十千米，在高层可达 200～400km，呈现上宽下窄的结构特征（图 5-31）。这与一个气团所占据的水平范围相比是较小的，因此，常把锋视作一个几何面，称为锋面。锋面与地面相交的线称为锋线。长的锋线达数千千米，短的也有数百千米。有的锋可伸展到对流层顶，有的只到对流层的低层，离地面 1.5km 以下。

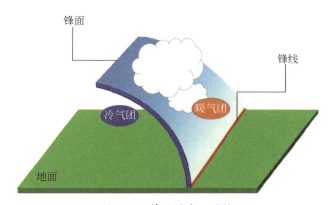

图 5-31　锋面的空间结构

根据锋两侧冷暖气团所占的主次地位、移动方向可将锋分为暖锋、冷锋、准静止锋、锢囚锋四类。暖锋是指在锋面移动过程中，暖气团起主导作用，推动锋面向冷气团方向移动的锋；冷锋则是指在锋面移动过程中，冷气团起主导作用，推动锋面向暖气团方向移动的锋；准静止锋是指冷暖气团势力相当或遇到地形阻挡时，很少移动或移动速度非

常缓慢的锋；而当冷锋追上暖锋，或两个冷锋相遇时形成的锋面称为锢囚锋。

1. 暖锋及其天气

暖锋的基本特点是暖气团滑行在冷气团之上（图5-32）；由于暖气团密度小，滑行速度缓慢，所以暖锋坡度较小，一般小于1/100；覆盖的范围广。如果暖气团比较稳定并含有较多的水汽，当其上升到凝结高度时，就会形成一系列层状云系，暖锋云系分布于锋前。暖锋雨区在锋前，多连续性降水，强度较小，历时较长，雨区范围较广。若暖气团温度高，水汽含量很少，则暖锋上可能出现高云，甚至无云的好天气。

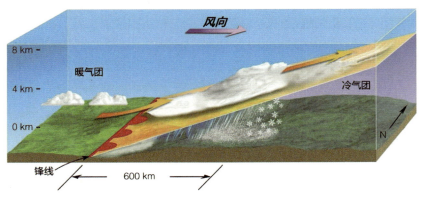

图 5-32　暖锋天气示意图

2. 冷锋及其天气

冷锋是冷气团主动向暖气团方向移动的锋，由于冷气团在前进时受地面摩擦影响，锋面移动时，近地面层总是落后于上层，所以锋面坡度比暖锋大。根据移动速度的快慢，冷锋可分两类：移动慢的称为第一型冷锋，或称缓行冷锋；移动快的称为第二型冷锋，或称急行冷锋。

第一型冷锋的基本特点是暖气团层结较稳定，而且由于冷气团移动的速度比较缓慢，暖气团可沿冷气团平稳上升，故锋面坡度不大，通常为1/100左右，水汽凝结也较缓和。锋面云系与暖锋基本类似，但第一型冷锋云系形成于锋线之后。且冷锋坡度比暖锋大，所以云区和降水区均比暖锋窄，降水强度也较暖锋大（图5-33）。

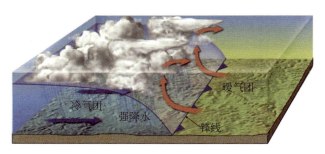

图 5-33　第一型冷锋天气示意图

第二型冷锋的特点是冷气团移动速度很快，暖气团层结不稳定。由于冷气团强烈排挤暖气团，冷气团前进速度远大于暖气团后退速度，以至暖气团在冷气团的强烈冲击下被迫迅速抬升，在低层产生显著的对流。第二型冷锋面坡度陡，一般在 1/80 ～ 1/40，有强烈的对流过程。当它过境时，往往伴随狂风骤雨。在夏季，还可能出现冰雹等不稳定天气。但第二型冷锋降水区很窄，历时很短（图 5-34）。

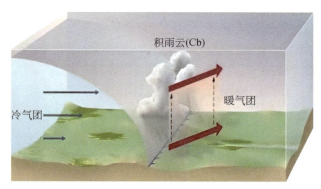

图 5-34　第二型冷锋天气示意图

3. 准静止锋及其天气

准静止锋是很少移动或移动速度缓慢的锋（图 5-35）。它两侧的冷暖气团往往形成势均力敌的形势，暖气团前进时，为冷气团所阻，被迫沿锋面上滑。其上滑的情况与暖锋类似，故出现的云系与暖锋云系大体相同。但准静止锋的坡度比暖锋更小，一般为 1/250 左右，沿锋面上滑的暖空气延伸到离地面更远的地方。因此，准静止锋的云区，降水区比暖锋更广，降水强度比暖锋更小，降水历时比暖锋更长。

我国的准静止锋主要有华南准静止锋、江淮准静止锋、昆明准静止锋、天山准静止锋等，对上述地区的天气有较大的影响。

图 5-35　准静止锋

4. 锢囚锋及其天气

锢囚锋是由两种锋面交汇形成的，云系具有两种锋面的特征，且更加复杂，锋面两侧都是降水区，降水强度往往很大。

六、中高纬度天气系统

1. 高空主要系统

北半球中高纬度的高空以西风气流为主，西风气流在运动过程中会形成大大小小的

波动，这种现象称为西风带波动，主要表现为槽、脊、高压、低压的变化。

（1）大气长波和短波槽：大气长波是波长较长（一般在 5000～12000km）、振幅较大（一般在 10～20 个纬距）、移动较慢（通常 1d 不超过 10 个经度）、维持时间较长（一般在 3～5d 以上）的波动。长波槽脊系统的活动不仅是维持大气环流的一个重要机制，还是中高纬度较小尺度天气系统发生、发展的背景条件。

高空低压槽是活动在对流层中层西风带上的短波槽，其波长较短、振幅较小、移动较快、维持时间较短、叠加于长波之上。槽前盛行暖湿的西南气流，常有云雨天气；槽后盛行干冷的西北气流，多阴冷天气。活动于我国的高空槽有西北槽、青藏槽、印缅槽，大多由上游移动而来。

短波槽叠加在长波之中，当温压场配置适当时，短波可逐渐发展成长波；反之，长波也可减弱并分裂成短波。

（2）极地涡旋：简称极涡，是极地高空冷性大型涡旋系统，是极区大气环流的组成部分。其位置、强度以及移动不仅对极区，还对高纬地区的天气产生明显影响。极涡的位置和活动范围时有变化，尤其冬半年活动演变比较复杂，最长的活动过程达 35d 之久。极涡闭合中心有时分裂为 2 个或 3 个，甚至 3 个以上，当偏离极地向南移动时，常导致锋区位置比平均情况偏南，寒潮活动增多、增强。

2. 温带气旋与反气旋

1）温带气旋

温带气旋是指生成和活动于中高纬温带地区的低压系统，是温带地区产生大范围云雨天气的主要天气系统，大部分为锋面气旋。

锋面气旋与天气关联特点：锋面气旋天气是由其中的流场、气团属性和锋的结构特征决定的。从流场来说，在锋面气旋中有强烈的上升气流，有利于云和降水的形成，气旋前部的天气更坏。从气团属性来说，若气团湿度大就更易于发生降水。若气团层结稳定，会有系统性上升，从而产生层状云系和连续性降水。若气团层结不稳定，则有利于对流发展，产生积状云和阵性降水。图 5-36 为温带气旋的卫星云图。

图 5-36　温带气旋的卫星云图（http://www.qxkp.net）

2）温带反气旋

温带反气旋是指活动在中、高纬度地区（格陵兰、加拿大、西伯利亚、蒙古）的反气旋。一般分为两类：相对稳定的冷性反气旋和与锋面气旋相伴移动的反气旋（或称移动性反气旋）。

在北半球，冷性反气旋以冬季势力最强大，夏季最弱。当强大的冷性反气旋从高纬地区南移时，冷空气也相随南下，所经之地，出现寒冷天气。冬季，当西伯利亚和蒙古地区冷性反气旋南下时，我国大部分地区会受到冷空气的侵袭，并出现降温现象。强冷空气的爆发前锋，在一定时段内使受影响地区产生明显降温，前锋过境后，天晴风小，产生严重霜冻现象，这就是寒潮天气。

七、低纬度天气系统

从运动学角度看，低纬度地区地转偏向力小，大气运动表现为非地转特性。从热力学角度看，低纬度地区水平温度梯度小，水汽充沛，潜热释放是驱动热带扰动的主要能源。

1. 副热带高压

在南、北半球副热带地区，经常维持着沿纬圈分布的高压带，称副热带高压带。副热带高压带受海陆分布的影响，常断裂成若干个高压单体，称副热带高压，简称副高。副高呈椭圆形，长轴大致同纬圈平行，是暖性动力系统。由于其稳定少动、覆盖范围广阔，是副热带地区最重要的大型天气系统。它的维持和活动对低纬度地区与中高纬度地区之间的水汽、热量、能量、动量的输送和平衡起着重要作用，对低纬度环流和天气变化具有重大影响。

副高位置的变化及南北移动情况通常用副高脊线来表示，副高的范围则用 500hPa 等压面上的 588 位势什米等高线所包围的区域来表示。副高结构复杂，在其不同位置，盛行气流不同，带来的天气也各不相同。副高内部盛行下沉气流，以晴朗、少云、微风、炎热为主。高压东部是偏北气流，带来冷空气，产生少云、干燥、多雾天气，长期受其控制的地区，久旱无雨，甚至变成沙漠气候。高压南部是东风气流，晴朗少云，低层闷热、潮湿，当有热带气旋、东风波等天气系统活动时，可能产生大范围暴雨、中小尺度雷阵雨、大风等天气。高压西北、北部，与西风带天气系统（锋面、气旋、低压槽）相交，气流上升运动强，水汽较丰富，多云雨天气。

西太平洋副热带高压：西太平洋副热带高压（简称西太副高）是对我国夏季天气影响最大的一个天气系统，它的位置、强度对我国东部的雨季、旱涝及台风路径等都会产生很大的影响。西太副高的活动具有明显的季节性，其位置冬季在最南，夏季在最北，从冬到夏向北偏西移动，强度增强。副高的南北移动不是匀速的，而是表现出稳定少动、缓慢移动和跳跃三种形式，北进过程中移动速度较慢、持续时间较久，而南退过程时间较短、速度较快。西太副高是向我国输送水汽的重要天气系统，其北侧是北上的暖湿气流与中纬度南下的冷空气交绥的地带，气旋和锋面活动频繁，常形成大范围阴雨和暴雨天气，成为我国东部的重要降雨带，该降雨带一般位于西太副高脊线以北 5 ~ 8 个纬距，并随副高季节性移动而移动，二者的关系如表 5-4 所示。

表 5-4　西太副高脊线位置与我国雨带的关系

时间	脊线位置	雨带位置
冬季	15°N	南部沿海
2～4月	18°N～20°N	华南，连续低温阴雨，称江南雨带
6月中下旬	第一次北跳 20°N～25°N	江淮地区，梅雨开始
7月上中旬	第二次北跳 25°N～30°N	黄淮流域；长江中下游梅雨结束，开始炎热少雨天气
7月底～8月初	30°N以北	华北、东北
9月上旬	第一次回跳 25°N	淮河流域秋雨绵绵；长江中下游地区及江南秋高气爽
10月上旬	第二次回跳 20°N以南	华南沿海；我国转为冬季形势

西太副高的活动位置、强度、范围具有较大的年际、年代际变化特征，这种异常活动常造成一些地区干旱而另一些地区洪涝。例如，1956年，西太副高脊第一次北跳偏早，第二次北跳又偏晚，结果梅雨期较长，导致长江中下游雨量过多。1954年副高持久地稳定在20°N～25°N，长江流域梅雨持续时间长达40d之久，造成江淮流域几十年罕见的大水。1958年副高脊线第一次北跳偏晚，第二次北跳偏早，形成了这一年的空梅，造成江淮流域干旱。1959～1961年梅雨期都很短，结果长江中下游地区连续几年（1958～1961年）严重干旱。

2. 赤道辐合带

赤道辐合带（intertropical convergence zone，ITCZ）是南、北半球信风气流汇合形成的狭窄气流辐合带，又称热带辐合带。赤道辐合带环绕地球呈不连续带状分布，是热带地区重要的大型天气系统之一，其生消、强弱、移动和变化，对热带地区长期、中期、短期的天气变化影响极大。赤道辐合带中气流辐合，空气暖湿，对流不稳定，多雷阵雨天气，由于辐合带上经常出现扰动，故有利于热带低压的发展。

赤道辐合带按气流辐合的特性可分为两种：季风辐合带，是北半球夏季东北信风与赤道西风相遇形成的气流辐合带；信风辐合带，是南北半球信风直接交汇而形成的辐合带。赤道辐合带一般只存在于对流层中层、下层，其位置随季节变化而南北移动。信风辐合带主要活动于东太平洋、大西洋、西非，移动幅度较小，大部分时间位于北半球；而季风辐合带，主要活动于东非、亚洲、澳大利亚，季节移动较大，冬季位于南半球，夏季移至北半球（图5-37）。

由于释放大量潜热，所以季风辐合带是大气最主要的热源所在。季风辐合带被加热之后，激发了这个地区热带系统的产生，如台风、季风辐合带中的对流云等，这里常有成百个对流云集聚成的云团，天气变化剧烈，日平均降水量达20mm。在卫星云图上，季风辐合带常表现为一条绵延数千千米的、由许多云团组成的巨大云带。

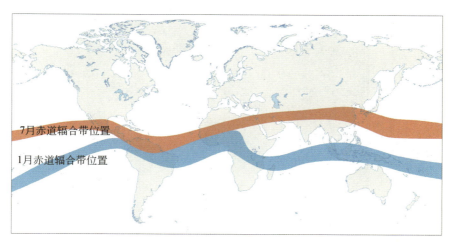

图 5-37　赤道辐合带的南北位置

　　由于信风辐合带只是由东南风和东北风气流辐合而成的，其辐合强度远小于季风辐合带，因而云带较弱较窄，对流性的云也少，其上强烈的热带天气系统如台风等也较少发生。

3. 热带气旋

　　热带气旋是形成于热带海洋上的强烈旋转的暖性低压涡旋，是热带大气中一个重要的天气系统。热带气旋虽然发生在热带海洋上，但活动范围很广，夏季经常侵入中纬度地区，甚至深入内陆。西北太平洋和南中国海全年都有热带气旋发生，约占全球的1/3，且全年各月都可能有热带气旋影响中国，海南岛几乎全年都受热带气旋的影响。中心风力大于 12 级的热带气旋就是台风。热带气旋一方面为所影响区域带来降水，另一方面又可能带来大风、暴雨、风暴潮等灾害。

　　发展成熟的热带气旋是近于圆形和具有暖心结构的涡旋，其范围通常以最外围近圆形的闭合等压线为准，直径一般为 600 ～ 1000km，大的可达 2000km 以上，小的仅100km 左右。在垂直方向上通常可伸展到对流层上部（10 ～ 12km），个别可以达到平流层下部（15 ～ 20km）。垂直尺度与水平尺度之比约为 1∶50，因而发展成熟的热带气旋是一个扁圆形的气旋性涡旋。成熟的热带气旋强度是以近中心地面最大风速、中心海平面最低气压和台风范围为依据，近中心风速越大、中心气压越低和台风范围越大，则热带气旋强度越强。

　　发展成熟的热带气旋，在深厚浓密的云区中往往存在一个直径几十千米的近似圆形的晴空少云区，因其形状如洞眼，故名台风眼或飓风眼。在卫星云图上，台风眼表现为密蔽云区中心附近的一个大黑点，眼外为一环状的云墙与大范围的云区相连接（图5-38）。台风眼是成熟的热带气旋的中心所在，眼中心气压达最低值。通过眼区的垂直剖面图可见，眼区的云很少，基本上为晴空少云区，只在低层有少量的层积云，风也很小，常为微风或静风。眼的周围是高耸的近于垂直的环状云墙，称为眼壁，眼壁区风迅速增强，

图 5-38　卫星云图上的台风云系和眼墙

资料来源：http://www.cma.gov.cn/

最恶劣的天气就出现在眼壁云墙之中。

　　西北太平洋地区的台风大致有三条路径（图 5-39）：①西行路径，台风从菲律宾以东洋面一直向西，经南海在海南、广东或越南登陆。②西北路径，台风向西北偏西方向移动，在台湾登陆，然后穿过台湾海峡，在福建、浙江一带登陆。③转向路径，台风从菲律宾以东洋面向西北移动，一般在 20°N ～ 30°N 转为东北方向，路径呈抛物线型，影响我国东部沿海和日本、朝鲜。

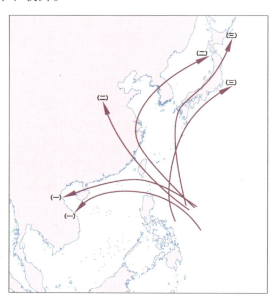

图 5-39　西北太平洋台风常规路径（http://www.kepu.net.cn）

　　台风的移动路径与西北太平洋副热带高压的强度、西伸东缩以及断裂的情况有关。如果副热带高压西伸并加强，或者台风发生在副热带高压南部边缘，那里盛行东风气流，台风就沿着西行路径；如果副热带高气压东退或断裂，台风就可能在高压的西缘或裂口处转向北行，当绕到高压西北边缘，在西南风影响下，就向东北方向移动。沿西北路径或转向路径的台风一般只掠过我国大陆东部的边缘，而后朝日本方向移去，所以它只影响我国的广东、台湾、福建、浙江、上海、江苏等地，山东沿海和辽东半岛有时也会受到影响，但很少影响到北方各省和内陆各省区，只有当西北太平洋副高的西缘侵入到我国江南地区时，台风才会在东南沿海登陆进入内陆。

第五节　气候与气候类型

气候是指某一地区多年间大气的一般状态及其变化特征，具有稳定性，是各种天气现象的多年综合，包括多年的平均状态和某些年的极端状态。

一、气候因子

气候因子主要有太阳辐射、大气环流和下垫面。

1. 太阳辐射

太阳辐射是气候系统的能量源泉和大气物理过程的基本动力。各地接收太阳辐射的不同导致气温分布不同，进而导致出现各种大气现象和气候条件。因此，太阳辐射成为重要的气候因子。

地表热能的收支状况是形成气候的基本因素。而太阳辐射是受纬度制约的，太阳辐射因素可以说就是纬度因素。通常赤道带获得的热量最多，随纬度的增高而减少，到极点为零。

2. 大气环流

大气环流调整着全球地–气系统的热量和水汽分布。大气环流运动将南北纬35°之间中、低纬盈余热量送至中高纬，不但减小了中高纬的热量亏损，而且还通过气流的运动进行水分的输送。

3. 下垫面

下垫面因素包括海陆、植被和土地等，是各地气候特征形成的基本因子之一。下垫面的反射（照）率、起伏度、粗糙率、干湿度等性质，均能对气候产生重要影响。对大范围的气候来说，海陆分布、洋流、巨大隆起的山地三者尤为重要。

海陆物理性质不同，对太阳辐射能的吸收与反射、热能内部交换、热容量大小以及地–气和海–气热量交换的形式等都有显著的差异，破坏了温度的纬度地带性分布，而且影响气压分布、大气运动方向及水分分布，使同一纬度内出现海洋性气候与大陆性气候的差异。海洋性气候气温年较差小，冬暖夏凉，秋温高于春温，降水丰富且均匀。大陆性气候气温年较差大，夏季暖热，冬季严寒，春温高于秋温，降水较少且集中在夏季。

海拔、地表形态、坡向和坡度等影响水热条件的再分配，从而对气候产生影响。对温度的影响主要表现在气温随海拔升高而降低。对降水影响表现在迎风坡降水显著多于背风坡，并且在一定高度范围内，降水随高度增加而增加。山地水热状况具有明显的垂直变化，并可形成垂直气候带。

此外，洋流对气候也有很大的影响。寒流所经海面，低层空气变冷而稳定，不易产生降水，如澳大利亚、非洲和南美西岸的荒漠形成都与寒流有关。暖洋流所经海面，低层空气增暖，气层不稳定，有利于降水，故暖洋流所经过的沿岸地带，降水显著增多。

二、气候带与气候类型

气候要素随纬度呈有规律的分布，地球上的气候也相应地形成纬向分布的气候带。最初人们是从天文因素角度划分地球的气候带，但与实际情况差别很大。此后有人从气候对植被分布的影响、气候要素数值指标等方面提出不同的气候带划分方案。根据分类的着眼点不同，主要有三种分类法：一是从气候特征的地域分异规律出发，着眼于气候与自然景观关系的实验分类法，以柯本气候分类法为代表；二是综合考虑太阳辐射、下垫面性质、海陆分布、洋流、大气环流和水分输送，全面概括气候形成因子的综合效应的成因分类法，以阿里索夫分类法为代表；三是在气候特征与各气候形成因子关系的基础上，考虑水、热平衡的理论分类法，以斯查勒分类法为代表。

1. 柯本气候分类法

该方法中主要气候带和气候类型特征如下：①热带气候（A），根据水分状况再划分为热带雨林气候（Af）和热带稀树草原气候（Aw）两个类型。②干燥气候（B），根据干燥程度分干燥草原气候（Bs）和干燥沙漠气候（Bw）两个类型。③温暖多雨气候（C），根据降水分配状况分三个类型：温暖冬干气候（Cw）、温暖夏干气候（地中海气候，Cs）、温暖常湿气候（Cf）。④湿润寒冷气候（D），根据降水情况分两个类型：寒冷冬干气候（Dw）、寒冷常湿气候（Df）。⑤冰雪带或极地气候带（E），又分两种类型：冻原气候（Et）、冰原气候（Ef）。

柯本的气候分类有以下几个优点：

（1）能够反映气候上的主要特征，并与自然界存在的客观实际相结合；

（2）各气候类型有具体数量指标，概念清晰，使用方便；

（3）以少量拉丁字母组合表征各类气候，含义明确，易于区别；

（4）与气候发生的原则基本一致。

但柯本的分类也有不足之处。由于气候同其他自然要素一样，是逐渐变化过渡的，柯本的数量指标还不能很好地反映各地气候由量变到质变的界限；加以这一分类是以世界为对象，应用于局部地区过于粗略，与一些地区的实际情况不尽相符。

2. 阿里索夫分类法

该方法将气候分为：①赤道带；②赤道季风带；③热带；④副热带；⑤温带；⑥副极地带；⑦北（南）极带。

阿里索夫的气候带反映了全球气候水平分异的基本规律和气候基本特征，但缺乏严格的数量指标。由于表征一个地区的气候特征主要关注气温与降水及其二者相配合的状况，因水热组合状况不同，会导致若干气候类型的出现。例如，在热带气候带内，因各地区年降水总量与年内分配状况存在差异，也就存在着不同的气候类型：全年高温多雨，月降水量至少 60mm，形成热带雨林气候；年降水量在 1000～1500mm，年内明显存在干、湿季，形成热带季雨林或热带稀树草原气候；年降水量稀少，全年高温，水分严重不足，因此形成热带荒漠（干燥）气候类型。

3. 其他分类法

周淑贞在斯查勒气候分类的基础上，加以补充修改，将全球气候分为3个气候带16个气候型，并另外列出高地气候一类。还有一些把气候带与自然景观结合的气候分类方法和方案。如图5-40所示，该方案将世界气候划分为11个气候类型：热带雨林气候、热带季风气候、热带草原气候、热带沙漠气候、亚热带季风和湿润气候、地中海气候、温带海洋性气候、温带大陆性气候、温带季风气候、寒带气候和高原山地气候。

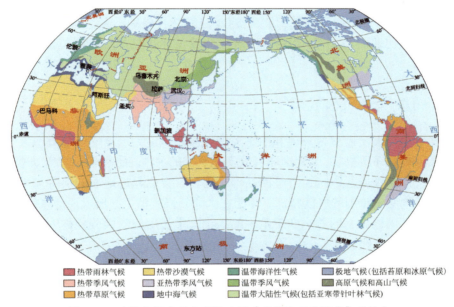

图5-40　世界气候类型分布图（据《世界地理地图集》改绘）

三、海洋性气候与大陆性气候

海洋性与大陆性气候的差异程度可用大陆度 K 来衡量。气温的年较差大小是区别二者的主要标志。求取大陆度通常采用波兰学者焦金斯基的经验公式：

$$K = (1.7A/\sin\varphi) - 20.4 \qquad (5.4)$$

式中，A 为气温年较差（℃）；φ 为地理纬度；1.7 和 20.4 为经验系数。

该公式消除了大陆中心地带气温年较差大和高纬度地带纬度对气温年较差的影响，并据实地资料计算给出经验系数的修正值，保持计算值的准确性。

依照公式和经验，大陆度变化于 0 ～ 100，重要判定参数为

$K = 0$——最强海洋性气候；

$K = 100$——最强大陆性气候；

$K = 50$——海洋性与大陆性气候的分界；

$K > 50$——受大陆影响明显；

$K < 50$——受海洋影响明显。

一般将大陆度超过 50 定为大陆性气候。

四、地形——气候分界线

在大陆上，巨大隆起的山地以及局部地形对气候的形成起着不可忽视的作用。从某种意义上说，地貌可以成为局地气候形成的主导因素。山地对气流有屏障、抬升作用。冷气团遇山受阻，越山之后不仅势力减弱，且因下沉增温，一山之隔的两侧气候有明显的差异。例如，我国一系列东西走向的山地正是我国境内重要的自然（地理）界线，秦岭就是亚热带与暖温带的分界线。东西走向的秦岭山脉，在不到一个纬度范围内海拔相同的情况下，1 月山南气温比山北高 5℃以上，7 月差别不大，南坡仅比北坡高 1℃多，年均温南坡比北坡高 3℃，无霜期南坡比北坡长 60d 左右，年降水量南坡比北坡多 400mm 左右。

第六节　局地气候与小气候

气候环境包括大尺度气候环境和中小尺度气候环境。大尺度气候环境由大气环流、全球气温气压布局等所决定，受到全球气候变化研究的关注；而受局部地貌（方位、坡向）、森林、水体、土壤性质等影响，下垫面结构不均匀，会引起近地面的热量与水汽差异，这种差异并不改变大范围的气候特征，却能在大的气候类型下，形成局地气候和小气候。局地气候和小气候概念上的差别在于范围的大小，中尺度的气候分异称为局地气候；小尺度分异则称为小气候。

一、局地气候

局部地形环境不同引起的气候差异会很明显。

1. 森林局地气候

森林对太阳辐射有着明显的削弱作用。阳光到达林冠的总辐射绝大部分会被林冠层所吸收，透过林冠达到林内的只占极少部分，其数值比反射辐射还小，只在正午时刻稍大于反射辐射。不过，森林对太阳辐射强度减弱的情况是很复杂的，森林局地气候与森林类型、树木年龄、单位面积上的林木株数、林地面积大小密切相关（图 5-41）。

有的森林还存在分层现象，第二层的郁闭度将再度减少太阳辐射到达地面的能量。辐射强度减弱使森林内部与林外的气温有很大差异，林内气温变化缓和，日较差、年较差比林外小。例如，1959 ~ 1960 年实测福建某地杉木林（树龄 41 年，平均树高 29.2m，郁闭度大于 70%），夏季林内平均气温、平均最高气温和平均最低气温比林外开旷地分别低 0.6 ~ 0.9℃、1.6 ~ 2.5℃和 0.1 ~ 0.4℃，平均日较差小 1.2 ~ 2.4℃。

森林对风速有一定影响。当气流临近林区时，在森林向风面 2 ~ 4 倍树高的地方风速即开始减弱，在距林缘 1.5 倍树高时，气流被迫抬升。在林冠上面因流线密集，风速增大，同时，由于林冠高低不平而易引起强烈湍流。在森林背风面，由于气流辐散，大约在 30 倍树高的水平距离内，风速都有明显的减弱。林内风速变化与森林稠密程度

图 5-41　森林局地气候

等因素有密切关系，疏林风速比密林风速大 1 倍左右。林区面积越大，对局地空气流动的影响越大，降温效果也越明显。

森林对土壤湿度也有不同程度的影响。树木根系发达，使土壤结构疏松，透水能力增强，可以减少地表水分的流失，增强水分保持能力，使林内的土壤湿度比开旷地大。

2. 湖沼局地气候

湖泊和沼泽也会影响局地气候。近湖岸地带的气温与远离湖岸地区相比，冬季温度高，夏季温度低。据实测，贝加尔湖沿岸冬季气温比远离湖岸地方高 11℃，夏季低 6℃，我国鄱阳湖畔的鄱阳县 1 月均温比景德镇高 1℃ 左右。因此，一般来说，湖泊、沼泽气候有冬暖夏凉的特点。

二、小气候

通常小气候的尺度范围比局地气候更小，但有时两者并无严格界限。例如，大片森林可以形成森林局地气候，而小片森林也可形成森林小气候。小气候与农业、林业、牧业以及城市建设等关系密切。

形成小气候的物理基础是近地面热量与水分的变化。各种暴露的自然表面，如土壤（干与湿、颜色深浅）、水面、植被表面、雪面等，都是既吸收外来的辐射，同时又不断地向外发出辐射。不同的地面对热量的吸收和反射特点都不相同，所以小气候完全取决于小环境。

1. 城市小气候

城市下垫面的结构有其特点，砖瓦、水泥建筑物比热容小，水泥、沥青路面不透水，建筑物和街道影响气流运动，城市工业集中，大气杂质含量多等，从而形成特殊的城市小气候。

城市小气候的特点主要表现在气温上的差异，尤其是在夏季，气温显著高于郊区。

城市工业生产、生活燃烧、汽车发动机开动等都要放出相当的热量。水泥、石料、柏油路面等，导热率大，热容量小，且不透水，表面干燥，消耗于蒸发的热很少；下垫面粗糙，风速与乱流减弱，热量不易发散。由于上述几方面的原因，城市气温比乡村高，

造成热岛效应。例如，上海市内建筑密集区的夏季最高气温比郊区高6℃。城市热岛效应还可使郊区气流流向城市，形成城市热岛环流（图5-42），特别是当天气过程的风和盛行风流向城市时，热岛效应可以使风向更稳定，风速加大。城市内部也因建筑物密度、高度、间距、街道宽度与走向等不同，在气温上有一定差别。据观测，夏季绿化庭院比未绿化庭院日均温低0.6℃，最高气温低1.3℃；冬季因树木落叶，气温差异不明显。另外，在冬季，城市的积雪由于雪面固体杂质较多，反射率减少，吸收的热量增多，故城市中的积雪融化速度比乡村要快。

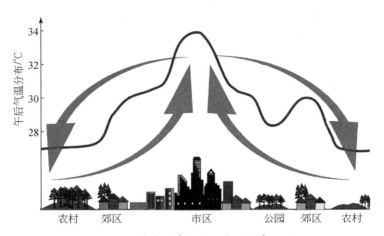

图5-42　城市热岛效应形成的热岛环流

城市排水条件好，路面干燥，空气湍流交换弱，蒸发少，空气的湿度相对比乡村低。例如，西欧一些大城市的平均绝对湿度比郊区低，相对湿度平均低4%～6%，夏季差别较大，可达10%左右。

城市空气含有大量的尘埃杂质，使太阳辐射减弱。在西欧，一些大城市平均减弱20%左右。城市雾霾盛，烟尘多，可以吸收70%～80%的射入辐射，但是城市的大气逆辐射比农村强，又可弥补甚至超过太阳直接辐射的损失。城市排出大量的微尘和烟灰，使空气中的凝结核增加，故一般比乡村多雾。

城市与郊区在降水量方面的差异不如气温明显。城市对降水的影响还因城市所处的地理位置、总的气候特点而有所不同。

2. 坡地小气候

在山地区域，由于地形条件不同，小气候差异十分显著，其中以坡向与坡度的影响尤大。在北半球的山地上，南坡日照时间较长，北坡较短。因而南坡气温比北坡高，土壤也比北坡干燥。南坡所获得的太阳辐射量比水平面多，比其他坡多，北坡最少。因此，山地坡向的不同，对太阳辐射随纬度而分布的规律产生一定的干扰作用。由于上述原因，冬季出现霜冻的概率和霜冻程度，以南坡最少最轻，北坡最多最重（图5-43）。

根据植物生态特性，利用坡地小气候的特点，因地种植，在生产上具有重要意义。

图 5-43　坡地小气候

第七节　全球气候变化

　　气候变化会引起自然地理环境的变化，会改变生态条件和人类生产生活环境。因此，全球气候变化已引起国际社会的关注和各国政府的介入。

　　全球气候变化是指在全球范围内、气候平均状态统计学意义上的巨大改变或者持续较长一段时间（典型的是 10 年或更长）的气候变动。全球气候变化相对局地气候变化而言，具有长期性和不可逆性。根据观测事实，地球上的气候一直不停地呈波浪式发展，冷暖干湿相互交替，变化的周期长短不一。

　　从时间尺度和研究方法来看，地球气候变化史可分为三个阶段：地质时期的气候变化、历史时期的气候变化和近代气候变化。地质时期气候变化的时间跨度为距今 22 亿年到 1 万年；历史时期气候一般指 1 万年左右以来的气候；近代气候是指最近一二百年有气象观测记录时期的气候。

一、不同阶段的气候变化

1. 地质时期的气候变化

　　地质时期的气候以大冰期、大间冰期交替出现为特点，时间尺度以亿年为单位。

　　晚元古代大冰期：发生在距今 7.2 亿～ 6.3 亿年前，在此之前也有过大冰期的反复出现，但出现的时间尚未得到古地质研究方面的统一结论。

　　晚奥陶纪大冰期：发生在距今 4.6 亿～ 4.4 亿年前，陆地冰川堆积物广泛发现于冈瓦纳古陆。

　　晚古生代大冰期：发生在距今 3.6 亿～ 2.9 亿年前，所发现的冰川迹象表明，受到这次冰期气候影响的主要是南半球。在北半球除印度外，目前还未找到可靠的冰川遗迹。

　　第四纪大冰期：从距今约 200 万年前开始至今，在这次大冰期中，气候变动很大，

冰川有多次进退。根据对欧洲阿尔卑斯山区第四纪山岳冰川的研究，确定第四纪大冰期中有 5 个亚冰期。每个相对温暖时期一般维持 1 万年左右。目前正处于一个相对温暖时期的后期。

各大冰期之间为大间冰期，出现的是温暖的气候。

2. 全新世气候变化

全新世指人类目前所在的间冰期。一般把新仙女木（Younger Dryas，YD）事件结束的时间（距今 1.15 万年）作为全新世的开始。当前国际上对全新世的气候变化有 3 点共识：①进入全新世温度大幅度回升，中全新世以后逐渐下降，由于人类活动的影响 20 世纪全球变暖；②早全新世北半球亚非季风区气候湿润，距今 5000 年以后逐渐变干，但是 ENSO 加强；③在以上变化的背景下发生了若干次冷干事件，这些事件开始与结束均较迅速，所以也称为气候事件。

早全新世至中全新世的气候湿润期是很著名的。早全新世北半球夏季太阳辐射强，海陆温差加大，夏季风增强，受夏季风影响的地区降水量增加。中全新世以后降水逐渐减少。

全新世以来，北大西洋发生了 9 次冷事件。距今 8200 年及 4200 年的两次冷事件（8.2ka BP 事件及 4.2ka BP 事件）较为剧烈，影响范围也较广。当然，这两次事件是无法与 YD 事件相比的。例如，YD 事件冷期持续 1000 年，而公认全新世最强的 8.2ka BP 事件仅持续 200 年左右；气候变化的幅度也有很大不同。一般认为，YD 事件的降温幅度可以达到冰期－间冰期旋回的 3/4，8.2ka BP 事件仅为 YD 事件振幅的 1/3，4.2ka BP 事件则仅为 YD 事件的 1/5 ～ 1/4。

此外，研究全新世气候突变不能仅分析温度，还需分析对应的环流或降水等，如冷事件与亚非季风区的季风衰退具有很高的相关性。4.0ka ～ 4.2ka BP 的干旱突变显得较为激烈，就是因为一方面岁差使降水量减少；另一方面是受冷事件影响，热盐环流减弱。

3. 近现代气候变化

近现代气候变化通常指近一二百年间发生的气候变化。这段时期始于小冰期末的冷期中，以后气温波动上升，工业革命以来升温明显，见图 5-44。

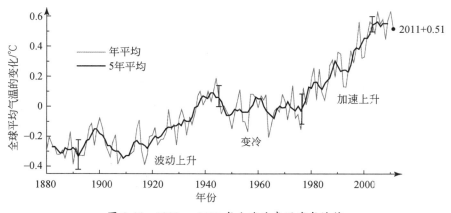

图 5-44　1880 ～ 2011 年全球地表温度年均值

近 200 年来，世界各地先后建立了气象观测站网，记录了大量的气象资料。根据资料分析，20 世纪以来，不同地区的气温均有上升迹象，但各地上升程度有所不同。有人认为，从 20 世纪末到 21 世纪 40 年代，是全球性的回暖时期，21 世纪多数地区的气温普遍升高，到 40 年代达到最高点，以后会开始下降。目前世界气温正处于上升的后期，波动性大，夏季气温已有所下降。根据考察，喜马拉雅北坡雪线高度在 19 世纪 40 年代为 5067m，1961 年我国登山队测到的雪线已上升到 5800m，即上升了 733m；据 1960～1963 年调查，1910～1960 年的 50 年间，天山雪线上升了 40～50m，西部冰川舌后退 500～1000m，东部冰川舌后退 200～400m。西部其他地区冰川自 20 世纪后半叶开始就有明显的退缩现象。

降水量的变化虽不如气温变化显著，但也有明显变化。就我国情况来说，有人认为，20 世纪降水总趋势是从 18～19 世纪较湿润时期转为较干燥。20 世纪以来，我国北方降水量总趋势是增加的，南方是减少的。东北三站（哈尔滨、长春、沈阳）在 1909～1973 年 6～9 月降水总趋势增加，20 世纪 10、30、50 年代为三个多雨时期，大致有 20 年的周期；长江下游五站（上海、南京、芜湖、九江、汉口）在 1885～1973 年 5～8 月降水总趋势是减少的，20 世纪末、21 世纪 20～30 年代和 60 年代，分别是三个少雨时期，平均周期为 35 年。

气候变化也导致世界各地相继出现天气和气候异常，从 1963 年开始，异常天气气候事件频繁发生。1963 年冬天，堪察加半岛出现比往年高 12℃的暖冬，日本北部出现了少有的大雪，巴黎出现了 90 年记录以来的严寒，纽约出现了可与热带气候相比的酷暑，意大利暴雨成灾。1965～1966 年印度出现大旱。1966～1969 年冰岛连续四年严寒，其寒冷程度为 1902 年以来最严重的。1972 年的印度干旱是 1800 年以来最严重的一年。

20 世纪中国气候变化趋势与全球的总趋势基本一致。近 100 年来观测到的平均气温已经上升了 0.5～0.8℃，未来我国气候变化的速度将进一步加快，很可能在未来 50～80 年全国平均温度升高 2～3℃。

二、气候变化的原因

气候变化的原因既有自然因素（包括太阳辐射、大气环流、天文地质因素等），也有人为因素（包括改变大气成分、土地利用等）。

1. 太阳辐射的变化

太阳辐射变化是气候变化的主要因素，引起到达地表的太阳辐射变化的条件是多方面的，包括以下几个因素。

地球轨道因素（图 5-45）：①偏心率：偏心率的变化意味着近日点和远日点的变化，导致地球在一年里接收的太阳辐射发生变化，偏心率的变化周期约 10 万年。②地轴倾斜（黄赤交角）：地轴倾斜是产生四季的原因，倾斜度越大，地球冬夏接收的太阳辐射量的差值就越大，即冬寒夏热，反之则为冬暖夏凉，而夏凉有利于冰川的发展，黄赤交角在 22°～25° 范围内以 41000 年的周期变化。③春分点的移动（岁差现象）：春分点沿黄道向西缓慢移动，大约每 21000 年，春分点绕地球轨道一周。春分点位置变动的结果是，引起四季开始时间的移动和近日点与远日点出现季节的变化。米兰科维奇综合这

三者的作用,给出了地球冰川期出现的间隔为约10万年,此即著名的"米兰科维奇循环"。

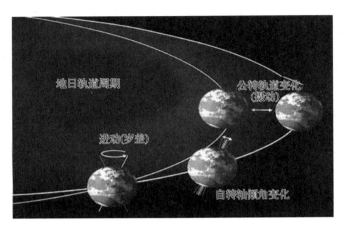

图 5-45　地球轨道三要素

　　火山活动:到达地表的太阳辐射的强弱受到大气透明度的影响。火山活动对大气透明度的影响最大,强火山爆发喷出的火山尘和硫酸气溶胶能进入平流层,它们能强烈地反射和散射太阳辐射,削弱到达地面的直接辐射。据分析,火山尘在高空停留的时间一般只有几个月,而硫酸气溶胶火山云在平流层可飘浮数年,能长时间对地面产生净冷却效应。据历史记载,1815年4月初坦博拉火山(8.25°S,118.0°E)爆发时,方圆500km内3天不见天日,各方面估计喷出的固体物质可达100~300km³。大量浓烟云长期环绕平流层漂浮,显著减弱太阳辐射,欧美各国在1816年普遍出现了"无夏之年"。

　　太阳活动:太阳黑子的大量出现是太阳活动强烈的重要标志。从200年以上的黑子记录发现,平均有11年、22~23年周期。太阳黑子增多表示太阳活动加强,当太阳黑子达到高峰时,由太阳活动抛射出的微粒流增多,紫外辐射增强,高层大气增暖,可能影响到低层大气,两极空气向低纬活动增强,从而改变大气环流的平均状态。有人根据多瑙河、莱茵河、密西西比河的洪水记录,发现洪水的出现有11年、23年、33年的周期现象,并且这种周期与黑子活动周期相对应。太阳活动强烈的年份,灾害性天气有增多的趋势。1972年夏季,太阳一反常态出现了大黑子群。这次太阳黑子出现,正是前面说的同年全球反常天气特别多的年份,有人认为这二者有着密切联系。但是,气候异常不一定都发生在太阳活动强烈的年份,二者之间的确切关系尚难肯定。

2. 大气环流变化

　　大气环流形势的变化是导致气候变化和产生气候异常的重要因素。研究发现,大气环流有多时间尺度的变化特征,存在世纪、多年代、年代、年际等周期。大气环流的世纪周期与太阳活动的世纪周期有关。此外,很多地区气候变化有35~40年的周期。有人提出气候的变化顺序往往呈现冷干→暖干→冷湿→冷干的特征,与大气环流30~40年的周期相对应。在太阳活动11年周期内,太阳活动最强和最弱时,经向环流增强,即大气环流在太阳活动11年周期内大致每5年有一个周期。环流型的改变,自然会影响到气温和降水的变化,气候异常往往与大气环流异常同时发生。

3. 天文地质因素

地球自转速度的变化、地极移动、大陆漂移、海陆分布、造山运动等，都对地球气候有影响。从地史观点来看，地极移动会影响赤道及各地理纬度的变化，从而引起气候发生变化。例如，斯里兰卡由地质历史上的极地气候已变化为今日的热带气候。中生代以前的大陆与今日不大相同，从中生代开始，联合古陆发生分裂、漂移，逐渐形成当前的海陆分布状况，其对地球气候的影响十分明显。由于造山运动，出现了喜马拉雅、落基山、安第斯山等大型山脉，这些山脉的隆起，对东亚、美洲、高原本身及其邻近地区的气候、生物、土壤等产生了重要影响，甚至影响整个地球的大气环流及气候。上述这些变化影响的时间尺度通常以百万年、千万年甚至更长的时间计算。

4. 人为因素

世界人口增加，城市不断发展，数量增多，工业生产门类增多，原来的森林和草原被耕地所代替。土地开垦，大约造成 20% 的大陆面积的辐射发生变化；森林转变为农作物使反射率降低 5% ～ 10%；湿润的耕地上空湍流热通量比针叶林低 1/2 ～ 2/3；在一定环境下，大规模毁灭森林和草原可能导致地表沙漠化。例如，南美洲靠近大西洋的巴西内哈河以北地区，30 多年前原是热带雨林环境，由于人类砍烧了当地森林，如今水土流失严重，河流水源短缺，地方气候变干（图 5-46）。

图 5-46　人类对于气候的影响

全世界每年燃烧几十亿吨煤和石油，使大量 CO_2 进入大气。据估计，大气中的 CO_2 浓度自工业革命以来已经升高 50% 左右，并且还在持续升高。CO_2 含量增加，大气温室作用加强，将使气温升高。

由于人类活动的不断强化，人为气溶胶在大气中占的比重越来越大。但气溶胶的气候效应是一个非常复杂的问题。第一，它会反射太阳辐射，减少到达地面的太阳辐射，有降温效应；第二，它可增加地气系统对太阳辐射的吸收，有增温效应；第三，它通过吸收地面长波辐射，减少地面有效辐射，同样是温室效应；第四，它可通过影响云量，增加云的反射率和吸收率，从而影响气候系统的热量收支；第五，气溶胶对云雨天气也有复杂的影响，若水汽充足，则云雨量增加，若水汽较少，则仅增加云滴数量，延长云的生命史。

海洋污染对气候的影响也开始引起人们注意。据估计，目前抛弃到海洋中的废油约达 200 万 t。由于水面上漂浮一层油膜，从而产生油膜效应，破坏了海水的蒸发和海水中 CO_2 的排吸作用，削弱了海洋对气温的调节机制，从而影响到气候。

三、应对全球气候变化的措施

针对气候变化的国际响应是随着《联合国气候变化框架公约》的发展而逐渐成形的。

为了控制温室气体排放和减小气候变化危害，1992 年联合国环境与发展大会通过《联合国气候变化框架公约》。1997 年，在日本京都召开了缔约方第二次大会，通过了《京都议定书》，规定了 6 种受控温室气体，明确了各发达国家削减温室气体排放量的比例，并且允许发达国家之间采取联合履约的行动。2015 年 12 月 12 日在第 21 届联合国气候变化大会上通过了《巴黎协定》，2016 年 4 月 22 日，175 个国家共同签署了气候变化问题《巴黎协定》，承诺将全球气温升高幅度控制在 2℃的范围之内。2016 年 9 月 3 日，全国人大常委会批准中国加入《巴黎气候变化协定》，成为第 23 个完成了批准协定的缔约方。

地学视野：温室效应与全球变暖的争论

这里所说的全球变暖，主要是指工业革命以来，即 1850 年以来地球温度呈现出在振荡中持续上升的趋势。这一升温趋势是什么原因造成的？未来全球是否会持续增暖？人类该如何减缓和适应这种变暖？关于此方面的研究，目前国际上有两大主要组织：政府间气候变化专门委员会（IPCC）和非政府间国际气候变化专门委员会（NIPCC）。

20 世纪 70 年代开始，科学家们逐渐意识到全球正在经历一个持续增暖的阶段，并认为人类活动是造成持续增暖的主要因素。为此，1988 年世界气象组织（World Meteorological Organization，WMO）和联合国环境规划署（United Nations Environmental Programme，UNEP）合作成立了 IPCC，专门负责研究由人类活动造成的气候变化。IPCC 自 1990 年开始每 5～6 年发布一次《气候变化评估报告》，至今已发布了六次正式的报告。其中，2001～2021 年，IPCC 发布了四次评估报告，对人类活动引起气候变化的可能性评估从 66%、90%、大于 95% 最终上升至“毋庸置疑”。在海洋变暖、水循环变化、冰冻圈退缩、海平面上升和极端事件变化等诸多方面，也检测到了人类活动影响的因素。因此，IPCC 更加确信，近百年来人类活动对气候变暖发挥着主导作用。

在 IPCC 第一次评估报告发表后，就有人提出反对意见。2007 年 2 月美国伊利诺伊州芝加哥哈特兰德研究所（Hart Land Institute）科学与环境政策计划（Science and Environmental Policy Project，SEPP）组建了“B 支队”（team B），目的是对气候变暖的科学证据进行独立于 IPCC 的评估。2007 年 4 月该组织于维也纳国际气候工作会上正式成立并更名为 NIPCC。2008 年 4 月 NIPCC 出版了决策者摘要，题为《自然而不是人类活动控制气候》。针对 IPCC 的报告，NIPCC 提出了 8 个问题：①现代气候变暖在多大程度上是由人类活动引起的？②现代变暖是自然原因造成的(人类活动的影响几乎可以忽略)；③气候系统模式不可信(各种模拟的预估结果缺乏一致性)；④未来海平面的上升不可能加速；⑤人类活动产生的温室气体确定使海洋变暖了吗？⑥人们对大气中的 CO_2 了解究竟有多少？（足以支持结论吗？）⑦人类排放 CO_2 的影响是温和的（不足以造成较大的气候变化）；⑧中等程度的变暖对经济影响可能是正面的（农作物产量提高，大量寒冷地区适宜居住）。

需要注意的是，NIPCC 并不是与 IPCC 完全对立，双方争论的焦点在于"现代全球变暖是否是人类活动造成的"。随着新技术、新数据的挖掘，以及研究的深入，NIPCC 的代表科学家们从一开始否认气候变暖到接受全球变暖的事实，IPCC 的代表作者承认自然原因在气候变化中的作用，这都说明科学的争论是有利于促进科学进步的。

当然，也要认识到，全球变暖并不意味着就是世界末日，有很多宣传是夸大其词的。气候变化实际是利弊兼具，所以既要认识到危险的确存在，又要关注到其中的机遇。人们需要在发展和保护环境之间寻找到一个平衡点。

探究活动：计算不同地点的大气舒适度指数、预测未来气温变化等

1. 通过定时定点观测及查找资料，获取所在地方不同季节、一天中不同时间点的气象要素值，并分析其特征与规律。

2. 选择我国东西南北中数个不同的地点，查找气象数据计算其大气舒适度指数，并分析其差异，解释其原因。

3. 利用你认为合适的方法，预测未来 30～50 年世界近地面平均气温的可能变化（定性或者定量均可），说明预测方法与依据。

4. 收集资料，获取历史气候变化数据，了解历史气候的时空变化特征，以及我国特征时期（秦汉暖期、魏晋南北朝冷期、隋唐暖期、宋元暖期、明清冷期）气候变化特征及其可能原因。

主要参考及推荐阅读文献

樊星，秦圆圆，高翔 . 2021. IPCC 第六次评估报告第一工作组报告主要结论解读及建议 . 环境保护，49（Z2）：44-48.

方修琦 . 2013-01-21. 全球变暖面面观 . 解放日报，11 版：思想者 .

龚一鸣，殷鸿福，童金南，等 . 2023. 地球的过去与未来 . 武汉：中国地质大学出版社 .

南京大学地理系 . 1980. 自然地理基础 . 北京：商务印书馆 .

秦大河 . 2018. 气候变化科学概论 . 北京：科学出版社 .

陶世龙，万天丰 . 2010. 地球科学概论 . 2 版 . 北京：地质出版社 .

王建 . 2011. 现代自然地理学 . 2 版 . 北京：高等教育出版社 .

王绍武 . 2009. 全新世气候 . 气候变化研究进展，5（4）：247-248.

王绍武，罗勇，赵宗慈 . 2010. 关于非政府间国际气候变化专门委员会（NIPCC）报告 . 气候变化研究进展，6（2）：89-94.

伍光和，王乃昂，胡双熙，等 . 2008. 自然地理学 . 4 版 . 北京：高等教育出版社 .

周淑贞，张如一，张超 . 1997. 气象学与气候学 . 3 版 . 北京：高等教育出版社 .

Betts A K，Ball J H. 1997. Albedo over the boreal forest. Journal of Geophysical Research，102（D24）：28901-28910.

Gabler R E，Petersen J F，Trapasso L M，et al. 2007. Essentials of Physical Geography. 8th ed. Belmont：Thomson Brooks/Cole.

IPCC AR5. 2013. Climate change 2013 the physical science basis: Working Group Ⅰ contribution to the fifth assessment report of the intergovernmental panel on climate change.

Laing A, Evans J L. 2011. Introduction to Tropical Meteorology. 2nd ed. US: The COMET Program, University Corporation for Atmospheric Research.

Markvart T, CastaLzer L. 2012. Practical Handbook of Photovoltaics: Fundamentals and Applications. 2nd ed. Amsterdam: Elsevier Science.

Stocker T F, Qin D, Plattner G-K, et al. 2013. Technical Summary//Climate Change 2013: The Physical Science Basis. Contribution of Working Group I to the Fifth Assessment Report of the Intergovernmental Panel on Climate Change. Cambridge: Cambridge University Press.

Strahler A N. 1975. Physical Geography. 4th ed. Hoboken: John Wiley & Sons, Inc.

Wang Y J, Cheng H, Edwards R L, et al. 2001. A high-resolution absolute-dated late pleistocene monsoon record from Hulu Cave, China. Science, 294(5550): 2345-2348.

Wang Y J, Cheng H, Edwards R L, et al. 2005. The holocene Asian monsoon: Links to solar changes and North Atlantic climate. Science, 308(5723): 854-857.

Wang Y J, Cheng H, Edwards R L, et al. 2008. Millennial- and orbital-scale changes in the East Asian monsoon over the past 224,000 years. Nature, 451(7182): 1090-1093.

第六章
水圈与水体环境

第一节　水圈组成与结构特征

　　水是支持自然界各种生命活动和人类生存、发展的基础，是地表环境中最活跃的因子之一。

一、水圈的组成

　　地球表面约 70.8% 被水所覆盖，因此地球有"水的行星"之称。地球上各种形态的水的总储量约 13.86 亿 km³，绝大多数存储于海洋，约占全球总水量的 96.5379%（表 6-1）。

表 6-1　全球各种存储形式的水

类别	体积 /km³	占总水量的百分比 /%
海洋水	1338000000	96.5379
极地冰盖和冰川	24064000	1.7362
地下水	23400000	1.6883
永久冻土底冰	300000	0.0216
土壤水	16500	0.0012
湖泊水	176400	0.0127
河流水	2120	0.0002
大气水	12900	0.0009
沼泽 / 湿地水	11500	0.0008
生物水	1120	0.0001
淡水	35029210	2.5274
总水量	1385984540	100.00

　　可以从不同的角度来考察水圈的组成。若从相态角度来考察，液态水占绝大多数，气态水最少；若从垂向分布来看，地表水占绝大多数，地下水和大气水所占比例很小；若从盐度或者水质方面来看，海水占绝大多数，淡水所占比例较小；若从富集地貌形态来看，海洋水占绝大多数，陆地水所占比例很小。陆地水中又以冰川水为主体，而河、湖、土壤水、地下水等，所占比例较小（图 6-1）。

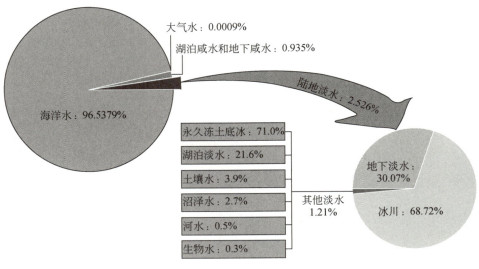

图 6-1　水圈的组成

在自然条件下，地球上的水以气态、液态和固态三种形式存在于空中、地表与地下，分别称为大气水、地表水和地下水（图 6-2）。这些水体通过水循环组成了一个统一的相互联系的环绕固体地球表面的水圈。

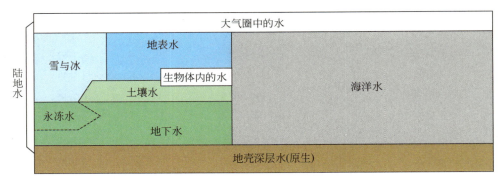

图 6-2　地球水圈的结构模式图

（一）大气水

地球表面的广大自由水面、潮湿地面、土壤表层和植物叶茎的水分在太阳辐射的作用下蒸发形成水汽，即大气水。

大气水的分布是不均衡的，一般随纬度增高而减少，由沿海向内陆减少。在大气中，水汽多集中在 2000～3000m 以下的大气层中，8000m 以上水汽则很少。此外，水汽的变化还受季节影响，如中纬度严寒的冬季，大气中水汽含量只有千分之几，在潮湿的夏季可达 30%。

（二）地表水

地球表面的水统称为地表水。地表水包括海洋水和陆地地表水。海洋具有广阔水面可以直接接纳大气降水，大多数陆地地表水则不然，其水面面积与其流域面积相比是非常小的，它的水量主要由流域内降水汇集而成。因此，陆地地表水主要取决于气候因素（降水、蒸发），其次是地形、植被、土壤蓄水能力及流域面积等汇流条件。

（三）地下水

存在于地面以下的各种状态的水称为地下水。地下水大部分是大气降水和地表水通过土壤、岩石的隙缝和溶洞等渗透和聚集到地下一定深度而成的，也有小部分由地壳深部水汽凝结而成。

（四）生物水

生物水是指包含在生物体内的水量。在生物界中生物总量约为 14000 亿 t，生存物质中平均含水量 80%，即 1120km³。生物体内含水总量的 60% 参加水循环，所以在地球的水循环过程中，生物水也是一个重要环节。

二、水圈的结构特征

水圈是一个连续而不规则的圈层。水以气态、液态、固态的形式相互转化，从而可以深入地球系统的每一处。同时，通过水循环与其他各个圈层联系起来，在地表形成一个连续的圈层（图 6-3）。

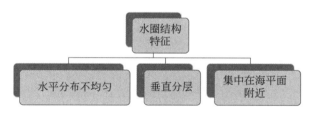

图 6-3　水圈结构特征

（一）水平分布不均匀

水圈水平分布的不均匀性，一是表现在水圈的厚度各处不一，二是表现在水圈中各处分布的水量不同。例如，海洋所在的地方水圈的厚度就大，水量也多；而陆地上水圈的厚度相对较小，水量也少。南半球海洋面积大，拥有的水量也多，而北半球海洋面积相对小一些，拥有的水量也少。湿润地区水分比较丰富，而干旱地区水分比较缺乏。沿海地区一般水分比较丰富，而内陆地区水分比较缺乏。我国水资源的分布总趋势是由东南沿海向西北内陆递减。

（二）垂直分层

水圈在垂直方向上具有一定的分层现象。例如，"地下水、地表水和大气水"的分类表述，就在一定程度上反映了水圈的垂直分层现象。又如，海洋水也有明显的分层现象：表层水、中层水和深层水，它们的温度、盐度、运动特征均有所不同。

（三）集中在海平面附近

水主要集中分布在海平面附近，随着与海平面距离增大水越来越少。例如，海洋水在海平面附近面积最大（图6-4），河流、湖泊、沼泽等在海平面附近或者低海拔地区分布较广。大气圈中的水也主要集中分布在近海平面的对流层。岩石圈中的水也主要集中在它的表层或者上部。

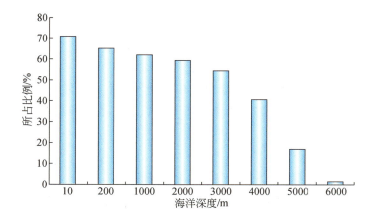

图 6-4　海洋不同深度水层覆盖地球表面的百分比

第二节　陆地水体环境

一、陆地表面水的组成

陆地地表水主要包括冰川水、湖泊水、沼泽水和河流水，此外还有极小一部分组成了生物水。

冰川是固态降水积累演化而成的，从静态储水量看，是陆地地表第一大水体。陆地表面水中约89%以固态冰川的水体形式分布在南极大陆，其余六大洲地表水的总量仅占全球地表水的约11%，而这11%中有10.16%还是冰川水体。因此，可以被直接利用的陆地水（如湖泊、沼泽和河流水）所占比例很小（表6-2）。

表 6-2　陆地地表水的组成

水体		水量 / 万亿 m³	占陆地地表水总量 /%
冰川与永久积雪	南极	21600	89.057
	格陵兰	2340	9.648
	冰岛	83.5	0.344
	各洲山地	40.6	0.168
湖泊	淡水湖	91	0.375
	咸水湖	85.4	0.352

续表

水体	水量 / 万亿 m³	占陆地地表水总量 /%
沼泽	11.4	0.047
河槽（蓄水）	2.12	0.009
总计	24254.02	100

二、河流水

地表水沿天然槽谷运动形成的水体称为河流。河流在地表水循环过程中起着上接大气水，下承地下水，最后连接海水的作用。在全球水循环大系统中，河流则为大气、海洋、地表、地下四大亚系统的传递子系统。在地球的各种水体中，河流的水面面积和水量都很小，但它与人类的关系最为密切。

（一）水系

大气降水或地下涌出地表的水汇集在地表低洼处，在重力作用下经常地或周期性地沿洼地流动，形成河流。大小不一、规模不等的河流彼此相连形成的网络系统称为水系。将汇集的水流注入海洋或内陆湖泊的河流称为干流。注入干流的河流为支流，可分成许多级。直接汇入干流的河流为干流的一级支流，如汉江是长江的一级支流；直接汇入一级支流的河流为干流的二级支流，如丹江流入汉江，是长江的二级支流，其余的依次类推。当然，也有另一种划分方法，就是河流源头最小的支流为一级支流，两个一级支流汇合形成二级支流，两个二级支流汇合形成三级支流，依此类推（图 6-5）。

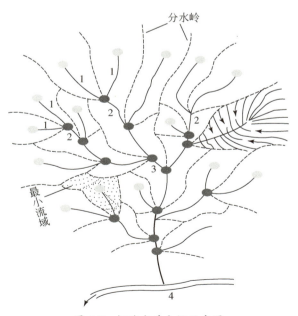

图 6-5　河流水系分级示意图

（二）流域

雨水因高地或山岭地势不同分别汇集到两条不同的河流中，这些高地或山岭的最高点或脊线起着分水的作用，是相邻两流域的界线，称为两个水系的分水线，这些高山或山岭称为分水岭。中国秦岭为一条大致沿东西向伸展的山脉，降落在秦岭以北的雨水流入黄河，秦岭以南的雨水流入长江，因此秦岭为黄河水系与长江水系之间的分水岭，秦岭的山脊线为黄河水系和长江水系的地表分水线。

每一条河流或每一个水系都从一定的陆地面积上获得补给水，分水线包围着的这一集水区就是河流或水系的流域。地表分水线与地下分水线重合的流域为闭合流域，否则为非闭合流域。

流域面积、流域长度、流域平均坡度、流域形状、流域平均宽度等是流域重要的形态参数，影响着河流径流。流域面积直接影响着径流的形成过程和河流水量。除干燥地区外，一般是流域面积越大，河流水量也越大（表6-3）。

表6-3　世界各大河流概况（按照年均流量排序）

河流名称	大洲	流入海洋	长度/km	汇流面积/万 km²	年均流量/km³
亚马孙河	南美洲	大西洋	6308	691.5	6923
恒河-布拉马普特拉河	亚洲	孟加拉湾	2897	162.1	1386
刚果河	非洲	大西洋	4370	345.7	1320
奥里诺科河	南美洲	大西洋	2740	94.8	1007
长江	亚洲	中国东海	6300	195.9	1006
拉普拉塔河	南美洲	大西洋	4700	310.0	811
叶尼塞河	亚洲	喀拉海	5540	258.0	618
勒拿河	亚洲	拉普帖夫海	4345	249.0	539
密西西比河	北美洲	墨西哥湾	5971	322.1	510
湄公河	亚洲	中国南海	4500	81.0	505

资料来源：Dettinger 和 Diaz，2000。

（三）径流

降水落到地面，除下渗、蒸发等损失外，其余则通过地面或地下汇入河网，并从流域出口断面流出的水流，称为径流。根据水流形成过程和汇入途径不同，可分为地表径流、地下径流及壤中流（表层流）。来自地表的称为地表径流，来自地下的称为地下径流，来自土壤的称为壤中流。

河川径流量一般是指河流出口断面的流量或某一时段内的河水总量。河川径流以水平方向流动为主，将地表多余水量输送到海洋。

1. 径流过程

由降水到达地表起，到水流流经出口断面的整个过程为径流的形成过程。由于自然环境复杂多样，大气降水降落到地表后汇集到河流的情况也各不相同。地面径流的形成通常有以下几个过程（图6-6）。

图6-6 径流形成过程

（1）流域蓄渗过程：降水初期，除小部分降水（一般不超过5%）降落在河槽水面上直接形成径流外，大部分降水并不立即产生径流，而消耗于植物截留、下渗、填洼与蒸散发。降水被植物茎叶拦截的现象为截留；流水或降落的雨水，在低洼地方停蓄的过程为填洼；水分从地面渗入土壤的过程称为下渗。这种在降水开始之后，径流产生之前，降水的损耗过程称为蓄渗过程。

（2）坡面汇流过程：当流域内满足下渗和填洼后，雨水在坡面上大范围流动的过程就会开始。在坡面上呈片流、细沟流运动的现象，称为坡面漫流。坡面漫流开始的时间各不一致，首先在流域内透水性差的地方和坡面陡峻处开始，然后扩大范围至全流域。在水分已经达到饱和的土壤中，一部分水在土壤中流动，便形成了壤中流。入渗到地下水面的水在地下含水层中运动，便形成了地下径流。

（3）河槽集流过程：各种径流成分经过坡地汇流注入河网后，在重力作用下逐渐由上游向下游流动，在运行过程中不断接纳各级支流的来水和旁侧入流的补给水，使水量不断增加。这一过程自坡地汇流注入河网开始，将最后汇入河网的水输送到出口断面为止。

2. 径流的变化

1）径流的年内变化

径流的年内变化也称径流的年内分配或季节分配。径流的年内变化影响河流对工农业的供水和通航时间的长短。径流量在年内的分配是不均匀的。径流的这种年内变化主要取决于径流补给条件在年内的变化。以降雨补给为主的河流，径流的年内分配取决于降雨和蒸发的年内变化；以冰雪融水及季节性积雪融水补给为主的河流，年内气温的变化过程与径流季节变化关系密切；流域内有湖泊、水库调蓄或其他人类活动因素影响的，则径流的年内变化更为复杂。通常用多年平均季（或月）径流量占多年平均径流量的百分比或某些特征值来综合反映径流量的年内变化（图6-7）。

2）径流的年际变化

河流不同年份的年径流量差异为径流量的年际变化。研究年径流量的多年变化规律，不仅为确定水利工程的规模和效益提供了基本的依据，还对中长期水文预报及跨流域引水具有重要意义。年径流量的多年变化一般是指年径流量年际间的变化幅度和多年变化过程两个方面。一般以年径流量的变差系数值和年际变化绝对比率来反映年径流量年际相对变化幅度。

年径流量的变差系数 C_v 值为

$$C_v = \sqrt{\sum_{i=1}^{n} \frac{(K_i-1)^2}{n-1}} \tag{6.1}$$

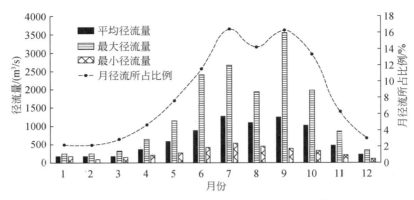

图 6-7 黄河上游唐乃亥水文站径流年内分布（张营营等，2017）

式中，n 为观测年数；K_i 为第 i 年的年径流变率，即第 i 年平均径流量与正常径流量的比值。$K_i > 1$，表明该年的年径流量比正常情况多；$K_i < 1$，则相反。

年径流量的 C_v 值反映年径流量总体的相对离散程度，C_v 值越大，年径流的年际变化越剧烈，对水利资源的利用越不利，且越容易发生洪涝灾害；C_v 值小，则年径流量的年际变化越小，越有利于径流资源的利用。影响年径流 C_v 值大小的因素主要有年径流量、径流补给来源和流域面积。

多年最大年径流量与多年最小年径流量的比值为年径流量的年际比值，也称为年际极值比。同 C_v 值一样，年际极值比也可反映年径流量的年际变化幅度。年际极值比越大，年际变化也就越大。一般而言，C_v 值大的河流，年际极值比也大。

（四）河流的补给

河流的补给是指河流水分的来源。河流补给不同，其水文情况就有所不同。根据降水形式及向河流运动路径的不同，河流补给可分为雨水补给、冰雪融水补给、湖泊与沼泽水补给以及地下水补给（图 6-8）。

图 6-8 河流的补给来源

1. 雨水补给

雨水补给与降水特性和下垫面性质密切相关。降雨量大小和降雨特性决定了雨水补给的特点。降雨量的大小决定了补给水量的大小，降雨量大，补给量大。另外，由于降雨具有集中性和不连续性，雨水的补给也具有集中性和不连续性。流域内降雨量及其变化与河流水量及变化关系十分密切。例如，我国东部地处季风区，降雨相对集中在夏秋季节，且多暴雨，因而夏秋两季汇水过程迅速且来势凶猛，发生洪水概率较大。

2. 冰雪融水补给

冰雪融水补给包括季节性积雪融水补给和冰川融水补给。融水补给特点主要取决于冰雪量和气温的变化。在寒带和温带地区，冬季降雪到地面形成雪盖，到第二年春天气候转暖，积雪融化补给河流，这是季节性积雪融水。例如，我国东北地区的黑龙江、松花江，春季积雪融化补给的河流水量占一定比例，往往形成春汛。其补给特点是河流水量及其变化与流域积雪及流域内气温变化有关。而在高山及高纬度地区，在春、夏季往往有冰川融水补给河流，如我国西部高山冰川夏季融化补给河流。冰川补给河流水量与流域内冰川永久积雪量及气温高低关系密切，因而河流的水情变化与气温变化密切相关。

3. 湖泊、沼泽水补给

湖泊可以位于河流的源头，也可以位于河流的中下游地区。某些位于山地高原的湖泊沼泽，本身就是河流的发源地，直接补给河流；有的湖泊汇集若干河流来水后，又转而补给河流，如鄱阳湖、洞庭湖等。湖泊水对河流的补给主要是因为湖泊接纳大气降水和地表水，并暂时储存起来，然后慢慢地补给河流，对河流水量起着调节作用。

沼泽水补给河流水量变化一般比较缓慢，变幅较小。

4. 地下水补给

在没有地表水补给的情况下，河流又能持续不断地保持一定水量，就因为有地下水补给。在我国，冬季降水稀少，河流几乎是由地下水补给的。

地下水是河流经常而又比较稳定的补给。在我国东部湿润地区，地下水补给占年径流量的百分比一般不超过 40%；在西部干旱区，这一比例可超过 40%。影响地下水补给的最重要因素是流域所处的气候状况，其次是流域内的地表物质组成和河槽的切割深度。

当然，一条河流的河水补给来源往往不是单一的，而是以一种形式为主的混合补给形式，对流域自然条件复杂的大河流来说尤其如此。例如，我国长江上游地区除雨水、地下水补给外，高原高山上冰川、积雪在夏季融化也补给河流。

（五）河水的运动

1. 河流的运动状态

河水运动是指重力、阻力和惯性力作用而引起河水的运动。根据水流所受惯性力与重力的相对大小，分为缓流、急流与临界流，可用水流弗劳德数（Fr）判别：

$$Fr = \frac{v}{\sqrt{gh}}$$

（6.2）

水流弗劳德数是一个表示水流所受惯性力与重力作用之比值的水力学指标。其中，v 为断面平均流速；g 为重力加速度；h 为断面平均水深。当 $Fr > 1$ 时，惯性力对水流起主导作用，为急流；当 $Fr < 1$ 时，重力起主导作用，为缓流；$Fr=1$ 时，重力、惯性力作用相等，为临界流。

根据水流的流动状态还可将河流分为层流与紊流。水流质点彼此不交叉，即水质点运动的轨迹线（流线）平行，在水流中运动方向一致，流速均匀，称为层流；在运动过程中水质点运动速度与方向均随时随地在变化，轨迹曲折，相互交叉，称为紊流（图6-9）。层流与紊流通常用临界雷诺数 Re 来判别。当实际水流的雷诺数大于临界雷诺数时，水流为紊流。天然河道的水流一般均呈紊流状态。紊流最基本的特征是，即使在流量不变的情况下，流量中任一点的流速和压力也随时间呈不规则的脉动。另一个特性是具有扩散性能，它能够在水层之间传送动量、热量和质量。

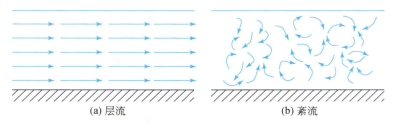

(a) 层流	(b) 紊流

图 6-9　河流中的水流类型剖面示意图

2. 河流的环流运动

河水在重力的作用下沿河槽不断向下游流动，重力是决定河水纵向运动的基本动力。河水在运动过程中，同时受到地转偏向力、惯性离心力和机械摩擦力等作用。在这些力的影响下，河水除了沿河槽做纵向运动以外，还会产生各种形式的环流运动。因此，河水内部的不同水质点或水团，在重力、地转偏向力及惯性离心力的综合作用下，呈螺旋状下移。

环流对泥沙运动和河床演变有着重要的影响，它是泥沙横向输沙的主要动力，也是河槽形状多样化的主要原因。

案例分析：都江堰是如何利用弯道环流进行分水分沙的？

都江堰水利工程是战国时期秦国蜀郡太守李冰及其子率众于公元前 256 年修建成的一座以无坝引水为特征的大型水利工程，位于四川成都平原西部都江堰市西侧的岷江上，是中国现存的最古老而且依旧在发挥作用的水利工程（图 6-10）。那么，都江堰是怎么利用水利学原理来解决分水分沙的呢？

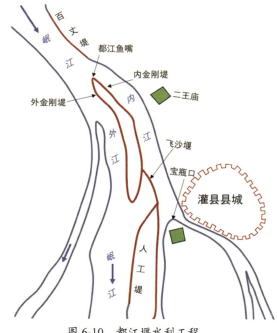

图 6-10　都江堰水利工程

弯道环流主要是在弯道惯性离心力的作用下形成的，它是弯道河段水流结构的主要形式。水流进入弯道后，在纵向下移的同时，受到弯道惯性离心力的作用，表层水流向凹岸，使凹岸水面高于凸岸，凹岸水位升高从而形成下降流；底层水流向凸岸，在凸岸形成上升流，这样在横断面上的投影形成了顺主流方向呈螺旋形向前运动的水流（图6-11）。由于环流的作用，凹岸的水含沙量较低，而凸岸的水含沙量较高。

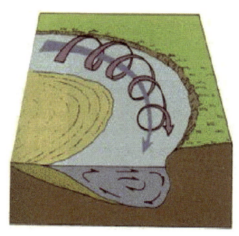

图6-11　弯道环流

都江堰工程就是利用凹岸引水来达到控制含沙量的目的。"鱼嘴"是都江堰的分水工程，位于岷江江心，把岷江分成内、外二江。西边的称为外江，位于弯道的凸岸，主要用于排洪和排沙；东边的称为内江，位于弯道的凹岸主要用于引水灌溉。"鱼嘴"能把含沙量大的水流导向外江，把含沙量小的水流导向内江。"宝瓶口"设置在弯道的凹岸，实现了二次分水分沙，从而使得都江堰工程不仅能够控制引出水的数量，还能够降低引出水的含沙量。

三、湖泊和沼泽水

（一）湖泊

湖泊是陆地表面具有一定规模的天然洼地的蓄水体系。在中国各地，这类水体还常称为泽、淀、海子、措、茶卡、荡、潭等。由于湖泊是地表中一种交替周期较长、流动缓慢的滞流水体，同时又受到四周陆地生态环境和社会经济条件的制约，因而与河流和海洋相比，湖泊的动力过程、化学过程及生物过程都具有鲜明的地区性特点。在地表水循环过程中，有的湖泊是河流的源泉，起着水量储存与补给的作用；有的湖泊（与海洋沟通的外流湖）是河流的中继站，起着调蓄河川径流的作用；还有的湖泊（与海洋隔绝的内陆湖）是河流终点的汇集地，构成了局部的水循环。陆地表面湖泊总面积约为270万 km^2，占全球陆地面积 1.8% 左右，是仅次于冰川的陆地表面第二大类蓄水体。世界湖泊最集中的地区为北欧和北美。我国也是一个湖泊较多的国家，我国湖泊总面积约为

7万km²，主要分布在青藏高原区和东部平原区。Lehner和Döll（2004）估计，在地球上面积大于0.1km²的湖泊和水库有25万个，其面积总和为270万km²。湖泊和水库在全球的分布不均衡。大多数湖泊位于北半球，35°N附近湖泊数量最多，世界上超过60%的湖泊都在加拿大。

1. 湖泊类型

由于研究目的不同，划分湖泊类型的方法和依据也不尽相同，主要分类方法有以下几种（图6-12）。

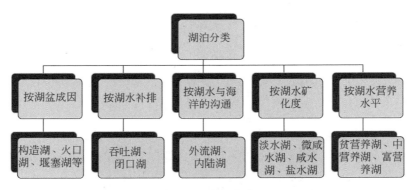

图6-12　湖泊分类

（1）按湖盆成因，湖泊分为构造湖、火口湖、堰塞湖、河成湖、风成湖、冰成湖、海成湖、溶蚀湖。湖盆是湖泊形成的基础，湖盆的成因不同、湖底的原始地形、湖泊形态也各不相同，而湖泊的形态特征往往对湖水的运动、理化性质、水生生物生长以及湖泊的演化，都有不同程度的影响，因而按湖盆成因分类得到广泛的应用。天然湖盆是在内、外力共同作用下形成的，以内力作用为主形成的湖盆主要有构造湖盆、火口湖盆等；以外力作用为主形成的湖盆主要有河成、风成、冰成、海成以及溶蚀等不同类型的湖盆。

（2）按湖水补排情况，可将湖泊分为吞吐湖和闭口湖。前者既有河水注入，又能流出，如洞庭湖；后者只有入湖河流，没有出湖水流，如罗布泊。

（3）按湖水与海洋沟通情况，可将湖泊分为外流湖与内陆湖两类。外流湖是湖水能通过出流河汇入大海，内陆湖则与海隔绝。

（4）按湖水矿化度，主要依据湖水含盐度的大小，可将湖泊分为淡水湖、微咸水湖、咸水湖和盐水湖。淡水湖矿化度小于1g/L；微咸水湖矿化度在1～24g/L；咸水湖矿化度在24～35g/L；盐水湖矿化度大于35g/L。外流湖多为淡水湖，内陆湖则多为咸水湖、盐水湖。

（5）按湖水营养水平，即按湖水所含溶解性营养物质不同，湖泊可分为贫营养湖、中营养湖、富营养湖。一般近大城市的湖泊，由于城市污水及工业废水的大量进入，大多已成为富营养化的湖泊。

2. 湖水运动和水量平衡

1）湖水运动

与河水运动相比，湖水运动相对缓慢，但在风力、密度梯度力及气压突变等作用下，湖水处于不断运动中，运动形式主要有具有周期性升降波动和非周期性的水平流动。前者如波浪、定振波，后者如湖流、混合、增减水等。这两种运动往往是相互影响、相互结合、同时发生的。湖水运动是湖泊最重要的水文现象之一，对湖水的理化性质、湖盆形态的演变、湖中泥沙运动及水生生物的分布与变化有着重要的影响。

2）湖泊水量平衡

湖泊水量受出入湖径流量、湖面降水量、湖面蒸发量以及工农业用水量的影响而常有变化。湖泊水量的这一变化过程，可用水量平衡方程式来表示：

$$P + R_{表} + R_{地下} = E + R'_{表} + R'_{地下} + q + \Delta V$$

式中，P 为湖面降水量；$R_{表}$ 和 $R_{地下}$ 分别为入湖地表和地下径流量；$R'_{表}$ 和 $R'_{地下}$ 分别为出湖地表和地下径流量；E 为湖面蒸发量；q 为工农业和城市用水量；ΔV 为计算时段始末湖水储量的变量。

3. 湖泊的调蓄作用

湖泊具有调蓄作用，可分蓄江河洪水，降低干流河段的洪峰流量，滞缓洪峰发生的时间。洞庭湖和鄱阳湖与长江干流自然连通，是长江中游大型调蓄湖泊。洞庭湖作为大型吞吐湖，是调蓄长江中游干、支流洪水的重要的天然水库。1954 年特大洪水时，洞庭湖削减洪峰流量 27400m³/s，占洪峰量的 40%，滞后洪峰 3 日，发挥了巨大的调节作用。鄱阳湖在一般年份可调节来水量的 15% ～ 30%，而特大洪水年，如 1954 年，它削减了入湖峰量的 50% 以上。湖泊调蓄能力的大小，首先取决于湖泊容积，其次取决于内湖水位与外江水位之间的涨落关系及差值。

由于湖泊是长期受地质、水文、气候、地球化学等自然因素作用形成的自然综合体，因而在利用和改造湖泊方面应特别注意各种因素的相互作用。例如，湖区泥沙沉积是影响湖泊调蓄的自然因素，而围湖造田等是削弱湖泊调蓄能力的人为因素。

（二）沼泽

沼泽是地面长期处于过湿状态或潴滞着微弱流动的水，生长着喜湿和喜水的植物，并有泥炭积累的洼地。全球沼泽面积约为 1.12 亿 hm²，约占陆地面积的 0.8%，主要分布在亚、欧、北美三大洲的寒温带地区。我国沼泽面积约为 1100 万 hm²，约占全国陆地面积的 1.15%，主要分布在四川的若尔盖高原、东北的三江平原、大小兴安岭、长白山地等。

沼泽一般形成于冷温或温湿地带气候区，地势低平、排水不畅、蒸发量小于降水量、地表组成物质黏重不易渗透。沼泽按形成大致可分为水体沼泽化和陆地沼泽化。水体沼泽化过程包括湖泊沼泽化和河流沼泽化。陆地沼泽化可分为森林沼泽化和草甸沼泽化。

受泥炭层的物理性质和沼泽发育程度的制约，沼泽水体具有不同于其他地表水和地下水的水文特征。沼泽水大多以重力水、毛管水、薄膜水等形式存在于泥炭和草根层中。蒸发量大、径流量小是沼泽水量平衡的重要特点。沼泽地区地表径流量很少，大部分水量为沼泽吸收，消耗于蒸发。表面有积水或表层水饱和的沼泽，其表面温度及日变幅都小于一般地面。沼泽水矿化度较低，除干旱区的盐沼和海滨沼泽外，一般不超过 500mg/L，水的硬度很低，pH 为 3.5 ～ 7.5，呈酸性和中性反应。

四、地下水

存在于地面以下岩（土）层空隙中的不同形式的水统称为地下水。地下水的来源主要有大气降水、地表水渗入、凝结水、其他含水层与人工补给等。地下水以地下渗流方式补给河流、湖泊、沼泽，或直接注入海洋；上层土壤中的水分则被蒸发或被植物根系吸收后再回归大气，从而参与了地球上的水循环过程。因此，地下水系统是自然界水循环大系统的重要亚系统。地下水作为水圈的重要组成部分，一方面积极地参与全球的水循环过程，另一方面在一定的环境条件下，一定区域范围内的地下水自身通过补给、径流和排泄等环节，发生周而复始的运动，形成相对独立的地下水循环系统。

地下水为地球上重要的水体，是水资源的重要组成部分。地下水如一个巨大的地下水库，以其稳定的供水条件、良好的水质，成为工业、农业及城市生活用水的重要水源。尤其是在地表缺水的干旱、半干旱地区，地下水常常成为当地的主要供水水源。据不完全统计，20 世纪 70 年代以色列 75% 以上的用水为地下水供给；德国的许多城市供水也主要依靠地下水；法国的地下水开采量，要占到全国总用水量 1/3 左右；美国、日本等地表水资源比较丰富的国家，地下水也占到全国总用水量的 20% 左右。在中国，地下水的开采利用量占全国总用水量的 10%～15%，而北方各省份由于地表水资源不足，地下水开采利用量大。但过量的开采和不合理地利用地下水常常造成地下水位严重下降，形成大面积的地下水下降漏斗，在地下水用量集中的城市地区，还会引起地面沉降。此外，工业废水与生活污水的大量入渗，常常严重污染地下水源，危及地下水资源。

（一）地下水蓄水构造

1）含水层和隔水层

地下水埋藏于地下岩土的空隙之中。这些空隙有的含水，有的不含水，有的含水却不透水。因此，根据水分在土壤和岩石中的储存和运行状况，将其划分为含水层和隔水层。含水层是指储存有地下水，并在自然状态或人为条件下，能够流出来的松散堆积物或层状岩体，如砂层、砂砾石层等。那些虽然含水但几乎不透水或透水能力很弱的堆积物或岩体称为隔水层。例如，页岩和黏土层均可成为良好的隔水层。实际上，含水层与隔水层之间并没有严格的界线，它们的划分是相对的，并在一定条件下可以互相转化。

2）蓄水构造

由含水层与隔水层相互结合而构成的能够富集和储存地下水的地质构造体称为蓄水构造。蓄水构造体需具备三个基本条件：一是存在透水的岩层或岩体构成的蓄水空间；二是存在隔水岩层或岩体构成的隔水边界；三是存在透水边界，补给水源和排泄出路。

不同的蓄水构造对含水层的埋藏及地下水的补给水量、水质均有很大的影响。在坚硬岩层分布地区，蓄水构造主要有单斜蓄水构造、背斜蓄水构造、向斜蓄水构造、断裂型蓄水构造、岩溶型蓄水构造等。在松散沉积物广泛分布的河谷、山前平原地带，根据沉积物的成因类型、空间分布及水源条件，常见的蓄水构造分为山前冲洪积型蓄水构造、河谷冲积型蓄水构造、湖盆沉积型蓄水构造等。

（二）地下水的分类

地下水的分类方法有多种，可根据不同的分类目的、不同的分类原则与分类标准，划分为不同的类型（图 6-13）。根据岩土储水空隙的差异可分为孔隙水、裂隙水、岩溶水等；根据埋藏深度可分为浅层地下水和深层地下水；根据埋藏条件不同分为上层滞水、潜水和承压水三类。

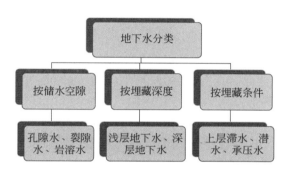

图 6-13　地下水分类

上层滞水是指存在于包气带中局部隔水层之上的重力水。它是大气降水或地表水在下渗途中，遇到局部不透水层的阻挡后，在其上集聚而成的地下水，主要损耗形式是蒸发和渗透。其分布范围一般不广，水量小，补给区与分布区基本一致，受气候、水文及其季节变化的影响较大。潜水是指埋藏在地表下第一个稳定隔水层之上具有自由水面的重力水。潜水的自由表面就是潜水面。从地表到潜水面的距离称为潜水埋藏深度。潜水面到下伏隔水层之间的岩层称为含水层，而隔水层就是含水层的底。潜水的埋藏条件决定了潜水具有以下特征：由于潜水面上没有稳定的隔水层，潜水面不承受静水压力；一般情况下，潜水分布区与补给区基本一致；潜水含水层通过包气带与地表水及大气圈之间存在密切联系，因此深受外界气象、水文因素的影响，动态变化不稳定，有明显的季节变化；潜水的水质随气候具有季节变化，而且容易受到污染。潜水与地表水之间存在相互补给和排泄的关系。承压地下水是指埋藏在上下两个隔水层之间的地下水。相对于潜水，承压水因存在隔水层顶板而承受静水压力。另外，承压水的分布区与补给区不一致，这是承压水有别于潜水的又一特征。由于隔水层顶板的存在，在相当大的程度上阻隔了外界气候、水文因素对地下水的影响，因此承压水的水位、温度、矿化度等均比较稳定。承压水的形成主要取决于地质构造条件，只要有适合的地质构造，无论孔隙水、裂隙水或岩溶水都可以形成承压水。最适宜于承压水形成的是向斜构造和单斜构造。若承压水水位高于上部隔水层，在地形条件适宜时，其天然露头或经人工凿井喷出地表形成自流井（图 6-14）。

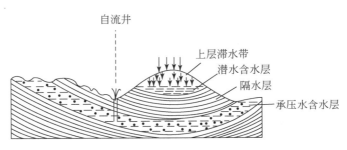

图 6-14　地下水分层与分带示意图

（三）地下水的运动及水量平衡

地下水在土壤和岩土空隙中的运动现象统称为渗流。依据地下水饱和程度的不同，渗流可进一步分为饱和渗流和非饱和渗流。前者包括潜水和承压水，主要在重力作用下运动；后者是指包气带中的毛管水和结合水运动，主要受毛管力和骨架吸引力的控制。

地下水水位、水量、水温和水质等要素随时间和空间所发生的变化现象和过程称为地下水的动态。地下水不同的补给来源与排泄去路决定着地下水动态的基本特征，而在一定时段内的地下水的水量等收支的数量关系称为地下水量平衡。

地学视野：地下水面临着枯竭的危险

地下蓄水层提供全世界人类所需用水的 35%，是全球饮用水、农业、商业和工业用水的重要水来源。但可以被直接饮用的地下淡水已经逐渐成为紧缺资源。地下水超采或含水层储量持续消耗是一个全球性的现象（Konikow and Kendy，2005）。在美国地球物理学联合会 2016 年秋季年会上，科罗拉多矿业学院水文学家德格拉夫发布研究称，未来几十年内，因当地民众抽取过量地下水用于生活饮用和农业灌溉，多达 18 亿人口所居住地区的地下水将被完全或几近耗尽。

美国水文学家德格拉夫和荷兰乌得勒支大学科研人员借助新的全球地下水位计算机模型分析了较小区域的地下水水位情况，并预估出未来达到极限的可能时间。研究显示，在印度、欧洲南部和美国的部分地区，未来数十年里，可供人类饮用的地下水将会枯竭。印度恒河流域上游地区，西班牙南部和意大利的地下蓄水层可能在 2040～2060 年被消耗殆尽。在美国，加利福尼亚州中部和南部的地下蓄水层可能会在 2030 年后干涸，得克萨斯州、俄克拉荷马州和新墨西哥州赖以生存的地下蓄水层可能在 2050～2070 年达到开采上限。

美国加利福尼亚大学欧文分校的研究者利用 NASA 卫星影像，"侦测地球因地下蓄水层水量减少而出现的重力变化数据，显示全球最大的 37 个蓄水层中有 21 个超过了可持续性临界点"，超过 1/3 的地下蓄水层正面临着枯竭。"在这 21 个地下蓄水层中，有 8 个几乎没有任何自然降水补给，被列为压力过大；5 个也仅是略有自然降水补充，呈现'高度紧张'的状况"。世界最干旱地区的人们基本上都依靠地下水生存，情况最严峻。卫星数据显示，阿拉伯蓄水层系统是地球上"最紧张"的蓄水层,其次是印度和巴基斯坦的印度河河盆、北非的穆尔祖格盆地蓄水层。

　　经济快速发展、高人口密度和气候变化等多种因素使华北平原成为引人关注的处于危险中地下水资源的区域(Zheng et al.,2010)。20世纪50年代之前,华北平原大部分地区的浅层地下水水位通常都不会低于地表3m以下,自20世纪60～70年代以来,不断增加的地下水开采使得华北平原含水层被大规模、持续地消耗。据中国地质调查局的最新数据,在华北平原的浅部和深部区域,含水层最大水位埋深分别超过了65m和110m。自70年代以来,华北平原含水层许多区域的地下水水位正以每年超过1m的速率下降(图6-15)。而人口增长和气候变化将会加快许多地下蓄水层的消失。同时,地下水的过度开采已经导致了严重的环境和生态问题,包括河流干涸、水质恶化、地面沉降、海水入侵等。

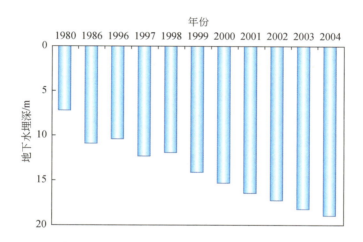

图6-15　北京1980～2004年地下水埋藏深度变化(关卓今等,2016)

五、冰川

　　高纬度及高山地区,由于气候寒冷,大气降水为固体形式,地表被冰雪所覆盖。冰雪经过重结晶变成具有可塑性的冰川冰,冰川冰在重力和压力的作用下沿地表缓慢运动就形成了冰川。它是陆地表面的一种固态水体,是地表的天然"固体水库",是世界上最大的淡水库,也是地球上除了海洋以外最大的蓄水池。目前,全球地表冰川总面积为1490万km²,约占世界陆地面积的10%,冰雪总储水量约为4340万km³。目前全世界的冰川每年消融的总水量可达3000km³,相当于全世界河槽总储水量的3倍。

　　全球冰川极不均衡地分布在各大洲。96.6%在南极洲和格陵兰岛,其次为北美洲(1.7%)和亚洲(1.2%),其他各洲数量极少。我国的冰川主要分布在西部高山地带,占亚洲冰川总面积的一半还多。其中,分布于内陆河流域的冰川面积约占60%,外流河区的冰川面积约占40%。各大山系中以昆仑山冰川覆盖面积最大,约占全国冰川总面积的20.6%;喜马拉雅山次之,约占19.6%;第三为天山,约占18.7%,仅这三大山系就占全国冰川总面积的60%左右。

（一）冰川类型

根据不同原则可将冰川分为不同的类型，常见的有形态分类和气候物理分类。

1. 冰川形态分类

按冰川的形态、规模和所处的地形条件，把冰川划分为以下 4 种主要类型：

（1）山岳冰川。它是完全受地形约束而发育的冰川，主要分布在地球中低纬高山地区，其中亚洲山区最发达。山岳冰川发育于雪线以上的常年积雪区，沿山坡或槽谷呈线状向下游缓慢流动。根据冰川的形态和部位可分为冰斗冰川、悬冰川和山谷冰川三种。①冰斗冰川是分布在雪线附近或雪线以上的一种冰川，它三面围壁较陡峭，底部平坦，下方有一短小的冰川舌流出冰斗。②悬冰川是山岳冰川中数量最多但体积最小的冰川，成群见于雪线高度附近的山坡上，像盾牌似的悬挂在陡坡上，其前端冰体稍厚，没有明显的粒雪盆与冰舌的分化，厚度一般只有一二十米，面积不超过 1km^2。对气候变化反应敏感，容易消退或扩展。③山谷冰川有大量冰雪补给，冰斗冰川迅速扩大，大量冰体从冰斗中溢出，并进入山谷形成，是山岳冰川中发育最成熟的类型。它以雪线为界，有明显的冰雪积累区和消融区，长可达数千米至数十千米，厚数百米。若单独存在一条冰川，称为单式山谷冰川；由几条冰川汇合的称为复式山谷冰川。

（2）大陆冰川。在两极地区发育的冰川面积广，厚度大，不受地形约束。如冰川表面中心形状凸起形似盾形的，称冰盾；还有一种规模更大的、表面有起伏的大陆冰体，称冰盖。南极冰盖和格陵兰冰盖是目前世界上最大的两个冰盖。

（3）平顶冰川。平顶冰川是山岳冰川与大陆冰盖的一种过渡类型，它发育在起伏和缓的高原和高山夷平面上，又称高原冰川或高山冰帽。有时在其周围常伸出若干短小的冰舌。斯堪的纳维亚半岛上的约斯特达尔冰帽长 90km，宽 10 ～ 12km，面积达 1076km^2，在冰帽的东西两侧伸出许多冰舌。我国西部高山地区，常在古夷平面上发育平顶冰川，例如，祁连山西南部最大的平顶冰川（敦德冰川）面积达 57km^2，西昆仑山的古里雅冰帽面积达 376km^2。

（4）山麓冰川。山谷冰川从山地流出，在山麓带冰舌扩展或汇合成一片广阔的冰体，称为山麓冰川。现代山麓冰川只存在于极地或高纬地区，如阿拉斯加、冰岛等。阿拉斯加的马拉斯皮纳冰川是最著名的山麓冰川，它由 12 条冰川汇合而成，山麓部分的冰川面积达 2682km^2，冰川最厚处达 615m（图 6-16）。

2. 气候物理分类

按冰川发育的气候条件和冰川温度状况，分为海洋性冰川和大陆性冰川两种。

（1）海洋性冰川（暖冰川）。发育在降水充沛的海洋性气候地区，其冰川补给量大、运动速度快，一般为 100m/a，最快可达 500m/a，冰川尾端常伸入森林带中。这类冰川的侵蚀力强，可形成典型的冰川地貌。西藏东南部和阿尔卑斯山的现代冰川都属于这种类型。

（2）大陆性冰川（冷冰川）。发育在降水较少的大陆性气候区，其冰川补给少、冰温低、运动速度缓慢，为 30 ～ 50m/a，冰川尾端不会越过森林上限，冰川作用较弱，冰川地貌发育不及海洋性冰川地貌典型。大陆性冰川雪线位置较高，有时可在森林

(a) 山谷冰川(天山)

(b) 山麓冰川(引自科普中国)

图 6-16　冰川类型

上限以上 1000m 的位置，因而在森林带和高山灌丛草甸带以上到雪线间有广大范围的裸露地面，这里积雪少、年温差和日温差都较大，地面冻融作用强盛，发育许多冰缘地貌。

以上不同类型的冰川可以互相转化。当气候变冷，雪线降低，山岳冰川逐渐扩大并向山麓地带延伸时，会成为山麓冰川。若气候持续变冷变湿，积雪厚度加大，范围扩展，山麓冰川就可向平原扩大，同时由于冰雪加厚而掩埋山地，形成大陆冰川。当气候变暖时，则向相反方向发展。但并不是所有冰川都按上述模式发展，大陆冰川也可在平原地区直接形成。例如，北美第四纪大陆冰川的古劳伦冰盖中心就是在平原上首先形成常年不化的雪盖，然后逐年增厚形成广阔的大陆冰川的。

（二）冰川对地球表层环境的影响

冰川对地球表层环境的影响表现在许多方面，且影响也是显著的。

（1）形成独特的自然地理景观。在极地和中低纬高山地区，冰川是自然地理环境的一个要素，并形成了独特的地表冰川景观。

（2）积极参与地球水分循环。据计算，全世界冰川每年消融补给河流的总水量达3000km³，冰川作为高山固体水库，具有多年调节河川径流的作用，使年际变化趋于均匀，成为山区河流稳定可靠的水源。冰川冰和冰川表面的积雪融水汇入河道、形成冰川融水径流，故它是季节性径流，是高山寒冷地区水资源的重要组成部分。现代冰川的总储水量仅次于海洋，冰盖消融量的增减直接影响海平面的升降。

（3）影响气候和地貌形态。冰川是气候和地貌的产物，但反过来对气候和地貌也产生强烈影响。如在同一高度，冰川表面的气温通常比非冰川表面低，而湿度高。在冰川覆盖的山区降水量要高于无冰川覆盖的山区。大陆冰川对气候的影响范围要广得多，如南极大陆冰川本身就是一个巨大"冷源"，可形成稳定的反气旋，在南半球形成稳定的极地东风。冰川的侵蚀和堆积作用显著改变地表形态，形成形态各异的冰川地貌。

（4）影响土壤和植被。冰川推进时，将毁灭它所覆盖地区的植被，迫使动物迁移，土壤发育过程也将中断，自然地理带将相应向低纬和低海拔地区移动。冰川退缩时，植被和动物又随之拓展，土壤重新发育，自然带相应向高纬和高海拔地区移动。

第三节　海洋水体环境

海洋是地球水圈的主体，是地球上水的最大源地。假如地球是一个平滑的球面，把海水平铺在地球上，地球上将出现一个深达2440m的环球大洋。然而，就整个地球的体积来说，它仍然显得微乎其微。海水的总体积不过占地球体积的1/800，但它意义重大，庞大的海洋水体既是全球水循环的起点，又是各种陆地水体的归宿，还对大气热量起到了重要的调节作用。

一、海洋的组成

海水所处的地理位置及其水文特征不同，从区域范围上可分为洋、海、海湾、海峡等，它们共同组成了海洋。洋是世界大洋的中心部分和主体部分，约占海洋总面积的89%。它远离大陆，深度大、面积广，不受大陆影响，具有较稳定的理化性质和独立的潮汐系统以及洋流系统。世界大洋分为4个部分，即太平洋、大西洋、印度洋和北冰洋。世界大洋是相互沟通的，没有天然的界线，但都有自身的发展史和独特的形态。

大洋边缘被大陆、半岛或岛屿所分割的具有一定形态特征的小水域称为海、海湾和海峡。海靠近大陆，深度浅（一般在2～3km）、面积小，兼受洋、陆影响，具有不稳定的理化性质。根据海被大陆孤立的程度和其地理位置及其他地理特征，可将海划分为地中海和边缘海。

海湾是海洋伸入大陆的部分，其深度和宽度向大陆方向逐渐减小的水域。一般以入口处海角之间的连线或湾口处的等深线作为洋或海的分界线。海湾的特点是潮差较大。

海峡是连通海洋与海洋之间狭窄的天然水道，如台湾海峡、马六甲海峡、直布罗陀海峡等。其水文特征是水流急、潮速大，上下层或左右两侧海水理化性质不同、流向不同。

二、海水的理化性质

（一）海水的化学组成

海水是一种化学成分复杂的混合溶液，除了含有各种盐类和气体外，还有少量有机或无机悬浮固体物质。在海水总体积中，水约占 96.5%，溶解于水的各种化学元素和其他物质约占 3.5%。目前，海水中已发现 80 多种化学元素，但它们在海水中含量差别很大。构成海水盐类的主要化学元素有氯、钠、镁、硫、钙、钾、溴、碳、锶、硼、硅和氟共 12 种，含量占全部海水化学元素总量的 99.8% ～ 99.9%。海水化学元素最大的特点之一是上述 12 种主要离子浓度之间的比例几乎不变，因此称为海水组成的恒定性。海水中溶解的盐类物质以氯化物为最多，约占总盐类的 90%；其次为硫酸盐，约占 10%。海水中盐分的来源：一是河流从大陆带来；二是海水中的氯和钠从岩浆活动中分离而来。

海水中溶解气体主要是氧和二氧化碳。海水中的氧主要来自大气与植物的光合作用，二氧化碳来自大气与海洋生物的呼吸作用及生物残体的分解。因此，海水中氧和二氧化碳的含量与大气中的含量和海水生物的多少密切相关。由于表层海水与深层海水经常发生混合，深海中也有一定数量的溶解气体，这是底栖生物生存的原因之一。

（二）海水的盐度

每千克海水中溶解的盐类物质的总质量称为海水的盐度，通常用‰表示。全球各海区表层海水盐度不等，一般在 33‰ ～ 37‰，平均为 35‰ 左右，其中盐度最高的红海北部高达 42.8‰，而波罗的海北部的波的尼亚湾，盐度最低时只有 3‰ 左右。

世界大洋盐度的空间分布和时间变化主要与水域水分循环有关，受降水、蒸发和入海径流的影响而发生变化。降水量大于蒸发量，使海水冲淡，盐度降低；蒸发量大于降水量，则盐度升高。在沿海地区，因河流的淡水注入盐度降低。在高纬地区，结冰和融冰作用也会影响到盐度。世界海洋表层海水的盐度分布规律为：从南北半球的副热带海区，分别向两侧的高纬和低纬递减，呈马鞍形分布（图 6-17）；盐度等值线大体与纬线平行，寒暖流交汇处等值线密集，盐度水平梯度增大；大洋中的盐度比近岸海区的盐度高。

（三）海水的温度和密度

海水的温度取决于海水的热量收支状况。海水主要热量来源是太阳辐射，因此海水温度因时因地而不同。海水温度在时间上，也有明显的季节变化和日变化。水温的季节变化主要取决太阳辐射的季节变化，季风和洋流也有一定作用。日变化主要取决于太阳辐射的日变化，天气状况也有一定的影响。海洋表面最低温度是 -2℃，最高温度是 36℃，大洋表面平均温度为 17.4℃。

海水温度的变化比陆地温度变化要小得多。据观察，海洋表面平均日较差一般不超过 1℃，年较差在 1 ～ 17℃，陆地上气温的日较差可达 50℃，年较差可达 70 ～ 80℃。海水温度由低纬向高纬降低的趋势也比陆地缓慢得多。

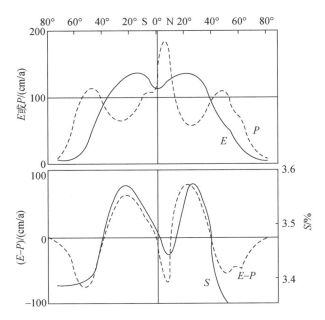

图 6-17　世界大洋表面蒸发（E）、降水（P）、蒸发－降水差（E-P）和盐度（S）
的径向分布

　　世界大洋表层水温分布具有以下规律：①表层海水水温一般由低纬向高纬逐渐递减，等温线大致呈带状分布。因陆地主要分布于北半球，北半球海水等温线分布不规则，而南半球等温线近似平行于纬线。②北半球水温略高于南半球同纬度水温。③水温等温线在低纬和高纬地区相对稀疏，在纬度 40°～50° 相对较密。④夏季大洋表面水温普遍高于冬季，但水温水平梯度冬季大于夏季。⑤海洋表层海水接收太阳辐射后，通过热传导和海水运动向深层传播。海水温度在垂直方向的变化规律是随着深度的增加，温度呈不均匀递减，上层温度变化快，越向深处温度变化越小，水温越趋均匀（图 6-18）。在南北纬 40° 之间，海水可分为表层暖水对流层和深层冷水平流层。

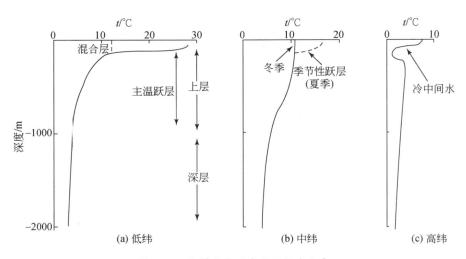

图 6-18　大洋平均温度典型铅直分布

海水密度是指单位体积海水的质量。但是，习惯上使用的密度是海水的相对密度，是指在大气压力条件下，海水的密度与水温 3.98℃时蒸馏水密度之比。因此，在数值上，密度和相对密度是相等的。海水密度状态是决定海流运动的重要因子之一。海水密度的分布因温度、盐度、压力的不同而有差异。表层海水由于其压力可视为零，因而其密度主要取决于海水的温度和盐度。赤道地区，表层水温高，盐度低，密度小；越向两极，水温越下降，密度越大。在垂直方向，海水的结构总是稳定的，密度则随深度增加而增大（图 6-19）。

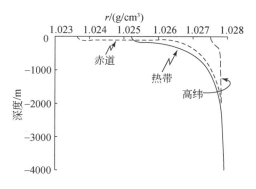

图 6-19　大洋中典型的密度垂向分布

三、海水的运动

海洋永远处于不停的运动之中，海水的运动不但发生在表层，而且直到近底层的深处。水的运动不仅可以发生在水平方向上，还可以发生在垂直方向上。海水的运动不但输送水量，而且输送物质和能量，促进海洋生态系统的良性循环，并影响全球的气候和天气。海水运动的动力主要有天体作用、太阳辐射作用、气压梯度等。海水运动的形式主要有波浪、潮汐和洋流。

（一）波浪

1. 波浪及其类型

波浪是海洋、湖泊、水库等宽敞水面上常见的水体运动，其特点是每个水质点在其平衡位置附近做周期性运动，所有水质点相继振动，引起水面呈周期性的起伏。这种水

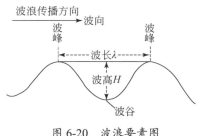

图 6-20　波浪要素图

质点在其平衡位置附近做近似封闭的圆周运动，产生了波浪，并引起了波形的传播。因此，波浪的传播实质是波形向前传播，而不是水质点的向前移动。这是水质点受到动力（风、地震等）和复原力（重力、水压力和表面张力等）这两个互相垂直的力共同作用的结果。波浪的大小和形状通常用波浪要素来表述。组成波浪的基本要素有波峰、波谷、波高、波长、周期、波速、波向线和波峰线等（图 6-20）。

波浪是海水主要的运动形式之一，是塑造海岸的重要动力。海洋中的波浪有很多种，产生的原因也各不相同。按成因可分为：由风作用引起的"风浪"；由海水内部上下层密度差异在某外动力作用下产生的海水内部波动的"内波"；由天体引潮力引起周期性运动的"潮波"；气压突变而产生的"气压波"；船只航行扰动水面所产生的"船行波"；由地震、火山等形成的破坏性极大的"冲击波（海啸）"等。按波的周期（频率）分为表面张力波、短周期重力波、长周期重力波、长周期波和长周期潮波；按相对水深分为

深水波和浅水波；按波形的运动性质分为前进波（进行波）、驻波；按作用力情况分为强制波和自由波；按波长与海深之比分为长波和短波；按波动发生的位置分为表面波、内波和边缘波。

2. 波浪的浅水效应

当波浪进入深度小于1/2波长的浅水区时，由于水深变浅，小于波浪向下作用的深度，海水的波动触及海底，受到海底摩擦力的影响，波浪性质发生变化，形成浅水波。水质点圆形轨道运动受到海底摩擦力的影响，自水面向海底，不仅水质点运动轨迹的直径减小，轨道垂直轴也减小使圆形轨迹变得越来越扁平，变为椭圆形。另外，由于海底摩擦力在波谷经过时比波峰经过时大，垂直轴的下半段比上半段缩小得更快，因此在一定深度水质点运动轨迹实际上是上半部凸出下半部扁平的面包状，到达水底，轨迹的扁平度达到极限，椭圆的垂直轴等于零，水质点在水底做平行于水底地面的振荡运动。

水质点的运动速度也发生了变化。波峰经过时水质点处于轨道的上半部，呈向岸运动，速度较快，波谷经过时水质点处于轨道下半部，呈向海运动，速度较慢。波浪离岸越近，水深越浅，水质点向岸和向海运动速度的差异越来越大。

当波浪从深水区进入浅水区时，由于摩擦作用，除波周期保持不变外，波长和波速逐渐减小，波高逐渐增加。波浪的外形也变得不对称，即波浪前坡变陡，后坡变缓，波陡变大，波峰变短，波谷拉长。最后破碎，形成碎浪和冲浪，对海岸产生强烈侵蚀（图6-21）。

3. 波浪的折射、反射和绕射

当波浪传至浅水或近岸区域后，由于深度减小，受到海底摩擦力的作用增大，波速减小。水深小的地方波速小于水深大的地方，因此导致波峰线不断发生弯曲，最终波峰线逐渐平行于等深线，波向线逐渐垂直于岸。这种波浪传播至浅水区，波向线逐渐偏转，趋向于与等深线和岸线垂直的现象，称为波浪的折射。波浪的折射对海岸地貌的形成作用很大，尤其是在曲折的港湾式海岸地区，可以引起岬角的侵蚀、后退和海湾的堆积、淤进（图6-21）。

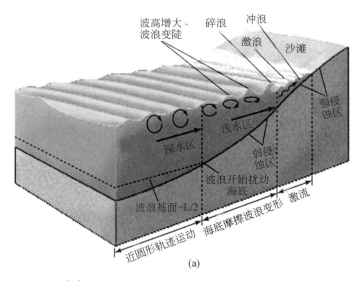

(a)

图6-21　波浪在浅水的变形（Strahler，2013；王颖和朱大奎，1994）

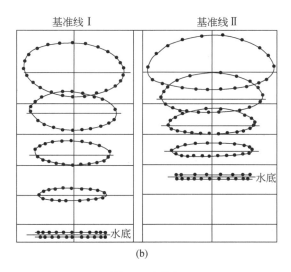

图 6-21（续）

波浪传播过程中，若遇到障碍物，波峰线和波向线均会围绕障碍物发生偏转（图6-22），这种现象称为波浪绕射。波浪通过障碍物末端时，在水深变化不大时，波峰线易发生弯曲而一列列地绕过障碍物，在障碍物背后形成隐蔽的波影区。在绕射过程中，波能沿波峰从波高大的区域向波高最低区域横向传递。绕射区内的波浪称为散射波。

图 6-22　波浪的绕射

波浪传播过程中，遇到障碍物时将会发生部分或全部反射。垂直投射的反射形成投射波与反射波组成的驻波。若斜交投射，则二者组成格状的波纹网。波浪反射也是一个重要的过程，驻波的运动与近岸沙坝的形态有关。

（二）潮汐与潮流

由月球和太阳的引力引起的地球海水面发生的周期性运动称为潮汐，它包括海面周期性的垂直涨退和海水周期性的水平流动。习惯上将前者称为潮汐，后者称为潮流。

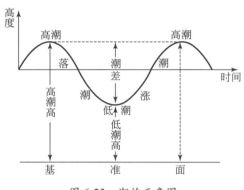

图 6-23 潮汐示意图

在太阳和月球的引力作用下，潮汐涨落的每一周期内，当水位涨到最高位置时，称高潮或满潮；当水位下降到最低位置时，称低潮或干潮。从低潮到高潮过程中，水位逐渐上升，称涨潮；从高潮到低潮过程中，水位逐渐下降，称落潮。当潮汐达到高潮或低潮时，海面在一段时间内既不上升又不下降，分别称平潮和停潮。平潮的中间时刻称高潮时；停潮的中间时刻，称低潮时，相邻的高潮与低潮的水位差称潮差（图 6-23）。潮差最大时为大潮，潮差最小时为小潮。

潮汐的涨落平均以 24 小时 50 分（一个太阴日）为一个周期。根据在一个周期内海面涨落的方式，潮汐分为半日潮、全日潮、不规则半日潮、不规则全日潮。在一个太阴日内，有两次高潮和两次低潮，而且两相邻高潮或低潮的潮高几乎相等，涨落潮时也几乎相等，这样的潮汐称为半日潮。在一个太阴日内，只有一次高潮和一次低潮，这样的潮汐称为全日潮。在一个太阴日内，也有两次高潮和两次低潮，但各次潮汐的潮差不等，涨潮时和落潮时也不等，为不规则半日潮。在一个朔望月的大多数日子为全日潮，但也有少数日子为半日潮，为不规则全日潮。

海洋的潮汐现象是由月球和太阳的引潮力引起的。地球同时受太阳和月球的引力作用，但引潮力并不是引力，而是两天体之间引力和离心力的合力，这种合力才是引起潮汐的原动力。月球质量虽小但距离地球近，太阳质量虽大但离地球远，所以月球的引潮力作用比太阳引潮力作用大。根据万有引力计算可知，月球引潮力是太阳引潮力的 2.17 倍，可见海洋潮汐主要是由月球引潮力引起的（图 6-24）。由于它们产生潮汐的过程相似，故只讨论月球的引潮力。地球在绕太阳运转的同时，还绕地月公共质心运动。就地月系统而言，存在着两种运动，一是地月系统绕公共质心的圆周运动，二是地球的自转运动。因此，海面上任意一点均受到两个引力——月球对水质点的引力和地球对水质点的引力，两个离心力——地球绕地月公共质心做平动运动时受到的惯性离心力和地球自转产生的离心力。地球对水质点的引力和地球自转产生的离心力大小相等，方向相反，它们的作用只是决定着地球的理论形态，对潮汐现象没有影响。在进行潮汐成因分析时，可假定地球是不转的，引潮力实际上就是月球对水质点的引力和地球绕地月公共质心做平动运动时受到的惯性离心力组成的合力。一般而言，地球表面各点，所受引潮力大小和方向都不同，但对于同一天体，上下有近似的对称性。由于日、月、地具有周期性运动，所以潮汐也同样具有周期性变化特征，包括日周期、月周期、年周期。

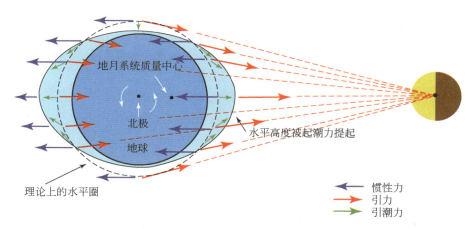

图 6-24　潮汐示意图（Strahler，2013）

　　潮汐和潮流同时产生，两者周期也是相同的。随着涨潮而产生的潮流，称涨潮流；随着落潮而产生的潮流，称落潮流；当高潮或低潮时，各有一段时间潮流速度非常缓慢，接近于停止状态，称为憩流。潮流分为半日潮流、混合潮流和全日潮流。潮流按运动形态可分为往复流和回转流。在近岸海峡、狭窄港湾内或河口等地，受地形影响，潮流主要在两个方向变化的，称往复流。而在外海或者开阔海域，受科氏力的作用，潮流流向呈回转式，即潮流的方向和流速随时发生变化的，称回转流，其是潮流运动的普遍形式。回转流的方向在北半球为顺时针，在南半球则为逆时针。潮流在各处是不同的，它取决于潮汐性质、海底深度以及海岸的形态。

　　潮汐现象对一些河流和海港的航运具有重要意义。大型船舶可趁涨潮进出河流和港口。潮流也可以用来发电。包括我国在内的许多国家已经建成了不少潮汐电站。

（三）洋流

1. 洋流及其分类

　　洋流是指海洋中具有相对稳定流速和流向的海水，从一个海区水平地或垂直地向另一个海区大规模的非周期性运动。洋流是海水的主要运动形式，是促成不同海区间进行大规模水量交换的主要因子。伴随着大规模的水量交换，还有热量交换、盐分交换和溶解气体交换等。所以洋流对气候、海洋生物、海洋沉积、海上交通以及海洋环境等方面都有重要影响。

　　洋流按成因分为：①风海流：是海水在风力作用下形成的水平运动，也称漂流或吹流。全球绝大部分洋流属于风海流。②密度流：是由海水密度差异引起的海水运动，如大西洋表层的海水经直布罗陀海峡流向地中海，底层海水则由地中海流回大西洋。当摩擦力可以忽略不计时，密度流又称地转流或梯度流。③补偿流：是由于某种原因海水从一个海区大量流出，而另一个海区海水流来补充而形成的。补偿流既可以在水平方向上发生，又可以在垂直方向上发生；垂直补偿流又可以分为上升流和下降流，如秘鲁寒流属于上升补偿流。

此外，洋流按本身与周围海水温度的差异分为暖流和寒流。暖流指洋流水温比流经海区水温高的洋流；若洋流水温比流经海区水温低则为寒流。在洋流图中，一般暖流用红色箭头表示，寒流用蓝色箭头表示。洋流按其流经的地理位置又可分为赤道流、大洋流、极地流、沿岸流等。

作用于洋流的力主要有风对海水的应力和海水的压强梯度力。在这些力的作用下，当海水运动起来后，还产生一系列派生的力，如摩擦力、地转偏向力和离心力等。在这些力的综合作用下，形成复杂的洋流系统。

2. 大洋环流系统

1）世界大洋表层环流系统

大气与海洋之间处于相互影响和相互制约之中，大气在海洋上获得能量而产生运动，大气运动又驱动着海水，这样多次的动量、能量和物质交换，就制约着大气环流和大洋环流。海面上的气压场和大气环流决定着大洋表层环流系统。

从世界表层洋流分布图（图6-25），可以看出世界大洋表层洋流分布有以下特点：

（1）以南北回归线附近的高压带为中心形成反气旋型大洋环流。

（2）以北半球中高纬海上低压区为中心形成气旋型大洋环流。

（3）南半球中高纬度海区为西风漂流，没有气旋型大洋环流。

（4）南极大陆周围形成绕极环流。南极表层水形成于高纬海区，在极地东风作用下，形成一个独特的绕极西向环流。

（5）北印度洋形成季风环流。冬季北印度洋盛行东北季风，形成逆时针方向的东北季风漂流；夏季，北印度洋盛行西南季风，形成顺时针方向的西南季风漂流。

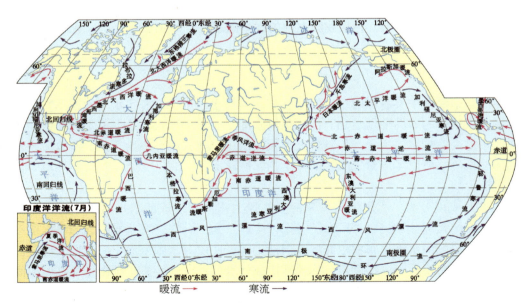

图 6-25　世界主要表层洋流

2）世界大洋深层环流系统

在大洋深层环流体系的垂直结构中，可分出暖、冷两种环流系统和五个基本水层（表层、次层、中层、深层和底层）。大洋经向暖水环流分布的范围在南北纬40°～50°，距海洋表面600～800m。在暖水环流中因有明显的温度、盐度和密度跃层存在，暖水环流又可分出表层水和次层水两种。大洋经向冷水环流全部分布在大洋深处，从两极大洋表面一直伸展到大洋底部。其水文特征是：垂直紊动不发达，洋流主要做缓慢的水平流动。在冷水环流中，依海水运动特征和温度、盐度垂直分布规律的不同，又可分为中层水、深层水和底层水。

表层水一般到达的深度为100～200m，由于大气的直接相互作用，该层温度和盐度的季节性变化较大。次层水为表层水以下，到300～400m深度（个别海区达500～600m）。中层水为次层水以下，到800～1000m深度（个别海区可达1500m）。它不受季节性变化影响，但它同表层一起参与了风产生的表层环流，通常环流速度随深度增加而减小。中层水以下，到4000～5000m深为深层水，其形成主要是热盐环流。环流形态与以上三层水有显著不同，成为独立的环流系统。底层水位于深层水之下，遍布于大洋海底之上。底层水来源于南极大陆和北冰洋附近。

世界大洋环流体系由表层（包括次表层水）环流、中层环流、深层环流和底层环流所组成。表层环流主要是风成环流。中层水、深层水和底层水均为盐度环流。表层水、次层水、中层水、深层水和底层水在其运动过程中进行着全球性的水量交换与循环，这构成世界大洋中统一的环流体系。

3）洋流对地理环境和人类的影响

巨大的大洋洋流系统可以促进高、低纬间热量的输送和交换，对全球热量平衡具有重要的作用。据统计，从低纬地区输送到高纬地区的热量，约有一半是由洋流完成的。

洋流对沿岸气候的影响很大，一般来说，暖流对沿岸的气候起到增温增湿作用，而寒流对沿岸气候起到降温减湿作用。

洋流对海洋生物资源的分布、世界渔场的地理分布都有显著的影响。在寒暖流交汇的海区，海水受到扰动，可以把下层丰富的营养盐类带到表层，使浮游生物大量繁殖，各种鱼类到此觅食。同时，两种洋流汇合可以形成"潮峰"，是鱼类游动的障壁，鱼群在这里集中形成渔场。世界著名的三大渔场：日本的北海道渔场、西北欧的北海渔场和加拿大的纽芬兰渔场都处在寒暖流交汇的海域。此外，有明显上升流的海域也形成渔场，如秘鲁渔场。

洋流对海洋航运也有显著的影响。一般海轮顺洋流航行时，航速要比逆洋流航行快得多。当然，有些洋流也会对海上航行带来一些麻烦。例如，北大西洋西北南下的拉布拉多寒流在纽芬兰岛东南海域同北上的墨西哥湾暖流相遇，冷暖流交汇，使这里形成一条茫茫的海雾带影响海上航运。另外，从北冰洋或格陵兰海每年带来数百座高大的冰山漂浮南下，有的进入湾流或北大西洋暖流中，对海上航运带来严重的威胁。

陆地上的许多污染物随着地表径流进入海洋，洋流又把污染物携带到更加广阔的海洋中，从而加快了污染物的净化。但同时，由于洋流的运动，近岸海域的污染物被输送到远离陆地的大洋中，从而扩大了海洋污染的范围。

第四节　水循环与水量平衡

一、水循环

我国古籍《吕氏春秋·圜道》中记载"云气西行，云云然，冬夏不辍；水泉东流，日夜不休；上不竭，下不满，小为大，重为轻，圜道也"。这表明，古人早就注意到水循环具有蒸发、水汽输送、降水和径流的过程。公元前5世纪古希腊哲学家认为，太阳把水从海洋中提升到空中，又以降水落下，雨水在地表汇集并补给河流。唐诗"溶溶溪口云，才向溪中吐。不复归溪中，还作溪中雨"，描述了水圈的次级子系统溪水简单而完整的水循环。公元前100年，出生于希腊的古罗马建筑师和工程师维特鲁威认为，地下水源自降雨和降雪融水，这一说法后来被用于解释河流和泉水的起源。这一解释被许多人当作现代水循环概念的先驱。到了16世纪，意大利的达·芬奇（Leonardo da Vinci）和法国的帕里西（Palissy）经过实地测量，推断河水来自降水（Biswas，1970）。17世纪晚期，法国的Perrault和Mariotte以及英国的Halley进一步指出，河川之水源自降水，水在陆地、海洋和大气之间循环往复，并为水循环原理提供了定量基础。大约在1800年，John Dalton建立了蒸发理论和现代全球水循环概念。

（一）水循环概念

地球上各种形态的水在太阳辐射、重力等作用下，通过蒸发、水汽输送、凝结降水、下渗以及径流等环节，不断地发生相态转换和周而复始的运动，称为水循环。地球上各类水体通过水循环形成了一个连续而统一的整体。

全球水循环是由海洋的、陆地的以及海洋与陆地之间的各种尺度，不同等级的水循环所组合而成的动态大系统。从全球来看，水循环是一个闭合系统。从现象的发生过程看，海洋是地球上水的主要来源，海洋表面的蒸发可以作为循环的开始。地球上的水循环大致是从海洋蒸发开始的，蒸发的水汽升入空中，通过水汽输送，大部分留在海洋上空，通过降水直接回归海洋，一部分深入内陆。在一定条件下，水汽凝结形成降水，在下落过程中又经植物截留、地面蓄积、土壤入渗，产生地表和地下径流，然后又回到海洋。

影响水循环的基本因素有三个：①水的物理性质决定了水循环的发生；②太阳辐射是水循环的原动力；③循环路线的结构和性质，特别是地表循环途径的结构和性质，如地质地貌、土壤和生物等的类型和性质，不但影响降水的分布和输送，而且影响下渗及径流的特性。这些因素相互作用决定了天然水循环的方向和强度，造成了自然界错综复杂的水文现象。

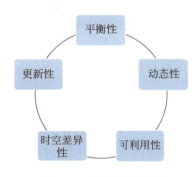

图 6-26　水循环的性质

（二）水循环的性质

水循环的性质包括更新性、平衡性、动态性、时空差异性、可利用性5种（图6-26）。

1. 更新性

水的自然循环在调节全球与局地气候的同时，还为水资源不断再生提供条件。参与循环的水，无论是从地球表面到大气，从海洋到陆地，还是从陆地到海洋，都处于不断的更替与自净过程中。各种形式的水在循环过程中以不同的周期自然更新。水的存在形式不一，更新周期差别很大（表6-4）。

表6-4　地球各种水体的平均循环更新周期

水体类型	平均循环更新周期	水体类型	平均循环更新周期
海洋	2500 年	沼泽	5 年
深层地下水	1400 年	土壤水	1 年
极地冰川	9700 年	河川水	16 天
高山冰川	1600 年	大气水	8 天
永冻带底冰	10000 年	生物水	几小时
湖泊	17 年		

2. 平衡性

在整个水的自然循环过程中，全球总体水量保持平衡。全球范围内，在相当长的水循环中，地球表面的蒸发量与返回地球表面的降水量相等，处于相对平衡的状态。在海洋上，蒸发量大于降水量，但来自大陆的径流使这部分差额得到补偿。在大陆，虽然降水量大于蒸发量，但多余的水量会以径流的形式汇入海洋，所以大陆上的水分也不会增加。

3. 动态性

地球上的水是处在不断地运动过程中的，各地的水量也处在不断变化过程中。

4. 时空差异性

地球上水体在时间和空间上的差异非常显著，一些地区河流的丰水年、枯水年往往交替出现。一般来说，低纬度湿润地区，降水较多，蒸发量大，水资源的自然循环强烈；而干旱地区降水稀少，蒸发能力大，但实际蒸发量小，水资源的自然循环微弱；高纬度地区冰雪覆盖周期长，气温低，水的自然循环比较弱。水自然循环的这种不均匀现象导致水资源再生能力的时空差异。

5. 可利用性

水的自然循环对自然环境的形成、演化和人类的生存产生了巨大的影响。通过蒸发形成的水汽，可以成云致雨，吸收或放出大量潜热。空气中水汽含量直接影响气候的湿润和干燥程度，对气候具有调节作用。降水等形成的径流成为物质搬移介质，可以改变地表形态。同时，水循环产生了可重复使用的可再生水资源，使人类获得水源和能量，为生物提供了水分和养分。

（三）水循环的特征

第一，水循环服从于质量守恒规律。

第二，水循环的基本动力是太阳辐射和重力作用。

第三，水循环广及整个水圈，并深入大气圈、岩石圈及生物圈，同时通过多条路径实现循环和相变。

第四，从全球看，水循环是个闭合系统，但从局部地区看水循环是开放系统。

第五，地球上的水在循环过程中，总携带着一些物质一起运动，不过这些物质并不像水那样构成完整的循环系统，因此通常讲的水文循环，仅指水分的循环，简称水循环。

（四）水循环的类型

尽管长期以来水循环已被人类活动所改变，但大多数情况下水循环仍被当作自然的系统。自然水循环通常按循环途径与规模的不同，分为全球性循环与局部性循环，前者又称为大循环，后者可称为小循环（海上小循环和内陆小循环，并作为前者的组成成分）。

1. 大循环

大循环又称外循环或海陆间循环，指发生在全球海洋与陆地间的水分交换过程。海洋表面蒸发的水汽随着气流运动被输送到陆地上空，在一定条件下遇冷凝结而形成降水降落到地面，一部分被植物截流，一部分沿地表流动，形成地表径流，还有一部分下渗形成地下径流。在这一过程中，一部分通过蒸发返回大气，一部分最终流回海洋，从而实现海陆间循环（图 6-27）。因此，大循环的实质是水分从海洋出发，最终又回到海洋的过程。在这个过程中，水分通过蒸发与降水两大基本环节进行垂向交换，与此同时又以水汽输送和径流的形式进行横向交换。在交换过程中，海面上的年蒸发量大于年降水量，陆面上年降水量大于蒸发量。

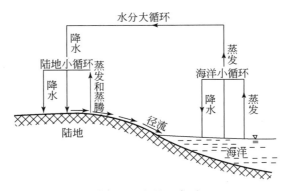

图 6-27　水循环类型

2. 小循环

小循环又称内循环，是指发生于海洋与大气之间或陆地与大气的水交换过程。前者称海上小循环，后者称陆地小循环。海上小循环是指水分自海洋表面蒸发，在海洋上空凝结致雨，直接降落到海面上的过程。陆地小循环指陆地表面和植物蒸腾蒸发的水汽，在内陆上空成云致雨，降落至地表的循环过程。这种循环由于缺少直接流入海洋的河流，因此与海洋水交换较少，具有一定的独立性。

（五）水循环的意义

经常参与水循环的水量只是地球总水量中极小的一部分，还不到地球总水量的 0.0416%，但是水循环对自然界尤其是人类的生产和生活有着非常重要的作用和意义。

第一，水循环是地表各圈层联系的重要纽带。水循环不但将地球上的各种水体，组合成连续的、统一的水圈，而且在循环过程中促进了大气圈、岩石圈与生物圈各圈层之间的相互作用，形成相互联系、相互制约的统一整体，直接影响人类活动和地球表层系统的演化。

第二，水循环是地表巨大的物质流和能量流的重要传送带。水循环是大气系统能量的主要传输、储存和转化者。水循环通过对地表太阳辐射能的重新再分配，使不同纬度热量收支不平衡的矛盾得到缓解。水循环的强弱及其路径，还会直接影响各地的天气过程，甚至可以决定一个地区的气候基本特征。

第三，水循环促进了海陆之间的相互联系和相互作用。海洋通过蒸发源源不断地向大陆输送水汽，形成降水，进而影响陆地上一系列物理过程、化学过程和生物过程；而陆地上的径流又源源不断地向海洋输送大量的泥沙、有机质和各种营养盐类，从而影响海水的性质、海洋沉积、海洋生物等。

第四，水循环对于塑造地球表面形态具有重要作用。流水地貌、喀斯特地貌等均与水循环密切相关。

第五，水循环促进了水资源的不断更新和再利用。水在自然界的循环为人类提供了水资源。由于存在水循环，水才能周而复始地被重新利用，成为可再生资源。

第六，水循环强弱的时空变化又是造成一个地区洪涝、干旱等自然灾害的主要原因。

地学视野：气候变化对陆地水循环的影响

以全球变暖为主的气候变化已成为当前世界关注的热点。水循环是联系地球系统中各圈层的纽带，是全球气候变化的核心问题之一。气候变化对水循环的影响是当今全球变化及其影响与适应对策研究的重要内容。气候变化必将引起全球水循环的变化，并对降水、蒸发、径流、土壤湿度等造成直接影响，引起水资源在时间和空间上的重新分配，改变旱涝等极端灾害发生的频率和强度。在气候自然变率与人为强迫的作用下，通过大气环流的变化，降水的时间和空间分布、强度和总量，以及雨带的迁移、气温、空气湿度、风速、蒸发等将偏离多年平均的状况，进而引起全球水循环及区域水循环的变化。同时，另一种作用于流域的下垫面的人类活动，如土地利用的变化、农林垦殖、森林砍伐、城市化、水资源开发利用和生态环境变化等也将引起陆面对太阳辐射的反照率、粗糙度、不透水层面积等物理参数的变化，进而改变降水落到地面后的蒸发、入渗、产流和汇流等。

从 20 世纪 80 年代中期以来，国内外开始高度重视气候变化对水循环和水资源的影响，重点研究领域包括：利用长序列历史资料进行水循环要素变化的检测与归因分析，多数研究都会分析降水和蒸发等气象因素对径流的影响；选取适宜的水文模型，进行气

候变化与人类活动对陆地水循环影响的定量评估（图6-28）；在未来气候变化情景下基于全球气候模型输出，采用陆–气模型的双向耦合进行水循环与水资源的演变趋势预估；气候变化对极端水文事件的影响及演变机理研究和应对气候变化的水资源适应性管理策略。

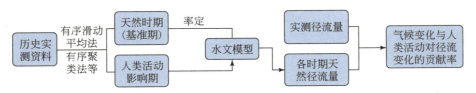

图6-28　气候变化与人类活动对径流变化的贡献率研究框架（李峰平等，2013）

目前，气候变化对陆地水循环影响的研究基本上是采用气候模型输出产品驱动陆地水文模型的方法。随着气候情景的发展，水文模型由集总式流域水文模型进展至分布式的大尺度水文模型，研究的空间尺度由流域尺度、大陆尺度到全球尺度。

案例分析：全球土地覆盖变化对陆地水循环影响的研究

陆地水循环受人类活动的干预和影响。人类活动对水循环影响主要的方面是人类生产和社会经济发展使大气的化学成分发生变化，如 CO_2、CH_4、CFCs 等温室气体浓度的显著增加改变了地球大气系统辐射平衡而引起气温升高，降水变化，蒸发加大和水循环的加快以及区域水循环变化。这种变化的时间尺度可持续几十年到几百年。另一种人类活动主要作用于流域的下垫面，如土地利用变化、农田灌溉、农林垦殖、森林砍伐、水资源开发利用和生态环境变化等引起的陆地水循环变化。这种人类活动的影响虽然是局部的，但往往强度很大，有时对水循环的影响可扩展至较大范围。

土地覆盖变化会改变陆地表面的可利用能源、可利用水、光合速率、营养水平和表面粗糙度，从而改变水循环。人类已经改变约41%的地球表面，人为土地覆盖（如农田和建设用地）取代了天然植物（如森林等），其中放牧的土地覆盖面积最大，占据了近1/4的陆地表面。Sterling 等（2012）从当前人为土地覆盖变化出发，使用1500个全球陆地覆盖变化的数据库数据去研究全球陆地蒸发量（TET）的变动。结果显示，约 $3500km^2$ 的土地覆盖变化使陆地年蒸发量减少了5%，径流量增加了7.6%。虽然存在不确定性，但结果表明，土地覆盖变化与其他主要驱动因素相比而言，类似或更大程度上改变了全球年径流量，证实了土地覆盖变化在地球系统中的重要作用。

二、水量平衡

（一）水量平衡的概念

水量平衡概念是建立在现今宇宙背景下的一种概念结构，地球上的总水量接近一个常数，自然界的水循环持续不断，并具有相对稳定性。根据质量守恒规律，地球上任何一个区域内参加水循环的水量，从长期来看，大体是不变的，区域内的蓄水变量趋于零，即收入水量约等于支出水量。对于任意选择的区域或水文系统，在一定时段内，其收入水量与支出水量的差额等于系统该时段内蓄水的变化量。在循环过程中，水量总体收支平衡，这就是水量平衡。水量平衡空间尺度通常为流域、湖泊、沼泽、海洋或某个区域，也可以是整个地球，时间尺度可以是日、月、年，数十年乃至更长的时间。在全球尺度上，水量平衡表示以各种存储形式和状态存在的、长期的水分状况。在较小的尺度上，严格的水量平衡并不存在，因为水分的输入和输出并不相等。在这种情况下，通常用"水量收支"这个词来描述某一时期的水量情况。

降水、蒸发和径流在整个水循环中是三个重要环节。水量平衡通常用水量平衡方程式进行表示。利用水量平衡方程，能够刻画水循环各要素的数量关系，估计区域的水资源量。

（二）水量平衡研究意义

水量平衡研究是水文学的主要任务之一，同时又是研究和解决水文、水资源一系列实际问题的手段和方法，具有十分重要的意义和应用价值。

第一，有助于理解和认识水循环与全球自然－环境－生态和人类社会之间的关系。揭示水循环过程与人类活动的相互影响过程。

第二，有助于认识水循环运行机制和各种水文现象。水量平衡是分析水循环内蒸发、降水及径流等各个环节相互之间的联系，揭示水文现象基本规律的主要方法，是人们认识和掌握各种水体的基本特征、空间分布、时间变化以及今后发展趋势的重要手段。水量平衡可以用来定量评估逐日、逐月、逐年的地－气之间的水分供求关系。水分平衡可以追踪水分是如何分配到水循环各个分支的。另外，它也可用于不同的时空尺度，用同期的降水和蒸发来表达气候特征。通过水量平衡分析，还能对水文测验站网的布局，观测资料数据的代表性、精度及其系统误差等做出判断，并加以改进。

第三，有助于水资源现状评价与供需预测研究。对陆地而言，水量平衡这个概念有着最直接的实际意义，即降水量和蒸发量之差，决定了径流量以及人类可利用的水量。水资源开发利用现状评估以及未来供需平衡预估，也是围绕着用水、需水与供水之间的平衡展开的，所以水量平衡分析是水资源研究评价和供需预测研究的核心。

第四，有利于流域规划、水利工程规划和设计等。水量平衡研究不仅为工程规划提供基本参数，还能用来评价工程建成后可能产生的实际效益。此外，在水利工程正式投入运行后，水量平衡分析是对合理调度各部门不同的用水需要进行科学管理，充分发挥工程效益的重要手段。

（三）通用水量平衡方程

水量平衡方程是水循环的数学模式。基于上述水量平衡原理，对于任何一个区域，可列出如下水量平衡方程

$$I - Q = \Delta S \tag{6.3}$$

式中，I 为区域时段内水的收入项；Q 为水的支出项；ΔS 为时段内区域蓄水变化量。该式为水量平衡的基本表达式。

对于不同区域，收入项 I 和支出项 Q 还可视具体情况进一步细分。现以陆地上任一区域为研究对象，设想沿该地区边界做一垂直柱体，地表为柱体的上界，地面以下某深度处的平面为下界（以界面上不发生水分交换的深度为准），则这一区域水量平衡基本表达式可细化为

$$P + E_1 + R_{表} + R_{地下} + S_1 = E_2 + R'_{表} + R'_{地下} + q + S_2 \qquad (6.4)$$

式中，P 为时段内降水量；E_1 和 E_2 为时段内水汽凝结量和蒸发量；$R_{表}$ 和 $R'_{表}$ 分别为时段内地表流入和流出的水量；$R_{地下}$ 和 $R'_{地下}$ 分别为时段内从地下流入和流出的水量；q 为时段内工农业及生活净用水量；S_1 和 S_2 分别为时段内始末蓄水量。

由于 E_1 为负蒸发量，令 $E=E_2-E_1$，为时段内年净蒸发量；$\Delta S=S_2-S_1$ 为时段内蓄水变量，则上式可改写为

$$(P + R_{表} + R_{地下}) - (E + R'_{表} + R'_{地下} + q) = \Delta S \qquad (6.5)$$

此式为通用水量平衡方程式，可以表述任意区域在任意时段内的水量平衡。在此基础上，根据研究对象的不同，就一定时段内有关的收入与支出及其盈余补偿等项目，可建立各种特定的水量平衡方程。

（四）全球水量平衡方程

全球水量平衡是由海洋水量平衡和陆地水量平衡联合组成的。

1. 海洋水量平衡方程

如将全球海洋视为一个完整的研究对象，则这一研究区域有如下变量：降水量（$P_{海}$），入海径流量（R），海水蒸发量（$E_{海}$）。对于任意时段内全球海洋的水量平衡方程为

$$P_{海} + R - E_{海} = \Delta S_{海} \qquad (6.6)$$

式中，$\Delta S_{海}$ 为海洋蓄水变化量。由于多年平均状态下 $\Delta S \rightarrow 0$，故上式改写为

$$\overline{P}_{海} + \overline{R} - \overline{E}_{海} = 0 \qquad (6.7)$$

式中，$\overline{P}_{海}$、$\overline{E}_{海}$ 和 $\overline{R}$ 分别为海洋上多年平均降水量、多年平均海水蒸发量和多年平均入海径流量。

由式（6.7）可知，在多年平均状态下，整个海洋的降水量加上入海径流量与海面蒸发量处于动态平衡状态。但对各大洋来说，降水量与入海径流量之和并非等于蒸发量，说明各大洋之间存在水量交换（表6-5）。

表6-5　世界各大洋水量收支（刘昌明，2014）

海洋	面积/km²	降水量		蒸发量		径流量		平衡余缺	
		mm	×10¹³m³	mm	×10¹³m³	mm	×10¹³m³	mm	×10¹³m³
太平洋	17870	1460	26.00	1510	26.97	83	1.48	30	0.51
大西洋	9170	1010	9.27	1360	12.44	226	2.08	-124	-1.09

续表

海洋	面积/km²	降水量		蒸发量		径流量		平衡余缺	
		mm	×10¹³m³	mm	×10¹³m³	mm	×10¹³m³	mm	×10¹³m³
印度洋	7620	1320	10.04	1420	10.80	81	0.61	−19	−0.15
北冰洋	1470	361	0.53	220	0.32	355	0.52	496	0.73
世界大洋	36130	4151	45.84	4510	50.53	745	4.69	386	0

2. 陆地水量平衡方程

陆地水循环还可分为外流区水循环和内流区水循环，所以其水量平衡方程存在两种形式。

1）外流区水量平衡方程

对于外流区来说，任意时段的水量平衡方程为

$$P_外 - E_外 - R_{地表} - R_{地下} = \Delta S_外 \tag{6.8}$$

对于多年平均而言，$\Delta S_外 \to 0$，并且

$$\bar{R} = \bar{R}_{地表} + \bar{R}_{地下} \tag{6.9}$$

则有

$$\bar{P}_外 - \bar{R} - \bar{E} = 0 \tag{6.10}$$

式中，$P_外$、$E_外$、$R_{地表}$、$R_{地下}$、$\Delta S_外$分别为外流区任意时段内降水量、蒸发量、入海地表径流量、地下径流量、外流区蓄水变化量；$\bar{P}_外$、$\bar{E}_外$、$\bar{R}$则分别为外流区多年平均降水量、蒸发量、径流量。

2）内流区水量平衡方程

由于内流区水循环系统基本上呈闭合状态，除上空存在与外界水汽发生交换外，既无水从地表和地下流入内流区，也无水从地表和地下流出内流区，如果不考虑工农业生产和生活耗水量，则内流区的降水最终全部转化为蒸发。因此，在多年平均情况下水量平衡方程为

$$\bar{P}_内 = \bar{E}_内 \tag{6.11}$$

式中，$\bar{P}_内$、$\bar{E}_内$分别为内流区多年平均降水量、蒸发量。

3）陆地水量平衡方程

仅考虑"多年平均"的情形，将上述外流区和内流区水量平衡方程组合起来，就构成整个陆地系统的水量平衡方程

$$(\bar{P}_外 + \bar{P}_内) - (\bar{E}_外 + \bar{E}_内) = \bar{R} \tag{6.12}$$

如将 $\bar{P}_陆 = \bar{P}_外 + \bar{P}_内$，$\bar{E}_陆 = \bar{E}_外 + \bar{E}_内$ 代入上式，则有

$$\bar{P}_陆 - \bar{E}_陆 = \bar{R} \tag{6.13}$$

3. 全球水量平衡方程

仅考虑"多年平均"的情形，将海洋水量平衡方程式与陆地水量平衡方程式组合在

一起就构成全球水量平衡方程式

$$\overline{P}_{全球} = \overline{E}_{全球} \qquad (6.14)$$

这说明全球多年平均降水量等于全球多年平均蒸发量，在水循环过程中，全球水量基本不变。但各种水体之间相对数量是处于经常变化状态之中的。

从全球水循环各种通量的多年平均值可以看到（表6-6）：在陆地，降水大于蒸发，而海洋相反。对全球而言，蒸发的水量等于降水量，而由海洋输送给大气的水汽量等于由陆面流向海洋的径流量。陆地上空，大气水库储存的水可以被降水在15天用光，或用23天被蒸发装满；而海洋上空，大气水库储存的水可以在7.5天内以降水形式用光，或在6.8天内被蒸发充满。这说明，海洋上空的水循环比陆地上空的水循环更活跃。

表6-6　全球水量平衡表（刘昌明，2014）

| 地球表面 | 面积/亿 km² | 降水量 | | 蒸发量 | | 入海径流量 | | | | | |
| | | | | | | 地表 | | 地下 | | 总量 | |
		mm	km³	mm	km³	mm	km³	mm	km³	mm	km³
全球	5.1	2070	577000	1885	577000	—	—	—	—	—	—
海洋	3.61	1270	458000	1400	505000	124	44700	6	2300	130	47000
陆地外流区	1.19	924	110000	529	63000	376	44700	19	2300	395	47000
陆地内流区	0.3	300	9000	300	9000						
全大陆	1.49	800	119000	485	72000	300	44700	15	2300	315	47000

水循环是地球气候系统的重要组成部分，其空间尺度覆盖了全球、半球、区域以及流域，其时间尺度有月、季、年、年际、年代际、百年际至千年际等。通过大气、陆地、海洋间的水量和能量交换，大气圈中的水、冰雪圈中的水、生物圈和岩石圈中的水与水圈中的水相互作用与转化，为人类提供了可再生的淡水资源。但是由于水循环时空分布与变化的不均衡性，又会在一些地方产生水旱灾害。

探究活动

根据表6-6提供的数据，计算平均每年由海洋输移到陆地上的水的数量。

案例分析：测量地球上水量变化的重力恢复与气候实验

重力恢复和气候实验（gravity recovery and climate experiment，GRACE）是2002年由美国和德国共同启动的一个双卫星任务（http://www.csr.utexas.edu/grace）。这个任务的目的是使用全球定位系统和微波测距系统来绘制地球重力场的变化。地球重力场是地球质量的空间分布和再分布的反映，时变重力场的变化反映了地表流体质量的变化。GRACE测量的重力变化主要与全球水资源的再分布有关，因为对地球重力场变化贡献最大的是水和雪分布的变化。GRACE 卫星能看到冰川、雪地、水库、地表水、土壤水和地下水的所有变化。借助重力场的变化，科学家能推测出地下水的变化，可以有效监测和认识全球陆地水储量变化、两极冰盖和陆地冰川变化以及海平面变化及其机理。水文学家使用 GRACE 数据来估计区域尺度和全球尺度水储量的变化。

罗志才等以 2002 年 8 月至 2010 年 6 月的平均重力场模型作为参考场，估算了全球水储量变化（图 6-29）。

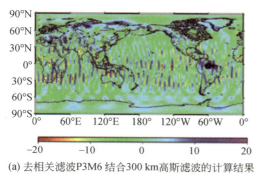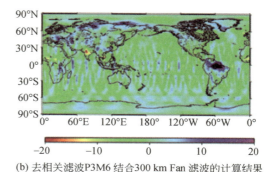

(a) 去相关滤波P3M6 结合300 km高斯滤波的计算结果　(b) 去相关滤波P3M6 结合300 km Fan 滤波的计算结果

图 6-29　GRACE 估算的 2006 年 7 月以等效水高表示的全球水储量变化（罗志才等，2012）

GRACE 数据的获取对计算大尺度水平衡做出了重大贡献。典型应用的例子是计算流经亚马孙河流域的水量（图 6-30）。其他的应用包括检测人类活动带来的改变。GRACE 数据被用来确认印度西北部抽取地下水用于灌溉而导致的地下水枯竭（Rodell et al.，2018），计算美国中部的高平原含水层地区水资源面临的不可持续性风险（Brookfield et al.，2018）。还有学者利用 GRACE 数据进行次大陆和区域尺度评估的

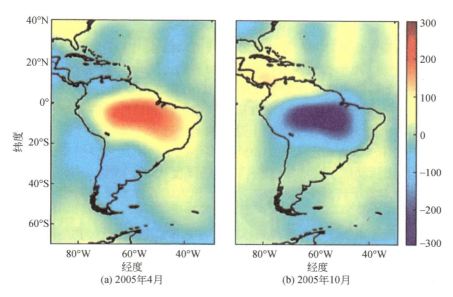

(a) 2005年4月　(b) 2005年10月

图 6-30　亚马孙及周边地区每月水量变化图（Crowley et al.，2008）

可行性研究，如美国高平原含水层的研究、密西西比河流域及其子流域的研究（Rodell et al.，2018）。

第五节　水圈与人类

一、水与生命

水与生命紧密地联系在一起，对人类来说，水是必不可少的物质。

（一）生命体的重要组成

水是地球上一切生命有机体生存的必要条件。水是生物体的基本成分。例如，水在哺乳动物体内约占 65%，鱼类中约占 75%，藻类中约占 95%，水母则高达 95% ～ 98%。人类为了维持生命，必须喝水和从食物中得到必要的水分。一个成年人体内水的总量占总体重的 65% ～ 70%，这些水主要存在于血液、淋巴、细胞中，但其相当一部分（约 34%）携带着溶解的、生命所必需的化学物质在人体内部运动。水是宏量营养素，没有哪种营养物质能像水一样广泛地参与人体功能。人体的每一个器官都含有极其丰富的水，血液和肾脏中的水占 83%，心脏为 80%，肌肉为 76%，脑为 75%，肝脏为 68%，就是骨头也含有 22% 的水分。在人体中的生物液体，如唾液、胃液、尿中水占 95% ～ 99%。

水是生命协调过程中不可或缺的物质，新陈代谢、光合作用等都离不开水。生物可以通过水从外界汲取养分，获得生存和运动所需能量，也可以通过水分排泄掉体内代谢的废物和散发多余的热量，达到养分、水分与体温的平衡。当一个人吸收的水量比维持平衡的水分少 1% ～ 2% 时，便感到口渴；当减少 5% 时就会皮肤皱褶，神志不清；当减少 14% ～ 15% 时，人的生命就难以维持。故一般人几天不吃东西尚可，若几天不喝水，就会危及生命。

（二）生物演化的驱动力

生命起源于浩瀚的海洋。在地球生物形成的漫长过程中，各种各样的元素溶解于大海之中，生命就在大海中孕育而成。水是地球上生命的摇篮，在亿万年前的海洋里，孕育了最初的蛋白质，从而开始了地球上漫长的生命旅程。原始海洋中溶解的氧、二氧化碳等物质，是细胞进行新陈代谢时最好的"营养品"；厚厚的水体又像一个"保护罩"使娇弱的原始生命不致被太阳紫外线和宇宙射线杀伤。就在这样的"摇篮"里，经历了数十亿年的漫长历程，从单细胞到多细胞，从无脊椎到脊椎，从水生到陆生，从海洋到陆地，逐渐形成了几乎占据地球表面每一个角落的生物世界。

水文过程对地球上存在和演化的生物起着关键的驱动作用。在陆地上，水输送的时效性和充足性决定了生态系统的结构。在干旱半干旱气候区，水成为限制植被发育的决定性因素。主要的植被类型和群落、现有的生物量等都随着年降水量的变化而变化。从地质时间尺度来看，水文变化是生物进化的重要外部驱动力。环顾现代地球，年降水和温度在很大程度上解释了植被的分布和组成，同时水文连接的形式也制约了众多生物体为完成其生命周期而进行的迁徙。水系的变化，不仅会改变淡水栖息地的空间分布和质量，还会改变淡水生态系统之间的连通性。

二、水与文明

人类文明的起源、进步与发展都得益于水的哺育滋养。自古以来，水与人类的生存和栖息密切相关，人们总是逐水而迁、择水而居。从考古发掘来看，早期的人类生活在邻近草原的低山河谷地带，因为这里有充足的食物，有足够的水。四大文明古国诞生和成长于大河流域，并且这些流域的命运也直接决定着这些古代文明的历史演进和发展。非洲的尼罗河孕育了古埃及文明，西亚的幼发拉底河和底格里斯河孕育了古巴比伦文明，印度的恒河孕育了古印度文明，黄河流域和长江流域是华夏民族的发祥地，孕育了伟大的中华文明。世界上几乎所有的国家和民族都把自己国土上流淌的河流比作自己的母亲，正是这些河流培育了那里的生命、城市和文明，成为不同文化的发祥之地，繁衍出灿烂的人类文明。无论是从古代还是现代来看，凡是有水的地方，必有城市的兴起、区域经济中心的发展和崛起。陕西省省会西安，也就是唐代的国都长安，有"八水绕长安"的美称；山东省省会济南，被称为"泉城"，因为整个城市有多处泉水；据记载，"天津"这个名称出现于明朝永乐初年，为明朝皇帝朱棣所赐，意为天子渡河，也就是皇帝过河的地方，由此而见水与天津的关系。在交通落后的古代，水道是最便利的运输形式，人们开辟运河作为自然河流的连贯与延伸。

水是人类社会生存和进步的物质源泉，从人类出现直至以后的历史，从以水利灌溉为主体的农业文明到以水能应用为标志之一的工业文明，再到生态文明，水始终是人类历史实践活动的重要组成部分，是影响人类文明发生、发展和变革的重要因素。

当然，也有一些由水而兴、因水而衰的例子。例如，埃及的尼罗河由于修建了阿斯旺高坝，下游的洪水减少了，但同时也减少了由洪水带到下游的淤泥和有机质，使农业生产和生态受到影响。再如，我国历史上的楼兰古国，最早它是"其水清澈，冬夏不减"。但是到了汉代，由于现代水利技术的传入，楼兰人由游牧民族变为定居，屯田垦殖，引水灌溉，破坏了当地的水生态环境，加上连年干旱少雨，水就没有了，生态环境恶化，迫使楼兰人离开家园，离开了兴旺一时的古国。

三、水资源

水资源是人类赖以生存、发展的最为宝贵的自然资源，它既是生活资料，又是生产资料。从广义上讲，水资源是指水圈中水量的总体。但是，具有较高盐分的海洋水、分布在高寒地区的冰雪水以及埋藏较深的地下水还无法开展大规模的开发和利用，所以通常所说的水资源是指能为人类生产、生活直接利用的陆地上的淡水资源和埋藏较浅的地下淡水资源。一般采用地表径流量和部分参与水循环的地下水径流量来衡量水资源的多少。

水不停地运动且参与自然环境中一系列物理的、化学的和生物的过程。水资源与其他固体资源的本质区别在于其具有流动性，它是在水循环中形成的一种动态资源，具有循环性。水循环系统是一个庞大的自然水资源系统，地表水和地下水被开采利用后，可以得到大气降水的补给，处在不断地开采、补给和消耗、恢复的循环之中，在某种意义

上可以说水资源是"取之不尽"的。可实际上全球淡水资源的蓄存量是十分有限的。全球的淡水资源仅占全球总水量的 2.5% 左右，且淡水资源的大部分储存在极地冰帽和冰川中，真正能够被人类直接利用的淡水资源仅占全球总水量的 0.796%。从水量动态平衡的观点来看，某一期间的水量消耗量接近于该期间的水量补给量，否则将会破坏水平衡，造成一系列不良的环境问题。可见，水循环过程是无限的，水资源的蓄存量是有限的。尽管水资源是可更新资源，但并非取之不尽、用之不竭。

水是自然界的重要组成物质，是环境中最活跃的要素。水资源在自然界中具有明显的地区差异和时间分配不均的特征。由于地理环境和大气环流条件的差异，某些地区降水量超过蒸发量，水分盈余，称为富水地区；而某些地区蒸发量超过降水量，水分出现亏损，称为贫水地区。我国水资源在区域上分布不均匀。总的来说，东南多，西北少；沿海多，内陆少。在同一地区中，不同时间分布差异性也很大，一般夏多冬少（表 6-7）。

表 6-7 2018 年中国水资源一级区水资源量

水资源 一级区	降水量 /mm	地表水资源量 /亿 m³	地下水资源量 /亿 m³	地下水与地表水资源 不重复量 /亿 m³	水资源总量 /亿 m³
全国	682.5	26323.1	8246.5	1139.3	27462.6
北方 6 区	379.1	4830.1	2742.7	976.9	5807.2
南方 4 区	1220.2	21493.0	5503.8	162.4	21655.4
松花江区	569.9	1441.7	553.0	246.9	1688.6
辽河区	511.3	307.8	161.6	79.3	387.1
海河区	540.7	173.9	257.1	164.4	338.4
黄河区	551.6	755.3	449.8	113.8	869.1
淮河区	925.2	769.9	431.8	258.8	1028.7
长江区	1086.3	9238.1	2383.6	135.6	9373.7
其中：太湖流域	1381.8	204.1	52.3	27.3	231.3
东南诸河区	1607.2	1505.5	420.1	12.2	1517.7
珠江区	1599.7	4762.9	1163.0	14.6	4777.5
西南诸河区	1147.9	5986.5	1537.1	0.0	5986.5
西北诸河区	203.9	1381.5	889.4	113.7	1495.3

资料来源：水利部，2018 年水资源公报。

水资源开发利用是改造自然、利用自然的一个方面，其目的是满足人类生产、生活等需要。水资源开发利用的内容很广，如农业灌溉、工业用水、生活用水、淡水养殖、城市建设等。防洪、防涝等属于水资源开发利用的另一方面的内容。在过去的一个世纪里，伴随着大坝和运河等基础设施的建设，因农业、运输、人口和工业需求而对水循环的改变急剧增加。尤其是地表水不足的干旱半干旱地区，人口增长和发展导致出现建设大型水库、开展调水工程和密集抽取地下水的行为，已经对地表水和地下水供给产生了重要影响，进而对依赖这些水资源供给的下游产生影响。

随着社会经济的发展，人们越来越感受到水资源匮乏带来的影响。地球上水资源时空分布不均匀，水资源利用效率不高，世界人口迅速增长，人类活动如围湖造田、对水质的污染等都是水资源日益匮乏的原因。

地学视野：绿水和蓝水

考虑到干旱缺水的非洲农业与粮食安全，瑞典科学家 Malin Falkenmark 于 1993 年在联合国粮食及农业组织（Food and Agriculture Organization of the United Nations，FAO）召开的大会上，针对雨养农业和粮食安全提出了"绿水"的概念（Falkenmark，1995）。2005 年在德国波恩的全球水系统计划科学指导委员会（GWSP-SSC）会议上再次阐述了绿水的内涵及其意义。Falkenmark 认为在某一流域中，水资源可分为"蓝水"和"绿水"两部分，绿水（气态水、土壤水）的循环供给陆地生态系统，主要是绿色植物、作物等；蓝水（液态水）的循环供给水生生态系统和人类用水需求（Falkenmark and Rockstroem，2006）。刘昌明认为蓝水是地球上的液态淡水：降水、河湖地表水、土壤和岩层中的液态水，重力赋存与重力驱动。绿水是地球上的气态水：水汽分子状态赋存，包括土壤孔隙颗粒分子吸附的水分子，由热力与分子力驱动、流动。"蓝水"和"绿水"的总量取决于降水，即"蓝水"和"绿水"均由降水派生（图 6-31）。蓝水和绿水之间是通过蒸散发相互转化的，全球环境基金（Global Environment Fund，GEF）项目的 ET 管理也就是绿水的管理。蓝水和绿水的研究对水资源的管理十分重要。绿水概念的提出拓展了传统意义上仅把蓝水作为水资源的范畴，更新了水资源的范畴。

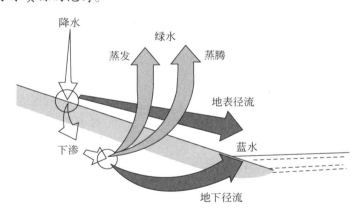

图 6-31　蓝水和绿水

绿水概念提出以后，斯德哥尔摩国际水资源研究所（Stockholm International Water Institute，SIWI）、联合国粮食及农业组织（FAO）、国际水资源管理研究所（International Water Management Institute，IWMI）、国际农业发展基金（International Fund for Agricultural Development，IFAD）、全球水系统计划（Global Water System Project，GWSP）等国际机构和组织均开始了绿水研究（臧传富和刘俊国，2013）。目前，国际上有关绿水的研究从尺度上主要集中在全球或区域尺度上，内容上则

侧重评价绿水资源量及其时空分布。同时，土地利用类型改变所导致的蓝水、绿水演变也成为研究热点。荷兰世界土壤信息中心（International Soil Reference and Information Centre，ISRIC）等以流域为单位提出了"绿水信贷"（green water credits）的投资方式，核心是下游要为上游植被建设、保持水土的行为通过绿水信贷提供补偿，实际上是利用绿水概念进行清洁水生态补偿的一种投资机制。我国刘昌明和李云成（2006）、程国栋和赵文智（2006）最早在国内学术期刊上介绍了绿水、蓝水的概念及其重要性。国内学者对水的研究主要集中于引入绿水后的水资源内涵、绿水数量的计算评价以及蓝水、绿水综合利用研究关键科学问题的理论探讨上。尽管越来越多的学者认为将"绿水"和"蓝水"结合是一种全新的水资源管理策略，但目前相关研究主要集中在绿水资源及其时空分布评估和土地利用类型改变所导致的蓝水、绿水演变上，对如何引入绿水进一步开展水资源配置尚缺乏行之有效的理论与方法。目前人类对水资源的评价和配置只是针对"蓝水"，还没有将"绿水"直接纳入现实水资源评价体系（程国栋和赵文智，2006）。在传统的蓝水配置管理中，引入绿水概念，切实提高水资源整体利用效率极为迫切，并具有挑战性。

四、水灾

一方面，水是人类必不可少的；另一方面，水过多也会造成灾害。连续的强降水是造成水灾的主要原因，积雪融化也可以形成水灾。此外，河道障碍越来越多，严重影响河流的泄洪能力；对天然森林与防护林的乱采滥伐，使雨水直接冲刷地表土层，增加河流含沙量；遇到暴雨还会发生山洪及滑坡和泥石流、拥堵河道等；水库等防洪设施陈旧也是造成水灾的原因。

我国气候受季风影响，降水有明显的季节变化，旱涝频率都较大。从图 6-32 上不难

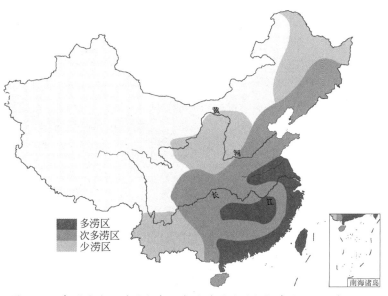

图 6-32　中国陆地雨涝区分布示意图（刘昌明和何希吾，1998）

看出，我国雨涝的分布大体上是由东南向西北减少，并且与地势高低和距海远近有密切关系。沿海和平原地区多雨涝，内陆与高原地区少雨涝。

水灾给人类带来的危害是巨大的，洪水灾害是造成经济损失最主要的自然灾害之一。仅 1998 年全球记录有 163 次洪水，死亡人数和经济损失分别为 13475 人和 441.42 亿美元。我国位于东亚季风区，降水和径流的年内分配很不均匀，年际变化大，这是造成洪涝灾害频繁的主要原因。

五、水荒

水虽然是一种可再生资源，但依靠水循环得到更新、恢复的水量，其多年平均量是相对稳定的、有限的。随着人口的急剧增长、社会经济的发展，人类对水的需求急剧增加。由于地球表层目前可供人类直接利用的水的有限性、时间与空间分布的不均匀性，世界一些地区或城市或多或少地出现了缺水问题。目前世界上 60% 的地区面临淡水不足的困境，40 多个国家的水资源严重匮乏。水资源问题已成为当今世界各国关注的重大问题。1972 年 6 月，在瑞典斯德哥尔摩举行的"联合国人类环境会议"上，水荒和水污染问题被提到比任何其他问题都更为突出的地位，会议指出"遍及世界的许多地区，由于工业的膨胀和人均消费量的提高，需水量已经增加到超过天然来源水量的境地。地下水枯竭，而且受到污染。为不断增长的人口和膨胀的工业提供适当清洁的水，也是许多国家技术、经济和政治上面临的复杂问题"。

造成水资源紧张的原因是多方面的。主要有：①水的时空分布不均，给水资源的利用造成困难。②随着人口不断增加，人们生活水平提高，工农业生产及城市的发展以及其他社会用水的扩大，总的需水量增长太快，水利建设速度很难适应需水量的增长速度，出现供需矛盾。③水资源利用不合理，管理不善，大量浪费水资源的现象较为普遍。④水体污染较严重，使可利用的水资源减少。因此，要解决水资源问题，必须节约用水，科学用水。

我国水资源总量不少，2018 年全国水资源总量为 27462.5 亿 m^3，其中地表水资源量为 26323.2 亿 m^3，地下水资源量为 8246.5 亿 m^3，但人均、亩均水量较少（表 6-8）。我国河川径流量，居世界第六位。但由于我国人口众多，人均地表水量约为世界人均水量的 1/4，从这个意义上可见，我国水资源并不富裕。我国水资源的地区分布很不均匀，与人口、耕地的分布不相适应。从全国来说，南方水多、地少，北方水少、地多，造成了南方水量有余，北方水量短缺的局面。南方水资源总量占全国的 81%，人口占全国的 54.7%，耕地只占全国的 35.9%；而北方水资源总量只占全国的 14.4%，耕地却占全国的 58.3%，人口占全国的 43.2%。北方人均水量为 938m^3，而南方人均水量为 4130m^3。北方亩均水量 454m^3，南方亩均水量 4134m^3。与北方相比，南方人均水量约为北方的 4.4 倍，亩均水量为北方的 9.1 倍。因此，我国必须走科学用水、集约用水的道路，这是缓解水资源短缺的基本对策。

表6-8　世界主要国家年径流量、人均和单位面积耕地水量（陈家琦等，2002）

国家	年径流量/亿 m³	单位国土面积产水量/（万 m³/km²）	人口/亿人	人均占有水量/（m³/人）	耕地面积/亿 km²	单位耕地面积水量/（m³/100km²）
巴西	69500	81.5	1.49	46808	32.3	215170
俄罗斯	54660	24.5	2.80	19521	226.7	24111
加拿大	29010	29.3	0.28	103607	43.6	66536
中国	27115	28.4	11.54	2350	97.3	27867
印度尼西亚	25300	132.8	1.83	13825	14.2	178169
美国	24780	26.4	2.50	9912	189.3	13090
印度	20850	60.2	8.50	2464	164.7	12662
日本	5470	147.0	1.24	4411	4.33	126328
全世界	468000	31.4	52.94	8840	1326.0	35294

六、人类对水圈的影响

1. 对水圈组成的影响

由于人类活动的影响，一些水体受到污染，水体的成分发生变化。温室效应导致气候变暖，使得冰川融化，固态水减少。海水淡化，使得部分海水转化为淡水。

2. 对水圈结构的影响

由温室效应导致的冰川融化，使得地球上水的分布发生了变化：从高海拔地区迁移到低海拔地区，从高纬度地区迁移到低纬度地区。由于跨流域和跨地区的调水，地表水的空间分布发生了变化：如从湿润地区调到干旱地区，从农村调到城市。水库建设、开挖池塘形成了人造湖泊，而围湖造田又使湖泊变小或者消失。

3. 对水循环的影响

土地利用、大气及海洋变化对自然水循环过程产生影响，人类同自然一样已经成为水循环功能中主要的驱动因素。人类自古以来就重视发展水利事业，不断地改变自然环境，也在改变地球上的气候，从而使水循环产生进一步变化。调水工程改变了河流水的流向。水库、大坝的建设改变了流域的产流和汇水过程，改变了河流中一些河段的流速、流向和流量。河流护岸工程限制了河流的流路，改变了一些河段的流速。海洋工程不仅可以改变潮流、波浪作用的形式，还可以改变潮流、波浪作用的强度和范围。地膜覆盖、灌溉、绿化等可以改变一定区域范围内水循环的路径和速度。人类生产和消费活动排出的污染物通过不同的途径进入水循环。温室效应不仅可以改变区域水循环，还正在改变全球水循环。

地学视野：国际水文计划

国际水文计划（International Hydrological Programme，IHP）是由世界各个

国家政府组织参加的大型国际水科学研究计划。由国际水文科学协会于 1961 年提出国际水文 10 年计划，1964 年由联合国教育、科学及文化组织（United Nations Eeducational, Scientific and Cultural Organization, UNECO; 简称联合国教科文组织）第 13 次大会批准。后来考虑到 10 年的时间有限，不足以解决水科学发展及其实际应用的大量问题，联合国教科文组织第 17 次大会（1972 年）决定在"国际水文十年"结束时开展国际水文计划。

第一阶段（1975～1980 年）集中于水科学中的水文研究方法、培训和教育。

第二阶段（1981～1983 年）集中在科学研究方面：水文过程、水文参数、人类对水文情势的影响及水资源评价与管理。

第三阶段（1984～1989 年）主题为"水文学及为经济、社会发展而合理管理水资源的科学基础"，包括四个部分：水文过程及水利工程参数；人类对水文循环的影响；水资源评价和管理；教育培训、宣传及科学情报系统。

第四阶段（1990～1995 年）计划研究变化环境中的水文与水资源的可持续发展，强调可承受开发的水资源管理以及使水文科学适应气候和环境变迁。首次提到了水资源的可持续发展，并首次提出了生态水文学。

第五阶段（1996～2001 年）计划关注脆弱环境中的水文与水资源发展，更加重视全球变化以及需要特别关注的湿热、干旱和半干旱地区，其主要内容是：资源过程与管理研究，区域水文水资源研究和知识、信息与技术的转化。

第六阶段（2002～2007 年）计划主要研究水的交互作用 - 处于风险和社会挑战中的体系。重点研究地表水与地下水、大气与陆地、淡水与咸水、全球变化与流域系统、质与量、水体和生态系统、科学与政治、水与文化 8 个方面新的挑战问题。

第七阶段（2008～2013 年）利用现有科学知识来发展新的研究方向和方法，以对环境变化、生态系统和人类活动做出响应。

第八阶段（2014～2021 年）主要目标之一就是通过促进信息和经验转化来满足地方和区域对全球变化适应工具的需求，并加强能力建设以满足当今全球水资源匮乏所带来的挑战，从而将科学转化为行动。

国际水文计划在不同阶段的研究主题与项目设置，充分反映了国际水文水资源研究的趋势：日益重视研究人类活动对水文情势的影响及其与环境的相互作用，并逐渐由传统水文向资源水文、环境水文、生态水文转变。

探究活动：大坝建设对水循环过程的影响

建造大坝、拦洪蓄水是人类开发和利用河流资源的重要方式。世界上不少都市的发展都与大坝的建造密切相关，如美国加利福尼亚州南部的最大城市洛杉矶，中国的首都北京、四川省省会成都等；还有不少都市，如天津、上海、重庆的发展往往不同程度地受上游或下游已经建造的或将要建造的大坝的影响。

修建大坝和跨流域调水工程为很多城市带来繁华。在过去一个世纪中人类修

建了大量的水坝，仅 1999～2001 年，亚洲就兴修了 589 处大坝。截至 2010 年，世界建高 60m 以上的大坝有 353 座，亚洲最多，有 270 座，约占总数的 76%；欧洲有 30 座，约占总数的 8%；南美洲有 20 座，约占总数的 6%；美洲中北部和非洲各有 15 座。

建造大坝，在大型水库内拦蓄河水，既能防洪，又可灌溉，还能发电；水库还提高了不少河道的水位，便利了航运，并且扩大了水面，优化了景观，增加了水源，促进了旅游业和都市的发展。但是，大坝的建造对水循环的影响也越来越明显（图 6-33）。

请结合所给资料，并查阅相关资料，结合具体案例探讨大坝的建造对水循环过程的影响。

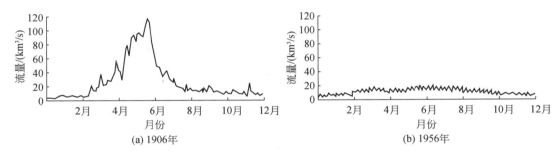

图 6-33　戴维斯大坝建设前后科罗拉多河流量过程的变化

主要参考及推荐阅读文献

安培浚. 2007. 联合国教科文组织国际水文计划第七阶段规划（2008—2013）草案介绍——水的相互依赖：压力下的系统和社会响应. 科学新闻，（14）：18-19.

陈福. 2000. 酸性含矿热液的成因及成矿演化模式. 地质地球化学，28（1）：48-52.

陈家琦，王浩，杨小柳. 2002. 水资源学. 北京：科学出版社.

程国栋，赵文智. 2006. 绿水及其研究进展. 地球科学进展，21（3）：221-227.

邓正龙，张宁生. 2013. 中华民族最辉煌的文明成就——都江堰水利工程及核心价值. 今日中国论坛，17-19.

冯士筰，李凤岐，李少菁. 1999. 海洋科学导论. 北京：高等教育出版社.

关卓今，马志杰，黄丽华，等. 2016. 北京地下水变化趋势模型及水资源利用平衡分析. 中国水利，（3）：29-31.

黄秉维，郑度，赵名茶，等. 1999. 现代自然地理. 北京：科学出版社.

黄廷林，马学尼. 2006. 水文学. 4 版. 北京：中国建筑工业出版社.

黄锡荃. 1996. 水文学. 4 版. 北京：高等教育出版社.

黄奕龙，傅伯杰，陈利顶. 2003. 生态水文过程研究进展. 生态学报，23（3）：580-587.

焦北辰，刘明光. 1998. 中国自然地理图集. 北京：中国地图出版社.

李峰平，章光新，董李勤. 2013. 气候变化对水循环与水资源的影响研究综述. 地理科学，33（4）：457-464.

廖永岩. 2007. 地球科学原理. 北京：海洋出版社.

林学钰，廖资生，赵勇胜，等. 2005. 现代水文地质学. 北京：地质出版社.

刘昌明. 2014. 水文科学创新研究进展. 北京：科学出版社.

刘昌明，何希吾. 1998. 中国 21 世纪水问题方略. 北京：科学出版社.

刘昌明，李云成. 2006. "绿水"与节水：中国水资源内涵问题讨论. 科学对社会的影响，（1）：16-20.

刘春蓁. 2004. 气候变化对陆地水循环影响研究的问题. 地球科学进展，19（1）：115-119.

罗志才，李琼，张坤，等. 2012. 利用 GRACE 时变重力场反演南极冰盖的质量变化趋势. 中国科学（地球科学），42（10）：1590-1596.

潘彬，韩美，倪娟. 2017. 黄河下游近 50 年径流量变化特征及影响因素. 水土保持研究，24（1）：122-127.

芮孝芳，陈界仁. 2003. 河流水文学. 南京：河海大学出版社.

史培军. 2007. 自然灾害学. 北京：高等教育出版社.

水利部应对气候变化研究中心. 2008. 气候变化对水文水资源影响研究综述. 中国水利，（2）：47-51.

王浩，严登华，贾仰文，等. 2010. 现代水文水资源学科体系及研究前沿和热点问题. 水科学进展，21（4）：479-489.

王红亚，吕明辉. 2007. 水文学概论. 北京：北京大学出版社.

王慧玲，梁杏. 2003. 洞庭湖调蓄作用分析. 地理与地理信息科学，19（3）：63-66.

王建. 2006. 现代自然地理学实习教程. 北京：高等教育出版社.

王建. 2010. 现代自然地理学. 2 版. 北京：高等教育出版社.

王守荣，朱川海，程磊，等. 2003. 全球水循环与水资源. 北京：气象出版社.

王晓华. 2006. 水文学. 武汉：华中理工大学出版社.

王兴奎，邵学军，王光谦，等. 2004. 河流动力学. 北京：科学出版社.

王颖，朱大奎. 1994. 海岸地貌学. 北京：高等教育出版社.

王永红. 2012. 海岸动力地貌学. 北京：科学出版社.

伍光和，田连恕，胡双熙，等. 2005. 自然地理学. 3 版. 北京：高等教育出版社.

夏军，左其亭. 2006. 国际水文科学研究的新进展. 地球科学进展，21（3）：259-262.

谢尔登. 2011. 水文气候学——视角和应用. 北京：高等教育出版社.

熊永兰. 2014. 国际水文计划第八阶段战略计划——水安全：应对地方、区域和全球挑战. 科学研究动态监测快报，3：1-4.

严登华，任立良，王国庆，等. 2016. 关于陆地水循环演变及其在全球变化中的作用研究设想. 水科学进展，27（6）：935-942.

臧传富，刘俊国. 2013. 黑河流域蓝绿水在典型年份的时空差异特征. 北京林业大学学报，3（3）：1-10.

张建云，王国庆. 2007. 气候变化对水文水资源影响研究. 北京：科学出版社.

张利平，杜鸿，夏军，等. 2011. 气候变化下极端水文事件的研究进展. 地理科学进展，30（11）：1370-1379.

张莒莒，胡亚朋，张范平. 2017. 黄河上游天然径流变化特性分析. 干旱区资源与环境，31（2）：104-109.

赵珂经. 1990. 国际水文计划的科学成就. 水科学进展，1（1）：60-65.

Bird E. 2008. Coastal Geomorphology. 2nd ed. Hoboken：John Wiley & Sons.

Biswas A K. 1970. History of Hydrology. Amsterdam: North-Holl and Pub. Co.

Brookfield A E, Hill M C, Rodell M, et al. 2018. In situ and GRACE-based groundwater observations: Similarities, discrepancies, and evaluation in the high Plains aquifer in Kansas. Water Resources Research, 54(10): 8034-8044.

Chahine M T. 1992. The hydrological cycle and its influence on climate. Nature, 359: 373-380.

Crowley W J X, MItrovica R C, Bailey M E, et al. 2008. Annual variations in water storage and precipitation in the Amazon Basin: Bounding sink terms in the terrestrial hydrological balance using GRACE satellite gravity data. Journal of Geodesy, 82(1): 9-13.

Castle S L, Thomas B F, Reager J T, et al. 2014. Groundwater depletion during drought threatens future water security of the Colorado River Basin. Geophysical Research Letters, 41(16): 5904-5911.

Dettinger M D, Diaz H F. 2000. Global characteristics of stream flow seasonality and variability. Journal of Hydrometeorology, 1(4): 289-310.

Döll P, Müller Schmied H, Schuh C, et al. 2015. Global-scale assessment of groundwater depletion and related groundwater abstractions: Combining hydrological modeling with information from well-lobservations and GRACE satellites. Water Resources Research, 50(7): 5698-5720.

Falkenmark M. 1995. Coping with water scarcity under rapid population growth. Conference of SADC Ministers, Pretoria, 1995.

Falkenmark M, Rockstroem J. 2006. The new blue and green water paradigm: Breaking new ground for water resources planning and management. Journal of Water Resources Planning and Management, 132(3): 129-133.

Haddeland I, Heinke J, Biemans H, et al. 2014. Global water resources affected by human interventions and climate change. Proceedings of the National Academy of Sciences of the United States of America, 111(9): 3251-3256.

Konikow L F, Kendy E. 2005. Groundwater depletion: A global problem. Hydrogeology Journal, 13(1): 317-320.

Lehner B, Döll P. 2004. Development and validation of a global database of lakes, reservoirs and wetlands. Journal of Hydrology, 296(1-4): 1-22.

Liu C Z, Xia J. 2011. Detection and attribution of observed changes in the hydrological cycle under global warming. Advances in Climate Change Research, 2(1): 31-37.

Murck B W, Skinner B J, Porter S C. 1996. Environmental Geology. Hoboken: John Wiley & Sons.

Piao S, Ciais P, Huang Y, et al. 2010. The impacts of climate change on water resources and agriculture in China. Nature, 467(7311): 43-51.

Prudhomme C, Giuntoli I, Robinson E L, et al. 2014. Hydrological droughts in the 21st century, hotspots and uncertainties from a global multimodel ensemble experiment. Proceedings of the National Academy of Sciences of the United States of America, 111(9): 3262-3267.

Ritter D F, Kochel R C, Miller J R. 1995. Process Geomorphology. 3rd ed. Dubuque, IA: Wm. C. Brown.

Rodell M, Famiglietti J S, Wiese D N, et al. 2018. Emerging trends in global freshwater availability. Nature, 557(7707): 651-659.

Skinner B J, Porter S C. 1995. The Dynamic Earth: An Introduction to Physical Geology. 3rd ed. Hoboken: John Wiley & Sons.

Sterling S M, Ducharne A, Polcher J. 2012. The impact of global land-cover change on the terrestrial water cycle. Nature Climate Change，3（4）：385-390.

Strahler A H. 2004. Physical Geography：Science and Systems of the Human Environment. 3rd ed. Hoboken：John Wiley & Sons.

Strahler A H. 2013. Introducing Physical Geography. 6th ed. Hoboken：John Wiley & Sons.

van Dijk A I J M，Pena-Arancibia J L，Wood E F，et al. 2013. Global analysis of seasonal streamflow predictability using an ensemble prediction system and observations from 6192 small catchments worldwide. Water Resources Research，49（5）：2729-2746.

Wada Y，van Beek L P H，van Kempen C M，et al. 2010. Global depletion of groundwater resources. Geophysical Research Letters，37（20）：L20402-1-L20402-5.

Wang G Q，Zhang J Y，Xuan Y Q，et al. 2013. Simulating the impact of climate change on runoff in a typical river catchment of the Loess Plateau，China. Journal of Hydrometeorology，14（5）：1553-1561.

Wicander R，Monroe J S. 2002. Essentials of Geography. 3rd ed. New York：West Publishing Company.

Zheng C M，Liu J，Cao G L，et al. 2010. Can China cope with its water crisis? Perspectives from the North China Plain. Ground Water，48（3）：350-354.

第七章

冰冻圈与冰冻圈环境

    1972 年在斯德哥尔摩举行的第一次联合国环境与发展大会上，世界气象组织首次提出了"冰冻圈"（又称"冰雪圈"）的概念，并将其列为气候系统的五大圈层（大气圈、水圈、生物圈、岩石圈和冰冻圈）之一。随着全球变化研究的兴起，冰冻圈研究也由传统的各组成要素的形成和演化规律研究，发展为冰冻圈与气候系统其他圈层的相互作用及其对社会经济的影响、适应的研究，并逐步成为一门集自然与人文和可持续发展交叉融合的学科——冰冻圈科学。

    作为地理科学体系的重要部分，本章从冰冻圈的定义开始，从其形成过程和机理、冰冻圈与其他圈层相互作用及冰冻圈与可持续发展研究三个领域出发，扼要介绍冰冻圈科学的基本概念和框架，克服了过去仅对传统冰冻圈各要素进行独立研究的局限性，向冰冻圈变化影响和适应方向拓展，突出了冰冻圈"变化－影响－适应"的核心科学内涵，达到为人类社会经济可持续发展服务的目的。

第一节　地球上的冰冻圈

一、冰冻圈定义

    冰冻圈是指地球表层具有一定厚度且连续分布的负温圈层，又称为冰雪圈、冰圈或冷圈。冰冻圈内的水体一般处于冻结状态。冰冻圈在岩石圈内位于从地面向下一定深度（数十米至上千米）的表层岩土；在水圈主要位于南大洋、北冰洋海表向下数米至上百米，以及周边一些大陆架向下数百米范围内；在大气圈内主要位于低于 0℃ 的对流层和平流层内。

    冰冻圈的英文为 cryosphere，源自希腊文的 kryos，含义是"冰冷"。在中国，由于冰川、冻土和积雪的作用和影响，以及冰川学和冻土学在中国发展过程中相辅相成，学术界将 cryosphere 称为冰冻圈。

    在自然界，负温时不一定所有水分都处于冻结状态，例如，冰晶表面存在有"准分子厚度"的薄膜水，冻土内因毛细管作用和土壤颗粒吸附作用等，下渗到雪层中的融水在负温条件下不能立即全部冻结，但仍属于冰冻圈范畴。另外，海洋（以及咸水湖）表层水在 0℃ 以下的一定温度范围因盐分、风浪作用而不结冰，则不属于冰冻圈。

    有些情况下，冰冻圈处于 0℃ 而不是负温，是因为原来处于负温条件下在温度升高到 0℃以后尚未全部融化，如果继续有热量供给会进一步融化，若降温则液态水会发生冻结。

二、冰冻圈组成要素

根据冰冻圈形成发育的动力、热力条件和地理分布，冰冻圈可划分为陆地冰冻（continental cryosphere）、海洋冰冻圈（marine cryosphere）和大气冰冻圈（aerial cryosphere）。冰冻圈的组成要素包括冰川（含冰盖）、冻土（包括多年冻土和季节冻土）、积雪、河冰和湖冰、海冰、冰架、冰山和海底多年冻土，以及大气圈对流层和平流层内的冻结状水体。在地表水平方向上，中、高纬地区是冰冻圈发育的主要地带（图 7-1）。

(a) 北半球

图例
- 海冰
- 冰川
- 冰盖
- 冰架
- 连续多年冻土
- 不连续多年冻土
- 30 年平均海冰范围
- 50% 积雪范围线
- 最大积雪范围线

(b) 南半球

图 7-1　冰冻圈的全球分布示意图（IPCC，2013）

在北半球地图（a）上，海冰覆盖显示的是北半球夏季海冰范围最小时（2012 年 9 月 13 日）的状态，30 年平均海冰范围（黄线）显示的是年最小海冰南界（海冰密集度 15%）在 1979 ～ 2012 年的平均值，而此时在南半球显示的分别是最大海冰覆盖和年最大海冰北界的多年平均值（b）；由于图（b）为极射赤面投影，未能表现低纬度冰川和积雪的信息

陆地冰冻圈发育在大陆上，包括冰川（含冰盖）、冻土（含季节冻土、多年冻土

和地下冰，但不含海底多年冻土）、积雪、河冰和湖冰；海洋冰冻圈发育在海洋上，包括海冰、冰架、冰山和海底多年冻土；大气圈内冻结状的水体包括雪花、冰晶等组成大气冰冻圈，大气冰冻圈是冰冻圈科学与气象学的交叉部分，研究内容各有侧重。

陆地冰冻圈覆盖全球陆地面积的 52% ～ 55%。其中，山地冰川和南极冰盖、格陵兰冰盖覆盖了全球陆地表面的 10%（南极冰盖和格陵兰冰盖占 9.5%，山地冰川占 0.5%）。积雪覆盖范围平均占全球陆地面积的 1.3% ～ 30.6%，北半球多年平均最大积雪范围可占北半球陆地表面的 49%。全球多年冻土区（不包括冰盖下伏的多年冻土）占全球陆地面积的 9% ～ 12%。北半球最大季节冻土（含多年冻土活动层）占全球陆地面积的 33%。也有资料显示，北半球季节冻土（含多年冻土活动层）多年平均最大占到北半球陆地面积的 56% 以上，在极端寒冷年份高达 80% 以上。

冰冻圈储存了地球淡水资源的 75%，其中，冰川和冰盖约占全球淡水资源的 70%，如果南极冰盖和格陵兰冰盖全部融化，将导致全球海平面分别上升约 58.3m 和 7.36m（又称海平面当量或当量），山地冰川的当量为 0.41m，多年冻土内的当量约为 0.10m。全球变暖，冰冻圈内的冰体融化，成为全球海平面上升的主要贡献者。例如，1993 ～ 2010 年，陆地冰冻圈的冰量融化使全球海平面平均每年上升 1.36mm，2006 ～ 2015 年增大到 1.8mm，占海平面总上升量的一半，另一半为海洋热膨胀和其他因素。

多年平均值显示，全球 5.3% ～ 7.3% 的海洋表面被海冰和冰架覆盖。北冰洋海冰最大范围约为 1500 万 km²，夏季最小时约为 600 万 km²。9 月南大洋海冰范围最大为 1800 万 km²，2 月最小时约为 300 万 km²。根据冰龄，海冰又分为当年冰、隔年冰和多年冰。大部分海冰都是移动着的浮冰群中的一部分，在风与大洋表层洋流的作用下漂流。浮冰在厚度、冰龄、雪的覆盖及开阔水域的分布极不均匀，空间尺度为数米到数百千米。南极冰盖外缘的诸多冰架总面积约为 161.7 万 km²，约占全球海洋面积的 0.45%。全球海底多年冻土约占海洋面积的 0.8%（表 7-1）。

表 7-1 全球冰冻圈各要素统计

陆地冰冻圈	占全球陆表面积[a] 比例 /%	海平面当量[b]/m
南极冰盖[c]	8.3	58.3
格陵兰冰盖[d]	1.2	7.36
冰川[e]	0.5	0.41
多年冻土[f]	9 ～ 12	0.02 ～ 0.1[g]
季节冻土[h]	33	不适用
积雪（季节变化）[i]	1.3 ～ 30.6	0.001 ～ 0.01
北半球的湖冰、河冰[j]	11	不适用
合计[k]	52 ～ 55	约 66.1

续表

海洋冰冻圈	占全球海洋表面积 [a] 比例 /%	体积 [l] /1000km³
南极冰架	0.45 [m]	约 380
南极海冰，南半球夏季（春季）[n]	0.8（5.2）	3.4（1.1）
北极海冰，北半球秋季（冬季/春季）[n]	1.7（3.9）	13.0（16.5）
海底多年冻土 [o]	约 0.8	无数据
合计 [p]	5.3 ～ 7.3	约 396.4（397.6）
大气冰冻圈 [q]		体积 /1000km³
大气圈内冰体		32.6 ～ 40.7
平均		36.4

a. 全球陆地面积按 14760 万 km²、全球海洋面积按约 36250 万 km² 计算。

b. 冰密度为 917kg/m³，海水密度为 1028kg/m³，海平面以下冰体以等量海水替代。

c. 南极冰盖面积（不包含冰架）为 1229.5 万 km²。

d. 该冰盖及其外围冰川面积为 180.1 万 km²。

e. 包括格陵兰和南极周边的冰川。

f. 多年冻土面积（不包括冰盖下伏的多年冻土）为 1320 万～ 1800 万 km²。

g. 该数值系指北半球多年冻土的估计值。

h. 最大季节冻土面积（不包含南半球）多年平均值为 4810 万 km²。

i. 该数值只包含北半球的数值。

j. 淡水（湖冰和河冰）范围和体积来源于模式估计的季节最大范围。

k. 多年冻土和季节冻土也被积雪覆盖，总面积不包含积雪面积。

l. 南极南半球秋季（春季）和北极北半球秋季（冬季）。

m. 面积相当于 161.7 万 km²。

n. IPCC AR5 WGI 评估中最大范围和最小范围。

o. 关于海底多年冻土面积计算的文献很少。该数据由 Gruber 的论文总结而成，其数据中 280 万 km² 有很大的不确定性。

p. 夏季和冬季分开进行评估。

q. 大气圈内冰量约占大气中水量的 2.6‰，主要分布在对流层，在赤道地区通常分布在 4km 以上，随着纬度增加，大气冰冻圈的底界下降，在极地地区近地面水汽团中也含有冰晶。

资料来源：据 IPCC，2013，有改动。

大气圈内的冰含量很低，在三大冰冻圈中含冰量最少、寿命最短。

第二节 冰冻圈的形成和分布

一、冰冻圈形成条件和机理

冰冻圈的形成过程实质上就是在水分和热量交换满足一定的条件时，在不同的空间环境形成形态各异的冰冻圈要素。冰冻圈各要素在形成过程中都经历着水分相变、质量增减和物质运动等一系列物理过程。本质上讲，能量和质量的耦合过程是冰冻圈形成的最基本物理机制。

水分以固态形式存在的基本条件是能量交换使温度低于水分的冻结温度。因此，水分和寒冷的气候条件是冰冻圈形成和发育的主控因素，通常称为水热条件。但是，在水分和温度条件相同的情况下，不同的空间条件则使固态水存在的形式不同。例如，在陆地上形成冰川和冰盖、冻土和积雪等，在水中形成海冰、河冰和湖冰等，以及在大气中形成各种形式的固态水，冰架、冰山和海底冻土则是在陆地上形成的冰体和冻土进入海洋。于是，冰冻圈形成的条件可归结为水分（物质来源）、低温（能量条件）和空间条件三个方面的组合。另外，由于是在自然界发生的现象，除水分以外，还有多种其他介质包括有机质的参与。不同类型冰冻圈要素其形成和发育过程复杂、多样，各具特征。例如，积雪的形成过程包括了大气固态降水、积累、变质和融化等过程；冰川的形成过程包括固态降水、冰面累积和成冰、流变和动力变质、消融；冬季地表水的冻结和春季的融化，即河冰、湖冰的形成和消亡；冻土的形成和发育涉及土壤孔隙水、裂隙水、洞穴水和气态水的冻结和融化过程等。另外，地质地貌、地理条件、海洋表面特征、洋流乃至风向和风速等，都是影响海洋冰冻圈形成和发育的环境因子，海冰、冰架、冰山等要素也都有各自的发育过程。

连同大气冰冻圈一起，地球冰冻圈在空间上是一个有一定厚度的连续圈层。由于高度和纬度效应，冰冻圈下边界在赤道地区海拔最高，达到 5000～6000m，如非洲大陆赤道附近的乞力马扎罗山（Kilimanjaro，3°03′39.11″S，37°21′35.69″E）海拔高达5897m。从赤道分别向南、向北，冰冻圈下边界的高度随纬度升高而降低，在高纬地区下降到海平面甚至以下，如北冰洋海底发育有多年冻土。冰冻圈分布的空间尺度差别较大。陆地冰冻圈的空间尺度以南极冰盖、格陵兰冰盖和多年冻土的面积及积雪的范围最大，山地冰川、河冰和湖冰为最小。海洋冰冻圈以海冰分布范围最大。而大气冰冻圈在空间上为一个椭球体。在时间尺度上，冰冻圈各组成要素的生存时间，即寿命长短不一，形式也千变万化（图7-2）。

冰冻圈的面积和范围都有明显的日、季节、年际和年代际乃至百年、千年和更长时间尺度的变化。

在陆地冰冻圈，山地冰川的冰体从积累区流动到冰川末端消融流失，需要的时间因冰川规模和性质、地形和气候条件的不同而不同，从几十年到数千年，南极冰盖和格陵兰冰盖需要的时间更长，达数十万年甚至百万年之久。过去1400万年，东南极冰盖基本保持稳定，考虑到冰体的流变性质、气候条件和地形，估计东南极冰盖现存的最老冰体的年龄可能为100万年。冻土发育的范围远大于冰川、冰盖，在气候变暖的情况下，其变化在水平方向上表现为由连续多年冻土向不连续多年冻土或季节冻土退化，在竖直方向上活动层厚度增加，多年冻土的厚度从上下两个方向相向减小。河冰、湖冰随季节转换（冬季转夏季）而消失殆尽。积雪随着春去夏来融化流失，可在山区形成春汛。

在海洋冰冻圈，南大洋和北冰洋海冰进退随季节变化而变化，初冬形成，夏季崩解消融。海冰生存时间一般不超过12个月，但也有多年海冰存在，比例很低。冰架存活时间从几十年到数千年不等。冰山主要发育在南大洋和北冰洋，它们的寿命与大气环流、

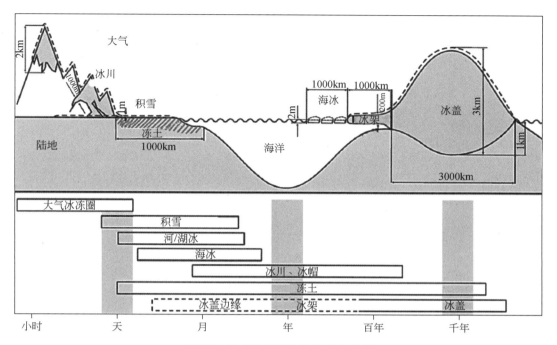

图 7-2　地球冰冻圈分类和时空尺度

海温、洋流等相关，与其规模、地点和产生的时间也有关，从数月到数百年不等。冰盖和冰架崩解形成的冰山，随风向和洋流向较低纬度海洋漂移，逐渐融化消失，该过程也需要数年到数十年的时间。

大气冰冻圈内冻结状水体的存活时间按天甚至小时计算。

二、陆地冰冻圈

陆地冰冻圈的形成和变化总是在地表与大气之间的能量交换中进行，地-气界面即陆地表面的能量平衡决定着陆地冰冻圈发育形式、规模与演化过程。陆地表面能量平衡本质上就是某一时间段能量收入和能量支出之间的差额。如果能量收入大于支出，则意味着地表吸收能量而被加热，就不会有冰冻圈要素的形成，若冰冻圈要素已经形成，则会因温度升高甚至出现融化而损失冰量；如果能量支出大于收入，则地表失热而冷却，当冷却到冰点以后就会满足冰冻圈要素形成的热量条件，若其他冰冻圈要素已经存在，则会出现新的水分冻结而使冰冻圈要素增长扩大；如果能量收入和支出刚好相等，则会保持原来状态。

1. 冰川和冰盖

冰川是指陆地表面由积雪和其他固态降水积累、演化（通过压密、重结晶、融化再冻结等）而形成的，在自身重力作用下通过内部应变变形或者沿底部界面滑动等方式运动着的巨大冰体。当温度（能量）、降水（物质）和地形（存在空间）三个基本条件满足于固态水形成和存留时，冰体就会逐渐扩展形成冰川。冰川在其上游物质积累区内保

持源源不断的固态降水补给，经动力和热力变质形成冰川冰，在重力作用下流动到冰川下游消融，从而保持整条冰川的冰体质量处于收支平衡状态〔图7-3（a）〕。

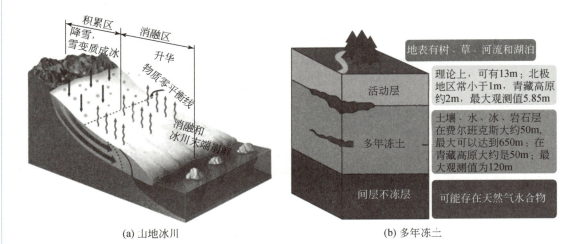

(a) 山地冰川

(b) 多年冻二

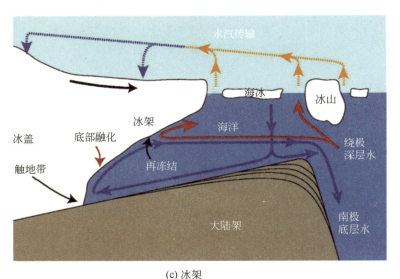

(c) 冰架

图 7-3　冰川、冻土和冰架示意图

冰川包括山地冰川、冰帽和冰盖。山地冰川和冰帽占据了冰川数量的绝大多数，但冰量和面积要远小于冰盖，因而通常又将冰盖单独列出。一般将面积大于 5 万 km^2 的巨大冰川体称为冰盖，因为它可以覆盖很大范围的陆地甚至整个大陆，是冰川的特殊类型。冰盖通常呈穹状，冰流轨迹呈辐散状从冰盖中心和分冰岭沿流线流向冰盖边缘。目前，全球仅有南极冰盖和格陵兰冰盖两个冰盖（图7-4）。山地冰川是受山区局部地形限制而以各种形态存在的冰川，形态复杂多样。冰帽是在平缓的山顶、高地和岛屿上形成的冰川，形状和运动方式与冰盖相同，但规模远比冰盖小很多。北半球是全球山地冰川分布最多的地方，中低纬地区冰川数量要比高纬地区多，但冰川面积、冰储量及海平面当量明显低于高纬（50° 以上）地区，特别是北极和南极地区的冰川规模很大，有的边缘延伸到海里。

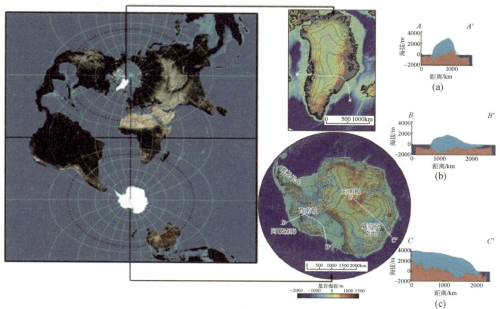

图 7-4　格陵兰冰盖（上部白色部分）与南极冰盖（下部白色部分）的地理位置及两大冰盖的形态与典型断面的冰下地形分布（据 IPCC，2013 改绘）
（a）、（b）、（c）分别表示 *A-A'*、*B-B'*、*C-C'* 剖面

中国现代冰川主要分布在西部山区，包括阿尔泰山、天山、昆仑山、祁连山、念青唐古拉山、横断山、喀喇昆仑山和喜马拉雅山等。从分布的地区来看，主要分布在新疆、西藏、青海、甘肃、四川和云南 6 省（自治区）。

2. 冻土

冻土是指在 0℃ 或 0℃ 以下，并含有冰的各种岩石或土。冻土是由矿物颗粒、冰、未冻水以及气体组成的多相体物质［图 7-3（b）］。按照冻土生存时间可分为多年冻土、季节冻土以及隔年冻土、短时冻土等，其中多年冻土和季节冻土最为重要。多年冻土是指处于冻结状态两年以上的土层，季节冻土指冬季冻结夏季融化的土层，年冻结日数在 1 个月以上。上覆于多年冻土层而在夏季融化的土层，称为多年冻土活动层。

寒冷气候是冻土发育的能量条件，一般而言，年平均地表温度低于 0℃ 可看作是多年冻土形成和保存的必要条件，高于 0℃ 的区域一般只发育季节冻土。土层中的水分是冻土形成的物质条件，一般土层中总是含有一定量的水分。不含水分或水分含量极微的地表层，如沙漠和基岩，按照国际冻土协会对冻土的定义，可以被归于冻土范畴，但实际研究意义不大。

多年冻土是在一段时期的寒冷气候条件下逐渐形成的。寒冷气候持续时间越长，形成的多年冻土厚度越大，多年冻土地温也越低。在漫长的历史气候变迁中，多年冻土还会随着气候的变化经历发育和退化过程。由于土层中热量的传递过程具有时间滞后性，

因此，地表热交换条件的改变引起的土层深部热状态的变化总是滞后于气候变化。土层越深，对地表能量变化的响应时间也越长。多年冻土在北半球主要分布在亚欧大陆、北美和北冰洋的岛屿（格陵兰、冰岛等）、大陆架和部分洋底。中国多年冻土主要分布在西部高山地区和青藏高原，东北的大兴安岭、小兴安岭、松嫩平原北部等，在一些较低纬度的高山地区也有零星斑状分布。

从纬度分布角度看，北半球多年冻土从 26°N 的喜马拉雅山脉到 84°N 的格陵兰岛，其中 70% 分布于 45°N ～ 67°N。从海拔看，北半球大约有 62% 的多年冻土分布在 500m 以下，10% 分布在 3000m 以上。从含冰量看，体积含冰量大于 20% 的高含冰量多年冻土主要分布在北半球高纬度地区，大约为多年冻土面积的 8.57%，体积含冰量小于 10% 的主要分布于高海拔山地多年冻土区，大约为多年冻土面积的 66.5%。

3. 积雪

地球表面存在时间不超过一年的雪层，即季节性积雪，简称积雪。积雪存在的最短时间是多少目前尚无明确界定，但一般至少数天以上才具有明显的实际意义。例如，只存在数小时或一两天的积雪主要只对交通出行有影响，而一场暴雪好多天内会对交通、农作物和畜牧业等造成重大损失，一个月或几个月持续存在的积雪具有重要的气候、水文和生态环境效应。

积雪的物质来源是降雪，因此积雪的分布范围大致与降雪的分布范围相当。但地面温度对雪的存留起着重要作用，一般当地面温度低于 1℃ 时降雪才有可能存留一段时间，温度较高时降雪落地后快速融化，因此，降雪范围一般大于积雪范围。降雪量的大小对积雪的形成有较大影响，零散的飘雪即使是零下温度也很难积累起来，而强度大的降雪即使是温度较高也能形成积雪。

积雪通常分布在季节雪线以北（北半球）、以南（南半球）或以上（山区），其中，98% 分布在北半球。南半球除南极洲之外，鲜有大范围陆地被积雪覆盖。季节雪线，即积雪的最南界线（北半球）和山区积雪的下线，它随着积雪的融化向高纬度或高海拔移动，积雪完全融化，季节雪线消失，所以该雪线随季节而变化。由此可见，季节雪线实际是指积雪范围变化的界限，海拔和纬度高于夏季最暖期积雪消失的界限以上的区域，降雪融化不完而不断积累就会发育成冰川，因而通常所说的雪线如果不特别指明，是指积雪存在的最高海拔和纬度界限，是冰川形成的必要条件，在冰川研究中有重要意义。冰川（含冰盖）、冰架和隔年、多年海冰表面的雪层因存在时间超过一年而不属于积雪范畴。中国积雪主要分布在东北、内蒙古东部地区、新疆北部和西部地区及青藏高原。

4. 河冰和湖冰

河冰和湖冰是河流和湖泊表面在冬季冻结而形成的冰体，普遍存在于北半球中高纬度地区和高海拔地区，具有显著的季节性特征，一般在冬季冻结，次年春季消融，高纬和极高山区可持续到夏季。结冰持续时间与年内月平均气温显著相关，同时受到降水、风和太阳辐射等气象条件的影响。随着秋末冬初气温的逐渐下降，河流水体失热大于吸热，发生水体冷却。当水温降至 0℃ 并继续降温时，就具备了河冰形成的必要条件，但河水是否开始冻结则还与水流状态有很大关系。河冰的形成、发展和消融取决于热力学、水力学、冰水二相流等多个方面的综合复杂作用，河水最初冻结形成的冰各式各样，如冰针、棉冰、冰花、冰屑、冰凇等。在过冷条件下河道底部的水内冰晶黏结于河床和水下物体上形成锚冰。

相对于河冰，湖冰的形成和发展过程受动力作用的影响比较小，主要取决于气－水界面、气－冰界面以及冰－水界面的热通量。

三、海洋冰冻圈

海洋冰冻圈包括海冰、冰架、冰山和海底多年冻土。海洋冰冻圈主要分布于地球的南北两极地区，其范围在冬夏季变化很大。中纬度一些近海岸区域某些年份也有海冰发育。虽然海洋冰冻圈也形成于寒冷气候条件下，但不同冰冻圈要素的形成条件和过程有所不同。

1. 海冰

海冰是指海洋表面由海水冻结形成的各种形态的冰。冷季来临气温不断下降，随着海水向大气释放热量，海水温度也随之下降，当海水温度达到冻结温度并进一步降温时，海水中开始有冰形成。海冰表面降水再冻结和降雪累积也成为海冰的一部分。全球海洋的海水平均含盐度约为 35‰，而海冰的含盐度一般为 3‰～7‰。由于海水盐分的影响，海水没有固定的冰点，含盐量为 32.5‰的海水从 -1.5℃开始结冰，但是一直降温至 -50℃并不完全冻实。开始冻结形成的海冰含盐度略低于海水，并含有大量的盐泡（卤水的包裹体），但盐泡中的卤汁因比重比冰的比重大而不断向海水中流失。随着进一步冻结，冰厚度持续增大，未流失的盐泡被压缩后完全封闭在冰体中。因而大部分海冰的含盐度仅约为海水盐度的 1/10。海冰形成后随着冰龄增长，盐分还会不断变化。

海冰按其发展过程可分为几个阶段：初生冰、尼罗冰、饼冰、初期冰等。海冰初生时，呈针状或薄片状分散的冰晶体；继而形成糊状或海绵状团聚冰体；进一步冻结后，成为漂浮于海面的冰皮或冰饼；大范围海面布满这种冰之后，便向厚度方向发展，形成大范围覆盖海面的灰冰和白冰。每个阶段海冰都有其特定的形状，但不同的海面条件会有不同的海冰现象。

初期冰一般厚度在 0.3m 以下，继续发展，形成厚度超过 0.3m 甚至达到 2m 以上的冰层，在接下来的一个暖季完全融化，被称为一年冰。如果海冰在经历一个暖季后并不能完全融化，在第二个冷季又会有新冰生长叠加，若第二个暖季完全融化，就属于隔年海冰；若第二个暖季仍然不能完全融化，就属于多年海冰。

在南半球，海冰主要分布在南极大陆周围的南大洋。在北半球，海冰主要分布在北冰洋及毗邻海域，如鄂霍次克海、白令海、巴芬湾、哈得孙湾、格陵兰海、拉布拉多海，此外，波罗的海等也有分布。纬度最低的海冰分布在我国的黄海、渤海，位于 37°N～41°N。

中低纬度海冰不仅范围和厚度小，冰龄也基本在一个季节内。北极海冰消融季末时仍有约 600 万 km²，南极海冰环绕南极大陆分布，消融季末沿海岸存留约 300 万 km² 海冰，当属于隔年和多年冰。

2. 冰架和冰山

冰架是冰盖和低海拔冰川冰体向四周外流，在其前端形成延伸漂浮在海洋部分的冰体［图7-3（c）］。冰盖和冰架边缘或冰川末端大大小小的冰体崩解落入海中，在海面上随洋流和盛行风漂浮，称为冰山。全球冰架主要分布在南极冰盖边缘，南极大陆周围岛屿上的冰川、格陵兰冰盖边缘和加拿大及欧洲高北极海岸冰川也有冰架分布。

冰架是冰盖和冰川延伸到海洋漂浮的部分，因而冰架的形成与冰盖向海洋的扩展紧密联系在一起。当冰盖边缘到达海岸而冰盖还在进一步扩张时，陆地冰就会深入海洋，并且受到后续冰的补充和推动，向海洋延伸越来越远。冰的底部开始脱离地面而进入海洋的界限被称为触地线(grounding line)，实际上触地线是一个带，因为随海浪作用的强弱，冰与地面的接触线在波动变化。

从冰架上断裂脱离后在海洋上自由漂浮的冰体为冰山。冰山存在的时间长短主要取决于冰体规模，巨大的冰山可以存在好几年。其次与漂浮运动的路线有关，漂流到温度较高的较低纬度的冰山融化消失较快。

冰架和冰山的主体都为来自陆地的冰川冰，其表面也常有降雪积存和由雪融化再冻结形成的冰，冰架底部也常有海水冻结冰附着，这部分冰称为海洋冰，以区别海洋表面由海水冻结形成的海冰。

3. 海底多年冻土

海底多年冻土是指分布于极地大陆架海床的多年冻土。海底多年冻土实际上并不是在海底形成的，而是冰期时在陆地上形成的多年冻土，是当冰期结束时海平面急剧上升而被海水淹没并保存下来的多年冻土。海底多年冻土的详细分布尚无充分的实测资料，特别是还不清楚南极地区是否存在海底多年冻土，环北极沿岸是主要分布区，亚欧大陆一侧是重点分布区。

四、大气冰冻圈

大气中的水分主要集中在对流层，平流层下部水汽含量极微，可以将大气冰冻圈的范围大致界定为对流层和平流层下部。大气冰冻圈物质组成包括此空间内的冰云和以固态降水形式降落的雪花、冰雹、霰等。

大气中水分变成固态形式的先决条件是温度低于0℃，而固态水的最初形式是空气中的水汽和水滴由凝华和冻结作用而形成的微小冰晶。但是如果缺乏冰核（ice nucleus），即使温度低于0℃很多，水汽和过冷却水滴也很难凝华和冻结成冰晶。因此，大气物理特别是云物理研究中关于大气中冰核以及冰晶形成是一个重要的课题。通俗的说法就是大气中首先要有众多细微的固体物质离子，然后水汽和水滴才能附着其上凝华和冻结成冰晶。由于这些固体物质扮演着水分成冰过程中凝结核的作用，因而称为冰核。冰核数量的多少（浓度）、物质成分、颗粒大小和物理化学性质等千差万别，从而使冰晶形成过程和冰晶尺寸等也出现多样化。不过，无论如何，最初形成的冰晶比起在地面和近地面见到的冰晶粒要微小得多，如果不再生长就继续浮在高空而不向下降落。

　　冰云是几乎完全由细小冰晶所组成的云，冰云所处位置很高，而且也不厚，其中所含水汽较少，云的温度远低于0℃。冰云中因为水汽含量很少，冰晶形成后凝华增长缓慢，冰晶因稀疏而相互碰撞的机会较少，因此难以增长而形成降水。

　　固态降水则是构成大气冰冻圈的主体物质，其中降雪是固态降水中最为广泛的形式。降雪是空气中最初形成的细小冰晶不断生长变大而逐渐降落到地面的过程。总体来说，降雪主要受气温和水汽条件控制，粗略地可以将气温0℃以下范围看作潜在降雪区，在这个区域内只要有充沛的水汽即可能有降雪发生。有一种特殊的降雪为晴空降雪，即在空气温度低而水汽含量很少时，即使形成冰晶也因数量少而不能形成云，因而在晴天也有细小冰晶从空中徐徐而降。特别是在南极内陆高原地区，一年中大部分时间都是晴空降雪。

　　冰雹是温暖季节或温暖天气时（近地面气温显著高于0℃）富含水分的厚层积雨云（云层厚度常达数千米、云层上部温度低于0℃甚至低于-20℃）在垂直方向强对流条件下形成的固态降水。

　　霰的形成过程与冰雹类似，但近地面气温稍高于0℃，整个云层温度都低于0℃，因而冰晶粒下降运动中融化很微弱，以至于降落到地面时为球形层状结构的雪团，但又因有融化-再冻结作用存在，这种雪团虽然不像冰雹那样坚硬，但又比一般的雪团坚实。出现霰降落的地方往往在中低纬度较高的海拔区域，特别是在冰川上。

　　大气冰冻圈组成要素主要包括雪花、雹、霰、冰晶等大气圈内冻结状的水体，主要分布在对流层内，并覆盖了整个地球。大气冰冻圈的重要性在于，连同陆地冰冻圈和海洋冰冻圈一起组成了一个覆盖地球表层的冻结状的连续圈层——冰冻圈。

五、冰冻圈分布的特征

1. 纬度地带性

　　气候是影响冰冻圈形成发育最主要的因子。冰冻圈的地理分布总体上与特定的气候带相契合，其分布遵循纬度地带性和垂直带性规律。

　　由于地球呈球体，太阳高度角不同导致太阳辐射随纬度变化而变化：纬度越低，太阳辐射强度越大，反之亦然。热量是决定冰冻圈发育的首要条件，因而太阳辐射的纬度地带性直接决定了冰冻圈分布具有明显的纬度地带性——南极、北极地区冰冻圈最为发育，向低纬度方向逐渐减弱。

　　在陆地冰冻圈的各要素中，南极冰盖和格陵兰冰盖，以及大型冰川都分布在南北极地区。多年冻土、积雪、河冰和湖冰高纬地区分布也比较广泛。北半球中纬度高海拔地带和低纬度极高山区陆地冰冻圈也有分布，其中亚洲高山区是陆地冰冻圈分布比较多的区域。南半球陆地冰冻圈主要分布在安第斯山脉。

　　海洋冰冻圈的纬度地带性也比较明显，海冰、冰架、冰山和海底多年冻土主要分布在南极和北极地区。南极海冰和北极海冰在冷季扩展、暖季消退（南极和北极冷暖季节位相正好相反）也是太阳辐射强度随季节变化所导致的。

　　大气0℃等温线冷季向低纬方向摆动、暖季向高纬退缩的季节变化也说明大气冰冻圈具有纬度地带性特征。

2. 垂直地带性

随海拔增加，冰冻圈的分布又呈现垂直带性差异，海拔越高，冰冻圈越发育。由于太阳高度角并不随高度变化，出现垂直带性的主要原因是气温随高度变化和地表辐射平衡变化。气温通常随高度增加而降低，其原因在于气压随高度降低导致空气密度减小，按气体热膨胀原理，由此引起的空气温度随高度的变化即气温垂直递减率（简称气温直减率）约为 0.65℃ /100m。总体上，海拔越高，气温和地温越低，越有利于水分冻结，只要有足够的相对高度，就会出现垂直带性分异。

由于地球上的外部热源来自太阳，太阳辐射的纬度地带性从大尺度上控制着冰冻圈发育的地带性，垂直带性受纬度地带性的制约。因此，垂直带性是中尺度的地域分异规律，冰川、多年冻土等冰冻圈要素在地球不同纬度上处于不同的高度，在低纬度地区仅分布在海拔 5000 ～ 6000m 以上的高山区，如赤道附近的乞力马扎罗山顶部海拔约 5900m，终年被冰雪覆盖；在中纬度地区为 3000 ～ 4000m，多种冰冻圈要素都可发育，如青藏高原及其周围的高山，分布了冰冻圈的所有要素（除海冰外），如山地冰川、冻土、积雪、河冰和湖冰等；在中纬度低海拔地区可出现积雪、季节冻土等。在高纬度地区，如南极和北极地区，海平面高度上冰冻圈各要素广为分布。

海洋冰冻圈因为发育和分布在海平面上，没有垂直带性。

大气冰冻圈因气温直减率而具有高度带性，0℃层高度在不同纬度和区域存在差异。

3. 海陆分布和大气环流对冰冻圈分布的影响

温度的纬度和高度分异虽然决定了冰冻圈发育和分布的大格局，但是作为冰冻圈发育物质来源的水分也很重要。当温度条件满足时，水分越多，形成的冰冻圈要素规模越大；如果没有足够的水分，即使在负温条件下许多冰冻圈要素也并不能发育，如沙漠地区。

绝大部分地区的地表水分供给主要为大气降水。一方面，大气降水的水分源自海洋蒸发，水汽输送距离越远，途中损失越大，因而远离海洋的大陆腹地接收的大气降水比近海岸地区少得多。另一方面，大气环流格局限定了主要水汽传输路径，处于水汽通道上的地区能够得到更多的降水。所以，大尺度上影响降水的因素是海陆分布和大气环流格局。例如，青藏高原西部受西风环流水汽补给较多，南部受南亚季风水汽补给较多，那些区域冰川发育规模就比较大。特别是藏东南地区，其在孟加拉湾水汽通道上，尽管纬度较低，仍然是冰川分布中心之一。藏北高原非常寒冷，但因降水量很小，虽然多年冻土发育，但冰川规模比较小。青藏高原属于中国三大积雪区之一（另外两个为内蒙古 - 东北地区和新疆北部），但高原内部降水少导致积雪厚度较薄，而且某些区域积雪并不连续。

局部地形和水分循环对冰冻圈发育也有影响，但尺度较小。

探究活动：冰龄和冰内气泡的年龄的差别

南极冰盖和格陵兰冰盖是地球上现有的两个大冰盖，简称极地冰盖，总面积达 1410 万 km² （1230 万 km²+180 万 km²），总冰量约 2918 万 km³。

极地冰盖是由年复一年的降雪在重力作用下演变成的（图7-5）。新雪从降落到冰盖表面时起，其密度就随着深度的增加而增加，直到抵达830kg/m³成为冰川冰为止，这一过程被称为雪的密实化（图7-6）。在这一过程中，地球的气候、环境和外太空活动等信息被保存到了冰盖内部。

图 7-5　南极冰盖内陆的冰面景观（秦大河 1990 年摄）

冰盖表层雪的密实化过程是一个综合的自然过程。受外界条件影响，如温度、降雪等，新雪演变成粒雪，密度随积雪厚度增加而增加。当密度达到550kg/m³时，成为粒雪冰，亦称泡冰，此时冰内气泡与外界尚未完全隔绝，但与大气圈的自由气体交换受到阻滞。当密度达到830kg/m³时，气泡完全封闭，与外界隔绝，泡冰成为冰川冰。南极冰盖腹地此深度的冰体和同层位的气泡，年代不同，冰体的年龄可以比气泡老5000年左右。上述简述的极地冰盖的降雪经密实化形成冰川冰的过程，是极地冰盖冰芯研究的重要基础。

请结合所给材料和图7-6，查阅相关文献，探究南极冰盖冰芯在同一深度的冰龄和冰内气泡的年龄差别（冰气异时性），并解释产生这一现象的原因。

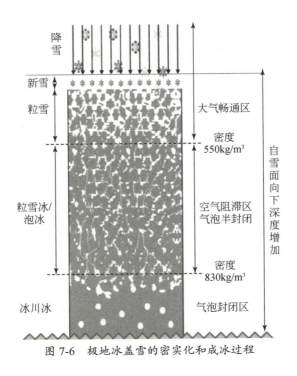

图 7-6　极地冰盖雪的密实化和成冰过程

第三节　冰冻圈与其他圈层的相互作用

　　冰冻圈变化的影响和适应关乎人类社会经济的可持续发展，涉及地缘政治、国家利益等，这些人文社会的内容统称为人类圈。冰冻圈和其他圈层的相互作用内容丰富、过程复杂（图 7-7）。图 7-8 给出了冰冻圈与其他圈层（不包括人类圈）在不同时空尺度上相互作用的主要内容。

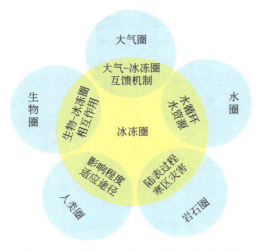

图 7-7　冰冻圈及与其他圈层相互作用关系

图 7-8　冰冻圈与其他圈层相互作用时空尺度关系

一、冰冻圈与大气圈

冰冻圈与大气圈通过大气和冰雪覆盖下垫面的界面进行物质、能量和动量交换。冰-气相互作用是气候系统中大气圈和冰冻圈之间重要的影响、反馈和调整过程，决定着大气-海冰边界层、大气-冰雪覆盖陆面边界层的动力学和热力学性质，包括辐射（太阳辐射与反射、长波辐射）、动量、热量（潜热和感热）和物质（水、水汽、气体、颗粒物等）交换，以及风对海冰和积雪的影响。冰冻圈与大气圈之间的相互作用在全球和区域气候形成、异常和变化中发挥着重要作用。冰冻圈一方面对气候变化十分敏感，是气候变化的指示器；另一方面由于冰雪具有高反照率、巨大相变潜热和低导热率，以及对海洋洋流驱动等的重要作用，极地冰盖、山地冰川、积雪、河冰、湖冰、冻土和海冰、冰架、冰山等冰冻圈的诸多要素，部分或整个圈层在不同时空尺度上，通过复杂的反馈过程对气候起到重要的调节作用。

二、冰冻圈与水圈

冰是自然界以固态形式存在的水体，在传统地质学中地球表层系统的"四圈说"里，将自然界里的冰划分在水圈里，即冰冻圈是水圈的一部分。这个概念在 20 世纪 80 年代发生了变化。气候系统五大圈层理论，将冰冻圈从水圈里划分出来成为一个独立圈层，原因是冰冻圈在反照率、相变潜热、改变全球大洋环流的热盐状况、影响大洋环流上发挥的作用与水圈并不一样，其在全球、区域尺度上影响着大气环流，以及它具备给人类社会带来福祉和独特的地缘优势等水圈完全不具备的属性，其在全球变化研究中起着不可替代的作用。

冰冻圈是地球上的天然固体水库，蕴藏着大量淡水资源。冰冻圈内的水体参与地球水循环，影响全球和区域海平面、气候、生态、环境和社会经济可持续发展。随着全球气候变化，冰冻圈与水圈形成此消彼长的相依互馈关系，气候变暖，冰冻圈退缩，液态水圈水循环加剧，海平面上升；与此同时，冰冻圈融化的冷淡水进入海洋后会改变大洋的盐度和温度，从而影响全球热盐环流，进而影响全球和区域的天气、气候。在区域和流域尺度上，冰冻圈变化影响流域的径流变化和年内分配，影响水资源的配置和利用，直接关系区域社会经济的发展。

三、冰冻圈与生物圈

在冰冻圈作用和影响范围内，一切生态系统均不同程度地受到冰冻圈及其变化的影

响，但相对而言，寒区生态系统的结构、功能与时空分布格局受冰冻圈要素的影响较为深刻，特别是冻土和积雪区域的生态系统受到的影响较为显著，这包括南北两极地区和高纬地区、青藏高原和中低纬度高山地带。

在多年冻土区，生物圈的生物地球化学循环和碳循环过程，加上积雪覆盖融化，使过程更趋复杂。山地冰川的影响具有局域性，其主要包括对冰川作用区局部动植物分布、系统演化和演替的影响等。全球变暖，冰冻圈消融退化，长期蛰伏在冻土、冰川和海底多年冻土内的古病毒的释出，对人类是一个潜在的威胁。

在寒区，冰冻圈与生物圈既是寒区气候作用的结果，又存在极为密切的相互作用关系，冰冻圈与生物圈的相互作用对寒区生物圈特性具有一定的主导性。此外，冰冻圈与种植业、渔业、森林、草原等人工生态系统和自然生态系统的关系也非常密切。

四、冰冻圈与岩石圈

冰冻圈直接触及岩石圈表层，以其强大的营力改变和塑造着地球的面貌。低温条件下风化、侵蚀、搬运、堆积的地貌过程，是冰冻圈与岩石圈相互作用的主要内容。

冰冻圈各个要素的地貌过程造就了地貌形态，记录了地质时代地球环境的演化过程，而冰冻圈作用过的陆地，如西欧、北欧地区，那里土地肥沃、气候适宜、人口密集、经济发达、财富集中，是人类良好的栖居地。同时，冰冻圈风化搬运堆积的松散堆积物又是泥石流、洪水灾害的物质来源之一，大大增加了人类栖息地的灾害风险，如喜马拉雅山南麓、喀喇昆仑山的冰湖溃决给下游带来了洪水和泥石流灾害。

案例分析：极地冰盖记录了什么气候和环境信息？

极地冰盖是了解过去地球气候和环境变化的科学"档案"，解开这一档案的钥匙是冰芯研究。极地冰芯是指在南极冰盖和格陵兰冰盖钻取的圆柱状雪冰样品 [图 7-9（a）]。

 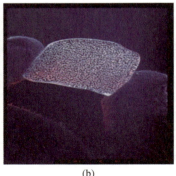 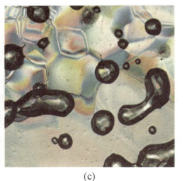

(a)　　　　　　　　　(b)　　　　　　　　　(c)

图 7-9　极地冰芯样品

冰川和冰盖上游每年都有降雪积累下来，于是从表面向下连续取样就得到从现在到过去逐年的雪层样品。由于降雪时的温度条件与降雪中的稳定同位素比率($\delta^{18}O$、δD）有很好的相关性（水汽凝结时的同位素分馏过程主要受凝结温度影响），可以通过测量每年雪层的稳定同位素比率重建过去的温度变化。如果融化微弱，每年雪层的厚度基本反映年降水量。不断累积的雪层在机械压密（动力变质）和温度作用（热力变质）下逐渐转变成冰的过程，将雪层中原来与外界贯通的空气压缩成分散的气泡封存在冰中，成为目前地球唯一古大气的"化石"，是诠释大气温室气体的组成和浓度变化的证据［图 7-9（b）］。

空气中的其他各种物质也被降雪裹挟或者无降雪天气也落到雪面被保存到雪层中，这些物质包括阴离子、阳离子、颗粒物、其他化学物质和污染物、火山喷发物，以及陨石碎片等，是自然环境、人类活动和外太空事件保存在雪冰中的真实记录［图 7-9（c）］。

那么，怎样从冰川和冰盖上逐年取样分析研究呢？从表面向下挖掘取样，在几百至数千米厚度的冰川和冰盖很难实现。冰芯取样钻的研发解决了这一难题，也就是通过取样钻机从表面可一直钻取到冰川和冰盖底部，获得不同时间尺度的样品。另外，人们知道冰川和冰盖都是在自重作用下流动的，而不同深度的流动速度并不相同，只有选择水平运动速度极微的冰帽和冰盖中心地带，才能基本保证不同深度的冰都来自该地点降雪。还有，如果有融化发生，融水在雪层中渗透会造成物质迁移和流失，因而打钻取样地点要尽可能选在没有融化发生的地方。这样，南极冰盖和格陵兰冰盖内陆高原顶部就是冰芯钻取最理想的地方，那里一年四季温度很低（如南极冰盖中心处年平均温度为 -55℃，记录到的极端最低温度为 -89.3℃），不发生融化和水平运动，而且冰体厚度可达数千米，在南极冰盖上已获得的气候环境记录最长达 80 万年（图 7-10），格陵兰冰盖上的记录长达 10 多万年。山地冰川受运动和融化的影响，以钻取浅冰芯研究短时间尺度气候变化较多。

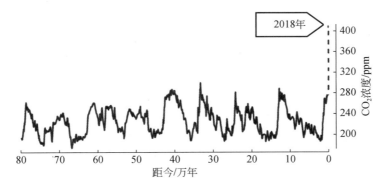

图 7-10　南极冰芯记录的过去 80 万年大气 CO_2 浓度变化

延伸的虚线部分系实测值，2018 年全球 CO_2 浓度为 407.8ppm；ppm 表示 1×10^{-6}

利用冰芯建立地球气候环境变化的时间序列，最重要的工作是定年。通常有多种方法：①层位分析法，即利用高分辨的化学成分和（$\delta^{18}O$、δD）变化序列分析定年；②标记层位法，即探寻 20 世纪 50 年代和 60 年代大国热核试验释放的放射性物质在

雪层内富集的层位，以此定年，也包括利用自然界放射性同位素半衰期法来定年，其中，前者适合冰盖浅冰芯，后者用于深长冰芯；③理论模型法，以冰盖流动模型建立深度－年代函数关系，推算冰芯的年代。实际研究中，上述方法可以单独使用，也可以互相对比校正，综合使用。

请结合所给材料和图 7-9、图 7-10，在查阅相关资料的基础上，分析南极冰芯记录了哪些气候环境变化，为什么冰芯记录不可替代。

五、冰冻圈与人类圈

冰冻圈变化除了造成灾害，也可给人类带来福祉。冰冻圈是人类生存和发展的重要自然遗产，需要敬畏和保护。目前全球变暖，冰冻圈地区已经成为生态脆弱区，人类应当尊重大自然、爱护大自然、研究大自然，与自然和谐共存，不做违背自然规律的事情。20 世纪 50 年代，为了解决甘肃河西走廊农业用水问题，人们曾在祁连山现代冰川上播撒黑灰，搞人工融冰化雪，结果成为教训。

冰冻圈变暖使冰冻圈地区的地缘政治问题浮出水面，例如，北冰洋海冰消融，北极航道的开通，改变了航运格局；能源、矿产和油气的开采，导致地缘博弈。在南极地区，冰冻圈变暖导致南极洲的地缘政治局势日趋紧张。高山地区往往也是冰冻圈最发育的地带，是大江大河的源头，冰川萎缩、冻土退化导致径流发生变化，引发淡水资源短缺，影响下游地区的民生和经济。在国际河流区，更是加剧地缘政治摩擦。此外，冰冻圈融化引起海平面上升，低地国家与小岛国家面临国土被淹没的威胁，并伴随着新的地缘问题。加强冰冻圈科学的研究和实践，直面地缘政治博弈，加强国际对话协商，互助互利，创造和平、和谐共处的氛围，是全人类共同的目标。

第四节　冰冻圈变化的影响与适应

冰冻圈变化在不同时空尺度上和多维层面影响着人类社会。为应对冰冻圈变化，人类应当采取积极措施，提高适应能力，减少生态脆弱性，最大限度地降低变化带来的不利影响，做到自然生态和人类社会和谐相处，实现社会经济可持续发展。

一、冰冻圈变化

早在 1939 年，苏联地理学家 C. B. 卡列斯尼克就指出，"冰川首先是一定气候状况下的产物"。随着对这种响应复杂性的深入研究和理解，科学家发现冰冻圈的各个要素更应被视为"天然的气候指示计"（nature climate-meter）。

当代的气候变化是指气候系统五大圈层的变化，五大圈层中任何一个圈层的变化都被视为气候变化。例如，全球变暖不仅表现为地表平均温度的升高，还表现为海洋热含量增加、冰川退缩、多年冻土活动层厚度增加、积雪和海冰范围减小、生物多样性锐减等，这些都被视为气候变化，也是气候变暖的佐证。

气候变化有两类定义：一是 IPCC 的定义，"气候变化是指可识别的（如使用统计检验）持续较长一段时间（典型的为几十年或更长）的气候状态的变化，包括气候平均值和／或变率的变化。气候变化的原因可能是自然界内部过程，或是外部强迫，如太阳周期、火山爆发，或是人为地持续对大气成分和土地利用的改变"。二是联合国气候变化框架公约（UNFCCC）的定义："在可比时期内所观测到的在自然气候变率之外的直接或间接归因于人类活动改变全球大气成分所导致的气候变化"。可见，UNFCCC对人类活动改变大气成分等产生的气候变化与自然原因导致的气候变率做了区分。

　　冰冻圈变化是气候系统内部变率，不是外强迫。冰冻圈变化指冰冻圈内热状况和质量的时空分布变化，其具体是指冰冻圈各组成要素在形态、体积和质量上的变化，如冰川面积、厚度、冰量及末端或边缘变化，冻土面积或范围、厚度变化，积雪范围和雪水当量变化，海冰范围和厚度变化，河冰、湖冰封冻和解冻日期，以及冻结日数、厚度的变化等。冰冻圈内部的变化，如热量（温度）、物质结构、物质迁移、化学和生物等方面的变化，也属冰冻圈变化的内容。地球冰冻圈是气候系统最敏感的圈层，全球变暖的今天，冰冻圈各要素都在显著变化（图7-11），主要表现为规模在缩减，温度在升高。

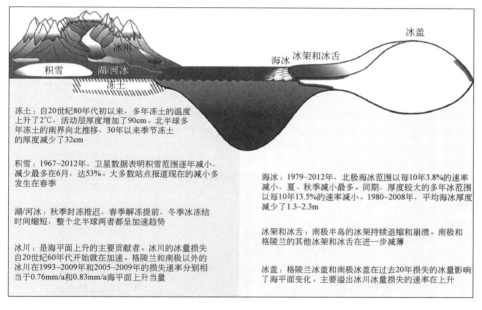

图7-11　观测到的冰冻圈主要变化（IPCC，2013）

地学视野：地球上的冰川和冰盖会消失吗？

　　当前全球变暖，冰冻圈退缩，20世纪80年代以来退缩加速。人们不禁要问，这种态势一直持续下去，地球上的冰冻圈会消失吗？特别是冰川和冰盖的大规模退缩乃至消亡，对地球环境的影响有多大？这关乎人类社会的可持续发展。

　　确实，在漫长的地质历史长河里，地球曾经历过温暖无冰的时代。但在过去的80万年里，地球经历了八次冰期－间冰期旋回。与人类现代文明最近的一次冰川和冰盖大规模消退是末次间冰期，即距今12.5万年前的暖期，其间全球平均温度比现代高1.5℃左右，导致大部分山地冰川消失，格陵兰冰盖虽未全部融化，但规模比现

在小很多（图7-12），西南极冰盖也有很大缩小。末次间冰期时海平面比现今高出约 6m，其中格陵兰冰盖的消退贡献 2～4m，其余主要为西南极冰盖的贡献。

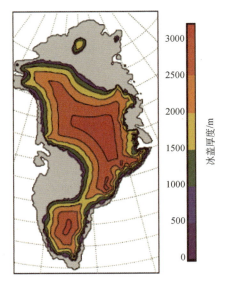

图 7-12　12 万年前的格陵兰冰盖（深蓝线为边界），现今格陵兰冰盖几乎覆盖全岛（灰色边界线）

　　如今现存的冰川和南极冰盖、格陵兰冰盖的海平面当量约为 65.7m，其中格陵兰冰盖为 7.4m，西南极冰盖约 6m。未来如果继续升温，冰川和冰盖融化进一步加剧，可能会重现末次间冰期时山地冰川消亡和格陵兰冰盖、西南极冰盖大规模减小的情况。尤其是西南极冰盖底部低于海平面，被称为"海基冰盖"（图7-13），快速融化到一定程度可能会突然崩塌瓦解。

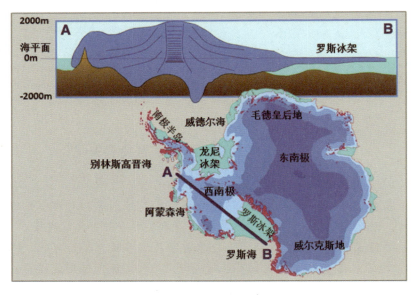

图 7-13　南极冰盖分布图

试想，如果格陵兰冰盖和西南极冰盖的退缩达到末次间冰期的水平，海平面升高 6m，全球经济最发达地区都会被海洋淹没，气候和生态环境等也会发生翻天覆地的变化。

更有甚者，工业化以来人类活动导致气候变暖，这样继续下去，很可能导致气候不可逆转地脱离自然变化规律而进入"热室地球"，则不仅是格陵兰冰盖和西南极冰盖消失，整个南极冰盖消失也并非没有可能。倘若如此，那时地球的面貌将会呈现另一种模样！

二、影响、脆弱性和适应

冰冻圈变化以间接或无形的方式作用或改变着自然界和社会经济发展，谓之影响。在全球尺度上，冰冻圈进退变化影响全球海平面升降，造成海陆之间的水分迁移，破坏海岸带环境，引发极端天气气候事件。从区域或局地尺度看，冰冻圈单个或多个要素的变化，可引起水资源供给、洪水、雪崩、风吹雪等冰雪灾害和线状工程受损等许多社会问题。认识冰冻圈变化的影响，促进社会经济可持续发展，是冰冻圈科学的重要内容之一。

脆弱性是指受到负面影响的倾向。冰冻圈变化的脆弱性是指生态、经济、社会系统对冰冻圈变化负面影响的敏感程度，也是系统不能应对负面影响的能力、程度的反映。冰冻圈变化的脆弱性与适应、灾害风险研究才刚刚起步，其基本概念、理论依据、评估方法均是基于气候变化的脆弱性与适应的框架体系来定义的。

通过冰冻圈变化影响的脆弱性评估，可将冰冻圈变化的自然过程与受其影响的人文过程有效联系起来，这是认识冰冻圈变化影响程度的有效手段和视角，有助于系统认识在冰冻圈变化驱动下的环境敏感程度和易变性，提高系统的适应能力，使决策者有效开展对脆弱系统的治理。

冰冻圈变化的适应是系统应对冰冻圈变化所表现出来的调整，这种调整的空间、水平、程度可以用适应能力表示。为了降低系统的脆弱性，最直接、最有效的途径就是提高系统的适应能力。

为应对冰冻圈变化及其影响，应在预估冰冻圈未来变化的基础上，通过自然科学和社会科学的交叉融合，分析冰冻圈变化的风险和脆弱性，结合区域社会经济现状和发展趋势，建立不同区域冰冻圈变化适应性的评估方法，提出冰冻圈变化的适应性和减缓对策，以实现全球和区域社会经济可持续发展。

北极地区冰冻圈变化也影响到东亚，包括中国。例如，北极冰冻圈变化导致的北极气候变化会影响我国天气，导致极端事件，造成灾害损失。北极航道开通对减少碳足迹、缩短船舶航程和促进国际贸易等都有影响。同时，北冰洋海冰消退也会产生国际地缘博弈。在南极地区，冰冻圈变化的影响也同样引起各国的注意。南极不仅是国际科技竞技场，还是国际战略博弈之地。中国应高度重视南极地区冰冻圈变化的科学研究，遵循《南极条约》，保护南极环境和生物多样性，开展国际合作，为人类和平利用南极努力做出中国贡献。

中国是中低纬度地区冰冻圈最为发育的国家，冰冻圈变化对自然和社会的影响巨大。以青藏高原为例，青藏高原是长江、黄河、雅鲁藏布江等大江大河的发源地，被称为"亚

洲水塔"。全球变暖,青藏高原冰冻圈出现退缩,将影响下游20多亿人的生计和社会经济,关系水安全和地缘政治,涉及亚洲的稳定与和平。

风险是指由潜在的致灾因子或极端事件造成的负面影响或损失,即负面后果及其发生的可能性。自然灾害风险的形成包括三个要素:致灾因子、暴露和脆弱性。致灾因子是指一种危险的现象、物质、人的活动或局面,它们可能造成人员伤亡,或对健康产生影响,造成财产损失、生计和服务设施丧失、社会和经济紊乱或环境损坏。在自然灾害风险研究中,致灾因子通常可理解为某些极端事件,如台风、洪涝、干旱、地震、滑坡和泥石流等。暴露是指人员、财产、系统或其他要素因处在危险地区,可能受到损害。通常用某个地区有多少人或多少类资产来衡量暴露程度,结合暴露在某种致灾因子下特定的脆弱性,来定量估算所关注地区与该致灾因子相关的风险。当一个地区潜在的风险转化为现实时,则发生灾害。灾害是指一个社区或系统,其功能被严重扰乱,涉及大量的人员、物资、经济或环境的损失和影响,且超出受到影响社区或社会能够动用自身资源去应对的范围(图 7-14)。

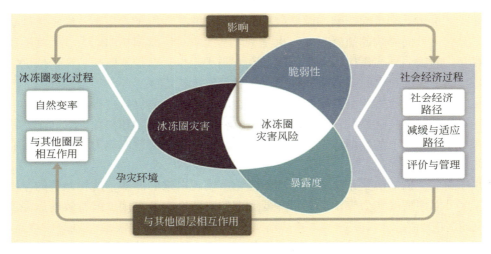

图 7-14　冰冻圈灾害风险示意图
据 IPCC,2013 改绘

冰冻圈灾害是冰冻圈变化对人类或人类赖以生存的环境造成破坏性影响的事件或现象,其形成不仅要有环境变化作为诱因,还要有受到损害的人、财产、资源作为承受灾害的客体。灾害针对不同的对象有不同的尺度,如家庭、社区、城市、国家等范围,并可划分不同的等级。冰冻圈灾害种类繁多,如冰川泥石流、冰湖溃决洪水、冰崩、雪崩、牧区雪灾、冰凌灾害等,其分布广泛,常常发生在偏远的高山、高原等欠发达的乡村地区,对受灾地区人们的生计、社会经济、生态环境造成严重损失。我国冰冻圈灾害主要分布在青藏高原、新疆和东北地区,需要加强灾害的风险管理,特别是基于社区的灾害风险管理,以减轻灾害对当地社区发展的阻碍和影响。

冰冻圈变化的影响深刻而广泛。这些变化不仅影响自然系统,还影响人文经济社会和国家关系。冰冻圈变化适应研究既要着眼区域社会经济可持续发展，又要从全球视野出发，建立基于恢复力的"全球冰冻圈变化–影响–适应框架"体系（图7-15）。

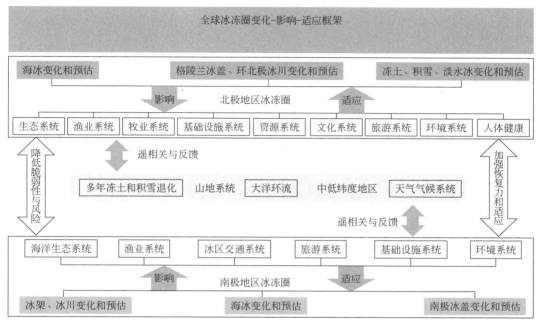

图7-15　全球冰冻圈的变化–影响–适应框架
据 SROCC 修改

三、冰冻圈的服务功能

冰冻圈因储存巨量水、能、气等资源，承载着特有物种和文化结构，是不可替代的宝贵资源，是全球特别是高海拔和高纬度地区人口、资源、环境、社会经济可持续发展的物质基础和特色文化基地，其服务功能独具特色。

冰冻圈服务是指人类社会直接或间接从冰冻圈系统获得的所有惠益（如资源、产品和福利等）。对人类生存与生活质量有裨益的冰冻圈产品和服务，主要包括供给服务、调节服务、文化服务、承载服务和支持服务五大类（图7-16）。冰冻圈功能是冰冻圈服务的基础和物质保障。冰冻圈功能反映的是冰冻圈本身的自然属性，也就是说，冰冻圈功能是不依赖于人类需求而独立存在的，而冰冻圈服务功能反映了冰冻圈的社会经济属性，若不存在人类需求，则无所谓冰冻圈服务。人类需求大体上按生存、发展和享受三大需要逐步发展，环境资源价值也就随之会越来越高。随着经济社会发展和人们生活水平的不断提高，人类对冰冻圈服务的认识、重视程度和为其支付意愿也将不断增加。

冰冻圈供给服务是指冰冻圈本身能够给人类提供的各种产品或服务，包括淡水资源供给服务、冷能供给服务和冰（雪）材供给服务。冰冻圈可为干旱区绿洲生态系统的维持和工农业用水提供急需的水源，为高山区和中下游居民提供生活用水。冰冻圈发育于高纬、高寒、高海拔地带，远离人类聚居区，空气清新，几乎无污染，为人类提供高品质饮用水的同时，也成为人类旅游、避暑、冰雪体育活动的理想场所。

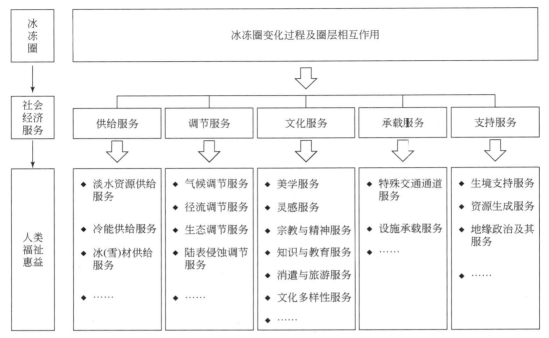

图 7-16　冰冻圈服务功能框架

冰冻圈调节服务是指人类从冰冻圈形成发育的过程中对自然界的调节功能获得的惠益，包括气候调节服务、径流调节服务、生态调节服务以及陆表侵蚀调节服务。冰冻圈以其具有高反照率、冷储、驱动大洋环流等功能，调解全球和区域气候，使地球系统保持生态系统稳定和人类宜居等。可以说，冰冻圈在全球气候系统调节方面发挥着至关重要的作用。此外，冰冻圈在调节河流的补给，发挥水源涵养功能、生态调节功能与陆地侵蚀功能等方面，都具有独到的作用。

冰冻圈文化服务指人类能够从冰冻圈中获得的精神满足、发展认知、思考、消遣、美感体验等非物质性收益，包括美学服务、灵感服务、宗教与精神服务、知识与教育服务、消遣与旅游服务和文化多样性服务等子类。美学价值是冰冻圈旅游资源最基本的价值所在，主要指冰冻圈旅游资源景象的艺术特征（形态、色彩等）、地位和意义（如多样性、奇特性、愉悦性和完整性），是构成冰冻圈旅游吸引力最主要的因素。冰冻圈景观具有鲜明的垄断性景观美学价值，无法复制和转移。冰冻圈要素众多、形态各异、环境清洁，其美学与文化特性都是旅游资源，有巨大的游憩服务功能等。另外，冰冻圈区域是世界上一些特色人文的赋存之地，如北极的因纽特人，其生活方式与冰冻圈息息相关，形成了独具特色的社会文化结构。另外，冰冻圈以其独特的魅力给人类在艺术、标志（图腾、商标等）、雕塑、建筑、广告等方面提供灵感及素材。

冰冻圈承载服务是指以在一定时期的陆地或海洋表层的冰冻圈作为天然冷冻固态介质，可为大规模人类迁徙、跨河道（湖泊）行进等特殊活动以及人们所需的物质运输和工程建设提供重力支撑。

冰冻圈支持服务指人类从冰冻圈支持或主导的特殊环境中获得的收益，包括生境支持服务、资源生成服务和地缘政治及其服务。生境支持服务是指为寒区生物生长提供独特的生境支持，包括为寒区定居和迁徙种群提供生境服务，也包括为人类提供居所。冰冻圈为与其相关陆地、海洋生物提供了丰富的异质性生存空间和多样化的栖息、摄食、繁衍等庇护场所，同时，也是一些特有珍稀或濒临绝种的野生生物的种源保存地。另外，冰冻圈与海洋之间的相互作用还造就了另一种生境服务。冰冻圈水体进入海洋促进了高纬地区寒流与暖流之间的循环，其寒暖流交汇可使海水发生扰动，上泛的海水将营养盐类带到海洋表层，使浮游生物繁盛，进而为鱼类提供丰富的饵料。同时，寒暖流交汇可产生"水障"，阻止鱼群游动，利于形成大型渔场，如日本北海道渔场、欧洲北海渔场、加拿大纽芬兰渔场等。资源生成服务是指为一些资源的生成提供必不可少的环境条件，从而为人类提供风能、天然气水合物等资源。冰冻圈地缘政治是指全球气候变暖导致的冰冻圈及其组成要素变化而产生的国际政治问题，以及由其引起的国家行为体或非国家行为体之间的竞争、冲突、协商、合作等互动行为。冰冻圈大部分地处南北两极或高海拔地区，由于特殊的区位或海拔，为寒区地缘政治博弈提供了地理空间和特殊环境支持，具有重要的战略价值。例如，北极地区，它连接着欧洲、亚洲和北美洲三大洲，世界主要大国和经济体分布在周边，是三大洲之间的战略枢纽地带，被视为"全球的地中海"。

四、冰冻圈的服务价值

冰冻圈服务的多样性功能决定了其具有多价值性和多种分类方式。

冰冻圈服务价值分为使用价值和非使用价值。使用价值包括直接使用价值和间接使用价值，非使用价值包含存在价值和遗产价值等，而选择价值既可归为使用价值，又可归为非使用价值。直接使用价值指冰冻圈直接满足当前生产或者消费需求的价值，如冰冻圈产品等产出型价值（如淡水资源和冷能资源等）和非竞争性及非排他性的服务等非产出型价值（如美学、宗教、知识、教育、旅游和文化多样性服务等）。

相对于直接使用价值，间接使用价值是从冰冻圈过程或功能中间接获得的惠益价值，这部分价值不直接进入人类的生产或消费过程，如冰冻圈的气候调节、径流调节、水源涵养与生态调节功能。选择价值、遗传价值和存在价值可归纳为非使用价值。其中，选择价值即冰冻圈资源潜在使用价值，其特点在于某种资源和服务有可能被使用。遗产价值是将冰冻圈服务的使用价值和非使用价值保留给后代的价值表现形式，即为子孙后代将来利用而愿意支付的价值。存在价值又称内在价值，是为确保冰冻圈服务能够继续存在的支付意愿。存在价值是冰冻圈本身具有的价值，与现在或将来的利用都无关。

对冰冻圈功能及其服务价值进行梳理，结合国内外生态系统服务功能价值评估方法，冰冻圈服务价值评估体系可由表7-2所述。其中，物质生产价值可直接由市场价值法计算，如淡水及清洁能源价值。其他非物质生产价值则只能由替代或模拟市场法估算，如调节服务价值、社会文化服务价值和生境服务价值，替代和模拟市场法如机会成本法、影子价格法、影子工程法、防护费用法、恢复费用法、资产价值法、旅行费用法、条件价值法等。总体上，冰冻圈服务价值评估体系由5个一级指标和18个二级指标组成。

表 7-2　冰冻圈服务价值、类型及其评估方法

冰冻圈服务功能分类		价值评估方法			
		直接使用价值	间接使用价值	非使用价值	评估难度
供给服务	淡水资源供给	MPM			较易
	冷能供给	RCM			较难
	冰（雪）材供给	MPM			较易
调节服务	气候调节		RCM、WTP、HPM		难
	径流调节		SEM		难
	生态调节		SEM、RCM、MPM		较难
	陆表侵蚀调节		SEM、RCM、MPM		较难
文化服务	美学			HPM、WTP、TCM	较易
	灵感			HPM、WTP、TCM	较易
	宗教与精神			CAM、WTP	较难
	知识与教育			CAM	较易
	消遣与旅游			HPM、WTP、TCM	较易
	文化多样性			CAM、WTP	较难
承载服务	特殊交通通道	OCM、CVM			较难
	设施承载	MPM			较难
支持服务	生境支持	OCM、CVM			较难
	资源生成	WTP、CAM			较易
	地缘政治			CAM、WTP	较难

注：MPM（market price method，市场价值法）；RCM（replacement cost method，替代费用法或替代成本法）；WTP（wish to pay，支付意愿）；HPM（hedonic pricing method，享受价值法或享乐价格法）；SEM（shadow engineering method，影子工程法）；CAM（cost analysis method，费用分析法）；TCM（travel cost method，旅行费用法）；CVM（contingent valuation method，条件价值法）；OCM（opportunity cost method，机会成本法）。

五、冰冻圈与可持续发展

可持续发展是指既能满足当代人的需要，又不对后代人满足其需要的能力构成危害的发展。

2015 年 9 月，联合国 193 个会员国在历史性首脑会议上一致通过了《2030 年可持续发展议程》（简称《发展议程》）及其可持续发展目标（sustainable development goals，SDGs），《发展议程》覆盖范围广泛且雄心勃勃，目标涵盖全人类，包括了发达国家、发展中国家和最不发达国家人民的需求，内容涉及社会、经济与环境以及和平、正义和高效机构相关的重要方面。

《发展议程》于 2016 年 1 月 1 日正式启动，呼吁各国立即行动，为之后 15 年实现 17 项可持续发展目标而努力。《发展议程》（A/RES/70/1）于 2016 年在联合国大会第 70 届会议上通过。可持续发展目标是全人类的共同愿景，是世界各国领导人和人民之间达成的社会契约，是造福人类和地球的行动清单，也是共谋成功的一幅蓝图（表 7-3）。

表 7-3 2030 年可持续发展议程目标

目标 1：在全世界消除一切形式的贫困；

目标 2：消除饥饿，实现粮食安全，改善营养状况和促进可持续农业；

目标 3：确保健康的生活方式，促进各年龄段人群的福祉；

目标 4：确保包容和公平的优质教育，让全民终身享有学习机会；

目标 5：实现性别平等，增强所有妇女和女童的权利；

目标 6：为所有人提供水和环境卫生并对其进行可持续管理；

目标 7：确保人人获得负担得起的、可靠和可持续的现代能源；

目标 8：促进持久、包容和可持续的经济增长，促进充分的生产性就业和人人获得体面工作；

目标 9：建造具备抵御灾害能力的基础设施，促进具有包容性的可持续工业化，推动创新；

目标 10：减少国家内部和国家之间的不平等；

目标 11：建设包容、安全、有抵御灾害能力和可持续的城市和人类住区；

目标 12：采用可持续的消费和生产模式；

目标 13：采取紧急行动应对气候变化及其影响；

目标 14：保护和可持续利用海洋及海洋资源以促进可持续发展；

目标 15：保护、恢复和促进可持续利用陆地生态系统，可持续管理森林，防治荒漠化，制止和扭转土地退化，遏制生物多样性的丧失；

目标 16：创建和平、包容的社会以促进可持续发展，让所有人都能诉诸司法，在各级建立有效、负责和包容的机构；

目标 17：加强执行手段，重振可持续发展全球伙伴关系

《发展议程》进一步将 17 个可持续发展目标划为 169 个具体目标，为全人类提供了一个共同的方案，以应对地球生态环境面临的严峻挑战。

冰冻圈科学研究从冰冻圈形成演化的机理，到变化、影响、适应，目标是为人类社会经济可持续发展服务，与联合国 2030 年 SDGs 契合。以冰冻圈变化对区域可持续发展的影响和适应为例，在冰冻圈变化所影响的区域内，冰冻圈变化与下游的森林、草地、荒漠、湖泊等生态系统，与第一产业、第二产业、第三产业等人类经济社会系统，与民生、健康、环境安全、城市社区、社会治理等紧密相关，SDGs 的目标在这里可以得到很好体现（图 7-17）。冰冻圈科学不仅可以从气候调节、水源供给和调节、生态调节、灾害防治、适应减缓、区域可持续发展和全球战略等方面为健康地球做出巨大贡献，还可以在民生和社会治理方面发挥重要作用，为实现可持续发展服务。

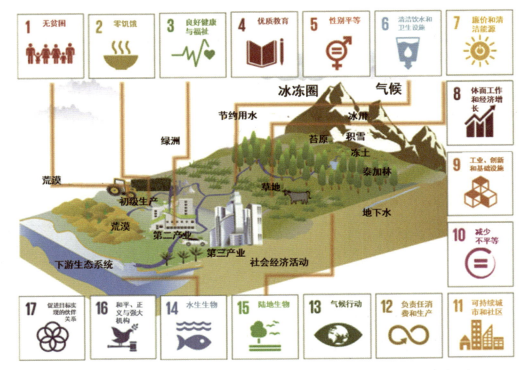

图 7-17　联合国可持续发展目标与冰冻圈变化影响的联系（以内陆河流域为例）

冰冻圈对全球升温特别敏感，在自然系统和社会经济系统中有不可替代的作用。冰冻圈内海量的淡水资源、巨大的相变潜能、广阔的发育分布等，可以给地球生命保障系统的水资源、能源、食物安全和陆地、海洋、生物多样性等关键要素提供支撑，并给予人类种种惠益。冰冻圈发育在地球高海拔、高纬度和高山地带，其变暖和退缩不仅影响世界经济最发达的中高纬地区国家和经济体的社会经济可持续发展，对中纬度地区国家的影响也不可低估，加上对海洋的影响，低纬度地区和小岛国家也深受其影响。在全球变暖的今天，联系国际"未来地球"10 年计划，建设健康地球、实现可持续发展、为全人类福祉服务，是冰冻圈科学的发展目标，也是这一学科建立和发展的意义所在。

探究活动：冰冻圈变化与可持续发展的关系

请结合表 7-3 和图 7-17，查阅相关文献，分析冰冻圈变化与可持续发展之间可能的联系。

第五节　冰冻圈科学

一、定义、内容和范畴

冰冻圈科学是研究在自然背景条件下，冰冻圈各要素形成、演化过程与内在机理，冰冻圈与气候系统其他圈层相互作用，以及冰冻圈变化的影响和适应的新兴交叉学科。冰冻圈科学的研究目的是认识冰冻圈的形成变化规律，服务人类社会，促进人类社会经济可持续发展。

传统冰冻圈科学以其组成要素为基础，以分支学科的形式开展研究，如冰川学、冻土学、冰川与冰缘地貌学等。这些研究历史悠久、基础扎实、内容丰富、贡献巨大，但它们之间相对独立、联系薄弱。全球变暖、环境恶化、生态系统受损加剧，逐渐影响到经济和人文社会，以往的以分支学科为主的研究越来越不适应当今科学的发展和社会的需求，以圈层整体出现的冰冻圈科学应运而生。

冰冻圈科学主要由冰冻圈内的水热动力机制、要素监测和演变过程、冰冻圈变化以及冰冻圈变化的影响和适应四个方面的研究内容组成，最后目标是可持续发展。其中形成过程、机理和变化属于基础研究（或基础性工作）；与各圈层间相互作用和影响属应用基础研究；适应内容，包括脆弱性、暴露、风险、赋予人类惠益、为社会经济可持续发展服务等属于应用研究（图 7-18）。

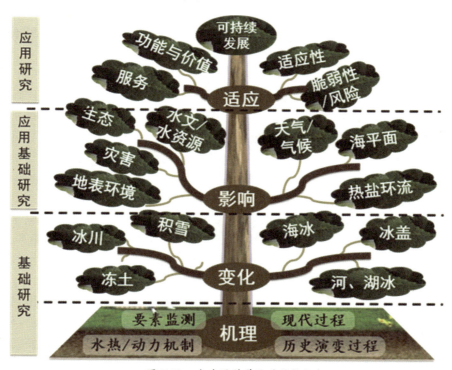

图 7-18　冰冻圈科学体系结构框架

从圈层角度看，冰冻圈以其表面的高反照率改变着全球能量收支，其巨大的冷储和相变潜热的储能仅次于海洋，冰冻圈变化可以改变海洋热盐状况，从而影响大洋环流，影响气候、人居环境和社会经济。冰冻圈还有为人类社会赋予惠益的功能，包括供给服务功能、调节服务功能、文化服务功能、承载服务功能和支持服务功能，在全球变暖背景下，冰冻圈的特殊属性和地理位置使其扮演独特的地缘政治角色。这些特征加速了冰冻圈科学的诞生与发展。

强调冰冻圈圈层的整体性和注重圈层组成要素的个性并不矛盾，前者是学科发展的需要，后者是学科持续深入发展的基础。冰冻圈科学主要包括下列内容。

1. 冰冻圈发育过程和机理

冰冻圈是气候的产物，其形成受制于地形、气候和降水条件，其中，热力、动力机制是冰冻圈形成发育的基础，物理、化学和生物地球化学过程起着重要作用。通过监测，如地基和空基监测、遥感等手段，获取冰冻圈各组成要素及其变化的定量数据，通过模型模拟，分析不同时间（日、月、季节、年和年代际等）和空间（站点、流域、区域、半球和全球）尺度的冰冻圈各要素变化过程，研究其发育机理、演化过程及对气候变化的响应，认识其环境意义，为预测和预估未来冰冻圈变化及其影响奠定科学基础。

2. 冰冻圈变化及其影响和适应

冰冻圈变化是指冰冻圈内热力和物质组成的状况和时空变化，包括冰冻圈各组成要素的变化。冰冻圈变化的影响是指冰冻圈组成要素及其变化对自然和人类经济社会产生的正面和负面作用，可理解为冰冻圈与气候系统其他圈层以及人类圈相互作用时，冰冻圈起到的作用，如对气候、生态、水、环境和社会经济乃至地缘结构的影响。冰冻圈变化的适应是针对冰冻圈变化引发的风险与脆弱性、服务能力与价值开展适应的理论、方法和应用研究。

3. 冰冻圈未来变化的脆弱性和风险

利用冰冻圈未来变化的预估，通过自然科学和人文社会科学交叉融合，分析冰冻圈变化的风险水平、暴露度和脆弱性，结合区域社会经济调查，评价冰冻圈的服务功能及其价值，厘清未来冰冻圈影响区社会生态系统恢复力路径，建立冰冻圈变化适应性的评估方法，提出冰冻圈变化的适应和减缓对策，为全球和区域社会经济可持续发展提供科技支撑。

4. 冰冻圈演化

研究冰冻圈内保存的高分辨率气候、环境记录，反演和验证冰冻圈动力过程，探讨百万年以来地球气候环境演化过程，为建模和评价冰冻圈影响区的人地关系服务。

通过地质地貌遗迹辨识和采样实验室分析，重建地质时期古冰冻圈发育性质、规模、分布范围、演化规律等图景，刻画地质时期地球气候变迁、环境演化情景。

科学家将地球冰冻圈的概念延伸到太阳系其他行星上。业已发现，在火星和一些矮行星（如冥王星、谷神星）以及一些行星的卫星上（如木卫二、土卫六等）都存在冻结状的干冰（CO_2）、甲烷和水冰，统称"行星冰冻圈"。它们的形态各异，如火星上是冻结状的块体；木卫二被极低温度的水冰包裹，成为冰冻圈。行星冰冻圈因温度和压力条件等与地球不同，许多未知的知识有待科学家们进一步探索、研究。

冰冻圈的主体是地球表层内自然界的固态水，冰冻圈科学不可避免地和与水有关的学科交叉，如山地冰川和积雪与水文水资源学、海冰与海洋学、大气冰冻圈与气象学等。冰冻圈还与自然灾害、工程地质、区域发展、地缘政治等相关，说明冰冻圈科学是自然和人文深度交叉的一门科学。

二、学科体系的建立

1. 冰冻圈科学的演进

西方科学家提出了冰冻圈概念，中国科学家提出了冰冻圈科学的概念。

由于发展阶段、方式和理念不同，以及所处的自然条件和人口结构各异，西方虽然最先提出了冰冻圈概念，但向冰冻圈科学发展比较缓慢。1923年，波兰学者安东尼·波莱斯瓦夫·多布罗沃斯基（Antoni Bolesław Dobrowolski, 1872—1954）首次提出了"冰冻圈"一词，指出其空间范围"向上至对流层上部（云中出现冰晶的地方），向下到多年冻土的底部，与大气和水圈紧密相连，被视为岩石圈的特殊部分"，体现了冰冻圈的圈层特性。20世纪60~70年代，苏联学者彼得·亚历山大洛维奇·舒姆斯基（Petr Aleksandrovich Shumskiǐ, 1915—1988）、德国学者奥斯卡·莱因瓦尔特（Oskar Reinwarth, 1929—2018）和格哈德·斯塔布林（Gerhard Stäblein,1939—1993）也对冰冻圈进行了研究，随后很长时间里该词被"冷落"。1972年，在斯德哥尔摩联合国人类环境会议上，世界气象组织（WMO）首次将冰冻圈这一独特自然环境综合体从水圈中独立出来，明确为气候系统五大圈层之一，完善了气候系统的概念，冰冻圈的重要性获得了共识。2000年，世界气候研究计划（World Climate Research Program，WCRP）科学委员会决定设立"气候与冰冻圈"（Climate and Cryosphere，CliC）计划，旨在定量评估气候变化对冰冻圈各要素的影响，以及冰冻圈在气候系统中的作用。

20世纪80年代，卫星遥感技术的发展和应用，使人类对冰冻圈组成要素（如积雪、冰川和海冰）的监测从流域尺度扩大到全球，推动了冰冻圈研究，这些研究多关注积雪、冰川、冻土、海冰等要素，圈层概念较淡薄。2000年，世界气候研究计划（CRP）设立的"气候与冰冻圈"（Climate and Cryosphere，CliC）计划，加深和定量评估了气候变化对冰冻圈与气候系统之间相互作用的物理过程与反馈机制的理解。2007年开始的政府间气候变化专门委员会（IPCC）第五次评估报告（AR5），首次对冰冻圈及其变化展开评估。同年8月，国际大地测量与地球物理学联合会（International Union of Geodesy and Geophysics, IUGG）将其下属的"国际雪冰委员会"（International Association of Snow and Ice，IASI）提升为"国际冰冻圈科学协会"（International Association of Cryospheric Science，IACS），正式推出冰冻圈科学的概念，使之跃升为IUGG的一级学科。WCRP、IPCC和IUGG对冰冻圈科学的诞生起到了推动作用。

中国科学家明确冰冻圈是地球表层冻结状的连续圈层，由陆地冰冻圈、海洋冰冻圈和大气冰冻圈三部分组成。为适应全球气候变化，提出冰冻圈与气候系统其他圈层和与人类圈的相互作用、影响与适应，强调冰冻圈及其变化和人类社会可持续发展的关系，拓宽了研究的内涵和外延，发展成为一门集自然科学与人文、社会科学大跨度交叉科学——冰冻圈科学。

早在20世纪20年代初，竺可桢在教授"地学通论"时就设立专章讲述冰川，1943年又提出可在河西和天山南麓采用人工融化山区积雪的方法增加水源。1957年，施雅风组织祁连山和天山现代冰川考察，发表了《祁连山现代冰川考察报告》，后在兰州设立中国科学院兰州冰川冻土研究所，其成为中国冰冻圈科学的研究基地，建成了天山冰川站、青藏高原冰冻圈观测研究站等野外台站，青藏铁路冻土工程研究获得了国家科技进步特等奖。20世纪80年代起，冰冻圈在全球变化研究中的作用日益提高，国际科技界开始围绕冰冻圈圈层开展研究。中国科学家抓住机遇，2007年4月成立了国际上第一个以"冰冻圈科学"命名的研究机构——冰冻圈科学国家重点实验室。该实验室将冰冻

圈过程与机理、冰冻圈与其他圈层的相互作用和冰冻圈变化影响的适应与对策确定为三个重要研究方向，通过联系区域经济社会可持续发展，开展冰冻圈影响的适应和对策研究，最终达到为社会经济可持续发展服务的目的。冰冻圈科学国家重点实验室的建立和学科定位，显示了冰冻圈科学研究由单要素向多要素相互作用的转变，由自然科学向自然科学与社会经济可持续发展有机结合的转变，标志着冰冻圈科学进入了一个新阶段（图7-19）。

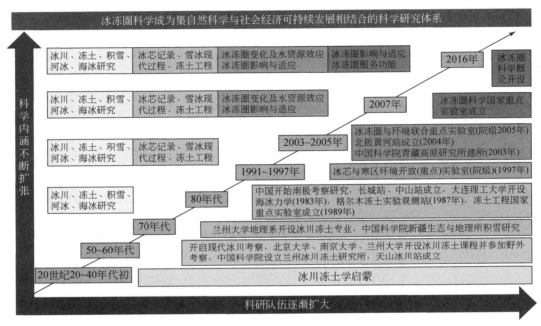

图 7-19　冰冻圈科学在中国的演进历程

2. 冰冻圈科学框架体系的构建

在气候变化和区域可持续发展需求的驱动下，科学家们根据冰冻圈圈层的自身特点，从动量、能量、水量、经济社会特征出发，开展冰冻圈与大气圈、水圈、生物圈、岩石圈（陆地表层）和人类经济社会（人类圈）的相互作用、影响和适应的研究，不仅丰富了冰冻圈科学的内涵，还促进了冰冻圈学科框架体系的建立。

国际冰冻圈科学研究沿着两条主线展开：一条以 WCRP/CliC 为主线展开，目标是加深对冰冻圈与气候系统之间相互作用的物理过程与反馈机制的理解，提高气候预测的准确性，为防灾减灾服务；另一条是国际大地测量与地球物理学联合会（IUGG）于 2007 年将"国际水文科学协会"（International Association of Hydrological Sciences，IAHS）下属的"国际雪冰委员会"提升为"国际冰冻圈科学协会（International Association for Cryospheric Science，IACS）"，以推动冰冻圈多要素综合研究。

中国冰冻圈科学研究团队认真梳理国内外科学发展趋势，系统总结冰冻圈研究进展，深入解析冰冻圈科学内涵和外延，先后完成了《英汉冰冻圈科学词汇》、《冰冻圈科学辞典》和《冰冻圈科学概论》（中英文版）。同时，从机理、变化、影响、适应这一主线出发，编写了冰冻圈科学系列丛书，包括冰冻圈物理、化学、地理、气候、水文、生物、微生物、环境、第四纪、工程、灾害、人文、地缘、遥感和行星冰冻圈 15 个方面，涵盖了自然和人文社会学科的多个领域。

此外，中国已建立了冰冻圈科学国家重点实验室和冻土工程国家重点实验室等，在一些研究机构、高等院校和工程技术部门先后展开了冰冻圈科学的研究和应用，多所大学开设有冰冻圈科学课程，甚至还设立了冰冻圈科学专业，为培养冰冻圈科学后备人才发挥着作用，加上国家人才计划的实施，青年骨干正在茁壮成长。冰冻圈科学体系正在全方位向前推进。

三、在国际大科学计划中的地位

由国际科学理事会（International Council for Science，ICSU）协调了 30 多年的关于全球变化的"四大科学计划"：国际地圈－生物圈计划（International Geosphere-Biosphere Programme，IGBP）、国际全球环境变化人文因素计划（International Human Dimensions Programme on Global Environmental Change，EIHDP）、世界气候研究计划（WCRP）和国际生物多样性计划（DIVERSITAS），于 2002 年合并为地球系统科学联盟（Earth System Science Partnership，ESSP）。2014 年，ICSU 和国际社会科学联盟（ISSC）联袂，推出了"未来地球"（Future Earth，FE）10 年科学计划，同时，将"四大科学计划"的部分项目陆续按 FE 的思路整合，转为"未来地球"计划的核心项目。无论是"四大科学计划"还是 FE，冰冻圈一直是它们当中的重要内容之一。WCRP/CliC 是冰冻圈科学最具代表性的国际计划，IGBP 计划中的过去全球变化（Past Global Changes，PAGES）研究是冰冻圈科学的重要阵地，中国科学家领衔 IGBP 综合集成研究计划——"冰冻圈变化对亚洲干旱区生态与经济社会的影响"。

IUGG 下设有"国际水文科学协会"等 7 个一级协会，2007 年 7 月在意大利佩鲁贾举行的 IUGG 第 24 届全会上，国际冰冻圈科学协会（IACS）成为第八个一级协会，是 IUGG 成立 87 年来唯一增加的一个协会。

2007～2009 年"第四次国际极地年"，各国科学家在南极和北极地区实施了 228 个科学计划。之后，WMO 成立了"极地和高山观测、研究与服务执委会小组"（EC-PHORS），2015 年 WMO 第 17 届全会决定，将极地与高山地区的观测服务列为 WMO 未来七大核心计划之一，这些工作都与冰冻圈科学研究和服务相关。2018 年 7 月 4 日，ICSU 和 ISSC 合并，取名国际科学理事会（International Science council，ISC），实现了自然科学和人文社会科学的大跨度交叉融合。

在区域冰冻圈和环境变化国际计划方面，中国科学家发起并主持的"第三极环境"（TPE）计划是一个典范。以青藏高原冰冻圈为核心的 TPE 计划，紧扣"第三极"多圈层相互作用，为我国西藏自治区及周边区域和国家的可持续发展做出了贡献。

1988 年在联合国组织下由 WMO 和 UNEP 联袂成立了 IPCC，其组织政府推荐的一线科学家对气候变化进行科学认知，对气候变化影响、适应、脆弱性和减缓气候变化对策进行评估，已于 1990 年、1995 年、2001 年、2007 年和 2014 年发布了 5 次评估报告和一系列特别报告、技术报告及方法学报告。IPCC 历次报告都包括冰冻圈科学的相关问题，目前正在进行的第六次评估报告里，已于 2018 年和 2019 年发布了《全

球升温 1.5℃特别报告》、《关于气候变化中海洋与冰冻圈的特别报告》和《气候变化与土地特别报告》三个报告。

事实说明，冰冻圈科学在地球系统科学中的地位在不断提升。

主要参考及推荐阅读文献

秦大河. 2018. 冰冻圈科学概论（修订版）. 北京：科学出版社.

秦大河，姚檀栋，丁永建，等. 2020. 冰冻圈科学体系的建立及其意义. 中国科学院院刊，35（4）：393-406.

效存德，苏勃，王晓明，等. 2019. 冰冻圈功能及其服务衰退的级联风险. 科学通报，64（19）：1975-1984.

IPCC AR5. 2013. Climate change 2013 the physical science basis：Working Group Ⅰ contribution to the fifth assessment report of the intergovernmental panel on climate change.

IPCC AR6 SROCC. 2019. The ocean and cryosphere in a changing climate. A Special Report of the Intergovernmental Panel on Climate Change.

IPCC SR15. 2018. Global Warming of 1.5℃：An IPCC Special Report on the impacts of global warming of 1.5℃ above pre-industrial levels and related global greenhouse gas emission pathways，in the context of strengthening the global response to the threat of climate change，sustainable development，and efforts to eradicate poverty. A Special Report of the Intergovernmental Panel on Climate Change.

IPCC SRCCL. 2019. Climate Change and Land：an IPCC special report on climate change，desertification，land degradation，sustainable land management，food security，and greenhouse gas fluxes in terrestrial ecosystems. A Special Report of the Intergovernmental Panel on Climate Change.

Qin D H，Ding Y J，Xiao C D，et al. 2018. Cryospheric Science：Research framework and disciplinary system. National Science Review，5（2）：255-268.

SDGs. 2015. United Nations Sustainable Development Goals.

Wang X M，Liu S W，Zhang J L. 2019. A new look at roles of the cryosphere in sustainable development. Advances in Climate Change Research，10（2）：124-131.

 **第八章**

土壤系统与土壤环境

第 68 届联合国大会把 2015 年定为"国际土壤年",其宣传口号为"健康土壤带来健康生活"。此外,国际土壤科学联合会还确定每年的 12 月 5 日为世界土壤日,这都体现着人类对土壤的日益重视。土壤是地球的皮肤,它不但为动植物提供了生存环境,也为人类提供了生活基础。土壤与人类生活是相互影响的关系,没有健康的土壤环境,人类难以健康生活。

第一节　圈层相互作用与土壤发育

土壤是地球表层系统的组成部分,它处于大气圈、水圈、生物圈和岩石圈的界面与相互作用交叉带(图 8-1),是有机界与无机界联系的纽带,也是联系地表环境各组成要素的纽带。土壤与其他圈层不断地进行着物质与能量的交换。一方面,土壤是自然地理要素、人类活动和时间综合作用的产物;另一方面,土壤的形成发育,反过来又对地表环境的发展演化产生影响。土壤作为人类生存与发展的基本自然资源和劳动的对象,其变化比大气圈、水圈和岩石圈的变化更为复杂多样,并且在社会经济发展和生态环境改善中起着特别重要的作用。

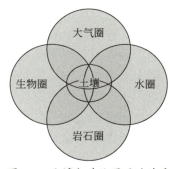

图 8-1　土壤与其他圈层的关系

一、成土因素

土壤是各个圈层相互作用形成的,不仅属于自然地理景观的一部分,同时也反映出了气候和生物等对母质的影响。早在 19 世纪末,俄国土壤学家道库恰耶夫就指出了母质、气候、生物、地形和时间是土壤形成的主要因素,创立了土壤形成因素学说,奠定了土壤发生学理论基础。他指出各种成土因素所起的作用是相互不能代替的,所有成土因素始终是同时同地、不可分割地影响着土壤的产生和发展。随着成土因素的变化,土壤也不断形成和演化着。这一理论不断为后继的土壤科学工作者所发展,使土壤学成为一门独立的自然学科。

在上述道库恰耶夫提出的五大成土因素之外,人为因素具有特别重要的作用和意义,

各成土因素的作用简要分述如下。

1. 母质因素

裸露的岩石经过风化作用便形成了新的疏松的、粗细不同的风化产物覆盖在地球表面，形成了土壤的母体，称为母质。风化壳是形成土壤的基础，所以土壤母质的形成过程即岩石矿物的风化过程。母质是土壤形成的基础，不仅土壤的矿物质来源于母质，土壤有机物质中的矿质养分也主要来源于母质。母质是土壤发生演化的起点，是成土过程中被改造的"原料"（图8-2）。

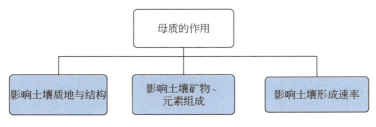

图 8-2　母质对土壤的影响

风化壳保留在原地，形成残积物，便称为残积母质；如果在重力、流水、风力、冰川等作用下风化物质被迁移，形成崩积物、冲积物、海积物、湖积物、冰碛物和风积物等，则称为运积母质。成土母质是土壤形成的物质基础和植物矿质养分元素（氮除外）的最初来源。母质对土壤的物理性状和化学组成均产生重要的作用，这种作用在土壤形成的初期阶段最为显著。首先，成土母质的类型与土壤质地关系密切。不同造岩矿物的抗风化能力差别显著，其由大到小的顺序大致为：石英→白云母→钾长石→黑云母→钠长石→角闪石→辉石→钙长石→橄榄石。因此，发育在基性岩母质上的土壤质地一般较细，含粉砂和黏粒较多，含砂粒较少；发育在石英含量较高的酸性岩母质上的土壤质地一般较粗，即含砂粒较多而含粉砂和黏粒较少。此外，发育在残积物和坡积物上的土壤含石块较多，而在洪积物和冲积物上发育的土壤具有明显的质地分层特征。其次，土壤的矿物组成和化学组成深受成土母质的影响。不同岩石的矿物组成有明显的差别，其上发育的土壤的矿物组成也就不同。发育在基性岩母质上的土壤，含角闪石、辉石、黑云母等深色矿物较多；发育在酸性岩母质上的土壤，含石英、正长石和白云母等浅色矿物较多；其他如冰碛物和黄土母质上发育的土壤，含水云母和绿泥石等黏土矿物较多，河流冲积物上发育的土壤富含水云母，湖积物上发育的土壤中多蒙脱石和水云母等黏土矿物。从化学组成方面看，基性岩母质上的土壤一般铁、锰、镁、钙含量高于酸性岩母质上的土壤，而硅、钠、钾含量则低于酸性岩母质上的土壤，石灰岩母质上的土壤，钙的含量最高。

母质对土壤化学组成的影响，可以从两方面来说明：一是矿物中的钙、镁、钾、钠等盐基元素，它们易于风化淋失；在风化淋溶程度较低的土壤中，其含量主要依赖于母质，但在强烈风化淋溶的土壤中，基本上与其在母质中的含量无关。二是难移失和较难移失的硅、铝、钒、钛、磷等元素，不论土壤的风化淋溶程度如何，它们都表现出对母质的明显继承性。例如，花岗岩富含 SiO_2，且有较多的石英，石英抗风化性强，在土壤中多呈砂、砾长期保存下来。花岗岩的铝、铁含量比较低，因此其风化发育土壤的铝化系数和铁化系数也较低；玄武岩不含石英，其硅含量较低，铝、铁含量则较高，因此玄武岩母质发育土壤的铝化系数和铁化系数高于花岗岩母质发育的土壤；石灰岩的主要化学成分是$CaCO_3$和$MgCO_3$，在红壤的形成过程中基本淋失殆尽，只剩下不多的泥质残渣，由此发育的土壤，其铝化系数和铁化系数较高，但实际上主要是石灰岩中泥质残渣化学组成的反映。

2. 生物因素

生物是土壤发生、发展中最活跃的成土因素，正是它的作用才使母质产生肥力而转变成土壤（图8-3）。生物因素包括植物、动物和微生物作用。土壤的本质特征——肥力的产生与生物的作用是密切相关的。岩石表面在适宜的日照和湿度条件下滋生出苔藓类生物，它们依靠雨水中溶解的微量矿物质得以生长，同时产生大量分泌物对岩石进行化学风化；随着苔藓类的大量繁殖，生物与岩石之间的相互作用日益加强，岩石表面慢慢形成了土壤。此后，一些高等植物在年幼的土壤上逐渐发展起来，形成土体的明显分化。在生物因素中，植物起着最为重要的作用。植物是有机质的生产者，通过有机合成过程把太阳辐射能转变为有机质中的化学潜能，同时把母质中分散存在的矿质养分集中于有机质中，纳入物质生物循环的轨道。土壤微生物是有机质的分解者，它在分解有机质的过程中，不断矿化释放其中的养分以供植物合成有机质再度利用，同时合成腐殖质，并将大气中的分子氮转化为化合氮而积累于土壤中，不断扩大植物性生产的规模。土壤动物是有机质的消耗者，其主要作用在于对土壤物质的机械混合和促进有机质的转化。由此可见，正是生物群体的作用才把太阳辐射能引进成土过程，把分散于岩石圈、水圈和大气圈的营养元素向岩石风化壳（母质）的表层聚积，形成以肥力为本质特征的土壤，并推动土壤的发展演化。从一定意义上讲，土壤的形成过程就是在一定条件下生物不断改造母质而产生肥力的过程。植物吸收无机养分而合成有机质，用以建造自身机体。其死亡后，有机质被微生物分解，其中的养分又矿化为无机形态，为下一代植物再度吸收利用。这是以植物养分为中心，经历时间短而空间范围小的循环过程，也是通过有机质包括腐殖质的合成和分解而实现的循环过程，称为物质或植物养分的生物小循环。生物小循环的意义在于：①使母质中有限数量的矿质养分循环地发挥无限的营养作用，并将大气中的分子氮纳入循环轨道，弥补母岩无氮或少氮的缺陷，从而完善植物的营养结构。②使母质中可溶性无机养分转为有机形态而免于大量淋失。因此，在强风化淋溶的湿热地区，如红壤、砖红壤地区，一旦植被遭受破坏，生物循环随之减弱甚至停顿而导致土壤养分大量流失和肥力严重退化。③植物通过庞大的根系对养分的选择性吸收，使母质中分散存在的养分逐渐集中和聚积于土壤表层，发生养分的生物富集或表聚作用；土壤的养分状况也因此而日渐适应植物生长的需要。

图 8-3　生物的作用

3. 气候因素

气候因素决定成土过程的水热条件。气候通过对母质和土壤水热状况的直接影响，强烈地制约以矿物质风化、淋溶为中心的地质大循环和以有机质合成、分解为中心的生物小循环。因此，气候是影响土壤形成方向和强度，以及土壤类型分化和地理分布的一个基本因素（图8-4）。

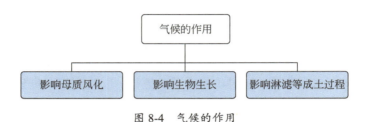

图 8-4 气候的作用

矿物的风化速度和温度有关。一般来说，温度增加10℃，化学反应速度平均增长2～3倍。温度从0℃增长到5℃时，土壤水中化合物的解离度增加7倍。热带的风化强度比寒带高10倍，比温带约高3倍。这就说明了热带地区岩石风化和土壤形成的速度、风化壳和土壤厚度，比温带和寒带地区都要大得多。土壤热状况取决于土壤的地理位置。不同的纬度地带，土壤热状况不同。同一纬度地带，从沿海向内陆，土壤温度的年变幅和日变幅相应增加。气候对次生矿物形成的影响，一般情况是，降水量增加，土壤黏粒含量增多。土温高，岩石矿物的风化作用加强。因此，不同气候带的土壤中具有不同的次生黏土矿物。干冷地区的土壤，风化程度低，处于脱盐基初期阶段，只有微弱的脱钾作用，多形成含水云母次生矿物。温暖湿润或半湿润气候条件下，脱盐基作用增强，多形成蒙脱石和蛭石。湿热地区，除脱钾作用外，还有脱硅作用，多形成高岭石类次生矿物，高度湿热地区的土壤则因强烈脱硅作用而富含铁、铝氧化物。

过度湿润和长期冰冻有利于有机质的积累，而干旱和高温使好气微生物比较活跃，有机质易于矿化，不利于有机质积累。例如，黑土地区冷湿，腐殖质含量高；栗钙土地区干旱，腐殖质含量低。在腐殖质组成上，不同气候条件下土壤也有所不同。黑土的腐殖质以胡敏酸为主，胡敏酸与富里酸之比约为2。由黑土经栗钙土到灰钙土，随气候逐渐干燥，胡敏酸含量逐渐降低，灰钙土胡敏酸与富里酸的比值只有0.6～0.8。由黑土经棕壤、黄棕壤到红壤、砖红壤，气候逐渐转向暖热，胡敏酸含量逐渐减少，胡敏酸分子量和芳构化程度也逐渐降低，黄棕壤中胡敏酸与富里酸的比值为0.4～0.6，砖红壤则小于0.4。

4. 地形因素

地形对土壤形成的影响主要是通过引起物质、能量的再分配而间接地作用于土壤（图8-5）。在山区，由于温度、降水和湿度随着地势升高的垂直变化，形成不同的气候和植被带，土壤的组成成分和理化性质均发生显著的垂直地带分化。此外，坡度和坡向也可改变水热条件和植被状况，从而影响土壤的发育。在陡峭的山坡上，由于重力作用和地表径流的侵蚀力往往加速疏松地表物质的迁移，所以很难发育成深厚的土壤；而在平坦的地形部位，地表疏松物质的侵蚀速率较慢，使成土母质得以在较稳定的气候、生物条件下逐渐发育成深厚的土壤。阳坡由于接收太阳辐射能多于阴坡，温度状况比阴坡好，但水分状况比阴坡差，植被的覆盖度一般是阳坡低于阴坡，从而导致土壤中物理、化学和生物过程的差异。

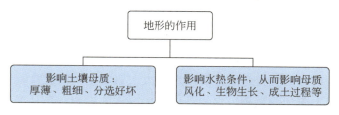

图 8-5　地形的作用

5. 时间因素

时间（年龄）是一个重要的成土因素。它阐明了土壤在历史进程中发生、发育、演变的动态过程，也是研究土壤特性、发生分类的重要基础（图 8-6）。关于土壤形成的时间，威廉斯提出了土壤绝对年龄和相对年龄的概念。

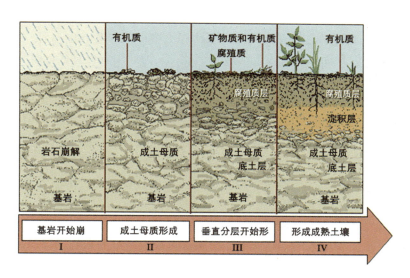

图 8-6　时间因素对土壤发育过程的影响

土壤的绝对年龄是指土壤从母质上开始发育，直到现在所经历的时间。地球上最初的土壤形成始于陆地出现生物，并随生物（尤其是植物）的进化而发展，因而地球土壤的发生历史或绝对年龄是很久远的。但由于地质内外营力的作用，特别是第四纪冰川的作用，现代陆地上只有相对少的地方才保存有古老的土壤，而大部分地区的现代土壤相对来说比较年轻。在第四纪冰期，高纬度地区原有的古土壤遭到破坏、侵蚀或埋没，只有在冰川退却后的全新世才有可能产生新的土壤，它们的绝对年龄不超过一万年，甚至只有几千年。中纬度地区的土壤比较古老，该地区最新的冰川作用和地壳隆起以及土被的完全更新主要在山区和山前区，而在山间盆地和平原都长时间地继续进行堆积和土壤

形成过程。低纬度地区陆台的土壤最为古老，它们没有经过冰川的作用和明显的地质构造破坏，土壤绝对年龄为数十万或数百万年。有的科学家研究认为，非洲和澳大利亚部分最古老的地面发生在古近纪—新近纪中期，有一两处甚至发生在古近纪—新近纪早期或白垩纪，这些地面形成的土壤是有数千万年历史的最古老土壤之一。然而，一种具体土壤的绝对年龄是从它在新风化堆积的母质上开始发育算起，因而一个地区可存在几种不同年龄的土壤。

土壤的相对年龄是指土壤的发育程度，一般用土壤剖面的分异程度来确定。在一定区域内，土壤发生层次的分异越明显和厚度越大，表明土壤的发育程度就越高。但土壤的发育程度既受成土时间的影响，也受其他成土因素的影响。在其他成土因素一致的情况下，土壤的相对年龄随绝对年龄增大而增大。但绝对年龄相同的土壤，其相对年龄（发育程度）则可因其他成土因素的差异而不同。因此，同一地区土壤发育程度的差异，既可归因于绝对年龄的不同，也可归因于绝对年龄相同而其他成土条件的不同。土壤的绝对年龄和相对年龄可以综合地表示成土过程的速度和土壤发育阶段的更替速度。对两个相对年龄或发育程度相同的土壤来说，绝对年龄小的土壤发育速度较快；而对两个绝对年龄相同的土壤来说，相对年龄大的土壤发育速度较快。

6. 人为因素

在五大自然成土因素之外，人类生产活动对土壤形成的影响也不容忽视，其主要表现在通过改变成土因素而影响土壤的形成与演化。人为活动既可直接地改变土壤的性状，也可通过部分地改变环境条件而促使土壤性状发生变化。在耕地土壤上，人们用栽培植被取代自然植被，通过耕作、施肥、堆垫、灌溉、灌淤等措施，改变土壤的物质和能量交换过程乃至土壤发育方向，有的土壤随之产生新的发生层次和土体构型，演变成为显著区别于原来土壤的"人为土"，如水稻土等。自然成土过程一般是渐进的，而人为活动可以迅速改变土壤长期历史积累形成的某些性状。例如，长期自然形成的酸性土、盐土、碱土和黏重土壤等，通过施用石灰、引水洗盐、施用石膏或客土掺沙等措施，可在短期内加以校正改良。

耕种土壤是受人为因素影响最大、最深刻的土壤。然而，几乎所有耕种土壤都是在自然土壤的基础上发展起来的，它们不能摆脱自然成土因素的影响，特别是气候、地形、母质等的影响。虽然人们可在局部范围内部分地改变小气候、微地形，或限制某些自然因素的作用，但在整体上则不能改变自然成土因素，它们势必在耕种条件下继续发挥作用，并与人为活动一起综合影响土壤的发生发展。

二、土壤形成过程

从地球系统物质循环的观点来看，土壤的发生与发展是自然界物质的地质大循环与生物小循环相互作用的结果。地质大循环是指矿物质养分在地球系统中循环变化的过程。陆地上的岩石经风化作用产生的风化产物，通过各种外力作用的淋溶、剥蚀、搬运，最终沉积在低洼的湖泊和海洋中，并经过固结成岩作用形成各种沉积岩；经过漫长的地质年代，这些湖泊、海洋底层的沉积岩随着地壳运动重新隆起成为陆地岩石，再次经受风化作用。这种物质循环的周期在 100 万～1 亿年。其中以岩石的风化过程和风化产物的淋溶过程与土壤形成的关系最为密切。风化过程在土壤形成中的作用主要表现为原生矿物的分解和次生黏土矿物的形成。前者使矿物分解为较简单的组分，并产生可溶性物质，释放出养分元素，为绿色植物的出现准备了条件；后者使风化壳中增加了活跃的新组分，从而具有一定的养分和水分的吸收保蓄能力，为土壤的形成奠定了无机物质的基础。可见，风化过程对土壤来说是一种物质输入过程。淋溶过程使有效养分向土壤下层和土体以外移动，而不是集中在表层，具有促进土壤物质更新和土壤剖面发育的作用。对于土壤来说，它是一种物质转移和输出过程。

生物小循环又称为养分循环，指营养元素在生物体和土壤之间循环变化的过程（图8-7）。植物从母质和土壤中选择吸收所需的可溶性养分，通过光合作用合成有机体；植物被动物食用后变成动物有机体；植物、动物有机体死亡后归还土壤，经微生物分解与合成转化为植物可以吸收的可溶性养分和腐殖质，腐殖质经过缓慢的矿质化也为植物提供养分。这种物质循环的周期较短，一般为 1～100 年。其中，有机质的累积、分解和腐殖质的合成促进了植物营养元素在土壤表层的集中和积累，成为土壤肥力形成与发展的关键。

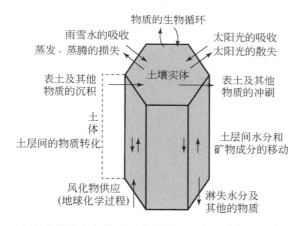

图 8-7　土壤形成过程中物质迁移和转化示意图（李天杰等，2004）

生物小循环是在地质大循环基础上发展起来的，是叠加在地质大循环上的较小时间尺度的次级物质循环。从对于土壤形成的作用上看，地质大循环的总趋势是陆地物质的流失，造成土壤系统养分的淋溶分散，而生物小循环的总趋势是使流失中的物质保存和集中在地表，并不断在土壤与生物之间循环利用。一般来说，如果风化作用和有机质的累积、分解与腐殖质合成作用较强，而淋溶作用较弱，土壤中养分保存多，肥力水平将逐渐提高；如果风化作用和有机质的累积、分解与腐殖质合成作用较弱，而淋溶作用较强，土壤中养分保存少，肥力水平将逐渐降低；当两种作用势均力敌时，土壤肥力的发展处于动态平衡状态。此外，人类的各种生产活动，如砍伐森林、耕垦草原、围湖围海造田、开采矿产、城市建设等，都会对地质大循环和生物小循环产生干扰，从而影响一个地方土壤肥力的发展方向与平衡。

三、主要成土过程

根据成土过程中物质、能量的交换、迁移、转化累积的特点，土壤形成有如下主要成土过程（图 8-8）。

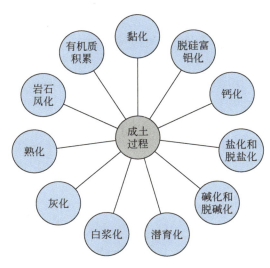

图 8-8　主要成土过程

1. 岩石风化过程

岩石风化过程是成土过程的起始（或初期）阶段，一般是在低等植物参与下进行的。例如，裸露的岩石表面着生地衣（菌类和藻类的共生体）后，岩石的矿物成分就缓慢地发生分解和蚀变，产生原始土壤物质，有时可出现细土堆积；从细土中还可以鉴别出铁质的相对积聚（即比母岩含铁量增高）。在高山寒冻条件下的寒冻土，便是原始成土过程的产物。

2. 有机质积累过程

有机质在土体中的聚积是生物因素在土壤中发展的结果。在大气水热条件和其他成土因素的联合作用下，作为成土过程的有机质聚积作用可表现为多种形式：①枯枝落叶堆积过程；②斑毡化过程，即在森林植被下，枯枝落叶层下部形成腐殖化程度低的粗腐殖质，呈斑毡状；③腐殖化过程，指土壤中有机物质转化为腐殖质的过程；④泥炭化过程，指植物有机残体以半分解或微分解形态积累的过程。

3. 黏化过程

黏化过程是指土壤中黏粒的形成和聚积过程。黏粒的形成包括矿物的物理性破碎与化学分解，以及分解产物再合成而形成次生黏粒矿物两个方面。黏化分为残积黏化和淀淀黏化。残积黏化系指矿物风化生成黏粒，未经移动而在原地积累，又称原生黏化。淀淀黏化或淀积黏化，即上部土层的黏粒经机械淋溶而在下部土层聚积。

4. 脱硅富铝化过程

脱硅富铝化简称富铝化，是湿热条件下的主要成土过程。在热带、亚热带高温高湿条件下，铝硅酸盐矿物强烈分解，释放出大量的盐基，并形成游离硅酸和铁、铝氧化物。在中性风化液中，盐基和硅酸均可移动而遭到淋溶，而难移动的铁、铝氧化物则相对富集起来，甚至形成铁盘或聚铁网纹层。这种因脱硅引起的铁、铝相对富集过程，称为脱硅富铝化过程。它是黏化发展的更高阶段，表现为黏粒的硅铝率（$K_j = SiO_2/Al_2O_3$）和硅铝铁率（SiO_2/R_2O_3）的不断降低。

5. 钙化过程

土壤中的碳酸钙，有的直接来自母质（如石灰岩风化物），有的由母质中的含钙矿物（如钙斜长石）风化释放的钙所形成。在水和二氧化碳存在下，难溶性的碳酸钙转变为较易溶解的重碳酸钙。在湿润气候下，土壤中的下渗水充足，最终使其碳酸钙淋失殆尽。但在较干旱的气候下，脱钙作用只在土体上部进行，而淋移到下部的重碳酸钙，由于干燥脱水而重新转变为难溶性的碳酸钙淀积下来，形成具有粉霜状、菌丝状、膜状、结核状和石灰盘等淀积特征的钙积层。这种淀积过程称为钙积或积钙过程。由于积钙与脱钙在土体中存在上、下位置的对应关系和碳酸钙转移的共轭关系，两者又合称为钙化过程。但在极干旱的漠土中，钙化则表现为碳酸钙的表聚。钙积层是钙化过程的标志特征，其发育程度和层位高低与土壤的淋溶条件和阶段密切相关，因而具有重要的土壤发生诊断意义。

6. 盐化和脱盐化过程

盐化是指土壤中易溶性盐的积累过程。盐化过程多发生于干旱、半干旱地区。这些地区风化壳中的易溶性盐随水由高地向低平地区汇集，一部分积累于土壤中而使其盐化，形成盐土；一部分进入地下水，在地下水位较高的低洼地，盐分就随水沿毛管上升至土面，水分不断蒸发，而盐分就不断地在土壤表层积聚，导致盐化。脱盐过程是指盐化土壤或盐土中易溶性盐的淋失过程。脱盐可发生在土体上部，也可在整个土体中进行，被淋洗的盐分一般又进入地下水。

7. 碱化和脱碱化过程

碱化过程包括碱质化（或钠质化）和碱性化两方面。碱质化是指土壤碱化度或钠化率（交换性钠占阳离子交换量的百分率）提高的过程；碱化度超过20%的土壤称为碱质土或钠质土。碱性化是指土壤溶液中总碱度（$CO_3^{2-} + HCO_3^-$）增大而使pH达到碱性值；在通气良好的土壤中，当总碱度超过0.2cmol/L时，一般pH达到9以上，呈碱性、强碱性反应。只有碱化度和总碱度都高且呈碱性、强碱性的土壤，才能称为碱化土和碱土，碱土的含盐量不高，且无盐分表聚特征。某些碱土是由盐土经脱盐而成的。

脱碱化是指碱化土与碱土的碱化度和总碱度以及pH降低的过程。碱土可用含有石膏的灌溉水淋洗改良，即为人工脱碱化。

8. 潜育化过程

土壤形成中的潜育化过程，是在土体中发生的还原过程。土壤在长期处于水分饱和、缺氧的条件下，有机物质进行嫌气分解，产生还原性有机物，并使铁、锰等无机氧化物还原成低价态，土壤颜色也随之转变为蓝灰色或青灰色。这一还原过程即为潜育化过程，由此形成的土层称为潜育层。潜育层的土粒一般分散成泥糊状，多呈中性反应。

潜育化实质上是土壤干、湿交替所引起的氧化与还原交替的过程。这个过程主要发生在土体中地下水位的季节性升降层段。在雨季地下水位上升期，土壤水分饱和，铁、锰发生还原、溶解、移动；在旱季水位下降期，铁、锰又氧化沉淀，在结构面、孔隙壁上形成锈色斑纹，甚至出现铁锰结核。这样形成的铁锰斑纹层，称为潜育层或氧化还原层。

9. 白浆化过程

土体上层周期性滞水引起还原离铁、离锰作用而使土壤颜色变浅发白的过程，称为白浆化或白土化。白浆化与地下水无关。它是土壤质地黏重或有冻土层等不透水层的顶托，使雨水或冻融水滞留于土体上层，在有机质的参与下，土壤中的游离氧化铁、锰发生还原溶解，随侧渗水或直渗水淋失，盐基物质和黏粒也遭到淋溶，因此，白浆化土层的颜色变浅、发白，质地相对变轻，呈微酸性至酸性反应。东北地区的白浆土、苏皖鄂等省的白土和四川盆地的高岭土等的形成，都以白浆化过程为主或与其密切相关。

10. 灰化过程

灰化过程主要是冷湿针叶林植被下的一种强酸性淋溶过程，主要表现为铁、铝的螯合淋溶和酸性淋溶。在冷湿气候条件下，针叶林在地表聚积大量的凋落物，因其富含树脂、单宁、木质素而缺乏盐基物质，分解时形成以富里酸为主的酸性腐殖质和其他有机酸及多酚类物质，不仅使土壤中的盐基发生强烈的淋溶，而且造成黏粒等矿物的酸性蚀变和破坏，使游离的铁、铝氧化物发生有机螯合淋溶和酸性移动，并在下层淀积；而游离的硅酸则在酸性条件下脱水形成粉砂质的二氧化硅粉末。灰化过程形成灰化（淋溶）层和灰化淀积层，两者既有上、下层位关系，又有铁、铝和腐殖质转移的共轭关系。灰化层由于铁、锰的淋失而呈灰白色，质地较轻，呈强酸性反应，而淀积层呈棕色、暗棕色，富含腐殖质和游离铁、铝，且以络合态较多。

11. 熟化过程

土壤熟化过程是指在人为耕作、施肥、灌溉和改良等措施影响下，土壤肥力上升的发展过程，即在耕种条件下，土壤人为地定向培肥的过程。熟化过程形成熟化层，耕作层即为最基本的熟化层。耕种熟化过程可分为旱耕熟化和水耕熟化两方面，它们各有特殊性又有共性。

四、土壤剖面形态特征

土壤剖面是指从土表向下至母质的垂直切面或纵断面（图8-9）。

1. 土壤的发生层和土体构型

土壤在其发育过程中形成的若干大体与地表平行的土层，称为土壤发生层，简称土层。它们是土壤不断与环境进行物质和能量交换，发生物质淋溶和淀积、添加和损失、聚积和分散、转化和创新等一系列的作用，使土体在垂直方向上产生物质的重新分配，逐渐发生分异所形成的土层。比如，腐殖质积累过程形成腐殖质层，黏化过程形成黏化层，富铝化过程形成铁铝聚积层，钙积过程形成钙积层，盐化过程形成盐分聚积层等。

在外观上，各种发生层表现为颜色、质地、结构、紧实度、新生体、孔隙、微形态

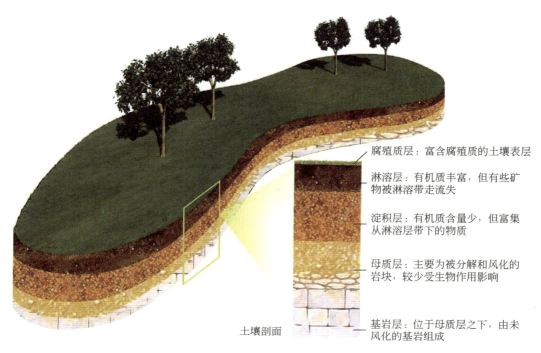

腐殖质层：富含腐殖质的土壤表层

淋溶层：有机质丰富，但有些矿物被淋溶带走流失

淀积层：有机质含量少，但富集从淋溶层带下的物质

母质层：主要为被分解和风化的岩块，较少受生物作用影响

土壤剖面

基岩层：位于母质层之下，由未风化的基岩组成

图 8-9 典型土壤剖面

等的差别。据此，可以把它们区分开来。

　　土体构型又称土壤剖面构型，是指土壤剖面层次组合特点，包括发生层的数目、类型、层位关系、厚度、过渡情况和明显程度等。土壤野外调查的主要内容之一就是观察研究土壤剖面，鉴别土体构型。其研究意义在于：①鉴别土壤的类型，进行土壤分类；②研究土壤的生产问题，确定土壤的利用和改良途径。

　　2. 典型发生层及其代号

　　为便于描述不同土壤的土体构型特征，各种土壤发生层及亚层常用规定的符号来代表。道库恰耶夫于 1883 年首创了土壤发生层的概念，最初分出三个基本发生层，分别以 A、B、C 命名，即腐殖质层（A）、过渡层（B）和母质层（C）。此后，A、B、C 命名法就成为传统的命名法。后来，在此基础上又进行了很多补充和修改，主要层次也划分得更细。目前，关于土壤发生层的划分标准和命名方法，国内外并不完全统一。现将常见的土壤发生层及其代表符号列述如下。

　　（1）腐殖质层，代号 A，自然土壤也用 A_1 或 A_h 表示。它是直接由自然植被创造的。耕种土壤称为耕作层，多以 A 表示。A 层具有有机质含量较高、颜色较暗的特点。一些缺乏有机质的土壤，A 层颜色浅淡。

　　（2）泥炭层，代号 H。它是在长期水分饱和的条件下，湿生性植物残体在表面积累而形成的有机物层。

　　（3）凋落物层，代号 A_0 或 0。它由木本植物的枯枝落叶堆积而成，又称枯枝落叶层，位于地表。

　　（4）淋溶层，代号 A_2，国际通用代号为 E，也有用 L 表示的。其形成通常与灰化

和漂洗过程有关，是物质发生淋溶损失后所形成的浅色上层。

（5）淀积层，代号 B。它一般是由上部土层向下淋溶的物质沉淀聚积而成的，表现为淀积物质的绝对量增加。B 层性质多种多样，如有黏粒、碳酸钙或铁铝氧化物等的淀积层。

（6）潴育层，代号 W。它是由潴育化过程形成的铁锰斑纹状淀积层，又称氧化还原淀积层。

（7）潜育层，代号 G。它是由潜育化过程产生的灰蓝色土层。

（8）母质层，代号 C。

（9）母岩，国际代号为 R。

五、土壤圈

土壤圈是覆盖于地球陆地表面和浅水域底部的土壤所构成的一种连续体或覆盖层，犹如地球的地膜，各圈层在此进行物质能量交换，是岩石圈顶部经过漫长的物理风化、化学风化和生物风化作用的产物。

土壤圈与岩石圈有十分密切的关系，因为土壤是由岩石风化后在其他各种条件的作用下逐步形成的。植物生长发育所需的水分和养分一般都从土壤中获取。同时，土壤还是支撑植物生长的基底。当然，土壤圈并不是专为植物生长而设的。由于它位于大气圈、水圈、岩石圈和生物圈的交换地带，是连接无机界和有机界的枢纽，因此具有极为重要的作用。它具有净化、降解、消纳各种污染物的功能：大气圈的污染物可降落到土壤中，水圈的污染物通过灌溉也能进入土壤。但是土壤圈的这种功能是有限的，如果污染超过了它能容纳的限度，土壤也会通过其他途径释放污染物，如通过地表径流进入河流或渗入地下水使水圈受污染，或者通过空气交换将污染物扩散到大气圈；生长在土壤之上的植物吸收了被污染的土壤中的养分，其生长和品质也会受到影响，土壤圈作为人类生存与发展的基本自然资源和人类劳动的对象，其变化比大气圈、水圈和岩石圈的变化更为复杂多样，并且在社会经济发展和生态环境改善中起着特殊的作用。

地学视野：地球关键带及其研究计划

地球关键带（earth critical zone）由美国国家研究理事会于 2001 年正式提出。此后，美国、德国、澳大利亚、法国和中国等国家，以及欧盟等相关国际组织相继开展和部署了一系列相关的研究项目及研究计划。

地球关键带的空间界限范围：上到植被冠层，下到地下水蓄水层底部，它包含着近地表的生物圈、大气圈、整个土壤圈，以及水圈和岩石圈地表/近地表的部分（图 8-10）。

地球关键带为整个生态系统提供营养，维持整个生态系统的运行。同时，地球关键带过程与人类生存的大气环境和居住环境都是密切相关的，对人类很关键。地球关键带目前正面临着诸如人口增长、资源短缺等方面的巨大压力，在未来的 40 年里，人们对食物和化石燃料的需求将会加倍，对水资源的需求将会增长 50%。因此，

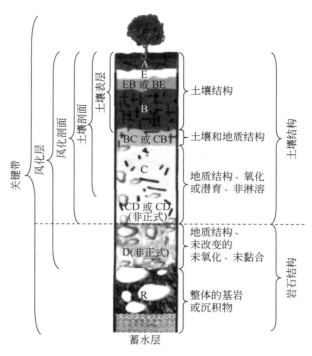

图 8-10　地球关键带（据 Lin，2010 修改）

对地球关键带地质过程以及速率的理解、预测、管理等对于人类和经济的可持续性发展以及缓和、适应气候变化等至关重要。

关键带研究需要解决的主要问题有：什么控制地球关键带属性和过程？地球关键带的生物地球化学过程如何对土壤和水资源的可持续性产生影响？地球关键带的结构、物质的存储和流通如何响应气候变化与土地利用？如何利用地球关键带的研究成果来增强生态系统的弹性、可持续性和抗干扰能力？

美国科学基金会地球关键带 2011 年度工作报告确定了地球关键带研究的 6 个关键科学问题：

（1）风化层（由覆盖于坚硬岩石的松散不均匀的物质组成的地球关键带部分）的地质演化是怎样构建地球关键带内生态系统功能的可持续性的？

（2）土壤和下垫岩石中分子的相互作用及其如何影响流域开发和地下蓄水层。

（3）如何从单分子到全球尺度上将理论和数据相结合，解释过去的地球表面变化和预测地球关键带演化及其行星碰撞？

（4）怎样通过数学建模对地球关键带进行定量观测和预测？

（5）如何通过遥感和监测技术、电子/网络基础设施和建模集成方法，模拟陆地环境变量和预测水供应、食品生产、生物多样性？

（6）怎样将自然和社会科学的理论、数据和数学模型相集成，综合模拟和管理地球关键带的商品和服务？

第二节　土壤的组成与结构

土壤是由固相（矿物质、有机质）、液相（土壤水和溶液）、气相（土壤空气）和土壤生物有机体四部分组成的（图 8-11）。最适于植物生长的典型壤质土壤的体积组成大致为：土壤孔隙占 50%，内含水分和空气，且水分与空气比例大约是各占一半；土壤固体占 50%，其中矿物质占 40% 左右，有机质占 10% 左右；土壤生物体均生活在土壤孔隙之中。

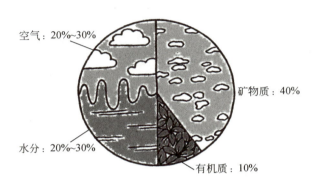

图 8-11　典型壤质土壤的组成

一、土壤矿物

土壤矿物主要来自成土母质，是土壤的"骨骼"，它对土壤的矿质元素含量、性质、结构和功能影响甚大。按照发生类型可将土壤矿物划分为原生矿物和次生矿物。

1. 原生矿物

土壤原生矿物直接来源于母岩，它只受不同程度的物理风化作用，其化学成分和结晶构造并未改变。土壤中原生矿物的种类和含量随着母岩类型、风化强度和成土过程的不同而异。随着土壤年龄的增长，土壤中原生矿物在有机体、气候因子和水溶液作用下逐渐被分解，仅有少量极稳定矿物会残留于土壤中，结果使土壤原生矿物的含量和种类逐渐减少。在风化与成土过程中原生矿物为植物生长发育提供矿质营养元素，如磷、钾、硫、钙、镁和其他微量元素。土壤原生矿物主要包括硅酸盐和铝硅酸盐类、氧化物类、硫化物、磷酸盐类和某些特别稳定的原生矿物。

土壤是由母岩风化而形成的，所以土壤之中原生矿物的数量和种类可用以说明土壤与母岩之间发生联系的紧密程度，以及土壤的发育程度。在成土过程中凡是不稳定的矿物首先被风化而在土壤中消失，而稳定的矿物则保存于土壤中。

2. 次生矿物

由原生矿物在风化和成土过程中新形成的矿物称为土壤次生矿物，它包括各种简单盐类、次生氧化物和铝硅酸盐类矿物。次生矿物是土壤矿物中最细小的部分（粒径小于 0.002mm），与原生矿物不同，许多次生矿物具有活动的晶格，呈现高度分散性，并具有强烈的吸附交换性能，能吸收水分而膨胀，因而具有明显的胶体特性，所以又称为黏土矿物。黏土矿物影响土壤的许多理化性状，如土壤吸附性、胀缩性、黏着性及土壤结构等。因而，次生矿物在土壤发生学、土壤环境学研究及农业生产上均具有重要的意义。

次生矿物的类型主要包括易溶盐类、次生氧化物类、次生铝硅酸盐等（图 8-12）。

（1）易溶盐类：由原生矿物脱盐基过程或土壤溶液中易溶盐离子析出而形成，其主要包括碳酸盐、重碳酸盐、硫酸盐、氯化物。常见于干旱、半干旱地区和大陆性季风气候区的土壤中，在许多滨海地区的土壤中也会大量出现。土壤中易溶盐过多会引起植物根系的原生质核脱水收缩，危害植物正常生长发育。

（2）次生氧化物类：由原生矿物脱盐基、水解和脱硅过程而形成，其主要包括二氧化硅、氧化铝、氧化铁及氧化锰等。

（3）次生铝硅酸盐：次生铝硅酸盐是原生矿物化学风化过程中的重要产物，也是土壤中化学元素组成和结晶构造极为复杂的次生黏土矿物，如高岭石、蒙脱石、伊利石等。

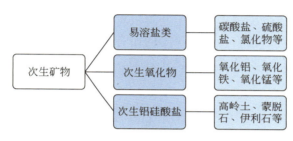

图 8-12　次生矿物主要类型

二、土壤有机质

土壤有机质是指存在于土壤中的所有含碳的有机化合物。它主要包括土壤中各种动物、植物残体，微生物体及其分解和合成的各种有机化合物。土壤有机质是土壤最重要的组成成分，它与矿物质一起共同构成了土壤的固相成分。尽管土壤有机质的含量只占土壤总量的很小一部分（一般为 1%～20%），但它对土壤形成、土壤肥力、环境保护及农林业可持续发展等方面都有着极其重要的意义。一方面，它含有植物生长所需要的各种营养元素，也是土壤微生物活动的能源，对土壤物理、化学和生物学性质有着深刻的影响。另一方面，土壤有机质对全球碳平衡起着重要的作用，被认为是影响全球"温室效应"的主要因素。

1. 土壤有机质的来源

土壤有机质的来源主要可分为以下四部分（图 8-13）。

（1）植物残体：包括各类植物的凋落物、死亡的植物体及根系（这是自然状态下土壤有机质的主要来源，对森林土壤尤为重要）。

（2）动物、微生物残体：包括土壤动物和非土壤动物的残体及各种微生物的残体，这部分来源相对较少。但对原始土壤来说，微生物是土壤有机质的最早来源。

（3）生物排泄物和分泌物：土壤有机质的这部分来源虽然量很少，但对土壤有机质的转化起着非常重要的作用。

（4）人为施入的有机肥（绿肥、堆肥、沤肥等），如工农业和生活废水、废渣等，

还有各种微生物制品、有机农药等。

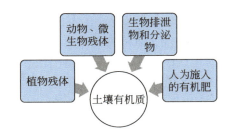

图 8-13　土壤有机质的主要来源

2. 土壤有机质的组成

土壤有机质的组成取决于进入土壤的有机物质的组成。各种动植物残体的化学成分和含量因动植物种类、器官、年龄等不同而有很大的差异。按其物质分类，可分为下列几类：碳水化合物、木质素、含氮化合物，以及树脂、蜡质、脂肪、单宁、灰分物质等（图 8-14）。

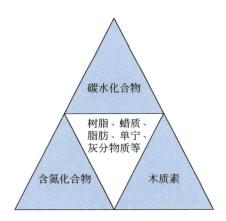

图 8-14　土壤有机质的主要成分

三、土壤空气

土壤空气主要来源于大气，因而土壤空气与大气有近似之处，但它们之间也存在着明显的差异（表 8-1）。

表 8-1　土壤空气与大气组成的数量（容积）差异

项目	氧气	二氧化碳	氮气	其他气体	相对湿度
近地大气	20.94%	0.03%	78.05%	0.98%	60%～90%
土壤空气	18.00%～20.03%	0.15%～0.65%	78.8%～80.24%	0.98%	100%

（1）土壤空气中的 CO_2 含量高于大气。其主要原因在于土壤中生物的活动、有机质的分解和根的呼吸作用能释放出大量的 CO_2。

（2）土壤空气中的 O_2 含量低于大气。微生物和根系通过呼吸作用消耗 O_2，并产生 CO_2，因此土壤中的 O_2 含量低于大气。

（3）土壤空气中水汽含量一般高于大气。除了表层干燥土壤外，土壤空气的湿度一般在 99% 以上，处于水汽近饱和状态，而大气中只有下雨天才能达到如此状态。

（4）土壤空气中含有较多的还原性气体。一般来说，大气中还原性气体是极少的。而土壤在通气不良时，土壤中 O_2 含量下降，微生物对有机质进行分解，会产生一定数量的还原性气体，如 CH_4、H_2、H_2S 等。

土壤空气的组成不是绝对不变的，受土壤水分、土壤生物活动、土壤深度、土壤温度、土壤酸碱度、气候变化及栽培措施等因素的影响。

四、土壤溶液

土壤溶液是土壤水分及其所含气体、溶质和悬浮物的总称。土壤溶液中的溶质主要包括：①无机盐类，如碳酸盐、重碳酸盐、硫酸盐、氯化物、硝酸盐、磷酸盐、氟化物等；②简单有机化合物，如乙酸、乙醇、草酸、单糖及二糖类等；③溶解性气体，如 O_2、NH_3、CO_2、N_2、H_2S、CH_4 等（图 8-15）。在不同土壤、不同土壤层次、不同季节里，上述物质在土壤溶液中的组成及其含量是不同的，或者说是有变化的。土壤溶液的浓度以湿润地区的最稀，为 0.3～1.0g/kg，并随气候有季节性变化；在半干旱草原区，土壤溶液浓度为 1.0～3.0g/kg，而盐土溶液的浓度可高达 6.0g/kg 以上。

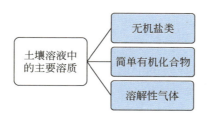

图 8-15　土壤溶液中的主要溶质

五、土壤结构

1. 土壤结构类型

依据土壤团聚体（或结构体）的几何形状和大小，土壤结构可分为下列类型（图 8-16）。

（1）团粒结构：结构体的三维为同一量级或三轴等距伸展；结构体呈球状，并具有平的或弯曲的表面，角棱不明显。这种结构多出现于土壤表层。

（2）块状结构：结构体三轴平均发展，外形不规则，边面不明显。多形成于质地较轻的心土层。

（3）核状结构：结构体三轴等距伸展，平面和棱角清晰。多见于质地黏重的心土层。

（4）柱状结构：结构体沿纵轴伸展，水平方向的二维轴较短。多出现于干旱半干

旱地区土壤的底土层和碱土心土层。

（5）片状结构：结构体沿横轴方向伸展，结构面多呈水平。

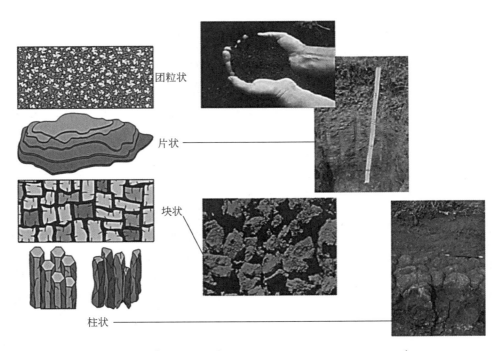

图 8-16　土壤结构类型（Christopherson and Birkeland，2014）

2. 土壤的结构指标

1）土壤容重

土壤容重指自然状态下单位容积土壤（包括土粒之间的孔隙）的烘干质量（105～110℃下烘干），单位以 g/cm³ 或 t/m³ 表示。

土壤容重随土壤孔隙状况而变化，多数土壤容重在 1.0～1.8g/cm³，其数值大小与土壤质地、结构、松紧和有机质含量等有关。

案例分析：利用土壤容重分析土壤质量和组分、判别土壤松紧度

1. 利用土壤容重计算土壤质量

如测得土壤容重为 1.15t/m³，求 1000m² 耕作土 20cm 厚的土层的质量：

$$M_s=1000m^2 \times 0.2m \times 1.15t/m^3=230t$$

另外，根据上述计算，可知一定面积土壤上填土或挖土的实际土方量，因此可作为土石方工程设计及预算的依据。

2. 利用土壤容重计算土壤组分

根据每公顷耕层土壤质量可计算土壤水分、盐分、养分等含量，从而指导土壤灌溉与施肥。如测得土壤有机质为 5%，求 1000m² 耕作土 20cm 厚土层中有机质储存量：

$$M_{\mathrm{o}}=1000\mathrm{m}^2\times0.2\mathrm{m}\times1.15\mathrm{t/m}^3\times5\%=11.5\mathrm{t}$$

再如测得土壤含水量为 10%，要求灌水后达到 20%，计算 1000m² 耕作土 20cm 厚土层的灌水量：

$$M_{\mathrm{w}}=1000\mathrm{m}^2\times0.2\mathrm{m}\times1.15\mathrm{t/m}^3\times（20\%-10\%）=23\mathrm{t}$$

3. 利用土壤容重反映土壤松紧度

在土壤质地相似和土壤有机质含量相近的条件下，土壤容重小表明土壤疏松，结构性良好；反之，则表明土壤紧实而缺乏团粒结构（表 8-2）。例如，林地疏松表层的土壤容重有时只有 0.8g/cm³ 左右，而坚实的土壤硬盘层可达 1.8～1.9g/cm³。

表 8-2　土壤容重和土壤松紧度的关系

松紧程度	容重 /（g/cm³）	孔隙度
极松	< 1.00	> 60%
疏松	1.00～1.14	60%～55%
适度	1.14～1.26	55%～52%
稍紧	1.26～1.30	52%～50%
紧密	> 1.30	< 50%

2）土壤孔隙度

土壤固相是由大小、形状不同的颗粒、微团聚体以及团聚体构成的分散系，这些颗粒之间存在着的大小不同、外形不规则和数量不等的空间，称为土壤孔隙。它们通常为土壤水和空气所占据。单位体积土壤中空隙所占的体积百分数，称为土壤孔隙度。

3. 土壤结构的改良

1）不良的土壤结构

块状结构：漏风、跑墒、压苗、妨碍根系穿插。

片状结构：通透性差、易滞水，扎根阻力大。

散砂结构：漏水漏肥、贫瘠易旱，水蚀严重。

2）创造土壤团粒结构的措施

土壤结构改良的主要途径如图 8-17 所示。

（1）合理耕作。宜在湿润、酥软（脆）、松散无可塑性、黏结性低、易散碎不成块的状态下耕作。一般土壤外白（干）、里暗（湿），或干一块、湿一块呈"花脸"时为宜耕；用手摸，当捏不成团，手松不黏手，落地即散时为宜耕期。

（2）合理灌溉。喷灌、滴灌好，避免大水漫灌等不良方式。

（3）围栏保护，种植地被植物。避免人为的践踏，通过生物措施改良。研究表明，围栏 8 年，紧实的地表层开始自然形成团粒结构。

（4）深翻施用有机肥。常用腐叶土。

（5）施用结构改良剂。聚丙烯酰胺除了能改良土壤结构，还具有蓄水保墒的作用。每公顷用 200～400kg，遇水可形成水稳性团粒结构，且土壤的蓄水力提高 100 倍，对于沙漠绿化等具有重要意义。天然土壤结构改良剂：从有机物中提取出的腐殖酸盐、树

自然地理学

脂胶、多糖醛类。

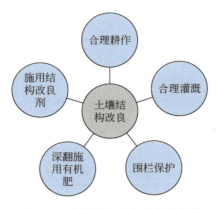

图 8-17　土壤结构改良的主要途径

探究活动：测算土壤含水量、容重与 pH

取一定体积原位土壤（为了便于分析计算，最好呈长方体形状），立即装进塑料袋并密封。在实验室称取其质量 M_1，量得其体积 Q。然后将土壤样品放入烘箱，在 105℃温度条件下将其烘干，再称出其质量 M_2。

1. 计算土壤含水量。土壤含水量 =（M_1-M_2）/M_1。

2. 计算土壤容重。土壤容重 =M_2/Q。

3. 测定 pH。取小块原始土壤（没有经过烘干和其他处理的）于容器中，加入部分蒸馏水，搅拌至呈乳状。静置片刻后，用 pH 试纸蘸取溶液，对照 pH 比色卡，确定所测土壤的 pH。

第三节　土壤的性状与分类

一、土壤性状

土壤性状是指土壤的性质与特征，主要包括土壤的颜色、质地、结构、酸碱度、松紧度、干湿度、热容量、导热率等。

1. 土壤颜色

土壤颜色变化可作为判断和研究土壤成土条件、成土过程、肥力特征和演变的依据，是土壤命名的重要依据。世界上许多土壤是根据颜色来命名的，如红壤、黄壤、砖红壤、黑土、黑钙土等。黑色表示土壤腐殖质含量高，含量减少则呈灰色；白色与土壤中石英、高岭石、碳酸盐、长石、石膏和可溶性盐类含量高有关；红色表示土壤中含有赤铁矿，黄色是水化氧化铁造成的。游离氧化锰含量高时，土壤呈紫色；当土壤积水处于还原状态时，因含有大量亚铁氧化物，土壤呈绿色或蓝灰色。

2. 土壤质地

土壤质地是指土壤颗粒的大小、粗细及其匹配状况。一般土壤质地分为砂土、壤土

和黏土，中间还有一些过渡类型（图 8-18）。土壤质地影响土壤水、空气和热量的运动，也影响养分的转化及土壤的性质。砂质土壤通气透水性好，植物根系易于深入与发展，但保水、保肥性能差，易旱；黏质土保水保肥、供肥能力强，但通气透水性差，植物根系不易深入与发展；壤质土既有大孔隙，又有毛管孔隙，因此不仅土壤通气透水性好，植物根系易于深入与发展，而且保水保肥、供肥能力强。

3. 土壤结构

土壤结构是指土壤颗粒之间的胶结、接触关系。土壤有团粒状结构、块状结构、核状结构、柱状结构、棱柱状结构、片状结构等。

4. 土壤酸碱度

酸碱度是指土壤的酸性或碱性程度。一般用 pH 来表示。pH 在 7 左右为中性；大于 7 为碱性，数值越大碱性越强；小于 7 为酸性，数值越小酸性越强。

5. 土壤松紧度

土壤松紧度是指土壤疏松和紧实的程度。常分为很松、疏松、稍紧实、紧实、坚实等。

6. 土壤干湿度

土壤干湿度是指土壤的干湿程度，反映了土壤含水量的多少。在野外常将土壤分为干、润、潮、湿等等级。

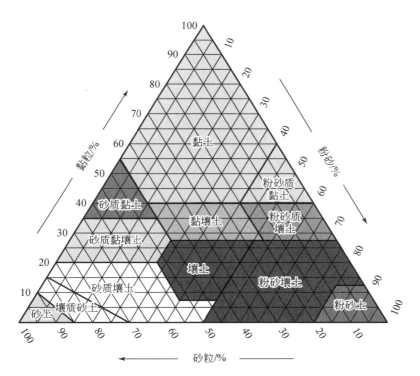

图 8-18　土壤质地分类（Christopherson and Birkland，2014）

7. 土壤热容量

土壤热容量是指单位质量或单位体积的土壤每升高（或降低）1℃所需要吸收或放

出的热量，被称为土壤热容量。一般以 C 代表质量热容量［单位是 J/（g·℃）］，C_V 代表容积热容量［单位是 J/（cm³·℃）］。C 与 C_V 的关系是 $C = C_V/\rho$。ρ 是土壤容重。不同土壤，其组分各不相同，C 和 C_V 也有很大差异（表8-3）。

表8-3　土壤不同组分的热容量

土壤组成物质	质量热容量 / ［J/（g·℃）］	容积热容量 / ［J/（cm³·℃）］
粗石英砂	0.745	2.163
高岭石	0.975	2.410
石灰	0.895	2.435
腐殖质	1.996	2.525
土壤空气	1.004	1.255×10^{-3}
土壤水分	4.184	4.184

在土壤的固、液、气三相物质组成中，水的热容量最大，气体容积热容量最小，矿物质和有机质热容量介于两者之间。在固相组成物质中，腐殖质热容量大于矿物质，而矿物质热容量彼此差异较小。所以土壤热容量的大小主要取决于土壤水分和腐殖质含量。当土壤富含腐殖质而又含较多的水分时，热容量增大，但是土壤腐殖质是相对较稳定的组分，短期内难以发生重大变化，因而它对土壤热容量的影响也是相对稳定的。而土壤水分却是经常变动的组分，而且在短时间内可能出现较大的变化，如降水后会使土壤含水量增大，因而影响土壤热容量的组分中，土壤水分起了决定性作用。

8. 土壤导热率

土壤具有将所吸热量传导到邻近土层的性能，称为导热性。其大小用导热率（λ）表示，即在单位厚度（如1cm）的土壤层内，当温差为1℃时，每秒钟通过单位面积（如1cm²）的热量，其单位是 J/（cm²·s·℃）。土壤导热率的大小取决于土壤固、液、气三相组成及其比列。其中，固体部分导热率最大，空气导热率最小，水的导热率介于两者之间（表8-4）。

表8-4　土壤不同组分的导热率

土壤组分	导热率 / ［J/（cm²·s·℃）］
石英	4.427×10^{-2}
湿砂粒	1.674×10^{-2}
干砂粒	1.674×10^{-3}
泥炭	6.276×10^{-4}
腐殖质	1.255×10^{-2}
土壤水	5.021×10^{-3}
土壤空气	2.092×10^{-4}

土壤导热率的大小主要取决于土壤孔隙的多少和含水量的多少。导热率在低湿度时与土壤容重呈正比关系。当土壤干燥缺水时，土粒间的土壤孔隙被空气占领，导热率就小；当土壤湿润时，土粒间的孔隙被水分占领，导热率增大。因而湿土比干土导热快。

二、土壤分类

土壤分类是根据土壤的发生发展规律和自然性状，按照一定的分类标准，把自然界的土壤划分为不同的类别。土壤分类是因地制宜地利用土壤，因土施肥、因土种植和因土改良，发挥土地生产潜力的基础，也是进行土地评价、土地利用规划、农业技术推广的重要依据。

原来苏联采用的是 8 级土壤分类系统：土类、亚类、土属、土种、亚种、变种、土系、土相，属于土壤地理发生分类。美国采用的是土纲、亚纲、土类、亚类、土族、土系 6 级分类系统，属于土壤诊断分类。

目前中国土壤分类的现状是两个分类系统并存：一是定性的中国土壤分类系统，它属于土壤发生分类体系；二是定量的中国土壤系统分类，它属于土壤诊断分类体系。

1. 中国土壤分类原则和依据

土壤分类的基本原则（图 8-19）包括：①土壤分类发生学原则。土壤是客观存在的历史自然体，土壤分类必须严格贯彻发生学原则，即把成土因素、成土过程和土壤属性（土壤剖面形态和理化性质）三者结合起来考虑，但应以属性作为土壤分类的基础。因为土壤属性是在一定成土条件下一定成土过程的结果，所以在土壤分类工作中必须重视土壤属性。②土壤分类的统一性原则。土壤是一个整体，它既是历史自然体，又是人类劳动的产物。自然土壤与耕种土壤有着发生学上的联系，耕种土壤是在自然土壤的基础上，通过人们的耕垦、改良、熟化而形成的，二者的关系既有历史发生上的联系性或统一性，又具有发育阶段上的差异性或特殊性。因此，进行土壤分类时，必须贯彻土壤的统一性原则，把耕种土壤和自然土壤作为统一的整体来考虑，分析自然因素和人为因素对土壤的影响。

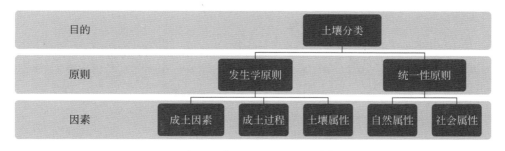

图 8-19　土壤发生学分类的原则与统筹考虑的因素

2. 中国土壤分类系统的分类级别与结果

由龚子同等建立的中国土壤系统分类采用了 6 等级分类系统，分别为土纲、亚纲、土类、亚类、土族和土系。各层级土壤类型的命名规则与美国分类系统比较接近。在

2001年第三版《中国土壤系统分类检索》中发布了 14 个土纲、39 个亚纲、138 个土类和 588 个亚类。在 2007 年版的《土壤系统分类》中发布了 14 个土纲、39 个亚纲、55 个土类名构词用语和 83 个亚类名构词用语。

土纲有有机土、人为土、灰土、火山灰土、铁铝土、变性土、干旱土、盐成土、潜育土、均腐土、富铁土、淋溶土、雏形土、新成土（表 8-5）。

表 8-5　中国土壤系统分类土纲和亚纲（龚子同等，2007）

土纲	亚纲	土纲	亚纲	土纲	亚纲
A. 有机土	A_1 永冻有机土	G. 干旱土	G_1 寒性干旱土	L. 淋溶土	L_1 冷凉淋溶土
	A_2 正常有机土		G_2 正常干旱土		L_2 干润淋溶土
B. 人为土	B_1 水耕人为土	H. 盐成土	H_1 碱积盐成土		L_3 常湿淋溶土
	B_2 旱耕人为土		H_2 正常盐成土		L_4 湿润淋溶土
C. 灰土	C_1 腐殖灰土	I. 潜育土	I_1 寒冻潜育土	M. 雏形土	M_1 寒冻雏形土
	C_2 正常灰土		I_2 滞水潜育土		M_2 潮湿雏形土
D. 火山灰土	D_1 寒冻火山灰土		I_3 正常潜育土		M_3 干润雏形土
	D_2 玻璃火山灰土	J. 均腐土	J_1 岩性均腐土		M_4 常湿雏形土
	D_3 湿润火山灰土		J_2 干润均腐土		M_5 湿润雏形土
E. 铁铝土	E_1 湿润铁铝土		J_3 湿润均腐土	N. 新成土	N_1 人为新成土
F. 变性土	F_1 潮湿变性土	K. 富铁土	K_1 干润富铁土		N_2 砂质新成土
	F_2 干润变性土		K_2 常湿富铁土		N_3 冲积新成土
	F_3 湿润变性土		K_3 湿润富铁土		N_4 正常新成土

中国土壤发生分类系统（1992 年）的主要土壤类型与新的中国土壤系统分类的主要土壤类型的近似参比如表 8-6 所示。

表 8-6　中国土壤发生分类系统与中国土壤系统分类的主要土壤类型的近似参比（李天杰等，2005）

中国土壤发生分类系统的主要土壤类型	中国土壤系统分类的近似参照土壤类型	中国土壤发生分类系统的主要土壤类型	中国土壤系统分类的近似参照土壤类型
砖红壤	暗红湿润铁铝土 简育湿润铁铝土 富铝湿润富铁土 黏化湿润富铁土 铝质湿润雏形土 铁质湿润雏形土	黑钙土	暗厚干润均腐土

续表

中国土壤发生分类系统的主要土壤类型	中国土壤系统分类的近似参照土壤类型	中国土壤发生分类系统的主要土壤类型	中国土壤系统分类的近似参照土壤类型
红壤	富铝湿润富铁土 黏化湿润富铁土 铝质湿润淋溶土 铝质湿润雏形土 简育湿润雏形土	栗钙土	钙积干润均腐土 简育干润均腐土 钙积干润雏形土 简育干润雏形土
黄壤	铝质常湿淋溶土 铝质常湿雏形土 富铝常湿富铁土	棕钙土	钙积正常干旱土 简育正常干旱土 灌淤干润雏形土
棕壤	简育湿润淋溶土 简育湿润雏形土	灰钙土	钙积正常干旱土 黏化正常干旱土
褐土	简育干润淋溶土 简育干润雏形土	灰漠土	钙积正常干旱土
黑土	简育湿润均腐土 黏化湿润均腐土	棕漠土	石膏正常干旱土 盐积正常干旱土

案例分析：美国的土壤系统分类

近代美国的土壤分类是在马伯特拟订的美国土壤分类系统基础上，历经鲍德温等和史密斯修订完成的。每两年出版一次的《美国土壤系统分类检索》对世界各国土壤分类的影响不断扩大，已有80多个国家将其作为本国土壤第一或第二分类。

1992年的《美国土壤系统分类检索（第5版）》共设置7个诊断表层，即人为松软表层、有机表层、松软表层、淡色表层、黑色表层、厚熟表层和暗色表层；19个诊断表下层，即耕作淀积层、漂白层、淀积黏化层、钙积层、雏形层、硬磐、脆磐、石膏层、高岭层、碱化层、氧化层、石化淀积层、石化石膏层、薄铁磐层、积盐层、腐殖质淀积层、灰化淀积层、含硫层和舌状层等。

美国土壤系统分类共分土纲、亚纲、土类、亚类、土族和土系等6级。

土纲（soil order），反映主导成土过程，并按其产生的诊断层和诊断特性划分。共划分出11个土纲，即有机土、灰土、火山灰土、氧化土、变性土、干旱土、老成土、软土、淋溶土、始成土和新成土纲（图8-20）。

亚纲（suborder），反映控制现代成土过程的成土因素，一般根据土壤水分状况划分，或据土壤温度状况、人为影响、成土过程等划分。

土类（great group），综合反映在成土条件作用下成土过程组合的作用结果。根据诊断层的种类、排列及其诊断特性划分。

亚类（subgroup），主要反映次要的或附加的成土过程。亚类的划分可以是代表土类中心概念的"典型"亚类，或向其他土纲、亚纲或土类过渡的过渡性亚类，还

有一种亚类，既非土类的典型特征，又非向其他土类过渡的过渡性亚类，如在山麓地带发育的一个软土，因不断接受新沉积物，从而发育过厚的松软表层，而定义为堆积亚类。

土族（families），对亚类中具有类似物理、化学性质土壤的归并。主要根据剖面控制层次内的颗粒大小级别、矿物学特性、土壤温度状况等划分。

土系（series），土族内和土壤利用关系更为密切的土壤物理、化学性质，如质地、结构、持水性、pH 等的划分。

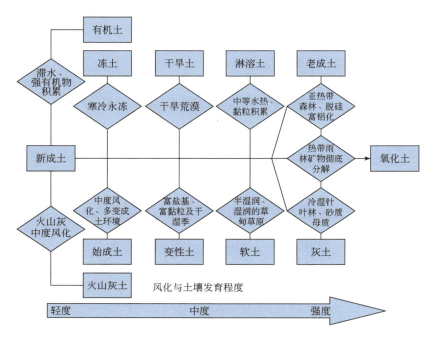

图 8-20　美国土壤系统分类土纲与母岩风化、土壤发育的关系图式

美国土壤系统分类是一个检索性分类法或排除分类法，这就避免了由于某具体土壤包括多种诊断层或诊断特性时难以确定其土壤类型的问题。因此，在检索土壤时也必须按照土纲的序号进行。例如，检索某一土壤时，首先看它能否满足有机土纲的要求，若满足则为有机土；若不能满足，看它是否满足灰土纲的要求，这样依次采用排除法类推。

第四节　土壤的分布及特征

一、世界土壤主要分布特征

由于土壤的形成受气候的影响和控制，其表现出与气候分异相类似的特征。例如，砖红壤性红壤、砖红壤主要分布在热带雨林气候区，红棕壤（燥红壤）主要分布在热带季雨林气候区和热带海洋性气候区，荒漠土主要分布于热带、亚热带和温带干旱气候区，灰化土主要分布于寒温带（北温带）北方针叶林气候区，冰沼土主要分布于寒带（极地）苔原气候区（图8-21）。土壤分布还受到地形的影响，如山地土壤主要分布于高大山地与高原地区。

探究活动：分析世界土壤分布特征及成因

读图8-21，1. 说明灰化土的分布特征，分析其成因。

2. 哪些地方无土壤？为什么？

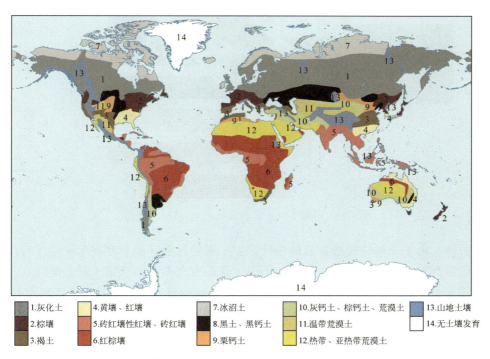

1.灰化土	4.黄壤、红壤	7.冰沼土
2.棕壤	5.砖红壤性红壤、砖红壤	8.黑土、黑钙土
3.褐土	6.红棕壤	9.栗钙土

10.灰钙土、棕钙土、荒漠土	13.山地土壤
11.温带荒漠土	14.无土壤发育
12.热带、亚热带荒漠土	

图8-21　世界主要土壤类型分布图（根据多种资料重绘）

二、中国土壤分布特征

土壤的纬度地带分布是指地带性土类（亚类）大致沿纬线（东西）方向延伸，按纬度（南北）方向逐渐变化的分布规律。温度、湿度等气候要素自赤道向两极变化，相应引起生物、土壤呈带状分布。

从东向西主要受湿度影响，土壤从湿润系列逐步变为干旱系列；在东部地区，从南到北受温度的影响，依次由富铁土、铁铝土变为淋溶土，再变为灰土；青藏高原由于其高寒特性，形成了寒性干旱土——永冻寒冻雏形土（图8-22）。

山地随着海拔升高，其气温不断下降，大气湿度则由于水分蒸发力的减弱和在一定高度内降水量的增加而增大，因此自然植被也随之而变化，土壤的形成、分布也发生相应的变化。所以，从山麓至山顶，在不同的高度分布着不同类型的土壤，这就是土壤的

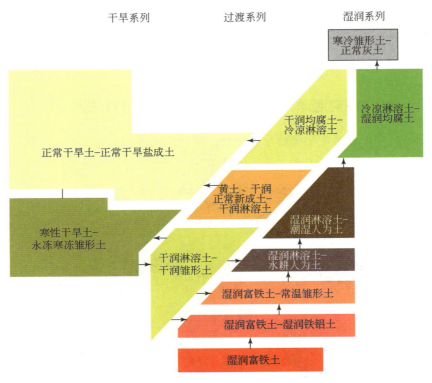

图 8-22　中国土壤分布特征（龚子同等，2014）

垂直地带性。由于土壤分布的垂直地带性是在水平带性的基础上发展起来的，所以，各个水平地带都有相应的垂直带谱。一般来说，这种垂直带谱由基带（带谱的起点）土壤开始，随着山体的升高，依次出现一系列与所在地区向极地延伸的相应的土壤类型。

现举例说明各种不同的土壤垂直带谱（图 8-23）：

海南五指山东北坡（热带湿润型）：基带土壤为砖红壤（海拔＜400m），向上依次为山地砖红壤（400～800m）—山地黄壤（800～1200m）—山地黄棕壤（1200～1600m）—山地灌丛草甸土（1600～1867m）。

台湾玉山西坡（南亚热带湿润型）：基带为砖红壤（海拔100～800m），向上依次为山地赤红壤—山地黄壤—山地黄棕壤—山地暗棕壤—高山草甸土－寒冻土壤。

贵州梵净山东南坡（中亚热带湿润型）：红壤（海拔＜500m）—山地黄壤（500～1400m）—山地黄棕壤（1400～2200m）—山地草甸土（2200～2572m）。

安徽大别山（北亚热带湿润型）：黄棕壤（海拔＜750m）—山地棕壤（750～1350m）—山地暗棕壤（1350～1450m）。

辽宁千山（暖温带湿润型）：棕壤（海拔＜50m）—山地棕壤（50～800m）—山地暗棕壤（800～1100m）。

长白山北坡（温带湿润型）：白浆土、暗棕壤（海拔＜800m）—山地暗棕壤（800～1200m）—棕色针叶林土（1200～1900m）—山地寒漠土（1900～2170m）。

大兴安岭北坡（寒温带湿润型）：黑土（海拔＜500m）—山地暗棕壤（500～1200m）—

棕色针叶林土（1200～1700m）。

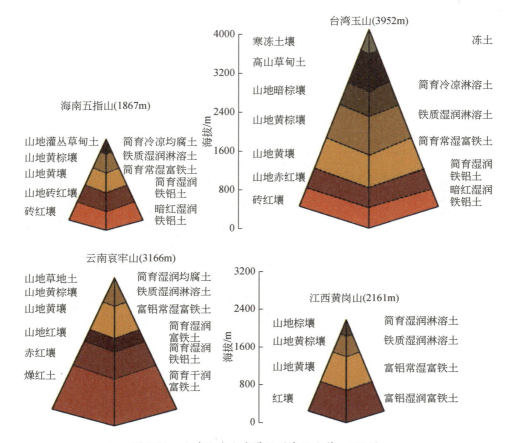

图 8-23　土壤垂直分布带性（李天杰等，2004）

探究活动：分析中国几个山地土壤垂直分带性的异同及其成因

读图 8-23，完成下列活动：

1. 分析四个山地土壤分带性的异同。
2. 从主要成土因子的差异分析其异同的原因。
3. 分析为什么相似的土壤类型在不同山地出现的高度不同。

三、亚欧大陆土壤分布特征

　　亚欧大陆是最大的大陆。山地土壤占 1/3，灰化土和荒漠土分别占 16% 和 15%，黑钙土和栗钙土占 13%。地带性土壤沿纬度水平分布，由北至南依次为：冰沼土—灰化土—灰色森林土—黑钙土—栗钙土—棕钙土—荒漠土—高寒土—红壤—砖红壤。但在东、西两岸略有差异：大陆西岸从北而南依次为冰沼土—灰化土—棕壤—褐土—荒漠土；大陆东岸自北而南依次为冰沼土—灰化土—棕壤—红、黄壤—砖红壤（图 8-24）。在灰化土和棕壤带

中分布有沼泽土。在半荒漠和荒漠区域，土壤类型主要为盐渍土。在印度德干高原上分布着变性土。

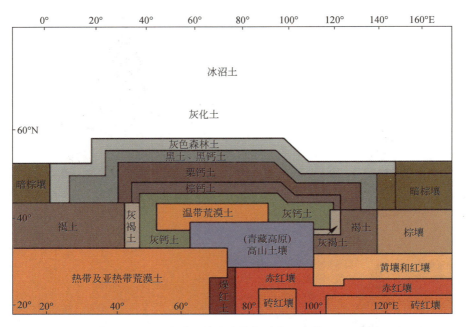

图 8-24　亚欧大陆土壤分布特征（李天杰等，2004）

第五节　土壤与人类

古人云"民以食为天，食以土中本，万物土中生"。实际上，土壤不仅与食物安全有关，还与人们的环境安全、生态安全以及能源安全密切相关（图 8-25）。

一、土壤肥力与生态功能

（一）土壤肥力

由于国内外学者对土壤肥力的概念思考的角度不同或是各自理解的侧重点不同，截至目前还没有普遍公认的定义。一般认为，土壤肥力是土壤从营养条件和环境条件方面供应和协调作物生长的能力。

（二）影响土壤肥力的因素

总体而言，影响土壤肥力因素有两大类：一类是养分因素，它为植物提供生长所必需的营养，如水分和养分等；另一类是环境因素，如化学因素、物理因素和生物因素等，化学因素有土壤的酸碱度、土壤含盐量等，物理因素有土壤结构等。这些因素都在相互影响，共同作用于土壤肥力状况。

具体来说，土壤的水分、养分、空气和温度称为土壤肥力四大要素（图 8-26）。四大要素相互关联，相互影响且不可替代，在不同的条件下，土壤肥力会有不同的主导要素。

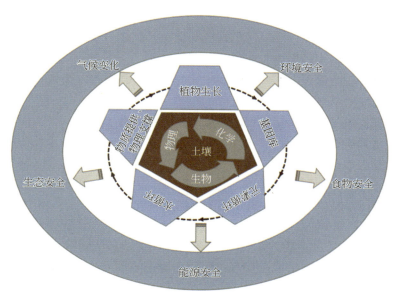

图 8-25　土壤与人类（朱永官等，2015）

如何使得土壤能稳、匀、足、适地供应和协调作物对水、肥、气、热的需要，是分析土壤肥力要素的重要课题。

（三）土壤肥力评价指标

土壤肥力的评价指标主要包括物理、化学、生物、环境等方面的指标。

图 8-26　土壤肥力四大要素

1. 物理指标

土壤的物理指标主要有土壤厚度、土壤质地、土壤容重、水稳性团聚体、孔隙度、持水量、机械组成、黏粒含量、抗压强度、土壤收缩率和渗透性等。水稳性团聚体可以影响土壤透气性和水分的运输状况，而土壤容重能够反映土壤的紧实程度和通气性。

2. 化学指标

土壤的化学指标主要有全氮、碱解氮、全磷、速效磷、全钾、速效钾、pH、阳离子交换量（CEC）、氧化还原电位（Eh）、土壤有机质、铁晶胶率和微量元素等。

3. 生物指标

土壤的生物指标主要有有机质、土壤酶活性、微生物生物量、土壤呼吸量、土壤动物和植物等。

4. 环境指标

土壤的环境指标包括地形、地面坡度、地下水位、林网化水平等。

目前研究多集中于利用土壤的化学指标和物理指标评价土壤肥力状况，生物指标和环境指标利用得相对较少。

（四）土壤的生态环境功能

1. 土壤为维持生物生长提供各种养分和环境条件

土壤利用自身调节能力，调整并控制水、气、肥、热因素，为依赖土壤生存的生物提供生长需要和抵抗不良生长的条件。

2. 土壤具有固碳减排、净化空气、降解污染物的能力

土壤是碳源和碳汇的结合体。土壤中的生物如植物的根系和微生物等排出 CO_2，是碳源。土壤的碳汇表现在从大气中吸收、转化和存储 CO_2。因此，可以利用土壤碳汇的功能固碳减排。近些年提倡秸秆还田，施用有机肥，通过提高土壤的有机质含量和化肥的利用率，实现保护性耕作，以此来加强土壤的固碳能力。

土壤本身具有一定的自净能力和对环境污染物净化的能力。部分污染物在土壤中经过生物化学反应降解可变为无毒物质。人类生产和生物生活产生的废弃物进入土壤后，土壤能够对其进行分解、溶解或沉淀等，使得土壤中的污染减少或消失。但应注意土壤的净化能力是有限的，不能过多依赖其降解所有类型或过量的污染物和有毒物质。

二、人类活动与土壤演变

土壤形成因素的改变会影响土壤演化的过程。

人类活动既可以对土壤进行保护性利用，通过灌溉和排水、施肥和掺加其他物质等措施引导土壤朝着有利方向发展，也可能由于不合理不科学的措施引起土壤的退化。

三、土壤资源与质量评价

（一）土壤资源

土壤资源是指具有农林牧业生产性能土壤类型的总称，是人类生存与发展过程中最基本和最重要的自然资源，其不仅是土地资源的重要组成部分，也是地球陆地生态系统的重要组成部分。土壤资源支撑了人类文明的演变与发展，是支撑和满足人类生活所需的自然资源。

土壤资源具有以下特点：

（1）土壤资源的空间分布具有固定性，面积具有有限性。地球陆地总面积中，除去因冰雪覆盖、高寒、干旱等难以开发利用的陆地面积，人类可以开发利用的陆地面积只占地球陆地总面积的 2/5。

（2）土壤资源的利用具有双面性。人类顺应并尊重土壤的成土因素和环境特征，合理利用土壤资源，因地制宜，能够在保护土地资源的基础上获得较多生产生活基本资料；如果人类采取了不当的耕作利用措施，土壤肥力和生产力会下降。

（3）土壤资源是可再生资源，但又具有不可再生的一面。土壤肥力可以通过自然过程和人为活动不断保持和改善，但不合理的人类活动，也可导致其减弱和退化。

（二）土壤质量及其评价

保持和提高土壤质量是实现农业可持续发展的基础，而近些年来，全球土壤质量退化问题日益严重，制约着生态农业的发展。土壤质量评价是衡量土壤退化问题的基础工作之一，国内外学者围绕着土壤质量及其评价展开了大量研究，力求建立一套具有统一标准的土壤质量评价体系。

1. 土壤质量的概念

"土壤质量"这一名词最早出现在 20 世纪 70 年代土壤学论文中，最初土壤质量主要是从农业生产的角度，用农作物的产量来衡量。现在国内外学者比较认同的对土壤质量的定义是：土壤质量是土壤在生态系统中维持环境质量、保持生物生产力、促进动物和植物健康的能力。

2. 土壤质量评价的指标体系

1）分析性指标

土壤质量评价的分析性指标大致可以分为物理指标、化学指标和生物学指标（表8-7）。

表 8-7　土壤质量评价分析性指标

分析性指标	物理指标	化学指标	生物学指标
包含内容	土壤质地及粒径分布、土壤结构、土层厚度与根系深度、障碍层次深度、土壤容重和紧实度、孔隙度及孔隙分布、土壤耕性、土壤含水量、田间持水量、土壤持水特征、渗透率和导水率、土壤排水性、土壤通气、土壤温度、土壤侵蚀状况、氧扩散率等	土壤有机碳、全氮、矿化氮、磷和钾的全量和有效量、阳离子交换量（CEC）、土壤酸碱度、电导率、盐基饱和度、碱化度等	微生物生物量、生物量碳/有机总碳、总生物量、土壤呼吸量、呼吸量/生物量、微生物种类与数量、酶活性、微生物群落指纹、根系分泌物、潜在可矿化氮等

2）描述性指标

描述性指标是一种软指标，无法用定量指标衡量，需要通过现场调查分析，利用看、摸、嗅和尝等人类感官判断评价土壤质量。

3. 土壤质量评价方法

土壤质量评价方法可以分为定性评价法和定量评价法。定性评价法就是基于人们对土壤好坏、肥不肥沃等特性的主观判断。常用的定量评价方法（图8-27）有：①多变量指标克里金法，该方法运用指标克里金法，通过多变量指标转换的过程将数据转换，估计未采样地区的数值，再测定不同地区土壤质量达到优良的概率，最后利用 GIS 制作出建立在景观基础上的土壤质量达标概率图；②土壤质量动力学方法，该方法利用土壤系统的动态性，通过单个的土壤质量数值和土壤的动态变化方程来反映土壤质量的进化或者

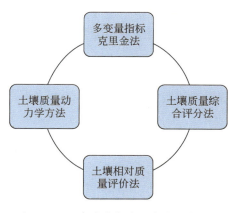

图 8-27　土壤质量定量评价的主要方法

退化，有利于研究土壤的可持续管理；③土壤质量综合评分法，该方法是利用 Doran 和 Parkin 提出的 6 个特定的土壤质量元素相乘得到土壤质量评价值，考虑研究区的地理、气候和经济水平等条件的影响下每个土壤质量元素的权重，用数学表达式说明土壤质量水平；④土壤相对质量评价法，在研究区假设一种土壤的各项评价指标都是能满足植物生长需要的，以这种土壤为标准，将研究区其他土壤的质量指数与标准土壤对比，得到土壤相对质量指数。

上述土壤质量评价方法各有优缺点，实际应用时要考虑研究区的特点，根据不同地区的不同土壤建立适宜的土壤质量评价指标，利用不同的或者多种方法进行评价。

四、土壤环境问题与对策

随着经济的快速发展，大量的人类活动产生的废弃物向土壤系统中转移，除了土壤因本身具有的净化能力解决了一部分污染物外，还有很多污染物残留在土壤中。

生态环境恶化以土壤退化为特征，使得农业可持续发展和自然环境生态发展都受到了严峻的挑战。土壤退化指在自然环境和人为因素的影响下，土壤生产力减退、土壤肥力和环境调控能力减弱甚至完全消亡的过程。土壤退化问题分为土壤侵蚀、土壤沙化、土壤盐渍化、土壤污染、土壤性质恶化等（图 8-28）。

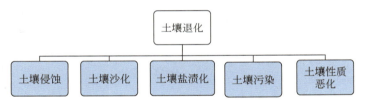

图 8-28　土壤退化的主要表现

（一）土壤侵蚀及防治对策

1. 土壤侵蚀的概念

土壤侵蚀指土壤或成土母质在外力（水力、风力和重力等）作用下被剥离、搬运的过程。一般用土壤侵蚀强度指标来描述土壤侵蚀程度，即单位面积上单位时间内土壤流失量。

根据受侵蚀的动因不同，可以将土壤侵蚀分为水力侵蚀、风力侵蚀、重力侵蚀、冻融侵蚀和人为侵蚀（图 8-29）。

图 8-29　土壤侵蚀的主要方面

2. 土壤侵蚀带来的危害

土壤侵蚀带来的危害体现在多方面。首先是土壤肥力的流失和土壤质量的下降，肥沃土壤面积减少，农作物生产效率下降。其次是土壤资源的破坏。最后，土壤侵蚀会导致河湖淤塞，自然灾害频发，生态环境脆弱，影响社会经济发展。

3. 土壤侵蚀的防治对策

（1）耕作措施：①少耕、轮耕、免耕等，通过减少对土壤的耕作减少对土壤的翻动，保留下大量的腐殖质和土粒胶形成的团粒，维持土壤的养分，改善土壤结构，防治水土流失；②秸秆覆盖、青草覆盖等，通过增加地表覆盖，减少径流，增加土壤含水量，减少水土流失；③等高耕作、沟垄耕作等，通过增加地表粗糙度，改变坡地微地形，增加地面受雨面积，延长渗水时间，减少单位面积上的径流量。

（2）工程措施：①种植林木工程，种植灌木林、乔灌草林等形式的林木工程，涵养水土；②修建水平沟、鱼鳞坑等，拦截径流，储存径流泥沙，涵养土壤养分；③建造梯田，如水平梯田、坡式梯田和反坡梯田等，因地制宜建造不同类型的梯田。

（二）土壤沙化及防治对策

1. 土壤沙化的概念

土壤沙化指土壤含沙量大幅度增加或变成沙漠的过程。大部分的土壤沙化是不合理的人类活动造成的，也有一部分是干旱地区降水量少，多风且风力强劲造成的。

2. 土壤沙化的解决对策

土壤沙化的解决对策包括：①控制农业耕作，对于可能会出现土壤沙化或正在土壤沙化的地区，要控制农业耕作，保持土壤肥力；②建设防沙林带，防沙林不仅能涵养水源，保持水土，还能防沙、净化空气和调节气温等；③合理利用水资源，节约用水，合理调配河流上中下游的用水量；④建立并完善林农草复合经营模式，多种生物类型结合，种植用途不同的树木。

（三）土壤盐渍化及解决对策

1. 土壤盐渍化的概念

土壤中的毛细管将土壤底层或地下水的盐分带到地表，水分蒸发后易溶性盐分积累在表层土壤中的过程就是土壤盐渍化。不合理的人类活动还会引起土壤次生盐渍化，不合理的耕作灌溉使得地下水位迅速抬升，蒸发量多于降水量，地表盐分增加导致土壤盐渍化。土壤盐渍化会降低土壤肥力，恶化土壤环境甚至直接毒害植物，引起植物的"生理干旱"。

2. 土壤盐渍化的防治途径

土壤盐渍化的防治途径有：①使用合理的灌溉手段，提高水资源利用效率，使用喷灌、滴灌等较为先进合理的灌溉手段，减少地下水位的抬升；②完善排水措施，畅通排水渠道，降低地下水位；③调整产业结构，多种植花卉蔬菜等高产值农业，在易盐渍的地区多开展林牧业活动，发展生态农业；④适量施用有机肥，降低土壤酸碱度，提升作物产量（图8-30）。

图 8-30 防治土壤盐渍化的主要途径

（四）土壤污染及解决对策

1. 土壤污染的概念

土壤污染是指人类活动产生的污染物进入土壤中，富集到一定程度，超过土壤自净能力，造成土壤环境质量下降，进而对土壤环境产生危害的现象或者过程。

2. 土壤污染物的分类

（1）根据土壤污染物的性质不同，土壤污染物可以分成无机污染物、有机污染物和有害微生物。

（2）根据污染物的来源，可以将污染物分成工业污染物、农业污染物、生活污染物和交通运输污染物等。

3. 土壤污染的危害

土壤污染的危害表现在：①影响农产品的产量和品质；②影响经济效益，带来经济损失；③危害人体健康和安全；④给大气、水资源等生态系统带来威胁。

4. 土壤污染的防治对策

土壤污染的防治对策有：①开展土壤污染调查，进行污染状况的详查工作，进一步摸清土壤现状；②制定土壤污染防治计划，落实防治措施；③加强科研技术研究，及时提供科学的污染治理方法和手段；④加强保护土壤环境的宣传和科普，提高公民保护土壤的意识和知识水平；⑤加快推进土壤环境立法进程，建立起合理完善的土壤污染防治制度体系。

地学视野：土壤修复

土壤修复是使遭受污染或者破坏的土壤恢复正常功能的技术措施。在土壤修复行业，已有的土壤修复技术达到 100 多种，常用技术也有十多种，大致可分为物理、化学和生物三种方法。

从根本上说，污染土壤修复的技术原理可概括为：①改变污染物在土壤中的存在形态或同土壤的结合方式，降低其在环境中的可迁移性与生物可利用性；②降低土壤中有害物质的浓度。

尽管有许多可以罗列的土壤污染修复技术，但实际上经济实用的修复技术并不多。土壤修复技术归纳起来常用的有以下几种：

（1）热力学修复技术，利用热传导（如热毯、热井或热墙等）或热辐射（如无线电波加热等）实现对污染土壤的修复。

（2）热解吸修复技术，以加热方式将受有机物污染的土壤加热至有机物沸点以上，使吸附在土壤中的有机物挥发成气态后再分离处理。

（3）焚烧法，将污染土壤在焚烧炉中焚烧，使高分子量的有害物质分解成低分子的烟气，经过除尘、冷却和净化处理使烟气达到标准后排放。

（4）化学淋洗，借助能促进土壤环境中污染物溶解或迁移的化学/生物化学溶剂，在重力作用下或通过水头压力推动淋洗液注入被污染的土层中，再把含有污染物的溶液从土壤中抽提出来，进行分离和污水处理的技术。

（5）堆肥法，利用传统的堆肥方法，堆积污染土壤，将污染物与有机物如稻草、麦秸、碎木片和树皮、粪便等混合起来，依靠堆肥过程中的微生物作用降解土壤中难降解的有机污染物。

（6）植物修复，运用农业技术改善土壤对植物生长不利的化学和物理方面的限制条件，使之适于种植，并通过种植优选的植物及其根际微生物直接或间接吸收、挥发、分离、降解污染物，恢复重建自然生态环境和植被景观。

（7）渗透反应墙，是一种原位处理技术，在浅层土壤与地下水构筑一个具有渗透性、含有反应材料的墙体，污染水体经过墙体时，其中的污染物与墙内反应材料发生物理、化学反应而被净化除去。

（8）生物修复，是利用生物特别是微生物催化降解有机污染物，从而修复被污染环境或消除环境中污染物的一个受控或自发进行的过程。其中，微生物修复技术是利用微生物如土著菌、外来菌、基因工程菌等对污染物的代谢作用而转化、降解污染物，主要用于土壤中有机污染物的降解。通过改变各种环境条件，如营养、氧化还原电位、共代谢基质，强化微生物降解作用以达到治理目的。

案例分析：北美"黑风暴"事件

1934年5月，美国东部与加拿大西部地区暴发了一场"黑风暴"。风暴从美国西部土地破坏最严重的干旱地区刮起，向东部推进，形成一个东西长2400km、南北宽1440km、高3400m的迅速移动的巨大黑色风暴带，携带了3亿多吨尘土，相当于200万亩（1亩≈666.67m²）耕地的全部耕作层。"黑风暴"历经3天3夜，横扫美国本土面积的2/3，所到之处，遮天蔽日，溪水断流，水井干涸，田地龟裂，庄稼枯萎，牲畜渴死，许多人死于风暴引起的肺炎，千万人流离失所，造成了巨大的经济损失。这样一场人类历史上空前未有的黑色风暴，成为20世纪十大自然灾害之一（图8-31）。

这次灾害发生的原因主要是美国在西进移民拓荒时期，大量乱砍滥垦森林和草地，无序的农牧生产和过度开采水资源造成植被破坏、土壤沙化，最终形成土壤退化问题。"黑风暴"发生的地区是美国大平原地区，大平原北至加拿大的萨斯喀彻

(a)

(b)

图 8-31 "黑风暴"过程（a）和灾后场景（b）（Christopherson and Birkeland, 2014）

温河, 南至得克萨斯州的南部, 西起落基山山麓, 东到密西西比河谷地。这一片区域从西向东缓慢倾斜, 大部分地区地势平坦。气候上属于半干旱大陆性气候, 大部分地区年降水量少于 500mm。大平原地区土质疏松, 植被类型为草原型植被, 土壤有机质含量高, 土壤肥沃。19 世纪时期美国实行鼓励向这个区域移民的政策, 涌来了大量的拓荒者, 掠夺式的开采自然资源发展农业使得大草原发生持续性的干旱, 土壤干裂、严重沙化, 进一步促成气候的恶化, 形成一连串沙尘暴天气, 最终酿成了重大的生态灾难。

"黑风暴"事件之后, 美国开始重视草地植被的恢复和保护。美国制定了"农业复兴计划", 开始建立土壤保护区, 针对保护区建立了防止土地侵蚀的几种强迫性的土地利用法规, 推行免耕法; 建立了国民资源保卫队, 对土地保护采取有效的经济鼓励政策, 对从事能够保持水土环境的种植耕作活动和压缩种植面积的活动给予补贴; 实施世界四大造林工程之一的"大草原各州林业工程", 即"罗斯福防护林工程", 在 100°W 的沿线种植一条南北长 1850km、东西宽 160km 的防护林带以拦截来自西部的干旱风, 努力恢复这一地区的生态环境。

　　"黑风暴"事件提醒人们：人类必须敬畏自然、保护自然，不能只索取资源而不保护环境。只有与大自然和谐相处、顺应自然规律，保护生态平衡，才能得以持续生存和发展。

主要参考及推荐阅读文献

安培浚，张志强，王立伟．2016.地球关键带的研究进展．地球科学进展，31（12）：1228-1234.

陈恩凤，周礼恺，武冠云，等．1991.土壤的自动调节性能与抗逆性能．土壤学报，28（2）：168-176.

龚子同，黄荣金，张甘霖，等．2014.中国土壤地理．北京：科学出版社．

龚子同，张甘霖，陈志诚，等．2007.土壤发生与系统分类．北京：科学出版社．

侯光炯．1990.土壤学论文选集．成都：四川科学技术出版社．

李天杰，赵烨，张科利，等．2004.土壤地理学．3版．北京：高等教育出版社．

陆泗进，王业耀，何立环．2014.中国土壤环境调查、评价与监测．中国环境监测，30（6）：19-26.

吴志能，谢苗苗，王莹莹．2016.我国复合污染土壤修复研究进展．农业环境科学学报，35（12）：2250-2259.

杨建锋，张翠光．2014.地球关键带：地质环境研究的新框架．水文地质工程地质，41（3）：98-104，110.

张甘霖，王秋兵，张凤荣，等．2013.中国土壤系统分类土族和土系划分标准．土壤学报，50（4）：826-834.

张甘霖，朱阿兴，史舟，等．2018.土壤地理学的进展与展望．地理科学进展，37（1）：57-65.

张维理，徐爱国，张认连，等．2014.土壤分类研究回顾与中国土壤分类系统的修编．中国农业科学，47（16）：3214-3230.

赵其国．2003.发展与创新现代土壤科学．土壤学报，40（3）：321-327.

中国科学院南京土壤研究所土壤系统分类课题组，中国土壤系统分类课题研究协作组．2001.中国土壤系统分类检索．3版．合肥：中国科学技术大学出版社．

中华人民共和国国家质量监督检验检疫总局，中国国家标准化管理委员会．2009.中国土壤分类与代码（GB/T 17296—2009）．

朱显谟．1995.论原始土壤的成土过程．水土保持研究，2（4）：83-89.

朱永官，李刚，张甘霖，等．2015.土壤安全：从地球关键带到生态系统服务．地理学报，70（12）：1859-1869.

Christopherson R W，Birkeland G H. 2014. Geosystems：An Introduction to Physical Geography. 9th ed. New York：Pearson.

Gabler R E，Petersen J F，Trapasso L M. 2006. Lab Manual-Essentials of Physical Geography. Thomson：Cengage Learning Services.

Lin H. 2010. Earth's critical zone and hydropedology：concepts，characteristic and advances. Hydrol. Earth Syst. Sci.，14：25-45.

Soil Survey Staff. 1992. Keys to Soil Taxonomy. 6th ed. USDA.

🌐 第九章
生物圈与生物环境

第一节　生物圈的组成

一、生物圈概念发展

生物圈是由地球上所有生物及其生存的环境共同构成的活跃圈层。

生物圈概念的发展与生态学概念的发展密切相关。随着人类社会生产活动对全球环境的影响越来越严重，人类与生物圈的关系日趋紧张，生态学也日益把它的注意力转向整个生物圈。一个以多学科现代成果为基础，以各种最新技术为手段，研究生物圈结构、能量流动、物质循环、生物生产力和自我调节功能的生物圈学科正在形成。这是当今科学综合化趋势的一个具体表现。生物圈科学提供了对人们周围自然界的崭新知识，拓展了人们的视野。现在人们认识到，生物圈是由生物与非生物的物理化学环境组成的高度复杂的有序系统，是地球上最大的生态系统。

生物圈一般处于大气圈、水圈、岩石圈的交叉区域，是大气圈、水圈、岩石圈相互作用的产物。

二、生物圈的范围

地球形成之后，随着自然环境的演变，生物从无到有、从简单到复杂、从少到多不断演进，同时其分布空间也不断扩展，从而在地球表层形成了一个非常活跃的生物圈。广义的生物圈范围，在地球表面以上可达 10km 的高度，而在地面以下延伸到 12km 的深度（图 9-1），但绝大多数生物通常生存于地球陆地之上和海洋表面之下各约 100m 厚的范围内。人和其他生物都生活在地球表面薄薄的一层里，这一层包含太阳能、空气、水、土壤、岩石等能够维持生命的许多物质。

第二节　生物圈的结构与生物地域分异

地球上的生物不仅占有广阔的水平空间，而且在垂直方向上有着一定的延伸，因此生物圈是个立体的圈层。由于对于以微生物为主要特征的地球深部生物圈的认识还不够深入，这里只对人们通常所说的显性生物圈的结构和地域分异进行讨论。

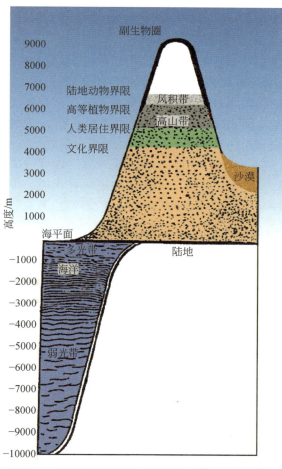

图 9-1　生物圈上下范围（据赫钦逊等，1974 绘）

一、显性生物圈的结构

（一）垂直准正态分布式结构

从已经探明的显性生物圈的结构来看，具有垂直准正态分布式结构的特征。正态分布是在某一点数值达到最大，从此点向两侧逐渐变小。垂直准正态分布是指在垂直方向上集中分布在某一范围内，而向上和向下都逐渐减小。生物集中分布在平均海平面附近，从海平面向上或者向下随着高度或深度的增大，生物的种类和数量逐渐减少。

根据已经探明的海洋生物分布，在海洋里，随着深度的增大，生物种类与数量逐渐减少。例如，在大陆架地区，年平均净初级生产力为 360g/（m² • a），而到了大洋区平均净初级生产力却只有 125g/（m² • a），反映出由近岸浅海到深海随着水深增大生物生产力降低的现象。再以太平洋的鱼类分布为例，在水深 0～200m 的浅海区，鱼类非常

丰富，中国近海鱼类达 1500 种以上，印度尼西亚群岛海区已知的鱼类就有 2000 多种；200 ～ 1000m 深度的海洋中层，鱼类数量减少为 850 种；1000 ～ 4000m 的深度层中，鱼类减少到 150 种；5000m 以下鱼类已经很少，目前只发现长尾鳕、鼎足鱼、海星和海参等；10000m 深度也发现了某些生物，但那里的生物非常稀少。这从另一个方面说明，生物种类与数量有随与海平面距离的增大逐渐减少的规律。

在陆地上，生物的种类与数量随海拔的增加而减少。生物大多生活在地面上，很少生活在空中。根据陆地面积随海拔的变化（图 9-2）可知，51.6% 的陆地分布在海拔 0 ～ 500m，71% 的陆地分布在海拔 0 ～ 1000m，随着海拔的升高，陆地面积显著减小，1000 ～ 2000m 的陆地只占 15.2%，2000 ～ 3000m 只有 7.5%，3000 ～ 4000m 为 3.9%，4000 ～ 5000m 的陆地为 1.5%，大于 5000m 的陆地只有 0.3%。从陆地面积的分布可以推知，陆地上生物集中分布于低海拔的范围内，随着海拔升高，生物的种类与数量应该逐渐减少。

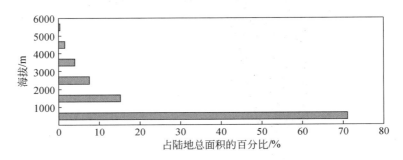

图 9-2　陆地面积随海拔的变化

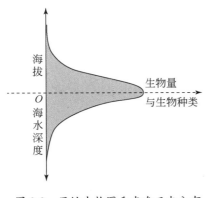

图 9-3　显性生物圈垂直准正态分布
模式结构示意图

一般来说，随着海拔升高，植被逐渐由森林变为灌丛、草甸，最后变为冻原。森林是净初级生产力最大、生物种类与生物量也最大的生物群落；而冻原则是净初级生产力最小、生物种类与生物量也最小的生物群落；灌丛与草甸的净初级生产力、生物种类与生物量都居于前两者之间。因此，随着海拔升高，生物种类与生物量减小。

生物圈的垂直结构（图 9-3）从整体上看类似于正态分布，可以称之为垂直准正态分布模式。

（二）水平不均匀结构

生物的水平分布不均匀。如图 9-4 所示，陆地植被覆盖度区域差异明显。实际上，海洋里也有区域的分异。

（三）多级嵌套结构

从系统学的角度来考察生物圈的结构便不难发现，生物圈具有多级镶嵌结构。生物圈由多级不同的系统组成。这些系统不是并列地拼凑在一起的，而是在空间上相互交叉、

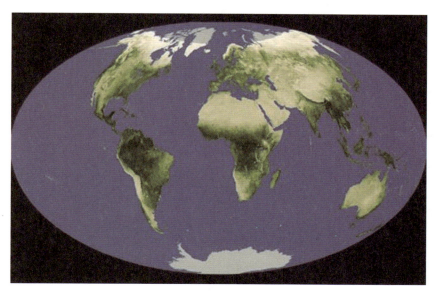

图 9-4　世界陆地植被覆盖
颜色越深代表覆盖度越高，资料来源：NASA

叠置，并且相互联系、相互作用的。例如，可以认为生物圈由海洋生态系统与陆地生态系统组成，但海洋生态系统与陆地生态系统并不是截然分开、毫不联系的。从空间上来说，海洋环绕着陆地，陆地伸展到海洋之中，海洋生态系统与陆地生态系统难以决然分开。对河口与海岸带来说，那里的生态系统的性质更是介于海洋与陆地之间。可以说，海洋生态系统与陆地生态系统在空间上是交叉的、叠置的，用另一个词来表示就是"镶嵌的"。森林与草原之间往往存在着一个过渡区域——森林草原，温带阔叶林带与温带针叶林带之间往往存在着一个过渡区——针阔混交林带；在山地上部森林带与草甸带之间也存在一个过渡带——灌丛带；等等。这些过渡区域、过渡带的存在表明，各个生态系统并不是截然分开的，它们之间存在着交叉、叠置，是嵌套的。

综上所述，从系统学的角度来说，生物圈具有多级嵌套结构。

二、地域分异

生物圈的水平地域分异具有两种水平分布规律，即纬度地带性和干湿度分带性，分别受控于温度和降水的变化。

（一）全球植被水平分异

由于太阳辐射提供给地球的热量有从赤道到两极的规律性差异，因此形成不同的气候带。与此相应，植被也形成带状分布，在北半球从低纬度到高纬度依次分布着热带雨林、亚热带常绿阔叶林、温带落叶阔叶林、寒温带针叶林、寒带冻原、极地荒漠等（图9-5）。由于海陆分布、大气环流和大地形等综合作用的结果，从沿海到内陆降水量逐步减少，因此，在同一热量带，各地水分条件不同，植被分布也发生明显的变化。一般来说，

从沿海到内陆通常（温带较明显）由森林逐渐变为草原和荒漠。

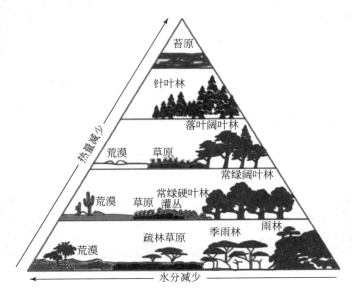

图 9-5　陆地植被分异示意图

（二）全球动物生态群落水平分异

1. 陆地动物生态群落水平分异

动物与自然环境不可分割，动物需要分布在一定的栖息地中，它们占据的地理空间形成分布区。在陆地上，自然地理带根据植被生活型被分为苔原、草原、荒漠、针叶林、阔叶林、热带雨林，不同的自然地理带中栖息着不同类型的动物类群。

苔原位于近极区，冬季严寒漫长，夏季冷且短暂，多数地区覆盖冰雪沼泽，植被类型主要是地衣、苔藓、草和矮灌丛，代表动物有北极狐、旅鼠、雪鸮、北极熊等。

草原年降水量较低，森林不能发育，草本植物繁盛，季节性气候变化大。代表动物在温带有黄羊、黄鼠、百灵、草原雕等，热带有斑马、狮子、鸵鸟等。

荒漠分布于亚热带和温带的干燥地区,降水量极少且不稳定,土壤贫瘠,昼夜温差大,季节差异显著。植被稀少，多为旱生灌木、半灌木和半乔木，温带地区典型植物如胡杨、沙棘，热带荒漠有仙人掌。代表动物温带有跳鼠、沙土鼠、骆驼、野马、沙鸡等，热带荒漠以袋鼠、鸵鸟为代表。

亚寒带针叶林分布于苔原带以南和阔叶林带以北。大陆性气候，冬季严寒漫长，夏季短暂湿润。植被由云杉、冷杉、松、落叶松等针叶林组成，树种单一，树下植被简单。代表动物有松鼠、麋鹿、驯鹿、松鸡、榛鸡、松鸦等。

北温带阔叶林，夏季高温多雨，冬季严寒。代表动物种类繁多，鹿、狐、熊、河狸、松鼠、斑鸠、苍鹰、杜鹃、夜鹰、啄木鸟、黄鹂等。

热带雨林，植物种类繁多，多为常绿阔叶林，层次极复杂。代表动物种类繁多，如各种猿猴、灵猫、云豹、鹦鹉、孔雀、太阳鸟、蜂鸟、犀鸟、树蛙、雨蛙、蟒蛇、各种毒蛇等。

2. 水域动物生态群落水平分异

在水域中，根据水域条件区别，动物分布也有变化，大致可分为淡水动物群落和海洋动物群落。世界海洋动物分区包括沿岸带、浅海带、远洋带。

沿岸带是海洋中的浅海区，为潮水每天涨落的高潮线与低潮线之间的区域。沿岸带是海陆交接区域，每昼夜有规律地经受涨潮和落潮的淹没、显露过程，理化条件极不稳定，动物种类较少，只有具备特殊适应能力的动物（沙蚕、寄居蟹、柱头虫等）才能生存。在沿岸生活的生物种类大多具有附着结构（如海葵、藤壶、贻贝、珊瑚等），或者是一些爬行或滑行生活的螺类、海星、海胆、蟹类和虎鱼等。

浅海带是沿岸带以下至 200m 左右深的海洋，很多地区海底倾斜平缓，平均斜度约 0.1°，由此构成广阔的大陆架。浅海带是海洋生物生长最繁盛的区域，其基本原因在于营养物质（食物）丰富、水中的光线充足、水温高和溶氧状况良好。光线在海水内透射的深度，与水域内所含溶质、微小生物的数量等有关，一般的光照带即植物能进行光合作用的地带在 150m 左右。所以浅海带或大陆架就成了浮游生物生长和多种动物的主要栖息地及一些远洋鱼类的产卵区，很多地区还因此而形成了著名渔场。

远洋带为浅海带以外的全部开阔大洋，其上层 200m 处尚有阳光透入，但因缺乏底质，水底植物无法生长，只有浮游植物生存，其间的动物群落组成与大陆架内大体相仿。地球表面的海洋中，有 86% 以上的洋区深度超过 2000m，因此远洋带的下层是世界上最大的一个动物生活环境区，也是一个既特殊又严峻的动物栖息地。通常，该处的物理环境条件几乎是恒定而很少变化的：太阳照射的光线不能透入，终年黑暗；水温低，长期保持在 $0 \sim 2$℃；平均盐度高，为 34.8‰ ±0.2‰；压力大，水深每增加 10m，流体静压就相应地增加一个大气压；植物和食源匮缺，致使深海动物只能以肉食或碎屑为生。远洋带的动物种类及数量均甚稀少，仅少数具有特殊适应结构的动物类群能在这样苛刻的条件中生存下来，常见的优势动物有几种海绵、棘皮动物以及叉齿鱼、柔骨鱼、树须鱼、宽咽鱼等深海鱼类。

（三）中国植被的水平分异

我国夏季受东南季风的作用，从东南向西北，植被出现规律性的更替，依次为夏绿阔叶林或针阔叶混交林、草原和荒漠。在我国南部的亚热带和热带森林区域，植被的经向差异远不如北方的显著，但在同一植被类型范围内，仍有所不同。

中国植被可分为 8 个植被区域：①亚寒带针叶林区；②温带针阔混交林区；③温带落叶阔叶林区；④亚热带常绿阔叶林区；⑤热带季雨林区；⑥温带草原区；⑦温带荒漠区；⑧青藏高寒植被区（图9-6）。

我国植被资源丰富，类型多样，这与我国气候与地理环境的变化梯度相适应。受气候、地形等因子的限制，我国西北及青藏地区植被资源缺乏，东部地区植被资源丰富（图9-7）。

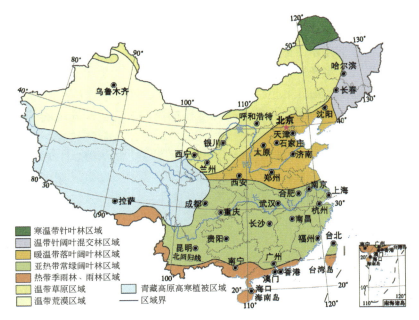

图 9-6　中国植被区划图

据中国科学院中国植被图编辑委员会（2001）绘制

图例

寒温带针叶林区域

温带针阔叶混交林区域

暖温带落叶阔叶林区域

亚热带常绿阔叶林区域

热带季雨林、雨林区域

温带草原区域

温带荒漠区域

青藏高原高寒植被区域

区域界

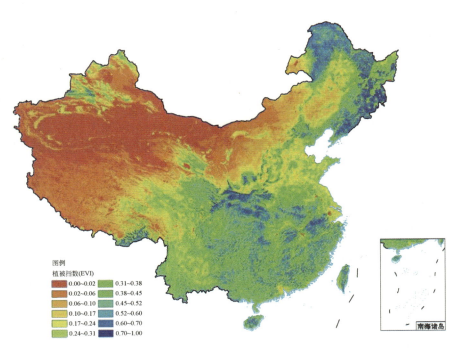

图例

植被指数(EVI)

0.00~0.02	0.31~0.38
0.02~0.06	0.38~0.45
0.06~0.10	0.45~0.52
0.10~0.17	0.52~0.60
0.17~0.24	0.60~0.70
0.24~0.31	0.70~1.00

图 9-7　基于卫星遥感影像监测的我国植被资源分布

资料来源：地理国情监测云平台

（四）山地生物垂直带性

山地达到一定高度，自然地理环境各组分及其构成的自然综合体会随高度变化而出现分异的现象，称之为垂直带性。

据测定，山地海拔每升高 100m，其气温下降约 0.65℃。而随着海拔的变化，降水也呈现出一定的变化。在足够的降水条件下，纬度越低、海拔与相对高差越大，垂直带数越多，垂直带谱越完整。如果一座足够高的山地位于水分充足的赤道地区，那么这座山上将会出现一个完整的类似于从赤道到极地排列的自然景观带谱。表现在植被上，将会依次出现热带雨林、常绿阔叶林、常绿阔叶与落叶阔叶混交林、落叶阔叶林、针阔叶混交林、针叶林、高山灌丛、高山草甸、高山冰雪冻土带。

例如，湖北神农架位于亚热带常绿阔叶林带，常绿阔叶林是它的基本带，从这个基本带往上，随高度发生有规律的变化（图 9-8），以南坡为例：

400 ~ 1000m，亚热带常绿阔叶林带；

1000 ~ 1700m，北亚热带常绿、落叶阔叶混交林带；

1700 ~ 2200m，暖温带落叶阔叶林带；

2200 ~ 2600m，温带针阔混交林带；

2600 ~ 3000m，寒温带针叶林带；

3000m 以上，山地灌丛、草甸带。

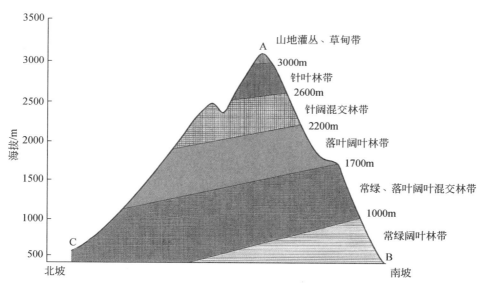

图 9-8 湖北神农架垂直植被带谱示意图（据马明哲等，2017）

三、生物区系

生物圈的生物类群，按照五界分类系统，包括原核生物界、原生生物界、真菌界、植物界、动物界。这些生物在全球分布存在差异性，受环境变化以及自身演化的制约，形成不同的生物区系。

（一）植物区系

一定地理区域内植物种类的总和，也就是某一地区，或者是某一个时期、某一分类群、

某类植被等植物种类的总和，称为植物区系。植物区系是植物界在一定自然环境中长期发展演化的结果，是植物与环境协同演化的结果。

全球陆地植物区系包括六个：泛北极植物区（全北植物区）、古热带植物区、新热带植物区、好望角植物区（开普植物区）、澳大利亚植物区、泛南极植物区（图 9-9）。其中，泛北极植物区大体位于北回归线以北，是面积最大的植物区。新热带植物区大体位于美洲大陆的热带地区，植物种类最丰富。

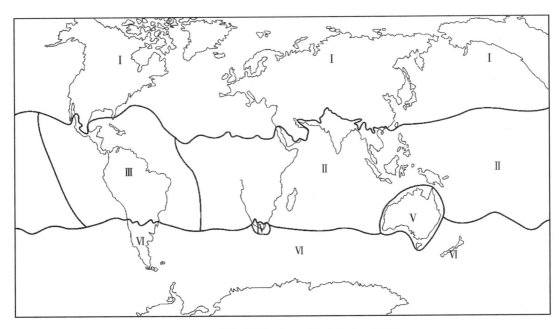

图 9-9　世界陆地植物区系（塔赫他间，1988）
Ⅰ泛北极植物区（全北植物区）、Ⅱ古热带植物区、Ⅲ新热带植物区、Ⅳ好望角植物区（开普植物区）、Ⅴ澳大利亚植物区、Ⅵ泛南极植物区

海洋植物以孢子植物（尤其是藻类）为主，有花植物不超过 30 种。海洋植物的生态型比较单纯（水环境的纯一性决定），群落结构比较简单。海洋植物区系包括三个：北方海洋植物区、热带海洋植物区、南方海洋植物区。

中国植物区系具有种类丰富、起源古老、地理成分复杂、区域性强的特点。全国 2980 属中，热带分布的属占 51%，温带分布的属占 32.4%。蕨类和裸子植物都是起源古老的类群，两者分别有 80% 和 99.9% 的科分布在中国。种子植物中，我国特有的 190 多个属中，单种和少种属约占 95% 以上，且多数是原始的或古老的子遗属（残遗属），主要分布在江南和西南。我国的横断山脉地区是著名的子遗种分布中心。我国野生的银杏、水杉有植物活化石之称。

吴征镒教授将中国植物区系分为 2 个植物区，7 个亚区。Ⅰ泛北极植物区：①欧－亚森林植物亚区；②亚洲荒漠植物亚区；③欧－亚草原植物亚区；④青藏高原植物亚区；⑤中国－日本森林植物亚区；⑥中国－喜马拉雅植物亚区。Ⅱ古热带植物区：⑦马来西

354

亚森林植物亚区（主要有龙脑香科、芭蕉、猪笼草及姜科植物）。

（二）动物区系

动物区系是指在一定区域内动物种类的总和，是在历史因素和生态因素共同作用下形成的。斯克莱特、华莱士和达尔文将世界动物划分为六大动物地理区：古北区、新北区、新热带区、古热带区、东洋区和澳新区（图9-10）。新热带区包括南美洲、中美洲、墨西哥南部及西印度群岛，大体相当于拉丁美洲，是物种最丰富的一个动物区系，无论是物种总数还是特有种群的数量，都是其他动物地理区所无法比拟的，其环境优越，气候温暖湿润，拥有世界上面积最大的热带雨林。古热带区或称热带区，包括非洲撒哈拉沙漠以及阿拉伯半岛南部和马达加斯加岛，是面积最大的热带动物区系，以萨瓦纳（热带稀树草原）为最主要的植被类型，也有一定面积的热带雨林。冰期时北方大陆气候恶化，非洲就成了很多物种特别是大型动物的避难所，非洲现存的大型动物种类数量最丰富。

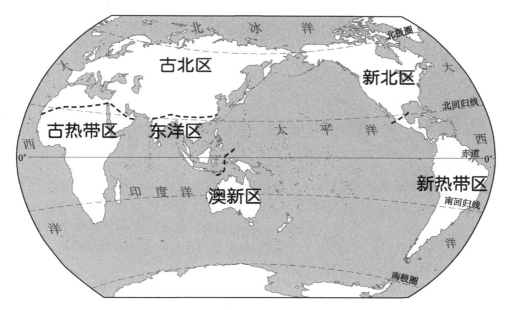

图 9-10 世界陆地动物区系 6 大分区

中国陆地动物分属于世界陆栖动物区系的古北界和东洋界，下分七个区。古北界：①东北区；②华北区；③蒙新区；④青藏区。东洋界：⑤西南区；⑥华中区；⑦华南区。中国海洋动物可分为黄渤海区、东海区和南海区，它们分属于世界海洋动物区系的北温带海动物区和热带海动物区。

探究活动：分析大熊猫成为中国特有种的原因

大熊猫作为中国的特有动物，受到世界众多国家的喜爱和欢迎。试从动物区系形成的角度分析大熊猫成为中国特有种的原因。有兴趣的同学还可以探究一下考拉和袋鼠作为澳大利亚特有物种的原因。

地学视野：生物进化论

　　生物进化是指生物种群多样性和适应性的变化，或一个群体长期遗传组成上的变化。生物进化理论是不断发展的，进化论的提出者是法国博物学家拉马克。他认为生物是进化的，生物的进化是一个渐变的缓慢的过程。环境对生物具有影响作用，环境的改变能引起生物的变异，环境的多样性是生物多样性的主要原因。除环境改变和杂交外，对较高等动物来说更重要的是用进废退和获得性遗传，即经常使用的器官会变得越来越发达，不经常使用的器官就会退化或消失。这种性状的变化是可以遗传的，这种可遗传的变异积累到一定程度就会引起生物性状较大的改变。但是由于当时科学发展的局限性，其学说中的许多内容仅限于假说和推理，同时他的学说错误地估计了动物的意志和欲望在进化中的作用，因此他的观点在当时并没有被接受。

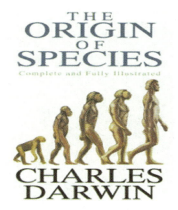

图 9-11　《物种起源》

　　19世纪中期，达尔文出版了科学巨著《物种起源》一书（图9-11），提出以自然选择为基础的进化学说，成为现代生物进化研究的主要理论起源。达尔文进化论的主要内容是世界不是静止的，而是进化的，物种不断地变异，新种产生，旧种灭亡；逐渐和连续的自然选择是变异的最重要途径，在生存竞争中，具有有利变异的个体有机会保存自己和繁殖后代，具有不利变异的个体在生存竞争中就会被淘汰。但是，达尔文进化论过分强调生存斗争，并且缺乏遗传学基础。

　　孟德尔遗传理论开创了遗传学的新纪元，对进化论的意义是极其重要的。孟德尔遗传理论主要内容是性状分离定律和自由组合定律。分离定律是具有相对性状的纯质亲本杂交时，由于某个性状对它的相对性状的显性作用，子一代所有个体都表现出这一性状。自由组合定律又称独立分配定律，指2对（或2对以上）相对性状分离后，又随机组合，在子二代中出现独立分配现象。孟德尔遗传理论的主要贡献在于它不仅提出了遗传基因（gene）的概念，而且最终还用实验方法证实了基因存在于染色体上。

　　现代达尔文主义（或称现代综合进化论）是自然选择和基因学说（孟德尔遗传学的重要组成）的综合和提高。它承袭了达尔文的选择论，并将其与新达尔文主义的"基因论"加以结合，以自然选择学说、群体遗传学以及生物学的其他学科的新成就来论证生物的进化和发展。该学说认为居群（种群）是生物进化的基本单位，进化机制的研究属群体遗传学的范畴；基因突变和染色体畸变是生物进化的原始材料；在物种形成和生物进化过程中，突变、选择和隔离是三个最基本的环节。该学说巩固和发展了"自然选择在生物进化中仍处主导地位"的论点，使得达尔文主义在新时代又焕发出勃勃生机。

20 世纪中后期，随着分子生物学技术的应用以及其他学科与生命科学的相互渗透，生物进化理论也在不断地补充和发展。

第三节 生态系统

生态系统（ecosystem）是指一定空间内，各种生物群落与其生存的环境构成的统一整体。

一、生态系统组成

生态系统的组成包括非生物组分和生物组分。非生物组分包括能源、气候、基质和介质，还包括参与物质循环的无机元素、有机和无机化合物等。生物组分包括生产者、消费者、分解者三大功能类群（图 9-12）。生产者由绿色植物、光能自养细菌、化能自养细菌类群组成，能够进行光合作用，固定太阳能，将简单的无机物转化为有机物，维持自身生长需要，并且为其余生物类群提供食物和能量来源，是生态系统的基础功能类群。消费者是指不能利用无机物直接制造有机物，依赖生产者合成的有机物生存的异养生物。生态系统中的草食动物、肉食动物、杂食动物均为消费者。消费者类群通过捕食和寄生关系在生态系统中传递能量，丰富了生态系统的产出和服务价值。分解者又称还原者，它们是一类异养生物，由各种寄生型细菌、腐生型细菌、真菌、腐生动物类群组成。分解者可以将生态系统中的各种无生命的复杂有机质（尸体、粪便等）分解成水、二氧化碳等可以被生产者重新利用的物质，完成物质的循环。因此，分解者、生产者与无机环境就可以构成一个简单的生态系统。

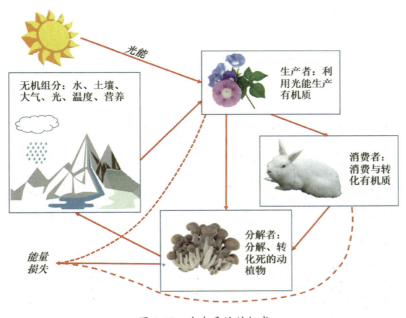

图 9-12　生态系统的组成

二、生态系统的结构

（一）生态系统的空间结构

生态系统的结构是指生态系统的生物成分、物理成分在空间上的配置和形态变化特征，包括水平分布的镶嵌结构和垂直分层结构。

1. 垂直结构

在垂直方向上，群落的成层性包括地上成层和地下成层。温带阔叶林和针叶林的分层最为典型，热带森林的成层结构最为复杂。

按生长型把森林群落从顶部到底部划分为乔木层、灌木层、草本层和地被层（苔藓地衣）四个基本层次，在各层中又按植株的高度划分亚层。草本群落则通常只有草本层和地被层。在层次划分时，将乔木和其他生活型植物不同高度的幼苗划入实际存在的层中，生活在各层中的地衣、藻类、藤本等层间植物通常也归入相应的层中。群落的地下分层和地上分层一般是相应的。森林群落中的乔木根系可以深入到土壤的深层，灌木根系较浅，草本植物的根系则大多分布在土壤的表层。

动物群落分布也存在垂直变化。例如，东欧亚大陆北方针叶林区，在地被层和草本层中，栖息着两栖类、爬行类、鸟类（丘鹬、榛鸡）、兽类（黄鼠）和各种鼠形啮齿类；在森林的下层——灌木林和幼林中，栖息着莺、苇莺和花鼠等；在森林的中层栖息着山雀、啄木鸟、松鼠和貂等，而在树冠层则栖息着柳莺等。

2. 水平结构

一般镶嵌性即植物种类在水平方向不均匀配置，使群落在外观上表现为斑块相间的现象（图 9-13）。具有这种特征的群落称为镶嵌群落。镶嵌群落具有一定的种类成分和生活型组成。内蒙古草原上锦鸡儿灌丛化草原是镶嵌群落的典型例子。在这些群落中往往形成 1～5m 左右的锦鸡儿丛，呈圆形或半圆形的丘阜。这些锦鸡儿小群落内部聚集细土、枯枝落叶和雪，因为具有良好的水分和养分条件，形成一个局部优越的小环境。小群落内部的植物较周围环境中返青早，生长发育好，有时还可以遇到一些跨带分布的植物。

图 9-13　湿地镶嵌性外观

群落内部环境因子的不均匀性导致植物和动物的镶嵌性分布,如小地形和微地形的变化、土壤温度和盐渍化程度的差异、光照的强弱以及人与动物的影响。在群落范围内,由于存在不大的低地和高地因而发生环境的改变形成镶嵌,这是环境因子的不均匀性引起镶嵌性的例子。例如,田鼠活动的结果是,在田鼠穴附近经常形成不同于周围植被的斑块。

（二）生态系统的营养结构

生态系统各要素之间最本质的联系是通过营养来实现的,食物链和食物网构成了物种间的营养关系,是物质循环和能量流动的主要途径。

1. 食物链和食物网

食物链是指生物之间食与被食的关系链（图 9-14）。在生态系统中生物之间实际的取食和被取食关系并不像食物链所表达的那么简单,食虫鸟不仅捕食瓢虫,还捕食蝶蛾等多种无脊椎动物,而且食虫鸟本身既被鹰隼捕食,也是猫头鹰的捕食对象,甚至鸟卵也常常成为鼠类或其他动物的食物。多个食物链交叉互联就构成食物网。一个复杂的食物网是使生态系统保持稳定的重要条件,一般认为:食物网越复杂,生态系统抵抗外力干扰的能力就越强;食物网越简单,生态系统就越容易发生波动和变化。

图 9-14　食物链的基本模式

2. 营养金字塔

营养级是指生物在食物链中所占的位置。在生态系统的食物网中,凡是以相同的方式获取相同性质食物的植物类群和动物类群可分别称作一个营养级。在食物链中从生产者植物起,到顶部肉食动物止,凡属同一级环节上的所有生物种处在一个营养级。在生态系统中,营养级之间的能量传递效率平均大约为10%,因此自然生态系统的营养级最多4～5级。营养级之间能量的传递结构被称为营养金字塔。

3. 生态位

生态位是指物种在生物群落中的地位和"角色",是种群在生态系统中所占据的时空位置及其与相关种群之间的功能关系定位。研究者将其区分为以下几种类型:基础生

态位，指没有种间竞争的种的生态位，一般认为在生物群落中，理论上能够被某一物种所栖息的最大空间；现实生态位，指受竞争影响的、物种实际占有的生态位；空间生态位，指物种在空间所处的地位、功能；营养生态位，指物种在营养关系所处的地位和作用，如食物链关系中，各个物种的营养级；多维生态位，将物种利用的多种生物与非生物因子全部纳入范畴，包括时间维度的变化。根据生态位理论，两个物种的生态位重叠度越高、生态位需求越相似，则二者之间的竞争越激烈；反之竞争关系则越弱。生态位理论在生产实践中具有重要的指导意义，其指导人们合理配置物种群落结构，提高生物资源的利用效率。

三、生态系统的变化

生态系统结构随时间的变动也发生变化。生态系统结构在不同时间尺度上均会发生变化，如长时间尺度上的生态系统进化与演化、中等时间尺度上的群落演替过程、短时间尺度上的生态系统动态波动。

（一）长时间尺度上的生态系统进化与演化

自生物出现以来，生态系统经历了一系列不可逆的改变。生态系统中存在物质循环、能量流动和信息传递等过程，并促成物种的分化和生物与环境的协调，生态系统这种长时间尺度上的复杂性和有序性的增长过程称为生态系统进化。

生态系统是一个开放系统，与外环境之间有物质能量的流动。生态系统由建立之初的不稳定的无序状态，通过与外部的物质能量交换和内部的自我组织过程而逐步达到相对稳定的有序状态，并且依靠外部能量的流入（主要来自太阳）和内部能量的耗散来维持。生态系统是耗散结构，生态系统在时间尺度上的复杂性和有序程度的增长过程，经历了由无序到有序、从同质到异质、由简单到复杂的变化过程。

在地球历史上，环境灾变事件与物种大规模替代往往相伴出现，导致地球历史上曾多次发生过生态系统的大变动。元古宙晚期大气圈氧化，全球性降温和海平面变化，伴随着原核生物衰落和多细胞动植物出现，引起海洋生态系统一次大的改观。二叠纪末、三叠纪末和白垩纪末的环境与生物的巨大变化建立了截然不同的新的生态系统。在通常的情况下，即使环境与生物没有突变，生态系统也在发生变化。物种绝灭和新种形成是不断发生的。在大时间尺度上，生态系统由量变积累到质变是可能的，当环境发生重大改变或物种大规模替代时，生态系统的稳定平衡将被不可逆地打破，推动生态系统进化。生物圈的形成与演化，全球生物区系的形成即是长时间生态系统进化的结果。

（二）中等时间尺度上的群落演替过程

在生物群落的层面，生态系统可以视为群落－环境作用系统。在中等时空尺度上，生态系统从其建立之初的相对不稳定状态，通过内部生物之间、生物与环境之间的相互作用和系统内物种的自我组织、自我调整过程而逐步达到相对稳定的状态。在这个过程中，系统内的生物与环境都经历了有规律的变化。通常情况下，生物群落演替过程中，植物发挥了基础性的作用。先定居的植物，通过其残落物的积累和分解，增加土壤中有机物质，改变了土壤环境的性质，同时通过遮阴改变了周围的小气候，这种改变使更适应该环境的物种侵入。积累到一定程度发生群落替代，即群落演替。外界因素的改变也可以诱发演替。在演替过程中，群落改变环境，然后环境又改变群落，物种多样性先增加后减少。通过竞争和适应，系统中优势种和建群种发生更迭替代。演替的最终结果是导致生态系统趋于相对稳定，形成与地域地理环境条件适应的顶级群落。全球植被的区域分异即是各地域群落演替的结果。

（三）短时间尺度上的生态系统动态波动

种群动态广义上可认为是一切种群特征的变动，狭义上是指种群数量在时间和空间上的变动。种群数量变动的形式主要有：种群增长、种群平衡、季节消长、周期性振荡、种群衰落和灭绝、生态入侵、种群暴增、不规则波动等，都是物种在短时间尺度的变化。每年秋天大雁南飞、春天燕子北归等候鸟迁徙活动体现了季节变化；群落内，动物活动时间和作息规律不同，体现出对生境利用的时间动态。有些动物白天活动，而夜行动物在晚间活动，白天和晚上生态系统的状态不同。有些物种在环境适宜的情况下会呈现爆发性增长，如蝗灾、水华、赤潮等生态问题是物种－生境短时间尺度上相互适应变化的结果。

生境本身也存在日变化、季节变化、年际变化。例如，太阳辐射、森林二氧化碳含量、氧气含量等每天早上和晚上都在变化，与生物的节律变化相适应，表现出短时间尺度上的动态变化。

四、生态系统的功能

（一）生态系统物质循环

物质循环是生态系统的基本过程之一。根据物质循环的范围可将其分为生物地球化学循环与生物循环两种基本形式。生物地球化学循环是指各种化学元素和化合物，在不同层次、不同大小系统中，沿着特定的途径从环境到生物体，再从生物体到环境的物质循环过程（图9-15）。物质循环过程中，伴随着能量的流动。根据循环物质的状态可以分为三大类型，即水循环、气体型循环和沉积型循环。

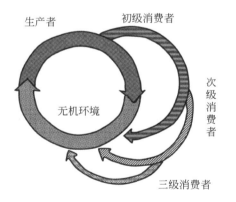

图9-15 生态系统物质循环

水的主要循环路线是从地球表面通过蒸发、蒸腾进入大气圈，同时又不断从大气圈通过降水而回到地球表面。经森林的截留、土壤的蓄积等部分被截留或储存在土壤中，其余的经江、河流向大海，经蒸发、蒸腾再进入循环。

在气体循环中，物质的主要储存库是大气和海洋，循环与大气和海洋密切相连，具有明显的全球性。凡属于气体型循环的物质，其分子或某些化合物常以气体的形式参与循环过程。属于这一类的物质有氧、二氧化碳、氮、氯、溴、氟等。气体循环速度比较快，

物质来源充沛，不会枯竭。碳对生物和生态系统的重要性仅次于水。自然界碳循环的基本过程如下：大气中的二氧化碳被陆地和海洋中的植物吸收，然后通过生物或地质过程以及人类活动，又以二氧化碳的形式返回大气中。碳循环途径有三个：陆地生物与大气之间的碳交换，海洋生物与大气之间的碳交换，化石燃料燃烧参与碳的循环。

（二）生态系统能量流动

能量流动是生态系统的重要功能。生态系统中的能量是单方向流动的，并且逐级递减。在生态系统内，能量流动与碳循环是紧密联系在一起的。能量通过食物链和食物网逐级传递，太阳能是所有生命活动的能量来源，它通过绿色植物的光合作用进入生态系统，然后从绿色植物转移到各种消费者。能量流动的起点主要是生产者通过光合作用所固定的太阳能，流入生态系统的总能量主要是生产者通过光合作用所固定的太阳能的总量。能量流动的渠道是食物链和食物网，流入一个营养级的能量是指被这个营养级的生物所同化的能量（图 9-16）。一个营养级的生物所同化的能量一般用于四个方面：呼吸消耗，用于生长、发育和繁殖，储存在死亡的遗体、残落物、排泄物中被分解者分解掉，流入下一个营养级的生物体内的能量。

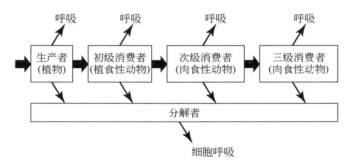

图 9-16　生态系统能量流动

能量是生态系统的动力，是一切生命活动的基础。一切生命活动都伴随着能量的变化，没有能量的转化，也就没有生命和生态系统。生态系统的重要功能之一就是能量流动，能量在生态系统内的传递和转化规律服从热力学的两个定律。生态系统中的能量是守恒的，进入生态系统的能量在各组分之间传递并发生各种形态变化但总量不会变。能量在流动过程中总有一部分以热的形式散发到环境中，故生态系统中能量的传递是不断递减的。可以看出从太阳能到被生产者固定，再经植食动物、肉食动物，到大型食肉动物，能量是逐级递减的过程。

能量利用效率一般在 10% 左右，称为林德曼效率。但是不同生态系统的能量利用效率差异显著。自然水域生态系统中，从初级生产量到次级生产量的能量转化效率为15%～20%；非洲象种群对植物的利用效率大约是 9.6%，热带雨林大约有 7% 的净初级生产量被动物利用，温带阔叶林为 5%，草原为 10%，开阔大洋为 40%，海水上涌带为 35%。

由于能量在生物链中的递减，生物量从低级向高级也逐渐减少，从而形成了生物金字塔。

（三）生态系统信息传递

信息传递是生态系统的基本功能之一。由于信息的流动，生态系统产生了一定范围的自动调节机制。生态系统中包含多种多样的信息，可以分为物理信息、化学信息、行为信息、营养信息和遗传信息。

1. 物理信息

生态系统中的光、声、湿度、温度、磁力等，通过物理过程传递的信息，称为物理信息。物理信息的来源可以是无机环境也可以是生物。

光信息。生态系统的维持和发展离不开光的参与，当生态系统中绿色植物通过光合作用把来自环境的太阳光以化学能的形态固定下来输入系统时，也就把光信息引进了系统。太阳光对植物的形态建造具有信息调控作用，植物的一系列生命现象都受太阳光的控制。种子萌发、植物发芽、茎的伸展、落叶时期以及某些植物一年中生长和休眠的交替等生命现象都受光信息的控制。光与动物的活动也有信息联系。例如，在动物周期性的迁徙中，光信息是一个重要的引发因素。候鸟的迁徙受光照长短的控制，候鸟的生殖腺受到长日照激发后，即向北飞迁；短日照情况下，生殖腺出现萎缩状态，即向南飞迁。海洋、湖泊中的浮游动物，昼夜有垂直迁徙现象，这也是对光信息的反应。

声信息。在生态系统中，动物更多是靠声信息来确定食物的位置或发现敌害的存在的。人们最为熟悉的以声信息进行通信的当属鸟类，鸟类的叫声婉转多变，除了能够发出报警鸣叫外，还有许多其他叫声。植物同样可以接收声信息。例如，含羞草在强烈的声音刺激下，就会有小叶合拢、叶柄下垂等反应。

电信息。自然界中存在许多生物发电现象，因此许多生物可以利用电信息在生态系统中活动。300 多种鱼类能产生 0.2 ～ 2V 的微弱电压，可以放出少量的电能，并且鱼类的皮肤有很强的导电力，在组织内部的电感器灵敏度也很高。鱼群在洄游过程中的定位，就是利用鱼群本身的生物电场与地球磁场间的相互作用而完成的。由于植物中的组织与细胞间存在着放电现象，因此植物同样可以感受电信息。

磁信息。地球是一个大磁场，生物生活在其中，必然要受到磁力的影响。候鸟的长途迁徙、信鸽的千里传书，这些行为都依赖于自己身上的电磁场与地球磁场的作用，从而确定方向和方位。植物对磁信息也有一定的反应，若在磁场异常的地方播种，产量就会降低。不同生物对磁的感受力是不同的。

2. 化学信息

生物在生命活动过程中，还产生一些可以传递信息的化学物质，如植物的生物碱、有机酸等代谢产物以及动物的性外激素等，就是化学信息。化学信息主要是生命活动的代谢产物，有种内信息素（外激素）和种间信息素（异种外激素）之分。种间信息素主要是次生代谢物（如生物碱、萜类、黄酮类）以及各种苷类、芳香族化合物等。在生态系统中，化学信息有着举足轻重的作用。在植物群落中，可以通过化学信息来完成种间的竞争，也可以通过化学信息来调节种群的内部结构，如自疏现象。在动物群落中，可以利用化学信息进行种间、个体间的识别，还可以刺激性成熟和调节出生率。动物还可以利用化学信息来标记领域。群居动物能够通过化学信息来警告种内其他个体。鼬遇到

危险时，由肛门排出有强烈臭味的气体，它既是报警信息素，又有防御功能。当蚜虫被捕食时，会立即释放报警信息素，通知同类其他个体逃避。

3. 行为信息

动植物的许多特殊行为都可以传递某种信息，这种行为通常被称为行为信息，如蜜蜂的舞蹈行为就是一种行为信息。草原中有一种鸟，当雄鸟发现危险时就会急速起飞，并扇动两翼，给在孵卵的雌鸟发出逃避的信息。

4. 营养信息

营养状况和环境中食物的改变会引起生物在生理、生化和行为上的变化，这种变化所产生的信息称为营养信息，如被捕食者的体重、肥瘦、数量等是捕食者的取食依据。在畜牧业、饲养业上营养信息有很大的作用。若要饲养动物，起始饲养的数量要根据饲料的多少而定；若要在草原放牧，起始放牧的家畜数量更要与牧草生长量、总量相匹配。动物和植物不能直接对营养信息进行反应，通常需要借助其他的信号手段。例如，当生产者的数量减少时，动物就会离开原生活地，去其他食物充足的地方生活，以此来减轻同种群的食物竞争压力。

5. 遗传信息

生态系统是一个丰富的基因库，拥有多样化的遗传信息。遗传信息决定了生物体和细胞的基本结构和功能模式，在很大程度上决定了生物的性状。对于除 RNA 病毒和朊病毒以外的绝大多数生物，遗传信息的基本单位（即基因）是有遗传效应的 DNA 片段，遗传信息传递始于 DNA。在基因通过控制蛋白质合成来控制生物性状的过程中，储存于 DNA 中的遗传信息通过转录传递给 mRNA，再通过翻译传递给蛋白质。在这些蛋白质中，一部分蛋白质是结构蛋白（如膜蛋白、核糖体蛋白、细胞骨架蛋白、组蛋白、血红蛋白等）。遗传信息的传递依赖于生物的反演和多样性的存在。遗传多样性是物种进化的本质，也是人类社会生存和发展的物质基础。"一个基因关系到一个国家的兴衰，一个物种影响一个国家的经济命脉"，已是被无数实例证明了的事实。例如，第一次"绿色革命"和水稻杂交优势的利用，就是发现和利用了矮秆基因和不育基因的结果。

五、生态系统的类型

按人类对生态系统的影响程度来划分，可将生态系统划分为人工生态系统与自然生态系统（图 9-17）。

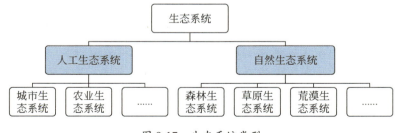

图 9-17　生态系统类型

（一）人工生态系统

人工生态系统是按人类的需求，由人类设计制造建立起来，并受人类活动强烈干预的生态系统，如城市、宇宙飞船、生长箱及人工气候室等，一些用于仿真模拟的生态系统，以及实验室微生态系统等。人工生态系统的主要特征是人在此生态系统中起主导作用，并在很大程度上生物群落已失去自行调控和恢复的能力。这种生态系统一般是一个大的综合体，包括了一系列亚系统的大型生产复合体。只有在人的积极参与下，物质循环才有可能有序地进行。

人工生态系统包括城市生态系统、道路生态系统、农业生态系统、工矿用地生态系统、水族馆系统、宇宙飞船生态系统和实验微生物生态系统等。

（二）自然生态系统

自然生态系统指实际上未受到人类活动影响或轻度影响的生态系统。自然生态系统在结构和功能上协调一致，使废物降至最少。一种有机体产生的废物可以作为另一种有机体的材料和能源，具有自维持、自调控和不断更新的能力。

地球上自然生态系统首先可划分为陆地生态系统和水域生态系统，在陆地生态系统和水域生态系统之间还存在湿地生态系统。陆地生态系统通常包括森林生态系统、草原生态系统、荒漠生态系统统和苔原生态系统等。水域生态系统一般分为海洋生态系统和淡水生态系统。

六、生态系统服务功能

（一）生态系统服务功能类别

在 2002 年联合国发起组织的千年生态系统评估项目（Millennium Ecosystem Assessment，MEA）中，根据生态系统的构成，即根据人类从生态系统中获取的效益，将生态系统服务分为四类：供给功能、调节功能、文化功能以及支持功能（图 9-18）。供给功能是指人类从生态系统获得的各种产品，如食物、燃料、纤维、纯净水以及生物遗传资源等。调节功能是指人类从生态系统过程的调节作用获得的收益，如维持空气质量、调节气候、控制侵蚀、控制人类疾病以及净化水源等。文化功能是指通过丰富精神生活、发展认知、大脑思考、消遣娱乐以及美学欣赏的方式，而使人类从生态系统获得的非物质收益。支持功能是指生态系统生产和支撑其他服务功能的基础功能，如初级生产、制造氧气和形成土壤等。

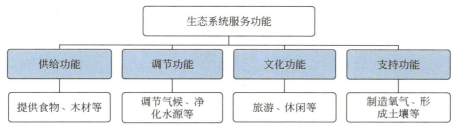

图 9-18　生态系统服务功能

（二）全球生态系统服务功能的区域差异

全球生态系统主要有森林生态系统、草原生态系统、荒漠和苔原生态系统、湿地生态系统、水域生态系统，不同的生态系统有不同的生态服务功能。从图 9-19 不难看出，对应于森林分布区域的生态系统服务功能指数最高，对应于荒漠和苔原分布区域的生态系统服务功能指数最低，其他区域的生态系统服务功能指数介于两者之间。

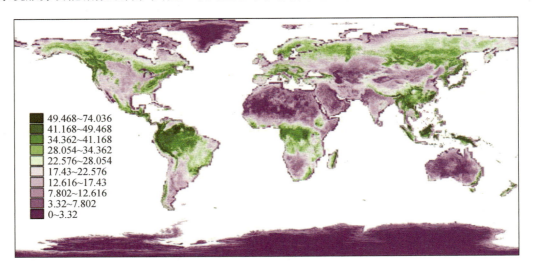

图 9-19　全球生态系统功能指数（Freudenberger et al., 2012）
1km 分辨率和 WGS 1984 投影，绿色为高指数值，紫色为低指数值，值越高说明其生态服务功能越强；使用詹克斯自然断点算法计算

（三）中国生态系统服务功能的空间分布

2008 年，环境保护部与中国科学院制定了《全国生态功能区划》，2015 年修订。《全国生态功能区划》在生态系统调查、生态敏感性与生态系统服务功能评价的基础上，明确其空间分布规律，确定不同区域的生态功能，提出全国生态功能区划方案。根据中国生态系统服务功能类型及其空间分布特征，将全国生态功能区分为 3 个大类、9 个小类（表 9-1），包括生态功能区 242 个，其中生态调节功能区 148 个、产品提供功能区 63 个，人居保障功能区 31 个。

表 9-1　全国功能区划体系

生态功能大类（3 类）	生态功能类型（9 类）	生态功能区举例（242 个）
生态调节	水源涵养	米仓山 - 大巴山水源涵养功能区
	生物多样性保护	小兴安岭生物多样性保护功能区
	土壤保持	陕北黄土丘陵沟壑土壤保持功能区
	防风固沙	科尔沁沙地防风固沙功能区
	洪水调蓄	皖江湿地洪水调蓄功能区

续表

生态功能大类（3类）	生态功能类型（9类）	生态功能区举例（242个）
产品提供	农产品提供	三江平原农产品提供功能区
	林产品提供	小兴安岭山地林产品提供功能区
人居保障	大都市群	长三角大都市群功能区
	重点城镇群	武汉城镇群功能区

地学视野：城市绿地的功能研究

城市绿地系统的作用表现在社会效益、经济效益和生态效益的各个方面，如降温、增湿、固碳释氧、降噪、吸尘、降污染和生物多样性保护等（图9-20）。

图9-20 城市绿地效果图

降温：研究发现，植物叶面的蒸腾作用可以降低气温，改善地表热状况，有效改善城市小气候。随后又有人探究了蒸发效应、空气湿度、绿地面积、气候等因子对绿地降温效应的影响，认为蒸发效应和空气湿度都具明显的降温效应。

增湿：绿地的增湿主要来源于植被冠层的影响。绿地内部和外部的空气湿度相差5%，植被覆盖地相对于非覆盖地有着较好的增湿作用。植被结构复杂、叶面积指数大、郁闭度高的群落结构具有更显著的降温增湿效果。

固碳释氧：绿地通过光合作用每年每公顷平均可固定1.2t左右的CO_2。城市绿地可以改善空气温湿度，进而促进土壤对二氧化碳的吸收。由郊区变为城区，植被固碳放氧能力将下降2/3。

降噪：绿地作为隔音廊道，可降低噪声5～10dB不等。针叶林和具有较大叶片的阔叶林，最大可降低12dB的噪声。绿化带10m内为最佳降噪范围，10～60m为有效降噪范围，60～80m为次级降噪范围。40～60m宽的绿化带可满足绿化带的降噪要求。阔叶植物群落达到声环境功能区环境噪声限值的临界宽度值集中在5～15m范围内。

降污染：关于城区绿地抗污染效应的研究主要集中在降尘和吸收有毒性气体两方面。城区绿地的降尘方式主要是植被枝叶直接吸收空气中的尘埃颗粒，绿地的降尘效果与单位面积上叶片的密度有关，总体呈现为树林、灌木林、草地降尘效果逐渐减小的趋势。

专家学者对城市绿地吸收有毒性气体的研究主要集中在二氧化硫、氯气、氟及氟化氢等大气污染物上。研究表明，阔叶林对二氧化硫的吸收量大于针叶林。常绿植物比落叶植物的抗性更强；大叶榉的绝对吸收能力最强，达 13.66g/kg，是最小吸收能力植物湿地松的 116.65 倍。对 37 种常见园林植物吸收氯气能力的分析表明，吸收能力较好的一般为叶片光滑、小枝无毛的植物，且树木吸收氯气的体积也与植物的科属有关，以蔷薇科最佳。

第四节　典型陆地生物群落

典型的陆地生物群落包括热带雨林、亚热带常绿阔叶林、温带落叶阔叶林、寒温带针叶林和极地苔原等。

一、热带雨林

热带雨林一般是指耐阴、喜雨、喜高温、结构层次不明显、层外植物丰富的乔木植物群落。热带雨林环境水热条件充沛，全年平均气温为 25～30℃，月均温多高于 20℃；降水量高达 2500～4500mm，全年雨量分布均匀，常年湿润，空气相对湿度在 90% 以上。

热带雨林在外貌结构上具有很多独特的特点（图 9-21）：①由于生长环境终年高温潮湿，长得高大茂密，高度一般在 30m 以上，植物种类繁多，大部分是高大乔木；②群落结构复杂，树冠不齐，从林冠到林下树木分为多个层次，彼此套叠，层次过渡不明显；

图 9-21　热带雨林
奚志农摄于海南岛；资料来源：《中国国家地理》

③树干高大挺直，分枝小，树皮色浅而光滑，常具板状根和支柱根；④具有茎花现象（即花生在无叶木质茎上）；⑤木质大藤本和附生植物特别发达，叶面附生某些苔藓、地衣，林下有木本蕨类和大叶草本，高等有花的寄生植物常发育于乔木的根茎上；⑥热带雨林的植物终年生长发育，无明显的季相交替。

热带雨林对区域乃至全球有着十分重要的作用，其作用不仅体现在维护生物多样性和基因库的稳定上，也是天然药物资源库、生态功能的重要载体。热带雨林中的桃花心木、紫檀、肉豆蔻和望天树等树种都是珍稀的木材资源，还分布着亚洲象、野牛、黑长臂猿等珍稀动物。热带雨林不仅是珍稀物种的重要宝库，而且在调节气候方面有着十分重要的作用。热带雨林拥有全球陆地生物量的 69%，雨林的固碳能力是全球森林系统的 2/3，并释放大量的氧气。

热带雨林主要分布在赤道南北纬 5°～10° 以内的热带气候地区。从世界范围来看，热带雨林主要分布于中、南美洲亚马孙河流域，非洲刚果盆地，南亚等地区，中国云南、台湾、海南等地也有分布。

二、亚热带常绿阔叶林

亚热带常绿阔叶林发育在南北纬 25°～35° 湿润的亚热带气候地带，主要由樟科、壳斗科、山茶科、木兰科、金缕梅科等科的常绿阔叶树种组成。其建群种和优势种的叶子相当大，呈椭圆形且革质、表面有厚蜡质层，具光泽，没有茸毛，叶面向着太阳光，能反射光线，所以这类森林又称为"照叶林"。林内最上层的乔木树种，枝端形成的冬芽有芽鳞保护，而林下的植物，由于气候条件较湿润，形成的芽无芽鳞保护。常绿阔叶林群落外貌暗绿，林相比较整齐，树冠呈微波起伏状。群落季相变化远不如落叶阔叶林明显，结构比热带雨林简单，林内几乎没有板状根植物和茎花现象，藤本植物不多，种类较少，附生植物也大为减少。

亚热带常绿阔叶林在我国有着最广泛的分布，约占全国种子植物属数 2/3 以上和种数 1/2（14600 种），是全球亚热带生物多样性的中心。在这里野生动物十分丰富，脊椎动物达 1000 余种，属国家重点保护的动物有大熊猫、金丝猴、华南虎、云豹、金猫、红腹角雉、扭角羚等 80 余种。此外，我国的常绿阔叶林区域盛产桐油、香樟、芳香油等，以及松、杉、柏等优质木材植物资源。常绿阔叶林对维护生物多样性、涵养水源、控制水土流失也有着十分重要的作用，此外，固碳潜力也很大。

三、温带落叶阔叶林

温带落叶阔叶林主要是由杨柳科、桦木科、壳斗科等科的乔木植物组成的森林，它是在温带气候条件下形成的地带性植被。其特点是夏季叶茂，冬季凋落（图 9-22）。群落外貌上一般叶片较薄，无革质硬叶现象，无毛，呈鲜绿色。冬季全部落叶，春季重新长出新叶，夏季形成郁闭林冠，秋季叶片枯黄，季相变化十分明显。树干常有很厚的皮层保护，并有芽鳞或树脂保护冬芽，地面芽植物和地下芽植物比例较高。落叶阔叶林的乔木大多是风媒花植物，花色不美观，只有少数植物进行虫媒传粉，常见的树种有山毛榉、

栎树、椴、桦、赤杨等，并混有若干针叶树种。林中藤本植物不发达，几乎不存在有花的附生植物，其附生植物基本属于苔藓和地衣。

图 9-22 河北塞罕坝温带落叶阔叶林
资料来源：《中国国家地理》

温带落叶阔叶林在结构上层次简单清晰，通常可以分为乔木层、灌木层和草本层 3 个层次。温带落叶阔叶林最主要的分布区是中国和日本，其次在西欧，并向东延伸到俄罗斯欧洲部分的东部。我国的温带落叶阔叶林主要分布在华北和东北沿海地区。由于长期经济活动的影响，目前已基本上无原始林的分布。从现有次生林情况看，各地的落叶阔叶林以栎属落叶树种为主，如辽东栎、蒙古栎、栓皮栎等，此外还有其他落叶树种，如椴属、槭属、桦属、杨属等。

落叶阔叶林为人们提供了丰富的木材资源，在建筑、家具、包装、制浆造纸和人造板工业等方面有广泛用途。各种温带水果品质很好，有着重要的经济价值，如梨、苹果、桃、李、胡桃、柿、枣等都是人们喜欢的水果。落叶阔叶林中有脊椎动物 200 余种，在我国属国家重点保护的动物有金钱豹、猕猴、褐马鸡、斑羚、金雕、红腹锦鸡等。此外，温带落叶阔叶林在涵养水源和保持水土以及调节区域气候方面具有非常重要的意义。

四、寒温带针叶林

寒温带针叶林又称北方针叶林，是寒温带的地带性植被。寒温带针叶林外貌特征十分独特，物种组成单调，多为纯林，不同区域优势种不一，有落叶松、云杉、冷杉、松树等。通常由云杉属和冷杉属树种组成的针叶林，其树冠为圆锥形和尖塔形；而由松属组成的针叶林，其树冠为近圆形；落叶松属形成的森林，其树冠为塔形且稀疏。除落叶松外，其他针叶林都是常绿的，在外貌色泽方面非常单调一致，一般来说冷杉林为暗绿色，云杉为灰绿色，松林为深绿色。由于云杉和冷杉为耐荫树种，组成的群落较郁闭，林内较阴暗，常称为"阴暗针叶林"；而松树和落叶松为喜阳树种，组成的针叶林较稀疏，林内较明亮，则称为"明亮针叶林"。

寒温带针叶林的群落结构十分简单，仅有乔木层、灌木层、草本层和苔藓层四个基本层次。寒温带针叶林位于北半球高纬度地区，分布在欧亚大陆和北美的北部，在地球上构成一条巍巍壮观的针叶林带，约覆盖整个地球陆地表面的11%，是地球上第二大陆地生物群区（仅次于热带森林），不仅是全球重要的木材资源分布区，还是全球气候变化最显著的地区之一。

五、极地苔原

苔原是在极端寒冷的环境条件下发育起来的，是寒带植被的代表。苔原的植物种类组成简单，植物种类的数目通常为 100～200 种，以苔藓、地衣占优势，很少出现散生的灌木或草本植物。群落结构简单，植被稀疏，植物生长缓慢，许多植物在严寒中营养器官不受损伤，有的植物在雪下生长和开花。苔原中通常全为多年生植物，没有一年生植物，并且多数种类为常绿植物。为适应大风，许多种植物矮生，紧贴地面匍匐生长。极地苔原中动物的种类也很少，绝大部分环极地分布。

极地苔原主要分布在欧亚大陆北部和北美洲北部，在寒带针叶林以北的环北冰洋地带，形成了一个大致连续的地带。欧洲和北美西部受暖流影响，苔原带比较狭窄，分布得很靠北；苔原带在亚洲和北美东部要宽阔很多，而且可以向南延伸很远。相比之下，南半球没有大面积的苔原带，只有南美洲最南端的马尔维纳斯（福克兰）群岛、南极洲的最北部少数无冰区有类似苔原的植被。

第五节 生物环境评价与分区

全球生物环境存在区域差异，可以从生物多样性、生态系统生产力等方面进行分区与评价。

一、全球生物多样性评价

（一）生物多样性概念

生物多样性是指生命有机体的种类和变异性及其与环境形成的生态复合体以及与此相关的各种生态过程的总和，包括动物、植物、微生物和它们所拥有的基因以及它们与其生存环境形成的复杂的生态系统和自然景观。生物多样性是一个内涵十分广泛的重要概念，一般认为其包括遗传多样性、物种多样性、生态系统多样性和景观多样性四个层次。

（二）生物多样性评估方法

生物多样性评价是利用生物多样性指数对特定区域不同尺度生物多样性的历史、现状与未来变化及其驱动力、压力、影响、响应等状况进行的识别和量化评估过程。

指标评估、模型模拟和情景分析是生物多样性评估中常用的三种方法，三者侧重

点不同。其中，指标评估主要用于回答什么在变化，变化趋势如何（表 9-2）；模型模拟主要用于回答为什么变化，其原因是什么；情景分析主要回答该怎么做，未来有什么选择。在具体应用中，三者往往相互关联，可共同用于解决生物多样性评估中的复杂问题。

表 9-2　生物多样性状况的分级（朱京海等，2008）

生物多样性等级	生物多样性指数	生物多样性状况
优	B1 ≥ 65	物种高度丰富，特有属、种繁多，生态系统丰富多样
良	40 ≤ B1 < 65	物种较丰富，特有属、种较多，生态系统类型较多，局部地区生物多样性高度丰富
一般	30 ≤ B1 < 40	物种较少，特有属、种不多，局部地区生物多样性较丰富，但生物多样性总体水平一般
差	B1 < 30	物种贫乏，生态系统类型单一、脆弱，生物多样性极低

（三）全球生态系统生物多样性变化

1. 生物多样性时间变化

工业革命以来，伴随着人类社会的飞速发展，地球系统的生物地球化学循环也在不断加速，土地利用/覆盖已发生了巨大变化，大量的工业污染物和有害废弃物累积于大气、水体、土壤和生物圈中。同时，这些变化会伴随着全球化进程逐渐扩展到更大的空间范围，从而诱发全球变化的正反馈效应，主要包括全球变暖、降水格局变化、大气 CO_2 浓度升高、氮沉降增加、大气气溶胶增加、臭氧空洞出现等。所有这些变化正逐渐接近并有可能超出地球系统的正常承载阈值，导致全球生物多样性的损坏。

研究显示，地球生命力指数（LPI）在 1970～2010 年下降了 52%（图 9-23）。陆地物种在 1970～2010 年减少了 39%，而且这一下降趋势未显现出减缓的迹象。栖息地丧失，尤其是用作农业、城市开发和能源生产用途，依然是生物的主要威胁。淡水物种地球生命力指数平均下降 76%。淡水物种面临的主要威胁是栖息地的丧失和破碎化、污染及物种入侵。水位和淡水生态系统连通性的变化、灌溉和水电站大坝引起的变化，也会对淡水栖息地产生重大影响。海洋物种在 1970～2010 年减少了 39%，其中在 1970 年至 20 世纪 80 年代中叶的这段时期里降幅最大，此后趋于稳定，直至最近再次出现了一个下降期，热带地区和南大洋的降幅最为显著，呈下降趋势的物种包括海龟、鲨鱼和大型迁徙水鸟。例如，1970～2010 年，温带地区地球生命力指数中的 1606 个物种 6569 个种群下降了 36%。热带地球生命力指数显示 1638 个物种 3811 个种群同期减少了 56%。拉丁美洲下降最为明显——降幅达 83%。联合国粮食及农业组织估计，28% 的海洋鱼群被过度捕捞。

随着人类活动的加剧，海洋生态系统生物多样性受到破坏，过量营养物质在海洋中的积累使水中氧气大量消耗，造成越来越多的"死亡地带"（图 9-24）。

据 Heywood 等的资料，全球有 1300 万～ 1400 万个物种，其中经科学家鉴定描述过的物种约有 175 万种。近 200 ～ 300 年来，物种消亡速率正在加快，全世界平均每天有 1 ～ 3 个物种消失，近年来已发展到每小时就有 1 种生物从地球上消失。例如，美国 19 世纪末统计的 7000 多个苹果树品种中，现已有 6000 种不复存在。得克萨斯大学的一份研究报告预测，地球上 30%～ 70% 的植物将在今后 100 年内消失。

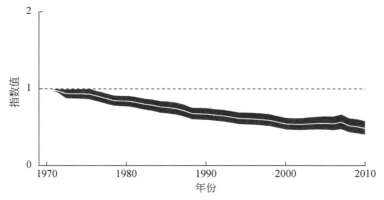

图 9-23　地球生命力指数在 1970 ～ 2010 年的变化情况（陈成忠等，2016）

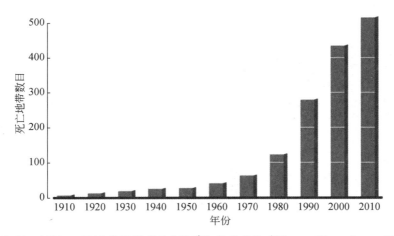

图 9-24　1910 ～ 2010 年沿海"死亡地带"数目变化（Diaz and Rosenberg，2008）

2. 全球生物多样性空间变化

生物多样性在地球上的分布是不均匀的。这主要是因为水热条件分布的差异和不同物种对生境适应范围大小不同。物种总数的一半存在于仅占陆地表面积 7% 的热带雨林（表 9-3），包括世界上 50% 以上的昆虫和节肢动物，30% 以上的鸟类，16 万种以上的植物等。热带雨林中至少生存着 10 多万种维管植物，整个温带仅有 5 万种有花植物。若世界物种总数为 500 万种，拉丁美洲的热带森林可能保存着 100 万种动植物；南亚和东亚大约有 75 万种；非洲大约有 33 万种。

表 9-3　世界生物总种类的地理分布

地带类型	确定物种		估计物种	
	种数	比例 /%	种数	比例 /%
北半球北部地区	100000	5.88	100000	2.00
温带	1000000	58.82	1200000	24.00
热带	600000	35.30	3700000	74.00
全球	1700000	100.00	5000000	100.00

资料来源：UNEP，WCMC. National Biodiversity Index.

　　就生物多样性的区域分布来看，差异很大。在厄瓜多尔西部 1.7km² 的里奥帕伦克研究站中竟发现 1025 种植物，这是迄今为止已记载的生物物种多样性（丰富度）最高的地区。夏威夷的 2400 多种开花植物及其变种中，97% 是当地特有种。地中海气候区，是特有种很高的生态学局部区。多样性低的地区如冻原、荒漠等，1km² 仅几十个种。

　　从国家来看，位于或部分位于热带、亚热带地区的少数国家拥有全世界最高比例的物种多样性，包括巴西、哥伦比亚、厄瓜多尔、秘鲁、墨西哥、刚果（金）、马达加斯加、澳大利亚、中国、印度、印度尼西亚、马来西亚等（图 9-25）。

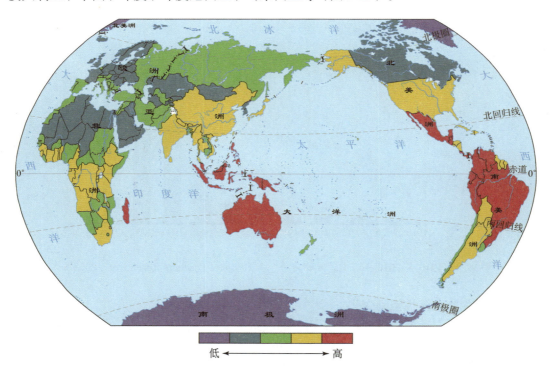

图 9-25　世界各国生物多样性水平（Freudenberger et al., 2012）

　　全球生物多样性不仅分布上差异很大，而且某些地区生物多样性的损失十分严重。以热带森林为例，据研究，人类砍伐的速率正在加快，保守估计科特迪瓦的森林消失率为每年 6.5%，全部热带雨林国家年均为 0.6%（约 730 万 hm²）。按照这样的趋势，地球上的热带雨林再过几十年就会消失。所有郁闭的热带森林将在 177 年内砍伐殆尽。生物多样性是地球生命经过近 40 亿年进化的结果，生物多样性的丧失将会威胁到人类的生存。

（四）中国生态系统生物多样性

我国幅员辽阔，地势起伏显著，河流湖泊众多，海岸曲折绵长，岛屿星罗棋布，地貌类型复杂，横跨多个气候带，造就了丰富的生物多样性，使我国成为世界上生物多样性最为丰富的 12 个国家之一。我国高等植物大概有 3.5 万种，其中 1.5 万多种植物是中国特有的。陆栖脊椎动物 1800 多种，其中爬行类 300 多种，鸟类 1100 多种，兽类 400 多种，占世界陆栖脊椎动物种类的 10%。淡水鱼已见记载的有近 600 种，海产鱼有 1500 多种，占世界鱼类种数的 10% 左右。此外，还有许多世界特有的珍稀动植物，如动物中的大熊猫、朱鹮、金丝猴、白头叶猴、羚羊、黑颈鹤、扬子鳄、白鳍豚等，植物中的银杉、人参、银杏、红豆杉、木棉、苏铁、金花茶、水杉、珙桐等。

在亚洲，中国维管束植物、哺乳动物、鸟类、两栖类、爬行类、鱼类及凤尾蝶类物种最为丰富。中国的物种数量约占世界物种总数的 10%（表 9-4）。其中，哺乳动物占有种数为世界第 5 位，鸟类为世界第 6 位，两栖类为世界第 6 位，种子植物居世界第 3 位。

表 9-4 中国已知各类群种数及占世界已知种的百分比

类群	中国已知种数	占世界已知种数的百分比 /%
哺乳动物	499	11.9
鸟类	1371	13.7
爬行类	376	5.9
两栖类	279	7.4
鱼类	2804	13.1
昆虫	40000	5.3
高等植物	30000	10.5
真菌	8000	11.6
细菌	500	16.7
病毒	400	8.0
藻类	5000	12.5

资料来源：《中国生物多样性国情研究报告》（1998）。

由于气候变化等自然原因和历史上滥伐森林、毁草开荒、乱捕滥猎、环境污染等人为破坏，我国生物多样性呈现降低趋势。目前，我国生物多样性丧失的趋势还没有得到有效的控制，自然生态环境形势依然严峻（表 9-5）。

表 9-5　中国脊椎动物特有和受威胁的种数统计

类别	中国已知种数	受威胁物种数		特有物种数		特有种中受威胁物种数	
		种数	比例 /%	种数	比例 /%	种数	比例 /%
哺乳纲	581	134	23.06	110	18.93	22	20.00
鸟纲	1244	182	14.63	98	7.88	22	22.45
爬行纲	376	17	4.52	25	6.65	2	8.00
两栖纲	284	7	2.46	30	10.56	3	10.00
鱼纲	3862	93	2.41	404	10.46	6	1.49
总计	6347	433	6.82	667	10.51	55	8.25

资料来源：《中国生物多样性国情研究报告》（1998）。

从区域上看，我国温带地区估计有 10% 的植物正处于濒危或临近濒危，而热带与亚热带地区的濒危数量更多。

万本太等根据生物多样性指数和评价分级，得出：云南、四川、广西物种高度丰富；吉林、内蒙古、上海、辽宁、宁夏、青海、江苏、黑龙江、天津物种贫乏，生态系统类型单一、脆弱，生物多样性较差。

二、生态系统生产力评价

生态系统生产力是指生态系统的生物生产能力。通常可分为初级生产力和次级生产力。初级生产力是指在单位时间、单位面积内初级生产者（包括绿色植物和数量很少的自养生物）所生产的干物质或积累的能量，即初级生产速率。次级生产力是消费者和还原者利用初级生产产物构建自身能量和物质的速率。净初级生产力是指植物光合作用所固定的光合产物中扣除植物自身的呼吸消耗部分。

1. 生态系统生产力评估方法

生态系统生产力的评估主要是初级生产力的评估。初级生产力的测定方法很多，常用的方法主要有收获量测定法、氧气测定法、二氧化碳测定法、叶绿素测定法、放射性同位素测定法，此外，还有原料消耗量测定法、遥感法等。

2. 全球生态系统生产力变化

全球每年的净初级生产量约为 1700.4 亿 t 干物质，其中，陆地净初级生产量大约为 1151.6 亿 t/a 干物质，约占 2/3，而海洋的净初级生产量大约为 548.8 亿 t/a 干物质，约占 1/3。净初级生产力在地球上的分布是很不均匀的。在陆地生态系统中，按净初级生产力大小排序分别为：热带雨林、沼泽与湿地、热带季雨林、亚热带常绿林、温带落叶阔叶林、热带稀树草原、北方针叶林、疏林及灌丛、耕地、温带禾草草原、湖泊与河流、苔原及高山植被、荒漠与半荒漠、石块地及冰雪地；海洋生态系统中净初级生产力大小排序结果为珊瑚礁及藻类养殖场、河口、潮汐海潮区、大陆架、外海（表9-6）。

表9-6　地球上各类生态系统的净初级生产力和生产量

生态系统类型	面积 /10^6km^2	占地球表面积百分比 /%	净初级生产力 /[g/(m$^2 \cdot$a)]		全世界净初级生产量 /(10^9t/a)
			范围	平均	
热带雨林	17.0	3.3	1000～3500	2200.0	37.40
热带季雨林	7.5	1.5	1000～2500	1600.0	12.00
亚热带常绿林	5.0	1.0	600～2500	1300.0	6.50
温带落叶阔叶林	7.0	1.4	600～2500	1200.0	8.40
北方针叶林	12.0	2.4	400～2000	800.0	9.60
疏林及灌丛	8.5	1.7	250～1200	700.0	5.95
热带稀树草原	15.0	2.9	200～2000	900.0	13.50
温带禾草草原	9.0	1.8	200～1500	600.0	5.40
苔原及高山植被	8.0	1.6	10～400	140.0	1.12
荒漠与半荒漠	18.0	3.5	10～250	90.0	1.62
石块地及冰雪地	24.0	4.7	0～10	3.0	0.07
耕地	14.0	2.7	100～3500	650.0	9.10
沼泽与湿地	2.0	0.4	800～3500	2000.0	4.00
湖泊与河流	2.0	0.4	100～1500	250.0	0.50
陆地总计	149.0	29.3		773.0	115.16
外海	332.0	65.1	2～400	125.0	41.50
潮汐海潮区	0.4	0.1	4000～10000	500.0	0.20
大陆架	26.6	5.2	200～600	360.0	9.58
珊瑚礁及藻类养殖场	0.6	0.1	500～4000	2500.0	1.50
河口	1.4	0.3	200～3500	1500.0	2.10
海洋总计	361.0	70.8		152.0	54.88
地球总计	510.0	100.0		333.0	170.04

资料来源：Lieth and Whittaker，1975。

不难看出，全球生态系统生产力空间分布有三个特点：全球陆地比水域的初级生产力大；陆地上初级生产力，热带雨林最大，而荒漠、苔原、冰原最小；海洋中初级生产力有由河口湾向大陆架和大洋区逐渐降低的趋势。

地学视野：国际生物多样性计划

国际生物多样性计划（An International Programme of Biodiversity Science，DIVERSITAS）是生物多样性科学研究领域内最有影响力的国际项目。自 1991 年建立以来，它的发展主要经历了两个阶段：第一阶段，使生物多样性问题在全球范围内受到关注，从科学上不断推动生物多样性研究在全球范围内的开展；第二阶段，与全球变化相联系，使生物多样性研究成为全球变化研究的一部分，与其他三个相关的国际计划一起形成地球系统科学联盟（Earth System Science Partnership，ESSP）。

DIVERSITAS 最早的组织者是国际生物科学联合会（International Union of Biological Sciences，IUBS）、国际科学联合会环境问题科学委员会（Scientific Committee on Problems of the Environment，SCOPE）和联合国教育、科学及文化组织（United Nations Educational，Scientific and Cultural Organization，UNESCO）。其后，该计划又增加了国际微生物学学会联盟（International Union of Microbiology Societies，IUMS）、国际科学理事会（International Council for Science，ICSU）。DIVERSITAS 的研究目标已经过多次修改，在 2003 年确定了生物发现（bioDISCOVERY）、生态系统服务（ecoSERVICES）、生物可持续性（bioSUSTAINABILITY）3 个核心研究计划（图 9-26）。

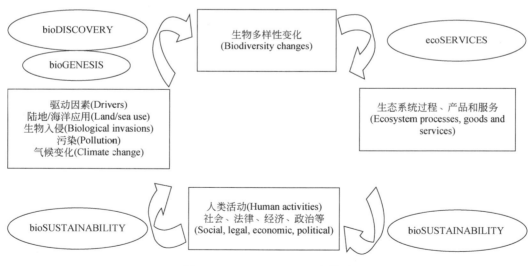

图 9-26　DIVERSITAS 研究计划

生物发现研究计划，关注生物多样性的变化，并研究它们是怎样变化的和什么机制导致了它们的变化。该研究计划的焦点主要有 3 个：评价目前的生物多样性；

监测生物多样性的变化；认知和预测生物多样性的变化。

生态系统服务研究计划，研究生物多样性变化是如何影响生态系统功能及其服务的。该研究计划的焦点主要有：生物多样性与生态系统服务功能的关系；生态系统功能与生态系统服务的关联性；生态系统服务功能变化的人类响应。

生物可持续性计划，其重点是认识个人、商业部门以及政府部门当前所采取的行动是如何威胁生物多样性的。其主要目标是确定科学知识间存在的差距，深入理解如何保护和可持续地利用生物多样性，并形成与政策相关的新知识。

第六节　人类对生物圈的影响

生物圈是人类生存的基础，而人类活动也对生物圈产生影响，引起生物圈物质循环、能量流动的改变。

一、全球变暖对生物圈的影响

自工业革命以来，人类活动导致的二氧化碳等温室气体排放量剧增。当大气中二氧化碳等温室气体含量增加后，更多的热量被截留在大气层内，导致地球气温增高。联合国政府间气候变化专门委员会（IPCC）于 2023 年发布的第六次评估报告指出，工业革命以来全球地表平均温度升高了 1.1℃。全球变暖会引起冰雪融化、冻土消融、海平面上升、极端天气频发等，将会对全球的自然生态系统产生重要影响。

（一）对植被生产力和农业生产的影响

1. 全球变暖对植物生产力的影响

对大气二氧化碳季节性波动的研究所提供的间接证据表明：自 20 世纪 70 年代中期以来整个生物圈的生产力以及呼吸和分解均提高了 10% ~ 20%，其程度随纬度增高而上升。气候的时空分布异质性与物种、生态系统及地形地貌的异质性相结合共同导致了生物与环境相互作用的复杂性，温度和生长季长度是制约高纬度和高海拔地区植物生产力的主要因素。全球变暖使这类地区温度升高、生长季延长，这将有助于这些地区的植物提高生产力。例如，北方针叶林就有可能因此提高生产力。但温度的升高也会导致生物呼吸和分解强度的增大，从而导致低纬度地区生态系统生产力下降。数据显示，温度的小幅增加将会导致 21 世纪前 50 年间温带以及高纬度地区植物平均生物量增加，而半干旱和热带地区植物平均生物量则呈现减少的趋势。

2. 全球变暖对农业生产的影响

气温和降水的变化影响植物光合作用、呼吸作用和土壤有机碳的分解，从而导致农作物的种类、种植结构、生长周期、分布格局及生产力发生变化。Reilly 等进行 20 世纪 30 年代和 90 年代美国农业受气候变化影响的对比分析结果显示，尽管美国南部农业产量有可能下降，但气候变化整体上有利于美国作物产量的提高。

全球变暖对中国种植制度可能会产生两种影响：一是作物种植界限北移，变化区域内复种指数提高；二是作物品种由早熟向中晚熟发展，作物单产有所增加。模拟气候变化对

小麦生产影响的分析表明，气候变暖将使中国东北和西北地区的小麦种植面积呈现扩大趋势，而且冬小麦种植区呈现向北和向西扩展趋势。但对中国南部和中部的小麦种植具有负面影响。CO_2 增加和温度升高虽然有益于中国北方小麦生长，但对春小麦和南方冬小麦具有负面影响；同时，在足够湿润的条件下，气候变暖将会使得黄淮海和北方地区玉米增产、东北大豆受益、北方地区棉花增产、南方棉花减产，另外，柑橘和茶叶也会受益。

目前在绝大部分有关气候变化对农业影响的研究过程中，主要侧重于气温和 CO_2 浓度等单一要素变化对作物生长发育和产量形成的影响，缺乏对降水量变化的精细考虑，而且对未来预测的大多数研究结论，均基于存在着一定不确定性的IPCC气候情景模型。因此，气候变化对农业影响的定量研究中包含诸多的不确定性。

（二）对生物多样性的影响

1. 温度升高对生物多样性的影响

全球变暖使陆地气候带发生迁移，相对滞后的生物地带迁移容易使物种的种群大小及生态系统的物种组成发生较大变化，导致部分种群的灭绝甚至引发生态系统的退化与消失。地质史上气候波动的周期远比现在生物经历的气温升高时间长，所以生物有适应变化的足够时间，而短期的气温升高会使适应性差的物种由于难耐"高温"而死亡、灭绝。同时，全球变暖导致的海水表面温度升高也引起了生物多样性的减少。1951～1993年，加利福尼亚南部海岸带动物性浮游生物的密度减少了80%，同期海水温度升高了 1.2～1.6℃。热带浅海区珊瑚礁"白化"也是水温升高而导致藻类死亡，进而使珊瑚虫死亡。

2. 海平面上升对生物多样性的影响

全球变暖导致大陆冰川和极冰融化，海水膨胀，致使过去100年里全球海平面上升了 10～25cm。到2100年若气温升高 1～3.5℃，全球海平面将上升 15～95cm。海平面升高首先要淹没沿海低平地，迫使生物向新的生境迁移，物种的灭绝很容易发生。目前，全球沿海红树林等湿地已遭到很大破坏，物种多样性随之减少。另外，海平面上升引发的盐水入侵现象也使生境发生改变，引发物种迁移或灭绝现象。

3. 干旱化对生物多样性的影响

全球变暖导致局部地区干旱化趋势明显。干旱化伴随人类的不合理开发利用，目前全球荒漠化土地面积占陆地面积的 25%。由于水分缺乏和土壤肥力下降，植物生产力降低，能供养的动物数量锐减，许多个体由于饥饿而死亡，而个别物种的灭绝在脆弱的生态系统中又极易导致连锁性的灭绝事件发生。

4. 物种生境变化

由于不同物种有其独特的生态位，当环境条件（如温度）发生持续性变化时，各物种将根据其特征生态位在生长发育和繁殖上进行调节和适应。其结果是生态系统内各种群在其大小和作用上发生重组。重组有可能使那些在新环境下竞争力弱的物种遭到淘汰，从而使该生态系统的物种多样性降低。就整个生物圈而言，由环境变化所导致的物种的重组、丧失和增加取决于环境变化的强度、时空分布、各物种的脆弱性和适应性。其中环境变化的速率可能起着至关重要的作用。如果环境变化的速度超过物种适应和变异的速度，很可能导致物种的丧失和多样性的下降。

案例分析：森林碳汇在抑制温室效应中的作用

自工业革命以来，全球煤炭、石油、天然气等矿物能源的大量开采和使用，使排放到大气中的 CO_2、CH_4 等气体大大增加，打破了地球在宇宙中的吸热和散热的平衡状态，导致全球变暖。

森林是陆地最大的储碳库，据统计，全球陆地生态系统中约储存碳 2.48 万亿 t，其中 1.15 万亿 t 储存在森林生态系统中。全球的 38 亿 hm^2 森林构筑了维持地球碳平衡的重要基础，同时，森林又是最经济的吸碳器，森林通过光合作用吸收二氧化碳，放出氧气，把大气中的二氧化碳以生物量的形式固定下来。森林通过参与全球碳循环，对全球性的气候变化产生重大影响。

20 世纪 90 年代初，关于陆地森林生态系统碳循环的研究取得了重大突破。Goodale 等计算北半球森林碳汇时发现：20 世纪 90 年代初，北部森林和林地每年的碳汇量为 0.6～0.7Pg C，其中有 0.21Pg C 分布于生物质中，0.13Pg C 储存在凋落物和土壤有机质中。

Fang 等研究发现：中国森林碳汇量由 20 世纪 70 年代末的 4.38Pg C 增加到 1998 年的 4.75Pg C，平均每年的增长率为 0.021Pg C。Pan 等的研究指出：1990～2007 年，全球森林每年净吸收大气中的 CO_2 达（2.4±0.4）Pg C，并且发现 1990～2007 年，中国森林的碳汇量增加了 34%，主要是由于过去几十年密集的国家造林计划的开展，通过新增森林面积从而增加了碳汇量。

森林系统是应对气候变化的一个关键因素，增加森林碳汇能力与降低二氧化碳排放是减缓气候变化的两个同等重要的方面。森林在碳汇中发挥着不可替代的作用。通过采取有力措施，如造林、恢复被毁生态系统、建立农林复合系统、加强森林可持续管理等，可以增强陆地碳吸收量（图 9-27）。

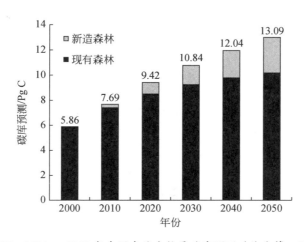

图 9-27　2000～2050 年中国森林生物量碳库预测（徐冰等，2010）

二、环境污染对生物圈的影响

环境污染是指人类活动使环境要素或其状态发生变化，环境质量恶化，扰乱和破坏了生态系统的稳定性及人类的正常生活条件的现象。

（一）氮磷污染与水体富营养化

富营养化的主要指标有营养因子、环境因子和生物因子三类，其中营养因子是富营养化的根本原因，而在营养因子中，氮、磷对水的富营养化起关键性作用。普遍认为氮磷比与富营养化有重要的关系。

氮元素一般与水生生物体内的有机物质有关，有机体死亡时，含氮的有机物质部分被矿质化，然后进入水体深层，或集聚在水底沉积物中。有一部分有机物质参加循环，从而改变了水域中水生生物群落的营养水平。植物细胞里的磷直接参加光合作用和呼吸、酶系统的活性化、能量转化，以及氮、碳水化合物和脂类化合物的交换等过程。藻类多半利用以磷酸盐、磷酸氢盐和磷酸二氢盐等形式溶解的磷，但也可吸收有机磷化合物。

目前全球范围内人为大量施用氮肥，使排入大气中的 N_2O 不断增多，施用氮肥的农田排出的地面径流，以及城市和农村的生活污水，把大量的氮排入河流、湖泊和海洋。随着工业生产的快速发展，人们生活水平的显著提高，生活污水中氮、磷含量增高，农业上含磷肥料大量使用，过度的磷元素通过雨水冲淋、农业排水和地表径流的方式大量进入水体，不仅加速了陆地上的磷向水体流失的趋势，同时加剧了水体富营养化的过程。当水体中磷的浓度达到一定浓度时，便会引起藻类迅速生长，使水体失去渔业、旅游业价值，也不再适合作为饮用水源供水。例如，我国的主要湖泊太湖、滇池和巢湖目前富营养化现象严重，我国近海每年发生赤潮的次数也呈跳跃式增长。

（二）重金属污染

重金属指的是元素周期表中密度大于 5 的金属，共包括 38 种元素，常见的有 Cr、Cu、Cd、Co、Fe、Hg 等元素。以生物化学特征为标准可分为两类：一类是对作物和人体都是有害的，如 Cd 等；另一类是常量下对作物和人体均为营养元素，过量则出现危害，如 Cu 等。

1887 年，日本栃木县曾经发生了足尾铜山公害事件，铜矿开采引起数千公顷土壤和作物受害，造成农作物严重减产，现在矿山周围已变成不毛之地；1955 年，日本富山县的镉米，使数千人得了"骨痛病"。1997 年美国蒙大拿州的两个农业区也由于镉污染，使当地的小麦不能食用。

重金属循环主要是重金属通过大气沉降、施肥利用、"三废"利用以及作物吸收等进入土壤和水体中，进入土壤的重金属部分通过矿化作用等成为土壤矿物质，部分通过淋洗或地表径流等进入水体，其余部分被植物吸收进入食物链循环。

三、外来物种入侵的影响

外来物种是指那些借助人为作用而越过不可自然逾越的空间障碍，在新栖息地生长繁殖并建立稳定种群的物种。如果外来种以任何方式传入其原产地以外的国家或地区，并且在那些区域定殖、建立自然种群、扩展并产生一定影响，我们把这种过程或现象称为生物入侵。此时，这些外来种被称为入侵种。生物入侵往往能造成许多负面影响，如经济损失、人畜健康被损害、生态系统的结构和功能的改变、生物多样性丧失等。外来物种成功入侵是其本身的生物学特性、被入侵生境的可入侵性或敏感性及两者相互作用的结果，一旦外来物种入侵成功，根除和控制其发展会变得极其困难。

中国是农业大国，人口基数大，生产强度高，而且中国的经济活动给外来物种的传入以及散布创造了极为有利的条件。再者从自然环境角度来看，中国辽阔的地域、复杂的气候条件以及生态系统的多样性使得外来物种极容易在我国定居。近年来中国经济的高速发展，世界各国和地区的物品和人员交流不断增多，进一步加剧了外来种入侵中国的数量和频率（图9-28）。

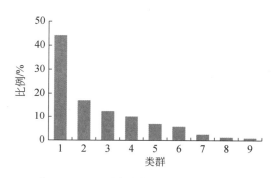

图9-28　中国入侵物种各类群的比例（万方浩等，2009）

1.陆生植物；2.陆生无脊椎动物；3.微生物；4.水生无脊椎动物；5.水生植物；6.鱼类；7.哺乳类；8.两栖爬行类；9.鸟类

（一）入侵途径

生物入侵途径一般分为两种：自然途径以及人为途径。自然途径，即非人为因素引起的外来生物入侵。外来植物借助根系和种子通过风力、水流、气流等自然传入。与椰子或木材之类的自然漂浮物相比，海洋生物更喜欢附在塑料容器等不易被降解的垃圾上漂浮，借助这些载体，它们几乎可以漂浮到世界的任何地方。外来动物可以通过水流、气流长途迁移，如海洋生物随海洋垃圾的漂移传入。微生物可以随禽兽鱼类动物的迁移传入，如一些细菌和病毒可以通过疾病传染。中国95%以上的入侵种是人为引入或带入的。有意引入包括植物引种、动物引种、为食用目的引入、作为宠物引入，以及植物园、动物园、野生动物园的引入。随着经济的发展以及对外贸易规模的扩大，人类的贸易、运输、旅行等活动无意识地引进许多外来物种。无意传入包括以下几种方式：随人类交通工具带入，如由火车从朝鲜传入我国的豚草，多生长于铁路和公路两侧；随国际农产品和货物带入，如随苗木传入我国的林业害虫，如美国白蛾、松突圆蚧、日本松干蚧、蔗扁蛾等；我国进口农产品的供给国多、渠道广、品种杂、数量大，带来有害杂草籽的概率高；随进口货物包装材料带入，松材线虫就是一种可随木质包装传播的二类检疫性有害生物，曾多次从进口木材上被截获；由旅游者带入，如2012年3月，重庆航空口

岸在自卡塔尔多哈进境旅客携带的凤梨释迦（番荔枝）中截获 49 只国际公认最具破坏性的果蔬害虫——地中海实蝇；通过船舶压舱水带入，如我国沿岸海域有害赤潮生物有 16 种左右，其中部分是通过压舱水等途径在各沿岸海域传播的。

（二）防治措施

外来种入侵管理应以预防为主。实现全面检疫，阻止外来种的偶然入侵；采取全面的生态评估和监测，防范引进品种的入侵。本着防患于未然的原则，及早建立外来生物入侵早期预警系统。该预警系统包括建立国家外来入侵生物生态安全预警名录，中国外来入侵生物数据库，外来生物的跟踪监测子系统，外来生物的检验与检疫子系统，外来生物的经济与环境影响综合评价子系统，外来生物入侵预警决策子系统，外来生物入侵信息上报和网络通信子系统，以及外来生物入侵应急预案等。查清现有入侵物种种类及危害情况。保守统计，在我国大部分范围内，中国的入侵物种有 488 种，其中植物 265 种，动物 171 种，菌类微生物 26 种。同时应加强对入侵物种利用价值的研究，使其变废为宝，扭转被动局面，这有利于对已经发生的灾害进行控制。在制度上尽快出台相关法律法规，明确农业、林业、环境保护、质量检验检疫等有关主管部门的责任和权利，协调解决外来入侵生物管理工作中的重大问题。还要提高公众安全意识。由于我国公民绝大部分对外来入侵生物的危害没有足够的认识，所以将外来入侵生物的有关内容纳入国民教育体系，并充分利用各种传播媒体开展外来入侵生物防治的宣传，普及外来入侵生物管理的科学知识，提高公民生态安全意识，减少外来生物的无意识入侵。

案例分析：生物圈二号实验计划失败的启示

生物圈二号实验计划是在 20 世纪 90 年代初实施的科学研究项目。该实验计划目的是研究人类如何能够在一个与世隔绝的全封闭的环境中生存。科学家希望通过人在这个系统中能实现长期自给自足的生活，从而为人类开发太空建立生存模型、探讨人与生物间的关系、实现可持续发展等提供依据。

生物圈二号（区别于地球的生物圈）实质上是一个微型的人造生物世界，是一个极其庞大的钢和玻璃结构的温室（图 9-29），坐落于美国西部亚利桑那州沙漠地区。这个庞大的科学工程从 1986 年设计，次年动工，至 1991 年完工，占地 $1.28 hm^2$，共耗资 1.5 亿美元。它采用了全封闭的钢筋与玻璃结构，仅有阳光、电和信息与外界相通。生物圈二号实验引入了人与 3800 多种生物，包括鸡、羊、猪、鱼等各种常见动物，有益的昆虫和微生物，布置成森林生态系统、草原生态系统、海洋生态系统、沼泽生态系统、沙漠生态系统、农田生态系统，还有供研究和生活用的楼房和人造风雨设施。它的运转原理是模拟地球生态系统中能量流动和物质循环的原理。1991～1993 年，经过严格筛选，由 8 位科学家组成的探险队首次进行了为期两年的全封闭住人实验；1994 年上半年又进行了半年的封闭实验。在封闭实验阶段，探险队的主要工作是对生物圈二号这个完全由人工制造的生态系统进行维持和操作，并进行各种科学实验。但是仅仅过了 18 个月，生物圈二号系统就严重失去平衡，氧气浓度从21%降至14%。二氧化碳浓度升高后导致了疲劳和失眠，以致有两位科学家不得不依靠氧气筒睡觉。后来为了完成原定的两年实验，只好输入氧气。刚开始时，科学家们每天还可以到"海洋"中去畅游一番，但海水富营养化后形成的赤潮使人望而生畏。虽然采取种种措施加以补救，但原有25种小动物中的19种灭绝。为植物传播花粉的昆虫也全部死亡，使得植物无法繁殖。这样一来，这些科学家们实在待不下去了，一个个病快快地出来了。随后，科学家们又组织了两次封闭住人实验，但均以失败告终，目前生物圈二号在进行了两年半的封闭住人实验后，转入全球变化生态学研究。

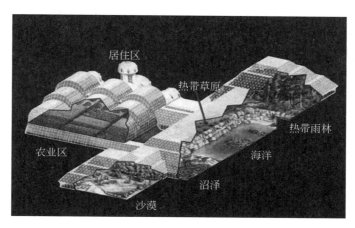

图 9-29　生物圈二号设计图

生物圈二号实验计划的失败给人们的启示是：在现有技术条件下，人类还无法模拟出一个类似地球可供人类生存的生态环境。地球的美丽环境是几十亿年演化形成的，地球上生态系统内的生物间关系很复杂，人类还未能全面了解生物间的相互关系。地球的命运与人类的命运紧密地联系在一起，即使用最好的生态学知识，用最新的现代高新技术，用最充足的资金做后盾，营造像地球那样完美的人工生态系统也是十分困难甚至是不可能的。在茫茫宇宙中，地球是人类唯一的家园，它不是实验室，人们模仿不了，只有善待和保护她，才是唯一正确的选择。

主要参考及推荐阅读文献

曹铭昌，乐志芳，雷军成，等 . 2013. 全球生物多样性评估方法及研究进展 . 生态与农村环境学报，29（1）：8-16.

陈成忠，葛绪广，孙琳，等 . 2016. 物种急剧丧失·生态严重超载·跨越"地球边界"·区域公平失衡 . "一个地球"生活 . 生态学报，36（9）：2779-2785.

陈灵芝 . 1993. 中国的生物多样性现状及其保护对策 . 北京：科学出版社 .

方家松，张利 . 2011. 探索深部生物圈 . 中国科学（地球科学），41（6）：750-759.

傅伯杰 . 2013. 生态系统服务与生态安全 . 北京：高等教育出版社 .

龚文娟，姜凌霄 . 2016. 我国生物多样性保护的发展现状研究及对策 . 资源节约与环保，（9）：238.

赫钦逊 G.E. 等.1974.生物圈.华北农业大学植物生理教研组,译.北京:科学出版社.

侯学煜.1988.中国植被地理.北京:科学出版社.

鞠瑞亭,李慧,石正人,等.2012.近十年中国生物入侵研究进展.生物多样性,20(5):581-611.

阚祝林.2011.森林碳汇——林业发展的新趋势.上海农业科技,(4):76-77.

廖亮林,周蕾,王绍强,等.2016.2005～2013年中国新增造林植被生物量碳库固碳潜力分析.地理学报,
71(11):1939-1947.

刘晓红,李校,彭志杰.2008.生物多样性计算方法的探讨.河北林果研究,23(2):166-168.

马明哲,中国珍,熊高明,等.2017.神农架自然遗产地植被垂直带谱的特点和代表性.植物生态学报,
41:1127-1139.

欧阳志云,王效科,苗鸿.1999.中国陆地生态系统服务功能及其生态经济价值的初步研究.生态学报,
19(5):607-613.

桑卫国,马克平,陈灵芝.2002.暖温带落叶阔叶林碳循环的初步估算.植物生态学报,26(5):543-
548.

苏宏新,马克平.2010.生物多样性和生态系统功能对全球变化的响应与适应:进展与展望.自然杂志,
32(6):344-347,352.

孙清芳,刘延坤,李云红,等.2013.森林碳汇功能的研究进展.环境科学与管理,38(3):47-50.

塔赫他间 АЛ.1988.世界植物区系区划.黄观程,译.北京:科学出版社.

万本太,徐海根,丁晖,等.2007.生物多样性综合评价方法研究.生物多样性,15(1):97-106.

万方浩,郭建英,张峰,等.2009.中国生物入侵研究.北京:科学出版社.

王绍强,周成虎,李克让,等.2000.中国土壤有机碳库及空间分布特征分析.地理学报,55(5):
533-544.

王义祥,翁伯琦,黄毅斌.2006.全球气候变化对农业生态系统的影响及研究对策.亚热带农业研究,
2(3):203-208.

武小钢,蔺银鼎,闫海冰,等.2008.城市绿地降温增湿效应与其结构特征相关性研究.中国生态农业
学报,16(6):1469-1473.

肖寒,欧阳志云,赵景柱,等.2000.森林生态系统服务功能及其生态经济价值评估初探——以海南岛
尖峰岭热带森林为例.应用生态学报,11(4):481-484.

谢高地,张彩霞,张昌顺,等.2015.中国生态系统服务的价值.资源科学,37(9):1740-1746.

谢宗强,陈志刚,樊大勇,等.2003.生物入侵的危害与防治对策.应用生态学报,14(10):1795-
1798.

徐冰,郭兆迪,朴世龙,等.2010.2000～2050年中国森林生物量碳库:基于生物量密度与林龄关系
的预测.中国科学:生命科学,40(7):587-594.

徐承远,张文驹,卢宝荣,等.2001.生物入侵机制研究进展.生物多样性,9(4):430-438.

徐冠华,葛全胜,宫鹏,等.2013.全球变化和人类可持续发展:挑战与对策.科学通报,58(21):
2100-2106.

徐慧文,谢强,杨渺,等.2013.生态系统主要服务功能及评价方法研究述评.四川环境,s1:18-23.

徐继填,陈百明,张雪芹.2001.中国生态系统生产力区划.地理学报,56(4):401-408.

徐小锋,田汉勤,万师强.2007.气候变暖对陆地生态系统碳循环的影响.植物生态学报,31(2):
175-188.

颜文洪.2003.全球性热带雨林的破碎化趋势与保护分析.环境保护,(2):34-36.

杨期和, 叶万辉, 邓雄, 等. 2002. 我国外来植物入侵的特点及入侵的危害. 生态科学, 21（3）: 269-274.

杨玉坡. 2010. 全球气候变化与森林碳汇作用. 四川林业科技, 31（1）: 14-17.

殷茵, 李爱民. 2016. 森林生态系统服务功能及其价值. 江西科学, 34（6）: 822-826.

余新晓, 鲁绍伟, 靳芳, 等. 2005. 中国森林生态系统服务功能价值评估. 生态学报, 25（8）: 2096-2102.

战金艳. 2011. 生态系统服务功能辨识与评价. 北京: 中国环境科学出版社.

张洪波, 管东生, 郑淑颖. 2001. 热带雨林的碳循环及其意义. 热带地理, 21（2）: 178-182.

张昀. 1997. 生物进化理论: 近期探索和争论的若干热点. 科学通报, （22）: 2353-2360.

张荣祖, 赵肯堂. 1978. 关于《中国动物地理区划》的修改. 动物学报, 24（2）: 196-202.

中国科学院中国植被图编辑委员会. 2001. 中国植被图集. 北京: 科学出版社.

周广胜, 张新时. 1996. 全球气候变化的中国自然植被的净第一性生产力研究. 植物生态学报, （1）: 11-19.

周曙东, 易小燕, 汪文, 等. 2005. 外来生物入侵途径与管理分析. 农业经济问题, 26（10）: 19-23.

朱京海, 刘伟玲, 胡远满, 等. 2008. 辽宁沿海湿地生物多样性评价研究. 气象与环境学报, 24（1）:27-31.

左闻韵, 马克平. 2004. 国际生物多样性计划（DIVERSITAS）的发展. 第六届全国生物多样性保护与持续利用研讨会.

Bonan G B. 2008. Forests and climate change: Forcings, feedbacks, and the climate benefits of forests. Science, 320（5882）: 1444-1449.

Brook B W, Tonkyn D W, O'Grady J J, et al. 2002. Contribution of inbreeding to extinction risk in threatened species. Conservation Ecology, 6（1）: 840-842.

Canadell J G, Raupach M R. 2008. Managing forests for climate change mitigation. Science, 320（5882）: 1456-1457.

Chermack T J, Lynham S A. 2002. Definitions and outcome variables of scenario planning. Human Resource Development Review, 1（3）: 366-383.

Costanza R, d'Arge R, Groot R D, et al. 1997. The value of the world's ecosystem services and natural capital. Nature, 387（15）: 253-260.

Daily G C. 1997. Nature's services: Societal dependence on natural ecosystems. Pacific Conservation Biology, 6（2）: 220-221.

Deferrari C M, Naiman R J. 1994. A multi-scale assessment of the occurrence of exotic plants on the Olympic Peninsula, Washington. Journal of Vegetation Science, 5（2）: 247-258.

Diaz R J, Rosenberg R. 2008. Spreading dead zones and consequences for marine ecosystems. Science, 321: 926-929.

Dixon R K, Brown S, Houghton R A, et al. 1994. Carbon pools and flux of global forest ecosystems. Science, 263（5144）: 185-190.

Dukes J S, Pontius J, Orwig D, et al. 2009. Responses of insect pests, pathogens, and invasive plant species to climate change in the forests of northeastern North America: What can we predict? Canadian Journal of Forest Research, 39（2）: 231-248.

Fang J Y, Chen A P, Peng C H, et al. 2001. Changes in forest biomass carbon storage in China between 1949 and 1998. Science, 292（5525）: 2320-2322.

Freudenberger L, Hobson P R, Schluck M, et al. 2012. A global map of the functionality of terrestrial ecosystems. Ecological Complexity, 12（1）: 13-22.

Givoni B. 1991. Impact of planted areas on urban environmental quality: A review. Atmospheric Environment Part B Urban Atmosphere, 25（3）: 289-299.

Goodale C L, Apps M J, Birdsey R A, et al. 2002. Forest carbon sinks in the northen Hemisphere. Ecological Applications, 12（3）: 891-899.

IPCC. 2023. AR6 Synthesis Report: Climate 2023.

Lieth H, Whittaker R. 1975. Primary Productivity of the Biosphere. New York: Springer-Verlag.

Lindeman R L. 1942. The trophic-dynamic aspect of ecology. Ecology, 23（4）: 399-417.

Odum E P. 1971. Fundamentals of Ecology. 3rd ed. Philadelphia: Saunders College Publishing.

Odum H T. 1983. Systems Ecology: An introduction. Hoboken: John Wiley and Sons.

Pan Y D, Birdsey R A, Fang J Y, et al. 2011. A large and persistent carbon sink in the world's forests. Science, 333（6045）: 988-993.

Piao S L, Fang J Y, Ciais P, et al. 2009. The carbon balance of terrestrial ecosystems in China. Nature, 458（7241）: 1009-1013.

Sundquist E T. 1993. The global carbon dioxide budget. Science, 259（5097）: 934-941.

Whitman W B, Coleman D C, Wiebe W J. 1998. Prokaryotes: The unseen majority. PNAS, 95（12）: 6578-6583.

Xiang Y C, Peng S L, Zhou H C, et al. 2002. The impacts of non-native species on biodiversity and its control. Guihaia, 22（5）: 425-432.

 # 第十章
圈层相互作用与地球表层环境

第一节　岩石圈变动与气候

　　岩石圈处在不停地运动中。海底在扩张，大陆在漂移，山地在隆起，海沟在加深。这些变化在很大程度上影响和改变了世界或区域的气候。

一、海陆分布变化对气候的影响

　　研究表明，在 3 亿年前的古生代后期，地球上所有的大陆和岛屿都是连在一起的，构成一个庞大的联合古陆，称为泛大陆；周围的大洋称为泛大洋。从中生代开始，这个泛大陆逐渐分裂、漂移，一直漂移到现在的位置。大西洋、印度洋、北冰洋是在大陆漂移过程中产生的，太平洋是泛大洋的残余。

　　海陆分布位置的巨大变化必然导致世界或区域气候的变化。由于泛大陆与泛大洋的分布状况和现在完全不同，决定了洋流的分布、大气活动中心的分布格局也与现在完全不同。数值模拟结果表明，泛大陆与泛大洋之间巨大的热力差导致了超级季风环流的盛行。地质记录也证实，当时季节变差比较大，季风比较强。几乎整个世界当时都盛行季风气候（Parrish and Peterson，1988）。而现在的季风气候只在亚洲、非洲、澳大利亚盛行。

地学视野：泛大陆时期的巨型季风

　　巨型季风是指二叠纪－三叠纪期间泛大陆上存在的强烈季节风，它的形成与泛大陆的形状、海陆分布及大陆的纬向分布密切相关（图 10-1 和图 10-2）。从晚石炭世泛大陆的聚合至晚侏罗世－早白垩世泛大陆的裂解，巨型季风经历了形成、发展到衰退的过程。在三叠纪，泛大陆很大且几乎相对于赤道对称分布，巨型季风达到最大强度。

　　当时，泛大陆的形状加强了南北半球因热量和压力对比形成的季节性交替。两个半球间的热量对比可能与现代发生的夏季亚洲季风类似，但更强大，因为当时两个半球的陆地都很大。一系列不同的对泛大陆气候的模拟都表明泛大陆存在强烈的季节性气候。Kutzbach 和 Gallimore（1989）利用几个试验研究了与泛大陆有关的一系列可能的气候类型。所有模拟结果都表明泛大陆存在强烈的季风循环，广泛分布有全年或季节性干旱，特提斯洋南部和北部沿岸夏季有季风降水，中纬度地区存在冬季降水带。而且，他们还提出热带夏季极端炎热，中、高纬度大陆内部有大的季节性温度变化。Kutzbach 把这种气候称作"巨型季风"（megamonsoon）。

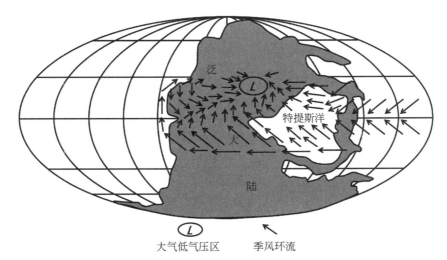

图 10-1　早二叠纪的季风环流（北半球夏季）（Tabor and Poulsen，2008）

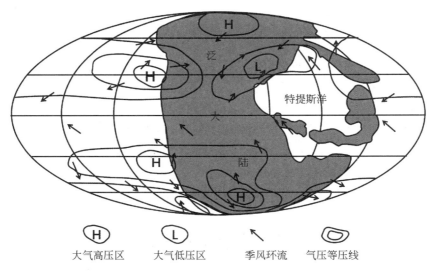

图 10-2　早三叠纪的季风环流（北半球夏季）（Parrish and Peterson，1988）

　　季风循环的一个重要特征是越赤道层流，它是冬季半球和夏季半球的热量和压力对比的产物，其导致的结果包括：①大量但极具季节性的降水，集中在夏季数月；②低纬度地区年温度波动很小。泛大陆季风期间的特提斯洋和夏季半球之间的温度差与现代亚洲季风期间的印度洋和夏季亚洲之间的温度差情况很相似。但在泛大陆时期，两半球间的热量对比更大，足以驱使季风环流。泛大陆地块的纬度分布状况使季节性的交替环流可能占据了两个半球。冬季半球高压带面对的是跨过特提斯洋的夏季半球低压带（图 10-2），这种大的温度压力对比每半年会出现一次。

　　地质研究表明，在南美洲东南部、非洲南部、澳大利亚南部和印度南部，石炭－二叠纪曾发生过冰川作用。人们曾经感到不可思议：为什么偏偏在这些地区发育冰川或冰盖？非洲南部和印度南部均处在低纬热带、亚热带地区，难道热带低纬地区也曾经被冰

390

川覆盖过？现在人们明白了，当时这些地区都在南极附近，发育冰川或冰盖是不足为奇的。这些事实表明，由于大陆分布位置的变化，气候也发生了巨大的变化。印度由南极地区，经过近万千米的长途跋涉，来到北半球的热带低纬地区，气候也由极地寒冷气候变为热带季风气候。非洲南部也由南极附近的高纬地区漂移到现在的赤道低纬地区，当然气候也就由高纬寒冷气候变为低纬炎热气候。

由于印度洋板块向北的漂移与挤压，中国西部地区在晚新生代向北迁移了 6 ～ 10 个纬度，使由干旱碎屑及红色泥质组合为标志的古近纪副热带干旱带扭曲成 "Z" 字形（图 10-3）。这一幅度的迁移，足以使我国西北地区脱离副热带而进入温带，所引致的气候与环境变化效果可想而知。

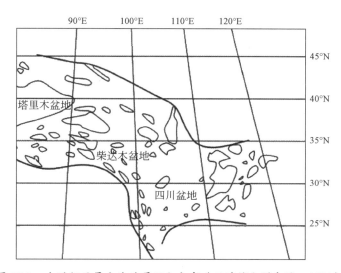

图 10-3　古近纪干旱盆地碎屑沉积分布（王鸿祯和刘本培，1980）

二、地形起伏变化对气候的影响

地形起伏变化对气候变化的影响也是不可忽视的。一个地区的高程变化对气候的影响主要表现在三个方面：①气温随高度的变化。例如，当一个地区的地面高程升高时，这一地区的地面温度会随之降低。反之，当一个地区的地面高程降低时，这一地区的地面温度会随之升高。这是由气温垂直递减率决定的。②对局部地区气候的影响。当一个山地隆起到一定高度时，就会对附近地区的气候产生影响。例如，当山体高度超过当地的水汽凝结高度时，迎风坡的降水将会增加，而背风坡的降水将会减少，并且由于焚风效应，背风坡的温度将会升高。③对区域和全球气候的影响。大范围的地形起伏变化，也会给区域甚至全球气候带来深刻的影响。研究分析表明，青藏高原与美国西部高原的形成，对亚洲、北美和世界的气候产生了不可忽视的影响。

高原隆升对气候的影响如下：

（1）高原隆升导致北半球晚新生代气候变冷（图 10-4）。①气候模拟结果表明，随着高原隆升，1 月中纬地区对流层上部行星风的波动（弯曲）加强，使得高纬地区的

冷空气可以源源不断地输向中纬度地区，导致中纬度地区温度降低。②随着高原隆升，地面积雪越来越多，地面反射率增高，使地面接收到的太阳辐射减少，从而导致地面温度的降低。③随着高原隆升，高原与周围地区的高差增大，地面侵蚀作用加强。地面风化产物源源不断地被侵蚀搬运，使暴露于大气中的参与风化的物质增多，使参与风化作用的二氧化碳增多，从而使得大气中二氧化碳的浓度降低，使世界气候变冷（降低温室效应）。

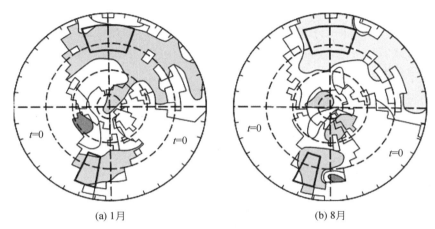

(a) 1月 　　　　　　　　　　　　　　　　(b) 8月

图 10-4　高原隆升导致的气候变冷（Ruddiman and Kutzbach，1989）

颜色越深表示变冷程度越大

（2）高原隆升，加强了季风环流，使气候的季节差异增大。隆起的地面，其显热与潜热的作用加强，夏季高原往往成为一个热源，冬季则往往成为一个冷源，从而加强了海陆热力差异导致的季风环流（图 10-5）。季风环流的加强，使气候的季节差异

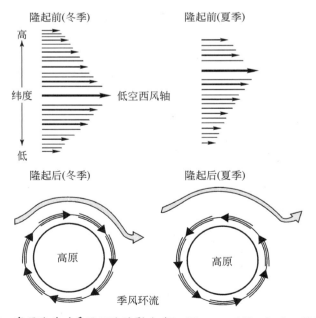

图 10-5　高原隆升对季风环流的影响（Ruddiman and Kutzbach，1989）

更加明显：冬季更加寒冷、干燥，夏季更加温暖、湿润；也在一定程度上，改变了行星风系控制下的纬度地带性规律。例如，长江中下游地区地处副热带高压带，从行星风系控制下的纬度地带性规律来推测，应该与非洲北部一样是炎热干燥的荒漠地带，可是由于季风环流的影响，这一地区却出现了温暖、湿润的亚热带森林气候景观，成为中国著名的鱼米之乡。

（3）高原隆升导致北半球中纬地区干旱气候的形成。气候模拟与地质记录表明，在没有高原与山地时，北半球中纬地区的气候不像现在这么干燥。当高原与山地隆起以后，才模拟出与现在类似的气候分布状况。这些说明，高原与山地的形成，对北半球中纬度干旱气候的形成与维持发挥了重要的作用。欧亚大陆内部干旱气候的形成，与青藏高原隆起有关。其作用机制主要包括：①高原与山地的形成，导致西风带的分叉，水汽运移不再经过这些地区，而气流变为下沉气流为主，尤其在亚洲中部和美国西部内陆；②高大地形阻挡了来自附近海洋的水汽进入内陆地区；③在高大地形的上游地区，风暴发生频率较低。

（4）高原隆升加强了亚洲季风的强度，改变了季风的风向，改变了季风影响的范围。据研究，上新世冬季风在中国北方地区的盛行风向为北西西，影响范围也主要局限在西北、华北与东北地区；而随着青藏高原的隆升，冬季风的风向逐渐转变为北西—北北西，影响范围也逐步扩大到华东、华中与华南地区。风尘堆积分布范围的变化（图10-6），在一定程度上可以支持这一观点。

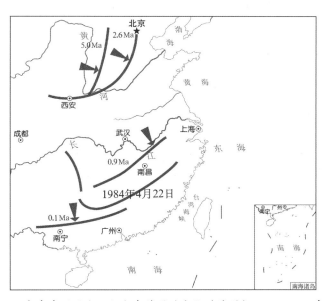

图10-6　500万年来中国风尘沉积分布范围的变化（陈明扬，1991；王建等，2000）

三、岩石圈与大气圈的相互作用

上面阐述了岩石圈的变化在很大程度上改变了大气环流，改变了气候格局与性质。实际上，改变了的大气圈，反过来又作用于岩石圈，会对岩石圈施加影响。岩石圈与大

气圈是相互作用、相互影响的。

例如，高原或山地隆升，导致地面侵蚀作用加强。地面风化产物源源不断地被侵蚀、搬运，使得暴露于大气中的、参与风化的物质增多，以及参与风化作用的二氧化碳增多，从而导致大气中二氧化碳的浓度降低，世界气候变冷（降低温室效应）。气候变冷，引起冰川与冰缘作用加强，从而反过来又使隆起的高原或山地的风化、侵蚀作用加强。受剥蚀的高原或山地，在均衡作用下，进一步隆升（均衡反弹）。

研究表明，第四纪冰期来临后，山地和高原的侵蚀作用加强，河谷下切、地面起伏增大。由于负荷的减小，山地或高原隆升（图 10-7）。气候的冷暖变化，冰期和间冰期的交替，引起海面的升降和冰川的积累与消融，从而导致岩石圈的均衡调整。当间冰期来临时，冰川（冰盖）消融，原来被冰盖覆盖的地面，由于负荷减少而均衡上升；冰盖融化的水回到海洋，海面上升，海水厚度增大，海底由于负荷增加而均衡下沉。在大陆架地区，由于增加的水层厚度由岸外向岸边逐渐减小，因而由不等量的均衡下沉导致了大陆架地区的地面（地壳）掀斜。当冰期来临时，中高纬地区冰盖扩展、厚度加大，被冰盖覆盖的地面，由于负荷增加而均衡下沉；而与此同时，海平面下降，海水厚度减小，负荷减小导致海底均衡上升。在均衡调整的过程中，岩石圈不仅会发生变形，而且有时还会发生破裂。

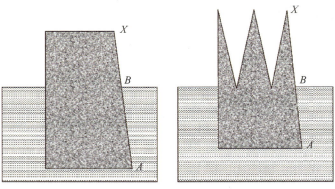

图 10-7　侵蚀切割导致负荷均衡上升示意图

上述说明，不仅岩石圈的变化会引起大气圈的变化，大气圈的变化同样会引起岩石圈的变化。岩石圈与大气圈的相互作用、相互影响决定了地球表层环境的某些特征与性质。

第二节　海气相互作用及其影响

一、海气相互作用

海洋和大气是地球系统中最为活跃的两个圈层，在全球气候系统的形成和演变中起着关键作用。海洋和大气自身的对流运动和环流等使地球从太阳获得的能量得以重新分配，形成地球上相对稳定的气候分布。而二者的相互作用使得全球气候系统更加复杂和多样化。海洋与大气之间热量、动量、物质的交换，以及这种交换对大气和对海洋各自物理特性的影响及发生的变化，称为海气相互作用。海洋对大气的主要作用是给予大气热量与水分，为大气运动提供能源；大气则主要通过向下的动量输送（风应力），产生风生洋流和海水的上下翻涌运动。发生在海洋与大气界面附近的物理过程如图 10-8 所示。

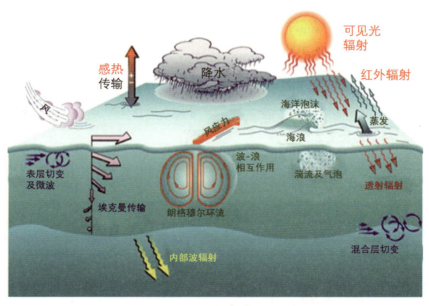

图 10-8　海气界面物理过程示意图

　　到达地表的太阳辐射能有 70% 以上被海洋所吸收，且将其中 85% 左右的热能储存在大洋表层，这部分能量又以长波辐射、蒸发潜热和湍流感热等方式输送给大气，海洋还通过蒸发作用，向大气提供了大约 86% 的水汽来源。这种热量和水汽的输送既影响了大气的温度分布，又是驱使大气运动的能源，在大气环流的形成和变化中具有极为重要的作用。海洋是大气环流运转的能量和水汽供应的最主要源地和储存库，同时也是 CO_2 的巨大储存库，海洋通过调节大气中的 CO_2 含量也在影响着气温和大气环流过程。同时，大气对海洋也产生影响，大气圈不仅向海洋输送热量和降水，而且大气运动所产生的风应力又向海洋上层输送动量，形成波浪，并使海水发生流动产生洋流。

　　大气环流和洋流对海陆间的热量传输有显著作用。冬季海洋是热源，大陆是冷源，中高纬地区盛行西风，大陆西岸是迎风海岸，又有暖洋流经过，故环流由海洋向大陆输送的热量甚多，提高了大陆西岸的气温。夏季，大陆是热源，海洋是冷源，这时大陆上的暖气团在大陆气流作用下向海洋输送热量。

　　海气相互作用包含了不同的时间和空间尺度，按时间尺度可以简单划分为季内尺度、季节尺度、年际尺度和年代际、多年代尺度等，按空间尺度则可以划分为小尺度、中尺度和大尺度，根据空间位置关系，还可以分为局地海气相互作用和海－气间的遥相关作用。

二、海气相互作用的背景

1. 全球年平均海表温度分布

海温是反映海洋变化最敏感的信号之一，海表温度的分布直接影响海气相互作用过程。上层海洋储存了输入海洋中的绝大部分能量，且与大气直接接触，其热力结构的时空变异对气候变化有着深刻的影响。全球海表年平均温度分布图（图 10-9）的等温线基本上呈纬向分布，热带海洋温度在 20～30℃，极地海温降至 0～1℃。海温等温线在中纬度（40°S 和 40°N 附近）最密集，这里南北温度梯度最大，以太平洋和大西洋西边界附近最显著。海温分布纬向不对称的特征主要出现在赤道和热带地区，在太平洋和大西洋都是西部暖、东部冷。热带西太平洋是全球最大的暖水区，称之为"暖池"，暖池中心温度接近 30℃。热带东太平洋冷水区从秘鲁沿岸向西北伸至赤道，然后沿赤道向西伸，称之为"冷舌"，秘鲁沿岸附近海温最低，约在 20℃以下。热带印度洋的情况有所不同，其北部为大陆所阻挡，接近非洲大陆的西印度洋海温比中部和东部低。

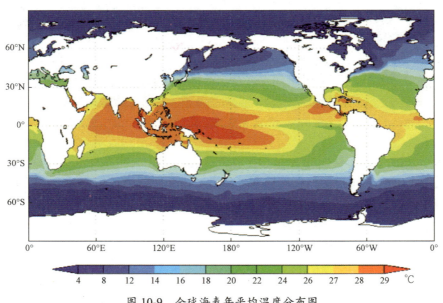

图 10-9　全球海表年平均温度分布图

2. 海洋表层环流

在海面风力和温盐梯度等作用下，海水从某海域流向另一海域，最终又流回原海域的首尾相接的独立环流体系称之为海洋环流（又称海流）。大洋中海流流动的形式是多种多样的。除表层环流外，还有在下层流动的潜流、由下往上的上升流、向底层下沉的下降流，还有海流水温高于周围海温的暖流、水温低于流经海域的寒流、水流旋转的涡旋流等。海流遍布整个海洋，既有主流，也有支流，不断地输送着盐类、溶解氧和热量，使海洋充满了活力。

大洋表面的环流与风力分布密切相关。如图 10-10 所示，表层洋流与近地面盛行风的方向和结构是相似的。在赤道南北的低纬度海域，因东南信风和东北信风的作用，形成了自东向西的南赤道流和北赤道流；在中纬度地区西风作用下形成了西风漂流。表层洋流总体上也呈现出围绕副热带的反气旋式的旋转。当然不同的是，在赤道附近形成了一个自西向东的赤道逆流。这是由于自东向西的南赤道流和北赤道流到达大洋西岸受到阻碍，主支流分别向南和向北流去，各自有一小股支流分别于赤道附近汇合，形成了自西向东的赤道逆流。

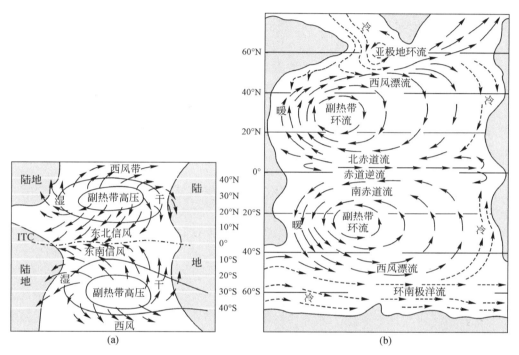

图 10-10　近地面风（a）与表层洋流（b）的对比图

三、海气相互作用通量

海气相互作用是通过海气界面热量、动量和物质的交换实现的，这些交换的程度可以用通量表达。

海气界面热通量：包括湍流热通量（潜热和感热）和辐射热通量（短波和长波辐射），是衡量海洋和大气能量交换的关键要素。一方面，海洋通过界面热通量交换，可以影响低层大气的热量和水汽分布，改变大气的稳定度，进而影响大气的对流与环流。另一方面，界面热通量的交换会改变海洋表层的温度分布，进而影响表层海水的盐度。因此，海气界面热通量与全球能量平衡和淡水收支也密切相关。

假设海洋与处于平衡态的定常大气相接触，通过海面向下的净热通量 Q 可以表示成

$$Q=Q_S-Q_B-Q_H-Q_E \tag{10.1}$$

式中，Q_S 为向下的太阳辐射量；Q_B 为净向上的长波辐射通量；Q_H 和 Q_E 为向上的感热和潜热通量。Q_S 主要取决于到达大气顶水平面上的太阳辐射（与地理纬度和季节有关）、大气的吸收和散射、云和海面的反射。Q_B 主要取决于海表水温、云量、海面之上的大气

湿度和海气温差。Q_H 主要取决于海表的海水与大气温度差和风速。Q_E 则主要取决于海表大气的水汽饱和程度和风速，数值上一般比感热大得多。

　　海洋表面淡水通量：如忽略陆地与海洋之间的径流，海洋大气与海洋之间的水交换即降水量减去蒸发量，一般称作海洋表面的淡水通量，它直接影响上层海洋盐度的分布和变化，淡水通量为正值区域盐度低，为负值区域盐度高。淡水通量在近赤道的热带为正值，主要中心在热带西太平洋和中印度洋；副热带区域为负值，冬季负值最大，大西洋除赤道附近及 40°N 以北外，冬夏均是负值区，南印度洋和西北印度洋也为负值区；在中高纬极锋附近为第二正值区。

　　海洋表面动量通量：海表面动量的垂直通量，即海表风应力 τ，是大气运动影响海洋的主要方式，通常用整体空气动力学方法估算，即

$$\tau = \rho C_D V |V| \tag{10.2}$$

式中，ρ 为空气密度；C_D 为拖曳系数，主要与风速和大气稳定度有关；V 为海表风速矢量。

四、海气相互作用与 ENSO

　　19 世纪初，在南美洲的厄瓜多尔和秘鲁等西班牙语系的国家，渔民们发现每隔几年从 10 月至第二年的 3 月便会出现一股沿海岸南移的暖流，使表层海水温度明显升高。南美洲的太平洋东岸本来盛行的是秘鲁寒流，随着寒流移动的鱼群使秘鲁渔场成为世界四大渔场之一，但这股暖流一出现，性喜冷水的鱼类就会大量死亡，使渔民们遭受很大损失。由于这种现象最严重时往往在圣诞节前后，于是遭受天灾而又无可奈何的渔民将其称为圣婴，即上帝之子（El Niño）。其出现频率并不规则，但平均每 2～7 年发生一次。后来，科学上将此术语用于表示在秘鲁和厄瓜多尔附近几千千米的东太平洋海面温度的异常增暖现象。当这种现象发生时，赤道中东太平洋海表大范围的海水温度可比常年高出 3～6℃，将这种大范围海温持续异常偏暖的现象称为厄尔尼诺事件，这是热带太平洋海温的暖位相，如图 10-11 所示。厄尔尼诺事件消亡以后往往会出现赤道中东太平洋海表大范围海水温度比常年低的冷位相，称之为拉尼娜（La Nina），如图 10-12 所示。拉尼娜可看成是海洋自身对厄尔尼诺现象的"矫枉过正"。与太平洋广大水域的水温升高相应的通常是赤道洋流和东南信风的改变，以及全球性的气候异常。厄尔尼诺对我国的影响主要表现在西北太平洋热带气旋（台风）的生成频数及在我国沿海登陆次数均较正常年份少，且夏季风较弱，季风雨带偏南，位于我国中部或长江以南地区。北方地区夏季容易出现干旱高温，南方易发生低温洪涝。近百年来我国的严重洪水，如 1931 年、1954 年和 1998 年长江中下游地区的洪水，都发生在强厄尔尼诺现象出现的次年。

　　随着厄尔尼诺和拉尼娜现象的周期性交替出现，东太平洋高压系统和西太平洋低压系统气压出现一侧加强而另一侧减弱的"跷跷板"现象，这种现象是厄尔尼诺或拉尼娜现象在大气物理量上的反映，称之为"南方涛动"（southern oscillation）。厄尔尼诺时南方涛动为负位相，拉尼娜时南方涛动为正位相。由于厄尔尼诺和南方涛动总是相伴出现的，因此将海洋和大气的这两种现象结合起来构造出一个新的科学术语 ENSO。ENSO 现象是太平洋存在盆地尺度海气相互作用的直接证据，由于它同时包括了海洋和大气，有时也称为 ENSO 系统。

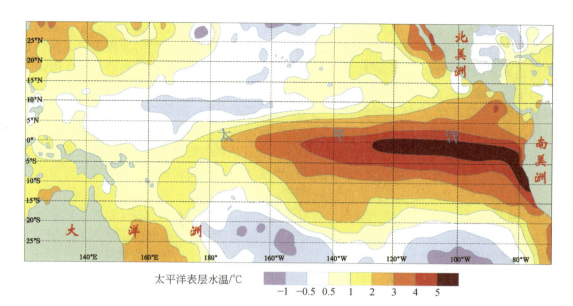

太平洋表层水温/°C

-1 -0.5 0.5 1 2 3 4 5

图 10-11　厄尔尼诺期间海温异常示意图

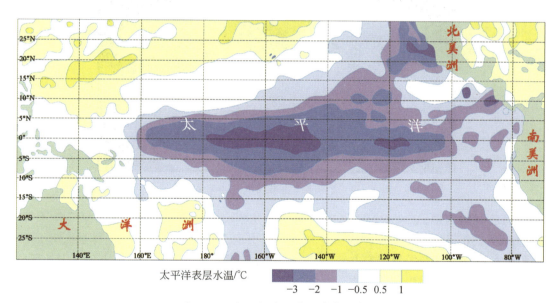

太平洋表层水温/°C

-3 -2 -1 -0.5 0.5 1

图 10-12　拉尼娜期间海温异常示意图

　　研究表明，ENSO 是导致全球各地破坏性干旱、暴风雨和洪水的罪魁祸首。1997～1998 年的厄尔尼诺导致成千上万人死亡，并造成世界直接经济损失达数十亿美元。我国 1998 年的长江洪灾、南方雪灾等都与其有关。正是由于 ENSO 对气候有着明显的影响，因此 ENSO 的研究越来越受到重视。

　　厄尔尼诺发生时，印度尼西亚、澳大利亚、印度及巴西（东北部）干旱，而南美秘鲁、智利、厄瓜多尔及赤道中太平洋岛屿则多雨。对 ENSO 的发生、发展的预测，对预测这些

区域甚至全球的气候变化来说都有着重要意义。然而，目前为止，科学家们仍不能成功地预测 ENSO 的发展和强度，对 ENSO 及不同区域气候之间的关系仍需要深入研究。格兰茨曾指出，按受 ENSO 影响的大小，全球可划分为三类地区：第一类是受 ENSO 影响的核心地区，包括澳大利亚、印度尼西亚、秘鲁、智利；第二类是受 ENSO 影响，但关系较弱的地区，包括印度、巴西及非洲南部、中国；第三类是受 ENSO 影响很弱的地区，如美国、日本、西欧、俄罗斯及西非萨赫勒（Sahel）。我国属于第二类地区，夏季降水与 ENSO 关系最好的地区为华北（相关系数仅为 -0.4），长江流域的梅雨几乎与 ENSO 没有关系。但这些结论还有待更多更高精度的资料进行诊断分析，也需要通过气候模拟来进行验证。

与 ENSO 有关的另一个重要系统是热带气旋，热带气旋主要生成于海温较高的区域（图 10-10 和图 10-13），海温偏高，对流活动旺盛，有利于热带气旋/台风生成。厄尔尼诺年，赤道中东太平洋海温偏高，西太平洋海温相对偏低，造成次年西太平洋热带气旋生成时间偏晚、总数偏少、强度略偏弱。例如，1983 年首个台风生成日期是 6 月 25 日；1973 年首个台风生成日期是 7 月 1 日；1951 年以来最晚是在 1998 年，直到 7 月 9 日才生成首个台风；2016 年台风生成时间为 7 月 3 日，为 1951 年以来第二晚。

图 10-13　全球热带气旋生成源地及移动路径

目前所知的是，ENSO 现象一般每隔 2 ～ 7 年出现一次，持续几个月至一年不等。但 20 世纪 90 年代以来，这种现象越来越频繁出现，且滞留时间延长。科学家对 ENSO 事件的加剧现象进行探索研究并普遍认为，ENSO 事件不仅仅是自然灾害（天灾）现象，而且很可能与地球温暖化（人祸）有关。

第三节　植被与水循环

植物对水的再分配作用是非常明显的，它可以改变局部或者区域的水分循环，影响局部或者区域的大气降水，从而使得水分在时间与空间上重新分配。水循环的改变又反过来影响了植被的发育。

一、植被蒸腾对降水的影响

植物体内水分经过体表向大气蒸发散失的过程称为蒸腾作用。植物的蒸腾作用是非常强烈的，有时甚至超过了植被分布区的蒸发作用。一般而言，由于植被的蒸腾作用而消耗和散失在大气中的水分为 2000 ~ 3000t/（hm² · a）；某些需水特多的农作物，或某些常绿植被蒸腾的水分则达 4000 ~ 6000t/（hm² · a）。一种生长有蓟属植物（*Cirsium oleraceum*）和驴蹄草（*Caltha palustris*）的沼泽地上每年每公顷地面植物的蒸腾作用量达 11650t，这相当于 1165mm 的降水量。

蒸腾系数是指生产单位质量的干物质所消耗于蒸腾作用的水的质量。蒸腾系数随植物不同而不同，此数值常在 125 ~ 1000 变化。蒸腾系数将随气候不同而不同：为了生产出同样数量的干物质，干旱地区植物消耗的水分将 2 倍于潮湿地区的植物耗水量。

在没有植被的地方，水分的循环主要是蒸发、降水、径流、下渗几个环节，而在有植被覆盖的地方，水分循环的环节增多，除了降水、径流、蒸发、下渗外，还有植物蒸腾、叶面截留等。植物蒸腾的加入必将对水分的循环产生重要的影响，如图 10-14 所示。

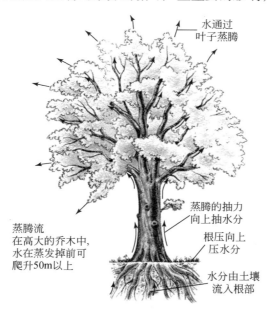

水通过
叶子蒸腾

蒸腾流
在高大的乔木中，
水在蒸发掉前可
爬升50m以上

蒸腾的抽力
向上抽水分

根压向上
压水分

水分由土壤
流入根部

图 10-14　植物蒸腾作用

不少调查结果证明，森林能够增加森林覆盖地区及其周围地区的大气降水量，特别是在远离海洋的内陆地区。例如，俄罗斯欧洲部分，在年降水量 505mm 中有 295mm 是由于当地蒸发、蒸腾作用所产生的水汽而形成的雨量，而海洋气流所形成的雨量只有 210mm。植物本身蒸腾作用和土壤蒸发所消耗土壤水分的总和，往往比没有植物的空旷地表土壤单独消耗于蒸发作用的水分要多，可多 40%。可见在内陆干旱地区，植被的存在，可以减少径流的流失，又能通过蒸腾作用增加空气的湿度，进而提高降水量，但是同时可能消耗更多的水分。

二、植被对径流的影响

在大气降水下落遇到森林的林冠后，就会出现林冠对雨滴的阻碍以及林冠对于降水的再分配作用。

大气降水到达林冠后，雨滴继续下落受到阻碍，而使大气降水受到阻截损耗，这称为林冠截留作用。林冠截留的水，一部分附着在林木表面被蒸发到大气中，很少一部分被叶子和树皮直接吸收，其余沿着树干流向地面。一般来说，林冠可以截留15%～40%的降水。针叶林对降水的截留量相当于总降水量的30%，而阔叶林的截留量占总降水量的20%。通常降水强度越小，降水量越少，则被截留的降水的比例越大。

林区的地表往往积聚了一定厚度的枯枝落叶层，并且下部又有结构良好的土壤和发达的根系，因此森林增加了对水源的涵养能力。研究表明，每公顷森林至少可以蓄积3000m³的水，0.3万hm²的森林相当于一个900万m³的水库。据计算，日本森林涵养水源能力为每年2300亿t。

由于森林对降水的截留和蓄积，减缓了降水转变为径流的速度，调节了径流的季节分配。在有森林的流域，普遍的情况是森林拦蓄了洪水径流，将其转化为地下水，并源源不断地补给河流。这样就削减了洪峰，减小了洪水灾害，同时增加了枯水期流量，使河流流量的年内分配趋于均匀（图10-15）。实际研究结果也表明，100%的林草覆盖相对于裸地来说，在夏季洪水季节的流域径流量可以减少50%以上，而冬季枯水季节的径流量却有所增加，季节变化幅度大大减小。

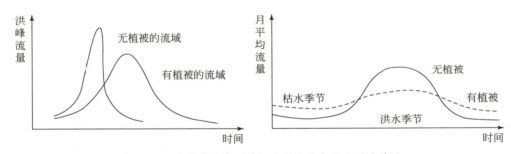

图 10-15　流域植被在调节河流径流量变化方面的作用

由于植被有减少地表径流、增加入渗的作用，因此在不同程度上削弱了流水对地表的侵蚀。

三、植被与水循环

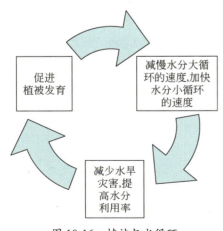

图 10-16　植被与水循环

植被的蒸腾作用及其对降水、径流的影响，改变了局部和区域的水分循环，改变了的水分循环又反过来影响植被（图10-16）。

1. 减慢水分大循环的速度

水分循环主要包括降水、径流和蒸发几个环节。水分大循环是指海陆间的水分循环：由于蒸发，水分离开海洋进入大气，大气环流将之带到陆地上空以降水的形式落到地面，一部分水分被蒸发，另一部分以径流的形式通过河流回到海洋。由于植被对降水的截留作用和蓄积作用，减慢了降水转变为径流的速度，因此减慢了水分大循环的速度。

2.加快局部水循环的速度

植被的蒸腾作用使得蒸散到空气中的水分增加，空气湿度增大。同时植物的蒸散（蒸发和蒸腾）吸收了大量的热能，降低了空气的温度，从而增加了植被覆盖区的降水。

3.调节洪水／枯水的水分分配

植被的存在增加了水的下渗，使比较多的降水转变为地下水或者蓄积在土壤与枯枝落叶层中，从而减小了洪峰径流。当枯水季节来临时，蓄积的水就会释放出来，增加枯水季节的径流。实际上，植被起到了类似水库对于水的调节和再分配的作用。

4.提高水分的利用率，促进植被的发育和生物的生长

植被覆盖区局部水分小循环的加快，为该区植物创造了重复多次使用水的机会。植被对水分季节分配的调节，使得生物能够充分利用水分的时间延长，促进了植被的发育和生物的生长。

案例分析：森林砍伐／热带雨林减少对气候的影响

植被一方面通过光合作用影响大气中的 CO_2 含量（生物地球化学作用），另一方面通过反照率、粗糙度、蒸散发等影响地-气间的水、热交换（生物地球物理作用，图 10-17 和图 10-18）。不同的植被具有不同的反照率、粗糙度、蒸发能力等，地气之间形成固有的辐射、热量和水分平衡关系。植被发生变化后，气候状况也会跟着发生变化，从而形成新的平衡关系。

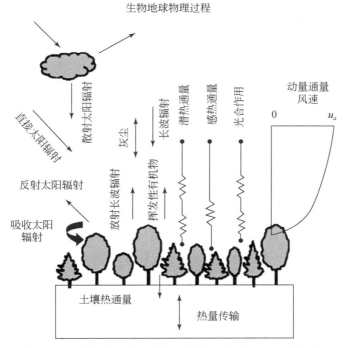

图 10-17　植被的生物地球物理作用示意（Bonan，2002）

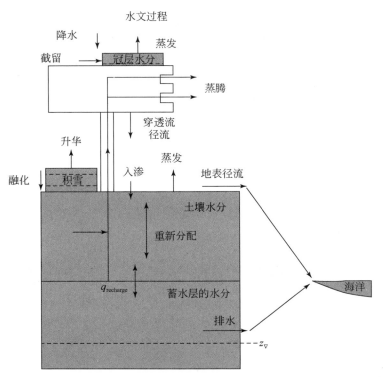

图 10-18　简化的植被与水循环（Bonan，2002）

森林是一种特殊的下垫面，相对于其他植被，森林的反照率较低，吸收 CO_2 的能力强，具有蓄水功能，且能有效降低风速，能影响附近及更大范围的气候。但是，不同纬度、不同地区的森林具有不同的气候效应。在低纬度地区，植被－降水反馈占主导作用；而在高纬度地区，植被－反照率反馈占主导作用。例如，热带雨林通过蒸发降温可削弱增暖，而北方森林的低反照率又是正的气候强迫（升温作用）。另外，森林减少后，吸收 CO_2 的能力下降，大气中 CO_2 含量相对增加，会造成温度升高；同时，蒸发减弱，也具有一定增温作用。但是，森林砍伐后反照率增加，地面获得的太阳辐射减少，会造成温度降低。这些过程的净气候效应尚未可知，且森林变化后的全球气候效应仍存在很大争议。例如，有学者认为土地覆盖变化（主要是森林砍伐）对全球气候的影响与温室气体、太阳辐射等外强迫因子的作用相当（Brovkin et al.，2013），也有人认为人为土地覆盖变化（森林变成草地）对全球气候变化的影响甚微（Findell et al.，2009）。Gibbard 等（2005）模拟发现退耕还林会带来全球温度升高 1.3℃，而 Arora 和 Montenegro（2011）的模拟结果则显示退耕还林会使得全球升温减缓 0.45℃。

因此，森林砍伐、热带雨林减少的综合气候效应如何以及是否具有全球效应，仍然处于争论阶段，学者们仍在开展各项研究工作。

第四节　陆海相互作用与河口、三角洲发育

　　河流入海与注入水体相互作用的地段，称为河口地区，简称河口。在河口地区形成的地貌，称为河口地貌。

　　入海河口是河海相互作用的产物，同时是河海相互作用的桥梁和纽带，还是海洋与陆地物质和能量交换的重要通道。

　　河口地貌则是水、岩相互作用在河口这一特定条件下的表现（图10-19）。

图 10-19　亚马孙河口

（来源：Google Earth）

一、陆海相互作用与河口特征

　　入海河口具有两种介质、三重作用、双向水流、快速沉积和高生物生产力等特征（图10-20）。

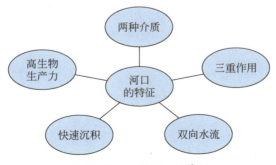

图 10-20　入海河口的特征

（一）两种介质

河水的性质往往与注入海区的水体性质有着明显的区别。河水通常为淡水，而海水

则为咸水；河水通常为酸性或接近于中性，而海水通常为碱性；河水的含沙量一般比海水高，而海水的电解质含量一般比河水高；海水的密度通常比河水大。不同介质在河口相会出现了一些独特的现象。例如，密度比较大的海水沿着床底侵入河口便形成盐水楔；有时密度比较小的河水浮在海水之上成为平面射流，可以向海运行相当一段距离，将悬浮质泥沙带到口门外很远的地方；有时如果河水含沙量很大，便可以成为浊流，沿海底向海运行相当远的距离。

（二）三重作用

在河口地区，同时接受径流、波浪、潮流三种动力作用，形成了河口地区独特的动力特征。

（三）双向水流

在河流中，通常为单向水流，而在河口地区却是双向水流，并且这种双向水流不同于一般的海岸带。在入海河流的河口地区，潮流受到径流的影响，其涨落潮的流速、历时及潮位往往会发生变化。通常情况下，河口地区的涨潮流由于受到径流的顶托其流速有所减小，涨潮历时缩短，潮位升高；落潮流由于与径流流向一致，相互叠加，其流速有所增大，历时增加。

（四）快速沉积

河口地区是世界上沉积速率最快的地方之一。沉积速率大的原因是：
（1）河水径流在河口受到海水的顶托，流速减小。
（2）河流出口门之后，失去了河床的束缚，断面展宽，水流挟沙能力降低。
（3）不同介质的水体混合，原来呈胶体悬浮状态的物质凝絮沉降。
（4）涨潮流进入河口受到径流的顶托，挟带的泥沙发生沉积。

（五）高生物生产力

由于河流将大量营养物质带到河口地区，河口地区营养丰富，因此河口往往成为生物富集的地方。河口地区的生物生产力往往比河流的其他河段高，也比海洋的绝大部分海区高。大陆架的净初级生产力平均为 360g/（m² · a），河流和湖泊的净初级生产力平均为 500g/（m² · a），而河口的净初级生产力平均却高达 1800g/（m² · a）。

二、陆海作用与河口分段

海洋潮汐可以影响河流下游相当长的河段。河流下游河段中，潮差为 0 的地点称为潮区界；潮流沿河上溯到达的最远的地点，称为潮流界。传统的划分方法（以萨莫伊洛夫为代表）将河口区划分为近口段、河口段和口外海滨段。从潮区界到潮流界的河段称为近口段，从潮流界到口门的河段称为河口段，从口门到三角洲前缘坡折处称为口外海滨段。但是沈焕庭等（2003）认为，近口段虽然受到潮流引起的水位变化的影响，但其影响程度甚微，其水文与河槽演变均属于河流性质，故将其从河口区中划出而归属河流下游，而以咸水界和河口断面将河口分为上段、中段和下段（图10-21）。实际上，上段仍然以河流作用占优势，中段为河流海洋优势过渡段，下段为海洋作用优势段，除潮流作用外，还有波浪和海流的作用。

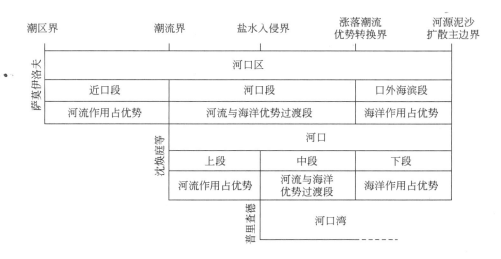

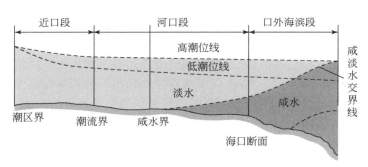

图 10-21 河口分段（沈焕庭等，2003）

　　河口地区最大的地貌单元是三角洲和三角港。三角洲就是在河流下游河口地区形成的大型三角状堆积体，往往形成于堆积作用大于侵蚀作用的情况下。三角港则是在河流泥沙缺乏的条件下，强大的潮流作用侵蚀河口而形成的三角状河口湾。次一级的河口地貌有河口沙坝（拦门沙）——在口门附近形成的心滩和沙嘴——河口两侧向海伸出的沙质堆积体。

三、陆海相互作用与三角洲形成

　　由于世界上许多油气矿床都与三角洲有关，并且三角洲地区已经成为世界上人口最密集、经济最发达的地区，因此有必要对三角洲的形成条件、沉积结构和类型进行进一步阐述。

1. 三角洲形成的基本条件

　　（1）丰富的泥沙来源。据研究，当河流的年输沙量与年径流量的比值大于 0.24 时，则可能形成三角洲（图 10-22）；如果河流的年输沙量与年径流量的比值小于 0.24，则发育三角港。

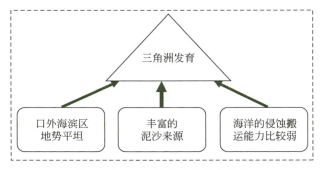

图 10-22　三角洲形成的基本条件

（2）海洋的侵蚀搬运能力比较弱。这样可以保证河流带来的泥沙不至于被波浪、潮流、海流等带走。

（3）口外海滨区地势平坦，水深比较浅。

2. 三角洲的类型

根据三角洲的进退，可以将三角洲划分为建设性三角洲——向海淤积推进、处在发育过程中的三角洲和破坏性三角洲——由于侵蚀而后退、正在遭受破坏的三角洲。

根据河流、波浪和潮流的作用强弱，可以将三角洲划分为河流型、波浪型和潮流型三角洲，它们分别以河流作用、波浪作用和潮流作用为主。

根据三角洲的平面形态可以将三角洲划分为鸟足形三角洲——河流作用为主，在主要汊道迅速向前推进的同时，一些次级汊道向两侧伸出，形似鸟足；尖嘴形三角洲——波浪作用为主，波浪的侵蚀作用使得河口两侧侵蚀后退形成平直的轮廓；扇形三角洲——以河流作用为主的三角洲，由于汊道众多并多次改道，导致三角洲比较均匀地向外扩展，形似扇子（图 10-23）。

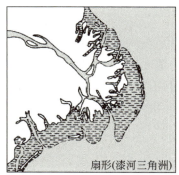

图 10-23　三角洲的主要类型

第五节　湖泊效应与水库效应

一、湖泊效应

湖泊效应是指湖泊水体巨大的热容量和水分供应，使湖泊附近的平均气温日较差和年较差较小，并由此引起风、湿度和降水量与其他地区不同的格局与过程。水库对气候的影响与湖泊对气候的影响类似。

由于水体的热容量远大于土壤和岩石，因而湖泊或者水库周围气温的日较差和年较差较小，夏天凉爽，冬天温暖。由于水陆热力性质差异，在较大的湖泊湖区或者水库库区也会形成类似于海陆风的"湖陆风"：白天风从湖泊或水库吹向岸边（图10-24），夜间风从岸边吹向水面。另外，在湖泊或者水库的下风方向，由于水面源源输送来丰富水汽，云量和降水有可能增加，降温增湿。

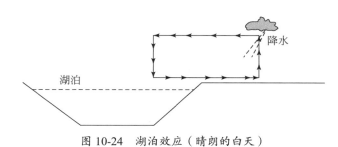

图 10-24　湖泊效应（晴朗的白天）

二、水库效应

水库效应是指水库蓄水体的存在给库区及其周边带来的环境效应。水库与湖泊有许多相似之处，但也不完全相同。水库具有多方面的功能，如调节河川径流、防洪、供水、灌溉、发电、渔业、航运、旅游、改善环境等，具有重要的社会、经济和生态意义。

水库水文效应首先表现在对水文地理条件，即水网的影响。水库兴建后，湖泊率与水网密度普遍增大，库区原有森林、耕地、草场、沼泽、村落、道路等可能会被淹没和浸没，水体水文地理特性渐次由河流型向湖泊－河流型或湖泊型转变。同时，地区内淡水储量明显增多，在干旱地区尤为突出。此外，河流天然水文过程发生急剧变化，水库建成后，河川水文情势变化十分复杂。大体可以把水库影响的区域分为两个部分：

（1）库区。库区的水文过程和水量平衡特性与天然湖泊近似，回水楔以上仍具有天然河流特性。库区水文情势主要取决于大坝造成的壅水，并表现为水位显著上升，形成广阔的水面。此外还取决于由开发目标所决定的各种调节形式及运行制度。库区水位随泄放水量而发生周期性变化。水库所在河流的径流情势发生时程再分配，这种变化取决于水库的调节程度。水库一般具有多年、年、季及月、日等调节方式，水库的调节程度（调节系数）越高，水位变化越缓和；反之，则变化急剧。库区由于水面辽阔，蒸发量有明显增加趋势，库区降水、下渗、气候、水动力学和热力学等因素也都有不同程度的变化。

（2）水库下游。水库下游的水文过程主要取决于水库的调节程度、开发目标和运行方式。由于水库的调节作用，下游河谷的水位及流量变化基本上受人工控制，原有天然河道水流特性大部分丧失，而成为半人工河流。洪水期间，水库削减洪峰，滞蓄洪水的作用非常显著。洪水进入水库后，洪水波展平，流速变小，洪峰削减，洪水被滞蓄在水库中，通过水库调节后再陆续泄放到下游河道中。

　　水库建成后对库区及周围地区的地质地貌、气候、地下水、土壤、生物及生态系统、社会经济、文化、卫生防疫等多种自然和经济要素都会产生不同程度的影响，广义的水文效应应当包括对上述诸方面的影响。

案例分析：三峡工程建设究竟对气候产生了什么影响？

　　位于中国湖北省宜昌市境内的三峡大坝，于1994年12月14日正式动工修建，2006年5月20日全线修建成功。三峡大坝的建成创下了多项世界之最，如建筑规模最大、泄洪能力最大、装机容量最大等。

　　近年来长江流域的气候异常，让人们将目光聚焦到了三峡库区。2006年以后，重庆的酷暑高温，2008年的暴雪，2010年的西南旱灾，洞庭湖、鄱阳湖水量剧减等都让人自然而然地联想到了三峡大坝。例如，2011年长江中下游遭遇罕见大旱，"三峡工程本身就是干旱成因"的议论四起。那么，三峡工程是否真会对气候产生影响？会对气候产生多大影响？

　　目前已有许多学者利用不同手段对三峡大坝建成前后的气候变化情况进行了研究，但结论存在较大分歧，部分研究认为三峡工程对气候有一定影响，也有部分研究显示三峡工程对气候的影响微乎其微。

　　有人认为，三峡大坝蓄水之后，由于水汽的温室效应，四川盆地上空形成低压，夏季影响西太平洋副高、冬季影响蒙古高压的路线，从而对其下游地区的天气气候产生巨大的影响。

　　王国庆等（2009）采用类比方法分析，认为三峡水利工程将对库区气温、风速、蒸发等气象要素产生一定的影响。但由于高山陡坡的阻挡作用，三峡水库建成蓄水后，其影响范围局限在两岸高山之间的数十公里范围之内。三峡水库对气温的作用主要以充当"冷源缓冲"为主，可在一定程度上降低库区的年均气温，特别是夏季气温，但在冬季，由于水体放热，局地气温会在一定程度上升高。夏季库区中心部位降水及雷暴日可能减少，而水库周围或许会增加；冬季库区降水可能增多等。

　　程辉等（2015）认为，三峡水库建设以来，库区中东部地区由于地处三峡水库腹部核心地带，水面面积相对增幅较大，广大面积的水体对库区气候影响显著，库区气温年较差逐渐减小，由此导致夏季平均气温降低，冬季升高。

　　部分学者利用数值模拟手段，对三峡大坝蓄水前后的气温、降水、风场等进行了模拟研究，模拟结果表明：①风、温、湿气象要素场在方圆近10km范围内具有不同程度的改变，夏季变幅比冬季大，同时研究表明三峡库区蓄水带来的影响主要体现在长江水道几十公里范围内（张洪涛等，2004）。②三峡大坝建成后地表温度下降2.9℃，近地面气温下降1.5℃，但降水并没有明显变化（Miller et al.，2005）。③夏季降水量在三峡库区中上游地区和附近的山区呈增加趋势，在库区下游及附近地区呈减少趋势，冬季降水量减少，减少幅度在10%～15%，主要集中在大坝附近地区到三峡（巫山）段；春季库区的相对湿度增加，幅度多在0.5%～1.0%，夏季相对湿度的影响也存在正负两种效应（大坝上游库区附近相对湿度增加，大坝下游地区相对湿度降低），冬季变幅不大，变化区域也以相对湿度减小为主，且变幅都在1%以下（马占山等，2010）。④使用WRF模式模拟的结果表明，三峡水库建成后，明显对重庆地区的降水有影响，并使得该地区的风速增大（王中等，2012）。

当然也有部分数值模拟结果显示三峡水库建成后引起的温度和降水的变化很小。如吴佳等（2011）利用RegCM3区域气候模式研究发现，三峡水库引起的三峡区域地面气温和降水的变化很小（图10-25），区域平均夏季的气温、降水变化为微弱的上升和增加（0.01℃和1.7%）。从其地理分布上看，除库区本身显著降温和降水略微减少外，基本看不出其他系统性的明显变化，特别是降水。气温变化通过统计显著性检验变化的格点大部分在库区本身，以降温为主。三峡水库引起的气温和降水变化与距库区远近有一定关系，但其总体效应及对2006年川渝高温干旱的作用，可以忽略不计。

另外，学者们利用观测数据经过统计分析后也认为，三峡大坝的建成对周围地区气候的影响极其有限（Xiao et al.，2010；李博和唐世浩，2015）。Wu等（2006）基于地表观测和卫星观测数据的研究表明，三峡水利工程不是干旱、低温雨雪冰冻等极端天气出现的主因，它对极端天气事件的影响并不明显。陈鲜艳等（2013）利用统计分析方法发现，三峡库区水汽主要来自孟加拉湾、索马里和中国南海及青藏高原的输送，库区水汽内循环不足5%。水库蓄水虽使附近水汽的内循环发生一定变化，但这种水汽内循环相对于外循环是微不足道的，不能导致比它面积大很多倍的区域性旱涝灾害的发生。

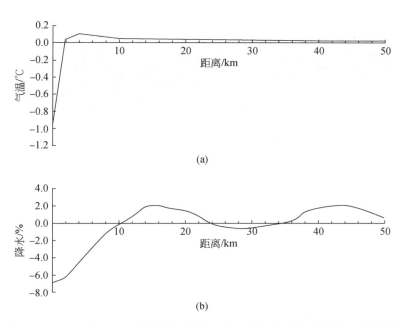

图 10-25　2005 年、2006 年夏季距库区不同距离上气温（a）和降水（b）的
变化（吴佳等，2011）

探究活动

1. 根据你掌握的知识，对上述观点做出评述。
2. 根据图10-26显示的模拟结果，说明三峡大坝对气候影响随距离的变化特征。

第六节　绿洲效应与荒漠化效应

一、绿洲效应

在沙漠地区，只要有水源，水分与空气混合，即可降低空气温度，提高相对湿度。湿润的空气适合作物生长，形成人类可居住的条件。空气与水混合，空气的热量使得水分自液体转变为气体（蒸发作用），空气的热量因被水分吸收而减少，空气温度因此降低（冷却作用）。水分变成水蒸气又进入空气之内，因此空气内相对湿度增加。此种水与空气混合产生降温加湿的效果与沙漠中绿洲（图10-26）的作用十分相似，因此称为绿洲效应。

图 10-26　沙漠中的绿洲

在干旱或半干旱地区，进行大面积的人工灌溉可以引起气候变化，产生绿洲效应。经过灌溉的土地土壤湿润，热容量增大，水分蒸发量也随之增加，土壤和近地面层气温的昼夜变化趋向和缓，相对湿度加大，就好比在沙漠中出现绿洲一样。

大面积的灌溉可使局部范围内的气候相应改变，额外水分的蒸发将引起云、辐射和降水等的变化。例如，自20世纪30年代以来，美国在62000km²的土地上进行灌溉，结果使当地初夏增雨10%。有些科学家还曾设想建立半径达50m的巨型输水管道，横跨大西洋，将南美亚马孙河口的淡水输送至非洲撒哈拉沙漠灌溉，形成广阔的绿洲，以改善其极端干旱的气候状况。

二、荒漠化效应

荒漠化（desertification）是干旱少雨、植被破坏、大风吹蚀、流水侵蚀、土壤盐渍化等因素造成的大片土壤生产力下降或丧失的自然（非自然）现象。有狭义和广义之分，20世纪60年代末和70年代初，非洲西部撒哈拉地区连年严重干旱，造成空前灾难，"荒漠化"名词于是开始流传开来。

狭义荒漠化即沙漠化。在极端干旱、干旱与半干旱和部分半湿润地区的砂质地表条件下，由于自然因素或人为活动的影响，破坏了自然脆弱的生态系统平衡，出现了以风沙活动为主要标志，并逐步形成风蚀、风积地貌结构景观的土地退化过程（图10-27）。

图 10-27　荒漠化景观

广义的荒漠化是指人为和自然因素的综合作用，使得干旱、半干旱甚至半湿润地区自然环境退化（包括盐渍化、草场退化、水土流失、土壤沙化、狭义沙漠化、植被荒漠化、历史时期沙丘前移入侵等以某一环境因素为标志的具体的自然环境退化）的总过程。

荒漠化效应就是荒漠化的正反馈机制。由于人为或者自然的因素，植被一旦破坏或者退化，将会导致地面进一步干旱化以及植被进一步退化的过程，如图10-28所示。

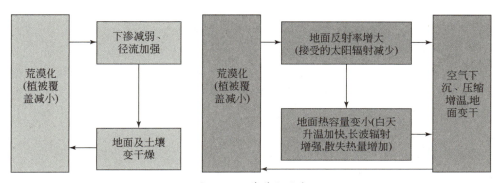

图 10-28　荒漠化效应

荒漠化是全球环境问题，有100多个国家和地区受到荒漠化的威胁。产生荒漠化的原因有自然因素和人为因素。

自然因素包括干旱（基本条件）、地表松散物质（物质基础）、大风吹扬（动力），没有植被（保护）等。人为因素既包括来自人口激增对环境的压力，又包括过度樵采、过度放牧、过度开垦，矿产资源的不合理开发，以及水资源不合理利用等人类的不当活动。

人为因素和自然因素综合作用于脆弱的生态环境，造成植被破坏，荒漠化现象开始出现和发展。荒漠化程度及其在空间上的扩展受干旱程度和人畜对土地压力强度的影响。荒漠化也存在着逆转和自我恢复的可能性，这种可能性的大小及荒漠化逆转时间进程的长短受不同的自然条件（特别是水分条件）、地表情况和人为活动强度的影响。

在不同的自然条件下，荒漠化土地防治途径与措施不同。根据中国北方沙漠化土地的特征，在半干旱地区的防治措施主要有：

（1）调整不利于生态环境良性循环的土地利用结构，合理地安排农业、林业、牧业的比例。

（2）封育沙漠化的弃耕地和退化草场，使植被自然恢复。

（3）采取分区轮作或轮收，限制载畜量。

（4）采用植物固沙为主、工程措施固沙为辅的固沙方法（图10-29）。

图 10-29　荒漠化治理

第七节　人与四大圈层

地球是一个特殊的物理化学系统，它和太阳系其他行星不同，不但有液态水圈，氮、氧为主成分的大气圈，有固体岩石圈组成的岩石圈，而且还有充满生机活力的生物圈。这一系列的特征使得这颗特别的星球变得更加与众不同——有了人类的出现、生存与发展。

近代以来，在居于中心地位的智慧圈中，人类活动对环境变化发挥着越来越大的作用，对圈层的干扰强度和广度越来越大，有些方面甚至已经超过了它们各自的自然变化值。量多面广的污染物干扰了原有的生物地球化学循环，引发了一系列全球变暖、臭氧层耗竭、酸雨肆虐、水体污染和水资源短缺、森林及湿地萎缩、灾害频发和生物多样性减弱等环境危机，对人类自身的生存和发展构成了现实或潜在的威胁。

一、人与生物圈

人类是生物圈的一部分（位于生物圈中）（图10-30），但又不同于一般的生物，主要体现在两方面：一是社会性高；二是智力高。国家、社会、家庭等均由此派生出来，动物则没有这两方面特征或表现比较初级、低级。人有意识、有思维、有语言，通过语言，人组成了一个统一的社会；通过语言，人类可以积累文化，后代可以快速传承前人的文化成果等。

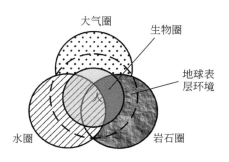
图 10-30　人与四大圈层的关系

劳动决定了人与动物的根本区别，如果把人类劳动进一步分为创造性劳动和重复性劳动，又可以发现，创造性劳动是人区别于动物的根本标志。人的劳动是有意识的具有创造性的活动，动物的行为则是无意识的、条件反射的活动。这一根本区别就决定了人有不断发展的前景，而动物则只有变化的可能。人类劳动向高级形态发展，最主要的标志是创造性劳动的数量和水平的增长。正是创造性劳动的不断增长，构成了社会生产力进步的核心内容，并驱使经济和社会关系不断演变。

总之，人和动物的本质区别从哲学上讲在于人是一种有意识的社会性的生物，而其他动物的活动都是本能的。人具有无穷的智慧和巨大的创造力。人能够制造并使用工具进行生产劳动，能够不断地进行创造满足生存和发展的需要，能够不断改造利用生物圈，让其为自己所用。

二、人类对四大圈层的影响

大气圈各组成成分之间的平衡是长期地球历史演化的结果，破坏这种平衡也就破坏了人类和各种生物赖以生存的基础。工业化以来，人类大量开发利用各种资源，向大气中排放污染物，使人类面临重大的大气环境问题。首先，随着工业的发展，工业交通和生活上各种燃料的燃烧，大气中的二氧化碳等温室气体的含量不断增加，导致温室作用增强，使低层大气－对流层的温度升高。其次，人类活动增加了大气中尘埃的数量。其中有许多半径小于$20\,\mu m$的气溶胶粒子悬浮在大气中，犹如一把阳伞遮挡住了阳光，减弱了到达地面的太阳辐射，导致地面气温降低。然后，大气中的烟尘微粒又充当了凝结核的角色，为形成降水创造了有利条件。降水的增加对地面的气温也起到了冷却作用。最后，随着工业的发展，大量的废油排入海洋，形成一层薄薄的油膜散布在海洋上。这层油膜能抑制海面的蒸发，阻碍潜热的释放，引起海水温度和海面气温的升高。同时，由于蒸发作用减弱，海面上的空气变得干燥，减弱了海洋对气候的调节作用，海面上出现类似于沙漠的气候。因而，有人将这种影响称为"海洋沙漠化效应"。总之，人为因子对大气圈的影响是非常复杂的。但其影响主要是通过以下三条途径进行的：一是改变下垫面的性质；二是改变大气中的某些成分（二氧化碳和尘埃）；三是人为地释放热量。

这些影响的效果又不完全相同，有的增暖，有的冷却，有的增湿，有的减湿。而这些影响又是叠加在自然原因之上一起对大气圈产生影响，且各个因子之间又相互影响、相互制约（图 10-31）。

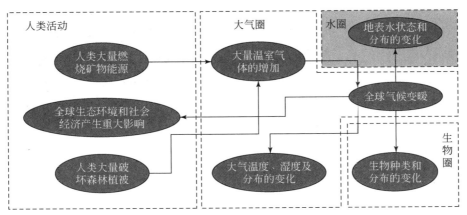

图 10-31　人类活动对全球气候和环境的影响

随着人口增长和经济发展，人类对水资源的需求量大幅度增加，水资源的供需矛盾日益尖锐。然而，人类在农业中不科学地灌溉、生活中缺乏节约意识、工业废水直接排入江河等一系列行为都对水资源造成了大量的浪费和污染。主要体现在：大量开采利用地下水，直接导致地下水位大幅度下降甚至地下含水层枯竭，间接导致地面沉降；过度不合理地开发利用地表水，引起的后果有湖泊消失、河流断流和湿地退化等。兴建水库虽然对防洪、发电等有很多好处，但它易触发地震，淹没大量农田，影响渔业发展，改变河流入海口生态环境，使得原有的生态系统平衡被打破，还会带来库区移民问题等；河流渠道化虽有利于排水防洪，但也改变了河流原有的物理性状，改变了水生生物的生存环境，将给水生生态系统带来灾难性的影响；水体过度利用，破坏了原有的生态系统结构和功能，严重影响水生生态系统的健康与可持续发展。

目前，人为地质作用作为一种特殊的外力地质作用对地质环境的影响，其后果完全可以和自然地质作用相提并论，因此被广泛关注。人为地质作用的负面影响方式有三种：①直接参与岩石的风化及地貌形态的破坏过程。城市建设中各类工程开挖土方时，采取的爆破、削坡等工程活动使岩体松动、裂隙增多，促使物理风化作用加剧，形成崩塌、泄溜；人工开挖又可改变斜坡的形态，使斜坡有可能变陡，促使临空面发育，常导致滑坡产生；矿井采空或者地下工程建设引发地面塌陷（图 10-32），过量抽取地下水造成地面沉降都改变了局部地貌形态，引起不良的环境地质问题。②人类活动加剧了不良环境地质问题的发展。水土流失本来是一个自然地质过程，之所以形成灾害，主要是人为破坏植被、乱垦滥伐导致这一过程加剧的结果。③修建大型工程建筑物引起不良环境地质问题。例如，修建水库增加了水体对岩层的压力，可能改变原有的岩体与应变能的平衡，触发地震。世界上这类例子很多，我国广东的新丰江水电站建成后，引发了系列地震，最大的震级达 6 级。

图 10-32　地铁建设引发的地面塌陷（中国青年网，2017）

　　土壤圈处于大气圈、岩石圈、水圈和生物圈的交界面，是联系有机界和无机界各要素的中心枢纽。土壤能提供植物生长的营养，是人类获得生产生活资源的重要来源，因此，土壤圈健康与否对人类的影响很大，人类的不当行为导致了严重的土壤问题，包括荒漠化、水土流失、盐碱化、水涝以及土壤污染等。因此，人类必须认真考虑自身与土壤圈的关系，保护好土壤的生态平衡。

　　生物圈作为最大的生态系统，是人类生活的基础。然而工业化以来，随着科学技术的发展，人类改造自然的能力增强，为了自身发展的需要忽视了客观的自然规律，过度放大了自己在自然环境中的地位，破坏了人与自然的平衡与和谐，主要表现在森林缩小、牧场退化、物种灭绝加速、生物多样性减弱等。

三、人类、圈层与地球表层环境

　　地球表层是人类社会发展的场所，尽管随着科学技术的发展，人类的活动范围已远远超出海陆表面，达到地球高空甚至宇宙空间，但地球表层依然是人类活动的基本环境。地球表层系统包括非生物、生物、人类。地球表层系统的组成包括（图 10-33）：四大圈层、三大界（有机界、无机界、人文界）、固液气三态物质，主要有三态转化、地球内力和外力作用、相互作用及人类活动等特征。

　　由于地球距离太阳远近适中，具有适宜的温度；其形状大小适宜，使它表面吸引了适量的水和大气并保持一定的压力，造就了地表固态、液态、气态三种形态物质共存并互相转化的复杂形态。固、液、气三态相互并存、相互作用是地球表层的突出特征，它表现为两个方面的机制：一是界面机制；二是异质机制。

　　从物理意义上看，能量和物质的转换和传输主要是通过界面来进行的；从化学意义上讲，吸附作用、吸收作用也是首先通过界面来实现的。界面面积的大小与物质能量的循环、交换、传输的程度和复杂性是正相关的，界面的存在和表面积的扩大，促进了地

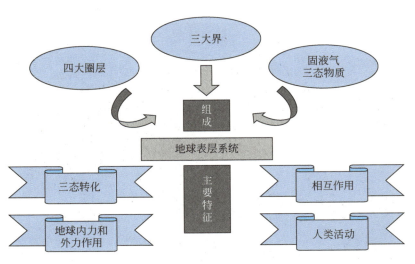

图 10-33　地球表层系统

球表层的物质循环和能量传输，而来自地球内部的能量和来自地球外部的能量不断地促进地球三界面总面积的扩大，彼此形成了正反馈的过程，这种相互促进不可逆转的发展过程，造成了地球表层的不断进化。

异质机制是指气体、液体、固体三相之间物质组成和结构功能之间明显差异所产生的特殊效应。异质有利于调节和促进物质和能量的流动和转换。地表三相共存，形成了海洋、陆地、冰川、沙漠、湖泊、沼泽等大小等级不同的异质系统，从而造成了不同规模的水分、空气循环，实现了物质和能量的循环运动和转换。

人类的出现使地球表层发生了质的变化，也构成了区别于其他层圈的突出特征。人类改变大气圈，造成温室效应、热岛效应，甚至控制局部环流；人类改变水循环、创造人工地形，也改变了生物界的面貌；等等。现在几乎找不到一块没有人类影响的净地，人类的作用和影响在地球上已经连成一片，形成了名副其实的智慧圈、文化圈，地球表层渐渐成了人与自然相互作用形成的新的系统（图 10-34）。

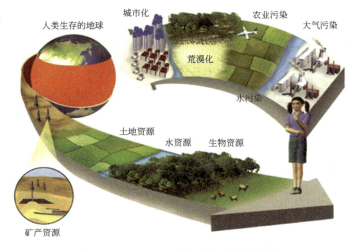

图 10-34　人的行为影响地球资源环境

地学视野：国际地圈生物圈计划

IGBP 是国际地圈生物圈计划（International Geosphere-Biosphere Program）的英文名缩写。IGBP 与生物计划（International Biological Program，IBP）、人与生物圈计划（Man and the Biosphere Programme，MAB）可以视为生态系统研究的三个阶段。IGBP 是在 IBP、MAB 基础上组织起来的，由国际科学联合会理事会（ICSU）于 1986 年建立，旨在制定区域和国际政策、讨论关于全球变化及其所产生的影响。

IGBP 由 3 个支撑计划和 8 个核心研究计划组成。3 个支撑计划为全球分析、解释与建模（Global Analysis，Interpretation and Model，GAIM），全球变化分析、研究和培训系统（Global Change System for Analysis Research and Training，START），IGBP 数据与信息系统（IGBP Data and Information Systems，IGBP-DIS）。8 个核心研究计划分别为：①国际全球大气化学计划（International Global Atmospheric Chemistry Project，IGAC）；②全球海洋通量联合研究计划（Joint Global Ocean Flux Study，JGOFS）；③过去的全球变化研究计划（Past Global Changes，PAGES）；④全球变化与陆地生态系统（Global Change and Terrestrial Ecosystems，GCTE）；⑤水文循环的生物学方面（Biospheric Aspects of the Hydrological Cycle，BAHC）；⑥海岸带的海陆相互作用（Land-Ocean Interactions in the Coastal Zone，LOICZ）；⑦全球海洋生态系统动力学（Global Ocean Ecosystem Dynamics，GLOBEC）；⑧土地利用与土地覆盖变化（Land Use and Land Cover Change，LUCC）。

IGBP 的主要科学目标是：描述和认识控制整个地球系统相互作用的物理、化学和生物学过程；描述和理解支持生命的独特环境；描述和理解发生在该系统中的变化以及人类活动对它们的影响方式。其应用目标是发展预报理论，预测地球系统在未来十至百年时间尺度上的变化，为国家和国际政策的制定提供科学基础。该计划具有高度综合和学科交叉的研究特点，标志着地球科学和宏观生物学的研究跨入了一个新的深度和广度。

该计划于 2015 年底结束，其网站已停止更新，但从其网站上仍能获得相应的研究结果（http://www.igbp.net/），如图 10-35 和图 10-36 所示。

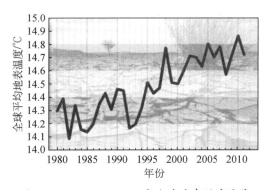

图 10-35　1980～2011 年全球地表温度曲线

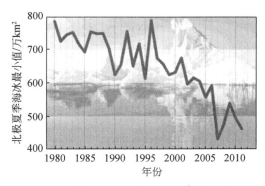

图 10-36　1980～2011 年北极夏季海冰最小值曲线

案例分析：黄土高原的生态修复

黄土高原由于严重的生态环境问题为国内外学者所瞩目，同时也是国家生态建设重点推进区域。为了遏制严重的水土流失，我国政府采取了调整土地利用结构、恢复植被、改进耕作方式、在坡面修建梯田以及在沟道修建淤地坝等一系列水土保持措施。

梯田是在黄土高原等土层深厚地区广泛采用的坡面水土保持措施，梯田显著地改变了坡面产汇流的下垫面特征，如梯田改变了地表的坡度组成，改变了坡面径流的方向。长期、大量的野外小区实测试验显示：梯田的减水效益在80%以上。坡改梯后，降水很快发生入渗，入渗过程中进入土壤中的水在土壤中运动时受分子力、毛管力和重力的影响，分子力、毛管力随土壤水分的增加而减少，因此水分的入渗速度随时间延长也不断降低。

林草恢复作为治理水土流失、改善生态环境中一项重要而且极为有效的生物措施，一直受到人们的关注。降水和太阳辐射通过林草重新分配，林地土壤水分状况和林草固定太阳能的比例就会发生改变，从而直接影响土壤水分和养分的共同利用关系。另外，林草凋落物也通过形成腐殖质，改善土壤结构，提高土壤入渗性，调节地表径流，从而对土壤侵蚀及养分流失起到重要的防治作用。

经过几十年的治理，目前黄土高原绝大部分地区的植被指数显著提高，黄土高原的生态系统得到了修复，土地生产力得到了提升（图10-37）。

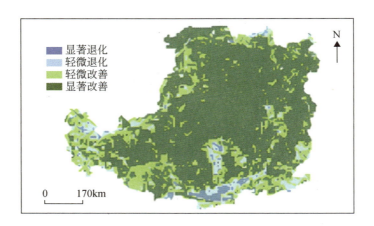

图10-37　黄土高原1985～2015年植被指数变化（张慧雯等，2023）和现在的地面景观（甘肃定西，据王宏宾，2021）

图 10-37（续）

第八节　地表环境的格局与特征

　　地球表层自然环境存在着一定的分异规律。地域分异规律是指地球表层自然环境及其组成要素在空间分布上的变化规律，即地球表层自然环境及其组成要素，在空间上的某个方向保持特征的相对一致性，而在另一方向表现出明显的差异和有规律的变化。

一、纬度地带性

　　太阳辐射随纬度不同而发生有规律的变化，导致地球表面热量由赤道向两极逐渐变少，因而产生地球表面的热量分带：热带、亚热带、温带和寒带（表 10-1）。由于这些热量带平行于纬线呈东西向分布，并且随着纬度的高低呈南北向的交替变化，故称之为纬度地带性。热带分布在赤道附近及其两侧，热量平衡大于 75kcal/（cm^2·a），是地球上最热的地带；亚热带分布在热带两侧的低纬度地区，热量平衡在 45～75kcal/（cm^2·a），南半球的亚热带称为南亚热带，北半球的亚热带称为北亚热带；温带分布在亚热带两侧的中纬度地区，其热量平衡在 35～45kcal/（cm^2·a），南北半球各有一个温带，分别称为南温带和北温带；寒带分布在高纬度地区，热量平衡小于 35kcal/（cm^2·a），是地球上最寒冷的地带，位于南半球的寒带称为南寒带，位于北半球的称为北寒带。但

有的时候，地球上的热量带只分为五个，即热带、南温带、北温带、南寒带、北寒带（图10-38）。热量不同导致各个地带的地表环境不同。

表 10-1　地球表层的热量分带

热力基础 – 辐射平衡（R）/ [kcal/（$cm^2 \cdot a$）]	分带
＜ 35	寒带
35 ～ 45	温带
45 ～ 75	亚热带
＞ 75	热带

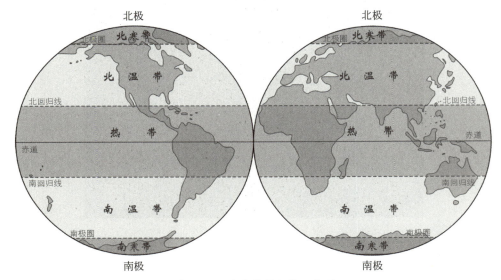

图 10-38　地表热量分带示意图

纬度地带性规律是全球尺度的地域分异规律。受海陆分布、大气环流、洋流等因素的影响，纬度地带性有时会受到干扰，显得没有这么理想，但纬度地带性规律却是普遍存在的。

中国地域宽广，南端南沙群岛的曾母暗沙的纬度只有 4°N 左右，北端黑龙江省的漠河纬度可达 53°31′N，南北跨近 50 个纬度，约 5500km。因此，地带性比较明显，跨越了热带、亚热带和温带。南方暖热、北方寒冷也就不足为奇了。

二、干湿度分带性

全球陆地降水量的 89% 来自海洋湿润气团，而海陆间的水交换强度越深入内陆越弱，因此导致了大部分大陆上的干湿度由海岸线附近向大陆内部发生规律性的变化：沿海地带比较湿润，向内陆逐渐变干燥。简而言之，由海陆分布导致的干湿度由海向陆的带状分布规律，称为干湿度分带性。

干湿度分带往往平行于海岸线分布。由于大陆东西两侧海岸线比较长也比较完整，干湿度分带近似呈南北延伸、东西演替，故干湿度分带性曾经被称为经度地带性。但研究发现，干湿度分带并不与经线平行，而是与海岸性平行，干湿分带演替的方向也不完全呈东西向而是垂直于海岸线。因此，"经度地带性"这个名称已经废除。干湿度分带性的存在导致植被、土壤等也同样具有平行于海岸线的分带性。

干湿度分带性是大陆尺度的地域分异规律，在宽广的大陆上，尤其是季风大陆区比较明显。

我国的干湿度分带性非常明显，从东南沿海到西北内陆，随着与海岸距离的增加，降水逐渐减少。如果垂直于降水量等值线从上海到内蒙古的额济纳旗做一个剖面，年降水量随着与海距离的增大而递减。在年降水量大于100mm的情况下，年降水量（P）与距岸线的距离（L）呈直线相关，相关系数可以达到0.98，标准差ε为59.5。相关方程可以写为

$$P=1150-0.56L \tag{10.3}$$

式中，P的单位为mm；L的单位为km。

降水的分带性导致植被、土壤也呈现出类似的分带性。植被由沿海地区的森林向内陆逐渐变为森林草原、草原、荒漠。植被类型与干燥度之间的关系如图10-39所示。

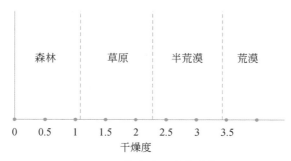

图 10-39　植被随干燥度的变化

三、垂直带性

随着海拔升高，气温逐渐降低，降水也呈现出一定的变化，因而导致气候、植被、土壤和自然景观呈现出垂直方向上的带状分布与变化，这就是垂直带性。简而言之，垂直带性就是自然景观随海拔变化而呈现出的带状分布与变化规律。

垂直带性出现在山区或高原边缘，是地区尺度（中尺度）的地域分异规律。只要山地有足够的高度、相对高差足够大，就可以自下而上形成一系列垂直自然带。最下面的一个带称为基带，所有垂直带的有规律排列，称为垂直带谱。山地垂直带谱的特征取决于山地所在的水平地带与山地的高度、走向等山文特征。山地所在的水平地带就是山地垂直带谱的基带。从赤道到极地，从沿海到内陆，基带不同则决定了垂直带谱的不同。在足够的降水条件下，纬度越低、海拔与相对高差越大，垂直带数越多，垂直带谱越完整；反之，纬度越高、海拔与相对高差越小，垂直带数越少，垂直带谱越不完整。

干旱地区，由于缺水，垂直带谱往往不明显。山地的迎风坡与背风坡水分条件不同、

阳坡与阴坡热量条件不同，导致了同一山地不同山坡的垂直带谱不同。喜马拉雅山位于亚热带地区，南坡降水量比较丰富，因此南坡出现了比较好的垂直带谱，它的基带为亚热带常绿阔叶林带，向上依次为针阔叶混交林带、针叶林带、高山灌木林带、高山草甸带、高山荒漠带和积雪冰川带，而北坡受高原地形与降水的影响，其垂直带谱与南坡有很大不同（图 10-40）。

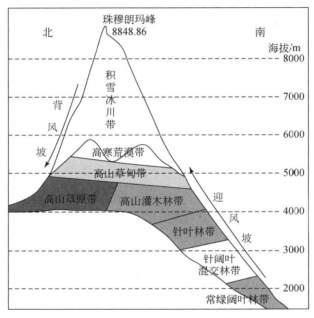

图 10-40　喜马拉雅山的垂直带谱

垂直带谱是水平地带性在垂直方向上的变异，但不是水平地带性的克隆。它们之间存在着一定的差异性。

四、其他地域分异规律

除了上述地域分异规律外，还有一些不太明显的或影响范围较小的地域分异规律。

（一）构造-地貌成因的地域性分异

由于构造及构造运动，形成了不同的地貌单元与景观，如高原、盆地、山地、丘陵、平原等。由于发生学上的一致性，各个构造-地貌单元内部自然环境具有相对一致性，而各个构造-地貌单元之间却有比较大的差异。例如青藏高原内部的寒旱特征，与周围地区均不相同，构成了自身的特殊性，因此在自然区划中单独划分为一个大区。由构造-地貌分异造成的自然景观的地域分异称为构造-地貌成因的地域性分异。

（二）具有地方气候背景的地域分异

地方性气候也会引起地表环境的空间分异。例如，湖泊及其周围气温变差比较小，湿度比较大；而向外围气温变差逐步增大，湿度降低。这种现象在干旱区更加明显。在沙漠区的绿洲，空气湿度比较大，风速比较小，温度变差也比较小；但随着与绿洲距离的增加，空气湿度减小，风速增大，温度变差也增大。城市中心的温度比较高、湿度比较小，而由城市中心向外围到郊区，温度逐步降低、湿度也逐渐增大。

（三）地貌部位与小气候引起的地域分异

地貌部位与小气候同样可以引起地表环境的空间分异。山顶与山坡、谷底与谷坡、阳坡与阴坡、阶地与漫滩、洞内与洞外、扇顶与扇缘，不同的地貌部位具有不同的水分与热量条件，因而形成了不同的环境与景观。同一地貌部位，由于岩性、土质、排水条件的不同，也会引起地表环境的分异，只不过这是更小尺度的地域分异。

（四）高原地带性

由于高原不仅海拔高，还跨越了比较大的水平空间，因此其地域分异具有特殊性。其特殊性主要表现在：①高原的自然地带从边缘向内部辐合，具有明显的多向辐合的特征；②较之同纬度的低海拔自然地带，高原地带具有偏向极地的特征；③高原地带具有与同纬度低海拔自然地带完全不同的热量背景；④山地垂直带谱是水平带谱在垂直方向上的变异，而高原水平带谱却是山地垂直带谱在巨大高程上的水平变异。由于这些特殊性的存在，有必要单独列出，张新时（1978）称之为高原地带性。

探究活动：观测气温气压变化、探究火山活动的影响

1. 观测不同下垫面的近地面温度及气压的日变化，分析其原因

选取不同下垫面（如湖面、草地、林地、水泥路面等），使用气象要素测量仪，从早8：00至晚8：00，间隔1小时观测1次，并记录近地面气温及气压观测值，形成气温及气压的日变化图表。根据图表，分析不同下垫面气温和气压的日变化特征，并分析其原因。

2. 探究火山活动对全球气温的影响

收集文献及相关信息，了解当前研究进展，进行书面或口头报告。

主要参考及推荐阅读文献

陈明扬.1991.中国风尘堆积与全球干旱化.第四纪研究，（4）：361-372.

陈鲜艳，张强，叶殿秀，等.2009.三峡库区局地气候变化.长江流域资源与环境，18（1）：47-51.

陈鲜艳，宋连春，郭占峰，等.2013.长江三峡库区和上游气候变化特点及其影响.长江流域资源与环境，22（11）：1466-1471.

程辉，吴胜军，王小晓，等.2015.三峡库区生态环境效应研究进展.中国生态农业学报，23（2）：127-140.

高海东，李占斌，李鹏，等.2016.黄土高原多尺度土壤侵蚀与水土保持研究.北京：科学出版社.

李博，唐世浩.2015.基于TRMM卫星资料分析三峡蓄水前后的局地降水变化.第32届中国气象学会年会s18气象卫星遥感新资料——新方法－新应用.

李艳，高阳华，陈鲜艳，等.2011.三峡下垫面变化对区域气候效应的影响研究.南京大学学报（自然

科学版），47（3）：330-338.

马占山，张强，秦琰琰.2010.三峡水库对区域气候影响的数值模拟分析.长江流域资源与环境，19（9）：1044-1052.

钱利军，时志强，欧莉华.2010.二叠纪—三叠纪古气候研究进展——泛大陆巨型季风气候：形成、发展与衰退.海相油气地质，15（3）：52-58.

沈焕庭，茅志昌，朱建荣.2003.长江河口盐水入侵.北京：海洋出版社.

王国庆，张建云，贺瑞敏，等.2009.三峡水利工程对区域气候影响的初步分析.中国科协年会.

王宏宾.定西市安定区：黄土高原生态建设的典范.（2021-07-23）[2023-12-01]. https://www.gscn.com.cn/gsnews/system/2021/07/23/012618453.shtml.

王鸿祯，刘本培.1980.地史学教程.北京：地质出版社.

王建，席萍，刘泽纯，等.1996.柴达木盆地西部新生代气候与地形变化.地质论评，43（2）：166-173.

王建，刘泽纯，陈晔，等.2000.2.6 Ma BP 前后亚洲季风系统的重组.古地理学报，2（2）：73-83.

王绍武，赵宗慈，龚道溢，等.2005.现代气候学概论.北京：气象出版社.

王中，杜钦，白莹莹.2012.三峡下垫面变化对重庆气象要素影响的数值模拟.西南大学学报（自然科学版），34（3）：102-109.

魏格纳.2006.海陆的起源.李旭旦，译.北京：北京大学出版社.

吴佳，高学杰，张冬峰，等.2011.三峡水库气候效应及2006年夏季川渝高温干旱事件的区域气候模拟.热带气象学报，27（1）：44-52.

张洪涛，祝昌汉，张强.2004.长江三峡水库气候效应数值模拟.长江流域资源与环境，13（2）：133-137.

张新时.1978.西藏植被的高原地带性.植物学报，20（2）：140-149.

张慧雯，赵燕，陈怡平.2023.近40年来黄土高原植被变化趋势及其生态效应.地球科学与环境学报，45（4）：881-894.

Arora V K，Montenegro A. 2011. Small temperature benefits provided by realistic afforestation efforts. Nature Geoscience，4（8）：514-518.

Bonan G B. 2002. Ecological Climatology：Concepts and Applications. Cambridge：Cambridge University Press.

Bonan G B. 2008. Forests and climate change：Forcings，feedbacks，and the climate benefits of forests. Science，320（5882）：1444-1449.

Brovkin V，Boysen L，Arora V K，et al. 2013. Effect of anthropogenic land-use and land-cover changes on climate and land carbon storage in CMIP5 projections for the twenty-first century. Journal of Climate，26（18）：6859-6881.

Feng X M，Fu B J，Piao S L，et al. 2016. Revegetation in China's Loess Plateau is approaching sustainable water resource limits. Nature Climate Change，6（11）：1019-1022.

Findell K L，Pitman A J，England M H，et al. 2009. Regional and global impacts of land cover change and sea surface temperature anomalies. Journal of Climate，22（12）：3248-3269.

Gibbard S G，Caldeira K，Bala G，et al. 2005. Climate effects of global land cover change. Geophysical Research Letters，32（23）：308-324.

Hsu P C，Li T，Murakami H，et al. 2013. Future change of the global monsoon revealed from 19 CMIP5 models. Journal of Geophysical Research Atmospheres，118（3）：1247-1260.

Kitoh A，Endo H，Kumar K K，et al. 2013. Monsoons in a changing world regional perspective in a global context. Journal of Geophysical Research Atmospheres，118（8）：3053-3065.

Kutzbach J E，Gallimore R G. 1989. Pangaean climates：Megamonsoons of the megacontinent. Journal of Geophysical Research Atmosphere，94（D3）：3341-3357.

Liu J，Wang B，Cane M A，et al. 2013. Divergent global precipitation changes induced by natural versus anthropogenic forcing. Nature，493（7434）：656-659.

Miller N L，Jin J M，Tsang C F. 2005. Local climate sensitivity of the Three Gorges Dam. Geophysical Research Letters，32（16）：101-120.

Moore G T，Sloan L C，Hayashida D N，et al. 1992. Paleoclimate of the Kimmeridgian/Tithonian（Late Jurassic）world：II. Sensitivity tests comparing three different paleotopographic settings. Palaeogeography Palaeoclimatology Palaeoecology，95（3-4）：229-252.

Murdiyarso D，Purbopuspito J，Kauffman J B，et al. 2015. The potential of Indonesian mangrove forests for global climate change mitigation. Nature Climate Change，5（12）：1089-1092.

Parrish J T，Peterson F. 1988. Wind directions predicted from global circulation models and wind directions determined from eolian sandstones of the western United States—a comparison. Sedimentary Geology，56（1-4）：261-282.

Robock A. 2000. Volcanic eruptions and climate. Reviews of Geophysics，38（2）；191-219.

Ruddiman W F，Kutzbach J E. 1989. Forcing of late Cenozoic northern hemisphere climate by plateau uplift in southern Asia and the American west. Journal of Geophysical Research：Atmospheres，94（D15）：18409-18427.

Stocker T F，Qin D，Plattner G-K，et al. 2013. Technical Summary//Climate Change 2013：The Physical Science Basis. Contribution of Working Group I to the Fifth Assessment Report of the Intergovernmental Panel on Climate Change. Cambridge：Cambridge University Press.

Strahler A H. 2005. Physical Geography：Science and Systems of the Human Environment. 3rd ed. Hoboken：John Wiley & Sons.

Tabor N J，Poulsen C J. 2008. Palaeoclimate across the Late Pennsylvanian— Early Permian tropical palaeolatitudes：A review of climate indicators，their distribution，and relation to palaeophysiographic climate factors. Palaeogeography Palaeoclimatology Palaeoecology，268（3-4）：293-310.

Wu L G，Zhang Q，Jiang Z H. 2006. Three Gorges Dam affects regional precipitation. Geophysical Research Letters，331（13）：338-345.

Xiao C，Yu R，Fu Y. 2010. Precipitation characteristics in the Three Gorges Dam vicinity. International Journal of Climatology：A Journal of the Royal Meteorological Society，30（13）：2021-2024.

第三部分

从自然地理学看资源、环境与可持续发展

第十一章

地球表层环境的评估、区划与预测

第一节　地球表层环境的评估指标

地球表层环境是由四大圈层相互作用形成的，因此对地球表层环境的评估也应该综合考虑与四大圈层有关的指标，着重考察其地质地貌环境、气候环境、水体环境和生物环境（图 11-1）。

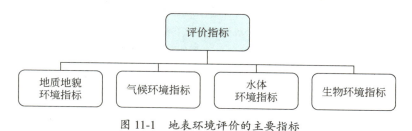

图 11-1　地表环境评价的主要指标

一、地质地貌环境指标

既然地质地貌环境对人类的生产与生活具有不可忽视的作用，那么如何对其进行评估呢？尽管到目前为止还没有形成一套系统的评估标准和指标体系，但根据对人类的影响大小，可以从以下几个方面进行评估。

1. 海拔

从目前的状况看，无论是生物的生产量，还是人口的密度，都存在随海拔升高而减小的趋势。因此，可以说在目前的科技和社会经济条件下，对大多数人来说，高海拔地区仍然是不太适合居住与生活的地方。海拔的分级可以借鉴原来山地、丘陵的分类标准（表 11-1）。

表 11-1　海拔分级及其对于现在人类生活的适宜程度（王建，2010）

海拔 /m	分级	适宜程度
< 500	1	适宜
500 ～ 2000	2	较适宜
2000 ～ 3500	3	有所不适
3500 ～ 5000	4	较不适宜
> 5000	5	很不适宜

2. 地面组成

地球表面存在多种元素，根据它们与人体、生物的关系，可以将其划分为必需元素、非必需元素和有毒元素。不同地区的地面组成物质不同，导致元素在各个地区的分布不均衡。如果要评价一个地区地面物质组成对人类环境有利或不利、适宜或不适宜，就要从这些元素的含量高低以及对人体有益还是有害来评价。动物和人体必需的元素有：碘、铁、铜、锌、锰、钴、钼、硒、铬、镍、锡、硅、氟、钒等。必需元素不足，对人体健康是不利的；但含量过多，也不利于人体的健康。非必需元素的多少对人体健康影响不大，可以不考虑。有毒元素含量越高，对人体的危害越大。因此，可以从地面组成的元素含量高低来评估人类生活的元素地球化学环境，将其划分为好、一般和差（表 11-2）。

表 11-2　地面元素组成与人类的元素地球化学环境（王建，2010）

能够被人体吸收的必需元素含量	能够进入人体或者生物的有毒元素含量	人类的元素地球化学环境
适中	无	好
适中	有	一般
偏少或者偏多	无	一般
偏少或者偏多	有	差

3. 地质灾害

地质灾害如地震、火山、滑坡、崩塌、泥石流等，严重威胁着人类的生产与生活环境。它们发生的强度和频度可以作为一个地区地质环境的重要指标。例如，对地壳稳定性、地震活动性、地质灾害风险性的评估，就是地质环境评价的一个重要方面。

4. 地面起伏

地面起伏对人类的生产、生活有着重要的影响。对大多数人来说，在平坦的地面生活要比在高低不平的地面生活更方便些。地面高度值的标准差可以在一定程度上反映地面的起伏程度，称之为地面起伏度。可以根据地面起伏度，评价其对人类生活的适宜度（表 11-3）。

表 11-3　地面起伏度分级及其对人类生活的影响（王建，2010）

地面起伏度 /m	地面起伏度分级	人类生活的适宜度
＜ 100	1	适宜
100 ～ 500	2	一般
500 ～ 1000	3	不适宜
＞ 1000	4	很不适宜

5. 地貌部位

不同的地貌部位其环境条件也是不同的。例如，迎风坡降水比较多，气候比较湿润，当然暴雨、泥石流发生的概率也比较大；背风坡一般降水比较少，气候比较干燥，虽然暴雨、泥石流发生的概率比较小，但受焚风、干旱影响比较大。平缓的山顶和山坡上，受到滑坡、泥石流、崩塌、洪水威胁的概率比较小，但交通相对来说不太方便；山麓、谷地中，交通比较方便，但受到滑坡、泥石流、崩塌、洪水威胁的概率比较大。河流岸边、湖泊周围以及沿海地带，交通比较便利，水资源、渔业资源比较丰富，但洪水、风暴潮的影响比较大。阶地、河漫滩是人类定居的理想场所，它们都有取水、用水方便的优点，但河漫滩比较容易受到洪水的威胁，因此相对来说低级阶地比河漫滩更适合人类居住。

二、气候环境指标

1. 温度

温度通过三方面影响环境：①直接影响人体的生理过程。人体内部基本保持37℃的恒温，体表皮肤温度约为33℃。这一温度差可以使身体内部热量向皮肤传递并散发，将人体新陈代谢过程产生的热量释放到外界环境中。人体只能忍受其内部±4℃的温度变化。体温低于32℃就会失去知觉，而高于41℃就有可能引起人体循环系统的崩溃。当体内温度低于28℃，或高于43℃时就会导致死亡。人在寒冷环境里打战、在炎热环境里出汗即是人体试图抵消寒冷和炎热影响的常见的生理反应。②通过影响细菌、病毒的生长来影响人体健康。③通过影响动植物的生长影响人类的生活与生产。

2. 湿度

湿度也是通过三个方面影响人类的环境：①直接影响人体的生理过程；②通过影响细菌、病毒的生长来影响人体健康；③通过影响动植物的生长影响人类的生活与生产。

3. 温、湿组合

温度20～24℃、湿度40%～60%是体感最舒适的温、湿度范围。当环境的炎热和潮湿组合时，人的感觉极不舒服。有很多经验指数可以用来表示人体对湿、热的感觉，其中知名度最高的是常被用来预报天气状况的温湿指数（THI）。作为一个经验指数，THI可以通过多种方式求得

$$THI=0.4(T_w+T_d)+15$$

或 $$THI=0.55T_d+0.2T_{dew}+17.5$$

或 $$THI=T_d-(0.55-0.55R.H.)(T_d-58) \qquad (11.1)$$

式中，THI为温湿指数；T_d为干球温度（℉）；T_w为湿球温度（℉）；T_{dew}为露点温度（℉）；R.H.为相对湿度（计算时以分数表示，如50%则以0.5代入计算公式）。

统计表明，当THI介于60～65时，大部分人感到舒适；当THI达到75时，至少有一半的人感觉不舒适；当THI高于85时，几乎所有人都感到不舒适（表11-4）。THI值越高，人们的不舒适程度越严重。不过，不同地区、不同种族的人群对同一温湿指数会有不同的舒适感受。

表11-4　人对温、湿度感觉分类

THI	感觉
60～65	大部分人感到舒适
75	至少有一半的人感觉不舒适
＞85	几乎所有人都感到不舒适

4. 气候、气象灾害

在不同的气候类型区，气候或气象灾害的类型以及灾害严重程度是不同的。在干旱气候区，影响最大的是干旱和风沙；在热带湿润区，气旋、暴雨、雨涝是主要的灾害；在极地气候区和高地气候区，寒冷、冰冻则成为主要的灾害；在季风气候区，干旱和雨涝都比较频繁，炎热和霜冻有时也会发生。

三、水体环境指标

1. 可用水的数量

绝对量：年径流量、径流深、径流系数等。相对量：人均径流量、人均淡水量、人均饮用水的数量等。

2. 可用水的质量

可以用质量等级、污染系数来表示水的质量。

Ⅰ类水质：水质良好。地下水只需消毒处理，地表水经简易净化处理（如过滤）、消毒后即可供生活饮用。

Ⅱ类水质：水质受轻度污染。经常规净化处理（如絮凝、沉淀、过滤、消毒等），其水质即可供生活饮用。

Ⅲ类水质：适用于集中式生活饮用水源地二级保护区、一般鱼类保护区及游泳区。

Ⅳ类水质：适用于一般工业保护区及人体非直接接触的娱乐用水区。

Ⅴ类水质：适用于农业用水区及一般景观要求水域。

超过Ⅴ类水质标准的水体基本上已无使用功能。

3. 可用水的时间变化

水在时间上的变化率也会影响水的使用效率或者效益。如果一个地方的可用水的时间变化率太大，如季节变化、年际变化太大，不仅会影响水的使用效益，还会带来旱涝灾害。描述水的变化率的指标很多，如标准差、极差、变差系数等。

四、生物环境指标

1. 生物多样性指标

生物多样性是一定空间范围内多种活有机体（动物、植物和微生物）有序地结合在一起的总称。它既是生物之间、生物与其生存环境之间复杂相互关系的体现，也是生物资源丰富程度的标志。生物多样性一般包括遗传多样性、物种多样性和生态系统多样性三个层次。通常从物种的丰富程度以及物种的优势和均匀程度两方面来衡量一个区域的生物多样性状况。

生物多样性在一定程度上反映了生物资源的丰富程度和人类生活环境的好坏，因此可以作为生物环境评估的一个指标。

2. 净初级生物生产率

绿色植物被称为生态系统的初级生产者。其生产量称为初级生产量。绿色植物在地表单位面积和单位时间内，经光合作用生产的有机物质的速率，减去植物呼吸作用消耗有机质的速率，称为净初级生产率。只有净初级生产量才能被人或其他动物所利用。净初级生产率的高低，综合反映了地表无机环境的优劣，同时也决定了生态系统的结构与功能，决定了人类生活的物质基础，因此净初级生物生产率可以作为生物环境评估的重要指标。

第二节　综合自然区划

自然区划是根据一定地域自然地理特征的相似性和差异性逐级划分或合并自然地域单位，并按这些地域单位彼此间的从属关系，建立一定形式的地域等级系统的研究方法。根据区划对象的不同，自然区划可以分为部门自然区划和综合自然区划。部门自然区划是针对其自然要素所进行的区划，如气候区划、土壤区划、植被区划、地貌区划、水文区划等。综合自然区划则是着眼于地球表层自然环境的整体结构与性质，对自然综合体进行的区域划分。

在综合自然区划地域等级系统中，高一级的自然地域单位往往包含若干个在性质与结构上具有一定相似性的低级单位。而同一级单位之间则存在着明显的差异性。随着自然地域单位的等级不同，其相似性和差异性也有所不同。自然地域单位的等级越低，则相似性越大，反之差异性越大。

综合自然区划反映了人类对区域自然环境认识的深度与水平。一个好的综合自然区划客观、正确地反映了自然环境和自然资源的分布特征和规律，是制订国土规划、资源开发利用规划和国民经济发展计划的重要依据。

一、区划的原则

自然区划的特点决定了区域单位的划分合并，应该根据发生一致性、形态类似性、区域共轭性、综合分析与主导因素相结合、地带性和非地带性相结合等原则来进行划分（图 11-2）。

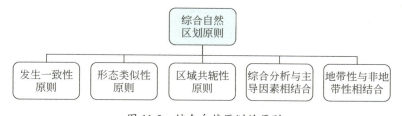

图 11-2　综合自然区划的原则

（一）发生一致性原则

自然地域系统或区域单位的特征与性质是历史发展的结果。因此，需要从其发生发展过程来进行分析。在自然区划时，所划分出的同一地域系统或同一个区域单位，其发生的原因以及发展的过程，应该具有相对的统一性或一致性。这就是发生一致性原则。

（二）形态类似性原则

形态类似性原则要求在进行划分区域单位时，必须注意其内部特征和性质。不同等级的区域单位，其划分的标准是不同的。例如，对自然带的划分，体现在热量基础大致

相同；对自然国的划分，体现在热量辐射基础相同的情况下，大地构造和地势起伏大致相同。

（三）区域共轭性原则

区域共轭性原则是指在进行自然区划时，区域单位在空间上不能重复，不能存在彼此间分离的部分，两个彼此分离的区域也不能划分到同一个区域单位中。

（四）综合分析与主导因素相结合的原则

自然区划的对象是多个要素相互作用形成的综合地域单元。这些要素相互作用、相互影响，共同决定地域的特征与性质。因此在自然区划时，要注意综合考虑这些因素及其相互作用的结果。但是所有因素都平均对待也是不行的，因此还需要找出主导性或关键性因素，在自然划分时给予重点考虑，赋予较大的权重。这就是综合分析与主导因素相结合的原则。

（五）地带性与非地带性相结合的原则

地带性与非地带性是地表自然环境最基本的地域分异规律，它们共同决定了地域单位的特征与性质。因此在自然区划时，不仅需要考虑地带性因素的影响，还要考虑非地带性因素的影响。

二、区划的方法

综合自然区划的方法很多，通常使用的包括以下五种（图 11-3）。

图 11-3　综合自然区划方法

（一）部门区划叠置法

通过气候区划、土壤区划、植被区划、地貌区划、水文区划等部门区划图的叠置，来划分综合自然区域单位的方法，就称为部门区划叠置法。这种方法是综合分析原则在自然区划中的体现。

（二）地理相关分析法

该法主要运用各种专门地图、文献及统计资料对各种自然要素之间的区域相互关系做相关分析后，进行区域的划分。其与部门区划叠置法相配合，可以取得比较好的效果。

（三）主导标志法

通过综合分析，选取某种反映地域分异主导因素的自然标志作为区域分界的依据，同一级别的自然区域基本按同一标志划分，这种区划的方法称为主导标志法。主导标志法是主导因素原则的体现。

（四）自上而下逐级划分法

这一方法又称为顺序划分法，就是根据地域分异的地带性和非地带性规律，按区域的相对一致性和区域共轭性划分出最高等级区域单位，然后逐级向下划分低一级的区域单位。

（五）自下而上逐级合并法

这种方法从划分最低等级的区域单位着手，按照相对一致性和区域共轭性原则，将较低等级的区域单位依次合并成较高等级的区域单位。

这里介绍的是综合自然区划的几种常用方法，它们各有侧重，可以根据具体情况，在区划实践中互为补充使用。

三、区划单位等级系统

地球表层自然环境是由一系列不同等级的自然地域单位构成的，因此自然区划必须建立一个等级系统。由于地域结构的复杂性和各个地区具体情况不同，区划单位的等级系统有多种不同的方案。目前常用的有双列等级系统和单列等级系统两大类。

自然地域受到地带性与非地带性分异因素的共同制约与影响。根据地带性地域分异规律和非地带性分异规律确定的区划单位等级系统，分别称为地带性区划单位等级系统和非地带性区划单位等级系统。两者并列合称为综合自然区划单位的双列等级系统。地带性区划单位等级系统，从高到低的序列为：自然带—自然地带—自然亚地带—自然次亚地带。非地带性区划单位等级系统，从高到低的序列为：自然大区—自然地区—自然亚地区—自然小区。

有些学者认为，地表自然区域间的差异和区域单位空间分布的规律性是地带性与非地带性地域分异规律的综合反映。因此主张在区划中采用一种能综合反映地带性和非地带性分异规律的统一的区划等级系统，从高级到低级依次由带段—自然国—地带段—自然省—亚地带段—自然州—次亚地带段—自然地理区（景观）等区划单位组成。

双列系统与单列系统之间的关系可以用图11-4表示。

单列系统逐级划分示意图见图11-5：先划出带段界线，再划出自然国的界线；划出地带段界线，再划出自然省的界线；划出亚地带段的界线，再划出自然州的界线；划出次亚地带段的界线，再划出自然地理区的界线。

由于各个地区或国家的情况不同，可以根据自己的实际情况，将地带性区划单位等级系统与非地带性区划单位等级系统合理搭配使用。例如，在一些地区，如果一个非地带性区划单位（如自然大区）跨越了几个自然带，那么可以先划分出自然大区，然后在大区范围内划分出自然带。如果一些地区地带性明显，并且非地带性分异只局限于一个地带性单位内，那么可以先从带的划分开始，然后在带的范围内划分区，依次类推。

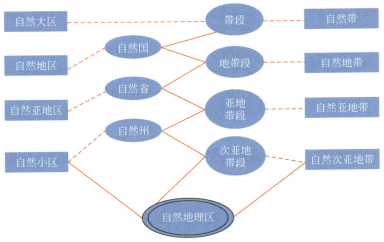

图 11-4　双列系统与单列系统的关系（伍光和和蔡运龙，2004）

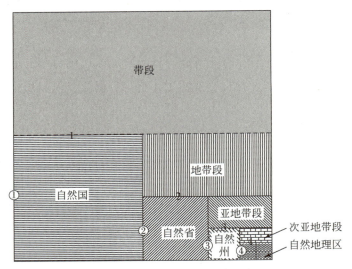

图 11-5　单列系统逐级划分示意图（伍光和和蔡运龙，2004）
①自然大区界线；②自然地区界线；③自然亚地区界线；④自然小区界线
1. 带段界线；2. 地带段界线；3. 亚地带段界线；4. 次亚地带段界线

四、世界综合自然区划

赫柏森在其世界自然区划中把带分为五类，把青藏高原作为特殊高山区，与带并列。这样便有六类：1- 极带；2- 冷温带；3- 暖温带；4- 热带；5- 青藏高原高山区；6- 赤道带。他把大自然区分为 a、b、c、d 四类，其意义因所属带不同而略有不同。冷温带的 a 是大陆西海岸型，b 是大陆东海岸型，c 是内陆低地型，d 是内陆高地型（图 11-6）。

五、中国综合自然区划

关于中国的自然区划，由于人们对中国地域分异规律的认识以及所用的区划原则与方法的不同，产生了不同的自然区划方案。影响比较大的有罗开富、黄秉维、侯学煜等，

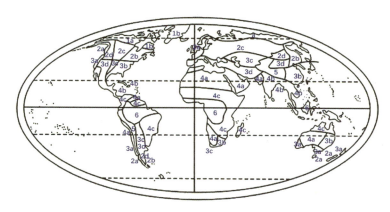

图 11-6　赫伯森的世界大自然区（伍光和和蔡运龙，2004）

中国科学院地理研究所，任美锷等、综合性大学、赵松乔（1983）、席承藩等（1984）、丘宝剑和黄秉维、师范院校等方案。

其中，赵松乔（1983）、席承藩等（1984）、丘宝剑和黄秉维、师范院校方案，将中国划分出三个大区：东部季风区、西北干旱区和青藏高原区（高寒区）（图 11-7）。这三个大区较好体现了中国的地域分异格局，反映了中国的自然地理特征（表 11-5）。

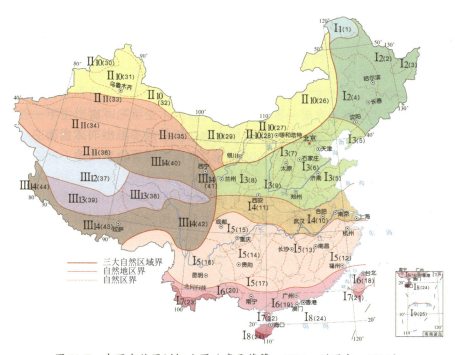

图 11-7　中国自然区划概略图（席承藩等，1984；刘明光，1998）

Ⅰ.东部季风区；Ⅱ.西北干旱区；Ⅲ.青藏高寒区。其中，Ⅰ区又分为9个自然带，I_1、I_2、I_3、I_4、I_5、I_6、I_7、I_8、I_9分别为寒温带、中温带、暖温带、北亚热带、中亚热带、南亚热带、边缘热带、中热带、赤道热带；Ⅱ区进一步划分为两个自然带，II_{10} 和 II_{11} 分别为干旱中温带和干旱暖温带；Ⅲ区进一步分为3个自然带，III_{12}、III_{13}、III_{14} 分别为高原寒带、高原亚寒带和高原温带

表 11-5　中国三个大区的主要特征（席承藩等，1984）

大区	东部季风区	西北干旱区	青藏高寒区
占全国总面积 /%	47.6	29.8	22.6
占全国总人口 /%	95	4.5	0.5
气候	季风，雨热同季，局部有旱涝	干旱，水分不足限制了温度发挥作用	高寒，温度过低限制了水分发挥作用
地貌	以平原、丘陵为主，地势低平，大部分海拔在 500m 以下	高大山系分割的盆地、高原，局部窄谷和盆地	海拔 4000m 以上的高原和山系
地带性	纬向为主	经向或同心圆状	垂直带性和高原带性
水文	河系发育，以降水补给为主，南方水量充沛，北方稀少	绝大部分为内流河，雨水和冰雪融水补给为主，湖泊水含盐	西部为内流河，东部为河流发源地，冰雪融水补给为主
土壤	南方酸性、黏重，北方多碱性；平原有盐碱，东北有机质丰富	大部分含有盐碱和石灰，有机质含量低，质地轻粗，多风沙土	有机质分解慢，作草甸状盘结，机械风化强
植被	热带雨林、常绿阔叶林、针叶林、落叶阔叶林至落叶针叶林，草甸草原	干草原、荒漠草原、荒漠，局部山地为针叶林	高山草甸、高山草原、高山荒漠，沟谷中有森林
农业特征	粮食生产为主，干鲜果类，林、牧、渔业	以牧业为主，绿洲农业	高原牧业，沟谷及低海拔高原有农业

　　东部季风区，是世界上最强的季风地区之一。由于季风的强盛，改变了原来行星风系控制下的地带性规律，原来的副热带干旱地带变成了温暖湿润的亚热带，形成了新的以湿润、半湿润为特征的纬向为主的地带性分布格局。该区雨热同季，地形平坦（以平原和丘陵为主），水系发育，人口密集，是我国的主要粮食生产基地。

　　西北干旱区，是亚洲中部干旱区和北半球中纬度干旱带的一部分。该区最大的特征是干旱，水分不足限制了温度发挥作用。地貌上盆地与山系相间，水文方面以内流水系和盐湖为特征。植被稀疏、土壤贫瘠、人口稀少和牧业为主，是这一地区的地理特征。

　　青藏高寒区，最大的特征是海拔高和气候寒冷。青藏高原在世界上独一无二，构成了中国自然地理环境的特色。它的独一无二不仅表现在规模高大，还表现在对区域环境乃至世界环境分异与变化的影响。该区海拔大多在 4000m 以上，并且高大山系比较多，是亚洲众多河流的发源地。温度低，融冻作用和冰川作用强，垂直地带性和高原地带性明显。

　　这三个大区在成因上是有联系的。青藏高原的形成是东部季风区和西北干旱区形成的必要或重要条件。研究表明，青藏高原的隆升激发或加强了中国东部的季风，也导致了西北地区的干旱化。

因此从对这三个大区成因和特征的理解出发，加上纬度地带性、湿度分带性和垂直带性在中国的应用，就可以基本上把握中国自然环境的空间格局、特征和规律。

东部季风区，从北到南可以依次划分出寒温带、中温带、暖温带、北亚热带、中亚热带、南亚热带、边缘热带、中热带和赤道热带；西北干旱区可以划分出干旱中温带和干旱暖温带；青藏高原区可以划分出高原寒带、高原亚寒带、高原温带（图11-7）。

探究活动：分析中国自然区划多种方案的异同

中国自然区划方案，即根据我国自然环境特征对国土进行分区的方案。在我国近代自然区划实践中，由于对自然界地域分异规律认识的不同，区划原则和方法不尽一致，以及区划指标也不完全统一，从而出现了多种不同的综合自然区划方案。

比较图11-7～图11-9所示的三种不同的综合自然区划方案，说明它们之间的主要异同点。查阅相关文献，对其他区划方案进行评述。

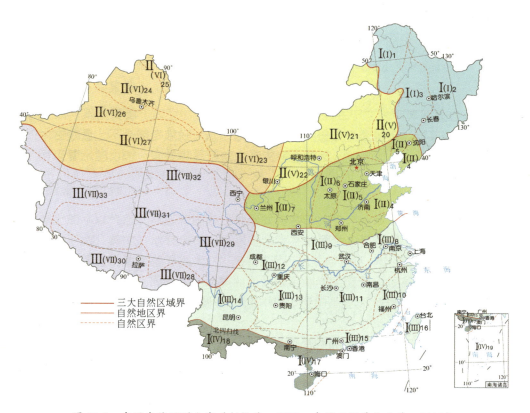

图11-8　中国自然区划方案（赵松乔，1983；来源王静爱和左伟，2010）

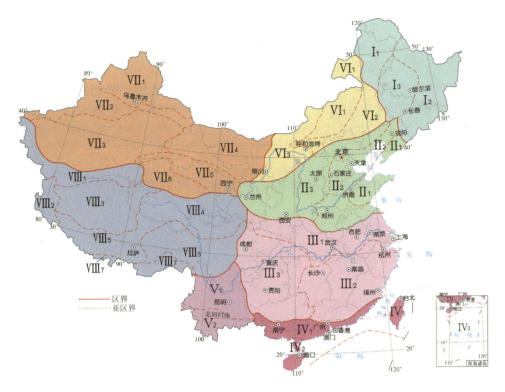

图 11-9　中国自然区划方案（任美锷和包浩生 1988 年方案；来源：王静爱和左伟，2010）

第三节　地球表层环境预测

一、地表环境预测的原则

任何预测都要遵循一定的原则。对于地球表层环境的预测，要遵循以下几个原则（图 11-10）。

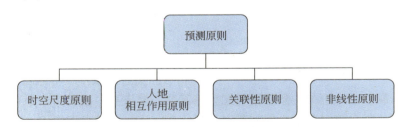

图 11-10　地表环境预测原则

（1）时空尺度原则：对地表环境的预测，要注意环境预测的时间和空间尺度。不同的时间与空间尺度，环境变化的趋势是不同的。

（2）人地相互作用原则：社会发展到今天，人类的作用已经到了不可忽视的程度，对地球表层环境的预测，不能完全局限于环境的自然变化趋势，还要考虑人类活动的影响。

442

（3）关联性原则：地球表层环境作为一个系统——地球表层系统，由于各个部分之间的相互作用、相互联系，局部的变化会导致整体的变化，某一部分的变化会引起其他部分的变化。对某一地区地表环境的预测，要考虑全球与区域的背景；短时间尺度的预测，必须建立在长时间尺度环境变化的背景上；对某一因素或指标的预测，必须考虑到其他因素与它的相互作用、相互影响。例如，大气 CO_2 等温室气体含量的增加，不仅导致世界气候变暖，还引起冰川融化、海面上升、区域水量平衡改变（水圈的变化），引起植物光合作用的加强和生物带向高纬度地区的扩展与迁移（生物圈的变化），引起岩石的化学风化作用加强（改变岩石圈表面形态）。研究表明，这些温室气体主要是由北半球释放出来的，但温室效应却不局限于北半球，而是全球性的。

（4）非线性原则：世界上许多事物的发展过程是非线性的。非线性在环境演变方面表现在：①环境变化存在许多突变点或阈值，在突变点附近环境的变化速度与幅度是难以用线性方程来描述与刻画的；②环境变化的速度与幅度不是各个因素影响的线性叠加；③尽管在一定条件下表现出一定的周期性、规律性，但环境变化还存在随机性和不确定性。因此在环境预测时，首先要分析环境处于什么状态，是否可以预测，预测的时限如何，是否在预测的时段内存在突变点，从而确定预测所用的数学模型。例如，青藏高原对亚洲季风环流的影响不是线性的，存在着时间与空间上的突变点。又如，空间上当青藏高原水平尺度达到 800～1000km，平均高度达到 2000m 或者 3000～3500m 时，将会触发亚洲季风环流或者使亚洲季风环流突然加强。时间上，在 2.6MaBP、0.8MaBP 亚洲季风环流也存在着突变点。

二、地球表层环境的变化趋势

综合考虑岩石圈、大气圈、水圈、生物圈的变化趋势，未来的地球表层环境将在许多方面与现在有所不同。

（一）自然成分越来越少，人工成分越来越多

人口的增长在短期内不会有大的改变。随着人口的增加和科技的发展，人类对地球表层环境的影响将会进一步增大。人工环境或经过人工改造的环境的比例将会越来越大，而纯粹的自然环境将会越来越少。以人为中心的人工生态系统将会越来越大、越来越多，而以天然动、植物（不包括人）为中心的自然生态系统将会越来越小。

（二）能量流的改变

现在人类利用的主要能源是化石燃料（煤、石油、天然气）。然而，化石燃料的利用带来了许多环境问题，人类正积极地想方设法用其他能源来替代化石燃料，因此将会导致今后一定时期内能量流的改变（图 11-11）。

1. 从天上到地上

太阳能是地球表层系统运行的主要动力。太阳能驱动了大气环流、洋流，促进了植物的光合作用，带动了地球表层系统的物质循环。但到目前为止，人类对太阳能的利用率却不高。随着科技的进步和社会的发展，人类对太阳能的利用会越来越多、越来越广泛。

图 11-11　地表能量流的可能变化

因此，将会有越来越多的能量从天上流到地上。

2. 从地下到地表

尽管化石燃料也都来自地下，但化石燃料大多是以物质的形式来到地面，在地面转化为能量而被人类利用的。地热能是直接来自地下的能量，人类对它的利用率却很低。今后随着科技的进步和社会的发展，将会有更多的地热能被人类利用，将会有越来越多的能量从地下流到地表。

3. 从山区到平原

水力能作为一种清洁能源，已经越来越受到重视。今后也必将进一步受到重视和进一步被广泛利用。山区的水力能比较丰富，因此今后将会有更多的水力能从山区流向平原。

4. 从海洋到陆地

洋流、潮汐和波浪孕育着丰富的可以再生利用的清洁能源，但受技术和经济条件的限制，目前这些能源的利用还相当有限。随着科技的进步和社会的发展，今后这些能源的利用将会变得越来越广泛。另外，海水中还蕴藏着丰富的铀矿资源，这些铀矿将会成为核能发电的重要原料。因此今后将会有更多的能量从海洋流向陆地。

5. 从农村到城市

风力发电和沼气利用，今后也将受到重视。这两种能源在农村相对比较丰富，因此今后某些地区将会出现能量由农村向城市流动的现象。

（三）物质流的改变

随着岩石圈、大气圈、水圈、生物圈的变化，未来地球表层系统的物质流也将发生一些变化。

1. 物质流的方向和强度的变化

从长时间尺度看，随着海陆分布格局的调整，物质循环的路径将会发生重大变化。太平洋的缩小，将会导致太平洋沿海地区参与循环的水减少；红海的扩张，将会给红海两岸带来更多的降水；大西洋的扩大，将会导致大西洋沿岸地区参与循环的水增多。从地形起伏演化的趋势推测，未来的海陆高差将会进一步增大，因为海洋在加深，陆地在增高。由于地面起伏的增大，大陆的侵蚀作用将加强，会有更多的物质被带到海洋。与此同时，地面起伏的增大还会引发大气的扰动和大气环流的变化，使参与水循环的水量和水循环的路径发生变化。

从短时间尺度看，21 世纪随着温度的升高，生物分布界线将会向高纬度迁移，即有机物质向高纬度地区流动；而冰川将会融化，海面将会扩展，即地球上的水将会由高山、高纬地区流向低地、低纬地区。

由于 21 世纪降水的空间分布更加不均匀，某些地区物质流将加强。由于干旱区将更加干旱，风沙作用会进一步加强，由大陆输入海洋的风尘将会增多。由于季风和风暴活动的加强，季风和风暴活动地区的水循环将会进一步加强。

2. 人与环境的物质交换

随着世界人口的增加，人类从环境中获取和消耗的资源的数量将会进一步增加，与此同时人类向环境排放的物质（垃圾）也会大幅度增加。也就是说，人与环境之间的物质交换将会加强。

如果这个问题处理不好，将会导致环境恶化，反过来影响人类生活，威胁人类生存。因此，人类一定要树立可持续发展的观念，珍惜和合理利用资源，减少浪费和垃圾的排放量；爱护环境，保护环境，使排放的垃圾或废物的质与量尽可能在环境容许的限度内。

（四）信息流的改变

人类已经迈进信息时代，信息将会变得越来越重要。未来世界的信息流将会发生一系列的变化，包括信息流的方向、信息流的强度和信息流的速度。

1. 信息流的方向

在经济、社会和科技的发展方面，发达国家与地区将会继续走在发展中国家与地区的前面，城市作为地区政治、文化、经济中心的地位将进一步加强。因此，未来主要由发达国家与地区流向发展中国家与地区、由城市流向农村的信息流不仅不会改变，而且还会加强。随着卫星技术的发展，人们将会获得越来越多的关于地球表面的信息，因此将会有更多的信息流由太空流向地面。

2. 信息流的强度

随着人类对于地球认识的深入，以及获取信息的手段和技术的进步，无论是获取的信息、传输的信息，还是分析、处理的信息的量，都将会明显增大。也就是说，信息流的强度将会明显增大。

3. 信息流的速度

随着通信、网络技术的发展，信息的传输速度将会大幅度提高。以前通过邮政几个星期才能得到的信息，现在通过电话、网络在几天、几个小时甚至几分钟之内就可以得到，将来会更快、更方便。

总之，未来的地球表层环境中，将会有越来越多的人工成分和越来越强的人为影响。物质的交换、能量的流动、信息的传递将会打上人类影响的烙印。人类对环境的影响将会越来越大，人类改变环境的速度将会加快。人类必须正确认识自己在地球表层环境中

的位置以及对环境的影响，正确处理人与环境的关系，这样才能维护自身赖以生存的地球表层环境，保证自身的安全。

地学视野：未来地球（Future Earth）计划

为应对全球环境变化给各区域、国家和社会带来的挑战，加强自然科学与社会科学的沟通与合作，为全球可持续发展提供必要的理论知识、研究手段和方法，由国际科学联合会理事会（ICSU）和国际社会科学理事会（International Social Science Council，ISSC）发起，联合国教育、科学及文化组织（UNESCO），联合国环境规划署（UNEP），联合国大学（United Nations University，UNU），Belmont Forum 和国际全球变化研究资助机构（IGFA）等组织共同牵头，组建了为期 10 年的大型科学计划"未来地球（Future Earth）"计划（2014～2023 年）。

"未来地球"计划设置了 3 个研究方向：①动态地球（dynamic planet）；②全球发展（global development）；③向可持续发展的转变（transition to sustainability）。同时，建议增强 8 个关键交叉领域的能力建设：①地球观测系统；②数据共享系统；③地球系统模式；④发展地球科学理论；⑤综合与评估；⑥能力建设与教育；⑦信息交流；⑧科学与政策的沟通与平台。

目前该计划下面设立了如下研究计划：地球系统的分析、集成与模拟（AIMES）；生物发现（bioDISCOVERY）；生物起源（bioGENESIS）；气候变化、农业与食品安全（CCAFS）；生态服务（ecoSERVICES）；地球系统管理（Earth System Governance，ESG）；未来地球海岸（原先的 LOICZ）；全球碳计划（Global Carbon Project，GCP）；全球环境变化与人类健康（2006～2014 年）（GECHH）；全球土地计划（Global Land Project，GLP）；全球山区生物多样性评估（GMBA）；国际全球大气化学（International Global Atmospheric Chemistry，IGAC）；地球人类的历史与未来（IHOPE）；陆地生态系统 – 大气过程集成研究（iLEAPS）；海洋生物圈整合研究（Integrated Marine Biosphere Research，IMBeR）；风险管理计划（IRG）；亚洲季风区可持续发展集成研究 – 未来地球（Monsoon Asia Integrated Research for Sustainability-Future Earth，MAIRS-FE）；过去全球变化（PAGES）；生态系统变化与社会研究计划（PECS）；海表 – 低层大气研究（SOLAS）；未来水资源（Water Future）可持续性研究计划等。

该计划是于 2012 年 6 月在巴西里约热内卢召开的联合国可持续发展大会上正式提出的，于 2015 年正式启动。该计划通过学者、政府、企业、资助机构、用户等利益攸关者协同设计、协同实施、协同推广（co-design，co-produce and co-deliver），以增强全球可持续性发展的能力，应对全球环境变化带来的挑战。

主要参考及推荐阅读文献

陈传康，伍光和，李昌文 . 1993. 综合自然地理学 . 北京：高等教育出版社 .

陈鹏，赵小鲁，孙帆，等 . 1989. 生物地理学 . 长春：东北师范大学出版社 .

胡存智 . 2007. 土地估价理论与方法 . 北京：地质出版社 .

黄秉维，郑度，赵名茶，等 . 1999. 现代自然地理 . 北京：科学出版社 .

金腊华，徐峰俊 . 2008. 环境评价与规划 . 北京：化学工业出版社 .

梁鹤年 . 2003. 简明土地利用规划 . 谢俊奇，郑振源，冯文利，等译 . 北京：地质出版社 .

林辉 . 2001. 环境水利与水资源保护 . 北京：中国水利水电出版社 .

刘明光 . 1998. 中国自然地理图集 . 2 版 . 北京：中国地图出版社 .

邱华炳，纪益成，刘晔 . 2003. 土地评估 . 北京：中国财政经济出版社 .

任美锷，杨纫章，包浩生 . 1979. 中国自然地理纲要 . 北京：商务印书馆 .

王建 . 2010. 现代自然地理学 . 2 版 . 北京：高等教育出版社 .

王静爱，左伟 . 2010. 中国地理图集 . 北京：中国地图出版社 .

王献溥，刘玉凯 . 1994. 生物多样性的理论与实践 . 北京：中国环境科学出版社 .

伍光和，蔡运龙 . 2004. 综合自然地理学 . 2 版 . 北京：高等教育出版社 .

武吉华，张绅，江源，等 . 2004. 植物地理学 . 4 版 . 北京：高等教育出版社 .

席承藩，丘宝剑，张俊民，等 . 1984. 中国自然区划概要 . 北京：科学出版社 .

谢平，陈广才，雷红富，等 . 2009. 变化环境下地表水资源评价方法 . 北京：科学出版社 .

谢新民，张海庆，尹明万，等 . 2003. 水资源评价及可持续利用规划理论与实践 . 郑州：黄河水利出版社 .

殷秀琴 . 2004. 生物地理学 . 北京：高等教育出版社 .

张从 . 2002. 环境评价教程 . 北京：中国环境科学出版社 .

张惠民 . 1987. 地球科学概论 . 北京：气象科学出版社 .

张家诚 . 1988. 气候与人类 . 郑州：河南科学技术出版社 .

张维平 . 2001. 保护生物多样性 . 北京：中国环境科学出版社 .

赵济 . 2015. 新编中国自然地理 . 北京：高等教育出版社 .

赵松乔 . 1983. 中国综合自然地理区划的一个新方案 . 地理学报，38（1）：1-10.

郑守仁 . 2002. 世界淡水资源综合评估：迈向 21 世纪水资源可持续发展译文集 . 武汉：湖北科学技术出版社 .

Biswas A. K. 2001. 水资源环境管理与规划 . 陈伟，朱党生，陈献，等译 . 郑州：黄河水利出版社 .

Christopherson R W. 1997. Geosystems: An Introduction to Physical Geography. Upper Saddle River: Prentice Hall, Inc.

de Blij H J, Muller P O. 1993. Physical Geography of the Global Environment. Hoboken: John Wiley & sons, Inc.

Strahler A H. 2004. Physical Geography: Science and Systems of the Human Environment. 3rd ed. Hoboken: John Wiley & Sons, Inc.

Wallen R N. 1992. Introduction to Physical Geography. Wm. C.: Brown Publishers.

第十二章

自然资源分布与评价

  自然资源是人类生存与发展的基础条件。但是，不同地方自然资源的质量和数量是不同的，科学地评价与区划是合理利用自然资源的前提。自然资源有许多种类，主要包括气候资源、水资源、土地资源、生物资源、矿产资源和新能源等（图 12-1）。

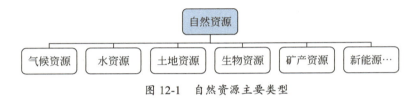

图 12-1 自然资源主要类型

第一节 气候资源的分布与区划

  气候既是环境，又是资源，是一种人类不可或缺的自然资源。

一、气候资源的性质

  作为一种自然资源，气候资源有许多不同于其他自然资源的基本特性。作为一种综合性的资源，它有着复杂的内部结构，又有区别于其他自然资源的性质（图 12-2）（封志明，2004；谢高地，2009）。

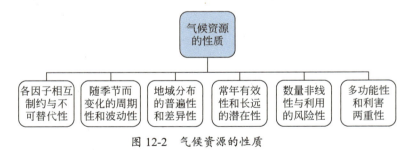

图 12-2 气候资源的性质

  （一）气候资源各因子相互制约和不可替代性

  气候资源是由光、热、水、气等因子组合而成的整体，各因子不仅有各自的特性功能，而且相互联系、相互影响、相互制约，它们的综合作用构成一定地域气候资源的本质特点。通常，一种因子的变化会引起另一因子的相应变化，并可能影响气候资源的可利用程度及其功能的发挥。例如，云雨多的地区太阳辐射弱，太阳辐射弱时则温度较低；在农业上降水量不足，会限制光温的有效利用，而温度过低同样会限制水分的充分利用，等等。

（二）随季节而变化的周期性和波动性

受天文、地理等因素的制约，气候资源具有明显的随季节而变化的周期性规律，光、热、水等因子发生着周期性的变化。总体上讲，气候资源是一种无穷无尽、循环不已的可再生资源，但这种周期性节律并不是一成不变的固定模式。受自然和人类活动的影响，各因子都处在相对稳定的不断波动中，有时还会出现异常变化。因此，农业生产上利用气候资源时，要考虑一定的气候保证率，以减小风险。

（三）地域分布的普遍性和差异性

与矿产等其他自然资源有一定的蕴藏区不同，地球上人类生存的空间到处都有可以利用的气候资源，对气候资源的利用几乎不需要勘探，甚至不需要长时间的观测记录。天体运动、大气环流、纬度、海陆分布以及地形地势、下垫面特性等影响，造成光、热、水等资源丰度和匹配的区域性差异，形成不同气候类型。区域内气候资源往往存在水平和垂直分布的差异性。

（四）常年有效性和长远的潜在性

尽管气候资源取之不尽、用之不竭，但一定地区、一定时间内的光、热、水等资源是有一定数量的。在一定的科学技术条件下，人类开发利用气候资源的能力是有限的。不用或用得不充分都会造成资源的流失或部分流失。用得不当，可能无益或带来灾害，这在一定程度上体现了气候资源的有限性。随着科技的进步和生产条件的改善，采用先进的技术措施，培育优良品种，可以不断提高光、热、水的利用率，因此气候资源对生产发展的潜力是巨大的。高温多雨地区应发展多熟制，热量较少的地区保证一茬作物的生长季。山区选择立体种植，以充分利用光热资源，发挥气候资源的潜力。但安排农作物种植制度和选择作物品种等不应超过当地气候资源所允许的范围。

（五）数量非线性与利用的风险性

与煤矿、石油等矿产资源不同，气候资源是一种非线性资源，气候要素要在一定范围内才能成为资源。例如，对农业而言，温度过低，热量不足，发生冷害；降水过多为涝，降水过少为旱。又如，交通运输、医疗等对气候的要求又不同于农业。这样，对气候资源的开发利用就存在着风险，气象灾害影响气候资源的开发利用，防灾在特定条件下是气候资源开发利用的一个重要前提。

（六）气候资源的多功能性和利害两重性

气候资源具有多功能性，任一地区的气候资源都不能为某一种生物或行业所独有，生物生态类型或生产类型不同，对气候资源各要素及其组合的要求也不一样，某时某地的气候资源对一些生物或生产部门有利，对另一些生物或生产部门则不一定有利，甚至

有害。不过对大多数生物而言，光、热、水等资源大体有个可利用的范围。气候资源的两重性是相对的。例如，在农业上，可以通过采用先进的科学技术，培育优良品种，提高作物的抗旱、抗病、耐寒等特性。

二、气候资源的分布

气候资源涉及许多方面。本节主要从光能资源、热量资源以及降水资源进行分析。

（一）光能资源的分布

1. 日照时数

日照条件通常以测点受太阳照射的时间来表示。某地太阳可能照射的时数取决于地理纬度的高低，并随季节的变化而有所不同，而且在很大程度上取决于天气的阴晴和云量的多少。因此存在可能日照时数和实际日照时数两种数值。实际日照时数反映一地实际日照时间的绝对值，单位为小时（h）。

我国年日照时数的地理分布和云量的分布相反，东南少而西北多，从东南向西北增加（图 12-3）。年日照时数最大值出现在内蒙古西北、青海北部和西藏西部，我国年日照最多的台站是青海的冷湖，高达 3550.0h，平均每天近 10h。年日照时数最小值出现在四川盆地西部和滇东北地区，我国日照最少的台站为四川的峨眉，仅 946.8h，平均每天 2.6h。

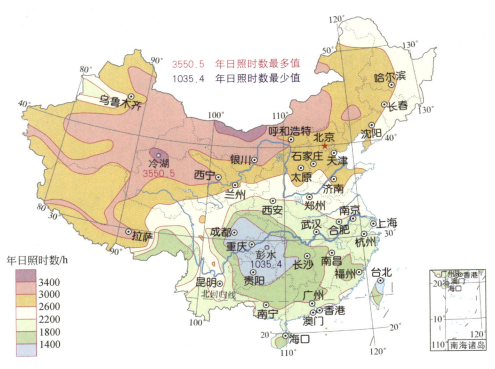

图 12-3　中国年平均（1981～2010 年）日照时数分布图

（资料来源：http://www.nmic.cn）

我国年平均日照时数在 1200 ～ 3400h。内蒙古西部、甘肃西北、南疆东部、青藏高原等地，全年干旱少雨多晴天，日照时数都在 3000 ～ 3200h。长江中上游、四川盆地、贵州高原、南岭山地等广大地区，气候湿润，云雨较多，年日照时数为 1200 ～ 1800h。其余地区，如东北、华北、长江中下游、东南和华南沿海及其岛屿，除局部山地外，年日照时数普遍在 2000 ～ 2600h。

2. 太阳辐射

地球围绕太阳公转，日地距离的改变使得到达地面的太阳辐射在一年中有 7%（较平均值变化 ±3.5%）的变化。日地关系决定了地球表面所接收的太阳辐射量既有日变化，又有季节变化，还有随纬度变化的基本特征（孙卫国，2008）。

1）全球太阳辐射分布特征

在南、北半球的中、高纬度地区，地面总辐射年总量呈纬向带状分布，且随地理纬度的增大而减小。但在热带低纬度地区年总辐射量数值并非最大，而且并不符合这种带状分布（图 12-4）。因为在赤道附近地区一年中阴天的出现频率较大，云量比较多，致使地面总辐射量明显降低。

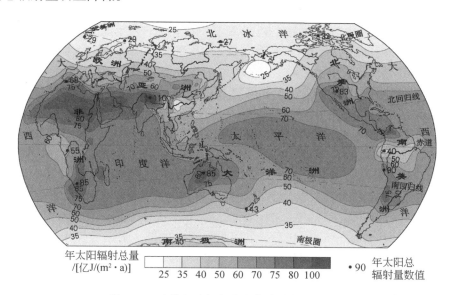

图 12-4　世界年总辐射量分布（谭木，2013）

在南、北半球的副热带地区，特别是在大陆上的沙漠地区，因为处于副热带高压的下沉辐散区域、大气透明度好、云量很少，地面总辐射年总量最大。地面总辐射极大值出现在非洲东北部地区的撒哈拉大沙漠，年总辐射量高达 8400MJ/（m² · a）。

在季风气候区以及气旋活动频繁、发展强烈的中纬度沿岸地区，云量分布不均匀使得年总辐射量的纬向带状分布遭到破坏。此外，热带大洋东部地区由于受信风逆温和冷洋流等因素影响，年总辐射量也不遵循纬向带状分布。

因为洋面上平均云量一般大于同纬度的陆地，海洋上年总辐射量通常比同纬度的陆地上小。

2）我国太阳辐射分布特征

我国年总太阳辐射的分布主要取决于云量和地理纬度。除了川黔以外的大部分地区，基本上是从东到西增大的。我国西部地区的年总辐射分布与海拔相一致，以青藏高原为最大，内蒙古北部较大，新疆的天山和阿尔泰山地区较小。我国东部以川黔和江南地区为最小，并向南北增加，华北地区较大，到东北地区又趋于减少。就极值而言，全国年总辐射最小值出现在川黔一带，最大值出现在西藏。

（二）热量资源的分布

植物只有在热量得到充分满足的条件下才可能正常地生长发育，并创造较高且稳定的产量，过高或过低的热量不仅影响植物生长发育和产量，而且可造成危害。因此，农业生产上通常把各地生长季节内累积温度多少、夏季温度高低及冬季寒害程度，作为决定植物种类、作物布局、品种类型、种植制度以及质量高低的基本前提。在进行农业气候资源分析时，通常把各地稳定通过一定限制温度的积温、最热月和最冷月均温、无霜期等作为评价热量资源的重要指标和主要内容（彭补拙等，2014）。

1. 日平均气温稳定通过 0℃的初日、终日、持续日数及积温

据研究，春季日均气温稳定通过 0℃以后，土壤化冻，牧草萌芽，冬小麦开始返青，春小麦等早春作物可以播种。因此，稳定通过 0℃的初日（简称≥0℃初日）可以反映一个地区农事活动开始的早晚，稳定通过 0℃的终日与冬小麦停止生长期相当。另外，≥0℃的持续日数通常称为农耕期，它反映了一个地方农事活动的长短，也可以表示牧草生长天数。

≥0℃期间的积温（简称≥0℃积温）可以用来反映一个地区农事季节内的热量资源。一个地区≥0℃积温的高低，不仅影响农作物和品种的选择，而且影响作物的熟制。我国≥0℃的积温在东南沿海较高，而在青藏高原及北方较低（图 12-5）。例如，我国东北及内蒙古北部≥0℃积温小于 4000℃，一般可以一年一熟；华北平原地区在4500～5500℃，一年两熟或两年三熟；长江流域以南至南岭地区在 5500～7000℃，一年三熟；南岭以南 7000～8000℃，农作物四季皆可生长，稻作可一年三熟；云贵高原地区在 4500～5500℃，一年两熟或两年三熟；西北干旱地区在 3000～4500℃，一般一年一熟；青藏高原大部分地区在 3000℃以下，农作物一般难以生长。

2. 日平均气温稳定通过 10℃的初日、终日、持续日数及积温

日平均气温≥10℃是一般喜温作物生长的起始温度，也是喜凉作物积极生长的温度。一般以 10℃以上的持续日期和积温反映喜温作物的生长期和该时期的热量状况。另外，日均温 10℃的出现及终止与绝大部分乔木树种的发芽和枯萎大体相吻合，禾本科作物在＜10℃时不能结果，大多数春播作物的生长发育点温度与播种期也在 10℃左右。因此，在农业气候资源评价中，≥10℃积温具有最重要、最普遍的意义，它是评价一个地区热量资源的基础。

各个地区≥10℃以上的持续日期和≥10℃积温差异甚大（图 12-6）。例如，我国东北大兴安岭地区≥10℃以上的持续日数小于 120 天，东北三江平原及内蒙古北部120～150 天，东北南部 150～200 天，黄土高原及河西走廊 150～180 天，黄淮海平

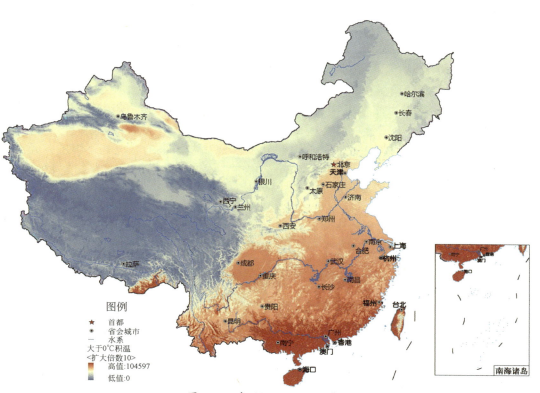

图 12-5　中国 ≥ 0℃积温分布

资料来源：北京数字空间科技有限公司（2012 年 11 月）

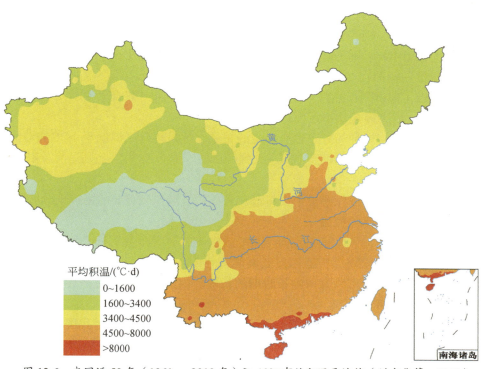

平均积温/(℃·d)

- 0~1600
- 1600~3400
- 3400~4500
- 4500~8000
- >8000

图 12-6　我国近 50 年（1961～2010 年）≥ 10℃有效积温平均值（刘少华等，2013）

原200～220天，长江中下游220～240天，四川盆地250～280天，南岭以南300天以上，新疆北部小于150天，而南疆则多于200天，青藏高原大部分地区少于150天且不少地区在100天以下。≥10℃积温由北向南逐渐增加，黑龙江北部在1500℃左右，东北及内蒙古大部分地区在2000～3000℃，华北平原在3500～5000℃，长江流域在5000～6000℃，南岭以南地区在6500℃以上，其中台湾南部和雷州半岛以南、云南元江河谷在8000℃以上，南沙群岛高达9000℃以上。

积温具有一定的年际变化，因此，只知道各地积温的平均状况是不够的，还必须分析历年变动情况及积温对农业生产的保证程度。农业生产上一般需要知道80%的保证情况。例如，黑龙江玉米晚熟品种作物需要≥10℃积温2600℃以上，但在≥10℃积温平均值2600℃的地方种晚熟品种作物，只有50%的把握，而只有在≥10℃积温平均值达2750℃的地方才有80%的把握。对于多年生作物则要求更高的保证率。因此，若以总积温条件确定种植制度及安排早、中、晚熟作物品种，必须了解80%保证率下的积温值，这样才能达到可靠保证，这对热量资源不很充分、年际变化大的地区尤为重要。

3. 最热月平均气温

农作物除要求一定界限温度的持续日数和积温外，还要求一定的高温条件，喜温作物尤其如此。通常以最热月平均气温表示作物需要的温度条件。最热月均温在20℃以上时，能满足一般作物的要求，例如原产于热带高山地区的喜温作物玉米，在我国可种植到最热月气温达20℃以上的黑龙江嫩江、绥化地区。最热月气温低于15℃的地区基本上不能种植农作物，而大于15℃的地区，如柴达木盆地和雅鲁藏布江河谷地区，春小麦等喜凉作物可以稳定成熟。有些地方总积温较高，但最热月温度不高，从而限制了某些喜温作物生长。例如，棉花要求最热月平均气温23～25℃以上（或月平均气温连续两个月以上超过20℃），否则不能现蕾、开花、结铃、吐絮；我国东部华北平原以南地区，最热月平均气温一般都在26℃以上（图12-7），有利于棉花生长。又如，杭州和昆明≥10℃积温相近，但杭州最热月均温高达28.3℃，而昆明仅19.8℃，因此，前者种植双季稻产量较稳定，后者因热量不足而难以生长。

最热月平均气温与树种的分布也有一定的关系，凡最热月气温低于10℃的地区乔木绝迹，10～18℃的地区逐步由针叶林过渡到针阔混交林，18℃以上则适宜生长乔木中喜暖的阔叶树种。

因此，农业气候热量条件评价中，将最热月平均气温作为重要的指标十分必要。

4. 无霜期与最冷月平均气温

在农作物生长季节内，地面温度降到0℃或以下时，大多数喜温作物就会受到霜冻的危害，农业生产中经常需分析地面最低温度≤0℃的初、终日期及初、终日之间的日数（无霜期），用以衡量作物大田生长时期的长短。因此，无霜期也是评价一个地区气候热量资源的重要指标。

无霜期的长短不仅影响作物布局，同时影响作物的熟制。例如，我国大兴安岭山地无霜期仅100天左右；东北大部、内蒙古、黄土高原及新疆北部无霜期100～150天；只能种植生长期较短的作物，一般是一年一熟；华北平原无霜期200～220天，一般可

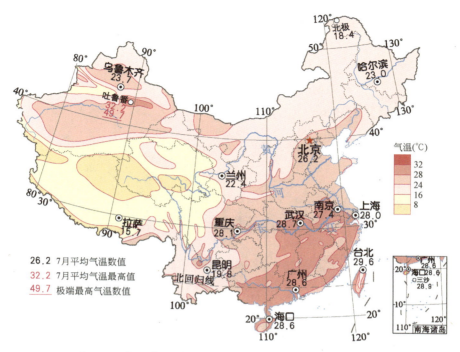

图 12-7　中国最热月（7月）平均气温分布图（单位：℃）

两年三熟或一年两熟；江淮地区无霜期一般在 220 ～ 240 天，可以稻麦两熟；江南丘陵地区无霜期达 270 天左右，可种植双季稻；南岭山地及其以南地区无霜期大于 300 天，终年都能栽种作物；全年无霜的地区可种橡胶、椰子等热带经济作物。

　　冬季温度情况既可以作为一种热量资源，又是一种限制因子。冬季的低温和冷害对一些越冬的一年生作物和多年生木本经济作物的栽培有很大影响，成为热量资源利用的限制条件。在衡量农作物越冬条件时，大多采用最冷月平均气温和年极端最低气温的多年平均值。例如，冬小麦全育期需 ≥ 0℃积温 2000℃左右，但东北、内蒙古大部分地区积温超过 2000℃的地方并不能种植冬小麦，主要是由于冬季严寒而冬小麦不能安全越冬。越冬作物特别是多年生的木本经济作物，除考虑上述最冷月平均气温和极低温的多年平均值以外，还要考虑极端最低气温。在出现作物无法忍受的低温时，尽管几十年一遇也会使作物遭受毁灭性伤害。因此，一定的临界极端最低温度出现的频率，往往可以作为确定橡胶、柑橘等不耐寒的多年生经济作物合理布局的依据。

　　（三）降水资源的分布

　　就全球而言，受大气环流、海陆位置以及地形地势等因素的影响，我国年降水量的地区分布很不均匀。我国位于欧亚大陆东侧，东部和南部濒临海洋，大部分地区受东南季风影响，滇西地区和西藏东南部受西南季风影响，而新疆北部的水汽主要来自北冰洋。因此，形成了东南多雨、西北偏旱的特点，年降水量东多西少、南多北少，从东南沿海向西北内陆迅速递减，等雨量线大体呈东北—西南走向。如图 12-8 所示，我国年降水量最大的地区是江南平原和东南沿海地区，高达 1500 ～ 2000mm；年降水量最小的地区在

西北荒漠，仅 20mm 左右，两者相差悬殊（孙卫国，2008）。

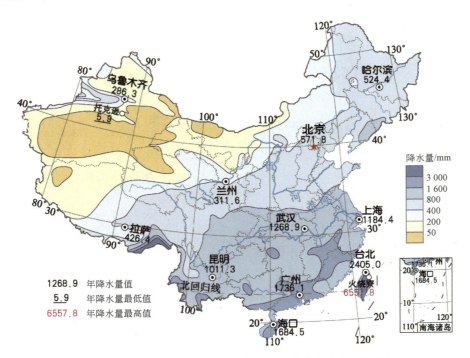

图 12-8　我国平均年降水量分布图（王静爱和左伟，2010）

第二节　水资源的分布与评价

　　水是生命中不可缺少的要素之一。水资源时空分布的不均匀性导致世界很多地方水资源贫乏成为越来越尖锐的问题，加强水资源方面的统筹管理具有重要的意义。

一、水资源的特征

　　水资源具有多方面特点。从人类活动和可持续发展的角度看，最重要的特点主要有如下几个方面：循环性与流动性，时空分布不均匀性、多用途性、利弊两重性（图 12-9）（史培军等，2009）。

图 12-9　水资源特性

（一）循环性与流动性

水在不停循环，导致水资源具有可更新的性质。水具有流动性，使得水资源具有时空动态性。

（二）时空分布不均匀性

由于各地自然条件不同，水资源在全球范围内分布极不均匀。以世界各洲为例，南美洲的年均径流量是非洲的 4.4 倍，地球上外流区的平均径流量是内流区平均径流量的 11.7 倍，相差悬殊。中国径流地区分布不均现象也很显著。黄河以北广大地区，土地面积占全国 60% 以上，而其径流量仅为占全国土地面积 19% 的长江流域的一半；海河、滦河流域耕地面积占全国 11%，人口占全国 10%，而水资源却只占全国的 1.5%，成为全国人水、地水矛盾最突出的地区。

（三）多用途性

水资源在自然界呈现出多种多样的功能特征，即它具有多用途性，这些用途包括生活、农业、工业、生态、水电、航运等诸多方面。其中，生活用水包括城镇居民用水与公共用水，以及农村居民用水及牲畜用水等方面。农业用水包括农田灌溉用水及林牧渔业用水。工业用水表现在冷却用水、工艺用水、锅炉用水、洗涤用水、空调用水等诸多方面。水是维持正常生态系统过程的基本要素，它是生命活动不可缺少的物质，是生态系统进行物质循环和能量交换的载体。

（四）利弊两重性

水资源与其他资源（如生物资源）的一个重要区别在于它的利弊两重性。作为自然资源的水在数量上不是越多越好，过多或过少都可能造成负面影响。当某时段水量过大，超出了河道蓄水能力时，则很容易形成水涝灾害。相反，如果过少，则会形成旱灾。

二、水资源的分布

地球上的水以气态、液态和固态三种形式存在于大气、地表和地下，形成了大气水、地表水和地下水，其中，地表水和地下水是水存在的两种主要形式（谢高地，2009）。

世界年径流量的地区差异很大。位于赤道附近的热带地区，年径流量在 1000mm 以上。亚洲的东南部、欧洲西北部沿海、北美洲西北部沿海年径流量也很高，在 600mm 以上。而在受副热带高压控制的地区、雨影区、大陆内部（特别是亚洲大陆内部），年径流量很小，不足 50mm。

水对人类来说十分重要，理论上人类应集中居住在水资源充足的地方，而实际情况并非如此。表 12-1 对世界各大陆河流年平均流量、占全球河流年径流量的比例、2010 年估计人口和以现有人口增长率为依据估算的人口倍增时间进行了对比，表明人均占有水资源量的地区不平衡状况。例如，北美洲河流年平均流量为 5960km³，亚洲为 13200km³，但北美洲的人口仅占世界人口的 4.8%，而亚洲人口却占世界总人口的 60.4%，且亚洲人口倍增的时间要比北美洲短一半以上。水资源地域分布不均及其不稳

定性是世界上许多国家水资源短缺的根本原因。

表 12-1　各大陆潜在供水量、2010 年估计人口及人口倍增时间对比（据 Christopherson and Birkeland，2015）

地区	陆地面积 /km²	河流年平均流量 /（km³/a）	占全球河流年径流量比例 /%	占 2010 年全球人口比例 /%	2010 年全球估计人口 / 亿人	人口倍增时间 / 年
非洲	30600	4220	11	15.2	10.69	24
亚洲	44600	13200	34	60.4	42.42	42
大洋洲	8420	1960	5	0.4	0.34	60
欧洲	9770	3150	8.1	10.6	7.43	—
北美洲（加拿大、墨西哥、美国）	17800	5960	15	4.8	3.34	105
中、南美洲	134000	10400	27	8.6	6.01	36
全球（不包括南极洲）	—	38890	—	100	70.23	45

一方面，随着人口的增长，人均水资源拥有量在减少；另一方面，随着经济的发展，人均需水量则不断增加。据统计，在不远的将来，全球有大约 80 个国家面临水资源短缺问题。

三、水资源的评价

水资源是生态系统的命脉，科学地评价水资源状况是合理开发利用水资源的前提。水资源的综合评价是在水资源数量、质量和开发利用现状评价以及对环境影响评价的基础上，遵循生态良性循环、资源永续利用、经济可持续发展的原则，对水资源时空分布特征、利用状况及与社会经济发展的协调程度所做的综合评价。

（一）水资源数量评价

1. 地表水水量评价

地表水水量评价主要包括两个方面：一是降水量的评价，它是引起地表水变化及时空差异的主导因素；二是地表径流的评价。

降水是流域水资源的主要来源，在某些地区甚至是唯一来源。针对降水的评价除了评价降水量外，还要评价降水过程。降水量是指某时段内降落到某流域上的水体积，一般用降水深度来表示（单位通常为 mm），即降水总体积除以对应的面积。我国受季风气候影响，降水量从东南向西北递减。

地表水的另一个评价就是地表径流的评价。地表径流一般是指由降水或冰雪融化形成的、沿着流域的不同路径流入河流、湖泊或海洋的水流。评价地表径流的指标包括：流量、径流总量、径流深度、径流模数、径流系数及径流变率等。

流量（Q），一般为单位时间内通过过水断面的水量，通常以 m³/s 表示；径流总量

（W），在某时段内通过流域出口河流过水断面的总水量（单位通常为亿 m^3 或 km^3）；径流深度（R），某一时段内的径流总量（W）平铺在相应流域面积上的平均水层深度（单位通常为 mm）；径流系数（a），表示同一时段内径流深度（R）与降水量（P）之比，是一个无量纲的量，通常用小数或百分数表示。

2. 地下水水量评价

地下水资源包括地下水的储存量和补给量两部分。因此，地下水水量评价既包括地下水的储存量评价，也包括地下水补给量评价。

地下水储存量是指储存在含水层内的重力水体积。地下水储存量是地质历史时期累积形成的地下水资源量，是含水系统中不可再生和恢复、因而不能持续利用的水量。取用含水系统的储存资源，将导致这部分资源的永久性耗失。

地下水补给量是指在天然或开采条件下，单位时间进入含水层（带）中的水量。地下水补给量包括地下水的流入、降水渗入、地表水渗入、人工补给等。原则上在一个含水系统中提取的地下水量不超过其补给资源时，水资源便有持续供应的保证。地下水的补给量包括天然补给（山前侧向补给和垂向补给）和转化补给（地表水体补给、地表水灌溉渠系和田间灌溉水补给，含水层之间的越流补给，以及地下水灌溉回归补给等）。由于地下水补给的一部分将消耗于不可避免的潜水蒸发、天然生态耗水、地下水的排泄，而不能全部被开发利用，地下水的可开采利用量仅是补给量的一部分。有些地区将地下水的全部补给量作为地下水的可采量而进行开发利用，将造成地下水的超采。

（二）水质评价

水质评价是按照评价目标，选择相应的水质参数（指标）、水质标准和计算方法，对水质的利用价值与处理要求做出的评定。由于水资源的用途广泛，水是一种环境要素，因此水质评价的目标及要求也是多种多样的。

水质评价因子一般可分为以下几种：①感官物理性状指标，包括温度、色度、嗅和味、浑浊度、透明度、总固体量、悬浮物；②一般化学性水质指标，包括pH、碱度、各种阳离子、阴离子、总含盐量、总硬度等；③有毒化学性水质指标，包括重金属、有毒有机物、氰化物、农药等；④氧平衡指标，包括溶解氧、化学需氧量、生物需氧量等。

我国《地表水环境质量标准》（GB 3838—2002）依据地表水水域环境功能和保护目标，按功能高低依次划分为五类：Ⅰ类主要适用于源头水、国家自然保护区；Ⅱ类主要适用于集中式生活饮用水地表水源地一级保护区、珍惜水生生物栖息地、鱼虾类产卵场、仔稚幼鱼的索饵场等；Ⅲ类主要适用于集中式生活饮用水地表水源地二级保护区、鱼虾类越冬场、洄游通道、水产养殖区等渔业水域及游泳区；Ⅳ类主要适用于一般工业用水区及人体非直接接触的娱乐用水区；Ⅴ类主要适用于农业用水区及一般景观要求水域。

第三节　土地资源的分布与评价

土地是地球表面一定范围内，在气候、地貌、岩石、土壤、植被、水文和人类活动

等自然、人文要素共同作用下所形成的自然历史综合体。土地资源是人类发展最重要也是最基本的一种综合性自然资源。

一、土地资源的性质

土地是一种综合的自然资源，是人类生存与发展不可或缺的物质基础。澳大利亚的克里斯钦（Christian）等把土地称为"真正的资源"（封志明，2004）。土地具有下列特征：

（一）具有一定的生产力

土地资源生产力是指土地可以生产出人类需要的某种植物或动物产品，以及由此派生的人口承载能力。土地资源生产力按其性质可分为自然生产力和劳动生产力，前者是自然要素共同作用下形成的，后者则是人类劳动的产物。土地资源生产力首先表现为第一性生产，即植物性产品。

（二）位置固定性与面积有限性

位置固定性又称不可移动性，是指土地的空间位置是固定不变的，不可能人为移动。虽然地球板块移动、地震等能够引起局部陆地的移动，但其要么是极为罕见和稀少的，要么是极其缓慢的。从总体和全局来看，土地的空间位置是保持不变的。土地空间位置的固定性使土地具有明显的地域性特征，因此土地资源的利用必须遵循因地制宜原则。

面积有限性也称数量有限性，是指土地的总体数量是基本恒定的，是有限的。这是因为土地是自然物，而非劳动产品，不可能像劳动产品一样可以根据需求调剂生产，增加数量；同时土地也不是生物，不能自然繁衍。土地面积的有限性迫使人类必须进行统筹规划，集约地利用土地。

（三）不可替代性与功能持续性

土地资源在利用上不具有完全替代性，即人类目前无法找到能够完全替代土地资源、实现土地资源功能的物质。人类还无法抛开土地而存在。土地资源的这种不可或缺的地位以及土地资源的面积有限性，使之成为人类最为宝贵的自然资源之一。

功能持续性是指土地作为空间可以反复利用而不会泯灭，作为生物存在的基础不会因生物的生长而消灭，而作为人类的生产资料也不会在使用过程中磨损以至报废。但土地资源在时间上具有变异性，即本身永远处于动态的变化之中。变化可能是向着维持其自身平衡的方向发展，也可能是向着相反的方向发展，所以人类只有对之进行科学合理的利用，土地的生产、承载和非生物性资源功能才能永远地持续下去。

（四）自然与社会两重性

土地资源不仅是多种自然要素相互作用形成的自然综合体，具有自然属性；而且是人类最基本的生产资料和劳动对象，具有社会经济属性。作为生产资料的土地，在利用过程中，总是要反映出一定的人与人之间的某种生产关系，包括占用、使用、收益和处分的关系。

二、土地资源的分布与分区

（一）全球土地分布格局

全世界土地面积约为 138.85 亿 hm^2，可耕地约为 30.66 亿 hm^2，已耕地约为 14 亿 hm^2。由于世界土地资源分布于全球不同位置，加之其组成的复杂性和地区的特殊性，因此土地资源十分复杂，但仍可以从中找出其规律。正如土地资源的地域分异性所述，地带性是世界土地资源分布的主要特征。从整体上看，它们沿纬向延伸（图 12-10），大致可划分出若干个自然地带，各地带土地构成要素间存在着特殊的、有规律的内在联系，而且在时间上不断发展演变。

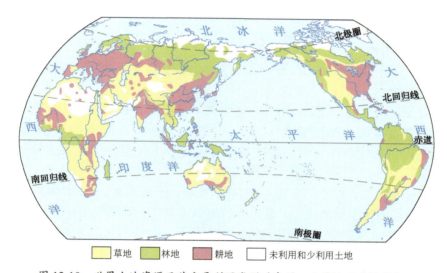

图 12-10　世界土地资源及其主要利用类型（来源：世界地理地图集）

高纬度极地气候下的冰沼土地带分布于亚欧大陆和北美洲大陆的最北部和北极与南极地区的若干岛屿，气候严寒，大多地方存在永冻层。在这种气候条件下，主要有苔藓和地衣生长，是不宜农作的土地。

中纬度寒温气候条件下的灰壤地带在欧亚大陆和北美洲大陆北部呈宽广的带状。这里冬季寒冷，夏季温凉潮湿，形成针叶林植被，是世界主要的林木生产基地。在本带的南侧，通过引种早熟品种，施用石灰、有机肥料和其他肥料，尚可种植春小麦。但产量不高，也非宜农土地。

中纬度冷温气候条件下棕壤地带，是针阔混交林区，在农业生产上占有一定地位，常一年一熟。英、法、德约有一半的耕地是由棕壤开垦而来的，生产玉米和小麦。

中纬度西部地中海气候区的土壤为褐土、棕壤和石灰土。这里冬季水分充足时气温较低，而夏季气温增高时水分不足，景观为森林灌木草原。土地的农业利用为种植油橄榄、葡萄和其他一些水果，也种植小麦、燕麦和大豆等。

中纬度湿热的大陆东岸季风区是红壤和黄壤地带。这里降水量丰富，光照和热量充足，四季都可以生长植物，且种类繁多，多生产水稻、小麦，生产量也很大，原生植被

为常绿阔叶林或者常绿与落叶阔叶混交林。

中纬度的半荒漠和荒漠区分布着灰钙土、棕钙土和荒漠土。这里干旱少雨、植被稀少，形成荒漠草原景观，在有灌溉条件的地方，也可以形成绿洲。

低纬度的湿热气候区分布着砖红壤和红壤，属热带雨林景观，如非洲的刚果河流域、南美洲的亚马孙河流域、南亚等。这里水热充足，树高林密，且林下草本、藤类繁多，农业生产潜力很大，盛产橡胶、咖啡、可可、胡椒等热带作物。

热带黑土和黑黏土分布于热带稀树草原，由生长很高（≥2m）的禾本科草本植物和散落其间的零星或成片乔木与灌木构成；季相极为明显，干季到来草木枯萎，雨季到来则草木葱葱；农业生产以薯类为主。

山地土壤和冲积土分别占世界土地总面积的 17.7% 和 4.3%，山地是林、牧适宜区，而占土地面积不大的冲积土却供给世界人口约 25% 的粮食、棉花和其他农产品。

（二）我国土地资源分布格局

我国陆地总面积约为 960 万 km²。在这广阔的领域内，无论是气候、地形，还是土壤等，其空间变化都很大。

从南向北依次出现赤道带、热带、亚热带、暖温带、中温带与寒温带 6 个温度带。中国是跨越温度带最多的国家之一。其中，寒温带热量条件较差，但该温度带内我国土地面积仅占全国陆地总面积的 1.2%；其他带的热量条件均能满足一年一熟至一年三熟。

由于背靠地球上面积最大的大陆——亚欧大陆，面临地球上最大的海洋——太平洋，我国东部形成了地球上面积最大、最为强烈的季风气候。季风气候对中国的影响如下：①使东部平原的降水量远比其相近纬度地区的高，例如，北京为 660mm，而巴黎为 600mm，伦敦、柏林、华沙、莫斯科等约 550mm；南部的长江流域、广州、香港等的降水量近 1500～2000mm，远远高于世界其他副热带地区。②比同纬度其他大陆的夏季温度高，并且水热同步，使有效降水量增加。另外，短期高温提高了作物的光合速率，有利于作物光合产物的积累及形成多熟制。所以，比同纬度的海洋性气候作物的生物产量高。

东部均为丘陵与平原区，其深厚的土层有利于农业发展，形成了广大的多熟制农业区及农业生产基地；东北与西南山地多为林业基地；西北干旱与荒漠区水源不足，一方面是山地牧场，另一方面是以冰雪融水为主要水源的灌溉农区。正是这种土地资源条件，确定了我国土地利用的宏观结构，即东部及南部为农业区，西北部为牧业区，东北与西南为林业区（图 12-11）。

上述诸多条件形成了中国土地地域条件差异大、土地利用多样、土地资源类型丰富的特征。

（三）我国土地资源可持续利用的主要问题及对策建议

1. 土地资源可持续利用的主要问题

1）可利用的耕地资源有限

改革开放以来，我国经济一直保持高速发展的态势。但这种增长主要靠外延扩展，

图 12-11 中国土地资源及其利用

经济增长的同时伴随着耕地的大量减少。据统计，1996 年底我国耕地第一次调查结果为 19.51 亿亩，到 2003 年底统计结果为 18.51 亿亩，7 年间全国耕地净减少 1 亿亩。耕地面积减少的原因，首先是农村结构调整，占耕地减少总量的 61.0%；其次是建设占用土地；其余是灾毁耕地。就耕地减少的幅度来说，东部沿海地区大于内地，原因在于东部沿海地区第二、三产业发达程度高于内地，占用的耕地相对较多。2010 年，我国的耕地面积为 18.26 亿亩，逼近了"18 亿亩红线"的最低要求，但耕地保护政策的实施，有效地遏制了我国耕地面积迅速减少的态势。

据《全国土地整治规划（2010 ～ 2015 年）》，我国集中连片分布的耕地后备资源仅为 0.67 亿亩，而且主要集中在生态环境脆弱的西部地区，若贸然开垦，势必对当地自然环境造成破坏。即便按开垦 60% 计算，也只能增加 0.40 亿亩耕地，若将退耕还林、还草、还湖等计划包括在内，那么总体而言需要生态退耕的耕地数量大于可能开发的数量，保持我国耕地资源的底线面临较大压力。

2）土地利用粗放

我国人均利用土地少，土地资源十分紧缺，同时存在利用粗放、浪费严重的问题。首先是城市用地盲目扩张，土地利用效率低。据统计，1986 ～ 1996 年，全国城市非农业人口增长 59%，而同期城市用地却扩大了 106.8%；1997 年全国非农建设占用而未用闲置的土地有 174.7 万亩；到 2004 年 6 月，全国城镇建设规划用地约 5790 万亩，全国设立的各类开发区（园区）6866 宗，带有相当程度的盲目性。其次是农村的非农建设用地占地广且利用率低，农村居民点散、乱、空现象比较普遍，全国农村居民点用地 2.77 亿亩，农村人口人均居民点用地远超过现行 150m² 的上限。我国牧草地、林地利用粗放，

产出率低，现今牧草地的产草量仅是 20 世纪 50 年代的 1/2 ～ 1/3；单位面积森林，其木材蓄积量不及世界水平的 2/3。

3）土地生态面临威胁

不合理的土地利用直接导致土地环境的破坏，如水土流失严重、沙漠化土地不断扩大；超载放牧、草地产量退化；盲目围湖造田，滥渔滥捕，破坏水体生态系统；土地污染问题日益严重等。由于乱砍滥伐森林，森林质量下降，郁闭度偏低，造成水土流失。据统计，全国每年流失的土壤约 50 亿 t，水土流失面积达 35600 万 hm²。沙漠化、盐碱化影响范围涉及十多个省区，212 个县（旗），约 3500 万人口。最新调查统计，全国已累计有 135 万 km² 的沙漠化、盐碱化土地，占全国土地面积的 14%，而且每年还在增长中。目前我国改良草地和人工草地面积已达到 332.5 万 hm²，但不及牧草地面积的 1.25%，天然草地长期超载放牧，投入建设少，导致草地产草率降低，草地退化。随着工业的发展，大量污染物以"三废"形式排入环境中，特别是其中的有毒废水，严重污染江河等水体和农田。此外，大量施用化肥、农药造成农田污染。近年来，全国每年有 20 多万吨农药、1700 多万吨化肥进入农田，导致土壤污染，直接影响农产品质量。

4）土地质量下降

重用轻养或只用不养，忽视养用结合和土地保护措施，土地利用强度超过土地生态系统的阈值，从而造成土地质量下降。许多地方重灌轻排或只灌不排，从而抬高了地下水位，引起土壤盐渍化和次生潜育化。据有关资料统计，我国目前有盐渍土地面积 9913 万 hm²。不少地方有机肥施用量减少，施肥结构不合理，投入与产出、有机肥与无机肥及氧、磷、钾之间比例失调，已成为农业增产的重要限制因素。全国第二次土壤普查结果表明，我国耕地中缺磷土壤面积占 59.1%，缺钾土壤面积占 22.9%，有机物低于 0.6% 的土壤面积达 13.8%，中低产田占耕地面积的 79.2%。基于以上情况，科学合理地利用土地，注重耕地的地力产出，使用和保护相结合，采取改良措施提高土地质量迫在眉睫。

2. 土地资源的可持续利用对策建议

一个国家的土地资源面积是有限的，要想在土地利用方面达到生产性、安全性、保护性、活力性、可接受性的统一，就需要树立可持续利用的理念，政策措施不只是制定好，更要实施好（图 12-12）。

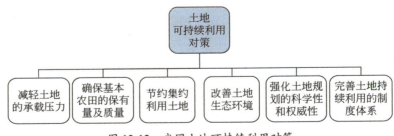

图 12-12　我国土地可持续利用对策

1）减轻土地的承载压力

我国人口基数大，土地承载力大，如果承载力继续增大，有可能导致土地生态平衡被破坏，引发诸如水土流失等问题，而这些又会反过来影响土地的产出水平及效益，最终陷入土地利用恶性循环。因此，必须有效控制和减轻土地的承载压力。

2）确保永久基本农田的保有量及质量

耕地保护得如何，直接影响我国的粮食安全问题。尽管产业结构调整和工业化、城市化的发展可能为耕地保护带来巨大的压力，但是保护耕地具有重要的战略意义，"耕地红线"决不能破。

3）节约集约利用土地

我国农村土地利用历史悠久，但一直以来经营规模狭小，存在着农业土地利用效率低的问题。所以，一方面要立足内涵挖潜，提高建设用地的利用率；另一方面要提高土地占用成本，以促进土地集约利用水平，使土地的合理和可持续利用成为可能。对于农业用地而言，要增加投入，不断改善土地利用的环境条件，大力推广适用的农业技术，因地制宜，提高土地产出率；开展农田基本建设，治理中、低产田，挖掘土地生产潜力，推进适度规模经营，优化配置土地资源。此外，还要强化土地复垦制度，逐步提高土地复垦率。

4）改善土地生态环境

一是搞好水土保持，重点做好我国大江大河源头及上游的水土保持工作，退耕还林、还草，恢复森林、草原系统涵养水土的功能，兴建必要的水土保持工程；二是治理土地退化，包括治沙、治碱、治潜育化、治土地污染，利用生物化学和工程等措施对土地的各种"病症"进行治理，遏制我国土地质量退化。

5）强化土地规划的科学性和权威性

编制规划前需要做好土地资源的调研、评价工作，摸清家底，了解供需状况；编制规划时需要综合考虑各方面的要求，不仅要协调好各部门、各行业用地的需求，而且要协调好人与自然的关系，做好规划的环境评价工作，以实现经济、社会、生态综合效益的最大化；不仅要求编制规划坚持科学性、综合协调的原则，而且规划的实施也必须强化土地规划的科学性和权威性。另外，要加强规划的公众参与性，对规划实施情况进行有效监督。

6）完善土地持续利用的制度体系

以土地持续利用为目标的土地资源管理离不开政策和制度支撑。这一政策体系和制度规范不仅包括土地政策体系本身，还涉及土地政策与农业政策、社会政策、经济政策、企业改革政策、生态环境保护政策、城市发展政策等之间的相互关系问题。因此，只有加强相关政策之间的协调，才能促进土地持续利用以及社会经济、生态环境的健康发展。土地政策体系内部宏观政策体系（如土地利用规划等）必须与微观行为（企业、农户的土地利用行为）相协调。

三、土地资源的评价

尽管对土地资源评价的概念有诸多不同的表述，但不难发现，各种表述中大多强调

以某种或特定土地用途为前提条件对土地的性能进行评判。因此，土地资源评价就是指为了一定的目的，对一定用途条件下土地性能（包括土地质量、生产力大小以及土地经济等）评定的过程。

（一）土地自然适宜性评价

土地自然适宜性评价是最普遍和最常用的一种评价，它是以特定的土地利用为目的，评价土地适宜性的过程。目前，国际上影响最大、使用最广泛、最典型的土地适宜性评价方案是联合国粮食及农业组织（Food and Agriculture Organization of the United Nations，FAO）于1976年正式颁布的《土地评价纲要》。

FAO《土地评价纲要》的土地自然适宜性分类系统采用四个分类制，分别包括：土地适宜性纲（order）、土地适宜性级（class）、土地适宜性亚级（subclass）以及土地适宜性单元（unit）（表12-2）。

表12-2　FAO 土地评价系统

纲	级	亚级	单元
S（适宜）	S_1（高度适宜）		
	S_2（中度适宜）	S_{2m}（表示水的限制）	
	S_3（勉强适宜）	S_{3e}（表示抗侵蚀性差）	S_{3e-1}、S_{3e-2}、S_{3e-3}
	⋮	⋮	⋮
N（不适宜）	N_1（暂时不适宜）	N_{1m}	
	N_2（永久不适宜）	N_{2me}	

首先分为适宜纲和不适宜纲，然后根据土地适宜性的程度（高度适宜、中等适宜和勉强适宜），在适宜纲内划分适宜级，将不适宜纲分两级——暂时不适宜和永久不适宜。其次，在适宜级内，根据限制性因素的种类（如土壤水分亏缺、侵蚀危险等）划分适宜性亚级。最后，土地适宜性单元表示土地的生产特征和管理要求，同一适宜性单元具有相似的生产潜力和相似的管理措施。

1）土地适宜性纲

土地适宜性纲反映土地对所考虑的特定利用方式评价为适宜（S）或不适宜（N）。

适宜纲（S）：指在此土地上按所考虑的用途进行持续利用，能产生足以抵偿投入的收益，而且没有破坏土地资源的危险。

不适宜纲（N）：指土地质量显示土地不能按所考虑的用途进行持久利用。其原因可能是存在着不可克服的一种或多种限制性因素。

2）土地适宜性级

土地适宜性级反映纲内适宜性程度，可按照在纲内适宜性程度递减的顺序用连续的阿拉伯数字表示。在适宜纲内，级的数目不作规定，一般最多不超过5级，通常分为3级：S_1、S_2、S_3。

高度适宜级（S_1）：土地对某种用途的持续利用没有明显的限制，或只有较小的限制，它不致显著性降低产量或收益，并且不会将投入提高到超出可接受的程度。

中度适宜级（S_2）：土地对指定用途的持续利用有中等程度的限制，这些限制将减少产量和收益并增加必需的投入，但从这种用途仍能获得利益，虽尚有利可图，但明显低于S_1级的土地。

勉强适宜级（S_3）：土地对指定用途的持续利用有严重的限制，因此，将降低产量和收益或增加必需的投入，而收支仅勉强达到平衡。

在不适宜纲内通常分为2级：N_1、N_2。

暂时不适宜级（N_1）：土地具有短期能克服的限制性，但在目前技术和现行成本下，不能改变这种限制性；限制性的严重程度达到在既定方法下不能保持土地持续有效的利用。

永久不适宜级（N_2）：土地限制性非常严重，以致在一般条件下根本不可能利用，这一级通常是陡坡、岩石裸露区或干旱沙漠区。

3）土地适宜性亚级

土地适宜性亚级反映土地限制性类别的差异，如土壤水分亏缺、侵蚀危险。亚级用小写英文字母附在适宜级符号之后的方法来表示。例如，S_{2m}表示中度适宜级，有效水分限制亚级，m表示土壤水分限制性；S_{2e}表示中等适宜级，侵蚀限制亚级，e表示侵蚀危险的限制性。由于属于高度适宜级（S_1）的土地无明显限制因素，故不设适宜亚级。

确定亚级数目及限制因素的原则有：亚级数目应保持最小，但仍能区分土地单元在管理上的不同要求以及受限制而存在潜力差异；表示亚级的字母符号应尽可能少，尽可能用主导的符号单独表示。

4）土地适宜性单元

土地适宜性单元是亚级的再细分，反映亚级内土地利用或经营管理的细小差别。亚级内所有的单元具有级水平的相同适宜性程度和亚级水平的相似限制性种类，单元与单元之间在限制性的细节上存在差别。适宜性单元可用连接号后加一个阿拉伯数字表示，如$S_{2e\text{-}1}$、$S_{2e\text{-}2}$。在一个亚级内划分单元的数目不受限制。

（二）土地生产潜力评价

迄今为止土地生产潜力评价研究大多是针对发展大农业生产进行的，即农业土地生产潜力评价。应该指出的是，农业土地生产潜力评价的对象一般不是狭义的农业范畴，往往是比较广义的农业范畴，如耕作业、林业、牧业等。世界上最早使用的土地生产潜力评价系统是美国农业部土壤保持局在20世纪30年代提出来的，该系统也是评价大农业用地中应用最广的系统。

美国农业部为控制土壤侵蚀而提出的土地生产潜力评价系统包括三个等级单位，即土地潜力级（land capability class）、土地潜力亚级（land capability subclass）以及土地潜力单元（land capability unit）。

1）土地潜力级

土地潜力级是潜力评价中最高的级别，其含义是限制性或危险性相对程度相同的若干土地潜力亚级的归并。全部土地划分为8个等级，用罗马数字表示，从Ⅰ级至Ⅷ级，土地在利用上所受到的限制逐渐增强。其中，Ⅰ～Ⅳ级土地在良好管理下可生产适宜的

农作物和饲料作物，也包括树木或牧草。V级土地适宜一定的植物。而V、VI两级中某些土地也能生产水果和观赏作物等特种作物，且在加强包括水土保持措施在内的高度集约经营条件下，还能栽植大田蔬菜（表12-3）。

表12-3　土地资源生产潜力级评价系统

		土地潜力级	土地利用集约程度增加								
			野生动物	林业	放牧			耕作			
					有限	中等	集约	有限	中等	集约	高度集约
限制性与危险性增大	利用选择的自由和适宜性减小	I									
		II									
		III									
		IV									
		V									
		VI						阴影部分为相应潜力级所适宜的利用范围			
		VII									
		VIII									

　　I级。土地利用几乎没有限制性，适宜种植范围广泛的植物，可安全地用于农作物、牧草、林木和野生动物栖居。

　　II级。土地利用受到一些限制，因而适合种植作物的选择范围减小或者要求中等程度的水土保持措施。所受限制不多，改良措施易行。

　　III级。土地受到严格的限制，致使作物选择有限或要求特殊的水土保持措施；或两者兼而有之。III级土地比II级土地受到更多的限制，耕作时水土保持措施常较难实行和维持。可种植农作物和饲料作物，或作为林场、牧场或野生动物栖居场所。

　　IV级。土地对作物的选择有很严格的限制或要求很仔细谨慎的管理。土地利用的限制性比III级土地更严格，作物选择的余地更加有限。耕种时要求比较谨慎的管理，水土保持措施也较难实施和维持。可种植农作物、饲料作物或用于林业、牧业或野生动物栖居地。

　　V级。土地几乎不受侵蚀危害，但由于存在难以排除的限制因素，它们大部分只能作为草场、林场或野生动物栖居地，该级土地存在限制作物生长和阻碍正常农业耕作的因素。有些处于潮湿状态或由河流造成频繁的洪涝，或含石较多，或受气候影响，或是若干限制因素兼而有之。

　　VI级。土地具有严格的限制因素，以致一般不宜于耕种，大部分限于用作草场（或牧场）、林场或野生动物栖居地。然而，如果采取高水平的经营管理，某些VI级土地可用于一般性农业。有些VI级土地还适用于发展特种作物，如对土壤特性要求不同于一般农作物的果树和浆果类植物。

　　VII级。土地在利用上存在非常严格的限制，不宜于耕种，基本只能用作牧草地、林地或野生动物栖居地。该级土地从自然条件上不允许通过播种、施石灰、施肥等高耕作、挖排水沟、分洪或喷灌等措施使其成为改良牧地。

　　VIII级。因土壤和地形方面的固有限制性，这类土地不能用于农、林、牧业，只能用于野生动物栖居、水源涵养或风景观赏等，如劣地、岩石裸露、沙滩、河流冲积物、尾矿以及其他近于不毛之地。

2）土地潜力亚级

土地潜力亚级是指在土地潜力级之下，按照土地利用的限制性因素的种类或危害，分为4个亚级（Ⅰ级没有限制性，不分亚级），同亚级的土地，其土壤与气候等对农业起支配作用的限制性因素是相同的。

e亚级（侵蚀限制因子）——土壤侵蚀和堆积危害；

w亚级（过湿限制因子）——土壤排水不良，地下水位高，洪水泛滥危害；

s亚级（根系限制因子）——根系受限制危害，包括土层薄、干旱、盐碱化等；

c亚级（气候限制因子）——影响植物生长的气候因素危害，如干旱、霜雹等。

亚级的表示方法是用适当的一个或两个小写字母加注在表示级的罗马数字后面，如Ⅱc、Ⅲws。有两个以上限制因素时，主要限制因素排在前边。

3）土地潜力单元

土地潜力单元是土地潜力亚级的续分，是指一组土地对于植物的适宜性和对相同土地经营的效应都很相似。土地潜力单元的表示方法是在亚级后面用阿拉伯数字表示其程度，如Ⅱe_1（较轻的土壤侵蚀）、Ⅱe_2（中等土壤侵蚀）、Ⅱe_3（较重的土壤侵蚀）等。表12-4为土地潜力分级结构表。

表12-4　土地潜力分级结构表

土地用途类别	潜力级	潜力亚级	潜力单元
耕地	Ⅰ	Ⅱe	Ⅱe_1 土系1
	Ⅱ	Ⅱw	Ⅱe_2 土系2
	Ⅲ	Ⅱs	Ⅱe_3 土系3
	Ⅳ	Ⅱc	—
		Ⅱes	
非耕地	Ⅴ		
	Ⅵ		
	Ⅶ		
	Ⅷ		

（三）土地经济评价

1. 土地经济评价指标体系

土地经济评价的指标是指采用某些数量指标来度量土地经济价值的一种指标，这些指标还要用来度量土地生产力高低和投入－产出的效果。目前国内外常用的土地经济评价（农业用地经济评价）指标有以下几种：①单位土地面积的产量、产值；②净产值、纯收益；③费用偿还率（纯收入率）、成本效果系数；④级差收入。

中国农业工程研究设计院对农业土地经济评价的指标体系进行了研究，将土地经济

评价的指标体系在层次上分为指标类、指标组、具体指标三级。根据指标的不同性质和运用目的，将指标体系分为土地经济效果指标、土地经济分析指标和土地经济效果分析指标三大类。

2. 土地经济评价的经济分析方法

常用的经济分析方法是投入–产出分析法，即通过比较土地利用方式的投入与产出来确定适宜性等级或程度的方法。下面介绍两种常用的投入–产出分析法。

1）毛利分析

毛利分析是指从农民或农业生产单位出卖产品的年收入中扣除生产成本和管理费用而得出的利润（或亏损）。毛利是一种表示利润的简化方式，在毛利分析中，有时也通过扣除固定成本得出净收入和净利润，但它一般不包括长期借贷的利息成本、长期改良工程的成本和收益。毛利分析法一般只适用于情况比较简单的（没有长期贷款或改良工程，或者这些被忽略）适宜性评价（表12-5）。

表12-5　农场毛利计算方法

土地利用	单位	肥沃土壤		砂质土壤	
		玉米	烟草	玉米	烟草
肥料投入	kg/hm²	200	100	400	200
肥料价格	£/100kg	12	12	12	12
其他变动成本	£/hm²	20	60	20	60
变动成本合计	£/hm²	44	72	68	84
固定成本	£/hm²	50	50	50	50
作物单产	kg/hm²	5000	1500	4500	1500
作物价格	£/1000kg	40	200	40	200
产值	£/hm²	200	300	180	300
毛利	£/hm²	156	228	112	216
农场毛利	£/农场	540		440	
农场固定成本	£/农场	150		150	
农场净收入	£/农场	390		290	

注：£表示英镑。

毛利分析可以比较同一种土地评价单元上不同作物或其他农林牧产品的毛利收入，用单位土地面积上的收益水平确定不同土地利用方式的经济适宜性和适宜程度，确定最佳的土地利用方式。

2）现金流量贴现分析

土地改良的成本和其他资本消耗相对于经常性的现金流通来说有时并不很大，只需进行毛利分析即可。但是投资或成本很大时，必须要对投入资本的收益进行分析，将最初的土地改良费用和基本建设费用与未来各年从这种费用所得到的收入进行比较，以确定投资是否合适，可采用现金流量贴现分析。

一般来说，土地改良工程的投资和收益周期较长，需要好多年。现金流量贴现是在假设利息和工程寿命的情况下，将未来的投资、成本费用或收益采用一定的公式换算为现在的价值。可采用下面的公式计算

$$V=\frac{P}{(1+r)^n}$$ （12.1）

式中，V 为现值；P 为未来每年成本或收益的实际数；r 为利息；n 为年数；$1/(1+r)^n$ 为贴现因子。

第四节 生物资源的分布与评价

生物是自然界中最活跃的物质形式，在自然界的物质循环、能量交换和信息传递中起着十分重要的作用，同时生物也是人类生活必需的资源和生存的基本环境条件。生物资源是一种可更新资源，它具有与其他自然资源不同的特点，还具有重要的经济价值，随着生产的发展和科学技术的进步，其作用和用途越来越被人们了解和重视。生物资源具有一些特殊的性质，这些性质对人类合理开发利用生物资源起着重要的作用（彭补拙等，2014）。

一、生物资源的性质

生物资源的性质如图 12-13 所示。

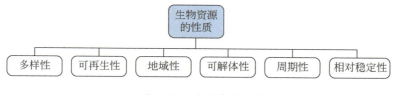

图 12-13 生物资源的性质

（一）多样性

地球上生物物种极为丰富，据估计全世界有 1300 万～1400 万个物种，但科学描述过的仅有约 175 万种，大多数现存物种尚未被记录与描写。

（二）可再生性

生物资源可以不断自然更新和人为养殖扩展，这是它的基本特性，也是其与非生物资源最本质的区别。同时，生物资源生命过程的进行可维持一定的生物储量。生物资源可再生性的实质是生态系统中的能量流动和物质循环，使生物资源得到不断的更新和发展。从这种意义上来讲，生物资源是无限的、可以永续利用的。在适宜的生态条件下，生物资源可以通过个体增长、繁殖后代等过程来维持和增加其资源量，它的资源量是一个变数而不是常数。在正确的管理和维护下，生物资源量可以逐渐增加，但如果利用不合理，其资源量也会减少，甚至产生退化、解体、生物物种灭绝和生态系统丧失。

所以，生物资源的可再生性也是有一定限度的，在利用生物资源时，必须注意不能"竭泽而渔"。

（三）地域性

由于地球自然条件的复杂性，以及生物区系迁移的历史因素和不同人类活动影响等，生物资源的数量、质量以及生物类型等方面表现出明显的地区差异。

（四）可解体性

各种生物资源其遗传潜力的基因库存在于该种生物的种群之中，任何生物的个体都不能代表其种的基因库。人类的干扰和自然灾害等容易引起物种世代顺序的破裂，从而威胁种群的繁殖和生存。当种群个体少到一定数量时，这种生物的遗传基因便有丧失的危险，从而导致物种的解体。

（五）周期性

生物资源的大多数内在功能，特别是生物量的积累量、干物质成分、种群密度、生态幅、系统稳定性等都呈现出一定的日变化、季变化、年变化和年际变化，表现出周期性的特点。这种变化或多或少是由生态系统中生物活动的周期性变化决定的。

（六）相对稳定性

生物在一定范围内具有减缓外部压力，维护自身稳定性的自我调节能力，这决定了生物资源在受到外界环境压力的情况下，可以保持相对的稳定状态。生物资源的相对稳定性主要表现在三个方面：首先表现在生物及生态系统抵御外部压力而保持稳定的能力，称为抵抗性；其次表现在生物及生态系统在受到干扰后保持原有功能的能力，称为缓冲性；最后表现在生物及生态系统在经历外部干扰而被破坏后，自然恢复并接近原来平衡点的能力，称为恢复性。生物资源的相对稳定性保证了生物资源在人类适度的开发利用中可以恢复和不断补充，但这种稳定性只是相对的，有其严格的阈值，一旦开发强度超过这一阈值，生物资源可能受到破坏。

二、森林资源

森林资源包括森林、林木、林地以及依托它们生存的野生动物、植物和微生物。森林资源是地球上最重要的资源之一，是生物多样化的基础，它不仅能够为生产和生活提供多种宝贵的木材和原材料，为人类经济生活提供多种物品，还能够调节气候、保持水土、防止和减轻旱涝、风沙、冰雹等自然灾害。森林还有净化空气、消除噪声等功能，同时是天然的动植物园，哺育着各种飞禽走兽，生长着多种珍贵林木和药材。森林可以更新，属于可再生的自然资源，也是一种无形的环境资源和潜在的"绿色能源"。反映森林资源数量的主要指标是森林面积和森林蓄积量。

世界森林主要分布在赤道附近的热带雨林地区、湿润的温带地区以及受季风和暖洋流影响的亚热带、温带沿海地区（图 12-14）。

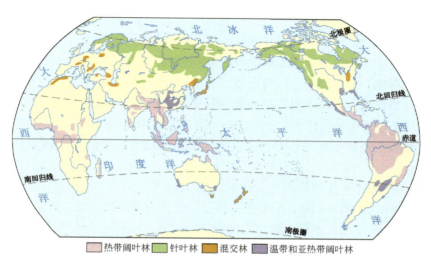

热带阔叶林　　针叶林　　混交林　　温带和亚热带阔叶林

图 12-14　世界主要森林分布（引自《世界地理地图集》）

　　全世界平均的森林覆盖率为 22.0%，北美洲为 34%，南美洲和欧洲均为 30% 左右，亚洲为 15%，太平洋地区为 10%，非洲仅 6%。森林最多的洲是拉丁美洲，占世界森林面积的 24%，森林覆盖率达到 44%。森林覆盖率最高的国家是南美的圭亚那，达到 97%；森林覆盖率最低的国家是非洲的埃及，仅 1/100000。世界各国森林覆盖率排在前面的还有：日本 67%、韩国 64%、挪威 60% 左右、巴西 50%～60%、瑞典 54%、加拿大 44%、美国 33%、德国 30%、法国 27%、印度 23%、中国 20.38%。

　　中国国土辽阔，森林资源少，森林覆盖率低，地区差异很大。全国绝大部分森林资源集中分布在东北内蒙古林区、东南林区、西南高山林区、西北高山林区和热带林区。五大林区的土地面积占全国陆地面积的 40%，而森林面积却占全国森林面积的 79%，森林蓄积量占全国的近 90%，五大林区中天然林面积占全国天然林面积的 89.20%。中国森林蓄积总量约 137.21 亿 m³，主要集中在西南高山林区、东北内蒙古林区和东南林区（表 12-6）。

表 12-6　中国主要林区森林资源分布状况（王玉芳和吴方卫，2010）

主要林区	森林覆盖率 /%	森林面积 / 万 hm²	森林蓄积量 / 亿 m³
东北内蒙古林区	67.10	3590.00	32.13
东南林区	51.97	5781.00	25.65
西南高山林区	23.00	4348.00	50.90
西北高山林区	39.14	509.00	5.31
热带雨林	44.57	1180.00	8.63
全国	20.36	19545.00	137.21

三、草地资源

从植物生态学或植物地理学的角度来看，草地通常指以草本植物占优势的植物群落，可包括草原、草甸、草本沼泽、草本冻原、草丛等天然植被，以及除农作物之外草本植物占优势的栽培群落。草地不仅提供饲草饲料支撑畜牧业生产，而且在防风固沙、水土保持、水源涵养以及生物多样性保护和陆地生态系统碳循环中扮演着重要角色。

联合国粮食及农业组织（FAO）估计全球草地面积为35亿hm^2，覆盖约26%的陆地面积。

我国第一次草地普查结果表明，中国各类天然草地约有4亿hm^2，占陆地面积的41.7%，总面积仅次于澳大利亚，位居世界第二。我国天然草地可以划分为草原、草甸、草丛和草本沼泽四大类，分别占草地总面积的50.4%、36.6%、10.7%和2.3%。这四类草地与不同的气候、土壤或地形因子结合，又可以进一步分为12类草地（依面积大小排序）：高寒草甸占24.4%，高寒草原占22.9%，温性草原占16.2%，亚热带热带草丛占8.7%，荒漠草原占8.1%，岩生草甸占5.6%，山地草甸占4.4%，草甸草原占3.3%，沼泽化草甸占2.3%，寒温带温带沼泽和温带草丛2.1%，高寒沼泽面积<1%。我国的天然草地主要分布在西藏、内蒙古、青海、新疆、四川、甘肃、黑龙江以及云南等地，这些省（自治区）的草地占全国草地总面积的80%以上。其中，西藏天然草地面积最大，为74.7万km^2，占全国草地面积的26.7%，主要是高寒草原和高寒草甸。其次为内蒙古、青海和新疆，内蒙古草地以温性草原和荒漠草原为主，青海以高寒草甸和高寒草原为主，新疆则盐生草甸、高寒草原、荒漠草原、温性草原和高寒草甸均有分布。此外，四川、甘肃、黑龙江和云南的草地面积也较大。

四、渔业资源

渔业资源是指天然水域中具有开发利用价值的鱼、甲壳类、贝、藻和海兽类等经济动植物的总体。按水域分为内陆水域渔业资源和海洋渔业资源两大类。

海洋渔业资源主要集中在沿海大陆架海域，也就是从海岸到小于200m浅海部分。这里阳光集中，生物光合作用强，入海河流带来丰富的营养盐类，因而浮游生物繁盛，为鱼类提供了丰富的饵料。温带海区季节变化显著，冬季表层海水和底部海水发生交换，上翻的海水含有丰富的营养盐类，有利于浮游生物繁殖。另外，寒暖流交汇和冷海水上翻处，饵料也很丰富。世界主要渔场的分布就与上述因素有关（图12-15）。

（1）北太平洋渔场：包括北海道渔场、我国舟山渔场、北美洲西海岸众多渔场在内的广阔海域。

（2）东南太平洋渔场：包括秘鲁渔场在内的广阔海域。

（3）西北大西洋渔场：包括纽芬兰渔场在内的广阔海域。

（4）东北大西洋渔场：包括北海渔场在内的广阔海域。

（5）东南大西洋渔场：包括非洲西南部沿海渔场在内的广阔海域。

图 12-15　世界主要海洋渔场的分布（谭木，2013）

探究活动：分析世界主要海洋渔场的成因

利用前面所学的洋流分布分析世界主要海洋渔场的形成与洋流之间的关系。

我国海洋捕捞量在 1986～1996 年实现了快速增长，此后保持相对稳定的趋势（图 12-16），海水养殖产量却一直保持持续增长（图 12-17），海水养殖产量一直大于海洋捕捞的产量。

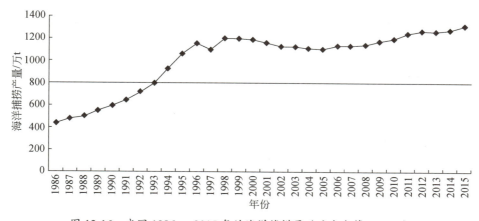

图 12-16　我国 1986～2015 年的海洋捕捞量（岳冬冬等，2017）

海洋捕捞量较多的沿海省份依次是浙江、山东、福建、广东、海南等。

2015 年我国水产品产量 6700 万 t（表 12-7），除了海洋捕捞 1315 万 t，海洋养殖 1800 万～1900 万 t 外，还有 3500 万～3600 万 t 是内陆水域渔业产量。也就是说，我国水产品大致一半来自海洋、一半来自陆地，海洋捕捞产量只占到我国水产品产量的 20% 左右。

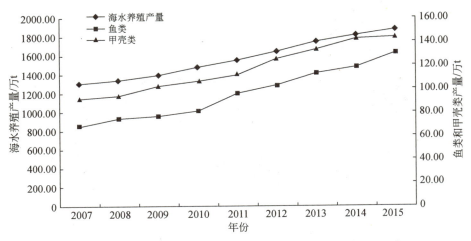

图 12-17 我国 2007 ~ 2015 年的海水养殖产量（岳冬冬等，2017）

表 12-7 2015 年我国渔业状况

渔业产值 / 亿元	11328.7
水产品产量 / 万 t	6700
海洋捕捞产量 / 万 t	1315
远洋渔业产量 / 万 t	219
海水养殖面积 / 万 hm²	232

数据来源：《中国渔业统计年鉴》（2016）。

五、生物资源的评价

（一）生物多样性评价

生物多样性的丰富程度通常以某地区的物种数来概括表达。由于人类认知生物界能力的有限性，人们永远无法准确地估计出地球的物种数目。动物学家 Raven 和 Wilson（1992）估计，全球物种为 8000 万～ 1 亿种。一般专家采取保守的估计，为 500 万～ 3000 万种，但实际上有科学描述的仅约 175 万种。相对而言，科学家们对高等植物和脊椎动物的了解比较清楚，而对昆虫、低等脊索动物、真菌、细菌的了解较为有限。

全球生物多样性的分布是不均匀的。一般而言，物种多样性自低纬高温地区向高纬寒冷地区递减，自潮湿地区向干旱地区递减，自浅海向深海递减。生物多样性随纬度递减的速度北半球高于南半球，但含钙质的海洋生物多样性变化没有明显的规律。生物最丰富的地区不在赤道，而在其附近的热带地区。热带森林具有全球最大的生物多样性，仅占全球陆地面积 7% 的热带森林容纳了全球半数以上的物种。通常 1m² 的热带雨林有植物 200 多种，最多可达 425 种，而在同样面积的温带森林仅有植物 20 余种。热带马拉维（Malawi）湖有 250 种鱼，而西伯利亚贝加尔湖只有 50 种鱼。孤立的岛屿和小块具有独特生境的区域，具有更多的特有种、属。热带海域的珊瑚礁和一些大型古老湖泊也是水生生物种类富集的地区。

热带生物学研究重点委员会根据生物多样性的丰富程度、特有种分布以及森林被占用速度等因素，确定了11个需要特别重视的热带地区：厄瓜多尔海岸森林、巴西可可地区、巴西亚马孙河流域东部和南部、喀麦隆、坦桑尼亚山脉、马达加斯加、斯里兰卡、缅甸、苏拉威西岛、新喀里多尼亚、夏威夷。Myers也以类似方法确定了10个世界生物多样性热点地区。2000年，科学家公布了25个生物多样性热点地区（Myers et al., 2000），而后保护国际（Conservation International，CI）基金会又新加入了9个地区。保护国际基金会划定热点地区的一个基本原则是，物种最丰富的并且受威胁最大的地区。全球34个生物多样性热点地区的面积仅占地球的2.3%，却栖息着地球75%以上濒危哺乳动物、鸟类和两栖动物，而且约有50%的高等植物和42%的陆地脊椎动物生存在这些热点地区。

国家之间的物种多样性分布也很不均衡。物种最为丰富的国家包括墨西哥、哥伦比亚、厄瓜多尔、秘鲁、巴西、刚果（金）、马达加斯加、中国、印度、马来西亚、印度尼西亚和澳大利亚（表12-8）。这些国家的生物物种合计占全世界总数的70%左右。

表 12-8 重要物种数目最多的前十位国家（据陈灵芝，1993）

序号	哺乳动物排名	鸟类排名	两栖类排名	爬行类排名	燕尾蝴蝶排名	被子植物排名
1	印度尼西亚	哥伦比亚	巴西	墨西哥	印度尼西亚	巴西
2	墨西哥	秘鲁	哥伦比亚	澳大利亚	中国	哥伦比亚
3	巴西	巴西	厄瓜多尔	印度尼西亚	印度	中国
4	扎伊尔	印度尼西亚	墨西哥	巴西	巴西	墨西哥
5	中国	厄瓜多尔	印度尼西亚	印度	缅甸	澳大利亚
6	秘鲁	委内瑞拉	中国	哥伦比亚	厄瓜多尔	南非
7	哥伦比亚	玻利维亚	秘鲁	厄瓜多尔	哥伦比亚	印度尼西亚
8	印度	印度	扎伊尔	秘鲁	秘鲁	委内瑞拉
9	乌干达	马来西亚	美国	泰国和马来西亚	马来西亚	秘鲁
10	坦桑尼亚	中国	委内瑞拉与澳大利亚	巴布亚新几内亚	墨西哥	俄罗斯

（二）净初级生产力评价

从表12-9不难看出，对于净初级生产力，陆地高于海洋，大陆架高于开阔大洋，森林高于草原，沼泽高于河流、湖泊，草原高于荒漠等。在海洋里，开阔大洋是净初级生产力最低的地方，平均只有125g/（m²·a），故有人称之为海洋荒漠。而藻床、珊瑚礁、河口的净初级生产力比较高，藻床、珊瑚礁平均达到2000g/（m²·a），河口平均达到1800g/（m²·a），分别为开阔大洋的14～16倍。

表 12-9　不同生态系统的净初级生产力（据 Strahler）

	生态系统	平均净初级生产力 / [g/（m²·a）]	净初级生产力变化范围 / [g/（m²·a）]
陆地	热带雨林	2000	1000～5000
	淡水沼泽	2500	800～4000
	中纬度森林	1300	600～2500
	中纬度草原	500	150～1500
	农用地	650	100～4000
	河流与湖泊	500	100～1500
	荒漠	3	0～10
海洋	珊瑚礁与藻床	2000	1000～3000
	河口	1800	500～4000
	大陆架	360	300～600
	开阔大洋	125	1～400

　　在陆地上，热带雨林地区是净初级生产力最高的地区，荒漠是净初级生产力最低的地区，其他地区的生物净初级生产力介于两者之间。

　　一般来说，净初级生产力高的地方，往往也是生物种类丰富、生物多样化比较好的地方；净初级生产力低的地方，往往也是生物种类比较缺乏、生物多样性比较差的地方。因此，可以根据净初级生产力和生物多样性来进行生物资源及其环境的评价（表 12-10）。

表 12-10　生物资源及环境的分级评价（王建，2010）

级别	净初级生产力 / [g/（m²·a）]	生物种类	生物环境的评价	代表性区域或者生物群落
1	最高（>800）	最丰富	最好	湿润的热带、亚热带地区和中纬度森林地区，淡水沼泽、珊瑚礁与藻床发育的近海地区，某些河口地区
2	很高（600～800）	很丰富	很好	受季风和信风影响的海岸地区，有干、湿季的热带地区，某些河口地区
3	高（400～600）	丰富	好	有干、湿的热带地区，半湿润的亚热带地区，部分大陆架
4	中等（200～400）	一般	一般	地中海气候区、半湿润的大陆区、许多大陆架
5	低（100～200）	单调	差	干旱、半干旱的赤道与中纬度地区，开阔大洋的大部分地区
6	很低（0～100）	很单调	很差	荒漠、冻原、冰原、某些大洋区域

第五节　矿产资源的分布与评价

　　资源短缺、环境恶化和人口膨胀是当今世界面临的三大难题，在资源问题中，矿产资源又具有举足轻重的地位。我国在目前以及以后可以预见的一段时间内，大约80%的工业原料和95%的能源仍需要取自矿产品。可见，矿产资源是人类生存、经济建设和社会发展的重要物质基础（彭补拙等，2014）。

矿产资源的种类很多，一般而言，从人类利用的角度出发，矿产资源可分为两大类：提供燃料的能源资源和提供原料的物质资源。前者包括化石燃料和核燃料，后者包括金属原料和非金属原料。化石燃料包括煤炭、石油、天然气等，核燃料包括核聚变燃料和核裂变燃料。金属原料包括黑色金属和有色重金属两类。非金属原料包括建筑材料、化工原料、化肥原料和其他原料。其中，煤炭、石油与天然气也是重要的化工原料（封志明，2004）。

一、矿产资源的性质

（一）不可更新性

地壳是由近百种元素组成的，其中最主要的9种元素是：氧、硅、铝、铁、钙、镁、钠、钾、钛，总计含量占99%，而其他90多种元素含量之和只有1%，说明地壳中元素含量分布极不均匀。有用元素必须相对富集，并远远超过它们在地壳中的平均含量才能形成矿石，大量集中的矿石形成矿床才具有开采价值，因而矿产资源的储量是有绝对上限的。然而，有用元素或有用矿物的富集经历了几百万年、几千万年、几亿年甚至几十亿年的漫长历程。而随着科技发展、人口的增加，人们开采利用这些经过漫长地质历史时期富集起来的矿石时，其开采速率却是十分惊人的。一个矿往往经过几年、十几年，最多几十年就开采完了，只有极少数矿可延续开采上百年。所以，矿产资源相对于人类社会的发展而言，是不会再生、不可更新的。

（二）分布的不均匀性

矿产资源在地球上的分布是不均匀的，但是矿产资源在分布上并不是无规律可循。例如，金属矿床多分布在火成岩或变质岩地区，燃料和非金属则多分布在沉积岩地区。各类岩石的分布状况完全取决于各个区段地壳的发展历史。由于地壳构造及其物质组成在空间分布上常呈镶嵌状格局，相邻地块之间的差异也比较大，造成了矿产资源分布的不均匀性。优质、易探、易采的矿产目前在世界上已屈指可数。解决矿产资源不足，只有采用"开源"与"节流"并重的途径，既要扩大矿物原料的来源，又要努力改进采矿方法，提高选矿、冶矿的技术水平，努力探索综合利用、循环利用等途径，使矿产资源的人为损失减少到最低限度。

（三）伴生性

自然界的矿产资源大多数不是单独产生的，而是多种矿物相伴出现的。在区域分布上表现为平均含量相差不大的若干矿种或元素组合在一起，称为共生；以一种矿为主，另外相对含量较少的若干矿种或元素组合在一起，称为伴生。常见的有铬、镍、钴、铂伴生，铅、锌、银伴生等。这种多组分的矿产资源随着主成分矿种的开发完毕，其伴生矿产的开发利用也逐渐开始，并进入伴生矿产的综合开发。

（四）品质性

矿产资源品质上有差异，同种矿产资源品位不同其利用价值也大不一样。矿石中金属或有用组分的单位含量称为品位，常用%、g/t、g/m³、g/L等表示，是表示矿石质量的。矿石按品位大致可分为富矿和贫矿两类，其标准因矿而异，如品位在50%以上的铁矿石称为富矿、品位在30%左右的铁矿则为贫矿。金属矿一般用百分比表示，如品位5%的铜矿石，表示每百吨矿中含铜5t。贵重金属常用g/t表示，如品位5g/t的矿石，表示每吨矿石中含贵金属5g。矿石的应用价值和品位关系很大。在一定条件下常规定可开采矿石的工业品位，即最低工业品位或最低平均品位。

二、矿产资源的分布

（一）世界范围内矿产资源分布

尽管全世界矿产资源种类齐全，储量丰富，但由于地球结构不均匀，全球资源空间分布不均匀，大多数矿产集中在少数国家和地区（图12-18和图12-19）。石油储量57%集中在中东地区，天然气储量72%集中在中东、东欧及俄罗斯地区，煤炭可开采储量53%集中在美国、中国和澳大利亚。在有色金属中，铜储量56%集中在美洲的智利、秘鲁、墨西哥、美国和加拿大；铅储量57.5%集中分布在澳大利亚、中国、美国和哈萨克斯坦；锌储量48%分布在澳大利亚、中国和美国；铝土矿储量71%分布在几内亚、巴西、澳大利亚和牙买加；金储量51%集中在南非、美国、澳大利亚和俄罗斯。在非金属中，世界钾盐储量更是高度集中，近75%的储量分布在加拿大和俄罗斯。总体来看，美国、俄罗斯、中国、加拿大、澳大利亚等属于矿产资源大国，这些国家矿产资源种类多且储量较大。

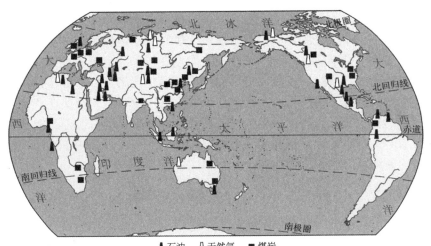

▲石油　△天然气　■煤炭

图 12-18　世界主要煤炭、石油、天然气矿藏分布
资料来源：中国科普网

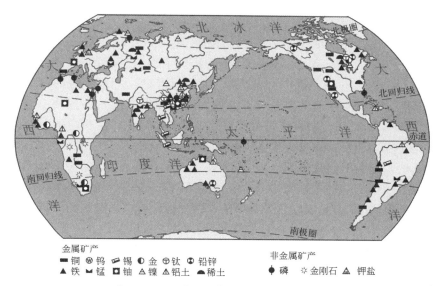

图 12-19　世界主要金属/非金属矿产分布

资料来源：世界地理地图集

（二）中国矿产资源的分布

矿产资源是自然界产出的资源，其分布受到地质成矿条件的制约。我国的矿产资源分布也具有一定的特征（图 12-20）。

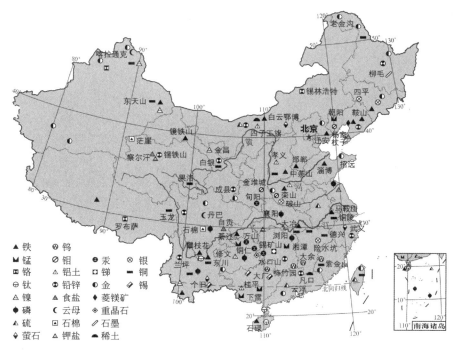

图 12-20　中国金属与非金属矿产资源分布

资料来源：徐士进等，2000

1）分布广泛，相对集中的矿产资源

（1）铁矿。1999年底，我国已探明储量的矿区有1830处，铁矿石保有储量为457亿t，广泛分布于全国各省（区、市），但又相对集中于河北、辽宁、四川，其储量占全国总储量的52.4%；山西、安徽、湖北、内蒙古、云南的储量占全国的26.4%。

（2）铜矿。已探明储量的矿区有918处，铜矿保有储量6218万t。除天津外，其余各省（区、市）均有分布。主要集中于长江中下游、川滇、山西中条山、甘肃白银和西藏昌都地区这五大片区，储量占全国总储量的76.8%。

（3）煤矿。已探明储量的矿区有6345处，煤炭资源总量10142亿t，广泛分布于全国各省（区、市），并主要集中在秦岭—大别山一线的北方和西南地区。北方保有储量占全国煤炭总储量的87.64%，主要集中于山西和内蒙古，两省区的储量占全国总储量的63.7%。

（4）磷矿。已探明储量的矿区，除青海、西藏、上海、北京、天津外，其余省（区、市）均有分布，我国现有磷矿区511处，磷矿石保有储量132.5亿t。集中分布在西南和中南地区，占全国总储量的77.53%。其他地区分布零星，且多属低品质磷矿。

（5）稀土。已探明的储量约1859万t，稀土矿物种类丰富，包括氟碳铈矿、独居石矿、离子型矿、磷钇铌矿等，稀土元素较全。资源总量的98%分布在内蒙古、江西、广东、四川、山东等地，以内蒙古包头的稀土资源最为丰富。

2）分布广泛，相当集中的矿产资源

（1）钨矿。已探明储量的矿区252处，主要集中在湘东南、赣南、粤北、闽西和桂东地区，其储量占全国总储量的86.3%。

（2）铝矿。已探明储量的矿区315处，铝矿保有储量22.91亿t。集中分布于山西、河南、贵州、广西四省（区），其中山西储量占全国总量的29.88%，河南占17.55%，广西占14.33%，以上4省（区）共占全国总量的81.91%。

（3）锑矿。已探明储量的锑矿111处，主要分布于湖南锡矿山、广西大厂、甘肃崖湾、云南木利和贵州晴隆五处，占全国总量的80%。

（4）石棉。已探明储量的矿区45处，分布在23个省（区），但主要集中分布于青海芒崖及四川石棉，储量占全国总量的66%。陕西宁强黑木林、青海祁连小八宝、云南墨江－元江三处的储量约占全国总量的21%。

（5）云母。已探明储量的矿区45处，分布于全国18个省（区），其中主要集中在新疆、四川和内蒙古等地，其储量分别占全国总储量的65.2%、16.4%和6.9%。

3）分布局限，选择性强的矿产资源

（1）铂矿。主要集中分布于甘肃，占全国总量的57.9%；其次分布于云南、四川，占总量的33.8%。

（2）金刚石。已探明储量的矿区仅分布于山东、辽宁、湖南和江苏4省，主要集中在辽宁和山东两省，其储量分别占全国总量的52.74%和44.58%。湖南和江苏两省占全国总量的2.68%。

（3）钾盐。已探明储量的矿区36处，钾盐保有储量2.8亿t。全国已探明的钾盐资源主要分布在青海省柴达木盆地，以及新疆罗布泊盐湖，以盐湖卤水为主。

（4）硅藻土。已探明储量的矿区 354 处，分布于吉林、云南、浙江和山东等省份，其中吉林的储量占全国总量的 53.7%。总体的分布情况是东部和西南地区较多，西北地区较缺乏。

由于我国矿产资源分布的不均匀性，要求资源型产业的布局尽可能根据矿产资源的分布、规模以及交通等条件来建立。

地学视野：战略性新兴矿产资源

随着全球多领域新技术融合创新步伐的加快及政府对新兴产业发展支持力度的加大，战略性新兴产业越来越成为各国重点推进的产业，而支撑其发展所必不可少的战略性矿产资源在世界各国抢占新一轮经济制高点过程中的战略地位也越发突出。

战略性新兴产业是以重大技术突破和重大发展需求为基础，对经济社会全局和长远发展具有重大引领带动作用，知识技术密集、物质资源消耗少、成长潜力大、综合效益好的产业。在我国主要包括节能环保、新一代信息技术、生物工程、高端装备制造、新能源、新材料和新能源汽车在内的七大产业。

战略性新兴产业发展不可或缺的矿产资源，称为战略性新兴矿产资源。战略性新兴矿产主要包括四类：①稀有金属，如稀土、钨、钼、钽、铌、锆、铟、锗、镓、钴、锂、钛等；②贵金属，如银、铂族元素；③非金属矿产，如硅、硼、石墨、高岭石、金刚石等；④新能源，如天然气水合物、页岩气等。

中国在某些战略性新兴矿产资源的产量方面排在前列，但是消费量也位居前列（表 12-11）。

表 12-11　典型战略性新兴矿产资源的供求情况（周艳晶等，2015）

矿产名称	产量及排名				消费量及排名			
	全球/万 t	第一名	第二名	第三名	全球/万 t	第一名	第二名	第三名
稀土	11	中国	美国	印度	12.4	中国	日本及东南亚	美国
钨	7.1	中国	俄罗斯	加拿大	6.4	中国		
钛	68	南非	中国	澳大利亚		集中在中国、美国、欧洲		
镓	0.028	中国	德国	哈萨克斯坦	0.022	日本	中国	
铟	0.077	中国	韩国	日本	0.111	日本	美国	中国
锂	3.5	智利	澳大利亚	中国	3.7	中国	韩国	日本
锗	0.016	中国	俄罗斯	其他	0.014	美国	中国	
锆	144	澳大利亚	南非	中国	133	中国	欧洲	
钴	12	刚果金	加拿大	俄罗斯	8.4	中国	日本	美国

三、矿产资源的评价

矿产资源评价是对地壳各种矿产的形成可能性、产出特征、质量、数量以及当前和未来一定时期内的开发使用价值所进行的有关调查、分析、推测和论证工作。矿产资源评价作为矿产勘察工作中一项非常重要、必不可少的工作内容，自始至终地贯穿于矿产勘察的不同工作阶段中。矿产资源评价结论是后续勘察工作得以展开的基本和必要前提条件。

（一）矿产资源地质评价

矿产资源地质评价的目的是明确一个地区或一个国家矿产资源的现状与可能具有的潜力。它是指在一定的矿产勘查工作阶段内，在野外及室内地质调查、研究工作的基础上，通过综合分析所获取的新的、更详细的地质资料及矿化信息，而对矿产勘查对象欲查明的某种属性特征所做出推测或对下阶段工作所提出的结论性意见和建议。

矿产资源地质评价的具体内容包括以下五个方面：一是矿产资源类型，即评价区域蕴藏何种矿产资源或以何种矿产为主的矿产组合；二是矿产资源储量，即评价某种矿产资源所含矿物的数量达到可开采临界品位以上，集中埋藏的资源数量；三是矿产资源质量（品位），即评价矿产资源的品位及其伴生或共生情况；四是矿床开发条件，即从开发角度评价矿体形态及大小、矿层厚度、埋藏深度、围岩机械强度等；五是矿区条件，即评价矿区的经济地理位置、交通、劳动力、物品供应等影响矿产资源开发利用的矿区条件。

（二）矿产资源经济评价

矿产资源经济评价是在矿产资源地质评价的基础上，在矿产资源勘探、开发利用的全过程中，把人们的收益与消耗做出对比，综合地评价矿产资源的经济价值。矿产资源经济评价一般考虑以下几个指标：一是价值与利润；二是生产力与开采年限，其中年生产力一般用年产量来表示，它不仅对矿床在相应部门中的作用、采矿设备、运输手段产生重大影响，而且对投资数量、开采利用水平、产品成本和开采经济效果等也具有决定性的影响；三是投资，投资一般分为工业用途投资（生产投资）和居住投资两大类；四是运营成本，在开发矿产资源时主要的运营成本包括工资、材料、电能、地质勘探费用偿还率、固定资产折旧费用、环境污染补偿费、拆迁费、土地使用费、矿产资源税等。

矿产资源的价值包含三个层次的内容：一是矿产资源的自身价值；二是矿产资源资产的权益价值；三是由凝聚到资产中的物化劳动和活劳动生产的价值。

矿产资源资产评估的核心是矿业权评估。在矿业权价值构成上，矿业权转让前的全部投入价值是矿业权的价值，包括地勘劳动的转移价值，也包括矿产资源自然力和稀缺性所决定的价值。其中，采矿权价值＝矿产资源实物性价值＋地勘成果无形资产价值＋其他前期投入价值。探矿权价值可以以地勘实际投入为基础，考虑适当合理的投资回报率和风险程度加以确定，也可以在类似地区单位面积矿产资源净值的基础上，考虑合理的利润分配系数加以确定。

主要矿产潜在价值超过 30 万亿元的有内蒙古、新疆、山西和陕西，这些省份是矿产丰富的地区，而天津、海南、浙江、上海等则相对不够丰富（表 12-12）。

表 12-12　中国各省（区、市）主要矿产潜在价值（董延涛和王高利，2016）

类型	划分标准 （主要矿产潜在价值）/ 亿元	省（区、市）
丰富	大于 300000	内蒙古、新疆、山西、陕西
比较丰富	100000 ～ 300000	贵州、山东、河北、云南、黑龙江、辽宁、安徽、四川、河南、甘肃、宁夏
一般	10000 ～ 100000	青海、吉林、湖南、重庆、广西、湖北、江苏、江西、北京、西藏、福建、广东
不丰富	小于 10000	天津、海南、浙江、上海等

注：港澳台地区数据暂缺。

案例分析：海湾战争起因的地学分析

海湾战争是以美国为首的多国部队于 1991 年 1 月 17 日～ 2 月 28 日在联合国安理会授权下，为恢复科威特领土完整而对伊拉克进行的局部战争，同时也是人类战争史上迄今为止现代化程度最高、使用新式武器最多、投入军费最多的一场战争（陈悠久，1991）。

从地学角度分析，海湾战争的实质是伊美石油之争。这里的海湾专指波斯湾，位于亚洲西南部，经霍尔木兹海峡和阿曼湾通向印度洋，全长 1040km，是一条具有重要战略意义的国际通道。海湾沿岸集中了 8 个重要的产油国：伊朗、伊拉克、科威特、沙特阿拉伯、巴林、卡塔尔、阿拉伯联合酋长国（简称阿联酋）、阿曼。该区是一个完整的含油气盆地，有国际级大油气田 101 个，是世界上最重要的石油产区和油气储藏地。1990 年调查结果显示，海湾地区石油剩余可采储量占世界的 65.2%，原油产量占世界的 26.0%。2005 年初统计数据显示，海湾天然气总储量约占全球天然气总储量的 40%。伊拉克 1998 年已探明的石油储量达 1125 亿桶，仅次于沙特阿拉伯，居世界第二位，具有十分重要的经济意义和战略意义。

在伊拉克入侵科威特后，美国发觉入侵和并吞科威特的战略意图是控制海湾石油，这直接危及美国既得的海湾石油利益，危及美国的经济利益和世界霸权，危及美国冷战后在世界秩序中的地位。因此，为了今后能形成一个以美国为领导的"冷战后世界新秩序"，美国动用武力对伊拉克进行了打击，从而导致海湾战争的爆发（图 12-21）。

图 12-21 海湾战争中科威特油田的烟火

第六节 新能源资源的分布与评价

常规能源是指在当前已经被人类广泛利用且利用技术成熟、使用比较普遍的能源，如可再生的水能、生物燃料和不可再生的石油、煤炭、天然气等；而新能源则是指在当前技术和经济条件下，尚未被人类广泛、大量利用，但已经或即将被利用或可能加强利用的能源，如太阳能、风能、地热能、海洋能、生物质能、氢能和核能等。常规能源与新能源的划分是相对的。以核裂变为例，20 世纪 50 年代初，人们开始用它来生产电力和作为动力使用时，其被认为是一种新能源，而步入原子能时代的今天，世界上不少国家已把核裂变能列入了常规能源。在中国，核裂变尚处于开创阶段，则常把它归入新能源之列（谢高地，2009；彭补拙等，2014）。

一、新能源资源的性质

相比常规能源，新能源具有污染小、储量大等特点。但由于新能源的能量密度较小，或品位较低，或有间歇性，按已有的技术条件转换利用的经济性尚差，还处于研究、发展阶段，只能因地制宜地开发和利用。但新能源大多数是可再生能源，且资源丰富，分布广泛，是未来主要能源之一。

二、新能源资源的分布

新能源的种类很多，本节主要从太阳能、风能以及潮汐能三个方面阐述其区域分布情况。

（一）太阳能的分布

太阳能是来自地球外部天体（主要是太阳）的能源。太阳向宇宙空间发射的辐射功率为 $38 \times 10^{22} kW$，其中的 $1.70 \times 10^{14} kW$ 到达地球大气层。到达地球大气层的太阳能，30% 被大气层反射，23% 被大气层吸收，其余的到达地球表面，其功率为 $80 \times 10^{12} kW$。

也就是说，太阳辐射到地球上的能量大约相当于每秒燃烧 300 万 t 标准煤释放的热量。

我国地域辽阔，太阳能资源丰富，全国范围太阳年辐射总量为 3340 ~ 8400MJ/m²，中值为 5852MJ/m²。从中国太阳年辐射总量的分布来看，主要有以下几个特征（图 12-22）：①太阳能的高值中心和低值中心都处在 22°N ~ 35°N 这一带，青藏高原是高值中心，四川盆地是低值中心。②太阳年辐射总量是西部地区高于东部地区。

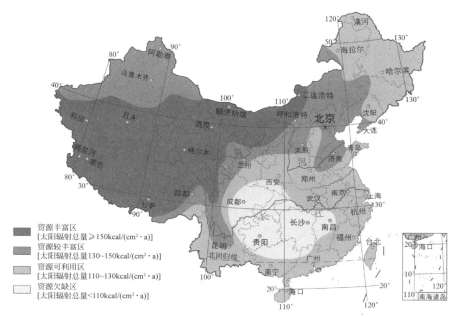

图 12-22　中国陆地太阳能分布（据《中学教师地图集（中国地图分册）》）

（二）风能的分布

大型天气系统的活动和下垫面作用的影响，使得风能分布具有地域差异性。区划的目的是了解各地的风能差异和开发利用前景，以便科学开发利用风能。考虑有效风能密度和有效风速全年累计小时数两个参数，我国风能的分布可划分为四个大区，分别是风能丰富区、风能较丰富区、风能可利用区以及风能贫乏区。

其中，风能丰富区主要分布在东南沿海及其海上岛屿、内蒙古北部以及松花江下游，其面积约占全国土地总面积的 8%。风能较丰富区分布在沿海海岸，具体为从广东汕头沿海向北，经江苏、山东、辽宁到东北丹东；"三北"地区北部，具体为从东北图们市向西，沿燕山北麓经河套，穿越河西走廊，过天山直到新疆阿拉山口以南，横穿我国"三北"地区的北部；青藏高原。风能较丰富区的面积约占全国土地总面积的 18%。风能可利用区分布于两广沿海、大小兴安岭山地以及东起长白山向西经华北平原过西北到我国最西端，其面积约占全国土地总面积的 50%。风能贫乏区主要分布在我国四川、云南、贵州和南岭山地、雅鲁藏布江流域以及塔里木盆地西部，其面积约占全国土地总面积的 24%。风能区划分标准和各区面积比例如表 12-13 所示，区划结果如图 12-23 所示。

表 12-13　风能分区标准参数

指标	丰富区	较丰富区	可利用区	贫乏区
年平均有效风能密度 /（W/m²）	> 200	200 ~ 150	150 ~ 50	< 50
3 ~ 20m/s 风速年累计小时 /h	> 5000	5000 ~ 4000	4000 ~ 2000	< 2000
≥ 6.0m/s 年累计小时数 /h	> 2200	2200 ~ 1500	1500 ~ 350	< 350
占全国面积比例 /%	8	18	50	24

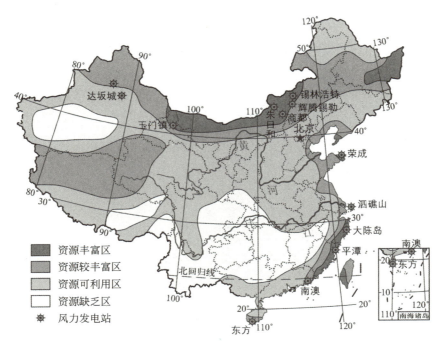

图 12-23　我国风能资源区划（朱兆瑞和薛桁，1983）

（三）潮汐能的分布

我国漫长的海岸蕴藏着十分丰富的潮汐能和很多优越的潮汐电站站址。为了摸清我国的潮汐能，我国自 20 世纪 50 年代以来已进行过两次规模较大的普查。第一次是 1958年由水电部牵头各省、自治区、直辖市水利部门进行的一次较为系统的普查。第二次是 1978 年在第一次普查基础上，对装机容量在 500kW 以上的 156 个海湾和 33 个河口进行的普查。第一次普查认为：如果按照堤线长 2 ~ 5km 以下，堤线处水深 10m 以下，每年平均潮差在 0.5m 以上的 500 处潮汐能来计算，全国潮汐能理论蕴藏量大约为 0.11TW，年发电量约为 2750 亿 kW·h；可供开发的约 3580 万 kW，发电量为 870 亿 kW·h/a。如果把港湾面积和潮差更小一些的地点计算在内，其数字则会更大。我国潮汐动力资源的开发条件较好，一般潮差大于 1m，单位堤长能量为 0.5 亿 kW·h/km，规模在 1 亿 kW·h 以上的潮汐总能量为 2310 亿 kW·h，占潮汐能资源总量的 80% 以上。潮差 3m 以上，堤长能量为 1 亿 kW·h/km，规模在 1 亿 kW·h 以上的潮汐能总能量达 1940 亿

kW·h，占7%。据1982年12月水利电力部规划设计院资料，全国潮汐能资源的理论蕴藏量为1.9亿kW，可开发利用的装机容量为2157万kW，可开发的年电量为618亿kW·h，占世界潮汐能总量的10%左右。

三、新能源资源的评价

新能源资源的评价主要是新能源资源开发利用评价，其评价主要内容包括新能源资源的充足性、技术方案的可行性及经济、社会、环境效益的合理性三个方面（汝宜红，2001）。

（1）资源的充足性。借助于各类新能源不同的计量单位，确定其相应的充足性标准数值。不同的技术方案所对应的充足性是不一样的。一般原则是能源消耗越大的应用方案，其所对应的充足性标准越高，而能耗较小的方案，所对应的充足性标准也就越低。例如，一个大型的太阳能光热电站，需通过反射镜集热系统等方式，将大面积的太阳光热汇集之后，才能驱动该发电系统。而对于一个太阳能计算器来说，烛光的光照强度即可满足其需要。

（2）技术方案的可行性。当前资源的充足性确定之后，从实用的角度对拟采用的技术方案进行技术可行性分析，即从该技术的成熟性、适用性、先进性、可靠性等角度进行分析。

（3）经济、环境、社会效益的合理性。用投入－产出分析法对新能源技术方案的经济合理性进行分析，并通过与相应的常规能源比较，分析方案的经济效益状况。对新能源方案使用的环境效益与常规能源相比，分析环境污染的状况，以及从社会角度考虑，分析新能源使用的利益得失。

案例分析：《增长的极限》的是与非

罗马俱乐部1972年发表《增长的极限》。丹尼斯·米都斯和乔根·兰德斯对最初的版本进行了更改。1993年，他们在该书出版20周年之际，发表了新版本《超越极限》。最新版本由Chelsea Green出版社于2004年6月出版，标题是《增长的极限：30年后的更新》。《增长的极限》用一个计算机模型（世界模型3）来模拟世界未来。

模拟结果表明，地球上维持增长的自然资源，以及吸收增长过程中排放的废料的环境容量将最终决定增长的极限（图12-24）。生物系统、人口系统、财政系统、经济系统和世界上其他许多系统都有一种共同的指数增长过程。如果世界人口、工业化、污染、食物生产和资源消耗保持目前的速率，地球

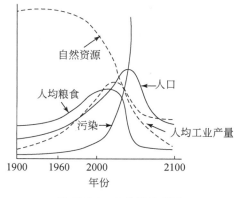

图12-24　世界增长模型

将在今后100年中的某个时候达到增长的极限，结果是人口和工业能力突然且不可控地下降。

上述观点和理论发表后，引起广泛关注和争议。赞成者认为《增长的极限》具有里程碑式的意义，它使世界的注意力聚焦到对于增长方式的认真思考和反思上。其意义不仅在于它们所包含的许多合理而重要的见解，而且当西方发达国家沉溺于经济高速增长和空间繁荣的黄金梦想时，这种论证本身就起着先知式的启示作用。它指出了地球对人类发展的限度，以及超越这个限度的悲剧性后果，促使人类从根本上修正自己的行为，并涉及整个社会组织。这种论证的全球观点，以及发展全球战略来应对当代人口、资源、环境和发展问题的取向，极大地促进了关于人类未来的全球性研究。这种全球实证研究在方法上也开拓了新的方向。首先，用事实和数据作证据。影响全球人口、资源、环境关系的因素极其庞杂，《增长的极限》抓住关键要素的方法值得借鉴。所考察的5个最终决定地球极限的基本指标是：人口、农业生产、自然资源、工业生产和污染。然后建立世界模型，其基础是著名系统动力学家福雷斯特提出的全球模型（Forrester，1971），它为分析人地关系中的主要组成部分和行为提供了一种方法。

争议者认为，《增长的极限》忽视了自然资源的动态性质。事实上，新发现、新技术、经济发展等因素使多数矿产资源种类的探明储量增加的速度一直超过（或至少持平于）消费量的增加速度。现在的世界石油消耗量比1940年高出好几倍，但探明储量与年消耗量之比未下降。相反，1940年的这个比值显示全世界的供给会在约15年内耗竭，而今天的比值则表明还有30年以上的寿命。

《增长的极限》还忽视了人类响应的能动性。人类不是被动的机器，不会把自然资源消耗到灾难性的极限。不一定非得依赖某种特定的资源储备，当某种特定的资源耗竭时，人类可以找到其替代物。人类还具有控制消费的能力，可以保护和循环利用资源，也有开发可更新资源的能力。

探究活动：讨论或者辩论"《增长的极限》的是与非"

1. 请从人口、资源、环境与可持续发展的角度，对《增长的极限》进行评价，并说出评价的理由。
2. 请分析"增长的极限"的前提条件是什么，这个"极限"会不会变化，怎么变化。分析论证并交流讨论。

主要参考及推荐阅读文献

北京天域北斗图书有限公司.2008.世界地理地图集.北京：地质出版社.
蔡运龙.2007.自然资源学原理.2版.北京：科学出版社.
陈灵芝.1993.中国的生物多样性.北京：科学出版社.
陈永文.2002.自然资源学.上海：华东师范大学出版社.

陈悠久.1991.美国对海湾的石油依赖和石油战略——兼论海湾战争的性质.西亚非洲,（6）：17-26.

董延涛,王高利.2016.基于潜在价值的矿产资源分布格局研究.中国国土资源经济,（7）：37-42.

封志明.2004.资源科学导论.北京：科学出版社.

霍明远,张增顺.2001.中国的自然资源.北京：高等教育出版社.

刘黎明.2005.土地资源调查与评价.北京：中国农业大学出版社.

刘黎明.2010.土地资源学.5版.北京：中国农业大学出版社.

刘少华,严登华,翁白莎,等.2013.近50a中国≥10℃有效积温时空演变.干旱区研究,30（4）：689-696.

马义娟.2004.土地评价与土地管理.北京：中国科学技术出版社.

倪绍祥.2009.土地类型与土地评价概论.3版.北京：高等教育出版社.

彭补拙,濮励杰,黄贤金,等.2014.资源学导论.2版.南京：东南大学出版社.

乔根·兰德斯,王小钢.2016.极限之上：《增长的极限》40年后的再思考.探索与争鸣,（10）：4-8.

汝宜红.2001.资源管理学.北京：中国铁道出版社.

沈海花,朱言坤,赵霞,等.2016.中国草地资源的现状分析.科学通报,61（2）：139-154.

史培军,周涛,王静爱.2009.资源科学导论.北京：高等教育出版社.

孙康,周晓静,苏子晓,等.2016.中国海洋渔业资源可持续利用的动态评价与空间分异.地理科学,36（8）：1172-1179.

孙卫国.2008.气候资源学.北京：气象出版社.

谭木.2013.新课标中学地理图文详解地图册：江苏专版.济南：山东地图出版社.

谭术魁.2011.土地资源学.上海：复旦大学出版社.

王宏宾.定西市安定区：黄土高原生态建设的典范.（2021-07-23）[2021-7-23].https://www.gscn.com.cn/gsnews/system/2021/07/23/012618453.shtml.

王静爱,左伟.2010.中国地理图集.北京：中国地图出版社.

王建.2010.现代自然地理学.2版.北京：高等教育出版社.

王玉芳,吴方卫.2010.中国森林资源的动态演变和现状及储备的战略构想.农业现代化研究,31（6）：697-700.

吴斌,秦富仓,牛健植.2010.土地资源学.北京：中国林业出版社.

谢高地.2009.自然资源总论.北京：高等教育出版社.

谢云,符素华,邱扬,等.2009.自然资源评价教程.北京：北京师范大学出版社.

徐士进,赵连泽,陆现彩,等.2000.地球科学（多媒体电子教材）.北京：高等教育出版社.

喻丽,王姝苏,褚荣浩,等.2017.近30年中国太阳总辐射时空特征及趋势分析.安徽农业科学,45（33）：192-196.

岳冬冬,王鲁民,朱雪梅,等.2017.中国海洋捕捞渔业供给侧存在的问题与改革对策.中国农业科技导报,19（7）：17-26.

中国地图出版社.1996.中学教师地图集（中国地图分册）.北京：中国地图出版社.

《中国地理地图集》编委会.2011.中国地理地图集.北京：中国大百科全书出版社.

周艳晶,李建武,王高尚.2015.全球战略性新兴矿产资源形势分析.中国矿业,24（2）：1-4.

朱瑞兆,薛桁.1983.中国风能区划.太阳能学报,4（2）：123-132.

Christopherson R W,Birkeland G.2015.Geosystems：An Introduction to Physical Geography.New York：Pearson Education Limited.

FAO. 1976. Frame Work for Land Evaluation. Rome：Soil Bulletin.

Forrester J W. 1971. Counterintuitive behavior of social systems. Technology Review，73（3）：52-68.

Myers N，Mittermeier R A，Mittermeier C G，et al. 2000. Biodiversity hotspots for conservation priorities. Nature，403（6772）：853-858.

Raven P H，Wilson E O. 1992. A fifty-year plan for biodiversity surveys. Science，258：1099-1100.

Wakernagel M，Rees W E. 1996. Our Ecological Footprint：Reducing Human Impact on the Earth. Gabriola Island：New Society Publishers.

第十三章
自然灾害区划与防避

第一节　自然灾害的特点和分类

一、自然灾害

自然灾害指自然变异超过一定的程度，对人类社会和经济造成损失的事件。在灾害的形成过程中，致灾因子、孕灾环境、承灾体缺一不可。一般认为，孕灾环境（E）、致灾因子（H）、承灾体（S）复合组成了区域灾害系统（D）（图 13-1）。

一般认为致灾因子的改变是困难的，所以减灾的关键是如何降低承灾体脆弱性，增加承灾体的抗灾能力。

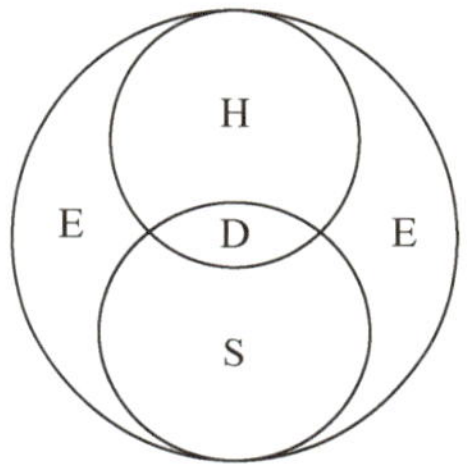

图 13-1　灾害系统的结构体系（史培军，2005）

1. 孕灾环境

孕灾环境是指承灾体所处的外部环境。它是由大气圈、岩石圈、水圈、生物圈所组成的综合地球表层环境，但不是这些要素的简单叠加，而表现在地球表层过程中一系列具有耗散性特征的物质循环、能量及信息流动的非线性关系，即过程－响应关系。从广义角度看，孕灾环境的稳定程度是标定区域孕灾环境的定量指标，孕灾环境对灾害系统的复杂程度、强度、灾情程度以及灾害系统的群聚与群发特征起决定性作用。

2. 致灾因子

致灾因子即灾害危险性因子，它是指可能造成财产损失、人员伤亡、资源与环境破坏、社会系统混乱等孕灾环境中的异变因子。

3. 承灾体

承灾体是指包括人类本身在内的物质文化环境，主要包括农田、森林、草场、道路、居民点、城镇、工厂等人类活动的财产集聚体。

4. 灾害损失

灾害损失即灾情。灾情为灾害的结果，灾情的大小不仅与灾害的强度有关，而且与社会脆弱性、防灾减灾能力、人们对灾害的认识水平等因素有关。

二、自然灾害与人类

自然灾害给人类生产生活带来了巨大冲击。在各种自然灾害中死亡人数最多的是地震，约占因灾总死亡人数的 51%；灾害损失率增长最快的是海洋灾害与生物灾害。

近几十年来，随着世界人口的急剧增长，人类活动范围的不断扩大，经济与高新技术的快速发展，城市和工矿区迅速扩展，加之人类对自然资源的过度开发和环境管理模式的不合理性，自然生态环境已受到严重破坏，使自然灾害频率及由其造成的经济损失和人员伤亡都在明显地增加。21世纪以来，世界各国深受各种灾害的影响，除几次特大地震外，其他一系列自然灾害都在不同程度上显示出与全球环境变化之间的密切关系。与此同时，人们高度关注巨灾造成的灾害影响，如2003年的欧洲热浪、2004年的印度洋地震－海啸、2005年的美国卡特里娜飓风、2008年的中国南方低温雨雪冰冻灾害和汶川地震，以及2011年的泰国洪水等。

按照近百年的统计结果，世界上损失最严重的自然灾害依次是地震、洪涝、干旱、风暴潮、火山爆发、滑坡、风雹和泥石流（图13-2）。

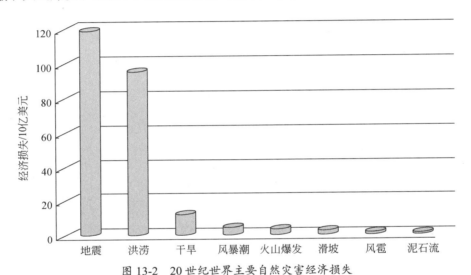

图13-2　20世纪世界主要自然灾害经济损失

"风雹"包括大风、龙卷风、雹灾等

数据来源：比利时鲁汶大学灾害数据库（EM-DATA）

在这些大背景下，无论学术界，还是政界和工商界人士，都把目光聚焦在对灾害风险的综合研究上，试图寻找到减灾和综合灾害风险防范良策。

（一）自然灾变影响人类社会发展

早在人类出现之前，地球上就曾发生过多次几百万年、几千万年、几亿年等尺度不同的准周期性（从和缓到激烈）的地壳运动。每一次地壳运动，不仅导致了构造运动、岩浆活动、海水进退、气候变化，而且使生物界都发生了巨大变化，生物出现了灭绝、迁移、进化等现象。

进入第四纪，寒冷的冰期使大量的生物消亡，而类人猿迫于气候的变化和森林的消失，从树上转到地面，在长期的求生活动中锻炼自己，完成了从猿到人的转变，得到了飞跃性的发展。此后又经历了一系列大大小小的地壳变动、环境巨变和自然灾害，严酷的环境对人类造成了巨大的伤害和损失，但也提高了人类抗御自然变化的能力，并使其在与恶劣的环境和自然灾害的斗争中得到了发展。

但是，人类的力量面对强大的地壳活动与自然变化是有限的，因此，一方面要斗争，另一方面必须去适应环境。人类历史上旱作和水作农业的发展以及人类大迁移，都是面对气候的旱、涝变化和灾害期而做出的适应环境的反应。

初步研究认为，公元前 200～100 年、公元 400～500 年、公元 900～1100 年、公元 1600～1700 年等都是气候寒冷、干旱严重、地震活跃的灾害期，也是战乱不息的社会动荡时期。例如，1600～1700 年是我国历史上的低温时期，连年大旱，遍及西北、华北、华东、中南、西南等地区，1665～1709 年华北出现 8 级和 8 级以上地震 3 次，7～8 级地震 2 次，6～7 级地震 3 次。长城外的森林消亡，变成沙荒。此外，台风、蝗灾、瘟疫都很严重，民不聊生，最终导致了明末农民起义。文明的崩溃与衰落多与气候重大阶段性转折或突变事件相对应，气候转折或突变造成的资源短缺或灾害加剧是人类难以抗拒的自然力量。约 4000 年前的气候恶化事件造成世界许多地区文明的崩溃或衰落，古印度文明、两河流域的阿卡德文明、古埃及文明的衰亡与约 4000 年前的气候干旱事件有关，我国许多地区原始农业文化也在 4000～3500 年前突然中断或衰落，在历史时期，中世纪持续性干旱摧毁了美洲的玛雅文明、阿那萨齐文明。

（二）人类活动在一定条件下会触发或者加剧自然灾害的发生

人类社会早期，人口稀少，生产能力低下，缺乏改造自然的能力，主要是顺应自然、依赖自然条件以求生存，对自然环境的改造与破坏程度不大。随着人口的增长，科技的进步，特别是社会组织功能的发挥，人类改造自然的能力越来越大，在地球表层系统演变中的作用越来越强。为了满足人口增长和社会经济发展的需要，人类不断地向自然界索取土地、食物、淡水、空气、矿产等资源，并将废料遗弃在地球表层，加之人类的工程活动对自然环境进行改造和破坏，地球生态环境日益恶化，因而诱发许多自然灾害（图 13-3）。

图 13-3　主要人类活动可能诱发的自然灾害

由人类的非科学行为所导致的环境与灾害问题主要是：

（1）滥伐森林、破坏草场，导致水土流失、土地沙化、河湖淤塞、水旱灾害增多，滑坡及泥石流灾害多发。

（2）过量抽取地下水，导致地面沉降、地面塌陷、海水入侵、土地盐渍化。现在我国有 60 多个城市，包括上海、天津、北京、太原、西安等大城市都出现了地面沉降。沿海大面积海水入侵，仅胶东地区自 20 世纪 80 年代以来，地下水低于海平面的负值区总面积就已达 3000km²。

（3）由开发矿产和工业生产所导致的矿山灾害、温室效应、水土和河湖及海洋污染日渐严重。

（4）由人类非科学工程活动所导致的崩塌、滑坡、泥石流等灾害大量增加。因人为作用而诱发的自然灾害中以地质灾害最严重，据统计有 60% ～ 70% 的崩塌、滑坡、泥石流灾害与人为活动有关。

总之，人口膨胀、对资源不合理的过量开发、非科学的工程活动，引起了环境恶化，导致灾害发生，成为除自然灾变因素外的第二个重要致灾因素。

三、自然灾害的特点

在不断变化的地球上，诸如地震、火山喷发、滑坡、泥石流、洪水、风暴潮、海啸、冰雹等灾害，从全球范围来看每天都会发生。但是灾害的大小、空间分布以及发生周期千差万别。自然灾害最基本的特点就是对人类具有危害性。此外，自然灾害还有以下基本特点（图 13-4）。

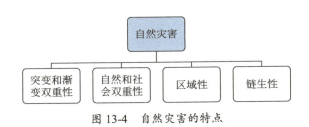

图 13-4　自然灾害的特点

（一）突变和渐变双重性

从时间尺度来看，有些自然灾害具有突发性特点，发生的过程是一个快速过程，如地震、火山喷发、风暴潮等。对于这些快速过程的发生和发展，人们往往能力不够或者根本来不及做出反应。还有些自然灾害的发生、发展是一个缓慢的过程，如非洲撒哈拉的干旱可以延续十几年。还有更慢的地球过程，如温室效应、酸雨、地下水水质变化、臭氧层的破坏和全球变暖等。

（二）自然和社会双重性

自然属性和社会属性是自然灾害的基本属性。自然灾害尽管有多种多样的成因机制和表现形式，但归根结底是自然进程与人类发展矛盾冲突的产物，其本质就是人地关系的冲突，是人地关系不和谐的极端表现形式。

（三）区域性

自然灾害具有明显的地域分布规律和区域差异。有的地方发生了大地震，有的地方遭到了台风袭击，有的地方同时遭受了地震和台风灾害，也有的地方一种灾害都没有发生。自然灾害在地球上的分布是不均匀的。

（四）链生性

自然灾害不是孤立的，它具有群发性或齐发性特征。在时间分布上，自然灾害在某些时间段相对集中，一些相同或者不同类型的灾害常常接踵而至或是相伴发生，形成灾害的群发性现象。例如，一次大地震除直接摧毁城市、桥梁、水坝外，还可能引起崩塌、滑坡、泥石流、沙土液化、地裂缝和地面塌陷一系列诱发性的自然灾害，体现了灾害的链生性。

四、自然灾害类型

自然灾害种类繁多，分类的思路也很多（图13-5）。例如，按成因可分为地质灾害、气象灾害、生物灾害、人为诱发灾害等；按表现特征可分为突发型灾害、缓发型灾害、过渡型灾害；按发展过程可分为原生灾害、次生灾害等；按承灾体的性质可分为城市灾害、农业灾害、矿山灾害等；按损失程度可分为轻度灾害、中度灾害、重大灾害等。按照一定的原则和方法对自然灾害进行分类，是为了深入认识各种自然灾害的性质和发生、发展规律，以便更好地对自然灾害进行科学研究，加强防灾减灾管理。

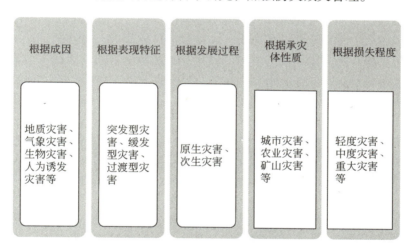

图 13-5　自然灾害类型划分

第二节　主要自然灾害成因与分布

一、地震

（一）地震及震级

地震灾害是人类面临的主要灾害之一。地震灾害之所以被当今世界公认为最危险最可怕的自然灾害，主要是由其发生的突发性、自发性等特点所决定的。据统计，地球上每年发生 500 多万次地震，即每天要发生上万次的地震。其中绝大多数太小或距离人类

活动区域太远，以至于人们感觉不到。每年真正能对人类造成严重危害的地震有一二十次，能造成特别严重灾害的地震有一两次。

到目前为止，大多数学者认为地震是由地下岩石突然破裂造成的，地球内部不断的运动使得岩石圈大规模的变形是形成地震的根源，而岩石圈破裂面的突然滑动则是地震发生的直接原因。

引发地震能量释放的源地称为震源。震源垂直向上到地面的距离称为震源深度。

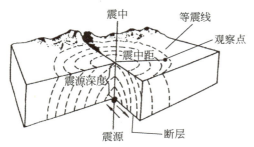

图 13-6　震源、震中与震中距

震源在地面上的垂直投影称为震中。人们所在的地点到震中的距离称为震中距（图13-6）。

根据地震仪记录到的地震波幅度的对数进行刻度，即为里氏震级。这也是目前世界上使用比较广泛的用来定义地震等级的评价体系。

地震释放的能量决定地震的震级，释放的能量越大则震级越大。震级相差一级，能量相差 32 倍。1995 年日本大阪神户 7.2 级地震所释放的能量相当于 1000 颗第二次世界大战时美国向日本广岛、长崎投放的原子弹的能量。

地震所造成的地面及房屋等建筑物的破坏程度即烈度。根据烈度的不同也可划分地震等级。地震越大，其产生的破坏越大，地震烈度也就越大。不同的是，一次地震只有一个震级，但是同一地震的不同受灾区，其所受破坏程度不同，因此也会有不同的烈度等级。虽然震级与烈度均可表示地震的大小，但是震级表示的是地震所释放的能量大小，烈度则表示地震所造成的破坏程度的大小。不同震级地震的影响及其发生频率如表 13-1 所示。

表 13-1　不同震级地震的影响及其发生频率

程度	里氏震级	地震影响	大致发生频率（全球）
极微	2.0 以下	没有感觉	8000 次每天
甚微	2.0～2.9	人一般没感觉，设备可以记录	1000 次每天
微小	3.0～3.9	有感觉，但很少造成损失	49000 次每年
弱	4.0～4.9	室内东西开始晃动出声，不太可能出现大量损失，当地震强度超过 4.5 级时，足以让全球的地震仪检测到	6200 次每年
中	5.0～5.9	对建筑结构和质量不佳的建筑物造成大量破坏，但建筑优良的建筑物则只有少量损害	800 次每年
强	6.0～6.9	可摧毁方圆 100 英里（约 160km）以内的居住区	120 次每年
甚强	7.0～7.9	可对更大的区域造成严重破坏	18 次每年
极强	8.0～8.9	可摧毁方圆数百英里（数百千米至 1000 多千米）的区域	1 次每年
超强	9.0～9.9	摧毁方圆数千英里（数千千米至 10000 多千米）的区域	每 20 年 1 次
超强＋	10 以上	未有记载	极其罕见（未知）

（二）地震类型

根据不同的标准，可以把地震划分成不同的类型。

（1）根据震源深度，通常把地震分为三类：①浅源地震，浅源地震的震源深度＜70km；②中源地震，中源地震的震源深度处于70～300km；③深源地震，深源地震的震源深度大于300km。由于浅源地震距离地面的距离最小，因此浅源地震对人类的影响也最大。

（2）根据发生过程，可以划分为前震、主震和余震。当某地发生一次较大的地震时，一段时间内往往会发生一系列的地震，其中最大的一次地震称为主震，主震之前发生的地震称为前震，主震之后发生的地震称为余震。

（3）根据引发地震的原因，可以将地震分为以下几类：①构造地震，即由构造活动引发的地震，全球大概90%的地震均属于这种类型，这类地震发生次数最多，破坏力也最大；②火山地震，即火山活动诱发的地震，一些火山作用如岩浆活动、气体爆炸会引发地震，但是这类地震只发生在火山活动范围附近；③陷落地震，即岩石陷落或者洞顶坍塌引发的地震，这类地震发生次数少，破坏性也很弱；④人类活动引发的地震，即由人类活动诱发的地震，如水库建设、地下矿场的坍塌、地下核试验等，均可引发地震。

（三）地震的分布

地震的分布受一定的地质条件控制，具有一定的规律，多集中分布在板块的边缘地带以及断裂活动集中分布的区域（图13-7）。

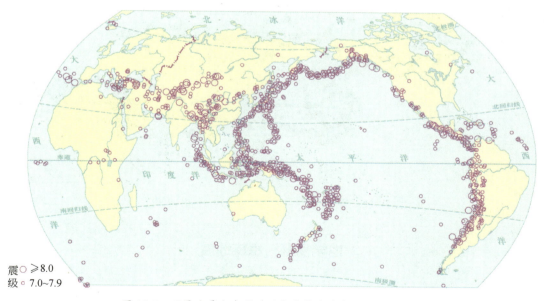

震级 ○ ≥8.0
· 7.0~7.9

图13-7　世界地震分布图（国家地震局地球物理研究所）

世界主要有三条地震带：

一是环太平洋地震带，环绕地球中的太平洋板块，该地震带是地球上地震最活跃的地区，集中了全世界80%以上的地震。

二是地中海—喜马拉雅—印度尼西亚地震带，大致从地中海沿岸经中亚西亚、帕米尔高原、喜马拉雅山脉、横断山脉、缅甸，到印度尼西亚西部。

三是大洋中脊地震带，包含延绵世界三大洋（太平洋、大西洋和印度洋）和北冰洋的大洋中脊。全球约 5% 的地震发生在该地震带，几乎都是浅源地震。

探究活动

中国的地震分布也有一定的规律。图 13-8 是 1303～2008 年发生的 4 级以上地震的震中分布图。请根据该图，分析中国地震分布的特征，并对其成因进行解释。

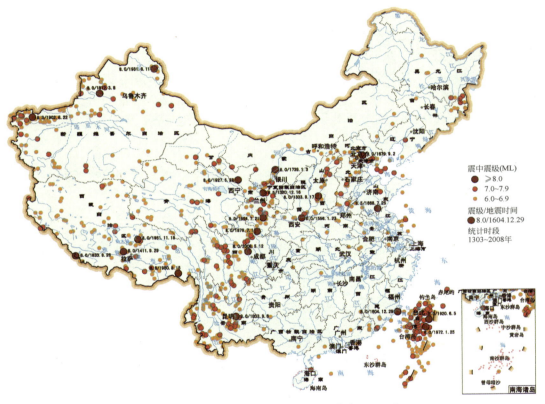

图 13-8　中国地震震中分布图（王静爱等，2006）

地学视野：水库地震

随着人类活动的不断强化，以及对水的利用调控，不断有水库在世界各地建设，而有相当一部分研究证实水库的建设会诱发地震。据不完全资料统计，迄今为止，全世界有 30 多个国家的 120 余座水库诱发过地震，其中 6.0～6.5 级地震的比例约为 4%，5.0～5.9 级地震的比例约为 14%，4.0～4.9 级、3.0～3.9 级和小于 3.0 级地震的比例分别约为 24%、25% 和 33%。水库诱发的地震会对水库的蓄水能力以及水库周围的人类生命、生产活动产生巨大影响，因此应当给予重视。

水库诱发地震因素复杂，其形成机理及发生发展过程尚难准确控制，发生时间、空间及强度更难预测预报。根据水负荷均衡调整理论，水分的分布发生变化，会导致岩石圈的变形与位置变动。因此，部分学者认为水库诱发地震的主要原因是水库的荷载作用，有的研究者提出了水荷载引起水库盆地的下陷和下伏地层再调整，进而导致库区大地构造活动的假说。有的研究者指出大水库的水体荷载可以释放地震能量，在水的重力作用下，以地壳沉陷作用释放重力势能转变为弹性应变能和地震能。结合水库诱发地震的时间、空间以及诱发地震的强度，发现水库诱发地震有 70% 发生在水库蓄水一年以后，并且与水库蓄水量有一定关系；水库地震的发生一般距离水域线不超过十几千米，且震源比较浅；水库诱发的地震相对不是十分强烈。也有学者认为，水库地震不仅仅是由于水荷载。还有的研究者认为水库地震的诱发原因是孔隙水压作用，水库蓄水引发地质弹性压力增加，导致岩石孔隙度降低，进而使得岩石中孔隙流体压力加大，引发流体流动。还有学者认为，水库对岩石的物理化学作用是诱发水库地震的因素之一。例如：①润滑软化作用，水的作用增加了断层带介质的滑动弱化特征，降低了岩体刚度，进而可能诱发水库地震；②水热膨胀作用，水库靠近地下高温岩体，水库内的蓄水出现蒸发形成高压蒸汽，或高温热水，进而变成诱发地震的因素；③应力腐蚀作用，由于岩性特征，水库水与岩石相互作用，削弱岩石结构强度，裂隙形成加剧，从而诱发水库地震的形成。

可以看出，水库地震有相当一部分因素在水库之外，如库区的构造地质条件、水文地质条件、构造应力积累程度和断裂的分布等。但诱发因素却是来自水库，如水库的荷载作用、孔隙水压效应和库水对库基岩石的物理化学作用等。水库诱发地震的机理还需要结合实际情况进行研究。

二、火山喷发

从地球深部上升的高温物质（熔融的岩浆及挥发成分），从地壳开口处爆炸式喷发或宁静式溢流出来，就是火山喷发。火山喷发一方面为人类提供了矿产资源、地热资源和旅游资源；另一方面也给人类造成了巨大灾难，包括生态环境的破坏等。公元 79 年意大利维苏威火山喷发埋藏了古罗马庞贝和赫库兰尼姆两座城市，2010 年 3 月冰岛火山喷发形成的火山灰使欧洲多国取消航班或关闭领空，造成数以百万计旅客出行受阻，多家航空公司蒙受巨大损失。1987 年联合国大会正式通过"国际减轻自然灾害 10 年"的决议，把火山灾害列为八大自然灾害之一。

（一）火山喷发类型

1. 裂隙式喷发

岩浆沿着地壳上巨大裂缝溢出地表，称为裂隙式喷发。这类喷发没有强烈的爆炸现象，喷出物多为基性岩浆，冷凝后往往形成覆盖面积广的熔岩台地。现代裂隙式喷发主

要分布于大洋底的洋中脊处，在大陆上只有冰岛可见到此类火山喷发活动，故又称为冰岛型火山。

2. 中心式喷发

地下岩浆通过管状火山通道喷出地表，称为中心式喷发。

3. 熔透式喷发

岩浆熔透地壳大面积地溢出地表，称为熔透式喷发。这是一种古老的火山活动方式，现代已不存在。

（二）火山灾害

火山灾害主要包括：火山灰与火山云、火山碎屑流、熔岩流、火山气体与气溶胶、火山泥石流、火山地震等（图 13-9）。

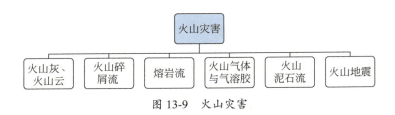

图 13-9　火山灾害

火山喷发物中粒径小于 2mm 的物质称为火山灰。由于其特殊的成分及结构，被人体吸入后会对呼吸道造成很大的伤害，甚至致人窒息死亡。大量火山灰的降落可导致建筑物垮塌，少量的火山灰也可对农作物、电力设备等带来严重危害。

火山碎屑流是由炽热的火山灰、火山气体和火山碎屑物混在一起形成的流体，具有高密度、高温、高速等特征，它能击碎和烧毁其流经路径上的任何生命和财物，具有极大的破坏性和致命性。

在地表呈液态流动的熔浆称为熔岩流，其温度可达 1000～1100℃。熔岩流的灾害主要限于火山锥体部分和熔岩流溢流区范围内，会摧毁沿途各种设施并引起火灾。

火山喷发时会释放出大量有害气体，如 CO_2、HF、HCl、SO_2 等。火山气体及形成的气溶胶能导致平流层中臭氧浓度减小，甚至出现"臭氧洞"，从而诱发皮肤癌等疾病。

火山泥石流是主要的火山喷发次生灾害。它是由火山喷发物与水体混合（雨水、雪水及冰的融化）形成的大体积快速流动的高密度流体。它所携带的大量碎石和泥沙会堵塞河道，造成河流改道，引发一系列灾难性后果。

火山喷发引起的地震称为火山地震。特点是影响范围较小，只限于火山附近几十千米远的范围内，常以成群小地震形式出现，且发生次数也较少。

（三）火山的分布

全球火山分布带与地震带相似，集中分布在板块边缘地带。世界火山带主要有：环太平洋火山带、大洋中脊火山带、东非裂谷火山带和地中海－喜马拉雅火山带（图 13-10）。

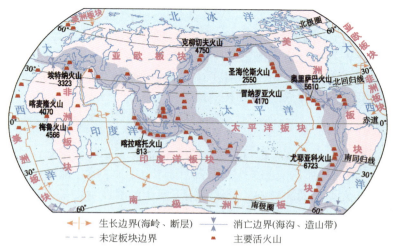

图 13-10　世界火山分布
资料来源：中国数字科技馆

三、滑坡、泥石流

滑坡通常指斜坡土层或坚硬的岩层，在重力作用下沿一个或几个滑动面向下移动的过程［图 13-11（a）］。泥石流是指大量大小混杂的松散固体物质和水的混合物沿山谷猛烈而快速运动的过程［图 13-11（b）］。

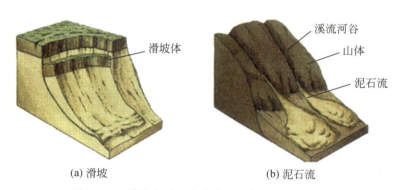

(a) 滑坡　　　　　　　　　　(b) 泥石流

图 13-11　滑坡与泥石流（陈颙和史培军，2007）

（一）滑坡类型

（1）按滑坡体的物质组成，分为岩质滑坡（包括岩石滑坡、破碎岩石滑坡）与土质滑坡（包括堆积土滑坡、黄土滑坡、黏质土滑坡和堆填土滑坡）两类。

（2）按滑动面深度分为浅层滑坡（< 6m）、中层滑坡（6 ~ 20m）、深层滑坡（20 ~ 50m）、巨厚层滑坡（> 50m）。

（3）按滑坡体积大小分为小型滑坡（< 10 万 m³）、中型滑坡（10 万 ~ 100 万 m³）、大型滑坡（100 万 ~ 1000 万 m³）和巨型滑坡（> 1000 万 m³）。

（4）按动力成因分为天然动力和人为动力两大类。前者包括地震型、降水型、汇水型、冲蚀型、剥蚀型、崩坡积加载型等；后者分为爆破型、水库蓄水型、水工渗漏型、地面切挖型、地下洞掘型、堆土型等。

（5）按斜坡变形破坏方式分为牵引式（后退式）和推移式（前进式）两种基本形式。

（6）按形成时代分为古滑坡与现代滑坡。

（二）滑坡的形成条件

影响滑坡活动的因素众多，但可以大致归为内部因素和外部因素，内部因素如地形地貌、坡体结构、坡体物质构成等，外部因素如地下水、地表水、地震、降水、地表覆盖、人类活动等。抛开人类活动的影响，自然状态下发生的滑坡主要是岩石圈与水圈相互作用的结果。岩石（包括碎屑堆积物）的组成、性质、结构决定了岩体是否存在一定产状的软弱面或者破裂面，岩石圈的变动（地震、火山爆发和地壳运动）不仅是滑坡发生的诱发因素，而且与水动力对沟谷的侵蚀作用一起，决定了岩体是否有临空面。地表水或者地下水对岩体的浸泡和对软弱面的润滑，是滑坡的触发因素。

（三）泥石流分类

陈颙和史培军（2007）对泥石流的分类及特征作了概括：如果把其中的固体物质称为"石"，把含水的黏稠泥浆称为"泥"，泥石流按其"泥"和"石"的相对比例，可分成三类（表13-2）。

表13-2　泥石流分类（陈颙和史培军，2007）

类型	固体物质比例/%	密度范围/（t/m³）	流动性
稀性泥石流	10～40	1.3～1.6	强
过渡性泥石流	40～50	1.6～1.8	中等
黏性泥石流	50～80	1.8～2.3	弱

按泥石流的成因分类，可分为洪水泥石流、冰川型泥石流、火山泥石流、地震泥石流、降水型泥石流；按泥石流沟的形态分类，可分为沟谷型泥石流、山坡型泥石流；按泥石流流域的大小分类，可分为大型泥石流、中型泥石流、小型泥石流；按泥石流发展阶段分类，可分为发展期泥石流、旺盛期泥石流、衰退期泥石流。

有的则根据泥石流物质来源和运动方式的不同，将其分为崩塌型泥石流、滑坡型泥石流（也称坡面型泥石流）、沟谷型泥石流等。坡面型泥石流是指坡面滑塌而形成的泥石流，而沟谷型泥石流则是在流域形成并沿沟谷运动的泥石流。

（四）泥石流的形成条件

泥石流的形成必须同时具备地形、松散固体物质和水源三个条件，三者缺一不可。孕育泥石流的流域一般地形陡峭，山坡的坡度大于25°，沟床的坡度不小于14°。巨大的相对高差使得地表物质处于不稳定状态，容易在外力触发（降水、冰雪融化、地震等）

作用下发生向下的滑动或者流动，形成泥石流。泥石流流域的斜坡或沟床上须有大量的松散堆积物，为泥石流的形成提供必要的固体物质。作为泥石流主要成分之一的固体物质的来源有：滑坡、崩塌的堆积物，山体表面风化层、破碎层、坡积物、冰积物以及人造工程的废弃物等。水不仅是泥石流的重要组成部分，也是决定泥石流流动特性的关键因素。我国多数地区受亚洲季风的影响，因此夏季暴雨是泥石流最主要的水源。此外，其水源也可来自冰雪融化和水库溃坝等。

（五）滑坡和泥石流分布特征

我国滑坡和泥石流的分布明显受地形、地质和降水或者冰融水条件的控制。在地形方面，滑坡和泥石流主要分布在山区；在地质方面，其主要分布在较软弱或风化严重的岩石地带；而且多与降水有关，多发生在雨季，尤其是暴雨、大暴雨的时候。

泥石流在我国集中分布在中部山地区域，尤其是青藏高原的南部和东部边缘地带。其他地区的山地也有零星分布，而高原、平原和盆地内部相对较少（图 13-12）。滑坡的分布与泥石流大致相似。

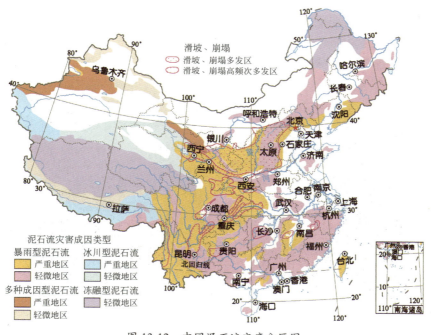

图 13-12　中国泥石流灾度分区图

资料来源：中国地质环境监测院

探究活动：阐述世界滑坡易发性分布特征及其原因

分析图 13-13，阐述世界滑坡易发性分布特征及其原因。

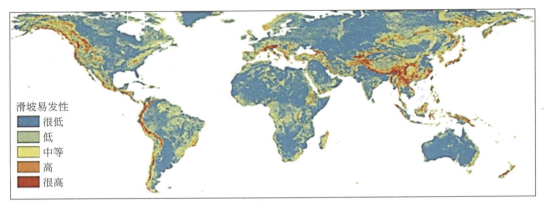

图 13-13　全球滑坡易发性分区图（宋英旭，2019）

四、洪涝灾害

（一）洪涝灾害及其成因

洪涝灾害通常是指江河洪水泛滥，淹没田地和城乡，造成农业或其他财产损失和人员伤亡的一种作用过程（图 13-14）。

图 13-14　航拍安徽六安洪涝灾害
资料来源：张娅子摄，2020.中新网

洪涝灾害是一种严重威胁人类生存与发展的自然灾害，它发生频率高，影响范围广，造成损失大。全世界每年因洪涝灾害造成的损失超过所有自然灾害损失的 30%。1998年，我国共有 29 个省、自治区、直辖市遭受了不同程度的洪涝灾害，其中农田受灾面积 2230 万 km^2，死亡 4150 人，倒塌房屋 685 万间，直接经济损失 2551 亿元。除沙漠、极端干旱地区和高寒地区外，我国大约 2/3 的土地面积都存在着不同程度和不同类型的洪涝灾害。

连续的强降水是造成洪涝灾害的主要原因，积雪融化、堤坝溃决也可以形成洪涝灾害。

（二）洪涝灾害的时空分布

从洪涝灾害的发生机制来看，洪涝具有明显的季节性、区域性和可重复性。世界上多数国家的洪涝灾害易发生在夏半年，我国的洪涝灾害主要发生在4～9月。例如，我国长江中下游地区的洪涝几乎都发生在夏季。洪涝灾害与降水时空分布及地形也有关系。世界上洪涝灾害较重的地区多在大河两岸及沿海地区。

在我国干旱区洪灾全年都可以发生，这是由干旱区洪水类型多样化造成的。干旱区洪灾在空间上呈斑状分布，很少连成一片。冰湖溃决洪水主要出现在秋季，也可发生在冬季。例如，1971年1月9日四棵树河吉勒德站曾出现了百年一遇的洪峰流量，造成一定的灾害。

我国南方地区雨量充沛，降水多集中在4～9月，其中以华南前汛期和江淮梅雨期最容易发生大范围持续性暴雨，引发洪涝灾害。1951～2000年，我国南方地区发生暴雨洪涝灾害的频率远高于其他地区，达30%～50%，其中华南局部地区和江淮局部地区超过50%。

我国气候受季风影响，降水有明显的季节变化，旱涝频率都较大。从图13-15不难看出，我国雨涝的分布大体上由东南向西北减少，并且与地势高低和离海远近有密切关系。沿海和平原地区多雨涝，内陆与高原地区少雨涝。

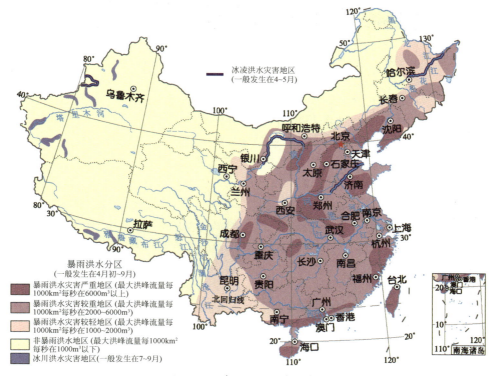

图13-15　我国雨涝频率分布图

自然地理学 Physical Geography

案例分析：2011 年泰国南部洪水灾害

据泰国内政部防灾减灾厅 2011 年 11 月 9 日发表的报告，肆虐泰国的洪水正向首都曼谷市中心的繁华商业街和旅游热点区域逼近（图 13-16）。而连续 3 个多月的洪水已经导致 529 人死亡，2 人失踪，洪水依然浸泡着泰国 77 个府中的 24 个府，约 110 万家庭的 280 万人受到影响，经济损失预计达 5000 亿泰铢（1 泰铢≈0.190 元人民币），占其国内生产总值的 5%。

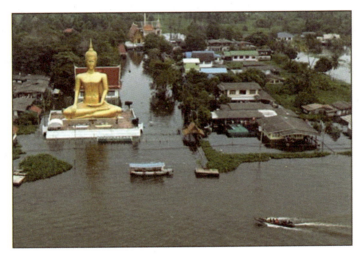

图 13-16　2011 年泰国南部洪水灾害

资料来源：新华网

据分析，这次洪水灾害异常严重的主要原因是：

1.这一年雨季持续时间异常长，降水量异常偏多。

2.泰国地势北高南低，泰国南部包括曼谷地势较低，海拔平均只有 1～1.5m。

3.7 月雨季到来之前，湄南河上游重要水库普密蓬水库几乎蓄满，管理者没有及时开闸泄水腾出蓄洪的库容。

4.1951～1995 年，泰国森林覆盖面积从 60% 下降到 22%，不仅导致流域蓄洪能力减弱，而且导致水土流失—河道淤塞—泄洪能力减弱。

5.城市及区域水利建设相对落后，不能适应城市与区域的发展。

6.曼谷地区长期地下水过度抽取，地面在 20 世纪 70 年代末以每年 10cm 的速度下陷，目前下陷速度仍在每年 1～3cm。地面下沉使排洪能力减弱。

7.海平面逐年上升，不利于排洪和泄洪。

8.土地私有制，也为泄洪、行洪调度带来困难。

五、干旱灾害

（一）干旱灾害及其成因

干旱灾害是指某地理范围内因降水、蒸发、径流等水循环过程，自然供水源在一定时期持续少于长期平均水平，而河流、湖泊、土壤或者地下含水层中水分亏缺，对人类生活生产产生严重影响的现象（图13-17）。

图 13-17　2006 年 8 月重庆大旱（陈艺丰，重庆时报）

干旱是全球范围内频繁发生的一种慢性自然灾害，它对社会生活和经济发展的影响之大、范围之广、持续之久、危害之深，超出了其他任何自然灾害。干旱严重威胁着人类赖以生存的粮食、水和生态环境，尤其是给农业生产造成严重影响。据测算，全球每年因干旱造成的经济损失高达 60 亿～ 80 亿美元。

干旱灾害的形成主要受气象、水文、下垫面条件以及人类活动等多种因素影响。

（二）干旱灾害的分布

干旱灾害地域之间存在差异，并且存在着一定的变化。如图13-18所示，总体来说重旱以上干旱灾害发生频率最高的地区是东北、黄淮海、西北、内蒙古地区，并且在1980年前后出现增加的现象（图13-18）。

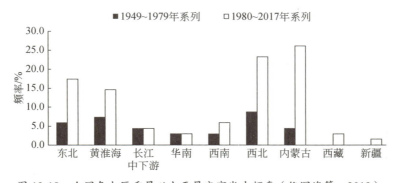

图 13-18　全国各大区重旱以上干旱灾害发生频率（倪深海等，2019）

六、沙尘暴

（一）沙尘暴及其成因

沙尘暴是全球干旱、半干旱地区特有的灾害性天气，是岩石圈与大气圈相互作用的产物。沙尘暴是沙暴和尘暴的总称，是强风把地面大量沙尘卷入空中，使空气特别混浊并且水平能见度低于 1km 的天气现象。其中，沙暴是指大风把大量沙粒吹入近地面气层所形成的携沙风暴；尘暴则是大风把大量尘埃及其他细粒物质卷入高空所形成的风暴。

沙尘暴的形成有三个基本条件：一是大风，这是沙尘暴形成的动力条件；二是地面上要有较多的沙尘物质，这是沙尘暴的物质基础；三是不稳定的空气状态，这是重要的局地热力环流条件。王式功等（2000）对沙尘暴形成的宏观天气气候条件和下垫面状况进行了系统分析，认为我国北方沙尘暴主要发生在春季和初夏季节主要有五个方面的原因：①丰富沙尘源的下垫面和特殊的地形条件；②冬半年长时间的干燥和冻结，到春季解冻后地表土质变得很疏松；③春季高空急流轴所处位置是北方地区易吹大风的重要原因；④春季大气层结不稳定度增大，午后易产生对流，有利于高空动量下传；⑤春季是北方地区冷锋活动最频繁的季节，锋后大风也是沙尘暴产生最重要的因素之一。

（二）沙尘暴的分类

在不同的天气系统的影响下，沙尘暴的强度会有较大的差别。2003 年 3 月 1 日，我国气象局开始实施的沙尘暴标准，将沙尘天气重新划分为浮尘、扬沙、沙尘暴和强沙尘暴四类。其中，尘土、细沙均匀地浮游在空中，使水平能见度小于 10km 的天气现象称为浮尘；风将地面尘沙吹起，使空气相当混浊，水平能见度在 1～10km 以内的天气现象称为扬沙；强风将地面大量尘沙吹起，使空气很混浊，水平能见度小于 1km 的天气现象称为沙尘暴；大风将地面尘沙吹起，使空气非常混浊，水平能见度小于 500m 的天气现象称为强沙尘暴。

（三）沙尘暴空间分布

全球沙尘暴多发生于沙漠及邻近的干旱、半干旱地区。与土地沙漠化区域相联系，全世界有四大沙尘暴多发区，分别位于中亚、北美、中非和澳大利亚。我国的沙尘暴区属于中亚沙尘暴区的一部分，主要发生在北方地区。总的特点是：西北多于东北地区，平原（或盆地）多于山区，沙漠及其边缘多于其他地区。且主要集中在两大区域：一个是位于塔里木盆地的塔克拉玛干沙漠，平均年沙尘暴日数为 38.8 天；另一沙尘暴多发区也是西北地区涉及范围最广的沙尘暴多发区，其中心在腾格里沙漠南缘的民勤，年平均沙尘暴日数为 37.7 天。

（四）沙尘暴与人类

沙尘暴对人类的生活和生产带来了严重的影响。沙尘暴特别是特强沙尘暴是一种危害极大的灾害性天气。其形成之后会以排山倒海之势滚滚向前移动，携带沙粒的强劲气流所经之处，通过沙埋、风蚀沙割、狂风袭击、降温霜冻和污染大气等作用方式，使大片农田或受沙埋，或遭风蚀刮走沃土；致使有的农作物绝收，有的大幅度减产；它能加剧土地沙漠化，对大气环境造成严重污染，对生态环境造成巨大破坏，对交通和供电线路产生严重影响，使人民生命财产造成严重损失。1995 年 5 月 5 日，甘肃省一场特大沙尘暴降尘量高达 1243.1 万 t，相当于省内最大水泥厂 15 年的产量。1998 年 4 月，西北 12 个地、州遭受沙尘暴袭击，46.1 万亩农作物受灾，11.09 万头（只）牲畜死亡，156 万人受灾，直接经济损失 8 亿元。

人类活动对沙尘暴的产生也起了一定的作用。由于人口压力持续增长和采用滥垦、滥牧、滥樵等粗放掠夺式的生态经营方式，造成地表覆盖破坏，最终导致沙漠化迅速发展（图 13-19）。例如，20 世纪 30 年代美国西部大草原的过度开垦，使荒漠化加剧，沙尘源扩大，造成沙尘暴肆虐。又如，苏联 50 年代在哈萨克斯坦和西伯利亚等地区盲目大量开垦荒地，使地表裸露的沙尘物质增多，导致强沙尘暴频繁发生，这都是人类活动导致沙尘暴产生的明显例证。

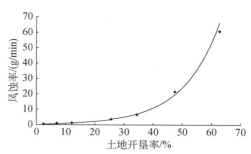

图 13-19　风蚀率与土地开垦率之间的关系（董治宝等，1997）

随着环境保护意识的提高，人类已经采取了措施对沙尘暴进行防治。抑制沙尘暴灾害的关键是改变不合理的人类生产活动，恢复植被的自然状况，减少沙尘物质的来源。目前，我国实施了天然林资源保护工程、退耕还林工程、京津风沙源治理工程、"三北"防护林及生态示范区建设等。

探究活动：分析内蒙古沙尘暴季节变化的原因

根据图 13-20 和图 13-21 提供的信息，分析该地各月沙尘暴日数差异和变化的原因。查阅资料，并从冬夏季风系统转换、地面覆盖与植被变化以及人类活动等方面，进一步分析该地各月沙尘暴日数随时间变化的原因和机制。

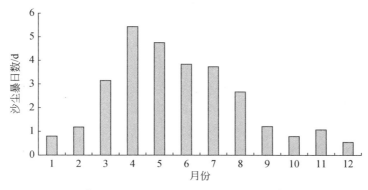

图 13-20　内蒙古拐子湖站的各月沙尘暴日数（吴卢荣等，2009）

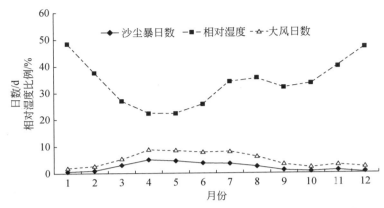

图 13-21　内蒙古拐子湖站记录的沙尘暴日数、大风日数及相对湿度变化
根据吴卢荣等，2009 数据绘制

七、台风

（一）定义

发生在热带或副热带海洋上的热带气旋，其中心持续风力达到 12 级（每秒 32.7m 或以上）时，在西北太平洋和南海海域的称为台风，发生在北大西洋、加勒比海、墨西哥湾和北太平洋东部等海域的称为飓风。近中心最大风力达不到 12 级的，分别称为强热带风暴（10～11 级）、热带风暴（8～9 级）和热带低压（6～7 级）。台风由外围区、最大风速区和台风眼三部分组成。外围区的风速从外向内增加，有螺旋状云带和阵性降水；最强烈的降水产生在最大风速区，平均宽 8～19km，它与台风眼之间有环形云墙；台风眼位于台风中心区，最常见的台风眼呈圆形或椭圆形，直径 10～70km 不等，平均约 45km，台风眼的天气表现为无风、少云和干暖。

（二）台风的形成条件

台风形成的条件主要有：一广阔的高温、高湿的大气。热带洋面上的底层大气的温度和湿度主要取决于海面水温，海水水温高于 26～27℃ 的暖洋面上易生成台风。二在台风形成之前有一个弱的热带涡旋存在。台风的能量来自热带海洋上的水汽。在一个事先已经存在的热带涡旋里，涡旋内的气压比四周低，周围的空气挟带大量的水汽流向涡旋中心，并在涡旋区内产生向上运动；湿空气上升，水汽凝结，释放出巨大的凝结潜热，才能促使台风运转。三垂直方向风速不能相差太大，才能使初始扰动中水汽凝结所释放的潜热能集中保存在台风眼区的空气柱中，形成并加强台风暖中心结构。四足够大的地转偏向力作用，因赤道的地转偏向力为零，而向两极逐渐增大，故台风发生地点在离开赤道 5 个纬度以上。西太平洋海水温度较高的区域称为西太平洋暖池，该暖池的北部是台风的主要源区。

（三）台风的时空分布

西北太平洋是台风发生最多的地区。我国东部地区地处亚洲东部、西北太平洋西岸，而热带气旋生成后多取西北或偏西路径移动，因此我国是世界上少数几个受台风影响最严重的国家之一。平均每年有 7 个台风在我国登陆，最多年份达 12 个。有些台风尽管没有登陆，但仍会对沿海造成较大影响。登陆我国的台风主要集中在 7 ～ 9 月，其次是 6 月和 10 月。

经统计发现，西太平洋台风发生的源区主要集中在四个地区：菲律宾群岛以东和琉球群岛附近海面，关岛以东的马里亚纳群岛附近，马绍尔群岛附近海面和我国南海的中北部海面。

（四）台风的影响

台风登陆后，受到粗糙不平的地面摩擦影响，风力大大减弱，中心气压迅速升高。但是在高空大风仍然绕着低气压中心吹刮，来自海洋上高温高湿的空气仍然在上升和凝结，不断制造出雨水。如果潮湿空气遇到大山，迎风坡还会迫使它加速上升和凝结，形成暴雨。有时候台风登陆后，不但风力减小，连低气压中心也移动缓慢，甚至一直在一个地方停滞徘徊。这样，暴雨一连几天几夜地倾泻在同一地区，影响就更加严重。我国是全球受台风影响最严重的国家之一，尤其台风登陆前后的异常变化常导致台风灾害防御措手不及。2005 ～ 2009 年，我国因台风灾害损失年均 440 亿元，极大地威胁着经济发展和人民生命、财产安全。

第三节　自然灾害风险评估与区划

一、风险与风险管理

由于客观世界的复杂性和认识上的局限性，人们不可避免地面临着各种各样的风险。多年来，风险以及风险管理一直是世界范围内研究的热点问题。

风险是指在一定条件下和一定时期内可能发生的各种结果的变动过程。风险具有三种基本属性，即自然属性、社会属性和经济属性。一般来说，风险具有以下特征：风险存在的客观性和普遍性，风险发生的偶然性和必然性，风险的不确定性、变动性和潜在性，风险的相对性、无形性和双重性，风险的突发性、传递性和可测定性，风险的社会性、发展性和可收益性。

风险管理是研究风险发生规律和风险控制技术的一门新兴管理学科。风险管理是指个人、家庭或组织（企业或政府单位）对可能遇到的风险进行风险识别、风险估测、风险评价，并在此基础上优化组合各种风险管理技术，对风险实施有效的控制和妥善处理风险所致损失的后果，期望达到以最小的成本获得最大安全保障的科学管理方法。

二、自然灾害风险评估概念

自然灾害风险评估是指通过风险分析的手段，对尚未发生的自然灾害的致灾因子强度、可能受灾程度等进行评定和估计，是风险分析技术在自然灾害学中的应用（黄崇福，2005），是对灾害风险区不同强度灾害的可能性及其可能造成的后果进行定量和评估（孙

绍骋，2001）。风险评估就是要回答"面临的风险是怎样的""发生的可能性有多大""会产生多大的灾害损失"等问题。通过回答这些问题，得到一个对风险的全面具体的理解，为风险管理能够最终回答"应该怎么做"提供科学支撑。

现在国际上普遍采用的风险评估程序还是美国国家科学院国家研究委员会于1983年公布的"联邦政府的风险评估"报告中制定的四个步骤（图13-22）。

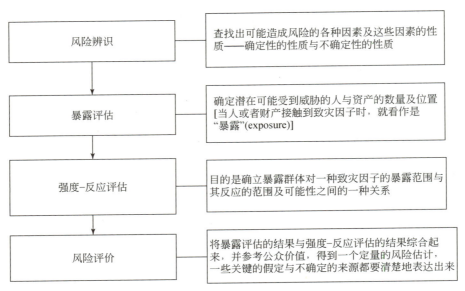

图 13-22　风险评估的程序

三、我国自然灾害风险分级方法的标准化

自然灾害风险种类繁多，每种灾害风险的特点、影响后果和影响区域的大小都不同，所以针对不同灾种和区域的自然灾害风险有不同的风险分级方法，一个自然灾害风险分级方法标准难以将所有灾害特点都纳入进来。2012年3月，我国民政部门首次正式批准发布《自然灾害风险分级方法》行业推荐性标准，该标准并未针对某特定灾种的风险，仅提供了一种自然灾害风险分级的通用方法，并提供了可参考的风险等级划分示例。

自然灾害风险分级由自然灾害风险事件发生的可能性和产生的后果来决定

$$R=P \cdot C \tag{13.1}$$

式中，R 为自然灾害风险；P 为自然灾害风险事件发生的可能性；C 为自然灾害风险事件产生的后果。

1. 灾害风险事件可能性的分级方法

可能性的分级方法是根据自然灾害风险事件发生的可能性进行分级的，从高到低分为四个等级，分别用等级 P 的分值表示（表13-3）。

表 13-3　自然灾害风险事件的可能性等级分值

可能性等级分值 P	风险事件可能性	备注
1	极高	频率等级为极高，风险事件在较多情况下发生
2	高	频率等级为高，风险事件在某种情况下发生
3	中	频率等级为中，风险事件很少发生
4	低	频率等级为低，风险事件几乎不发生

2. 灾害风险事件后果的分级方法

根据自然灾害风险事件产生指标的等级分值，将后果从大到小分为四个等级，分别用等级 C 的分值表示（表 13-4）。一次灾害风险事件的多个指标的等级分值不同时，后果等级分值 C 取其指标等级分值中的最大者。

表 13-4　自然灾害风险事件的后果等级分值

后果等级分值 C	风险事件后果	后果指标分值				
		指标 1	指标 2	指标 3	指标 4	其他指标
1	极高	1	1	1	1	1
2	高	2	2	2	2	2
3	中	3	3	3	3	3
4	低	4	4	4	4	4

3. 自然灾害风险分级结果

根据自然灾害风险事件的可能性等级分值 P 和自然灾害风险事件的后果等级 C 的分值，建立自然灾害风险分级矩阵（表 13-5）。

表 13-5　自然灾害风险分级矩阵

风险等级分值 R			后果等级分值 C			
			极高	高	中	低
			1	2	3	4
可能性等级分值 P	极高	1	1	2	3	4
	高	2	2	4	6	8
	中	3	3	6	9	12
	低	4	4	8	12	16

注：①风险等级分值 R 为自然灾害风险事件的可能性等级分值 P 与后果等级分值 C 相乘的结果。②风险等级分值 R 划分为四个等级并赋以四种颜色，表示自然灾害风险的四个等级：红色代表极高风险，R 分值为 $1 \sim 2$；橙色代表高风险，R 分值为 $3 \sim 4$；黄色代表中风险，R 分值为 $6 \sim 9$；绿色代表低风险，R 分值为 $12 \sim 16$。

四、中国自然灾害分区

（一）马宗晋分区方案

马宗晋以致灾环境为依据，结合各类自然灾害分布特点和组合规律，对我国自然灾

害综合分区提出方案（图 13-23）。

图 13-23　中国自然灾害综合分区（马宗晋，1994）

1. 一级孕灾区

以南北向的贺兰山—龙门山和东西向的秦岭—昆仑山为界，将中国大陆分为 4 个一级孕灾区：Ⅰ.华北、东北孕灾区；Ⅱ.东南孕灾区；Ⅲ.西北孕灾区；Ⅳ.西南孕灾区。

（1）华北、东北孕灾区（Ⅰ）。该区主要的自然灾害是旱灾、暴雨、洪水、寒潮、冷冻害、雪灾、地震、地面沉降、海水入侵、土地盐碱化、温带风暴潮、海冰、赤潮、玉米、小麦、棉花等农作物病虫害，落叶松毛虫、油松毛虫、赤松毛虫等防护林病虫害，鼠害和森林火灾。

（2）东南孕灾区（Ⅱ）。该区最主要的灾害为洪涝、暴雨、台风、风暴潮、旱灾、水稻病虫害、山地地质灾害，其次是棉花、小麦、玉米等农作物病虫害，赤潮、地面塌陷和沿海边缘地带的地震，以及山区丘陵地区的以马尾松毛虫、云南松毛虫为特征的用材林病虫害。

就气候条件而言，该区的西南边界应扩展至横断山脉，这个地区是我国森林火灾最多的地区，也是我国山地地质灾害最发育的地区。

（3）西北孕灾区（Ⅲ）。该区最主要的自然灾害是干旱、地震、寒潮、冷冻害、雪灾、风雹、沙尘暴、水土流失、土地沙漠化，其次是滑坡、泥石流和山洪、冻融、农作物病虫害。

（4）西南孕灾区（Ⅳ）。该区主要的自然灾害是冷冻害、雪灾、冻融、滑坡、泥石流、地震，其次是边缘地区的森林病虫害和农区的农作物病虫害。

2. 二级孕灾区

除了秦岭—昆仑山纬向分界线外，阴山—天山及南岭也是两条重要的次一级自然环境的纬向分界线；除了贺兰山—龙门山经向分界线外，大兴安岭—太行山—武陵山及东南沿海山脉亦属两条重要的次一级自然环境分界线。据此从北到南可以分为：①阴山—天山北；②阴山—天山与秦岭—昆仑山之间；③秦岭—昆仑山与南岭间；④南岭以南等四个纬向孕灾带。由东至西又可分为：①地势第三级阶梯；②地势第二级阶梯的东部；③贺兰山—龙门山以西等三个经向孕灾带。它们相互交叉，将我国分为12个二级孕灾区（图13-23）。

（二）张兰生等的分区方案

Zhang 等（1995）和王静爱等（2006）根据孕灾环境系统的稳定性、自然致灾因子系统的复杂度及强度、承灾体系统的承灾能力和区域自然灾害组合类型，采用一些定量和半定量指标，将中国自然灾害区划为海洋灾害带、东南沿海灾害带、东部灾害带、中部灾害带、西北灾害带和青藏高原灾害带等六个一级灾害带，进一步划分为26个二级灾害区（图13-24）。

Ⅰ海洋灾害带，主要致灾灾种为台风、风暴潮、海浪、海冰和赤潮，主要灾害链为海洋灾害链。

Ⅱ东南沿海灾害带，主要致灾灾种为台风、暴雨、洪涝、病虫害、干旱、海水入侵、地面沉降，主要灾害链为台风灾害链。

Ⅲ东部灾害带，主要致灾灾种为暴雨、洪涝、干旱、病虫害、冷冻、地面沉降、盐渍化，主要灾害链为暴雨灾害链、干旱灾害链。

Ⅳ中部灾害带，主要致灾灾种为地震、滑坡、泥石流、水土流失、干旱、暴雨、洪涝、病虫害、火灾，主要灾害链为暴雨灾害链、地震灾害链。

Ⅴ西北灾害带，主要致灾灾种为干旱、沙尘暴、沙漠化、盐渍化、病虫害，主要灾害链为干旱灾害链、寒潮灾害链。

Ⅵ青藏高原灾害带，主要致灾灾种为暴风雪、干旱、地震、冷害、冻融侵蚀、雪崩，主要灾害链为寒潮灾害链。

探究活动：分析中国自然灾害区划方案的异同

判读图13-23和图13-24，查阅相关文献，分析上述两种区划（分区）方案的异同。寻找其他的区划方案，并比较它们的异同。

第四节 自然灾害的防避

面对自然灾害，人们应该未雨绸缪，统筹做好防灾、避灾、抗灾、救灾等工作，力争使灾害损失降低到最小限度（图13-25）。这些工作既需要政府领导下的有组织的社会行动，也需要广大公民积极、科学地参与。

政府领导下的社会行动包括加强自然灾害研究，组织防灾、减灾科技攻关，健全灾害管理法规，制定防灾、减灾规划方案，开展防灾、减灾教育，实施防灾、减灾工程，

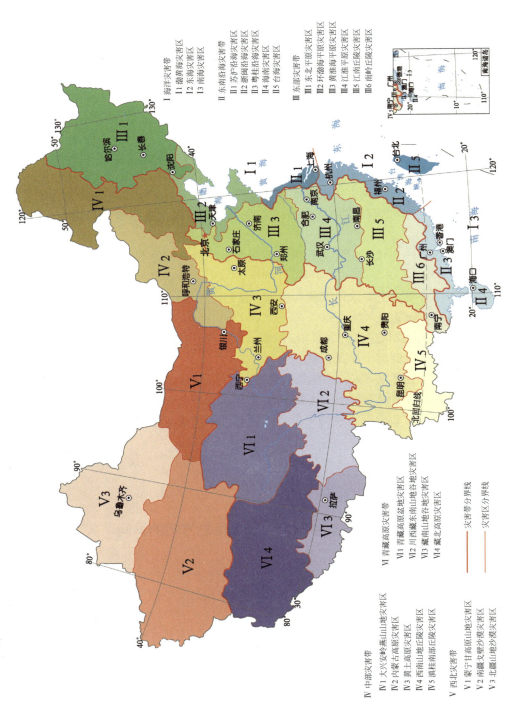

I 海洋灾害带
　I1 渤黄海灾害区
　I2 东海灾害区
　I3 南海灾害区
II 东南沿海灾害带
　II1 苏沪沿海灾害区
　II2 浙闽沿海灾害区
　II3 粤桂沿海灾害区
　II4 海南灾害区
　II5 台海灾害区
III 东部灾害带
　III1 东北平原灾害区
　III2 环渤海平原灾害区
　III3 黄淮海平原灾害区
　III4 江淮平原灾害区
　III5 江南丘陵灾害区
　III6 南岭丘陵灾害区

IV 中部灾害带
　IV1 大兴安岭山山地灾害区
　IV2 内蒙古高原灾害区
　IV3 黄土高原灾害区
　IV4 西南山地正陵灾害区
　IV5 滇桂南部正陵灾害区
V 西北灾害带
　V1 蒙宁甘高原山地灾害区
　V2 南疆戈壁沙漠灾害区
　V3 北疆山地沙漠灾害区
VI 青藏高原灾害带
　VI1 青藏高原盆地灾害区
　VI2 川西西藏东南山地谷地灾害区
　VI3 藏南山地谷地灾害区
　VI4 藏北高原灾害区
—— 灾害带分界线
—— 灾害区分界线

图 13-24　中国自然灾害区划图（王静爱等，2006）

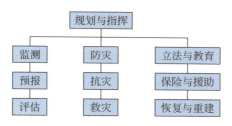

图 13-25 防灾减灾社会行动

建立高效的防灾、救灾信息系统，提高灾害响应能力与预警、救援能力，加强防灾、减灾国际或区域合作等。

作为现代社会的公民，人们应该提高防灾、避灾意识，学习灾害自救知识与技能，增强参与救灾的社会责任感。遇到突发灾害时，要沉着冷静地科学应对。未成年人在遇到灾害时，首先要尽力维护自身安全，在力所能及的范围内再考虑救助他人与财物。个人应对自然灾害要记住"十字要诀"，即"学""听""备""察""报""避""断""抗""救""保"（图 13-26）。

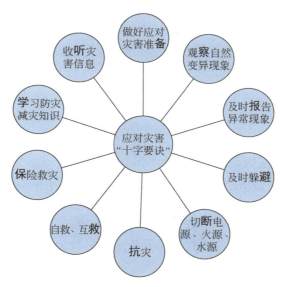

图 13-26 个人应对灾害"十字要诀"

一、地震灾害的防避

地震灾害的突发性强，往往会造成生命、财产的巨大损失。我国又是一个地震多发的国家，如唐山地震和汶川地震是我国近 50 年来损失最严重的两次自然灾害。因此，对于地震的防避至关重要。

在社会层面，需要加强地震监测体系建设、地震预报科技攻关、防震避灾制度建设及执行情况督查、地震应急方案制定及组织实施，还要加强防震避灾教育、提高公民防震避震意识及能力等。

在个人层面，要注意了解生活所在地的地震风险等级、居住房屋的结构和防震性能。如果房屋防震性能达不到当地防震要求（一般是老旧房屋或者是自建房），在地震频发的时期要搬到地震风险小的地方或者防震性能达标的房屋居住。在地震多发的地区，要准备好地震发生时必要的水、食物及其他应急物品与器具。地震发生时，需要每个人根据自己所处环境，迅速采取有效保护及科学自救措施（表13-6）。

表13-6 地震时的应急反应

情景	应急反应
假如正在用火、用电	迅速关闭火源、电源
假如正在楼房内	迅速离开外墙及门窗，可选择厨房、浴室、厕所等开间小、不易塌落的地方躲避，千万不要跳楼
假如身处平房内	迅速逃到空旷地带，如果来不及就尽快躲避在比较坚固的家具或者设备的下面或者旁边
假如正在户外	要尽量避开高大建筑物、桥梁、高压电线及化工设施，避开陡坡、陡崖等
假如正在工作场所	就近躲藏在坚固的机器、设备或办公家具旁
地震时不能进入电梯，假如正在搭乘电梯	将操作盘上各楼层的按钮全部按下，一旦停下，迅速离开电梯，万一被关在电梯中，马上通过电梯中的专用电话求助
假如已被掩埋	要克服恐惧心理，坚定生存信念，自谋脱险策略。如一时不能脱险，应保持镇静，捂住口鼻，防止被灰尘窒息；设法支撑可能坠落的重物，创造生存空间；减少体力消耗，不要大声呼叫，可用石块等敲击物体，设法与外界联系；搜寻水和食品，延续生命，静待救援

二、洪水灾害的防避

1. 社会行动

首先要做好对洪水的监测和预报工作。除此之外，政府主导的防洪减灾措施主要分为工程措施与非工程措施两类。

（1）工程措施主要包括：兴建水库，退耕还湖，提高对洪水的调蓄能力；修筑堤坝，防止洪水漫溢；疏浚河道，加快泄洪速度；开辟分洪区；开挖分洪道；降低洪水水位等。

（2）非工程措施主要包括：增强人们对洪涝灾害的认识，提高人们防灾减灾的意识；严格控制乱砍滥伐，逐步提高森林覆盖率，减少水土流失；建立统一的防灾减灾管理体制和统一的抗洪抢险指挥管理系统；加强灾前水利建设投入与减灾科研投入等。

2. 个人行动

当水灾发生时，作为个人，需要采取积极行动，参与到防洪、抗洪的活动中。

（1）洪水前的行动：预先判定自身所处地点是否处在洪水警戒水位以下，并选定通向高地的最佳路线；留意洪水预报，接到洪水警报后尽快撤离；沿门框和窗框放置沙袋，尽可能将水拒之门外；关闭燃气和电路，准备应急的食物、饮用水，以及手电等便于发出求救信号的物品等。

（2）洪水中的行动：一旦被洪水包围，要设法尽快向当地政府防汛部门报告自己的方位和险情；在户外突遇洪水袭来，向高处（包括上树）躲避；在室内要转移到上层房间，直至爬上屋顶，等待救援；如洪水继续上涨，暂避的地方已难以自保，则要充分利用门板、桌椅、大块泡沫塑料等能漂浮的材料逃生。

（3）洪水后的行动：做好各项卫生防疫工作；不食用腐败的食物，饮用水必须煮沸后饮用；积极参加灾后生产与重建活动。

三、滑坡灾害的防避

在社会层面，对于滑坡易发多发的地区，要开展滑坡风险评价，必要时可对一些具有潜在活动性的巨大滑坡进行监测或者采取一些工程整治措施。典型滑坡的发展一般可分为蠕动变形、急剧滑动、渐趋稳定三个阶段。可以根据滑坡体后缘山坡上地裂缝的快速扩展、滑坡体前沿坡脚处的泉水（井水）水量水位的异常变化和地面变形等临滑迹象及时发出预警。

在人们的日常生产、生活中，可以通过以下措施加强滑坡灾害的防避。

（1）尽量不要在陡坡前长时间逗留。

（2）在陡坡上面或者坡脚从事生活或者生产活动时，尽量不要破坏坡体的稳定性，如果发现坡体松动要尽快离开并报告。

（3）如果发现坡体存在软弱面，可以建造截水沟、排水沟和防水覆盖层，防止地表水渗入软弱面。

（4）针对存在滑动风险的滑坡体可以通过削坡减载（用降低坡高或放缓坡角）来减小下滑力，通过修筑挡土墙、抗滑桩等增加抗滑力。

（5）当滑坡发生时，如果处在滑坡体上，首先应保持冷静，迅速环顾四周，向滑坡体的两侧迅速逃离；当遇无法逃离的高速滑坡，或滑坡呈整体滑动时，宜原地不动，或抱住大树等物；如果处在滑坡可能影响到的山前或者沟谷，应迅速判别滑坡运动的方向，并迅速离开可能受到影响的地带。

四、泥石流灾害的防避

泥石流的发生与暴雨关系密切，具有很强的突发性，历时短暂，成灾迅速，但是仍有一个从上游向下游推进的过程。人们可以根据降雨强度对泥石流暴发做出预警。如果沟谷中的正常流水突然断流或突然增大，隐约感觉到沟谷中传来轻微的轰鸣声和震动，说明上游已经形成泥石流，此时应立即向沟谷两侧山坡撤离。

在人们的日常生产、生活中，可以通过以下措施加强泥石流灾害的防避。

（1）房屋、帐篷不要搭建在沟口和沟道上。

（2）不能将冲沟当作垃圾排放场，在冲沟中随意弃土、弃渣、堆放垃圾，以免给泥石流的发生提供固体物源。

（3）保护和改善山区生态环境。一般来说，山区生态环境好、植被覆盖率高，产生洪水的概率和强度就会较小，同时产生泥沙和碎石的数量较少，从而发生泥石流的概率和危害较小。

（4）雨季或者暴雨时尽量不要去泥石流多发的沟谷，即使要去，也不要在沟谷中长时间停留。一旦听到上游传来异常声响，应迅速向沟谷两侧的山坡上方逃离。雨季穿越沟谷时，先要仔细观察，确认安全后再快速通过。

（5）发现上游形成泥石流后，应及时向下游发出预警信号。

地学视野：全国地质灾害预报

国土资源部与中国气象局于 2003 年 4 月 7 日签订了联合开展地质灾害气象预报的协议。根据该协议，由中国地质环境监测院负责研制的中国内地的国家级滑坡（泥石流）预报系统于 2003 年 6 月开始运行。

该系统基于这样一个认识：在与降雨有关的滑坡、泥石流发展中，过程雨量和降雨强度存在一个临界值，当一次降雨的过程雨量或降雨强度达到或超过此临界值时，滑坡和泥石流成群发生。中国不同地区发生滑坡、泥石流的临界降雨量具有差异。根据致灾地质环境条件和气候因素，将全国划分为 7 个大区、28 个预警区（刘传正，2004）。国家气象中心根据中国地质环境监测院提供的滑坡、泥石流数据，提供了全国 731 个雨量观测站在 15 天内的降雨量数据，以 1～15 天的累积降雨量作为可能发生滑坡和泥石流的临界降雨量判据。中国地质环境监测院根据国家气象中心每天 16：00 提供的当日 20：00 至次日 20：00 的降雨预报数据和预报雨量等值线图，与预警地区的临界降雨判据图进行逐个比对，判定滑坡（泥石流）发生的可能性（预报等级）；判定结果经专家会商后，再在预警图上划定预报或警报区，作为预报或警报信息，通过中央电视台的气象预报节目和中国地质环境信息网进行发布。

该系统将预警分为 5 个等级：①可能性很小；②可能性较小；③可能性较大；④可能性大；⑤可能性很大。其中，1～2 级不发布，3～4 级发布橙色预报，5 级发布红色警报。

案例分析：青藏铁路是如何防治冻土灾害的？

青藏铁路东起青海省省会西宁，南至西藏自治区首府拉萨，全长 1956km（图 13-27）。西宁至格尔木段 814km 已于 1979 年铺通，1984 年投入运营。青藏

图 13-27　青藏高原铁路格拉段位置示意图

铁路格拉段东起青海格尔木，西至西藏拉萨市，全长 1142km。其中海拔 4000m 以上的路段 960km，多年冻土地段 550km（图 13-28），是世界上海拔最高、在冻土上路程最长的高原铁路，被誉为"天路"。

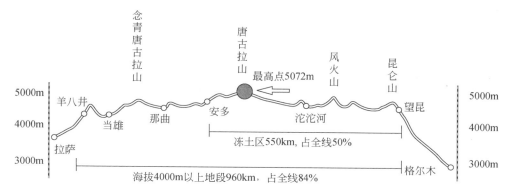

图 13-28　青藏铁路格拉段纵断面冻土分布示意图（孙永福等，2016）

冻土的融化或者融冻作用会影响路基的强度，对铁路安全运行产生威胁。根据调查研究，青藏高原冻土地段分为四个区：$T_{cp} \geq -0.5℃$ 为高温极不稳定冻土区；$-1.0℃ \leq T_{cp} < -0.5℃$ 为高温稳定冻土区；$-2.0℃ \leq T_{cp} < -1.0℃$ 为低温基本稳定冻土区；$T_{cp} < -2.0℃$ 为低温稳定冻土区。另外，温度的变化影响路基稳定性。20 世纪 70～90 年代，青藏公路沿途的冻土地区温度升高了 0.3～0.5℃，由于工程作用，多年冻土带的北界向南退却了 0.5～1.0km，南界向北退却 9～12km。

那么，如何来防治冻土的灾害呢？

青藏铁路建设中采用了"冷却路基方法"。该方法通过调控辐射、对流以及传导达到冷却路基的效果。首先，调控辐射。采用浅色或白色的道砟和改变边坡的颜色减少表面的吸热，采用遮阳棚原理减少直接太阳辐射［图 13-29（a）］。其次，调控对流。建筑通风路堤（为了提高效率，在通风管口安装了能根据气温高低自动关闭或开启的风门）［图 13-29（b）］；用大块碎石修筑路堤［图 13-29（c）］，利用自然对流换热的热管和热桩［图 13-29（d）］来冷却路基。最后，调控传导。坡面种草，建设旱桥［图 13-29（e）］。

通过一系列措施，保障了青藏铁路免受冻土灾害的侵扰。

(a)　　　　　　　　　　　　　　　　　(b)

图 13-29　防治冻土灾害的工程技术措施（程国栋和马巍，2006）

(c)

(d)

(e)

图 13-29（续）

探究活动：青藏铁路建设是如何减少对动物迁徙的影响的？

青藏铁路穿越了可可西里、三江源、羌塘等国家级自然保护区，铁路的建设有可能妨碍野生动物的迁徙。你觉得为了保护野生动物，应该采取什么措施？

探究活动：东川泥石流野外观测站设立的自然地理条件分析

为了研究泥石流的成因机制和发生发展规律，中国科学院建立了东川泥石流观测研究站。该站位于我国著名的蒋家沟下游、大凹子的右岸，103°08′E，26°14′N，在云南省昆明市东川区绿茂乡境内，距东川区府所在地铜都镇30km，距离昆明城区190km。

该站的设立对探究泥石流发生发展规律以及泥石流灾害防治发挥了积极的作用。请查阅资料，分析该站所在地的自然地理条件和背景，说明设站的科学依据。

探究活动：分析地震引发的海啸对我国大陆影响较小的原因

地震引发的海啸对印度尼西亚、日本、我国台湾等地曾经产生过严重灾害或者影响，但是很少对我国大陆产生很大影响，请从自然地理学角度分析其原因。

主要参考及推荐阅读文献

陈琛，许琳娟，邓君宇.2012.泥石流成因与危害分析及防治对策.河南水利与南水北调，（4）：50-53.

陈颙，史培军.2007.自然灾害.北京：北京师范大学出版社.

程国栋，马巍.2006.青藏铁路建设中冻土工程问题.自然杂志，28（6）：315-320.

崔鹏.2014.长江上游山地灾害与水土流失地图集.北京：科学出版社.

董治宝，陈渭南，李振山，等.1997.风沙土开垦中的风蚀研究.土壤学报，34（1）：74-80.

冯定原，邱新法，陈怀亮.1992.我国雨涝灾害的指标和时空分布特征.南京气象学院学报，15（3）：436-446.

符文熹，聂德新，任光明，等.1997.中国泥石流发育分布特征研究.中国地质灾害与防治学报，8（4）：39-43.

国家地震局地球物理研究所.1988.世界地震分布图（1900-1980）.北京：中国地图出版社.

国家科委全国重大自然灾害综合研究组.1994.中国重大自然灾害及减灾对策(总论).北京:科学出版社.

洪汉净，郑秀珍，于泳，等.2003.全球主要火山灾害及其分布特征.第四纪研究，23（6）：594-603.

黄崇福.2005.自然灾害风险评价理论与实践.北京：科学出版社.

黄崇福.2012.自然灾害风险分析与管理.北京：科学出版社.

李碧雄，田明武，莫思特，等.2014.水库诱发地震研究进展与思考.地震工程学报，36（2）：380-386，412.

李媛，孟晖，董颖，等.2004.中国地质灾害类型及其特征——基于全国县市地质灾害调查成果分析.中国地质灾害与防治学报，15（2）：29-34.

刘传正.2004.中国地质灾害气象预警方法与应用.岩土工程界，7（7）：17-18.

马巍，程国栋，吴青柏.2005.解决青藏铁路建设中冻土工程问题的思路与思考.科技导报，23（1）：23-28.

马宗晋.1994.中国重大自然灾害及减灾对策：总论.北京：科学出版社.

倪深海，顾颖，彭岳津，等.2019.近七十年中国干旱灾害时空格局及演变.自然灾害学报，28（6）：176-181.

秦大河.2002.中国西部环境演变评估.北京：科学出版社.

史培军.2005.四论灾害系统研究的理论与实践.自然灾害学报，14（6）：1-7.

史培军，王季薇，张钢锋，等.2017.透视中国自然灾害区域分异规律与区划研究.地理研究，36（8）：1401-1414.

宋连春，邓振镛，董安祥，等.2003.干旱.北京：气象出版社.

宋英旭.2019.基于空天地一体化监测的滑坡风险动态评价研究.武汉：中国地质大学博士学位论文.

孙绍骋.2001.灾害评估研究内容与方法探讨.地理科学进展，20（2）：122-130.

孙永福，王孟钧，陈辉华，等.2016.青藏铁路工程方法研究.工程研究-跨学科视野中的工程，8（5）：491-501.

王恭先，徐峻龄，刘光代，等. 2004. 滑坡学与滑坡防治技术. 北京：中国铁道出版社.

王建. 2010. 现代自然地理学. 2版. 北京：高等教育出版社.

王静爱，史培军，王平，等. 2006. 中国自然灾害时空格局. 北京：科学出版社.

王式功，董光荣，陈惠忠，等. 2000. 沙尘暴研究的进展. 中国沙漠，20（4）：349-356.

王炜，方宗义. 2004. 沙尘暴天气及其研究进展综述. 应用气象学报，15（3）：366-381.

魏海泉. 1991. 火山灾害的类型、预测与防治. 地质灾害与防治，2（2）：94-96.

吴积善，康志成，田连权，等. 1990. 云南蒋家沟泥石流观测研究. 北京：科学出版社.

吴卢荣，吴妙银，苏伊兰，等. 2009. 中国西北地区沙尘暴的发生规律研究. 数学的实践与认识，39（7）：85-91.

殷洁，戴尔阜，吴绍洪. 2013. 中国台风灾害综合风险评估与区划. 地理科学，33（11）：1370-1376.

於琍，徐影，张永香. 2018. 近25a中国暴雨及其引发的暴雨洪涝灾害影响的时空变化特征. 暴雨灾害，37（1）：67-72.

周俊华，史培军，陈学文. 2002. 1949～1999年西北太平洋热带气旋活动时空分异研究. 自然灾害学报，11（3）：44-49.

Bai S B，Wang J，Zhang Z G，et al. 2012. Combined landslide susceptibility mapping after Wenchuan Earthquake at the Zhouqu segment in the Bailongjiang Basin，China. Catena，99：18-25.

Bardintzeff J M，McBirney A R. 2000. Volcanology. Boston：Jones & Bartlett Publishers.

Brabb E E，Harrod B L. 1989. Landslides：Extent and Economic Significance. Rotterdam：A. A. Balkema Publisher.

IPCC. 2007. Climate change 2007：Impacts，Adaptation and Vulnerability：Contribution Working Group Ⅱ to the Fourth Assessment Report of the Intergovernmental Panel on Climate Change. London：Cambridge University Press.

Keefer D K，Larsen M C. 2007. Assessing landslide hazards. Science，25：1136-1138.

Simkin T，Siebert L. 1994. Volcanoes of the World. 2nd ed. Tucson：Geoscience Press.

Wilhite D A. 2000. Drought as a natural hazard：Concepts and Definitions//Wilhite D A. Drought：A Global Assessment. London：Routledge.

Zhang L S，Shi P J，Wang J A，et al. 1995. Regionalization of natural disasters in China. Journal of Beijing Normal University：Natural Science，31（3）：415-421.

 第十四章
自然地理与经济社会发展

自然地理与人类生活质量关系密切，也与经济社会发展密切相关，在区域规划、经济建设、社会发展、国家安全等方面发挥着重要作用。

第一节　自然地理与区域规划

一、自然地理在区域规划中的作用

区域规划是指在一定地域范围内对未来一定时期的经济社会发展和建设以及土地利用的总体部署。区域规划主要内容包括区域发展定位与发展目标、经济结构与产业布局、城镇体系和乡村居民点体系规划、基础设施规划、自然资源的开发利用与保护规划、环境治理和保护规划、区域空间管治、区域发展政策等。

区域自然地理环境是人类生存与发展的物质基础，是由岩石、土壤、水、大气、生物等自然要素有机结合而成的自然综合体。区域规划要尊重自然，营造和谐人地关系，以区域的可持续发展为目标。区域的发展规划需要建立在三个原则之上，即环境友好、经济发展和空间公正（图14-1）。根据区域的自然环境与资源结构去设计生产力布局与结构，即以自然结构为基础去拟定区域经济的长期性的生产力结构与布局蓝图。因此，在区域和城市等规划中，自然地理学是必不可少的科学基础。

图 14-1　区域发展规划的原则

自然地理在区域规划中的具体作用表现在：

（1）在区域划分中需要尊重自然地理环境的整体性、综合性及地区性。区域区划中一种是自然区划，另一种是行政与经济区划。区域环境治理与保护规划具有跨行政的综合性和地区性。江河因行政分割而使流域的整体性遭到破坏，增加了全流域统一环境规划、综合整治和合理利用的困难。大气流动性特征造成污染物跨行政区迁移，影响大气质量，并成为行政区生态环境规划中较难控制的因素。跨行政区的自然保护区、森林或水源保护区、沙漠和草原区等，因行政地域分割，造成管理上的困难，或因邻区开发而相互影响，降低了综合整治的效果。

（2）区域具有环境－经济－社会复合生态系统的特点，自然地理可以发挥学科交叉的优势。行政区域一般以大、中城市为中心，小城镇及广大自然地域为腹地。区域一

一般地域较广，自然地理环境相对复杂，在区域生态环境规划中，需要对区域的大气、水体、土壤、生物、生态等自然环境要素进行调查、评价，并在此基础上确定区域主要环境问题及生态问题，并进行生态环境功能区划和生态环境预测。

（3）影响城镇与城镇体系发育的自然地理因素很多（表14-1），区域城镇体系规划离不开自然地理。进行区域城镇体系规划，需要评价分析影响与制约城镇发展的资源与环境条件。例如，平原低丘陵地区能建成不同规模等级的城市，城镇体系容易发育；而山地丘陵区适宜建设的平地资源少，影响城镇体系发育。地震、泥石流、滑坡、崩塌等灾害，坡度、地下水埋深等对城镇建设都有重大影响。江河、湖泊等地表水和地下水的水资源数量、水质及其保证利用程度对区域和城镇发展有重大影响。有丰富的矿产资源、森林资源的地方，往往能够形成大大小小的工矿城镇和林业城镇。

表 14-1　自然系统对规划的主要影响

		城市和区域规划	社区规划	建筑组团规划
自然系统	水	流域保护 水资源利用 江河湖海生物资源保护与开发 跨区域调水与水力发电的区域影响 洪水、海平面上升、泥石流等水灾害对城市及区域的影响	雨水的收集及管理 水的再利用 亲水景观打造 城市的给排水系统	污水排放控制 中水利用 水资源计量与使用
	生物	物种多样性保护 粮食安全问题 生态系统的和谐	社区风景园林景观 社区微生态系统	建筑的植物装饰 建筑的绿色生态
	土地	农田的保护 城市边界及发展规模的控制 区域空间发展结构（极核、点轴、网络） 环境友好型土地集约利用	友好开放的公共空间 公共设施可达性 停车、步行、骑行设施	合适的建筑密度 合理的容积率 混合收入住宅
	大气	大气污染源工业点源分布、居民面源分布、交通线源分布 污染物浓度水平、垂直分布特征 城市结构类型指数及人为排放热量分布	街道朝向、宽度与风向 遮蔽区面积及位置 建筑物风场影响 人体舒适度指数分布特征及时间变化	太阳辐射及周边物体发射的辐射 温度、湿度、风场的影响 地面及建筑物不同高度的不同污染级别区域范围及影响时间或发生频率
	能源	能源利用（风能、太阳能、核能、天然气、石油、煤炭等） 能源储存运输 能源的调度 价格制定 高峰时期的能源使用	社区节能 社区制热/制冷 社区公共空间能耗合理分配	建筑的使用寿命 通风和隔热 建筑全生命周期能耗

（4）区域基础设施规划，也需要综合考虑区域自然地理环境背景。例如，区域交通运输规划，需要考虑自然条件、自然资源和经济布局的特点。区域给水、排水规划，

需要系统考虑水资源保护、经济持续发展、减少洪涝危害等多个方面。在其水源地选择中，需要综合考虑地表水、地下水以及大气水的相互转换等。

（5）区域发展战略、区域土地利用、区域产业规划布局、区域经济空间结构等编制过程中，需要调查区域的自然地理环境，评价其自然条件和资源的优势和劣势，确定区域的自然环境容量，在保护环境、建立良性生态平衡的前提下根据区位条件，因地制宜地编制区域规划。

区域与城市的发展是以自然地理背景为基础的，自然系统对区域规划的作用是全方位的，既为区域的发展提供了空间，也影响区域发展的方向、结构和质量。如图 14-2 所示，非洲埃及很多城市都集中在尼罗河两岸及三角洲地区，尼罗河为埃及的发展提供了水源，但埃及其他区域干燥缺水的气候也制约了埃及的发展。埃及开罗 2050 规划中，规划开凿水渠和建立开罗的卫星城市：为缓解农业用地的缩减，埃及在尼罗河两岸开凿水渠扩大农业用地；为了遏制阿拉伯世界的最大城市——开罗的无序蔓延，在尼罗河两岸建立了卫星城（图 14-3）。

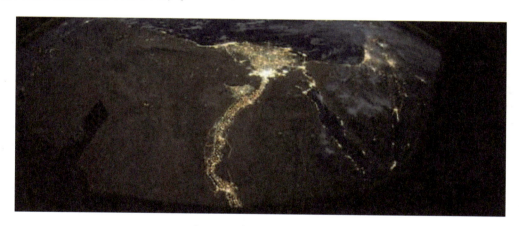

图 14-2　埃及开罗夜间灯光

图 14-3　埃及开罗 2050 规划

资料来源：联合国人居署报告.The State of Arab Cites，2012

二、自然地理与主体功能区划

国土空间是宝贵资源。我国国土空间的开发利用，一方面有力地支撑了国民经济的快速发展和社会进步，另一方面也出现了一些必须高度重视和着力解决的突出问题。为合理开发利用自然资源、保护生态环境、改善生产生活环境、提高人们的生活水平和生存质量、增强区域可持续发展能力与竞争能力，需要考虑自然与人文因素的共同作用，制订环境与社会复合系统的综合功能区划，谋求较长时间段、更大空间尺度中的综合效益较优的发展。

主体功能区划就是以服务国家自上而下的国土空间保护与利用的政府管制为宗旨，运用并创新陆地表层地理格局变化的理论，采用地理学综合区划的方法，通过确定每个地域单元在全国和省（区、市）等不同空间尺度中开发和保护的核心功能定位，对未来国土空间合理开发利用和保护整治格局的总体蓝图的设计和规划。

自然地理与主体功能区划的关系包括以下内容。

（1）主体功能区提出的背景与自然地理的关系。主体功能区提出的背景是：20 世纪以来，以自然地理为基础的陆地表层地理格局的变化成为全球变化的一个重要方面，人类生活和生产活动迅速成为陆表格局变化的主要驱动力，人地关系趋紧、人地关系地域系统脆弱成为影响未来地球系统可持续发展的主要因素之一。

（2）主体功能区指标识别系统与自然地理的关系。主体功能区识别指标体系如可利用水资源、可利用土地资源、环境容量、生态脆弱性、生态重要性、自然灾害危险性都是自然地理研究的主要内容，并且自然地理环境对主体功能区识别指标中的人口集聚度、经济发展水平、交通优势度有重要影响（表 14-2）。

表 14-2　全国主体功能区划地域功能识别指标体系

序号	指标项	作用	指标因子
1	可利用土地资源	评价一个地区剩余或潜在可利用土地资源对未来人口集聚、工业化和城镇化发展的承载能力	后备适宜建设用地的数量、质量、集中规模
2	可利用水资源	评价一个地区剩余或潜在可利用水资源对未来社会经济发展的支撑能力	水资源丰度、可利用数量及利用潜力
3	环境容量	评估一个地区在生态环境不受危害前提下可容纳污染物的能力	大气环境、水环境容量和综合环境容量
4	生态脆弱性	表征全国或区域尺度生态环境脆弱程度的集成性指标	沙漠化脆弱性、土壤侵蚀脆弱性、石漠化脆弱性
5	生态重要性	表征全国或区域尺度生态系统结构、功能重要程度的集成性指标	水源涵养重要性、水土保持重要性、防风固沙重要性、生物多样性、特殊生态系统重要性

续表

序号	指标项	作用	指标因子
6	自然灾害危险性	评估特定区域自然灾害发生的可能性和灾害损失的严重性的指标	洪水灾害危险性、地质灾害危险性、地震灾害危险性、热带风暴潮危险性
7	人口集聚度	评估一个地区现有人口集聚状态的一个集成性指标项	人口密度和人口流动强度
8	经济发展水平	刻画一个地区经济发展现状和增长活力的一个综合性指标	地区人均 GDP 和地区 GDP 增长率
9	交通优势度	评估一个地区现有通达水平的一个集成性指标	公路网密度、交通干线的空间影响范围和与中心城市的交通距离
10	战略选择	评估一个地区发展政策背景和战略选择的影响程度	

（3）主体功能区理论基础与自然地理的关系。主体功能区理论基础为地域功能理论，地域功能识别原理是在三个维度上综合分析判断形成的。第一维度是自然维度，取决于地域自然功能在维系自然系统可持续性方面的重要程度；第二维度是自然环境对不同人类活动的适宜程度；第三维度是地域功能的空间组织效应。其中前两个维度都与自然地理有直接关系。

（4）主体功能区区划方法与自然地理的关系。区划是自然地理学最基本和最重要的工作方法之一，自然地理积累了相对成熟的区划理论和大量的区划实践经验，主体功能区划借鉴了自然地理区划中区划边界的确定等地理综合区划的方法。

（5）主体功能区提出的原则与自然地理的关系。主体功能区类型确定为优化、重点、限制和禁止开发区，主体功能确定的主要依据和区划的主要原则是符合人与自然和谐发展的基本要求，遵循经济发展规律和自然规律，构建社会－环境系统空间耦合的协调性，促进全球自然环境的良性变化。在自然条件适宜性基础上，更多地从遵循自然规律入手进行的规划，为人类可持续人地关系提供保障。

按照以上基本原理，筛选出 10 个指标项作为全国主体功能区规划中地域功能识别的指标体系，其中前 9 项是可计量指标项，最后一项战略选择为全局调控性指标项（表 14-2）。地域功能类型确定为：城市化区域、农产品主产（粮食安全）区域、重点生态功能（生态安全）区域、自然和文化遗产保护区域 4 大类。着眼制度、战略、规划和政策等政府管理需求，充分兼顾每个区域综合发展的可能性和合理性，将一个地域发挥主要作用界定为主体功能，按照开发方式，主体功能区类型确定为优化、重点、限制和禁止开发区（图 14-4）。

自然地理学

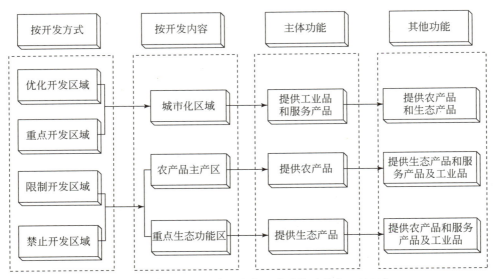

图 14-4　中国主体功能区分类及其功能（樊杰，2015）

通过表 14-2 中水资源、土地资源、生态重要性、生态脆弱性、环境容量、自然灾害危险性、经济发展水平、人口集聚度和交通优势度 9 类可定量指标及战略选择 1 项定性指标构成的地域功能识别指标体系，进行综合评价，形成了中国主体功能区划方案（图 14-5）。

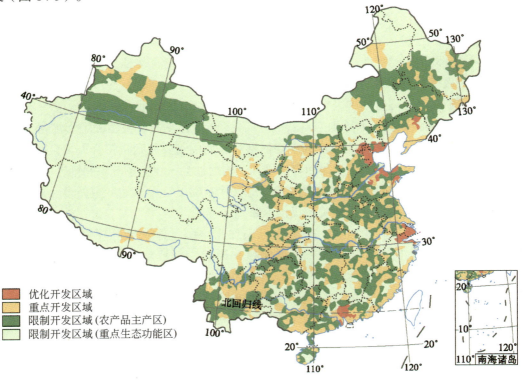

图 14-5　全国主体功能区规划（樊杰，2015）

台湾地区资料暂缺

优化开发区域是经济比较发达、人口比较密集、开发强度较高、资源环境问题更加突出，从而应该优化进行工业化城镇化开发的城市化地区。

重点开发区域是有一定经济基础、资源环境承载能力较强、发展潜力较大、集聚人口和经济条件较好，从而应该重点进行工业化城镇化开发的城市化地区。优化开发和重点开发区域都属于城市化地区，开发内容总体上相同，开发强度和开发方式不同。

限制开发区域分为两类：一类是农产品主产区，即耕地较多、农业发展条件较好，尽管也适宜工业化城镇化开发，但从保障国家农产品安全以及中华民族永续发展的需要出发，必须把增强农业综合生产能力作为发展的首要任务，从而应该限制进行大规模高强度工业化城镇化开发的地区；另一类是重点生态功能区，即生态系统脆弱或生态功能重要，资源环境承载能力较低，不具备大规模高强度工业化城镇化开发的条件，必须把增强生态产品生产能力作为首要任务，从而应该限制进行大规模高强度工业化城镇化开发的地区。

禁止开发区域是依法设立的各级各类自然文化资源保护区域，以及其他禁止进行工业化城镇化开发、需要特殊保护的重点生态功能区。国家层面禁止开发区域包括：国家级自然保护区、世界文化自然遗产、国家级风景名胜区、国家森林公园和国家地质公园。省级层面的禁止开发区域包括：省级及以下各级各类自然文化资源保护区域、重要水源地以及其他省级人民政府根据需要确定的禁止开发区域。

各类主体功能区在全国经济社会发展中具有同等重要的地位，只是主体功能不同，开发方式不同，保护内容不同，发展首要任务不同，国家支持重点不同。对城市化地区主要支持其集聚人口和经济，对农产品主产区主要支持其增强农业综合生产能力，对重点生态功能区主要支持其保护和修复生态环境。

探究活动：分析南水北调的必要性和选线的合理性

南水北调工程是我国为了解决北方缺水问题而实施的一项战略性工程，是一项跨流域调水的重大工程。分东、中、西三条线路，东线工程起点位于江苏扬州江都水利枢纽，中线工程起点位于汉江中上游的丹江口水库，西线计划从金沙江调水到黄河上游（图 14-6）。

工程规划区涉及人口 4.38 亿人，调水规模 448 亿 m³。工程规划的东、中、西线干线总长度达 4350km。东、中线一期工程干线总长为 2899km，沿线六省市一级配套支渠约 2700km。

请从地理学的角度，阐述该工程建设的必要性，讨论工程选线的合理性，分析工程建设中所面临的问题。你能否给出更合理的规划和建议？

图 14-6　南水北调工程路线图

第二节　自然地理与经济建设

一、自然地理环境与区域经济基础

自然地理环境为区域经济发展提供了基础条件。自然地理环境为人类生存与发展提供生存资料，人类所从事社会物质资料生产的物质条件也源于自然环境。自然地理环境对区域经济发展的地域载体——城镇及聚落的分布都有一定的作用，对经济发展的生产者及消费者——人口的分布与增长也有重大影响。

1. 自然资源的影响

自然资源是区域经济发展的重要因素之一，自然资源的数量多寡影响区域生产活动的规模大小，自然资源的治理及开发利用条件影响区域生产活动的经济效益，自然资源的地域组合影响区域产业结构。自然资源按照国民经济用途可划分为农业资源、工业资源、旅游资源等。与经济发展密切相关的自然资源有土地资源、气候资源、水资源、森林资源、草场资源、矿产资源、海洋资源、旅游资源等。

2. 自然地理位置的影响

位置是地理事物对外在环境的空间（方位和距离）关系的总称。其中，自然地理位置可表示事物对海、陆、山、河、江、湖等自然现象的空间关系（如海陆位置），自然地理位置决定了一个区域与外在环境相互作用和联系的机会，以及获取外在空间、设施和服务的容易程度。一般来讲，随着地理距离的扩大，区域间相互作用和联系的机会减少，相互获取空间、设施和服务的难度增大。优越的地理位置可以使得内部资源被开发利用，有利于区域在更大的范围内配置资源，有利于与其他区域相互联系，因此，自然地理位置对区域经济发展具有重要的作用。

3. 自然环境的影响

自然地理环境不仅带给人们经济发展所需要的各类资源，也会伴随着危险和隐患，需要人们加强防范意识。中国地域辽阔，地质条件复杂，地壳运动频繁，地质灾害种类繁多，如地震、滑坡、泥石流、崩塌、地裂缝、渗透变形、地面沉降、水土流失以及瓦斯突出、煤田自燃等。例如，地震是最严重的自然灾害之一，由于我国地处环太平洋地震带和欧亚地震带之间，地震活动非常频繁，成为世界上地震最多的国家之一。随着我国经济建设的飞速发展和科学技术水平的提高，一些规模和经济投入巨大、安全要求极高的复杂工程相继兴建，如核电站、海上钻井平台、铁路、公路、桥梁、库坝、矿山、城市布局与建设、工农业生产等都与自然地理息息相关，这些工程在启动前都迫切需要对基础和环境安全问题进行评估。

二、自然地理环境与区域经济结构

（1）在区域经济结构战略抉择时，评估区域发展的内部条件、区域的容量，需要考虑与自然地理相关的水资源承载力、土地资源承载力、矿产资源承载力、生态环境承载力等；区域的优势及劣势需要考虑自然地理环境及资源的丰富程度及其组合状况；建立区域的经济发展体系时，需要综合考虑地理位置、土地资源、水资源、矿产资源、森林资源、旅游资源等，以确定一个区域的作用、地位及功能。

（2）在区域经济结构中，重点开发轴与重点发展点通常考虑自然条件优越的地域，如地势平阔、切割度小、无断裂带通过、地震烈度小、不受淹浸、无须采取大量土石方工程的地带。此外，是否有丰富的水资源、矿产资源也是重点开发轴或重点发展点需要考虑的因素。

（3）对区域经济空间结构影响很大的交通基础设施建设，也深受自然地理环境的影响和制约。我国在 2020 年基本建成安全、便捷、高效、绿色的现代综合交通运输体系，部分地区和领域率先基本实现交通运输现代化。交通网络尚存的问题，如网络布局不完善，跨区域通道、国际通道连通不足，中西部地区、贫困地区和城市群交通发展短板明显，运输服务发展不均衡等问题，都与特殊自然地理环境下重大工程建设关键技术研发有关。例如，针对渤海湾和琼州海峡跨海通道、高原大梯度带川藏高速公路等复杂地理、水文和气候环境下重大桥隧工程建设，在设计、施工、维护等环节面临的关键技术瓶颈的解决方面，自然地理学可以发挥重要作用。

（4）自然地理环境对产业结构与产业布局的影响。农业是人们通过生物机能把自然物质转化为人类生产和生活资料的社会基础工程。水、热、土地的组合状况是影响农业生产的重要因素。不同的国家因为自然地理环境不同，具有不同的农业优势（表 14-3）。其中，温带大陆的东岸及副热带干旱的山地和高原地区主要为旱作农业，该类型的农作物主要为小麦，经济作物主要有棉花。热带和副热带地区的重要农作物为水稻，它喜高温潮湿，也可扩大到暖温带和温带，经济作物有茶、甘蔗等。温带大陆西岸夏季炎热干燥、冬季温暖多雨，主要为地中海农业，有小麦、大麦、葡萄、油橄榄、花卉等。游牧业多在干旱或半干旱地区，植被多为草本植物和矮灌木。

表 14-3 　2016 年世界部分国家粮食产量　　　　（单位：百万吨）

国家	小麦	大米（去壳）	棉花	油籽
中国	128.9	144.9	22.8	55.0
美国	62.9	7.1	17.2	127.3
加拿大	31.7	0.0	0.0	25.1
墨西哥	3.9	0.2	0.7	1.1
俄罗斯	72.5	0.7	0.0	15.0
乌克兰	26.8	0.0	0.0	19.2
印度	7.0	106.5	26.5	37.0
印度尼西亚	0.0	37.2	0.0	12.3
巴基斯坦	25.6	6.8	7.7	3.7
泰国	0.0	18.6	0.0	0.9
阿根廷	16.0	0.0	0.7	61.8
巴西	6.7	8.2	6.8	114.4
澳大利亚	35.0	0.6	4.4	5.6
南非	1.9	0.0	0.1	2.2
土耳其	17.3	0.5	3.2	2.7

资料来源：美国农业部，世界农业生产。

采矿业、能源工业、钢铁工业、食品与药品加工业、旅游行业等都受自然地理环境特征、结构的影响。其所需的原材料、电力资源、旅游资源及水资源等受各种自然环境因素和条件空间分布不均衡的影响，从而成为制约区域经济产业结构的重要因素。

三、自然地理与因地制宜

地理环境的区域差异性决定了人类持续发展模式的不同选择。为达成可持续发展的目标，需要走因地制宜的发展道路。根据各地具体情况，制定适宜的策略，运用各地域的特色，充分开发资源的效能，扬长避短地发展经济。

吴传钧院士认为因地制宜需要有：①综合的观点，要综合考虑自然地理环境的适宜性、技术条件和经济条件的合理性。②全国一盘棋的观点，要从全国观点出发，首先考虑全国优势的发挥，然后发挥各省（区、市）和地区的优势。③发展和长远的观点，人类对自然资源的需求在数量上不断增加，品种上不断扩大，需要开发利用更多的资源，因此开发资源需要考虑长远利益，维持生态平衡，建立和谐人地关系。我国疆域广阔，自然环境多样，区域优势不是一成不变的，要从发展观点考虑潜在优势。④比较的观点，一是既要看到地域的优势，也要看到其劣势；二是要通过多方面、多区域的比较，选出经济活动最适宜的地区。

我国的主体功能区划就是因地制宜规划我国国土的案例。其中，能源与资源的主体功能区划原则之一为：在不损害生态功能前提下，在重点生态功能区内资源环境承载能力相对较强的特定区域，支持其因地制宜适度发展能源和矿产资源开发利用相关产业。

1. 因地制宜开发利用能源资源

重点在资源富集的地区建设能源基地，在能源消费负荷中心建设核电基地，形成以

"五片一带"为主体，以点状分布的新能源基地为补充的能源开发布局框架，优化能源开发布局（表14-4）。根据国家发展战略，结合全国主体功能区规划和大气污染防治要求，充分考虑产业转移与升级、资源环境约束和能源流转成本，全面系统优化能源开发布局。能源资源富集地区要合理控制大型能源基地开发规模和建设时序，创新开发利用模式，提高就地消纳比例，根据目标市场落实情况推进外送通道建设。

表 14-4 中国能源基地的"五片一带"主体

能源基地	开发战略	开发布局
山西	合理开发煤炭资源，积极发展坑口电站，加快煤层气开发，继续发挥保障全国能源安全的功能	除满足本地区能源外，还要保障京津冀、山东半岛、长江三角洲、珠江三角洲、东陇海、海峡西岸、中原、长江中游等城市化地区及其周边农产品主产区和重点生态功能区的能源需求
鄂尔多斯盆地	煤炭开采加工和火力发电建设为主，加大石油、天然气、煤层气和风能开发力度，建设高效清洁大型能源输出地	除满足本地区能源需求外，还应主要保障京津冀、山东半岛、长江三角洲、珠江三角洲、东陇海、江淮、海峡西岸、中原、长江中游等城市化地区及其周边农产品主产区和重点生态功能区的能源需求
西南地区	水电开发为主，加快四川盆地天然气资源开发，有序开发煤炭资源和建设坑口电站，加强煤电外送通道建设，建成以水电为主体的综合性能源输出地	除满足本地区需要外，主要向长江三角洲、珠江三角洲、长江中游和北部湾等城市化地区输送水电，保障该区域农产品主产区和重点生态功能区的能源需求
东北地区	加强石油勘探，稳定石油产量，加快蒙东大型煤炭基地建设，积极发展坑口电站和风电，加快建设面向东北和华北的能源输送通道	除满足本地区需要外，主要保障京津冀、山东半岛等城市化地区，以及该区域农产品主产区和重点生态功能区的能源需求
新疆	适度加大石油、天然气和煤炭资源的勘探开发，加快能源外输通道建设	加强与中亚国家的能源合作，建设我国重要的能源战略接替区
核电	整体布局、分步实施、完善核电安全保障体系、安全建设自主核电示范工程和项目	以沿海核电带为重点，在一次能源资源匮乏的东中部负荷中心有序布局建设核电基地，逐步形成东中部核电开发带

21世纪能源供需形态深刻变化。随着智能电网、分布式能源、低风速风电、太阳能新材料等技术的突破和商业化应用，能源供需方式和系统形态正在发生深刻变化。"因地制宜、就地取材"的分布式供能系统将越来越多地满足新增用能需求，风能、太阳能、生物质能和地热能在新城镇、新农村能源供应体系中的作用将更加凸显（表14-5）。

表 14-5 点状分布的新能源基地

新能源	开发战略	开发布局
风能	坚持统筹规划、集散并举、陆海齐进、有效利用	重点在资源丰富的西北、华北和东北以及东部沿海地区布局建设大型风电基地
太阳能	坚持技术进步、降低成本、扩大市场、完善体系	近期重点在光伏产业较发达的山东半岛、长江三角洲、珠江三角洲等地区布局建设大型太阳能基地，中远期逐步在河西走廊、兰新线、青藏线、宁夏和内蒙古沙漠边缘等地区建设大型太阳能基地

2. 因地制宜开发利用矿产资源

西部地区加大矿产资源开发利用力度，建设一批优势矿产资源勘察开发基地，促进优势资源转化，积极推进矿业经济区建设。西南地区应合理开发利用攀西钒钛资源，加快技术攻关，进行保护性开发，提高资源综合利用水平，把攀西建设成全国重要的钒钛产业基地。合理开发利用云南、贵州、广西的铜、铝、铅、锌、锡等资源。提高云南滇中、贵州开阳瓮福磷矿的开发利用水平，提高可持续发展能力，建设滇黔全国重要的磷化工基地。西北地区应合理开发内蒙古包头白云鄂博铁矿、稀土矿，强化稀土资源保护和综合利用，建设全国重要的稀土生产基地。合理开发利用内蒙古、陕西、甘肃、新疆的铜、锌、镍、钼等资源。加强青海、新疆盐湖资源开发，加大对钾、镁、锂、硼等多种矿产综合开发利用的力度，构建循环经济产业链，建设青海柴达木、新疆罗布泊资源综合开发利用基地。

中部地区大力推进矿业结构优化升级，强化综合利用。合理开发利用山西、河南铝土矿，以及江西、湖南、湖北、安徽的铜、铅、锌、锡、钨等资源。促进山西吕梁太行、湖北鄂东、安徽皖江和江西赣中铁矿的开发利用。做好赣南赣北、湘南钨和稀土的保护性开发。提高湖北宜昌磷矿开发利用水平，发展磷化工深加工产业。

东部地区重点调整矿产资源开发利用结构，挖掘资源潜力。东北地区充分挖掘辽宁鞍本铁矿资源潜力，合理开发利用黑龙江、辽宁、吉林的铅、锌、铜、金、钼等资源以及菱镁矿等非金属矿产，积极发展接续产业，促进资源型城市转型发展。东部沿海地区综合利用好河北承德钒钛磁铁矿、冀东铁金矿、海南铁矿，整顿并合理开发利用山东铁矿资源，合理开发利用广东、福建的铜、铅、锌等资源。充分发挥区位优势，更多地利用进口矿产资源支撑经济发展。

3. 因地制宜开发利用水资源

松花江、辽河区。合理开发松嫩平原及三江平原的水资源，保障哈长地区、辽中南地区工业化城镇化以及农产品主产区对水资源的需求。合理配置区域水资源，改善辽宁中西部、吉林中西部地区水资源短缺状况，逐步解决辽河以及辽东半岛等地区水资源开发过度的问题，退还挤占的生态用水和超采的地下水。

黄河、淮河、海河区。采取最严格的节水措施，加大水污染治理，强化水资源保护。调整经济布局，严格控制高耗水产业发展，推进京津冀、山东半岛形成节水型产业体系。加强水资源综合利用，适度增加跨流域调水规模，增加生态用水量，扭转黄河、淮河、海河等过度开发的局面，改善水生态系统功能。

长江、西南诸河区。长江上游和西南诸河区，要统筹干支流、上中下游梯级开发，加强水资源开发管理。结合水能资源开发，加强水资源控制性工程建设，保障重点开发区域用水需求，解决云贵高原和川渝北部山区缺水问题。长江中游区，要加强节约用水和防污治污，加强对干流和支流、丰水和枯水期水资源统筹调控能力，保障重点开发区域和农业发展、生态用水的需要，合理规划向区域外调水。长江下游区，要加强水环境治理和循环利用，优化空间布局，减少对水空间的占用，提高水资源利用水平。

珠江、东南诸河区。适应区域水资源差异大的特点，在严格节水减排基础上，通过加强水源调蓄能力与区域水资源合理配置，保障水资源供给。珠江上游地区要重点解决局部地区工程性缺水问题，中下游地区重点解决河道与河口水生态环境问题。浙江、福建、广东、广西及海南岛等沿海地区，要提高水资源调配能力，保障城市化地区用水需求，解决季节性缺水。加强珠江三角洲及钱塘江、闽江下游水污染治理，改善生态环境。

西北诸河区。水资源开发要以保护生态环境为前提，合理调配区域水资源，加强对塔里木河、吐哈盆地、天山北麓诸河、石羊河、黑河、疏勒河等重要河流和重点地区的生态修复。在逐步改善和恢复河湖生态环境与地下水系统的同时，控制高耗水产业，制止盲目开荒，增强可持续发展能力。

案例分析：塔克拉玛干沙漠公路建设中的地理学贡献

位于新疆南部的塔克拉玛干沙漠，以极端干旱的气候和世界第二大流动沙漠而闻名于世。20世纪90年代以来，为了加快油气资源的开发和促进盆地南北的交通联系，我国成功修筑了两条南北纵贯塔里木盆地的沙漠公路（图14-7）。沿线风沙地貌类型复杂多样，地势南高北低，被誉为世界建筑公路的奇迹。

图 14-7　塔里木盆地的沙漠公路及其防护措施
资料来源：中国林业网

我国地理学家相继对塔克拉玛干沙漠公路建设中的科学问题展开深入细致的研究。分析了塔克拉玛干沙漠公路沿线风沙活动的时空分布，明确了风沙活动的原因和特征；建立了塔克拉玛干沙漠公路风沙危害评估指标体系，对各段所面临的风沙灾害风险进行了评价；通过一系列风洞模拟实验、化学固沙试验以及植物防沙技术实验，构建了沙漠公路沿线风沙危害防护体系，提出了一系列防治风沙灾害的措施，包括草方格固沙、栅栏挡风、植被挡风固沙等措施（图14-7），为沙漠公路建设做出了重要贡献。

第三节　自然地理与社会发展

自然地理环境为人类生存提供了空气、阳光、水分、土壤等自然条件。在一定的生产力条件下，自然地理环境的优劣对社会的发展、人口的分布产生重大影响。

一、自然地理环境对社会发展的影响

自然地理环境的质、量和状态对人类具有不容置疑的控制作用。这种控制有四种具

体方式：一是自然稀缺性控制着人类持续发展模式的选择；二是空间差异性控制人类社会的空间分化和区域发展；三是其时间上的变化控制人类社会发展的波动与周期；四是其使用价值的多样性控制资源与环境利用的社会选择范围与方向。

另外，自然环境是人类感应最主要的实在环境之一，是形成行为环境的最重要的基础。不同自然环境条件下的人们倾向于具有不同的行为环境，因而他们的行为方式以及政治、军事、文化、艺术、宗教等会存在不同程度的差异。这就是说，自然环境及其空间差异性，制约着区域社会的行为环境和行为方式的分异，进而影响着政治、军事、文化、艺术、宗教等的空间分异和区域发展。例如，中国文明产生于农耕社会，水热同期的优越气候条件和大河河谷的肥沃土壤条件，使人们形成一种求稳、求安定的行为模式及文化心理。欧洲文明的祖先发源于古希腊半岛，半岛山岭交错，陆上交通不便，航海事业发达，沿海居民多从事工商业，形成了以冒险精神、英雄主义、强者即正义为主的海洋文化价值观。

同时，自然地理环境变化也对人类社会产生了一定的影响。英国著名历史学家汤恩比在《历史研究》一书中写道：在冰河世纪结束以后，亚非地带自然地理环境经历了深刻的物质变化，气候逐渐干旱，人类社会走上了不同的道路：①凡是不改变他们居住地点又不改变生活方式的人们，走上了灭亡之路；②那些没有改变居住地点而改变了生活方式的人们，把自己从猎人变成了牧人，逐渐成为亚非草原的游牧民族；③改变居住地点而不愿意改变生活方式的人们，向北部湿润气候区移动，由于遇到了严寒的挑战，产生了新的适应能力；④为了躲避干旱向南撤退到信风区域的人们，在热带的单调气候下生活；⑤一些人改变了居住地点又改变了生活方式，导致亚非草原上出现古埃及文明和古苏美尔文明。

自然地理环境是社会发展的基石并非意味着自然环境是社会发展的唯一基础。事实上，一方面因为人类行为以及社会经济结构的影响，社会经济发展也会产生明显的空间分异；另一方面，随着科学技术进步，社会经济结构变化，自然环境在社会发展的地位和作用是逐渐下降的，而资本、人力资源、科学技术的地位和作用则日渐上升。

20世纪以来，特别是第二次世界大战以后，人口增长以及自然资源和环境的迅速消耗，全球性人口爆炸、资源危机、环境质量恶化，以及日益加剧的以争夺资源为基因的国际冲突，对传统的人口、经济发展模式提出了挑战，迫使人类社会高度重视资源、环境服务和人口承载力的持续性利用，以及代间、区间的合理分配。60年代以来，国际社会和世界主要国家开始调整传统的发展模式，从人类生存和发展的战略高度，重视和实行人口控制、环境保护，大力促进节能减排的科学技术进步和结构变化，逐渐向人口、经济和社会持续发展模式转变。

二、自然地理环境对城镇布局的影响

1. 气候的适宜度对城镇布局的影响

平均气温、相对湿度等气候条件直接影响人体感觉舒适度，极冷极热都不适宜人类居住。此外，水热条件直接影响区域农业的发展，农业及粮食问题是人类最基本的生存问题，是影响人类能否定居的根本问题。例如，非洲西北部国家利比亚、突尼斯、阿尔及利亚、摩洛哥、毛里塔尼亚五国的人类聚居点的空间布局，绝大部分城镇都布局在气候条件相对适宜的温暖地中海气候区，热带沙漠气候区仅有零星城镇靠地下水生存（图 14-8 和图 14-9）。

图 14-8　非洲西北部国家城镇布局

资料来源：世界城市化展望 2009（2009 World Urbanization Prospects）

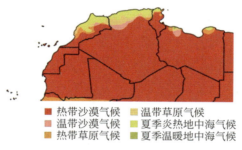

图 14-9　非洲西北部气候类型（柯本气候分类法）

2. 地形对城镇布局的影响

根据自然地理环境中地形对城镇布局的影响，城市可分为平原城市、山地城市、高原城市、海滨城市、湖滨城市、森林城市、沙漠城市等。城市的建设和布局与所在地的地形关系密切。气温和气压都随着海拔的上升而降低，其变化影响人们的生理机能，此外，山地和高原交通不便、土壤瘠薄、不易于开发，城镇分布较少。我国西北重镇兰州，如图 14-10 所示，因在黄河谷地，两边有山地限制，结果使城市成为狭长地带型。

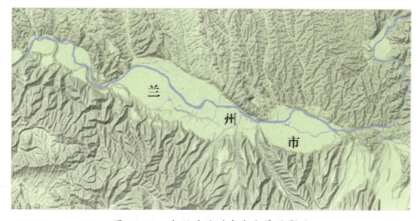

图 14-10　地形对兰州城市发展的影响

3. 水环境对城镇布局的影响

城镇的生产、生活用水需求较大，既要考虑水资源是否充足，又要考虑水资源的质量。城镇用水的来源有地面水、地下水、跨区域调水。在很多城市地面水量和水质难以保证的情况下，往往通过抽取地下水和跨区域调水来解决问题，但需要注意对地面沉降、海水倒灌、生态环境破坏等的影响。水文环境作为一种重要的交通载体和通道，对城镇布局的影响也十分重要。例如，我国福州与厦门、沈阳与大连、济南与青岛、北京与天津、成都与重庆等都是较为有名的由区域中心城市和港口城市组成的双核空间结构模式。此外，全球化的今天，城市与区域及世界的连接度影响了城市的发展前景。如图 14-11 所示，世界上大城市大多位于沿海地区。

图 14-11　世界百万以上人口城镇空间分布（来源：中国地图出版社）

三、自然地理环境对人类宜居性的影响

自然地理环境是影响人居环境的基本因素，也是形成一个城市人居环境特色的重要因素，是人们评判城市适居性的重要因素之一。城市的自然地理环境直接关系人的身心健康和生活质量。优美惬意的自然环境给人们带来心理上的愉悦和舒适感；狭窄恶劣的自然环境以及自然灾害多发的环境，往往给人们带来心理上的压迫和恐惧。影响人居环境的自然因素众多，但最为根本且决定着其他自然因素、对人居环境自然适宜性起主导作用的，主要包括地形条件、水热气候条件和水文状况，以及综合反映区域自然条件的土地利用、覆盖特征等。

人类在不同的自然环境中生存，形成不同的衣食住行生活习惯，经过反复的尝试，形成了固有的人居形态。同为游牧居住形态，因为冷热条件不同及降水量不同，蒙古帐篷是较为封闭的，而北非柏柏尔帐篷却是开放的。地处高温多雨的马来西亚传统民居为高脚屋栅栏式，冬季寒冷的韩国则为烧炕屋。

中国广袤的土地，自然地理环境复杂多样，经过几千年来物质文化的积累，形成了中国本土丰富多彩、各具特色的人居景观，中国城镇聚落的发展十分注重与周围山水相协调。

由海拔、坡度、坡向、交通、水资源、土地利用分级量化等自然因子建立多元人居环境指数模型（图 14-12），采用遥感及 GIS 技术反映人居环境空间，中国人居环境自然适宜程度呈现出由东南沿海向西北，由平原、丘陵向高原、山地递减的趋势。人口集中分布于人居环境适宜程度较高的地区（图 14-13）。

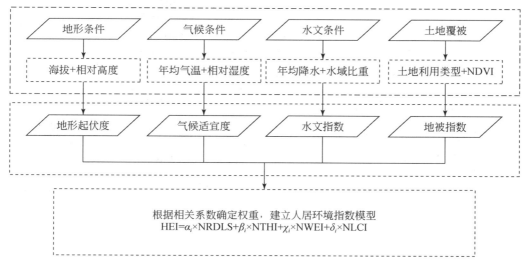

图 14-12　中国人居环境自然适宜性指数模型分级评价方法（据封志明等，2008 改绘）

（1）人居环境不适宜地区，占全国的 31.71%，主要分布在西北干旱区的准噶尔盆地的古尔班通古特沙漠，塔里木盆地的塔克拉玛干沙漠，以及阿拉善高原和青藏高原的藏北高原、柴达木盆地、青南高原与藏东南地区。受地形、植被、水文和气候等因素限制，荒原遍布、地广人稀。

（2）人居环境临界适宜地区，约占全国的 23.45%，是中国人居环境适宜与否的过渡区域，主要分布在青藏高原东南缘、塔里木盆地周边、准噶尔盆地南带天山北麓山前平原以及北带的阿尔泰山南麓、黄土高原北部和大小兴安岭地区。这些地区大多地处人居环境不适宜地区与一般适宜地区的中间地带，人口相对稀少。

（3）人居环境一般适宜地区，约占全国的 17.48%，主要分布在东北平原、华北平原北部、黄土高原南部、云贵高原北部和藏南谷地等地区，人口密度与全国平均水平持平。

（4）人居环境比较适宜地区，主要集中在云贵高原东部、四川盆地、长江中下游平原、关中盆地和华北平原南部，是我国人口分布最多的地区。

（5）人居环境高度适宜地区，约占全国的 9.99%，主要集中在东南丘陵山地、长江中下游平原以及云贵高原南部和四川盆地局部，是我国人口密度最高的地区。

图 14-13　中国人居环境自然适宜性指数分布图（据封志明等，2008 改绘）

四、环境变化与人类进化

　　人类的进化与自然环境有密切的关系，既受自然环境的制约，又在环境长期影响下表现出自己的适应性。由于不同的人群生活在不同的自然地理环境中，他们在长期对自然地理环境的适应过程中，被迫改造自身器官来适应环境。旧石器时代人类在地理空间上彼此隔离，交流融合极少，长期内部通婚以及饮食上的差异，使得控制人种特征的基因组合在各自不同自然地理环境中得到发展进化，形成了独特地方特色人种。

　　自然地理环境对人类的肤色、身高、眼型、鼻子有一定的影响。例如，黑色人种，生活在热带地区，太阳直射时间长、气温高、炎热潮湿，逐渐形成一系列适应性特征：皮肤内黑色素含量高，以吸收阳光中的紫外线；体表汗腺密度较大，以便在极度炎热时能维持或迅速恢复正常体温；头发卷曲，空隙充满空间，保护头皮不受伤害；鼻型宽、嘴唇厚、嘴裂大便于散热。而随着地球纬度的推移，纬度越高，阳光越弱，人体肤色越浅，生活在寒冷地区的人其鼻子较长而突出，可以将吸进的冷空气加以暖化。

　　随着社会经济的发展，人类之间的交流、融合日益频繁，改变了人类被动适应环境以及在隔离封闭状态下的自然选择模式，人口的迁移、异族通婚产生的血缘混杂日趋普遍，对世界人类进化产生了很大的影响。

探究活动：胡焕庸线近百年不变原因的地理学分析

胡焕庸线（Hu's Line），即中国地理学家胡焕庸（1901—1998）在1935年提出的划分我国人口密度的对比线，最初称"瑷珲—腾冲线"，后因地名变迁，先后改称"爱辉—腾冲线""黑河—腾冲线"（图14-14）。线的东南部与线的西北部人口的比例为96∶4，经过80多年全国人口增加了两倍多，但是这种比例关系并没有发生明显的变化。为什么？请从自然地理学的角度分析其原因。

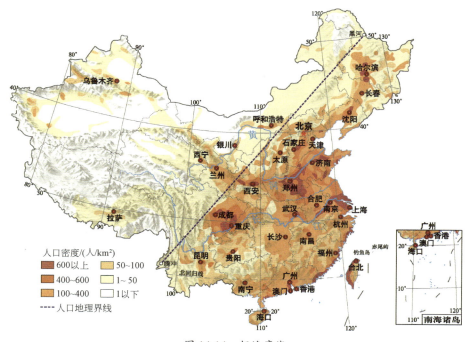

图 14-14　胡焕庸线
资料来源：胡焕庸.论中国人口之分布

第四节　自然地理与国家安全

一、自然地理与资源安全

根据自然资源是否再生可分为：可再生的自然资源，如太阳辐射、风、海潮、地表径流、地热与温泉等；可更新的自然资源，包括动物、植物资源等；不可再生的自然资源，包括金属矿、非金属矿、核燃料、化石燃料等。自然资源具有有限性特征，即自然资源数量供应与人类不断增长的需求存在矛盾。可再生和可更新的自然资源虽然可随着时间的推移不断再生或更新，从长远看似乎是无限的，但在一定的时间和空间上也是有限的。自然资源的有限性使得自然资源的所有者可以获得绝对地租的经济利益。

自然资源在地球上分布不均，无论在数量上还是质量上都有明显的地域差异。每

一种自然资源都有其特殊的地域分布规律。例如,岩石、矿产等具有非地带性特征;气候、土壤、生物受地带性影响,但在局部地区也会受到非地带性因素的影响。自然资源的地域差异不仅表现在不同区域资源在数量和质量上的差别,还表现在自然资源组合上的差异。

1. 资源争端

许多重要自然资源主要的来源地或储藏地由两个或多个国家共有,或者位于有争议的边界地区或近海经济专属区,这样与邻国发生冲突的概率增加。资源的争端还可能源于某一跨国资源(如大流域系统或地下储油盆地)的分配。例如,尼罗河流经9个国家,湄公河流经5个国家,上游国家与下游国家因水流量的利益或水利工程等易起冲突。

争端还可能来自对重要资源运输的必经通道的权利之争。全世界消耗的石油中,有很大比例是通过波斯湾到欧洲、美洲、亚洲等的,这些船只需要经过一些战略意义突出的通道,如马六甲海峡、苏伊士运河、红海、霍尔木兹海峡等。石油、天然气跨国家和地区通过管道运输时也会存在安全问题。

石油和天然气是世界上最重要的能源和化学原料。俄罗斯主要的出口商品为石油、石油制品、天然气、金属矿、木材和木材制品、化学品等。俄罗斯的石油工业是世界上最大的石油工业之一,俄罗斯拥有最大的天然气储量,是最大的天然气出口国之一。它拥有第二大煤炭储量,第八大石油储量,是世界上最大的石油出口国。根据2019年的统计,俄罗斯主要的出口国为中国、荷兰、白俄罗斯、德国、意大利等。从地缘政治与文化心理上,以英法德等为代表的西欧国家(甚至包括部分东欧国家)与俄罗斯长久在历史传统、文化心理,乃至意识形态、地缘政治利益上存在较大差异甚至冲突,这使前者常存对俄罗斯的戒备之心。作为欧洲管道油气的主要供应者,俄罗斯天然气出口技术成熟,出口成本非常低,优于来自北美及澳大利亚的液化天然气。欧洲是俄罗斯的主要消费市场之一,俄罗斯也是欧洲主要能源提供商。造成了欧洲与俄罗斯复杂的经济政治关系。欧洲不愿制裁俄罗斯三大能源巨头的原因很简单,如果制裁这些关键的能源出口商,会直接威胁到自身能源进口。

我国资源安全形势依然严峻,资源总量大,但人均少,资源禀赋不佳,而需求总量维持高位,结构调整和转型升级压力大,资源浪费现象比较严重,资源开发利用亟须向绿色安全转变。资源勘察开发的制约因素增多,增储增产难度加大。外部环境复杂多变,矿业合作挑战加大。全球矿业市场活跃,资源配置和矿业全球化趋势明显,为我国利用国外资源和市场提供了难得的机遇。但市场竞争日趋激烈,矿产品价格大幅波动,境外勘察开发矿产资源和进口矿产品成本增大。加之我国资源战略储备能力不足,有效应对资源供应中断和重大突发事件的预警应急能力较弱,矿产资源安全供应面临很大的挑战。

2. 跨国或者跨地区的水资源利用问题

水资源是人类赖以生存和生产的重要物质基础,是促进或制约经济发展的重要因素。世界上水资源总量丰富,但水资源时空分布不均,旱涝灾害频发,水资源与人口、耕地、矿区、城镇分布不匹配。

利比亚位于非洲北部，紧邻地中海。随着北部沿海地区经济发展，用水量不断增加，地下水超采严重，引起海水倒灌、土地盐碱化、水质下降。如图 14-15 所示，南部沙漠地区则蕴藏有丰富的地下淡水资源，为了解决人口饮水和工农业用水问题，发展农业生产，实现粮食自给，1983 年利比亚决定实施"大人工河"计划，即把南部撒哈拉沙漠中的 4 处地下水抽上来，分别用管道远距离送到北部沿海地区，并联成全国统一的地下供水管网。"大人工河"的水源工程包括道路建设、电厂及供电系统、打井、建抽水泵站和铺设管道等。该项目被称为世界土木建筑史上的第八大奇迹。

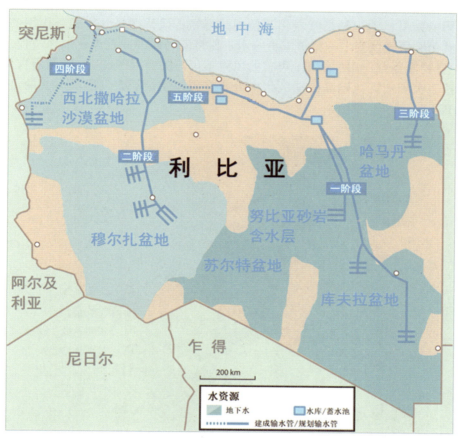

图 14-15 利比亚通过撒哈拉沙漠丰富地下水资源跨区域调水

资料来源：联合国人居署报告. State of African cites 2014

新加坡属于岛国，天然水资源稀缺，刚刚独立时还在应对露天的污水、炎热季节里干涸的水龙头以及如何配给干净的饮用水。现在新加坡已走向了一条供水自给自足之路。新加坡通过进口水、本地集水、淡化海水和回收水实现了水资源的可持续性利用。进口水：新加坡与马来西亚的协议将于 2061 年到期，马来西亚可能会利用水资源优势对新加坡施加政治压力，预计未来对进口水的需求会减弱。本地集水：通过在下水道、运河、河流和雨水收集池内置雨水径流收集系统，在多雨季节收集大量的降水。这座城市2/3 的土地是集水区，雨水收集并储存在岛上的 17 个水库中。淡化海水：除去海水中过

量的盐和矿物质，使其可以饮用。回收水是新加坡公用事业局（Public Utilities Board，PUB）为再生水打出的品牌名称，这种水是通过先进的膜技术和紫外线消毒技术对废水净化处理而生产出来的，水质高出世界卫生组织和美国环境保护署制定的饮用水标准。

二、自然地理与环境安全

环境安全关系人类社会的生存与可持续发展，关系人民的健康和生命安全，关系工农业的发展、国家的稳定与发展、世界的和平与安定，是可持续发展的核心问题。

自然灾害与自然圈层相互作用密切相关，如海啸、泥石流、滑坡、崩岸是水岩相互作用的结果；沙尘暴是气岩相互作用的产物；风暴潮是气水相互作用的结果；土地荒漠化经历气候变干—植被减少—水土保持能力减弱—荒漠化加强过程，是气、土、水、生物等复合作用的结果。灾害的风险不仅与灾变因子有关，还与承灾体有关。例如，拉丁美洲灾害风险高的地区集中分布在人口密集、大气因子多变的沿海地区（图14-16）。

图 14-16 拉丁美洲及加勒比地区灾害风险评估

资料来源：联合国人居署报告 . State of Latin American and Caribbean cites 2012

人类生存环境恶化的根源在于人类本身，人类改变了地表物质循环、改变了地表环境能量平衡、改变了地表环境演化的速率、改变了地表环境的结构，人类活动还产生了环境污染和资源的消耗。

保障国家和地区环境安全，主要是通过保护和改善环境，避免环境恶化，避免全球和区域环境问题引起国家间冲突。在众多与自然地理相关的环境问题中，气候变化受到全球广泛关注。如果气候变化不能放缓，超过环境极限，将成为国家冲突的主要驱动器。一是气候变化将引发全球性的骚乱和战争。由于全球气候发生剧变，粮食产量下降，水资源和能源短缺，为了保护有限的资源，世界将处在随时爆发战争的边缘。二是气候变化将催生环境难民。在未来 20 年里，地球维持现有人口生存的能力将大大下降。许多发展中国家面临着因为民众躲避干旱和灾难性风暴而引发的更严重的不稳定。由于海平面上升，大片农田被淹，很多地方出现移民潮，大量难民将涌向富裕地区。由于移民越来越多，许多国家将面临严重的内部争斗。

三、自然地理与军事安全

1. 海陆格局与军事安全

由海、陆、山、河分布决定的自然地理位置，是决定一国战略地位和制订安全战略的基本前提。从战略地位上看，大西洋把美国和欧亚大陆隔开，使其本土长期免遭亚欧大陆战火的影响。英吉利海峡把英国和欧洲大陆隔开，使英国成为 800 多年来欧洲唯一没有被敌国占领的国家。阿尔卑斯山南缓北陡使得意大利进攻中欧十分困难，中欧进攻意大利困难就小很多。从国家安全战略上看，美国和英国被广阔水域隔开，它们必须重视海军和空军力量的发展；意大利既要重视陆军力量，防止敌人从北面陆上入侵，又要重视海军力量，以应付南面及东西两翼的海上敌人。

地缘政治学对海陆格局与军事安全的模式的论述也表明，海陆格局对于军事安全的重要性。马汉的海权论认为：海上力量对一个国家的发展、繁荣和安全至关重要。马汉认为，任何一个国家或联盟，如果充分控制公海，就能控制世界的贸易和财富，从而控制全世界。物质财富是国家强大的基础，而为了积累财富，一个国家就必须生产和在世界各地进行贸易。由于地球表面的大陆被海洋所包围，并且海洋运输比陆地运输廉价便捷，因而海洋是自然赐予的"公路"。富有进取性的国家必须依靠海洋来获得海外的原料、市场和基地。所以，一个国家要想成为世界强国，必须能在海洋上自由行动，并在必要时阻止海上自由贸易竞争。为此须有一支在国内外拥有作战基地，并有庞大商船队辅助保障的、装备精良而又训练有素的海军。麦金德的心脏地带学说：谁控制了东欧，谁就统治了心脏地带；谁控制了心脏地带，谁就统治了世界岛；谁控制了世界岛，谁就统治了世界。世界岛是指欧、亚、非三大陆，由于其连成一体，从世界整体看只是一个大岛而已，所以称为世界岛。斯皮克曼的边缘地区学说：陆心的边缘一直是世界上人口最密集、经济最发达的地区。他提出谁控制了陆缘地带，谁就能统治欧亚大陆；谁统治亚欧大陆，谁就能控制世界的命运。

我国海域辽阔，我国大陆的东面和南面为中国海区所环绕，中国海区是一个向东南凸出的弧形水域，北面和西面连接我国大陆和中南半岛，跨越了温带、亚热带和热带三个气候带。中国海区由渤海、黄海、东海和南海组成，渤海居中国最重要的政治经济区京津的前方，黄海的后方，对维护京津、华北和支援黄海战区有重要战略意义。东海居中国海区中部，是联系南北海上交通的中枢，其侧后是我国重要的沪宁杭政治经济区。

南海是中国南疆的前哨，是联系太平洋与印度洋的交通要道。

2. 海陆地形与军事安全

地形是实施军事战略部署的客观依据之一，对军事活动有着很大的制约和影响。中国古代军事家孙武曾说："夫地形者，兵之助也"，"知此而用战者必胜，不知此而用战者必败"。在现代科技条件下，虽然武器装备有了很大发展，战争规模和作战样式也发生了重大变化，但地形条件对军事行动仍有着重要影响。我国位于亚欧大陆面向太平洋的东斜面上，整个地势由西向东逐级下降，形成了西高东低的三级阶梯地势。这种地形形势是我们确定战略部署的客观基础（表 14-6）。

表14-6 中国地形与国土安全

地势	地形	国土安全
第一级阶梯	高原地高天寒，广泛分布着冰川、刃脊、角峰和冰塔等	这里不利于机械化部队行动和大兵团作战，给敌人大规模入侵造成困难，而有利于我方实施战略防御
第二级阶梯	主要是一系列高山、巨形盆地、广阔的高原和沙漠	新疆至内蒙古东部的整个弧形地带是战略防御地带。秦岭以南至云南以北地区，地处我国纵深地带，西部有青藏高原和云贵高原作屏障，北有秦岭，东有豫西、鄂西和湘西山地屏护，是比较安全的战略后方
第三级阶梯	除少数山地外，大部分为平原和丘陵，地势比较平坦，自然条件优越，人口集中，工农业和交通发达，军事经济潜力和兵员潜力都很大，是支持战争的重要基地	这一地带既重要，又难防，应成为重点战略防护地带，要建立起重点战略防御体系。特别是这一地带濒临广阔的海域，其东部和南部是海防的前沿地带，加强海岸防御是这一地带的战略任务

水下地形对于军事安全也非常重要。例如，如果水深太浅，潜艇无法隐身，大型舰艇进出困难。如果对海底地形不清楚，则容易给舰船、潜艇航行带来困难和威胁。

3. 水系与军事安全

水系对军事行动有着重要的影响，其影响程度依分布、流向、水文特征及附近地形情况的不同而不同，并与季节的变化密切相关。水系对军事行动的影响主要有三个方面。

一是对作战行动的影响。与作战方向横向的大江河就像山地一样，是战略屏障之一，对防御者无疑是有利的，但对进攻者来说则是天然障碍，会阻止或迟滞推进速度，不利于组织协同和相互支援。雨季，特别是洪水期，给部队渡河带来困难；旱季，其障碍作用降低；冬季封冰，又会使其作用发生根本变化，由障碍变为通途。在湖泊沼泽众多的平原水网地区作战，部队常被分割在一些狭窄的地形上，造成被动局面，却为开展水上游击战争提供了方便。

二是对交通运输的影响。众多的水系无疑对陆地交通是一种障碍，只有有铁路和公路桥梁的地方才可通过，对部队机动和作战物资大量快速地输送造成一定的困难，但同时江河本身又为水上运输提供了方便条件。

三是为部队生存和作战提供了水源条件。

4. 海岸线与军事安全

我国的海岸划分为三种类型，即平原海岸、山地海岸和生物海岸。平原海岸便于登陆，陆上也无险要地形可利用。因此，在平原海岸地带应加强抗登陆作战准备。山地海岸又称岩岸，海岸陆上山丘起伏，海岸由岩石组成，崖壁陡立，形势险峻，岸线曲折，岬湾相间，岸浅水深，往往有岛屿分布。山地海岸多天然良港，可建为海军基地，为发展海军提供了有利条件。同时山地海岸不便登陆，海岸地形又很险要，有利于海岸防御作战。生物海岸是由生物作用形成的特殊海岸，一种是珊瑚海岸，另一种是红树林海岸，分布在热带和亚热带的浅海处。珊瑚海岸以台湾东南海岸、海南岛沿岸和雷州半岛沿岸分布较广，这种海岸无障碍作用。红树林海岸从福建的福鼎以南至海南岛，在沿海的许多淤泥浅滩上形成一片片的灌木丛林，宽 1～5km，人在林中穿行极为困难。我国是世界上岛屿众多的国家之一。祖国的海岛是大陆的门户，海防的前哨。众多的岛屿构成了祖国大陆的一座海上长城，在国防上具有重要的战略价值。

5. 国界线类型与军事安全

国家的边界是一国领土范围的界线，也是一国实行其主权的界线，边界是保证一国政治独立、领土完整的最基本的条件。保护边界就是防止他国入侵，在古代科学技术不发达的条件下，边界最明显的功能就是防御，特别是那些自然边界，如界山、界水等都有防御他国入侵的作用。

自然边界是指以自然要素作为划分边界的依据。这是最早的边界形式。一般以独特的地貌特征为根据，如高山、海洋、河流、湖泊、沙漠等（图 14-17）。

图 14-17　作为国界线的自然地物

界山：界山是自平地天然突起的、分配两个或两个以上国家领土的高地。例如，阿尔卑斯山脉是瑞士、意大利、法国的界山；喜马拉雅山脉是印度、尼泊尔、不丹、中国的界山；安第斯山脉是智利、阿根廷的界山。一般来说，边界线是在山脊上沿着分水岭走的。但是边界的划分不仅涉及自然因素，还涉及历史、民族、经济、文化等因素，因此不能只用这个原则进行划界。

界河：界河是分隔两个或以上不同国家的河流。如果河流是不通航的，边界线原则上是在河流的中间，循着河流两岸曲折而行。如果河流是可通航的，边界线原则上在主航道的中间。但边界也可以是河的一岸。这里应注意，如果在界河上架桥梁，在没有特别条约的规定下，边界线一般在桥梁的中间。另外，河流若是由于自然作用而改道，边界也会发生变更。以下是一些界河：格兰德河——美国、墨西哥；奥德-尼斯河——德国、波兰；多瑙河——保加利亚、罗马尼亚、塞尔维亚、斯洛伐克、匈牙利等；拉普拉塔河——阿根廷、乌拉圭；黑龙江——中国、俄罗斯。界河争端是经常发生的，一是河流改道或

自然添附作用而导致边界的重新划定，二是国际河流利用而导致争端。

界湖：界湖是分隔两个或两个以上国家领土的湖泊，边界线一般通过湖泊的中间。以下是一些界湖：五大湖——美国、加拿大；的的喀喀湖——秘鲁、玻利维亚；维多利亚湖——乌干达、肯尼亚、坦桑尼亚；坦噶尼喀湖——坦桑尼亚、赞比亚、刚果（金）、布隆迪；日内瓦湖——法国、瑞士。

海峡：根据国际法规定，分隔两个不同国家的陆地的海峡，除了特殊条约规定以外，其边界线一般通过海峡的中间或通过中航道。例如，朝鲜海峡分隔了日本和韩国，直布罗陀海峡分隔了西班牙、英国和摩洛哥。

6. 气候与军事安全

气候直接影响着人类的一切活动，各种军事活动无一不是在一定的气候条件下进行的，因而它对军事行动产生着各种各样的影响。炎热的气候会使人员中暑，使机动车辆的发动机因散热困难而功率下降，影响武器性能的正常发挥。严寒的气候会使人员冻伤，气温过低还会造成机动车辆发动机功率下降，甚至无法开动，同样低温也会影响武器性能的正常发挥。阴雨天气会给部队行动和作战造成困难，会使战备物资发生霉变。大雨和暴雨会造成洪水泛滥，破坏军事设施，冲毁道路和桥梁，严重地影响军事行动。大风天气会使部队作战行动受阻，各种武器的射击准确程度大大降低，海军不能出港，空军不能起飞。

我国气候类型多样，但显著的季风气候是全国气候的共同特征。季风气候的主要特征有三个方面：一是冬夏风向更替明显。冬季气流主要来自高纬度的大陆区，多吹偏北风，寒冷干燥，夏季气流主要来自低纬度的海洋上，多吹偏南风，暖热湿润。风对陆、海、空军的作战行动，对原子、生物、化学武器的使用效果，对通信联络和武器装备保养等方面，都有着很大影响。因此，掌握我国季风变化的规律有着十分重要的军事意义。二是气温年较差和日较差较大，冬季极端气温较差更大。与世界同纬度其他地区相比，我国冬季气温要低得多，而夏季气温却高得多。应针对这种气候特点，有预见性地采取防范措施，避免气温条件变化对部队造成大量非战斗减员和对作战行动产生不利影响。三是降水的地区分布和季节分配很不均匀，我国年降水量自东南向西北逐渐减少。从地区上看，东南水量充足，西北则严重缺水；从季节上看，夏季水量充足，冬季则缺水。因此，在西北地区和冬季的军事行动，应考虑解决用水问题；在东南地区和夏季的军事行动，应考虑降水量过大对军事行动所造成的不利影响。

气候变化对军事安全的影响也不可避免。例如，随着全球气候的变暖和海平面的升高，沿海军事设施面临越来越频繁的台风（飓风）、龙卷风等大规模破坏性天气状况的威胁。

四、自然地理与城市建设安全

人类与地理环境的相互作用，首先是物质迁移和转化的过程。这一物质迁移和转化过程的渠道，一方面是人类从地理环境索取资源、材料和动力，另一方面是人类向地理环境排放出生产和生活的废物。随着人类社会的进步和科学技术的飞速发展，城市化进程不断加快，城市人口迅速增加，城市规模不断扩大，城市建设由平面开发转向立体开发，城市自然环境所受影响和压力与日俱增。

城市是人类经济和社会活动最集中，也是工程建筑最集中的地区。随着城市人口的不断增加，城市发展出现了很多问题。任何工程建筑都可视为对城市原始地质环境施加的荷载，在这一附加荷载作用下，地质体中的应力产生重新分布，使岩土介质发生变形，当变形发展到一定程度时岩土会产生破坏；工程施工中经常采用的爆破法施工及工程运营中所产生的各种工程震动，会导致除开挖岩土体以外的地质体破坏、松动，使地质体的结构状态和特性受到相应影响，导致地质体的稳定性下降。各类工程建筑大都需要对岩土体实施开挖：地面开挖会改变地形地貌，常引起边坡失稳、水土流失，改变地面径流；地下开挖不仅可导致严重的地面塌陷和边坡失稳，而且会改变地下水的径流，成为地下水排泄和污染的通道。

大城市固体垃圾的堆放等则属于废弃物堆积，会导致地形、地表径流的改变，引发次生泥石流和滑坡。超量开采地下水将造成地面沉降，地面沉降将会导致建筑物下沉开裂、地下管网断裂、海水入侵、内涝积水，使得河道淤积、降低河流的泄洪能力，导致桥基下沉失稳、桥梁净空减小（降低通航能力、影响交通运输），等等。城市生活垃圾的数量越来越大，大量的积存垃圾不断蚕食和占据着城市及郊区的大片土地，同时又造成环境和水资源的污染。沿海城市和农村的地下水开采量日益增大，导致地下水位不断下降，使海水入侵灾害不断加剧，海水入侵范围不断扩大。近年来，我国沿海地区的主要城市和农业发达地区都发生了海水入侵。

在城镇开发与建设过程中，不同类型、处在不同自然地理位置的城市将会遇到不同的问题。例如，山区城市往往地形起伏较大，基岩裸露，城市建设时挖填方量大，可能面临山洪、泥石流、滑坡、崩塌等灾害的发生；而平原区城市则地形起伏小，常有大片松散地层的覆盖，常面临加固地基、清淤等工程问题，以及旱涝、地面沉降等环境问题；矿区城市往往面临地下水水质恶化、"三废"污染严重、地面塌陷等问题；滨海城市往往面临土地盐碱化、海水入侵、海岸侵蚀、风暴潮袭击等问题。

应对城市发展中的自然地理问题主要需要注意以下几点：①研究城市地形地貌及地质构造条件、地基岩土的工程地质性质，岩土体的出露和埋藏条件、地下空间的可利用程度等，合理使用土地空间；②研究水文地质结构和水文地质条件、地下水埋藏和分布规律、地下水的水质和水量、地下水的补给和排泄、地下水的可利用程度等，合理开发利用城市供水水源；③研究与城市有关的地震、活断层、滑坡、泥石流、地面沉降、水土流失、洪水淹没等问题，解决城市自然灾害问题；④对城市建筑材料、地热、矿产资源开发利用进行科学论证，合理开发利用资源，提高资源利用效益；⑤对城市环境质量进行综合评价和研究，科学处理城市中工业和生活垃圾，防治环境污染。

第五节　自然地理与生态文明

一、不同发展阶段的人类文明观

人类文明在走过了渔猎文明、农业文明、工业文明之后，正在迈向人类文明发展的新纪元——生态文明，不同的文明其实主要是人与自然之间的关系不同（图14-18）。

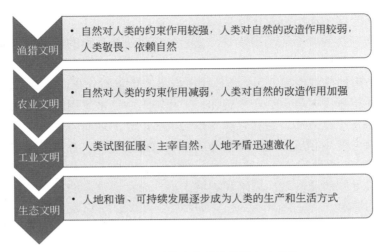

渔猎文明	• 自然对人类的约束作用较强，人类对自然的改造作用较弱，人类敬畏、依赖自然
农业文明	• 自然对人类的约束作用减弱，人类对自然的改造作用加强
工业文明	• 人类试图征服、主宰自然，人地矛盾迅速激化
生态文明	• 人地和谐、可持续发展逐步成为人类的生产和生活方式

图 14-18　不同社会文明阶段的人地关系

（1）渔猎文明。物质基础是天然动植物资源，渔猎人群征服和改造自然的能力低下，人类崇拜和畏惧自然并祈求大自然的恩赐。自然环境对人类的制约作用较强，人类对环境的改造作用微弱。

（2）农业文明。农业文明阶段，人类对自然有了一定的了解和认识，在开始利用自然并改造自然的过程中，逐步减弱了对自然的依赖，手工业和商贸的诞生带来了农业历法等科学技术，也带来了"人定胜天"的精神和信念。人类大规模改造自然使得生态环境遭到一定程度的破坏。

（3）工业文明。在工业文明阶段，生产力水平空前提高，人类对自然环境展开了前所未有的大规模开发和利用。人口激增，资源透支，一切社会活动趋向物质利益和经济利益最大化，人类试图征服自然、主宰自然。人类面临一系列严重的生态环境问题，这些问题从根本上影响到人类的发展和生存，人地矛盾迅速激化。

（4）生态文明。生态文明是人类在适应自然、改造自然过程中建立的一种人与自然和谐共生的生产生活方式。生态文明把人类与自然环境的共同发展摆在首位，合理地调节人类与自然之间的物质循环、能量交换与信息交换，按照生态规律进行生产，在维持自然界再生产的基础上考虑经济的再生产，使人与自然和谐同步发展。

二、因地制宜的生态文明建设之路

生态文明建设实质是建设以资源环境承载力为基础、以自然规律为准则、以可持续发展为目标的资源节约型、环境友好型社会。生态文明建设是在生态文明观的指导下人类迈向生态文明社会的实践层次和活动。生态文明建设是本着为当代人和后代人均衡负责的宗旨，转变生产方式、生活方式和消费模式，节约和合理利用自然资源，保护和改善自然环境，修复和建设生态系统，为国家和民族的永续生存和发展保留和创造坚实的自然物质基础。生态文明建设内容包括生态文明的环境建设、经济建设、政治建设、文化建设、社会建设。其中，与自然地理关系最密切的为生态文明的环境建设。

中国是地球上一个特定的区域，也是地球生态系统的一个组成部分，中国既与全球其他部分形成一个全球生态系统，也与周边国家和地区形成一个区域生态系统。在这个区域生态系统中，又依据气候、地貌、水文、海域、流域等划分为不同的生态环境地区。我国生态类型多样，森林、湿地、草原、荒漠、海洋等生态系统均有分布。但生态脆弱区域面积广大，脆弱因素复杂。全球气候变化以及一些地区不顾资源环境承载能力的肆意开发，导致部分地区森林破坏，湿地萎缩，河湖干涸，水土流失，沙漠化、石漠化和草原退化，近岸海域生态系统恶化，气象灾害、地质灾害和海洋灾害频发。中度以上生态脆弱区域占全国陆地国土空间的55%，其中极度脆弱区域占9.7%，重度脆弱区域占19.8%，中度脆弱区域占25.5%。脆弱的生态环境使大规模高强度的工业化城镇化开发只能在适宜开发的有限区域集中展开。中国人口众多，宜居国土面积小，对生产生活产生了较大的压力。因此，我国要按照建设环境友好型社会和绿色发展的要求，根据国土空间的不同特点，以保护自然生态为前提、以水土资源承载能力和环境容量为基础进行有度有序开发，走人与自然和谐发展的道路。

城镇与工业建设，要依托现有资源环境承载能力相对较强的城镇集中布局、据点式开发，禁止成片蔓延式扩张。工业化城镇化开发必须建立在对所在区域资源环境承载能力综合评价的基础上，严格控制在水资源承载能力和环境容量允许的范围内，尽可能减少对自然生态系统的干扰，不得损害生态系统的稳定性和完整性。实行更加严格的产业准入环境标准，严把项目准入关。

农村居民点建设，严格控制其开发强度，逐步减少占用的空间，腾出更多的空间用于维系生态系统的良性循环。在不损害生态系统功能的前提下，因地制宜地适度发展旅游、农林牧产品生产和加工、观光休闲农业等产业，积极发展服务业，根据不同地区的情况，保持一定的经济增长速度和财政自给能力。在现有城镇布局基础上进一步集约开发、集中建设，重点规划和建设资源环境承载能力相对较强的县城和中心镇，提高综合承载能力。引导一部分人口向城市化地区转移，一部分人口向区域内的县城和中心镇转移。生态移民点应尽量集中布局到县城和中心镇，避免新建孤立的村落式移民社区。加强县城和中心镇的道路、供排水、垃圾污水处理等基础设施建设。在条件适宜的地区积极推广沼气、风能、太阳能、地热能等清洁能源，努力解决农村特别是山区、高原、草原和海岛地区农村的能源需求。在有条件的地区建设一批节能环保的生态型社区。

加强对河流原始生态的保护，实现从事后治理向事前保护转变，实行严格的水资源管理制度，明确水资源开发利用、水功能区限制纳污及用水效率控制指标。在保护河流生态的基础上有序开发水能资源。严格控制地下水超采，加强对超采的治理和对地下水源的涵养与保护。加强水土流失综合治理及预防监督。

交通、输电等基础设施建设，要尽量避免对重要自然景观和生态系统的分割，从严控制穿越禁止开发区域。控制新增公路、铁路建设规模，必须新建的，应事先规划好动物迁徙通道。在有条件的地区之间，要通过水系、绿带等构建生态廊道，避免形成"生态孤岛"。

国家重点生态功能区，要以保护和修复生态环境、提供生态产品为首要任务

（图 14-19 和图 14-20），因地制宜地发展不影响主体功能定位的适宜产业，引导超载人口逐步有序转移。

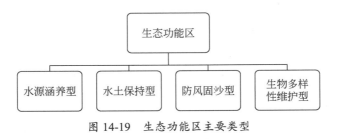

图 14-19　生态功能区主要类型

水源涵养型。推进天然林草保护、退耕还林和围栏封育，治理水土流失，维护或重建湿地、森林、草原等生态系统。严格保护具有水源涵养功能的自然植被，禁止过度放牧、无序采矿、毁林开荒、开垦草原等行为。加强大江大河源头及上游地区的小流域治理和植树造林，减少面源污染。拓宽农民增收渠道，解决农民长远生计，巩固退耕还林、退牧还草成果。

水土保持型。大力推行节水灌溉和雨水集蓄利用，发展旱作节水农业。限制陡坡垦殖和超载过牧。加强小流域综合治理，实行封山禁牧，恢复退化植被。加强对能源和矿产资源开发及建设项目的监管，加大矿山环境整治修复力度，最大限度地减少人为因素造成新的水土流失。拓宽农民增收渠道，解决农民长远生计，巩固水土流失治理、退耕还林、退牧还草成果。

防风固沙型。转变畜牧业生产方式，实行禁牧休牧，推行舍饲圈养，以草定畜，严格控制载畜量。加大退耕还林、退牧还草力度，恢复草原植被。加强对内陆河流的规划和管理，保护沙区湿地，禁止发展高耗水工业。对主要沙尘源区、沙尘暴频发区实行封禁管理。

生物多样性维护型。禁止对野生动植物进行滥捕滥采，保持并恢复野生动植物物种和种群的平衡，实现野生动植物资源的良性循环和永续利用。加强防御外来物种入侵的能力，防止外来有害物种对生态系统的侵害。保护自然生态系统与重要物种栖息地，防止生态建设导致栖息环境的改变。

通过生态文明建设，使国家重点生态功能区生态服务功能增强，生态环境质量得到改善；地表水水质明显改善，主要河流径流量基本稳定并有所增加；水土流失和荒漠化得到有效控制，草原面积保持稳定，草原植被得到恢复；天然林面积扩大，森林覆盖率提高，森林蓄积量增加；野生动植物物种得到恢复和增加；水源涵养型和生物多样性维护型生态功能区的水质达到 I 类，空气质量达到一级，水土保持型生态功能区的水质达到 II 类，空气质量达到二级，防风固沙型生态功能区的水质达到 II 类，空气质量得到改善；形成点状开发、面上保护的空间结构；开发强度得到有效控制，保有大片开敞生态空间，水面、湿地、林地、草地等绿色生态空间扩大，人类活动占用的空间控制在目前水平；形成环境友好型的产业结构；不影响生态系统功能的适宜产业、特色产业和服务业得到发展，占地区生产总值的比例提高，人均地区生产总值明显增加，污染物排放总量大幅度减少；部分人口转移到城市化地区，重点生态功能区总人口占全国的比

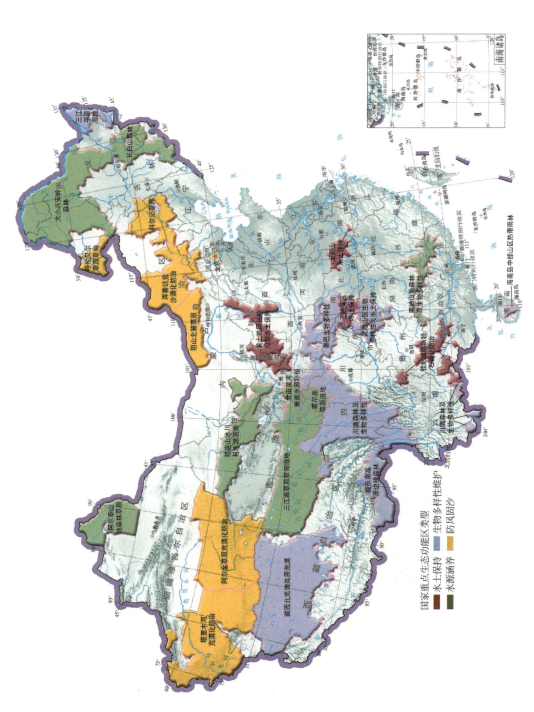

图14-20 中国国家重点生态功能区分布图（樊杰，2015）

国家重点生态功能区类型
- 水土保持
- 水源涵养
- 防风固沙

例有所降低，人口对生态环境的压力减轻。

案例分析：元阳梯田的经验与启示

元阳的地貌特征是山高谷深，沟壑纵横，地形呈"V"字形。按理说，这样的地形条件是不利于大面积种植水稻的，在这样的地方开垦稻田容易引发水土流失。可是就是在这样不利的条件下，仅元阳县就建造了 17 万亩的稻田，并且持续耕种了几百年甚至上千年。那么，他们是如何防止水土流失、实现可持续发展的呢？

一是尊重自然。当地流传着一个"命根理论"，"田是人的命根，水是田的命根，林是水的命根"。在每个村落的后山（上游地区），村民都用心保护着一片水源林，绝对不允许破坏。

二是合理利用自然规律。境内最低海拔为 144m，最高海拔为 2939.6m，海拔高差 2795.6m。山上和山下温差达 13.4℃，谷底干热而山上湿冷。他们选择了水热适宜的半山向阳坡定居（大多集中在海拔 1400～1800m），选择水热条件适宜种植水稻的地方（大多集中分布在海拔 800～1800m）开垦梯田，并且通过种植南瓜来选择村落的地址，通过建造防洪沟、滞洪塘和沉沙池来防治洪水的冲刷和水土流失。梯田的建造也很好地利用了地形的特点，梯田的宽窄与地形的坡度相适应。

三是坚持可持续发展。将田埂杂草、收割后的稻桩犁入田作为肥料，牲畜粪便和生活废水排入田内，以保持稻田的肥力。水稻收割完毕便立即翻挖晒田再放水养田，反复三次，以杀菌和防止土壤板结。

元阳的气候是立体的，而哈尼人的生活方式也呈现出立体的结构。站在山顶极目远眺，一幅如波浪般层层延展开来的画卷展现在眼前：山顶长满了郁郁葱葱的森林，森林的下方是幢幢形似蘑菇的住屋，而从住屋往下，便是层层叠叠的梯田（图14-21）。在梯田之下，即大山的脚下，则是奔腾不息的河流。

图 14-21　云南元阳梯田（来源：昵图 vnc9999）

河坝峡谷因水分蒸发量大而干热，高山区因云雾多而阴湿，高山上茂密的森林收集了云雾甘露和降水。当河谷中巨量的水蒸气随着热气团层层上升，到达一定高度后就会凝结成云致雨，雨水形成径流流入哈尼人修建的几千条环山沟渠；渠水由高山流下，灌入梯田，层层下注，最后又流入谷底的河流。山、水、林、田、人长期有机地统一并运转良好，形成了天地人和谐的美丽景观。这是哈尼人尊重自然、利用自然规律、与自然和谐共生的结果。2013年元阳梯田被列入世界遗产名录，成为人地和谐之美的典范。

主要参考及推荐阅读文献

阿诺德·汤因比.2010.世纪人文系列丛书·世纪文库：历史研究（套装上下卷）.上海：上海人民出版社.

蔡运龙.2007.自然资源学原理.2版.北京：科学出版社.

崔功豪，魏清泉，陈宗兴.2004.区域分析与规划.北京：高等教育出版社.

丁四保.2009.中国主体功能区划面临的基础理论问题.地理科学，29（4）：587-592.

樊杰.2007.我国主体功能区划的科学基础.地理学报，62（4）：339-350.

樊杰.2015.中国主体功能区划方案.地理学报，70（2）：186-201.

封志明，唐焰，杨艳昭，等.2008.基于GIS的中国人居环境指数模型的建立与应用.地理学报，63（12）：1327-1336.

谷树忠，胡咏君，周洪.2013.生态文明建设的科学内涵与基本路径.资源科学，35（1）：2-13.

顾朝林.2009.转型中的中国人文地理学.地理学报，64（10）：1175-1183.

韩致文，王涛，孙庆伟，等.2003.塔克拉玛干沙漠公路风沙危害与防治.地理学报，58（2）：201-208.

韩致文，王涛，董治宝，等.2005.塔克拉玛干沙漠公路沿线风沙活动的时空分布.地理科学，25（4）：455-460.

李雪铭，杨俊，李静，等.2010.地理学视角的人居环境.北京：科学出版社.

刘宗超，贾卫列.2015.生态文明理念与模式.北京：化学工业出版社.

汪光焘，王晓云，苗世光，等.2005.城市规划大气环境影响多尺度评估技术体系的研究与应用.中国科学（D辑），35（z1）：145-155.

王恩涌，王正毅，楼耀亮，等.1998.政治地理学：时空中的政治格局.北京：高等教育出版社.

王建.2010.现代自然地理学.2版.北京：高等教育出版社.

王雪芹，雷加强.1999.塔里木沙漠公路风沙危害评估指标体系.干旱区地理，22（1）：81-87.

阎建忠，张镱锂，刘林山，等.2003.高原交通干线对土地利用和景观格局的影响——以兰州至格尔木段为例.地理学报，58（1）：34-44.

杨开忠.1992.论自然环境对人类社会发展作用方式.人文地理，（3）：64-70.

赵荣，王恩涌，张小林，等.2006.人文地理学.2版.北京：高等教育出版社.

郑度，欧阳志云，周成虎.2008.对自然地理区划方法的认识与思考.地理学报，63（6）：563-573.